机械类“3+4”贯通培养规划教材

机械制图及设计练习

主　编　张效伟　杨月英

副主编　张　琳　马晓丽　滕邵光

科学出版社

北　京

内 容 简 介

作者根据教育部高等学校工程图学教学指导委员会制定的“高等学校工程图学课程教学基本要求”及最新的国家标准，结合教育部本科教学质量与教学改革工程“专业综合改革试点”项目及国家级特色专业建设、卓越工程师教育培养计划，依托山东省特色名校建设工程和山东省“机械制图”精品课程编写本书。本书主要内容包括制图基础、制图表达、机械制图、零部件测绘、机械设计练习等，每部分附有教学目标和要求、教学重点和难点，各章节还编排了配套练习题。

本书知识点循序渐进，便于学生掌握完整的图学基本理论和机械制图的知识，学会基本的设计方法和流程。在内容的组织上，本书将二维图形与三维实体相结合，从绘图和读图两个方面，着重培养学生的空间思维能力和自主创新设计能力。书中的图例反映现代产品设计制造的过程，为学生后续课程的学习奠定良好的基础。

本书可作为高等学校理工科机械类、近机类等专业工程图学的教材和参考书，也可以作为机械类“3+4”贯通培养本科阶段使用的教材。

图书在版编目（CIP）数据

机械制图及设计练习 / 张效伟，杨月英主编. —北京：科学出版社，2019.3

机械类“3+4”贯通培养规划教材

ISBN 978-7-03-060442-2

Ⅰ. ①机… Ⅱ. ①张… ②杨… Ⅲ. ①机械制图-高等学校-习题集 Ⅳ. ①TH126-44

中国版本图书馆 CIP 数据核字（2019）第 014094 号

责任编辑：邓 静 张丽花 / 责任校对：严 娜

责任印制：张 伟 / 封面设计：迷底书装

科 学 出 版 社 出版

北京东黄城根北街 16 号

邮政编码：100717

http://www.sciencep.com

北京建宏印刷有限公司 印刷

科学出版社发行 各地新华书店经销

*

2019 年 3 月第 一 版 开本：787×1092 1/16

2019 年 3 月第一次印刷 印张：15 1/2

字数：400 000

定价（含练习册）：69.00 元

（如有印装质量问题，我社负责调换）

机械类“3+4”贯通培养规划教材

编　委　会

前　言

本书是根据教育部高等学校工程图学教学指导委员会制定的“高等学校工程图学课程教学基本要求”及近年来发布的《机械制图》《技术制图》等国家标准编写而成的。

本书依托山东省特色名校建设工程、山东省“机械制图”精品课程等支撑项目，总结了教学一线教师在工程图学教学中长期积累的丰富经验以及近年来的教学研究和改革成果，汲取了兄弟院校同类教材的优点，吸纳了学生在学习中提出的意见和诉求，考虑了一线企业设计生产实际需求，力求满足特色名校工程培养高素质应用型、技能型人才目标对工程图学的新要求。

本书包括第一篇制图基础（制图基本知识、正投影基础）、第二篇制图表达（立体投影、组合体投影图、轴测投影图、机件常用表达方法）、第三篇机械制图（标准件和常用件、零件图、装配图）、第四篇机械设计练习（零部件测绘、常用部件分析与设计练习）、附录等内容，配有相应的知识点和练习题，循序渐进，便于学生掌握完整的图学基本理论和机械制图的知识、学会基本的设计方法和流程。在内容的组织上，本书将二维图形与三维实体相结合，从绘图和读图两个方面，着重培养学生的空间思维能力和自主创新设计能力。书中的图例反映现代产品设计制造的过程，为学生后续课程的学习奠定良好的基础。

本书由山东省精品课程“机械制图”课程团队共同编写。张效伟、杨月英任主编，张琳、马晓丽、滕邵光任副主编，参加编写的还有莫正波、奚卉、周烨、杨登峰等。

由于编者水平有限，书中不妥之处在所难免，敬请读者批评指正。

编　者

2018年10月

目 录

第四篇　机械设计练习

绪　论

教学目标和要求

了解机械图在实际生产中的作用；
了解本课程的教学任务和目标；
掌握本课程的学习方法。

教学重点和难点

掌握工程图学课程的学习方法。

工程图学是一门研究绘制和阅读机械图样的理论和方法的一门学科，是工科大学生的专业基础学科，是进行机械设计和制造的基础。主要内容包括正投影理论和国家标准《技术制图》《机械制图》的有关规定以及专业工程图。通过本课程的学习，为培养学生的制图技能、构型设计能力和空间想象能力打下必要的基础。同时，它又是学生学习后续课程和完成课程设计、毕业设计不可缺少的基础。

在工程技术界中由于“形”信息的重要性，工程技术人员均把绘制和阅读工程图作为其基本素质及基本技能。工程技术人员用工程图来表达设计思想，工程图是工程技术部门的一项重要技术文件，它是按规定的方法表达出机器的形状、大小、材料和技术要求。在现代工业中，设计、制造、安装、使用各种机械以及电机、电器、仪表等各方面，都离不开工程图。

工程图是按照国家或部门有关标准的统一规定而绘制的，它是“工程界的技术语言”，是工程技术人员进行技术交流的重要工具。各国的工程技术人员之间经常以工程图为媒介，进行研讨、交流、竞赛、招标等活动。

因此，工程图是生产、制造的依据，是工程上必不可少的重要技术文件。

由于图样在工程技术上的重要作用，所以工程技术人员必须具备绘制和阅读工程图样的基本能力。

1. 本课程的学习任务

工程图学课程是研究如何绘制和阅读工程图样的原理和方法，并培养学生形象思维能力的一门基础课，是学习用正投影法表达空间几何形体和图解简单空间几何问题的基本原理和方法，培养学生用图形来描述几何形体的内外形状和大小，由图形来想象物体的几何形状的基本能力，学习标注尺寸的基本方法，以及正确地绘制和阅读立体的图样。

工程图学课程是一门既有系统理论又有较强实践性的技术基础课。要求学生在学完本课程后能运用投影的基本理论和作图方法，掌握机械制图国家标准的基本规定，能绘制和阅读常见机器或部件的零件图和装配图。

工程图学课程的学习任务如下：

(1) 掌握正投影法的基本理论，并能利用投影法在平面上表示空间几何形体；

(2) 培养绘制和阅读机械图样的基本能力，并研究如何在图样上正确标注尺寸；

(3) 培养用手工绘制草图、仪器绘图和计算机绘图的能力；

(4) 培养空间逻辑思维与形象思维的能力；

(5) 培养分析问题和解决问题的能力；

(6) 培养认真负责的工作态度和严谨细致的工作作风。

2. 工程图学课程的学习方法

工程图学课程由于具有相当强的实践性，只有通过认真完成一定数量的绘图作业和习题，正确运用各种投影法的规律，才能不断地提高空间想象能力和空间思维能力。

1) 要严肃认真，一丝不苟

图样是重要的技术文件，是施工和制造的依据，不能有丝毫的差错。图中多画或缺少一条线，写错或遗漏一个尺寸数字，都会给生产带来严重的损失。因此，在学习过程中，必须具备高度的责任心，养成实事求是的科学态度和严肃认真、耐心细致、一丝不苟的工作作风。

2) 要勤做多练

绘图和读图能力的培养，主要是通过一系列的绘图实践来实现的，包括手工绘图和计算机绘图。因此，需要准备一套合乎要求的制图工具，并及时完成每一次的练习或作业，逐步掌握绘图和读图的方法和步骤，熟悉有关的制图标准规格。

3) 要正确绘图

养成正确使用绘图仪器和工具的习惯，严格遵守国家标准和规定，遵循正确的作图步骤和方法，不断提高绘图效率，并具备查阅有关标准和资料的能力。能正确地使用绘图工具、仪器和绘图软件，培养绘制和识读零件图和装配图的基本能力。

4) 大力培养空间想象能力和空间思维能力

投影制图部分，包括组合体三面投影图和机件常用表达方法两章的内容，是制图部分的重点，也是学好有关专业图的重要基础，因此必须达到熟练掌握的程度。要学会把复杂的问题简单化，如利用形体分析法来解决组合体的问题，培养空间想象力和空间思维能力。

5) 加强设计练习

将所学知识应用于实践是学习本门课程的终极目的。平时要多尝试进行简单的机械设计，最后进行自主创新设计，既培养知识应用能力、空间想象能力，也锻炼创新能力、设计能力。

第一篇　制图基础

第1章　制图基本知识

教学目标和要求

熟悉国家标准对机械制图的有关规定；
掌握几何作图的正确画法；
了解各种制图工具、仪器的性能，熟练掌握正确的使用方法；
掌握绘图的步骤。

教学重点和难点

掌握几何作图的正确画法；
掌握绘图的步骤。

为了使工程图真正起到技术语言的作用，所有图样的绘制和阅读都必须遵循统一的规定，这就产生了“标准”。标准有许多种，制图标准只是其中的一种。各个国家都有自己的国家标准：如代号“JIS”“ANSI”“DIN”分别表示日本、美国、德国的国家标准。我国国家标准的代号为“GB”。20世纪40年代成立的国际标准化组织，代号为“ISO”，它也制定了若干国际标准。

我国国家质量技术监督局颁布了有关制图的国家标准。《技术制图国家标准》和《机械制图国家标准》对图样的画法、尺寸的标注等各方面分别制定和颁布了相关统一的制图国家标准，简称国标(GB)，如图纸规格、图样常用的比例、图线及其含义，图样中常用的数字、字母等。本章将介绍机械制图国家标准的一些基本规定、制图工具的使用、常用的几何作图方法以及工程制图的一般步骤等。

1.1　制图标准的基本规定

制图标准对机械图常用的图纸图幅、图线、字体、比例、尺寸标注等内容作了具体的规定。

1.1.1　图纸幅面和格式

1. 图纸幅面

图纸幅面是指图纸本身的大小规格，图框是图纸上绘图范围的边线。图纸幅面及图框尺寸，应符合表1-1的规定。

当以上尺寸的图纸不能满足要求时，可以采用加长图纸，图纸的短边一般不应加长，长边可加长，但应符合表1-2的规定。

表 1-1　图纸幅面及图框尺寸表　(mm)

图幅代号 / 尺寸代号	A0	A1	A2	A3	A4
$B \times L$	841×1189	594×841	420×594	297×420	210×297
e	20		10		
c	10			5	
a	25				

表 1-2　图纸长边加长尺寸　(mm)

幅面代号	长边尺寸	长边加长后的尺寸
A0	1189	1486、1635、1783、1932、2080、2230、2378
A1	841	1051、1261、1471、1682、1892、2102
A2	594	743、891、1041、1189、1338、1486、1635、1783、1932、2080
A3	420	630、841、1051、1261、1471、1682、1892

2. 格式

图纸以短边作垂直边称为横式，以短边作水平边称为立式，一般 A0～A3 图纸宜采用横式，必要时也可采用竖式，但 A4 幅面常用立式。图纸如果留有装订边，则装订边边距为图 1-1 中的 a，另外三边为 c；不留装订边，则四周边距都是 e，如图 1-1 所示。需要微缩复制的图纸，其一个边上应附有一段精确米制尺度，四个边上均应附有对中标志，对中标志应画在图纸各边长的中点处，线宽应为 0.35mm，线长从纸边界开始至伸入图框内约 5mm，见图 1-1(e)～(g)。为了利用预先印制的图纸，允许将预印横式图纸用于立式，预印立式也可用于横式，为了便于看图，需要在图框下边上绘制方向符号，见图 1-1(e)～(g)。方向符号大小见图 1-1(h)。

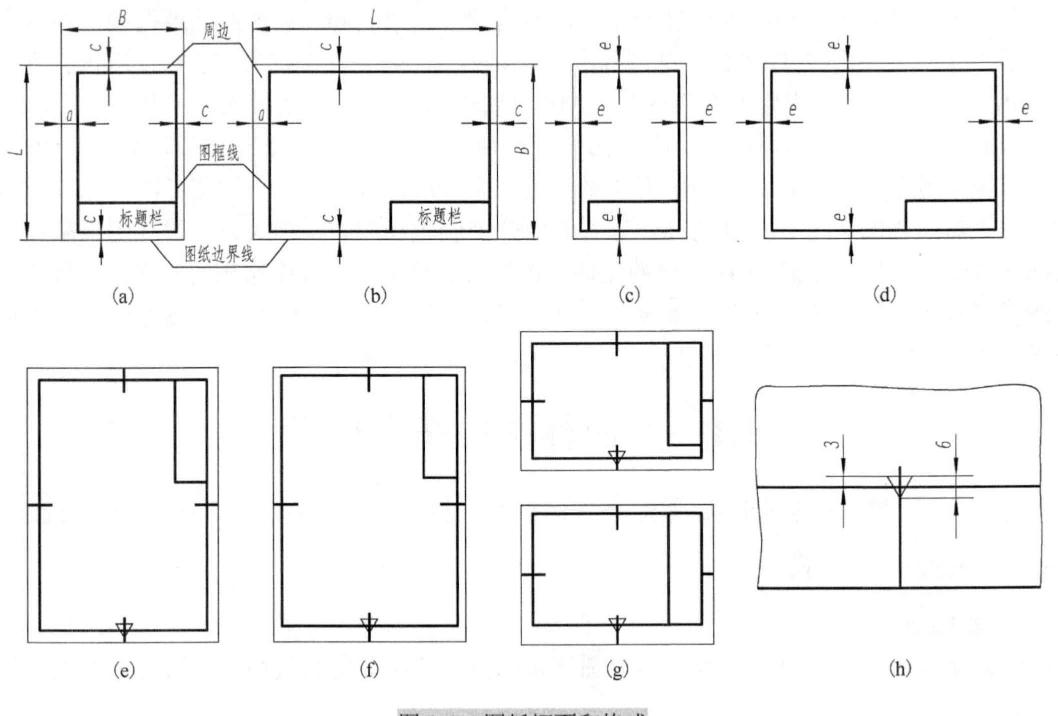

图 1-1　图纸幅面和格式

3. 标题栏

图纸标题栏用于填写工程名称、图名、图号以及设计单位、设计人、制图人、审批人的签名和日期等。标题栏一般画在图纸的右下角，标题栏的方向应与看图的方向一致。图 1-2 为学生学习阶段常采用的标题栏格式，学习阶段可以不设会签栏。

4. 会签栏

会签栏应按图 1-3 的格式绘制，其尺寸应为 100mm×16mm，栏内应填写会签人员所代表的专业、姓名、日期。一个会签栏不够时，可另加一个，两个会签栏应并列，不需会签的图纸可不设会签栏。

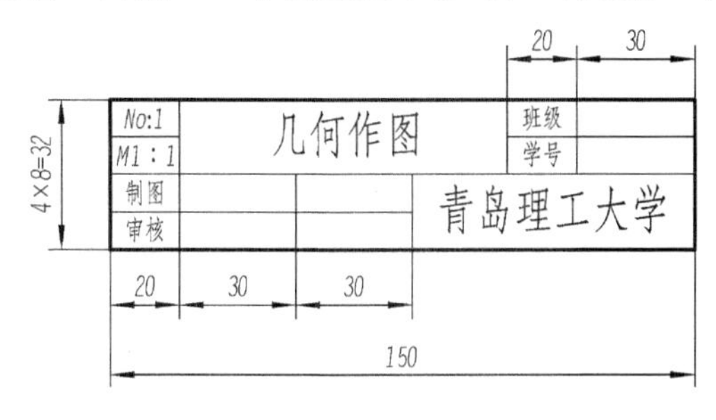

图 1-2　学习阶段的简化标题栏

(专业)	(实名)	(签名)	(日期)

图 1-3　会签栏

1.1.2　图线

在图纸上绘制的线条称为图线。工程图中的内容，必须采用不同的线型和线宽来表示，不同的图线表示不同的含义。

1. 线宽

每个图样，应根据复杂程度与比例大小，先选定基本线宽 b，再选用表 1-3 中相应的线宽组。应当注意：需要微缩的图纸，不宜采用 0.18mm 及更细的线宽；在同一张图纸内，各不同线宽中的细线，可统一采用较细的线宽组的细线；同一张图纸内相同比例的各图样，应选用相同的线宽组。

表 1-3　线宽组

线宽比	线宽组/mm					
b	2.0	1.4	1.0	0.7	0.5	0.35
$0.5b$	1.0	0.7	0.5	0.35	0.25	0.18

2. 线型

机械工程中，常用的几种图线的名称、线型、线宽、画法和一般用途见表 1-4。

不同的线型在工程图中表达不同的含义，图 1-4 为图线在工程中的实际应用的一个例子。

表 1-4　线型

名称	线型	线宽	一般用途
粗实线		b	主要可见轮廓线
细实线		$0.5b$	尺寸线、尺寸界线、图例线、索引符号、引出线、标高符号、较小图形的中心线等
细虚线	4 1	$0.5b$	不可见轮廓线
细点画线	15 3	$0.5b$	中心线、对称线、定位轴线、齿轮分度线
折断线	5 15	$0.5b$	不需画全的断开界线
波浪线		$0.5b$	不需画全的断开界线；构造层次的断开界线

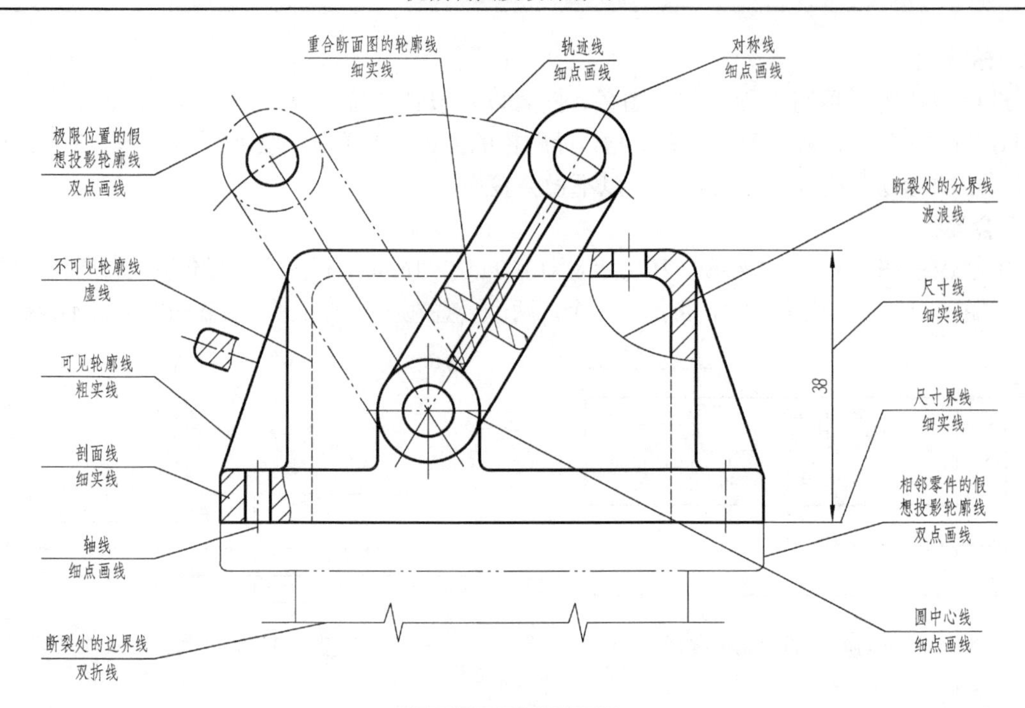

图 1-4　图线的应用 1

3. 注意事项

画图线时，还应注意以下几点：

(1) 图线不得与文字、数字或符号重叠、混淆，不可避免时，应首先保证文字等的清晰。当图中的线段重合时，其优先次序为粗实线、虚线、点画线。

(2) 在同一张图样中，同类图线的宽度应一致。虚线、点画线及双点画线的画、长画和间隔应各自大致相等，单点画线的两端是线段，而不是点。点画线应超出轮廓线 2～5mm，如图 1-5 所示。

(3) 绘制圆的对称中心线时，圆心应为长画的交点，点画线、双点画线、虚线与其他线相交或自身相交时，均应尽量交于画或长画处，如图 1-5 所示。

(4) 虚线与虚线、点画线与点画线、虚线或点画线与其他图线交接时，应是线段交接；虚线与实线交接，当虚线在实线的延长线上时，不得与实线连接，应留有一间距，见表 1-5。

(5) 在较小的图形中绘制单点长画线及双点长画线有困难时，可用细实线代替，见图 1-5。

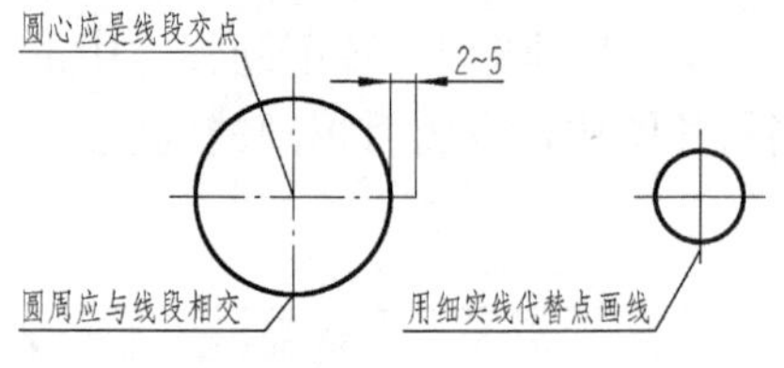

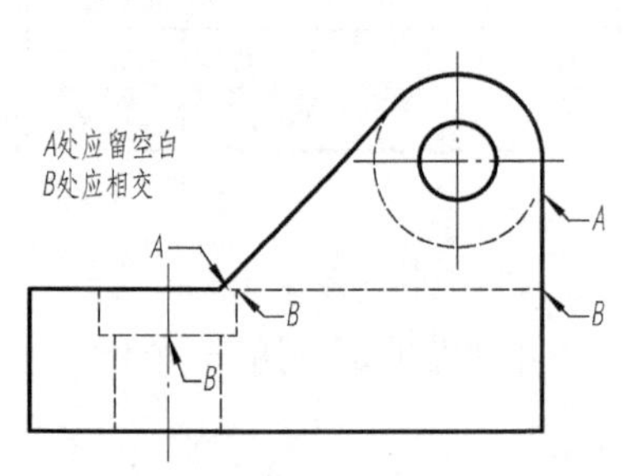

图 1-5　图线的应用 2

表 1-5　图线相交的画法

内容	正确	错误
虚线和虚线相交		
两粗实线和两虚线相交		

续表

内容	正确	错误
两单点长画线相交		
虚线在实线的延长线上		

1.1.3　字体

图纸上的各种文字、数字、拉丁字母或其他符号等，均应用黑铅笔书写，且要达到笔画清晰、字体端正、排列整齐，标点符号应清楚正确。

1．汉字

国标规定：图样及说明中的汉字，应遵守《汉字简化方案》和有关规定，书写成长仿宋体，如图 1-6 所示。长仿宋字的大小由字号(字高)决定，字号有六种，字高与字宽的比例约为 $\sqrt{2}$ ：1，高宽的关系见表 1-6。

10 号字

横平竖直注意起落结构均匀填满

方格机械制图轴旋转技术要求键

7 号字

图 1-6　长仿宋字示例

工程图上书写的长仿宋汉字，其高度应不小于 3.5mm。在写字前，应先用细线轻轻画出长方格再书写。长仿宋体字的特点是：笔画横平竖直、起落有锋、填满方格、结构匀称，书写时一定严格要求，认真书写。长仿宋字体字高与图幅的关系见表 1-7。

表 1-6　长仿宋字体字高与字宽关系　　(mm)

字高(字号)	20	14	10	7	5	3.5
字宽	14	10	7	5	3.5	2.5

表 1-7　长仿宋字体字高与图幅的关系

图幅	A0	A1	A2	A3	A4
字高 h	5mm		3.5mm		

注：h=汉字、字母及数字的高度。

2．拉丁字母和数字

拉丁字母、阿拉伯数字或罗马数字都可以写成竖笔铅垂的直体字或竖笔与水平线成 75° 的斜体字，如图 1-7 所示。

拉丁字母、阿拉伯数字或罗马数字同汉字并列书写时，它们的字高比汉字的字高宜小一号或两号，且不应小于 2.5mm。

A B C D E F G H I J
K L M N O P Q R S
T U V W X Y Z
a b c d e f g h i j k l m
n o p q r s t u v w x y

大写和小写拉丁字母

1234567890
1234567890

正体和斜体数字

图 1-7　拉丁字母、数字示例

1.1.4　比例

比例是指图样中图形与实物相应要素的线性尺寸之比。比例的符号为“：”，比例应以阿拉伯数字表示，比例的大小是指其比值的大小，比值为 1，即 1：1，称为原值比例。比值大于 1，如 2：1，称为放大比例。比值小于 1，如 1：100，称为缩小比例。当一张图纸中的各图只用一种比例时，也可把该比例统一书写在图纸标题栏内。

绘制图样时，应根据图样的用途与所绘形体的复杂程度，从表 1-8 规定的系列中选用适当比例，优先采用常用比例。图 1-8 为用不同比例绘制的图样。

表 1-8　比例

种类	比例	
原值比例	1：1	
放大比例	优先使用	5：1　2：1　$5\times10^{n}:1$　$2\times10^{n}:1$　$1\times10^{n}:1$
	允许使用	4：1　2.5：1　$4\times10^{n}:1$　$2.5\times10^{n}:1$
缩小比例	优先使用	1：2　1：5　1：10　$1:2\times10^{n}$　$1:5\times10^{n}$　$1:1\times10^{n}$
	允许使用	1：1.5　1：1.25　1：3　1：4　1：6 $1:1.5\times10^{n}$　$1:1.25\times10^{n}$　$1:3\times10^{n}$ $1:4\times10^{n}$　$1:6\times10^{n}$

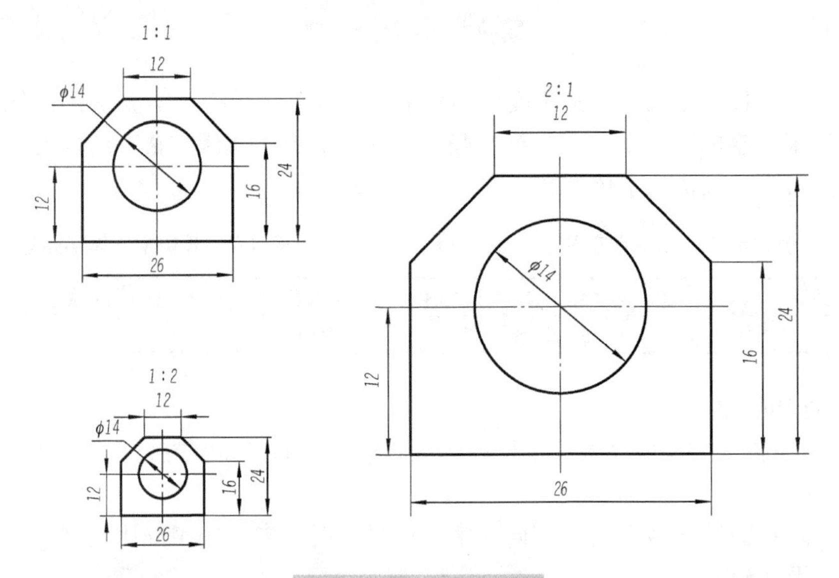

图 1-8　不同比例的图样

1.1.5　尺寸标注

机械工程图中除了画出零件(或部件)的形状外，还必须准确、详尽和清晰地标注各部分实际尺寸，以确定其大小，作为生产的依据。

1．尺寸的组成与尺寸标注的要求

图样上的尺寸，包括尺寸界线、尺寸线、尺寸起止符号和尺寸数字，如图 1-9 所示。进行尺寸标注时基本要求如下。

⑴尺寸界线应用细实线绘制，一般应与被注长度垂直，宜超出尺寸线 2～3mm，必要时图样轮廓线可用作尺寸界线。

⑵尺寸线应用细实线绘制，应与被注长度平行，应注意：图样本身的任何图线均不得用作尺寸线。图样轮廓线以外的尺寸线，距图样最外轮廓之间的距离不宜小于 10mm。

⑶尺寸起止符号是箭头，图 1-10 为箭头的画法。

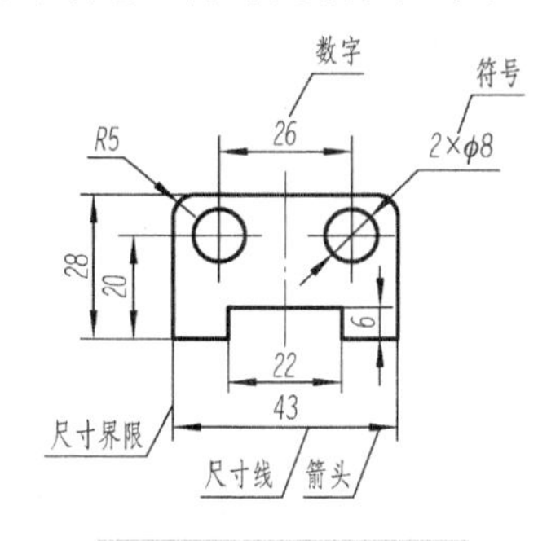

图 1-9　尺寸的组成图

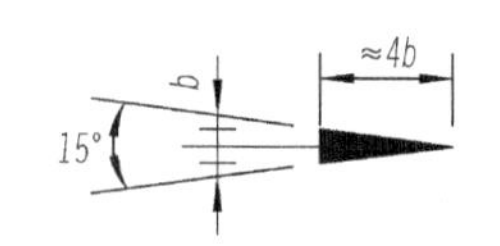

图 1-10　尺寸起止符号

⑷尺寸数字应写在尺寸线的中部，水平方向尺寸应从左到右写在尺寸线上方，垂直方向尺寸应从下到上写在尺寸线左方。字头逆时针转 90°。

⑸图样上的尺寸，以尺寸数字为准，不得从图上直接量取。图样上的尺寸单位必须以毫米为单位，图上尺寸数字不再注写单位。

⑹相互平行的尺寸线，较小尺寸在里，较大尺寸在外，两平行排列的尺寸线之间的距离宜为 7～10mm，并应保持一致。

2．尺寸标注示例

常见的尺寸标注形式见表 1-9。

表 1-9　尺寸标注示例

内容	图例	说明
标注直径	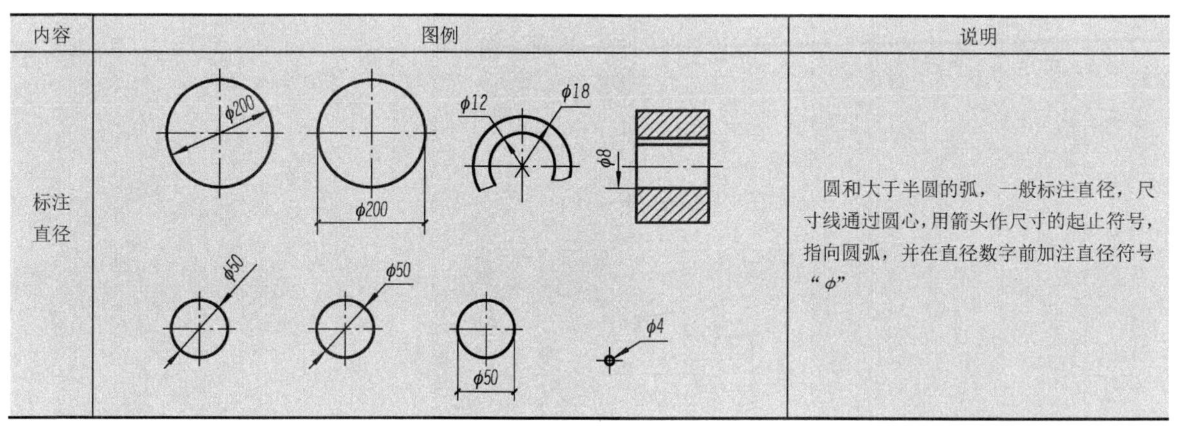	圆和大于半圆的弧，一般标注直径，尺寸线通过圆心，用箭头作尺寸的起止符号，指向圆弧，并在直径数字前加注直径符号“φ”

续表

内容	图例	说明
标注半径	R10 R5 R5 R5 R5 R60 SR64 (a) (b)	半圆和小于半圆的弧，一般标注半径，尺寸线的一端从圆心开始，另一端用箭头指向圆弧，在半径数字前加注半径符号“*R*”。 当圆弧的半径过大，或在图纸范围内无法标出其圆心位置时，可按图(a)的形式标注，若不需要标出圆心位置时，可按图(b)的形式标注
标注圆球	Sϕ80 Sϕ80	球的尺寸标注与圆的尺寸标注基本相同，只是在半径或直径符号(*R* 或 *ϕ*)前加注“*S*”
标注角度	46° 11° 3° 4° 22° 50°	角度的尺寸线，应以圆弧表示。该圆弧的圆心应是该角的顶点，角的两个边为尺寸界线，角度的起止符号应以箭头表示，如没有足够位置画箭头，可用小黑点代替。角度数字应水平书写
标注弦长	57	弦长的尺寸线应以平行于该弦的直线表示，尺寸界线应垂直于该弦，起止符号应以中粗斜短线表示
标注弧长	⌒33	弧长的尺寸线为与该圆弧同心的圆弧，尺寸界线应垂直于该圆弧的弦，起止符号应以箭头表示，弧长数字的上方应加注圆弧符号“⌒”
标注斜度	30° h h为字高 A B R7 1:6 5 100 15 R4 8 75	标注斜度(锥度)时，在斜度(锥度)数字前，应加注斜度(锥度)符号。斜度(锥度)符号的尖头(单面)，一般应指向下坡方向
标注锥度	30° 1.4h h为字高 1:3 A B	

续表

内容	图例	说明
尺寸数字方向	(a)　(b)	水平方向数字向上，垂直方向字头向左转90°，倾斜方向字头保持向上趋势。避免在30°范围标注尺寸。30°范围的尺寸标注可采用(b)所示形式
对称尺寸标注		对称尺寸标注要使得对称线在尺寸中间。4-ϕ14也可以标注为4×ϕ14，表示为4个相同的直径为14的孔
细小尺寸标注		细小位置的尺寸可采取左图所示形式

1.2　绘图仪器及使用方法

制图所需的工具和仪器有图板、丁字尺、三角板、铅笔、圆规和曲线板等。充分了解各种制图工具、仪器的性能，熟练掌握正确的使用方法，经常注意保养维护，是保证制图质量，加快制图速度，提高制图效率的必要条件之一。

1. 图板

图板是用来固定图纸，用作绘图时的垫板。板面一定要平整光洁。图板的左边是导边，必须保持平整(图1-11)。图板的大小有各种不同规格，可根据需要而选定，通常比相应的图幅略大。图板放在桌面上，板身宜与水平桌面成10°～15°倾斜。图纸的四角用胶带纸粘贴在图板上，位置要适中。

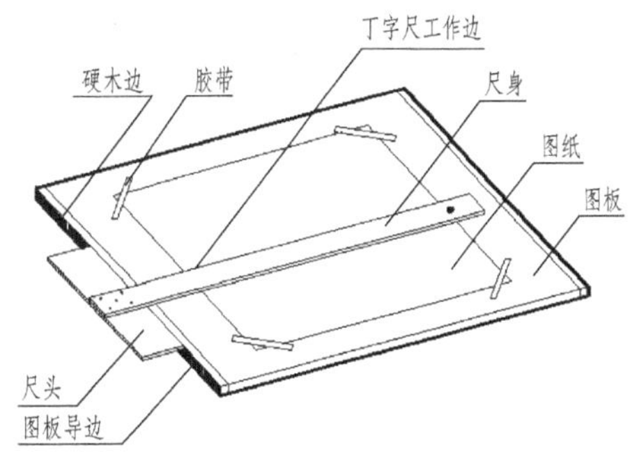

图1-11　图板与丁字尺

注意，要保持图板的整洁，切勿用小刀在图板上裁纸、削铅笔，同时应注意防止潮湿、曝晒、重压等对图板的破坏。

2. 丁字尺

丁字尺由尺头和尺身组成，与图板配合画水平线，尺身的工作边(有刻度的一边)必须保持平直光滑。在画图时，尺头只能紧靠在图板的左边(不能靠在右边、上边或下边)上下移动，画出一系列的水平线，或结合三角板画出一系列的垂直线，如图1-12所示。

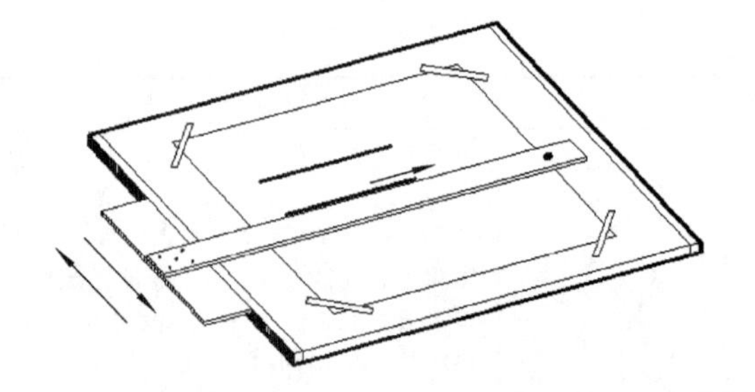
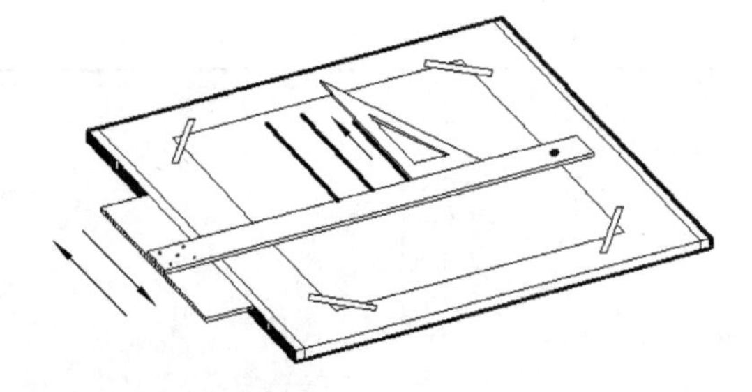

图 1-12　图板、丁字尺与三角板配合的使用

丁字尺在使用时，切勿用小刀靠近工作边裁纸，用完之后要挂起，防止丁字尺变形。

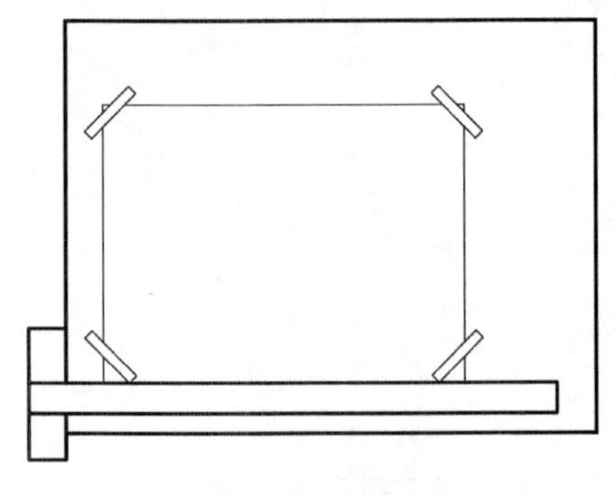

图 1-13　固定图纸

在画图之前，要先固定图纸，将平整的图纸放在图板的偏左下部位，用丁字尺画最下一条水平线时，应使大部分尺头在图板的范围内。微调图纸使其下边缘与尺身工作边平行，用胶带纸将四角固定在图板上，如图 1-13 所示。

3. 三角板

一副三角板有 30°×60°×90°和 45°×45°×90°两块。三角板的长度有多种规格，如 25cm、30cm 等，绘图时应根据图样的大小，选用相应长度的三角板。三角板除了可以结合丁字尺画出一系列的垂直线外，还可以配合画出 15°、30°、45°、60°、75°等角度的斜线，如图 1-14 所示。

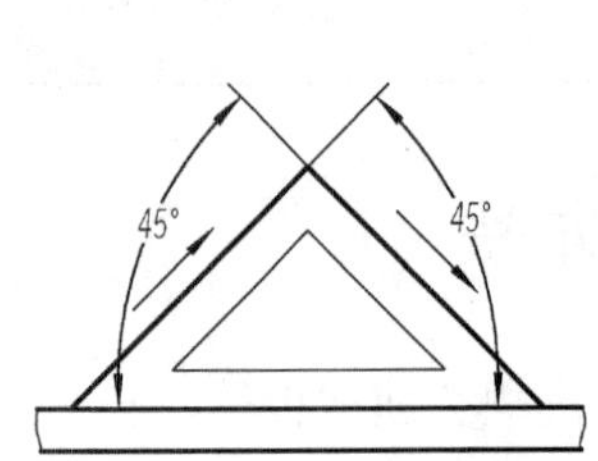

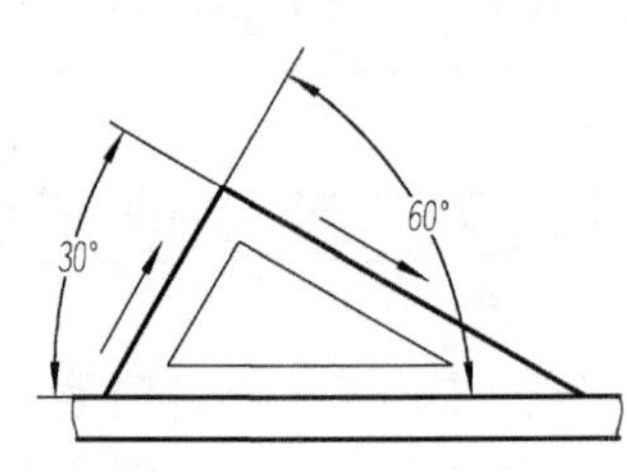

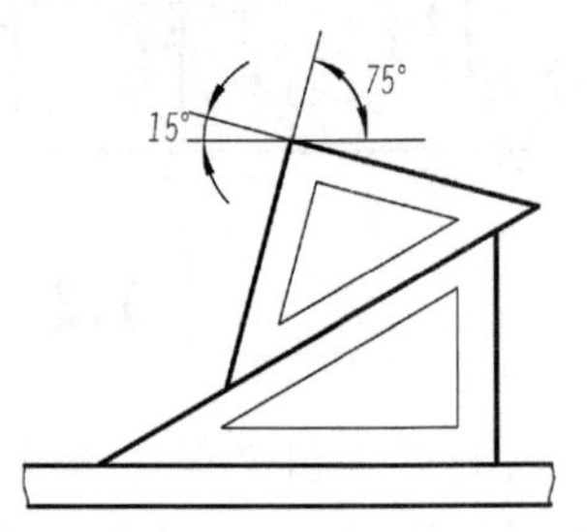

图 1-14　画 15°、30°、45°、60°、75°的斜线

4. 铅笔

铅笔的铅芯有软硬之分，通常其硬度用 B、H 来表示。B、2B、…、6B 表示软铅芯，数字越大表示铅芯越软；H、2H、…、6H 表示硬铅芯，数字越大表示铅芯越硬；HB 表示不软不硬。画底稿时，一般用 H 或 2H，图形加深常用 HB 或 B。

削铅笔时应将 H 或 2H 铅笔尖削成锥形，用于画细线和写字；将 HB 或 B 削成鸭舌状，用于画粗实线，如图 1-15 所示。铅芯露出长度约为 6～8mm，注意不要削有标号的一端。

使用铅笔绘图时，用力要均匀，用力过小导致绘图不清楚，用力过大则会划破图纸甚至折断铅芯。

5. 圆规和分规

圆规主要用来画圆或圆弧，常见的是三用圆规。定圆心的针脚上的钢针，应选用台肩的一端（圆规针脚一端有台肩，另一端没有）放在圆心，并可按需要适当调节长度；另一条腿的端部可按需要装上有铅芯的插腿，可绘制铅笔线圆（弧）；装上钢针的插腿，可作为分规使用。

当使用铅芯绘图时，应将铅芯磨成斜面状，斜面向外，并且应将定圆心的钢针台肩调整到与铅芯的端部平齐，如图 1-16 所示。

分规的形状与圆规相似，只是两腿都装有钢针，用来量取线段的长度，或用来等分直线段或圆弧。

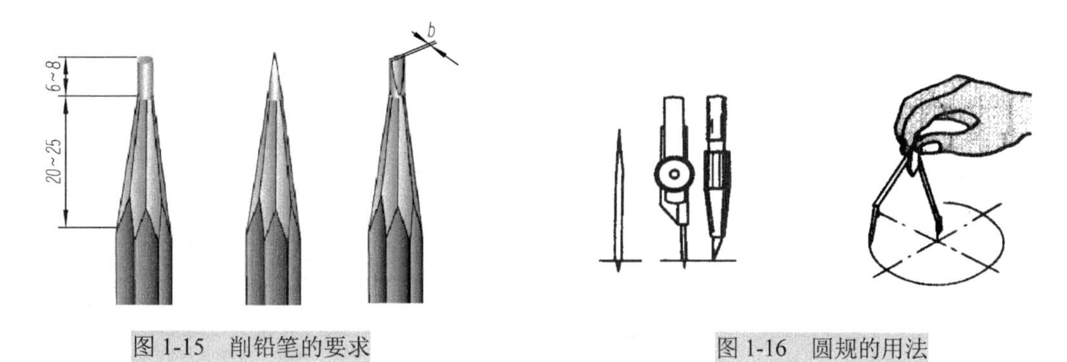

图 1-15　削铅笔的要求　　　　图 1-16　圆规的用法

6. **曲线板**

曲线板是用于画非圆曲线的工具。首先要定出曲线上足够数量的点，徒手将各点连成曲线，然后选用曲线板上与所画曲线吻合的一段，沿着曲线板边缘将该段曲线画出，然后依次连续画出其他各段。注意前后两段应有一小段重合，曲线才显得圆滑，如图 1-17 所示。

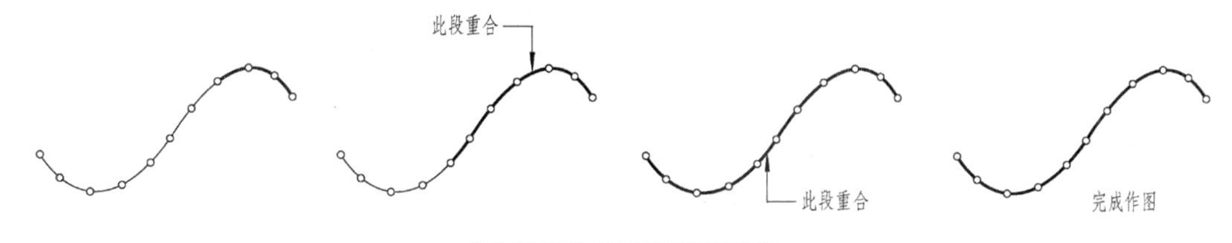

图 1-17　用曲线板画曲线

7. **其他**

绘图时常用的其他用品还有图纸、小刀、橡皮、擦线板、胶带纸、细砂纸、排笔、专业模板、数字模板和字母模板等。

1.3　几 何 作 图

表示物体形状的图形是由各种几何图形组合而成的，只有熟练地掌握各种几何图形的作图原理和方法，才能更快更好地手工绘制各种机件的图形。

1. **等分线段和图幅**

等分线段、图幅的画图方法见表 1-10。

表 1-10　等分线段和图幅

几何作图	作图方法和步骤		
等分任意线段	(1)	1 2 3 4 5 6 (2)	1 2 3 4 5 6 (3)
等分两平行线间距离	0 1 2 3 4 (1)	0 1 2 3 4 (2)	(3)

续表

几何作图	作图方法和步骤		
等分图纸幅面	二、四等分	三、六等分	九等分

2. 正多边形画法

在画图过程中，常会遇到圆周等分的情况，即作出正多边形，具体画法见表 1-11。

表 1-11　正多边形

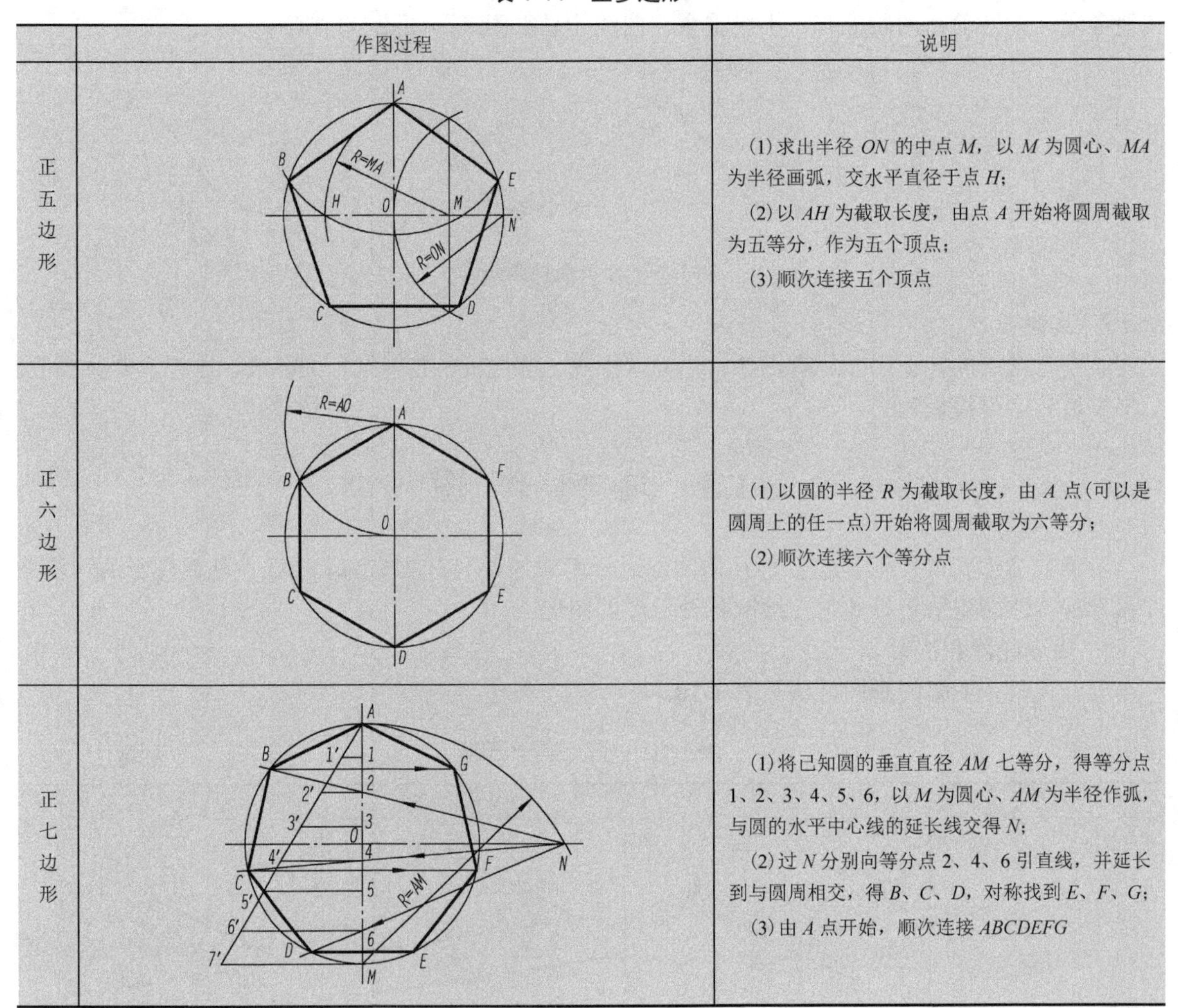

	作图过程	说明
正五边形		(1) 求出半径 *ON* 的中点 *M*，以 *M* 为圆心、*MA* 为半径画弧，交水平直径于点 *H*； (2) 以 *AH* 为截取长度，由点 *A* 开始将圆周截取为五等分，作为五个顶点； (3) 顺次连接五个顶点
正六边形		(1) 以圆的半径 *R* 为截取长度，由 *A* 点(可以是圆周上的任一点)开始将圆周截取为六等分； (2) 顺次连接六个等分点
正七边形		(1) 将已知圆的垂直直径 *AM* 七等分，得等分点 1、2、3、4、5、6，以 *M* 为圆心、*AM* 为半径作弧，与圆的水平中心线的延长线交得 *N*； (2) 过 *N* 分别向等分点 2、4、6 引直线，并延长到与圆周相交，得 *B*、*C*、*D*，对称找到 *E*、*F*、*G*； (3) 由 *A* 点开始，顺次连接 *ABCDEFG*

3. 椭圆画法

椭圆的画法最常用的是四心法和同心圆法，已知椭圆的长轴 *AB* 和短轴 *CD*，作图过程见表 1-12。

表 1-12　椭圆画法

	作图过程	说明
同心圆法		(1) 分别以 *AB* 和 *CD* 为直径作大小两圆，并等分两圆周为十二等分(也可是其他若干等分)； (2) 由大圆各等分点作竖直线，与由小圆各对应等分点所作的水平线相交，连接各交点即可
四心法		(1) 以 *O* 为圆心、*OA* 为半径作圆弧，交 *DC* 延长线于点 *E*，连接 *AC*，以 *C* 为圆心、*CE* 为半径画弧，交 *CA* 于点 *F*； (2) 作 *AF* 的垂直平分线，交 *AO* 于 O_1，交 *DO* 于 O_2，求出其对称点 O_3 和 O_4； (3) 分别以 O_1、O_2、O_3、O_4 为圆心，O_1A、O_2C、O_3B、O_4D 为半径作圆弧，使各弧在 O_2O_1、O_2O_3、O_4O_1、O_4O_3 的延长线上的 *G*、*J*、*H*、*I* 四点处连接

4. 圆弧连接

在绘制零件的平面图形时，常遇到用已知半径的圆弧光滑地连接两条已知线段(直线或圆弧)的情况，其作图方法称为圆弧连接。圆弧连接要求在连接处要光滑，所以在连接处两线段要相切。

1) 圆弧连接的三种情况

圆弧连接分为三种情况：连接两直线、连接一直线和一圆弧、连接两圆弧；其中连接两圆弧又可分为外切连接两圆弧、内切连接两圆弧和内外切连接两圆弧三种情况。圆弧连接的作图关键是要准确地求出连接圆弧的圆心和连接点(切点)。

2) 圆弧连接作图步骤

作图过程一般分为找圆心、求切点和画圆弧三步。

(1) 在找圆心时，掌握以下原则：

圆弧与直线相切时，圆心与直线的距离等于半径；

圆弧与已知圆弧内切，则两圆弧的圆心距等于两半径之差；

圆弧与已知圆弧外切，则两圆弧的圆心距等于半径之和。

(2) 求切点时，掌握以下原则：

圆弧与直线相切，切点就是从圆心作直线的垂线得到的垂足；两圆弧相切，切点在两圆心连线上或其延长线上。

表 1-13 是圆弧连接的各种情况的作图过程。

表 1-13　圆弧连接画法

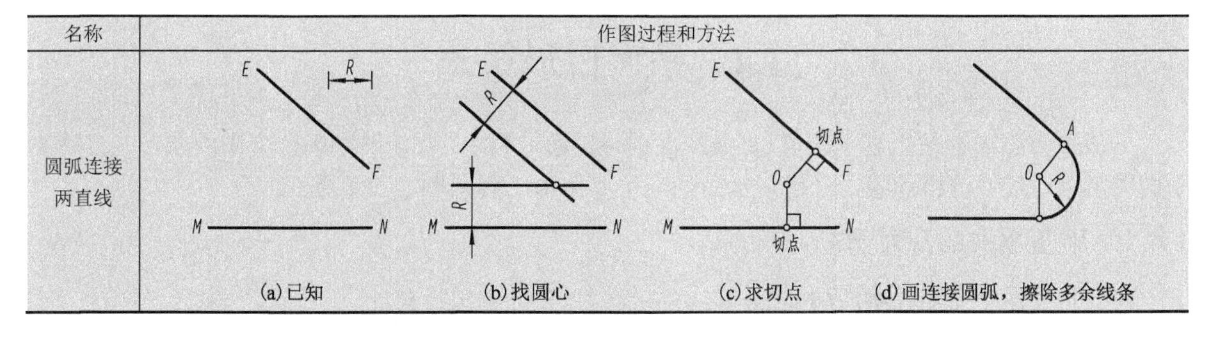

名称	作图过程和方法
圆弧连接两直线	(a) 已知　(b) 找圆心　(c) 求切点　(d) 画连接圆弧，擦除多余线条

续表

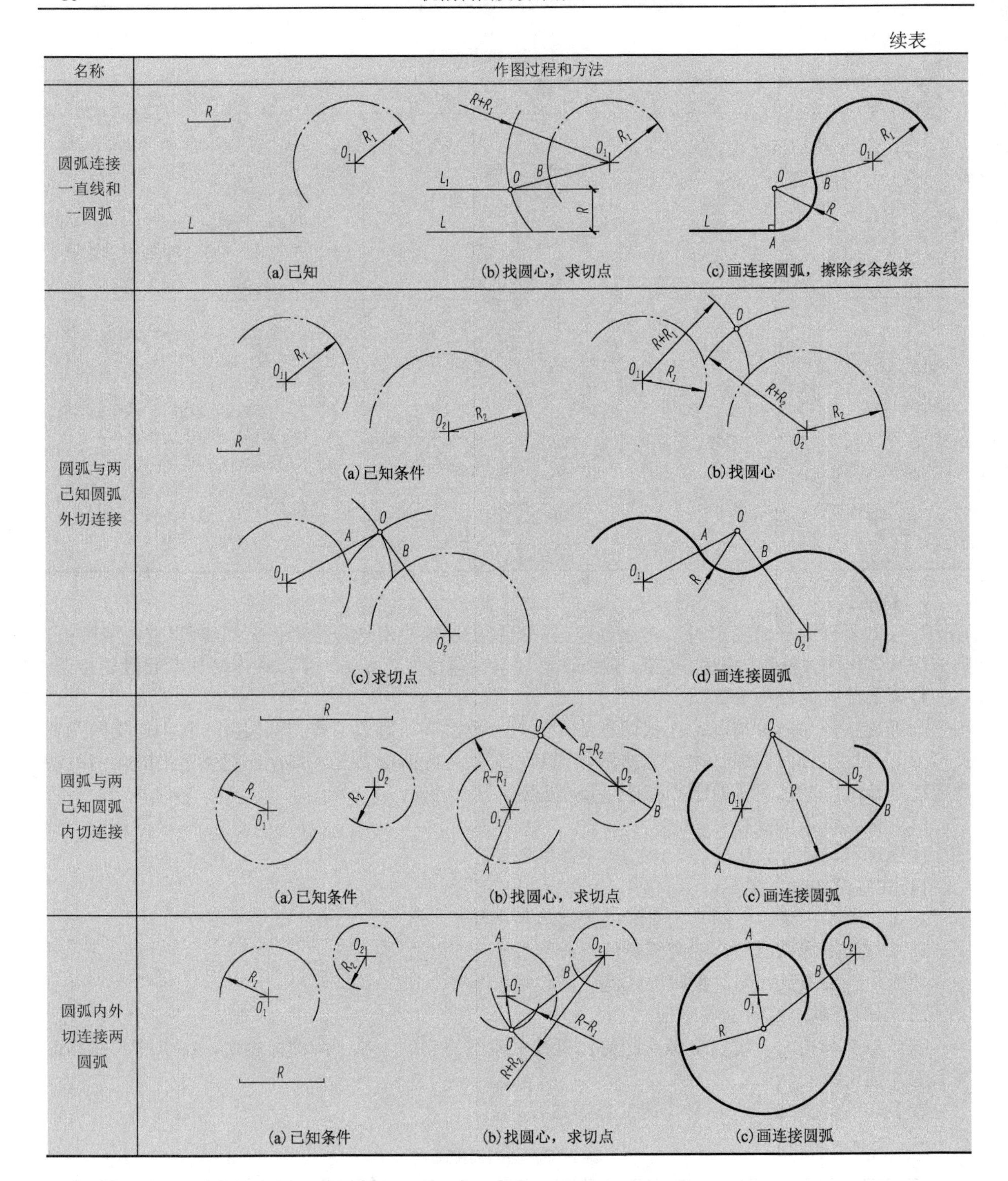

名称	作图过程和方法
圆弧连接一直线和一圆弧	(a) 已知　(b) 找圆心，求切点　(c) 画连接圆弧，擦除多余线条
圆弧与两已知圆弧外切连接	(a) 已知条件　(b) 找圆心　(c) 求切点　(d) 画连接圆弧
圆弧与两已知圆弧内切连接	(a) 已知条件　(b) 找圆心，求切点　(c) 画连接圆弧
圆弧内外切连接两圆弧	(a) 已知条件　(b) 找圆心，求切点　(c) 画连接圆弧

1.4 平面图形画法

一般平面图形都是由若干线段(直线或曲线)连接而成的。要正确绘制一个平面图形，必须对平面图形进行尺寸分析和线段分析，从而确定平面图形的画图顺序和步骤。

1.4.1 平面图形的尺寸分析

尺寸按其在平面图形中所起的作用，可分为定形尺寸和定位尺寸。

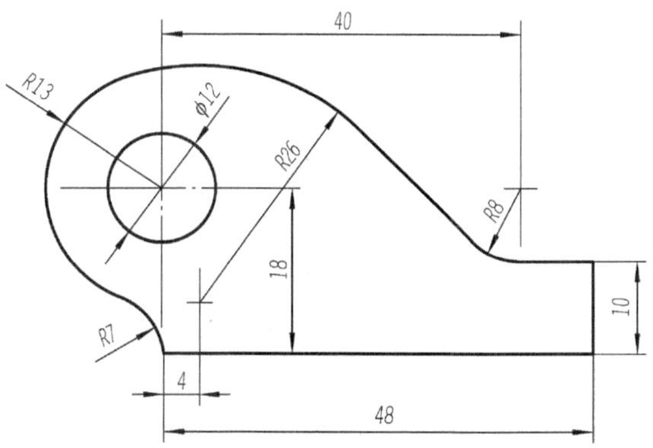

1）定形尺寸

确定平面图形各组成部分形状、大小的尺寸，称为定形尺寸，如确定直线的长度、角度的大小、圆弧的半径(直径)等的尺寸。图 1-18 中 *R*7、*R*8、*R*26、*ϕ*12、*R*13、10、48 等都是定形尺寸。

2）定位尺寸

确定平面图形各组成部分相对位置的尺寸，称为定位尺寸。图 1-18 中 4、18、40 等都是定位尺寸。

图 1-18　平面图形的尺寸分析

1.4.2　平面图形的线段分析

根据线段在图形中的定形尺寸和定位尺寸是否齐全，通常分成三类线段，即已知线段、中间线段、连接线段。

1）已知线段

已知线段是根据给出的尺寸可直接画出的线段。如图 1-18 中 *R*13 和 *ϕ*12 的两个圆，作图时只要在图形中定出圆心，就可以画出这两个圆。又如图 1-18 中长度为 10、48 的线段也是已知线段。

2）中间线段

中间线段是指缺少一个尺寸，需要依据相切或相接的条件才能画出的线段，如图 1-18 中半径为 *R*26 和 *R*8 的圆弧等。

3）连接线段

连接线段是指缺少两个尺寸，完全依据两端相切或相接的条件才能画出的线段，如图 1-18 中半径为 *R*7 的圆弧。

在绘制平面图形时，应先画已知线段，再画中间线段，最后画连接线段。

【例 1-1】　画出图 1-19 所示的平面图形。

解　通过对图形分析可知，组成该平面图形的线段均为圆或圆弧，由于各线段的半径或直径都是已知的，故要画出这些线段，必须首先确定它们的圆心。

作图步骤如下：

(1) 作三条水平基准线，它们之间的距离分别为 40、35、50mm，同时作出一条竖直基准线，再根据 45° 和 *R*50 作出圆弧的基准线。图中有 12 条线段已知圆心，所以可以先画出这些已知的圆，如图 1-20 所示。

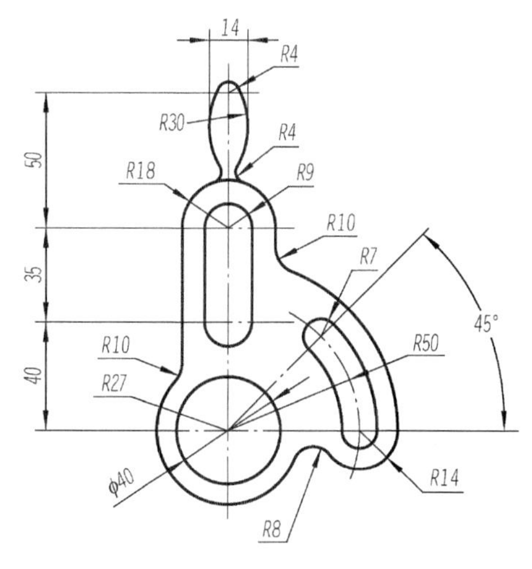

图 1-19　已知平面图形

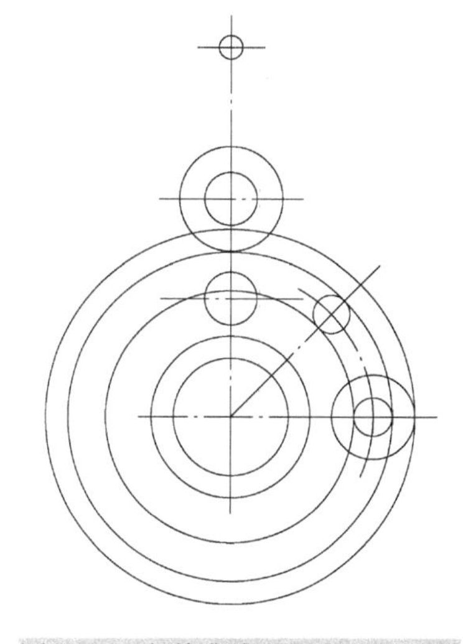

图 1-20　定基准线，画出已知圆弧

(2) 为表达清楚，将刚才画出的已知线段用粗线表示，如图 1-21 所示。下面以半径为 30mm 的圆弧为例说明中间线段的作图，显然该圆弧与已知半径为 *R*4 的圆弧内切，又知该圆弧与中心竖直基准线左右侧 7mm 的竖直线相切。因此，可以以已知 *R*4 圆弧的圆心为圆心，以 26 (=30−4) mm 为半径作圆弧，同时作与左右侧竖直基准线距离 30mm 的平行线，所作平行线与圆弧相交而得到的交点，即为所求圆弧的圆心，然后根据圆心和 *R*30 半径画出该中间线段即可。然后，作其他 4 条竖直相切线，可参见图中表示，不再赘述。

(3) 画出连接线段。如图 1-22 所示，已经确定的线段用粗线表示，该步骤要画出的线段用细实线表示。以右下角半径为 *R*8 的圆弧为例，该圆弧与相邻的两圆弧均是外切连接，因此在确定该圆弧的圆心时，我们要分别用 22 (=14+8) mm 和 35 (=27+8) mm 为半径、以对应的圆弧圆心为圆心作出两个圆弧，其交点即为所求圆弧的圆心，最后根据圆心和半径画出该连接线段。其他 4 条连接线段的作图过程，读者可自行分析。

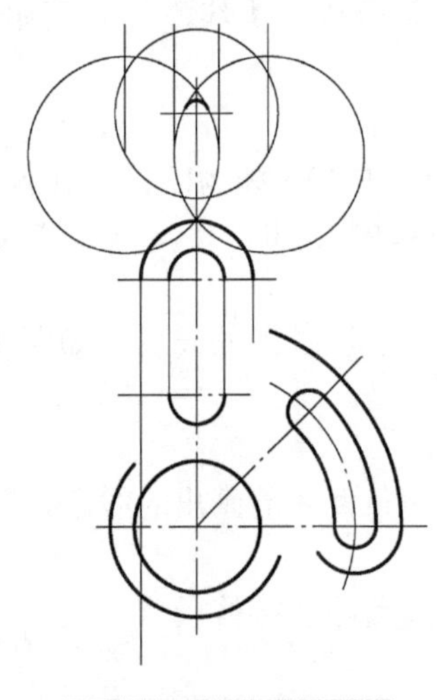

图 1-21　画出中间线段

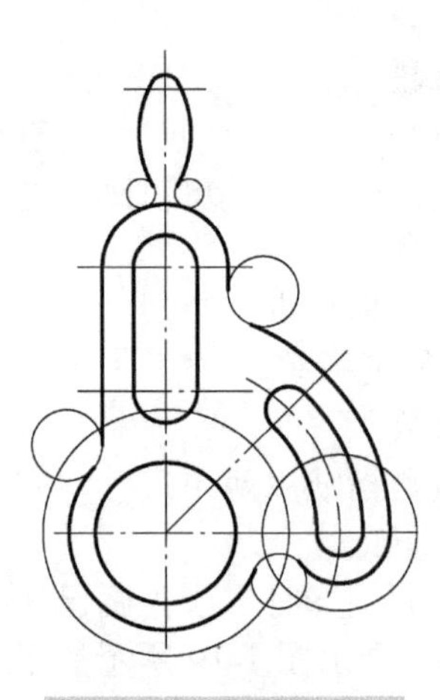

图 1-22　画出连接线段

(4) 加粗、加深图形轮廓线，擦掉多余的图线，标注尺寸，完成作图，如图 1-19 所示。

1.4.3　平面图形的尺寸标注

平面图形画完后，需按照正确、完整、清晰的要求来标注尺寸，即标注的尺寸要符合国家标准；尺寸不出现重复或遗漏，也不多注；尺寸要安排有序，注写清楚。

标注平面图形尺寸的一般步骤如下。

1) 确定尺寸基准

尺寸基准为该方向上标注尺寸的基准线，相当于坐标系中的 *XYZ* 轴。一般来说，在一个方向上对称的图形以对称线或对称面为尺寸基准，不对称的则以重要的边或面为尺寸基准。

2) 标注全部定形尺寸

定形尺寸包括所有圆弧直径和半径的大小以及所有直线的长短。

3) 标注必要的定位尺寸

已知线段的两个定位尺寸都要注出；中间弧只需注出圆心的一个定位尺寸；连接弧圆心的两个定位尺寸都不必注出，否则便会出现多余尺寸。

4) 检查、调整、补遗删多

尺寸排列要整齐、匀称，小尺寸在里，大尺寸在外，以避免尺寸线与尺寸界线相交，箭头不应指在切点处，而应指向表示该线段几何特征最明显的部位。

图 1-23 所示为几种常见平面图形的尺寸标注示例，供读者分析参考。

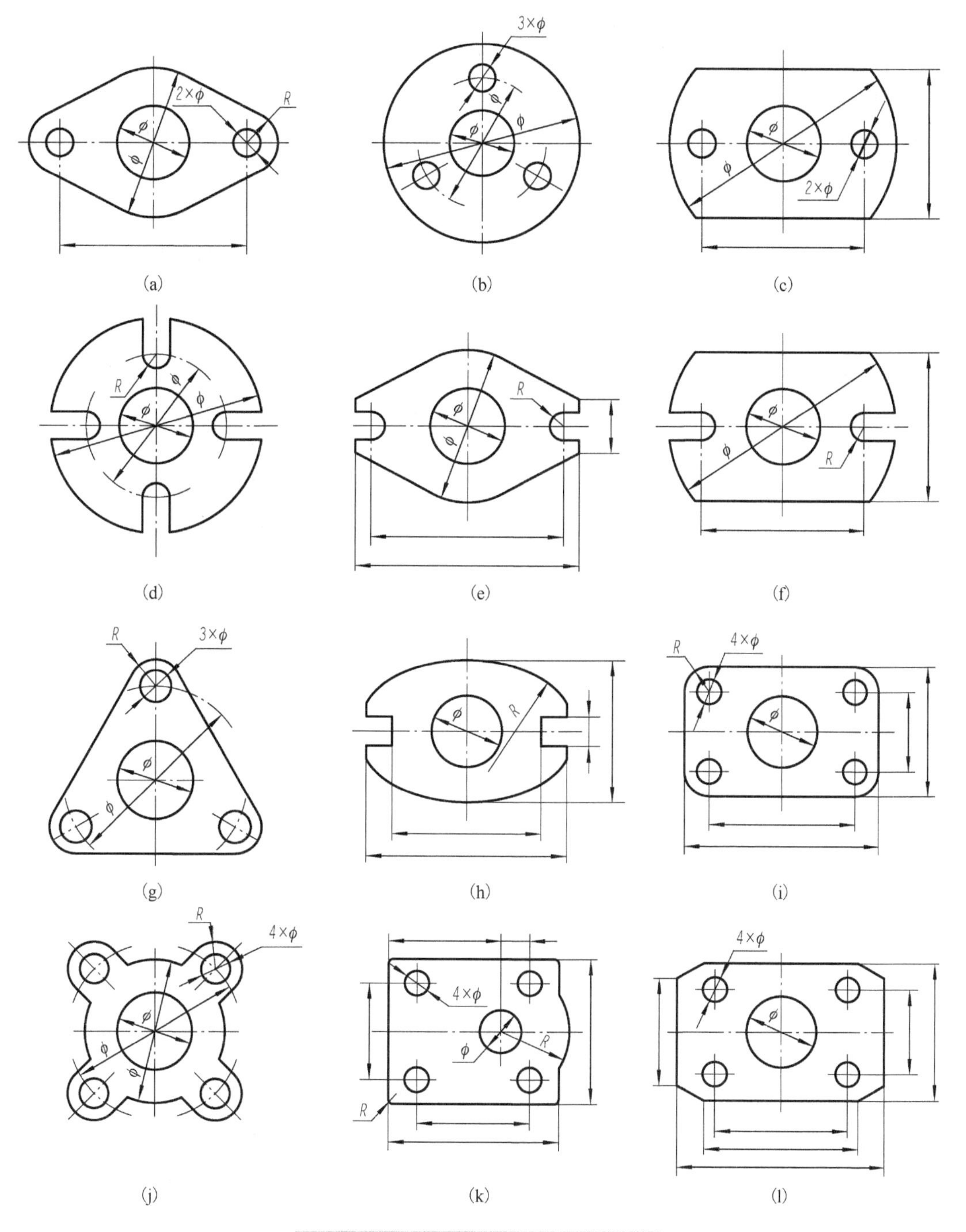

图 1-23　常见平面图形的尺寸标注示例

1.4.4　平面图形绘图的方法和步骤

为了保证绘图质量，提高绘图速度，除了必须熟悉和遵守制图标准、正确使用绘图工具、掌握几何作图的方法外，还要有比较合理的绘图工作顺序。现就绘制仪器图和徒手图的方法和步骤简述如下。

1. 画图前的准备工作

画图前要准备好绘图工具和仪器，按各种线型的要求削好铅笔和圆规中的铅芯，并备好图纸。

2. 画底稿

1) 选比例，定图幅

根据所画图形的大小，选取合适的画图比例和图纸幅面。

2) 固定图纸

将选好的图纸用胶带纸固定在图板上。固定时，应使图纸的水平边与丁字尺的工作边平行，图纸的下边与图板底边的距离要大于一个丁字尺的宽度(参看图 1-13)。

3) 画图框及标题栏

按国家标准所规定的幅面、周边尺寸和标题栏位置，先用细实线画出图纸边界线、图框及标题栏。标题栏可采用图 1-2 所示的简化格式。

4) 布置图形的位置

图形在图纸上布置的位置要力求匀称，不宜偏置或过于集中在某一角。根据每个图形的长、宽尺寸，画出各图形的基准线，并考虑到有足够的图面注写尺寸和文字说明等。

5) 画底稿图

先由定位尺寸画出图形的所有基准线，再按定形尺寸画出主要轮廓线，然后再画细节部分。画底稿图时，宜用较硬的铅笔(2H 或 H)。底稿线应画得轻、细、准，以便于擦拭和修改。

3. 铅笔加深图线

加深图线前要仔细校对底稿，修正错误，擦去多余的图线或污迹，保证线型符合国家标准的规定。加深不同类型的图线，应选用不同型号的铅笔。

加深图线一般可按下列顺序进行：

(1) 不同线型，先粗、实，后细、虚；

(2) 有圆有直，先圆后直；

(3) 多条水平线，先上后下；

(4) 多条垂直线，先左后右；

(5) 多个同心圆，先小后大；

(6) 最后加深斜线、图框和标题栏。

4. 标注尺寸

图形加深后，应将尺寸界线、尺寸线和箭头都一次性地画出，最后注写尺寸数字及符号等。注意标注尺寸要正确、清晰，符合国家标准的要求。

5. 填写标题栏及其他必要的文字说明

在标题栏内填写图名、设计者、设计单位等信息。

6. 检查整理

待绘图工作全部完成后，经仔细检查，确无错漏，最后在标题栏“制图”一格内签上姓名和绘图日期。

1.5　徒手绘图简介

徒手绘图是不用绘图仪器，凭目测按大致比例徒手画出草图。草图并非“潦草的图”，它同样要求图形正确、线型分明、比例匀称、字体工整、图面整洁。徒手绘图是工程技术人员的基本技能之一，要通过训练不断提高，常见的徒手作图方法见表 1-14。

表 1-14　常见的徒手作图方法

内容	图例	画法
画水平线、垂直线	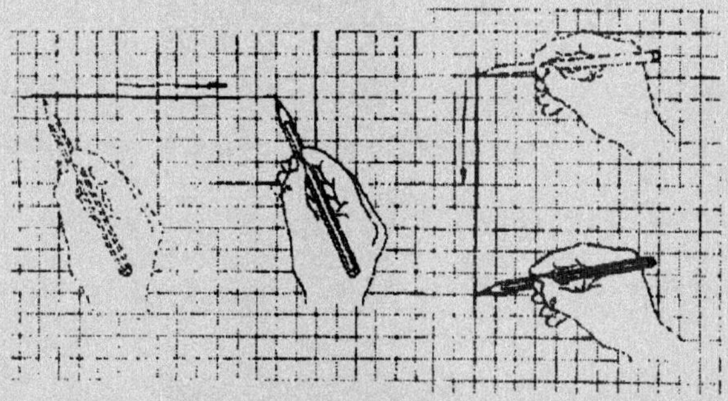	手腕不动，用手臂带动握笔的手水平移动或垂直移动
画各种特殊角度斜线	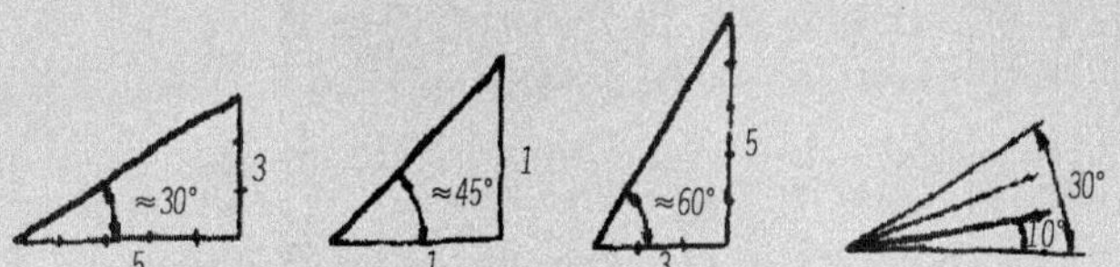 ≈30° 3 5　≈45° 1 1　≈60° 5 3　30° 10°	根据两直角边的比例关系，定出端点然后连接
画大圆和小圆	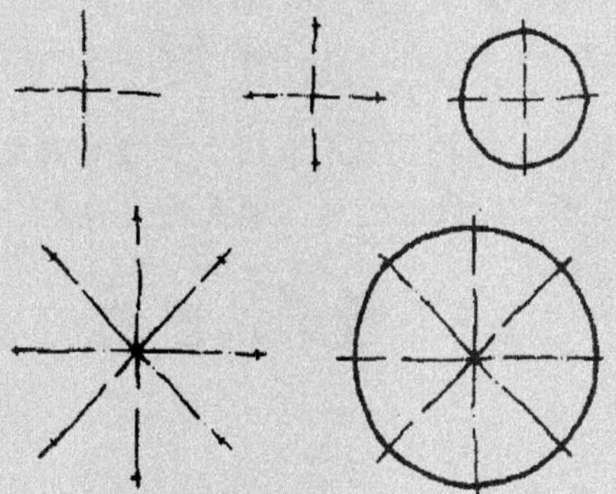	先画出中心线，目测半径，在中心线上截得四点，再将各点连接成圆。画大圆时，则可多作几条过圆心的线
画平面图形	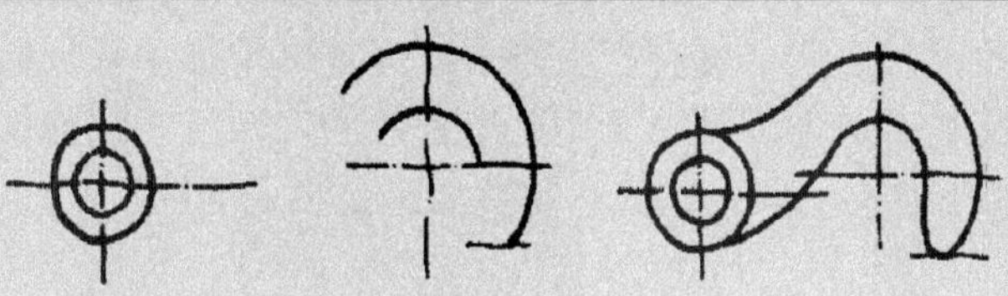	先按目测比例作出已知圆弧，再作连接圆弧与已知圆弧光滑连接

总之，画徒手草图时，握笔不得太紧，运笔力求自然，铅笔倾斜于运动方向，小手指微微接触纸面，目光随时注意线段的终点。

第 2 章　正投影基础

教学目标和要求

熟悉投影的概念、方法和分类；
掌握正投影的特性；
掌握各种位置点、直线、平面投影图以及平面内点、线的画法；
根据点、线、面的投影图，能判断点、线、面的空间位置。

教学重点和难点

掌握各种位置点、直线、平面投影图以及平面内点、线的画法；
根据点、线、面的投影图，能判断点、线、面的空间位置。

我们生活在一个三维空间里，一切物体都有长度、宽度和高度，用投影的方法可以把空间的三维物体转变为平面上的二维图形，而且准确全面地表达出形体的形状和大小。

2.1　投影法概述

2.1.1　投影的形成与分类

在日常生活中，常看到人被阳光照射后在某个地面上呈现影子的现象。如图 2-1(a)所示，将物体放在灯光和地面之间，在地面上就会产生影子，但是这个影子只反映了物体的外形轮廓，至于三个侧面的轮廓均未反映出来。假设影子不是黑灰色的，而且光线能够透过形体将各个顶点和各个侧棱线都在平面上落下它们的影，这些点和线的影就组成能够反映出形体各部分形状的图形。

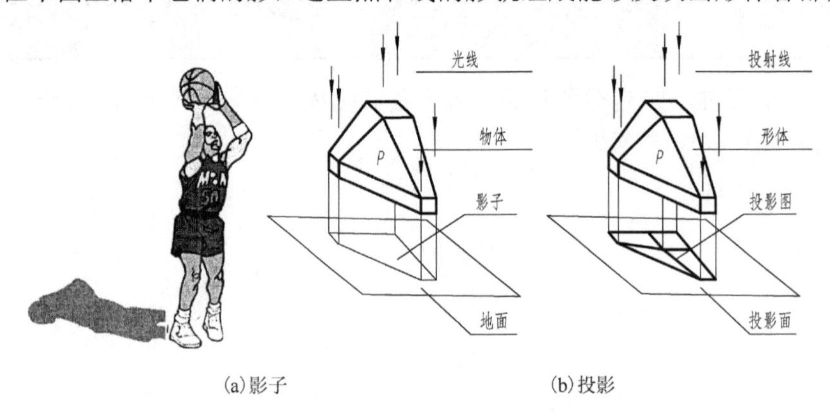

(a)影子　　(b)投影

图 2-1　影子和投影

在图 2-1(b)中，将物体称为形体，光源称为投影中心，通过物体顶点的光线称为投影线，落影平面称为投影面，透过形体上各点的投影线与投影面的交点称为点的投影。将相应各点的投影连接起来，即得到形体的投影。这样形成的平面图形称为投影图。此种形成投影的方法称为投影法。

根据投影中心(S)与投影面的距离，投影法可分为中心投影法和平行投影法两大类。

1. 中心投影法

当投影中心距离投影面为有限远时，所有的投影线都汇交于一点，这种投影法称为中心投影法，如图2-2(a)所示，用这种方法所得的投影称为中心投影。

2. 平行投影法

当投影中心距离投影面为无限远时，所有的投影线均可看作互相平行，这种投影法称为平行投影法，如图2-2所示。根据投影线与投影面的倾角不同，平行投影法又分为斜投影法和正投影法两种，如图2-2(b)、(c)所示。

1)斜投影法

当投影线倾斜于投影面时，称为斜投影法，见图2-2(b)，用这种方法所得的投影称为斜投影。

2)正投影法

当投影线垂直于投影面时，称为正投影法，见图2-2(c)，用这种方法所得的投影称为正投影。

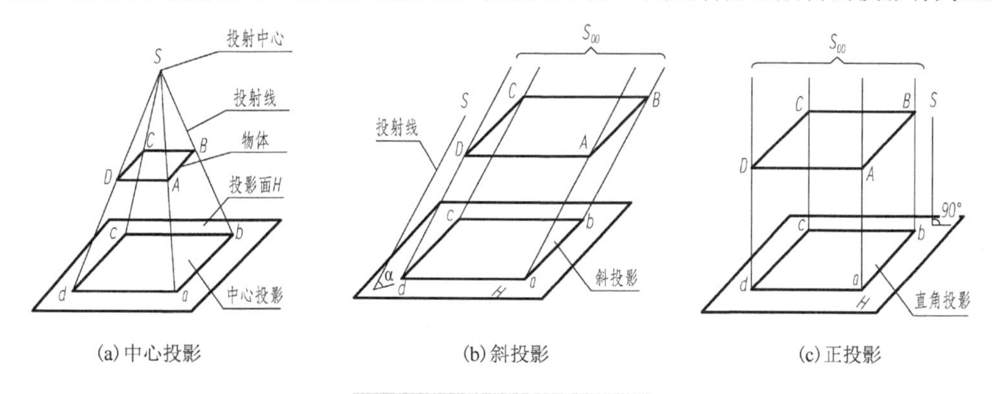

(a)中心投影　(b)斜投影　(c)正投影

图2-2　中心投影和平行投影

一般工程图都是按正投影的原理绘制的，为叙述方便起见，如无特殊说明，以后书中所指“投影”即“正投影”。

2.1.2　工程上常用的投影图

表达工程物体时，由于表达目的和被表达对象特性的不同，往往需要采用不同的投影图。常用的投影图有以下四种。

1)透视投影图

透视投影图简称为透视图，它是按中心投影法绘制的，如图2-3所示。这种图的优点是形象逼真，立体感强，其图样常用作建筑设计方案的比较、展览。缺点是绘图较繁，度量性差。

2)轴测投影图

轴测投影图简称为轴测图，它是按平行投影法绘制的，如图2-4所示。这种图的优点是立体感较强。缺点是度量性较差，作图较麻烦，工程中常用作辅助图样。

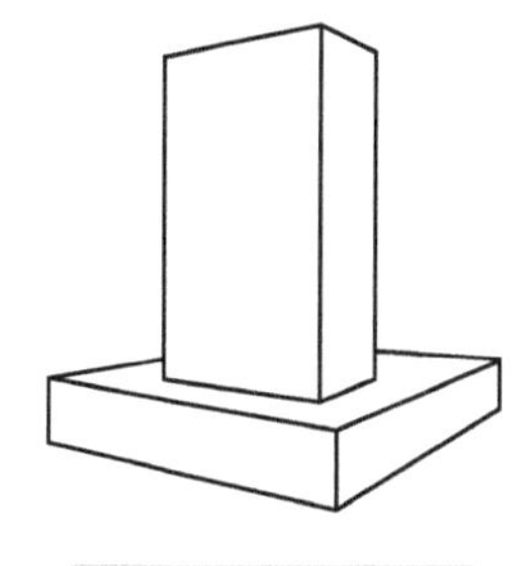

图2-3　透视投影图

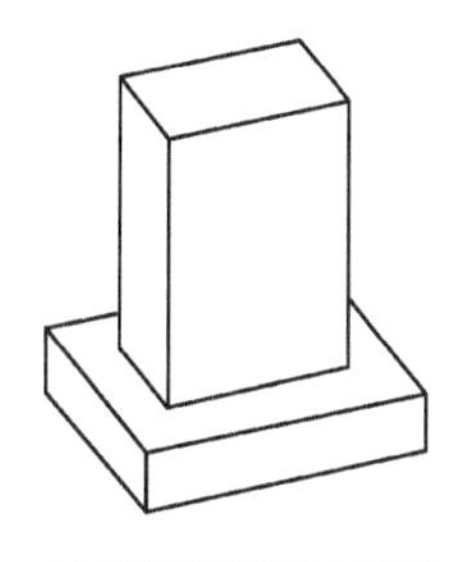

图2-4　轴测投影图

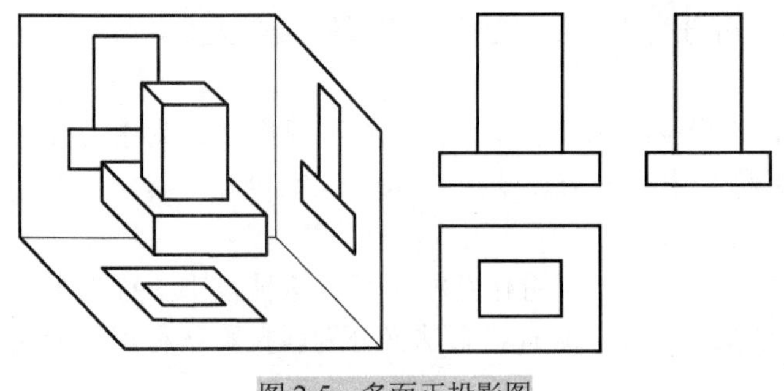

图 2-5 多面正投影图

3) 正投影图

用正投影法把物体向两个或两个以上互相垂直的投影面进行投影所得到的图样称为多面正投影图，简称为正投影图，如图 2-5 所示。这种图的优点是能准确地反映物体的形状和大小，作图方便、度量性好，在工程中应用最广。缺点是立体感差，需经过一定的训练才能看懂图形。

4) 标高投影图

标高投影图是一种带有数字标记的单面正投影图，如图 2-6 所示。标高投影图常用来表达地面的形状。作图时用间隔相等的水平面截割地形面，其交线即为等高线，将不同高程的等高线投影在水平的投影面上，并标出各等高线的高程，即为标高投影图，从而表达出该处的地形情况。

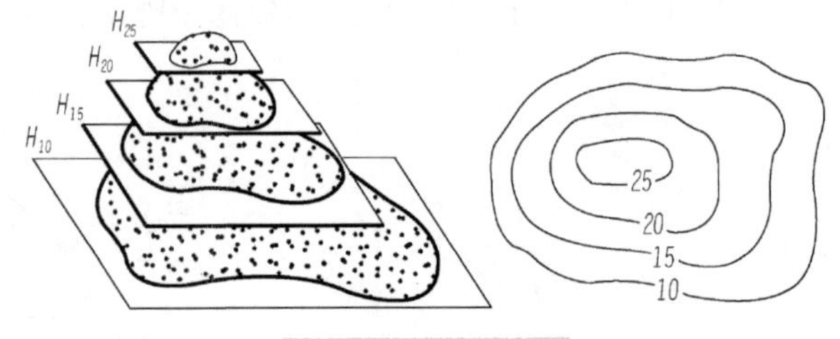

图 2-6 标高投影图

大多数工程图是采用正投影法绘制的。正投影法是本课程研究的主要对象，以下各章所指的投影，如无特殊说明均指正投影。

2.2 正投影的特性

在工程实践中，最经常使用的是正投影，正投影一般有以下几个特性。

1) 实形性

当直线线段或平面图形平行于投影面时，其投影反映实长或实形，如图 2-7(a)、(b)所示。

2) 积聚性

当直线或平面平行于投影线时(在正投影中垂直于投影面)，其投影积聚为一点或一直线，如图 2-7(c)、(d)所示。

3) 类似性

当直线或平面倾斜于投影面而又不平行于投影线时，其投影小于实长或不反映实形，但与原形类似，如图 2-7(e)、(f)所示。

4) 平行性

互相平行的两直线在同一投影面上的投影保持平行，如图 2-7(g)所示，$AB \parallel CD$，则 $ab \parallel cd$。

5) 从属性

若点在直线上，则点的投影必在直线的投影上，如图 2-7(e)中 C 点在 AB 上，C 点的投影 c 必在 AB 的投影 ab 上。

6) 定比性

直线上一点所分直线线段的长度之比等于它们的投影长度之比；两平行线段的长度之比等于它们没有积聚性的投影长度之比，如图 2-7(e)中 $AC:CB=ac:cb$，图 2-7(g)中 $AB:CD=ab:cd$。

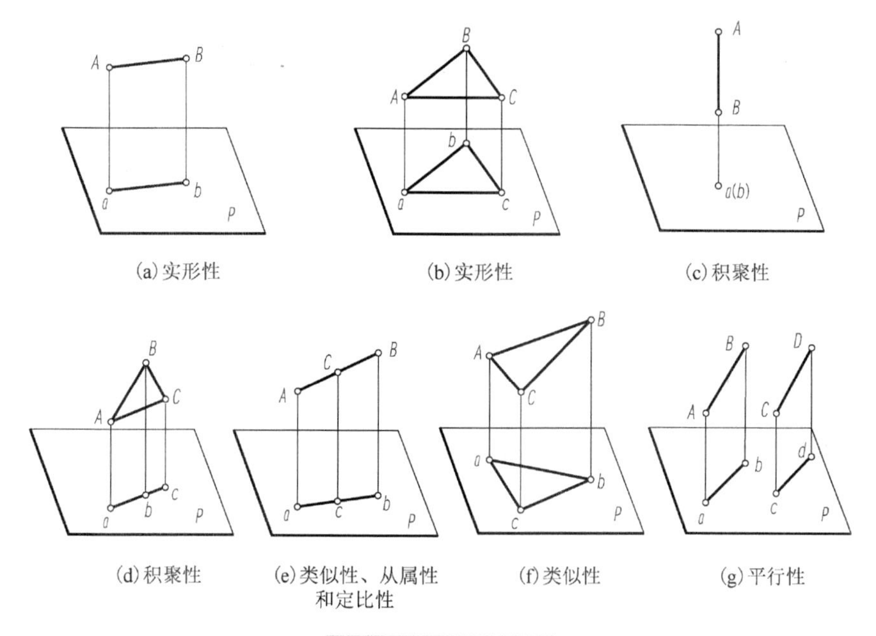

图 2-7　正投影的特性

2.3　三面投影图

2.3.1　物体的投影

如图 2-8 所示，在体的下面放一个水平投影面用 *H* 表示，简称 *H* 面。在水平投影面上的投影称水平投影，简称 *H* 投影。图 2-8(a)所示三个形状不同的物体在投影面 *H* 上具有相同的水平投影，单凭这个投影图来确定物体的唯一形状，是不可能的。如图 2-8(b)所示，在水平投影面 *H* 的基础上，增加一个侧立投影面用 *W* 表示，简称 *W* 面。在侧立投影面上的投影称侧立面投影，简称 *W* 投影。如图 2-8(b)所示三个形体，它们的 *H*、*W* 投影相同，要凭这两面的投影来区分它们的形状，是不可能的。因此，若要使正投影图唯一确定物体的形状结构，仅有一面或两面投影是不够的，必须采用多面投影的方法，为此，设立了三投影面体系。

如图 2-9 所示，在水平投影面 *H* 和侧立投影面 *W* 的基础上，增加一个正立投影面，用 *V* 表示，

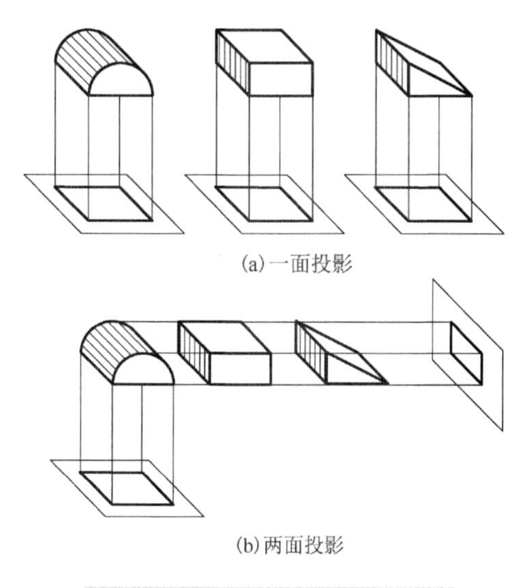

图 2-8　物体的一面和两面投影图

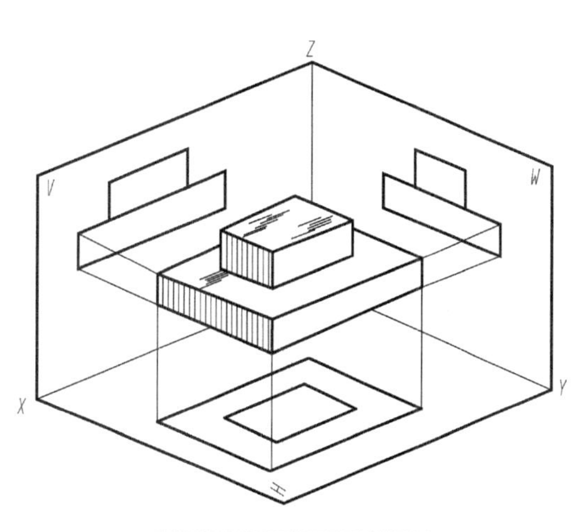

图 2-9　物体的三面投影

简称 *V* 面。在正立投影面上的投影称正立面投影，简称 *V* 投影。*V* 面、*H* 面和 *W* 面共同组成一个三面投影体系，三投影面两两相交的交线 *OX*、*OY* 和 *OZ* 称为投影轴，三投影轴的交点 *O* 称为原点。

形体的 *V*、*H*、*W* 投影所确定的形状是唯一的。因此，可得出结论：通常情况下，物体的三面投影可以确定唯一物体的形状。

2.3.2　三面投影图展开及特性

为使三个投影面处于同一个图纸平面上，需要把三个投影面展开。如图 2-10(a)所示，规定 *V* 面固定不动，*H* 面绕 *OX* 轴向下旋转 90°，*W* 面绕 *OZ* 轴向右旋转 90°，从而都与 *V* 面处在同一平面上。这时 *OY* 轴分为两条，一条随 *H* 面转到与 *OZ* 轴在同一铅直线上，标注为 OY_H；另一条随 *W* 面转到与 *OX* 轴在同一水平线上，标注为 OY_W，如图 2-10(b)所示。正面投影(*V* 投影)、水平投影(*H* 投影)和侧面投影(*W* 投影)组成的投影图，称为三面投影图。

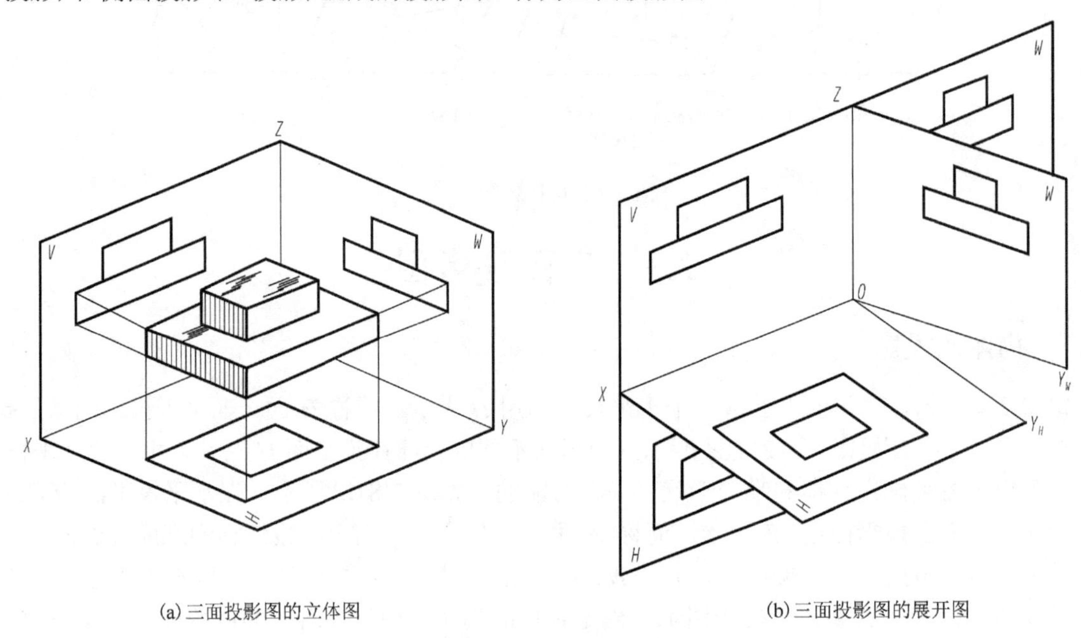

(a) 三面投影图的立体图　　(b) 三面投影图的展开图

图 2-10　三面投影图

实际作图时，只需画出物体的三个投影而不需画投影面边框线，如图 2-11 所示。熟练作图后，三条轴线亦可省去。

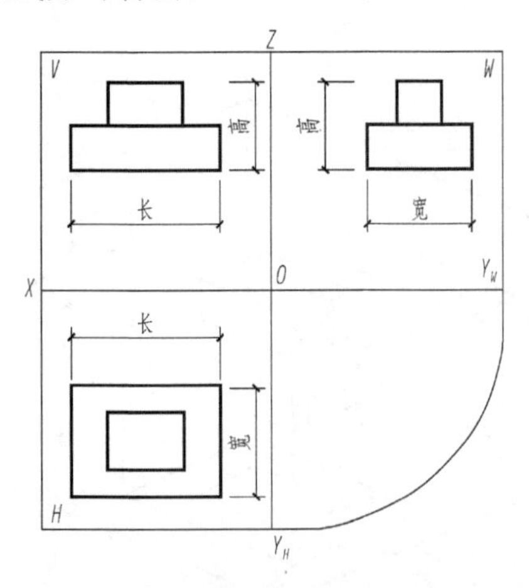

(a) 三面投影图的度量对应关系原图

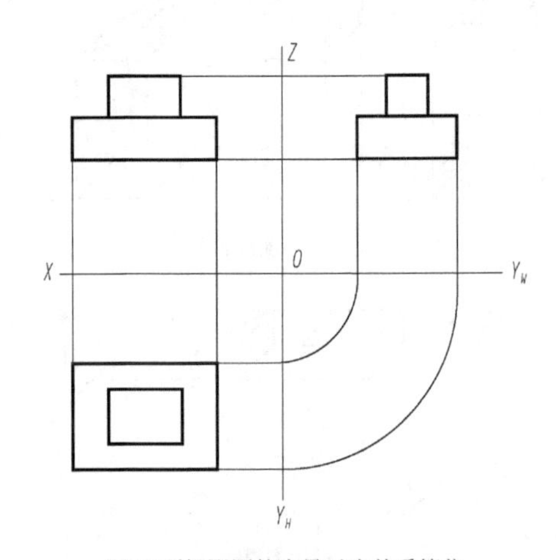

(b) 三面投影图的度量对应关系简化

图 2-11　三面投影图的度量对应关系

三面投影图的特性如下。

1．度量相等

三面投影图共同表达同一物体，它们的度量关系为：

(1) 正面投影与水平投影长对正；

(2) 正面投影与侧面投影高平齐；

(3) 水平投影与侧面投影宽相等。

这种关系称为三面投影图的投影规律，简称三等规律。应该指出：三等规律不仅适用于物体总的轮廓，也适用于物体的局部。

2．位置对应

从图 2-12 中可以看出：物体的三面投影图与物体之间的位置对应关系为：

(1) 正面投影反映物体的上、下、左、右的位置；

(2) 水平投影反映物体的前、后、左、右的位置；

(3) 侧面投影反映物体的上、下、前、后的位置。

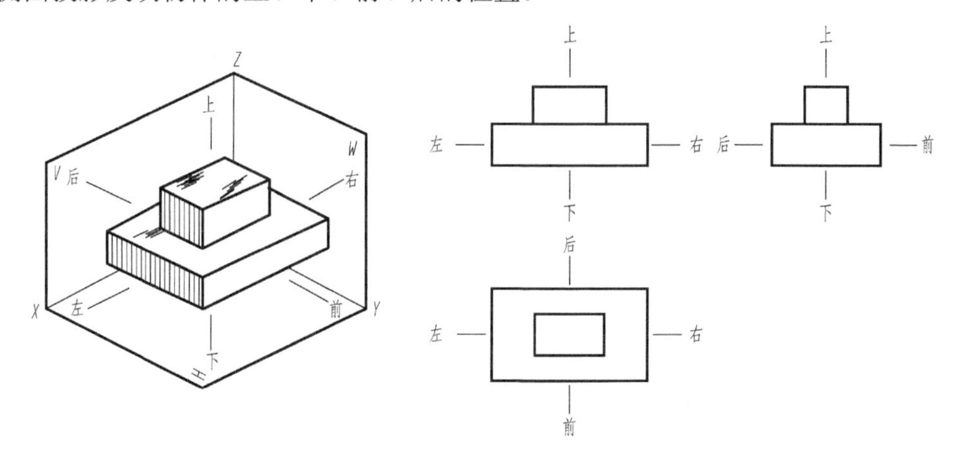

图 2-12　投影图和物体的位置对应关系

2.3.3　画三面投影图

1．画图步骤

画图要按照一定的顺序步骤，方可画出正确的图形。

(1) 估计各投影图所占图幅的大小，在图纸上适当安排三个投影的位置。如是对称图形，则先作出对称轴线。

(2) 先从最能反映形体特征的投影画起。

(3) 根据“长对正，高平齐，宽相等”的投影关系，作出其他两个投影。

2．画法举例

下面以图 2-13 所示模型为例说明三面投影的画法。

【例 2-1】　如图 2-13 (a) 所示立体图，求作其三面投影。

解　作图步骤如下。

(1) 模型立体是由 A 底板和 B 半圆柱叠加，切去 C 半圆柱面后形成 (图 2-13 (a))；

(2) 绘出 A 底板的三面投影 (用细实线打底稿) (图 2-13 (b))；

(3) 绘出 B 半圆柱的三面投影：先绘 V 投影，据此再绘 H、W 投影 (图 2-13 (c))；

(4) 绘出 C 半圆柱面的三面投影，先绘 H 投影，据此再绘 V、W 投影，加粗线型完成全图 (图 2-13 (d))。

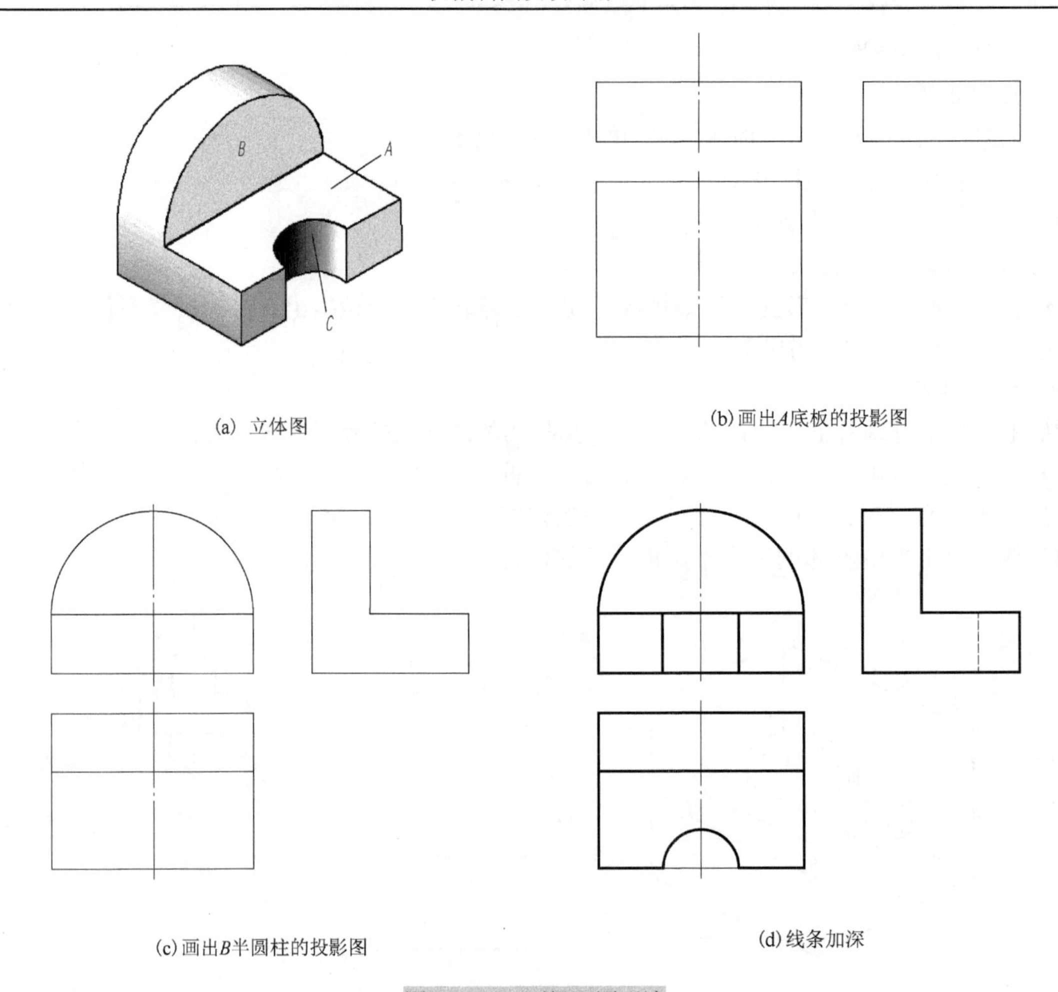

(a) 立体图　(b) 画出A底板的投影图

(c) 画出B半圆柱的投影图　(d) 线条加深

图 2-13　三面投影图画法

2.4　点 的 投 影

任何形体都是由多个表面所围成的，这些表面都可以看成是由点、线等几何元素所组成的。因此，点是组成空间形体最基本的几何元素，要研究形体的投影问题，首先要研究点的投影。

2.4.1　点的三面投影

1. 点的三面投影形成

图 2-14(a) 是空间点 A 的三面投影的直观图，过 A 点分别向 H、V、W 面的投影为 a、a'(读作 a 一撇)、a''(读作 a 两撇)。

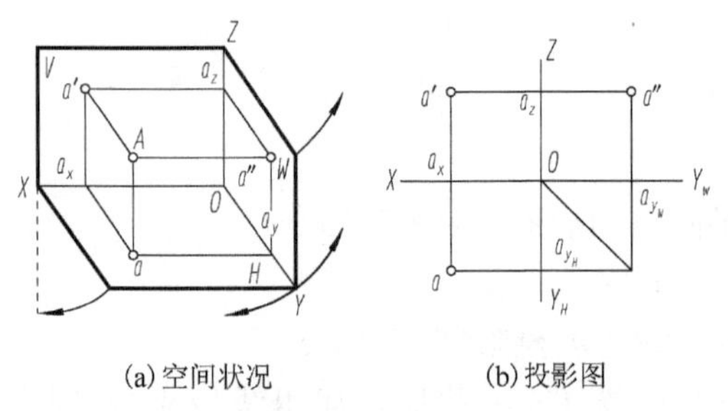

(a) 空间状况　(b) 投影图

图 2-14　点的三面投影

约定：空间点用大写字母表示(如 A)，其在 H 面上的投影称为水平投影，用相应的小写字母表示(如 a)；在 V 面上的投影称为正面投影，用相应的小写字母并在右上角加一撇表示(如 a')；在 W 面上的投影称为侧面投影，用相应的小写字母并在右上角加两撇表示(如 a'')。

将三面投影体系按投影面展开规律展开，便得到 A 点的三面投影图，因为投影面的大小不受限制，所以通常不必画出投影面的边框。图 2-14(b) 所示为点 A 的三面投影图。

2. 点的三面投影规律

从图 2-14(a)可看出：$aa_x=Aa'=a''a_z$，即 A 点的水平投影 a 到 OX 轴的距离等于 A 点的侧面投影 a''到 OZ 轴的距离，都等于 A 点到 V 面的距离。由图 2-14(a)可看出，由 Aa'和 Aa 确定的平面 Aaa_xa'为一矩形，故得：$aa_x=Aa'$(A 点到 V 面的距离)，$a'a_x=Aa$(A 点到 H 面的距离)。

同时，还可以看出：因 $Aa\perp H$ 面，$Aa'\perp V$ 面，故平面 $Aaa_xa'\perp H$ 面，$Aaa_x a'\perp V$ 面，则 $OX\perp a'a_x$，$OX\perp aa_x$。当两投影面体系按展开规律展开后，aa_x 与 OX 轴的垂直关系不变，故 $a'a_xa$ 为一垂直于 OX 轴的直线，即 $a'a\perp OX$。

同理可知：$a'a''\perp OZ$，见图 2-14(b)。

综上所述，可得点的三面投影规律如下：

(1)一点的水平投影与正面投影的连线垂直于 OX 轴；

(2)一点的正面投影与侧面投影的连线垂直于 OZ 轴；

(3)一点的水平投影到 OX 轴的距离等于该点的侧面投影到 OZ 轴的距离，都反映该点到 V 面的距离。

由上述规律可知，已知点的两个投影便可求出第三个投影。

【例 2-2】 如图 2-15(a)所示，已知点 A、B 的两面投影，求作第三面投影。

解　(1)分析：由三面投影规律可知，一点的水平投影与正面投影的连线垂直于 OX 轴；一点的正面投影与侧面投影的连线垂直于 OZ 轴；一点的水平投影到 OX 轴的距离等于该点的侧面投影到 OZ 轴的距离，都反映该点到 V 面的距离。

(2)作图过程如图 2-15(b)所示。

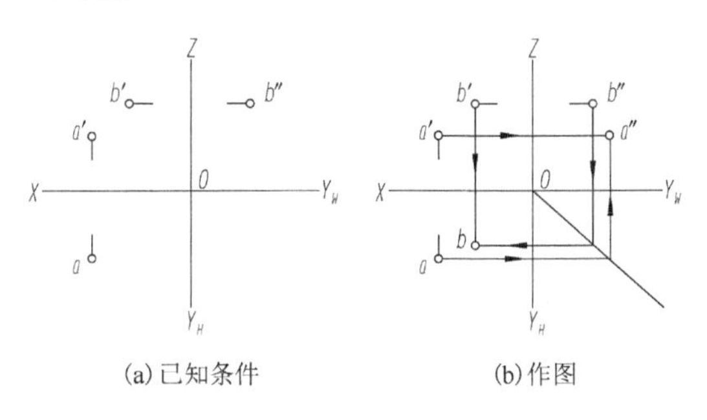

(a)已知条件　　(b)作图

图 2-15　已知两面投影求第三面投影

① 过 O 作 45° 辅助线，过 a'作 $a'a''\perp OZ$ 轴，过 a 作直线平行 OX 轴，与 45° 辅助线相交后作平行于 OZ 轴的直线且交 $a'a''$于 a''。

② 过 b'作 $bb'\perp OX$ 轴，过 b''作直线平行 OZ 轴，与 45° 辅助线相交后作平行于 OX 轴的直线交 bb'于 b。

3. 特殊位置点的投影规律

如果空间点处于特殊位置，比如点恰巧在投影面上或投影轴上(图 2-16)，那么，这些点的投影规律又如何呢？

(1)若点在投影面上，则点在该投影面上的投影与空间点重合，另两个投影均在投影轴上，如图 2-16 中的点 A 和点 B；

(2)若点在投影轴上，则点的两个投影与空间点重合，另一个投影在投影轴原点，如图 2-16 中的点 C。

4. 点的投影与坐标的关系

空间点的位置除了用投影表示以外，还可以用坐标来表示。

若把投影面当作坐标面，把投影轴当作坐标轴，把投影原点当作坐标原点，则点到三个投影面的距离便可用点的三个坐标来表示，如图 2-17 所示，点的投影与坐标的关系如下：

(1) A 点到 H 面的距离 $Aa=Oa_z=a'a_x=a''a_y=z$ 坐标；

(2) A 点到 V 面的距离 $Aa'=Oa_y=aa_x=a''a_z=y$ 坐标；

(3) A 点到 W 面的距离 $Aa''=Oa_x=a'a_z=aa_y=x$ 坐标。

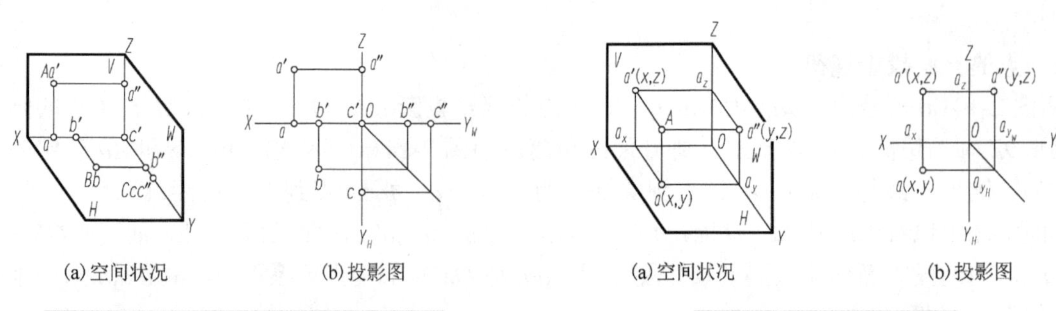

(a) 空间状况　　(b) 投影图

图 2-16　投影面、投影轴上的点的投影

(a) 空间状况　　(b) 投影图

图 2-17　点的投影与坐标

由此可见，已知点的三面投影就能确定该点的三个坐标；反之，已知点的三个坐标，就能确定该点的三面投影或空间点的位置。

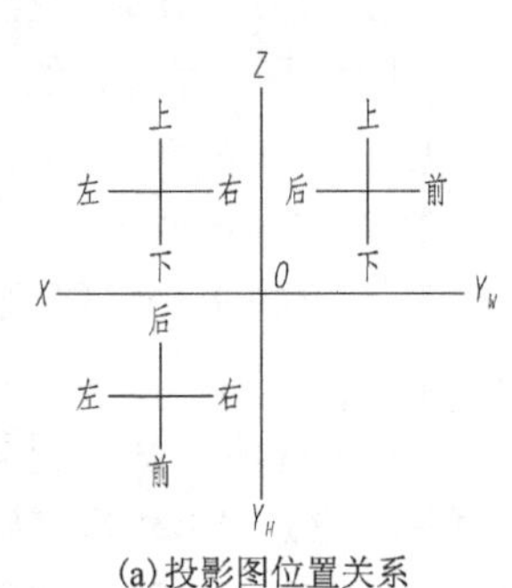

(a) 投影图位置关系

(b) 两点的投影图

图 2-18　两点的相对位置

2.4.2　两点的相对位置与重影点

1. 两点的相对位置

根据两点的投影，可判断两点的相对位置。如图 2-18 所示：从图(a)表示的上下、左右、前后位置对应关系可以看出：根据两点的三个投影判断其相对位置时，可由正面投影或侧面投影判断上下位置，由正面投影或水平投影判断左右位置，由水平投影或侧面投影判断前后位置。根据图(b)中 *A*、*B* 两点的投影，可判断出 *A* 点在 *B* 点的左、前、上方；反之，*B* 点在 *A* 点的右、后、下方。

【例 2-3】 如图 2-19(a)所示，已知点 *A* 的三投影，另一点 *B* 在点 *A* 上方 8mm，左方 12mm，前方 10mm 处，求点 *B* 的三个投影。

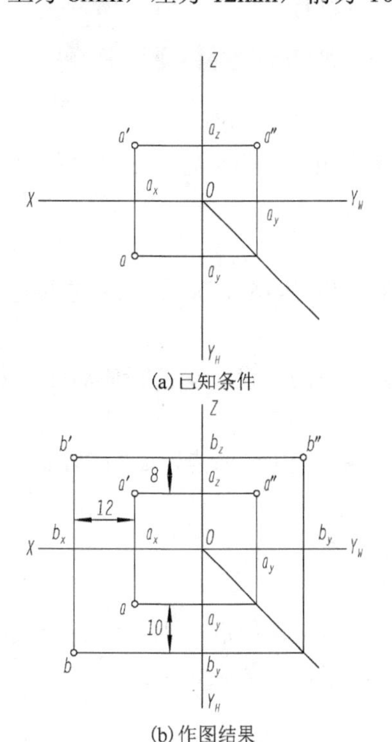

(a) 已知条件

(b) 作图结果

图 2-19　根据两点相对位置求点的投影

解　作图步骤如下。

(1) 在 *a*′左方 12mm，上方 8mm 处确定 *b*′；

(2) 作 $b'b \perp OX$ 轴，且在 *a* 前 10mm 处确定 *b*；

(3) 按投影关系求得 *b*″。作图结果见图 2-19(b)。

2. 重影点及可见性的判断

当空间两点位于某一投影面的同一条投影线上时，则此两点在该投影面上的投影重合，这两点称为对该投影面的重影点。

如图 2-20(a)所示，*A*、*C* 两点处于对 *V* 面的同一条投影线上，它们的 *V* 面投影 *a*′、*c*′重合，*A*、*C* 就称为对 *V* 面的重影点。同理，*A*、*B* 两点处于对 *H* 面的同一条投影线上，两点的 *H* 面投影 *a*、*b* 重合，*A*、*B* 就称为对 *H* 面的重影点。

当空间两点在某一投影面上的投影重合时，其中必有一点遮挡另一点，这就存在着可见性的问题。如图 2-20(b)所示，*A* 点和 *C* 点在 *V* 面上的投影重合为 *a*′(*c*′)，*A* 点在前遮

挡 C 点，其正面投影 a' 是可见的，而 C 点的正面投影 (c') 不可见，加括号表示(称前遮后，即前可见后不可见)。同时，A 点在上遮挡 B 点，a 为可见，(b) 为不可见(称上遮下，即上可见下不可见)。同理，也有左遮右的重影状况(左可见右不可见)，如 A 点遮住 D 点。

由此可得出重影点可见性判断的规律：当空间两点位于某一投影面的同一条投影线上时，两点在该投影面上的投影重合，该两点对该投影面的坐标值较大者可见。

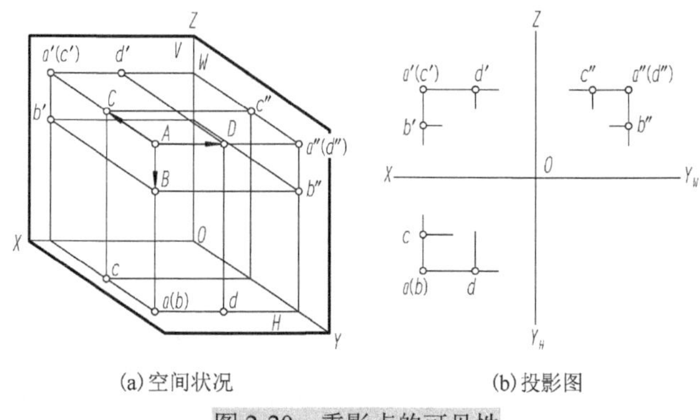

(a) 空间状况　　(b) 投影图

图 2-20　重影点的可见性

2.5　直线的投影

直线的投影一般情况下仍然是直线，特殊情况下是点。由于空间两个点可以确定一条直线，所以直线的投影可以由直线上任意两点的同面投影连成直线来确定。

2.5.1　各类直线的投影特性

根据直线与投影面的相对位置的不同，直线可分为投影面平行线、投影面垂直线和一般位置直线，投影面平行线和投影面垂直线统称为特殊位置直线。

1. 一般位置直线

1) 空间位置

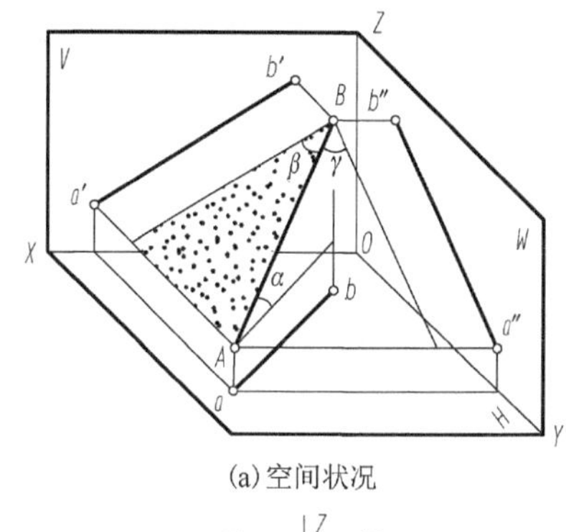

(a) 空间状况

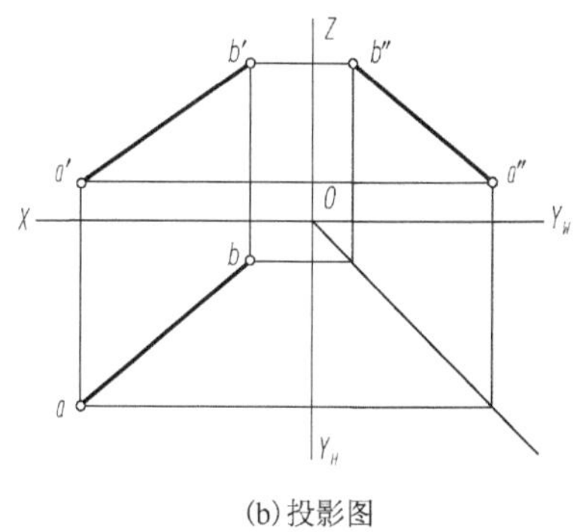

(b) 投影图

图 2-21　直线的投影

一般位置直线对三个投影面都处于倾斜位置，它与 H、V、W 面的倾角 α、β、γ 均不等于 0° 或 90°，如图 2-21(a) 所示。

2) 投影特性

如图 2-21(a) 所示，通过直线 AB 上各点向投影面作投影，这些投影线在空间形成了一个平面，这个平面与投影面 H 的交线 ab 就是直线 AB 的 H 面投影。

绘制一条直线的三面投影图，可将直线上两端点的各同面投影相连，便得直线的投影，如图 2-21(b) 所示。

根据一般位置直线的空间位置，可得其投影特性如下：

一般位置直线的三个投影均倾斜于投影轴，均不反映实长；三个投影与投影轴的夹角均不反映直线与投影面的夹角。

2. 投影面平行线

1) 投影面平行线分类

平行于某一个投影面，与其他两投影面都倾斜的直线，称为投影面平行线。可分为三种：平行于 H 面，与 V、W 面倾斜的直线称为水平线；平行于 V 面，与 H、W 面倾斜的直线称为正平线；平行于 W 面，与 H、V 面倾斜的直线称为侧平线。

2) 投影特性

根据投影面平行线的空间位置，可以得出其投影特性。水平线、正平线及侧平线的直观图、投影图及投影特性见表 2-1。

表 2-1　投影面平行线的投影特性

直线的位置	正平线	水平线	侧平线
直观图	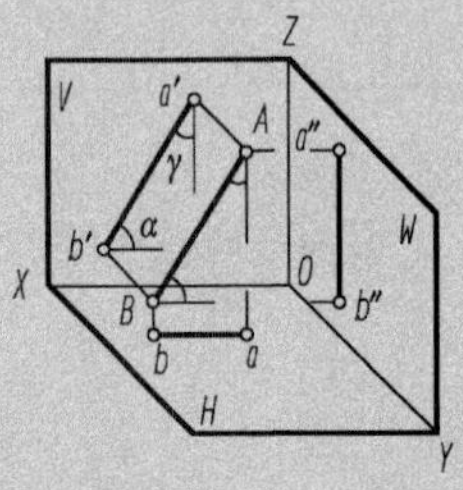	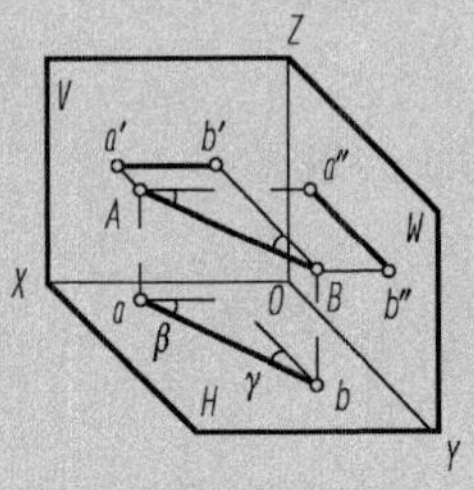	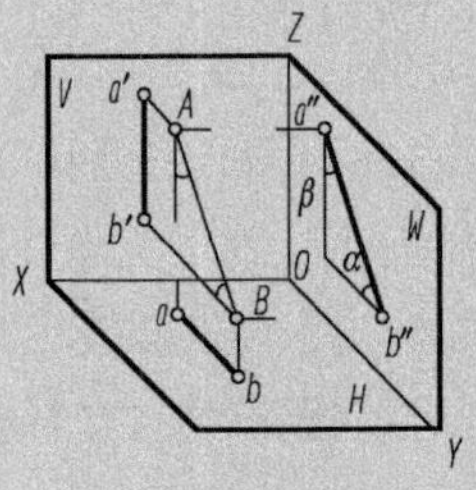
投影图	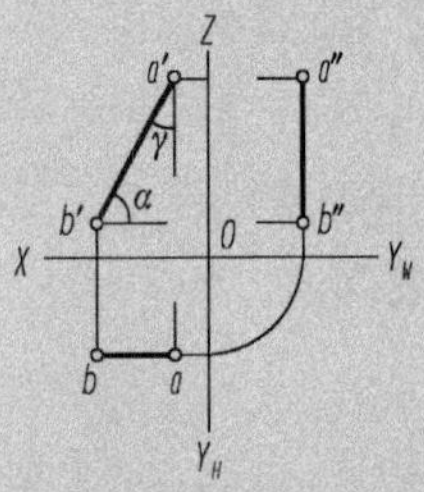	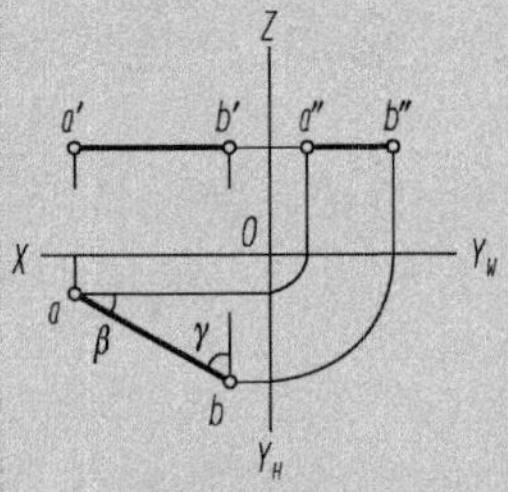	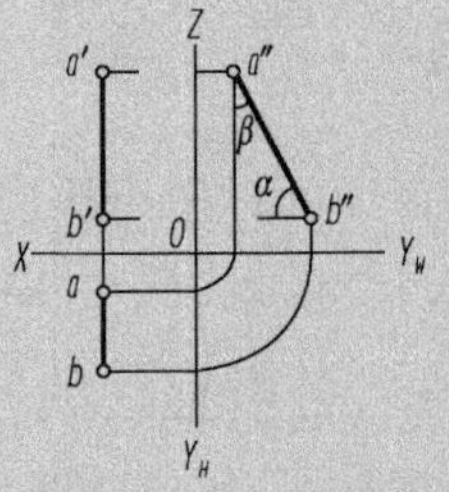
投影特性	(1) 正面投影 $a'b'$ 反映线段实长，它与 OX、OZ 轴的夹角为 α、γ； (2) 其他两投影分别平行 OX/OZ 轴(或同垂直于 OY 轴)	(1) 水平投影 ab 反映线段实长，它与 OX、OY_H 轴的夹角即 β、γ； (2) 其他两投影分别平行 OX/ OY_W 轴(或同垂直于 OZ 轴)	(1) 侧面投影 $a''b''$ 反映线段实长，它与 OY_W、OZ 轴的夹角即 α、β； (2) 其他两投影分别平行 OZ/ OY_H 轴(或同垂直于 OX 轴)

从表 2-1 可概括出投影面平行线的投影特性：投影面平行线在其所平行的投影面上的投影反映实长，并反映与另两投影面的夹角；在其他两投影面上的投影分别平行于该直线所平行的那个投影面的两条投影轴(或在其他两投影面上的投影同垂直于同一投影轴)，且长度都小于其实长。

3. **投影面垂直线**

1) 投影面垂直线分类

把垂直于某一个投影面，与其他两投影面都平行的直线，称为投影面垂直线。投影面垂直线分为三种：垂直于 V 面的直线称为正垂线，垂直于 H 面的直线称为铅垂线，垂直于 W 面的直线称为侧垂线。

2) 投影特性

根据投影面垂直线的空间位置，可以得出其投影特性。正垂线、铅垂线、侧垂线的直观图、投影图及投影特性见表 2-2。

从表 2-2 可概括出投影面垂直线的投影特性：投影面垂直线在其所垂直的投影面上的投影积聚成一点；在其他两个投影面上的投影分别垂直于该直线所垂直的那个投影面的两条投影轴(或其他两投影同平行于同一投影轴)，并且都反映线段的实长。

表 2-2　投影面垂直线的投影特性

直线的位置	正垂线	铅垂线	侧垂线
直观图			
投影图			
投影特性	(1) 正面投影 $a'(b')$ 积聚成一点； (2) 水平投影 $ab \perp OX$ 轴，侧面投影 $a''b'' \perp OZ$ 轴（即 ab、$a'b'$ 均平行于 OY 轴），并且都反映线段实长	(1) 水平投影 $a(b)$ 积聚成一点； (2) 正面投影 $a'b' \perp OX$ 轴，侧面投影 $a''b'' \perp OY_W$ 轴（即 $a'b'$、$a''b''$ 均平行于 OZ 轴），并且都反映线段实长	(1) 侧面投影 $a''(b'')$ 积聚成一点； (2) 正面投影 $a'b' \perp OZ$ 轴，水平投影 $ab \perp OY_H$ 轴（即 $a'b'$、ab 均平行于 OX 轴），并且都反映线段实长

2.5.2　直线上的点

1．点和直线的从属关系

若点在直线上，则点的各个投影必在直线的同面投影上。如图 2-22 所示，C 在直线 AB 上，则有 c 在 ab 上，c'在 $a'b'$上，c''在 $a''b''$上。反之，如果点的各个投影均在直线的同面投影上，则可判断点在直线上。

在图 2-22 中，C 点在直线 AB 上，而 D、E 两点均不满足上述条件，所以 D、E 都不在直线 AB 上。

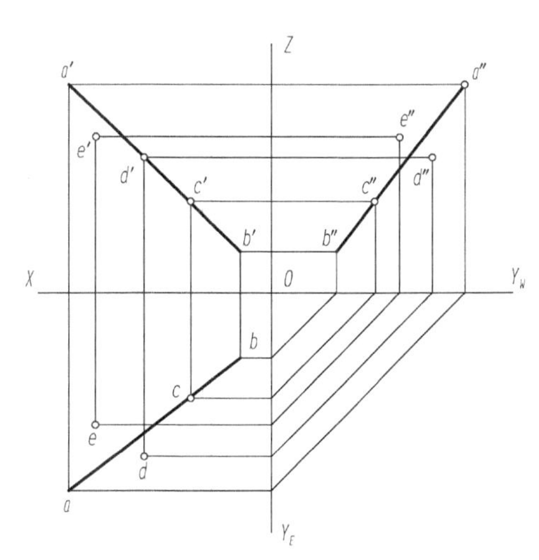

图 2-22　点和直线的从属关系

【例 2-4】 如图 2-23(a)所示，判断点 C 是否在线段 AB 上。

解　由图 2-23(a)可知，c 在 ab 上，c'在 $a'b'$上，但点的两个投影分别在直线的同面投影上，并不能确定点在直线上。可以作出点和直线的第三面投影，看 c''是否也在 $a''b''$上，如果在，则点 C 在 AB 上，否则点 C 就不在 AB 上。

作图过程和结果见图 2-23(b)，由图可见，c''不在 $a''b''$上，故点 C 不在 AB 上。

2．点分割线段成定比

如图 2-24 所示，直线上的点分割线段之比等于其投影之比。即：$AC/CB=ac/cb=a'c'/c'b'$，此规律又称为定比定理。

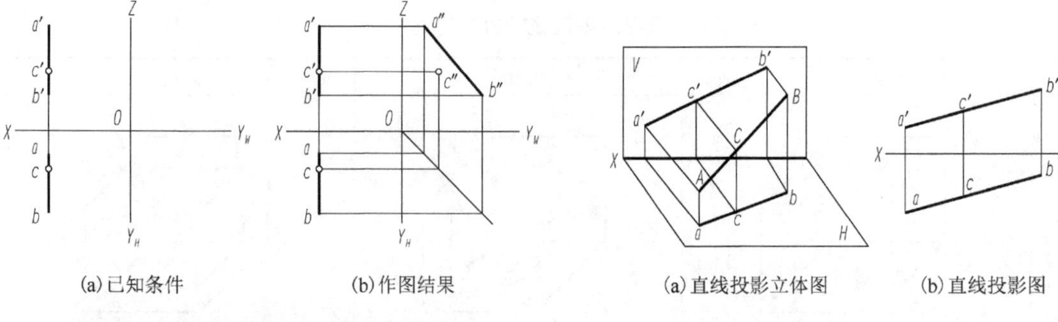

(a) 已知条件　　(b) 作图结果　　(a) 直线投影立体图　　(b) 直线投影图

图 2-23　判断点是否在线上(作第三投影)　　图 2-24　定比定理

【例 2-5】 应用根据定比定理，来判断例 2-4 中的点 C 是否在 AB 上。

解　(1) 分析：如果点 C 在 AB 上，则点 C 分割 AB 应符合定比定理，因此，只需要判断 ac/cb 是否等于 $a'c'/c'b'$，就能推断出点 C 是否在 AB 上。

(2) 作图过程如图 2-25 所示。

① 在 H 投影上，过 b(或 a) 任作一条直线 bA_1；

② 在 bA_1 上取 $bA_1=a'b'$，$bC_1=b'c'$；

③ 连接 A_1a，过 C_1 作直线平行于 A_1a，与 ab 交于 c_1；

④ 若 c 与 c_1 重合，说明 C 分割 AB 符合定比定理，则点 C 在 AB 上。

由图可见，已知投影 c 与 c_1 不重合，所以点 C 不在直线 AB 上。

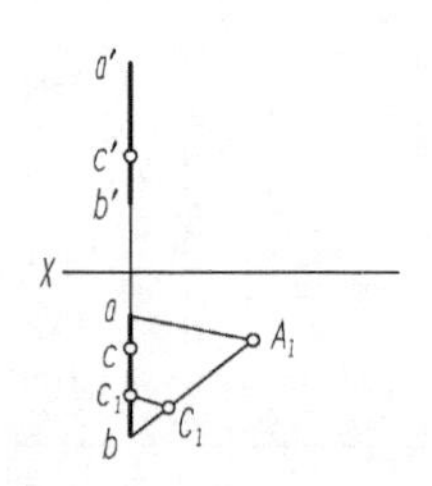

图 2-25　判断点是否在线上(应用定比定理)

※2.5.3　使用直角三角形法求一般位置直线的实长及倾角

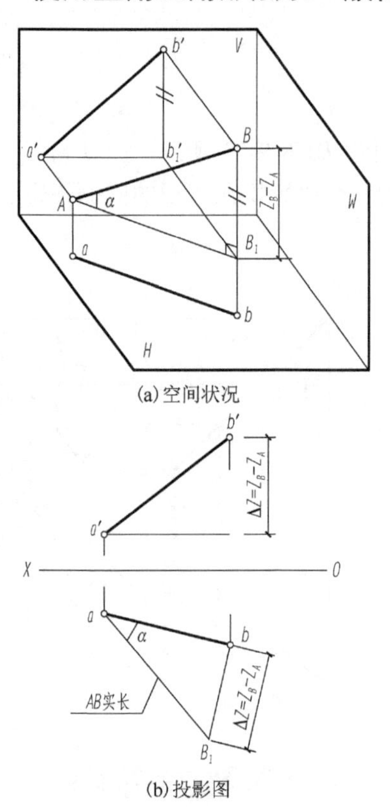

(a) 空间状况

(b) 投影图

图 2-26　直角三角形法求线段实长及倾角 α

从前面直线的投影可以看出，对于特殊位置直线，比较容易从投影找到它们的实长和倾角，但对于一般位置直线，直接从其三面投影中找不出它的实长和倾角，但可以采用直角三角形法求得，即在投影、倾角、实长三者之间建立起直角三角形关系，从而在直角三角形中求出实长和倾角。

根据几何学原理可知：直线与其投影面的夹角就是直线与它在该投影面的投影所成的角。如图 2-26(a) 所示，要求直线 AB 与 H 面的夹角 α 及实长，可以自 A 点引 $AB_1 /\!/ ab$，得直角三角形 AB_1B，其中 AB 是斜边，$\angle B_1AB$ 就是 α 角，直角边 $AB_1=ab$，另一直角边 BB_1 等于 B 点的 Z 坐标与 A 点的 Z 坐标之差，即 $BB_1=z_B-z_A=\Delta z$。所以在投影图中就可根据线段的 H 投影 ab 及坐标差 Δz 作出与 $\triangle AB_1B$ 全等的一个直角三角形，从而求出 AB 与 H 面的夹角 α 及 AB 线段的实长，如图 2-26(b) 所示。

由此，总结出 AB 的投影、倾角与实长之间的直角三角形边角关系如表 2-3 所示。

表 2-3　线段 AB 的各种直角三角形边角关系

倾角	α	β	γ
直角三角形边角关系	Δz；AB实长；α；水平投影 ab	Δy；AB实长；β；正面投影 $a'b'$	Δx；AB实长；γ；侧面投影 $a''b''$
	Δz =A、B 两点的 Z 坐标差	Δy =A、B 两点的 Y 坐标差	Δx =A、B 两点的 X 坐标差

从表 2-3 可以看出，构成各直角三角形共有四个要素，即：①某投影的长度(直角边)；②坐标差(直角边)；③实长(斜边)；④对投影面的倾角(投影与实长的夹角)。在这四个要素中，只要知道其中任意两个要素，就可求出其他两个要素。并且还能知道：不论用哪个直角三角形，所作出的直角三角形的斜边一定是线段的实长，斜边与投影的夹角就是该线段与相应投影面的倾角。

利用直角三角形关系图解关于直线段投影、倾角、实长问题的方法称为直角三角形法。在图解过程中，在不影响图形清晰时，直角三角形可直接画在投影图上，也可画在图纸的任何空白地方。

【例 2-6】 如图 2-27(a)所示，已知直线 AB 的水平投影 ab 和 A 点的正面投影 a'，并知 AB 对 H 面的倾角 α=30°，B 点高于 A 点，求 AB 的正面投影 $a'b'$。

解　(1)分析：在构成直角三角形四个要素中，已知其中两要素，即水平投影 ab 及倾角 α=30°，可直接作出直角三角形，从而求出 b'。

(2)作图过程如下。

① 在图纸的空白地方，如图 2-27(c)所示，以 ab 为一直角边，过 a 作 30° 的斜线，此斜线与过 b 点的垂线交于 B_0 点，bB_0 即为另一直角边ΔZ。

② 利用 bB_0 即可确定 b'，连接 $a'b'$即得 AB 的正面投影，如图 2-27(b)所示。

此题也可将直角三角形直接画在投影图上，以便节约时间与图纸，如图 2-27(b)所示。

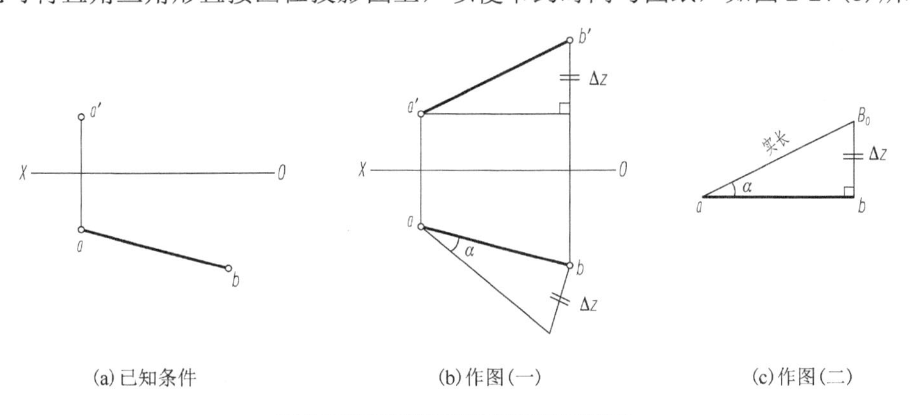

图 2-27　利用直角三角形法求 $a'b'$

2.5.4　两直线的相对位置

两直线在空间的相对位置关系有三种情况：平行、相交、交叉(异面)。下面分别讨论在这三种情况下两直线的投影图。

1．两直线平行

若空间两直线平行，则它们的同面投影必然互相平行，如图 2-28 所示。

反过来，若两直线的同面投影互相平行，则此两直线在空间也一定互相平行。但当两直线均为某投影面平行线时，如图 2-29(a)所示，则需要观察两直线在该投影面上的投影才能确定它们在空间是否平行。如图 2-29(b)所示，通过侧面投影可以看出 AB、CD 两直线在空间不平行。

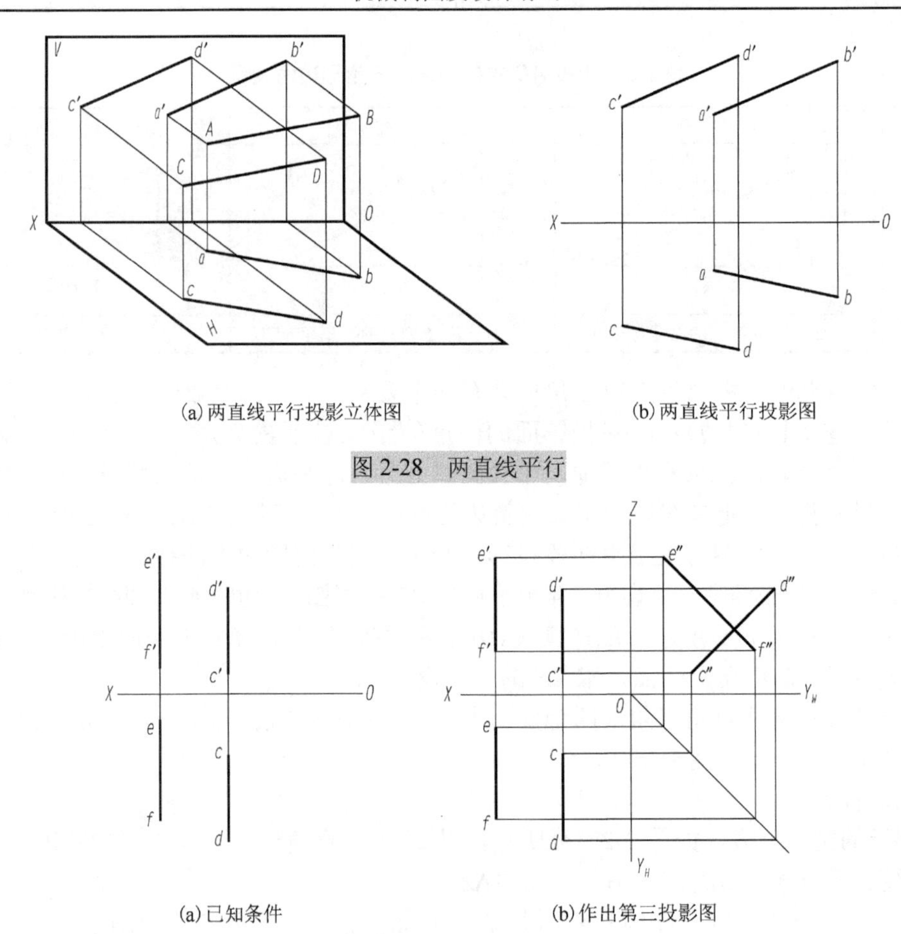

(a) 两直线平行投影立体图　　(b) 两直线平行投影图

图 2-28　两直线平行

(a) 已知条件　　(b) 作出第三投影图

图 2-29　两直线不平行

2. 两直线相交

若空间两直线相交，则它们的同面投影也必然相交，并且交点的投影符合点的投影规律，如图 2-30 所示。

3. 两直线交叉(异面)

空间两条既不平行也不相交的直线，称为交叉直线或异面直线，其投影不满足平行和相交两直线的投影特点。若空间两直线交叉，则它们的同面投影可能有一个或两个平行，但不会三个同面投影都平行；它们的同面投影可能有一个、两个或三个相交，但交点不符合点的投影规律(即交点的连线不垂直于投影轴)。

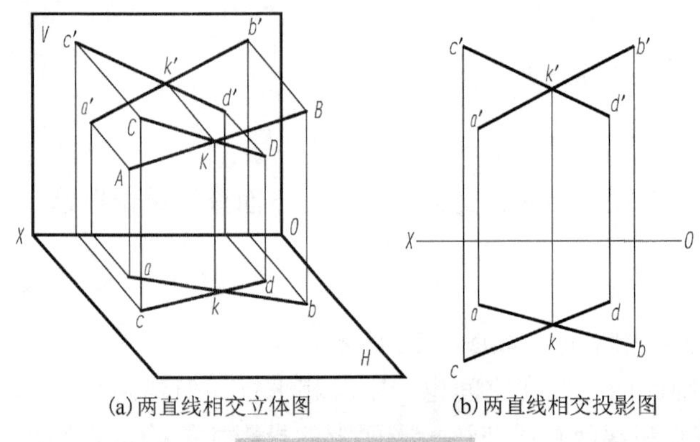

(a) 两直线相交立体图　　(b) 两直线相交投影图

图 2-30　两直线相交

交叉两直线同面投影的交点是两直线对该投影面的重影点的投影，对重影点须判别可见性。重影点的可见性可根据重影点的其他投影按照前遮后、上遮下、左遮右的原则来判断。如图 2-31 所示，*AB* 与 *CD* 的 *H* 面投影 *ab*、*cd* 的交点为 *CD* 上的 *Ⅱ*点和 *AB* 上的 *Ⅰ*点在 *H* 面上的重合投影，从 *V* 面投影看，*Ⅰ*点在上，*Ⅱ*点在下，所以 1 为可见，2 为不可见。同理，*AB* 与 *CD* 的 *V* 面投影 *a′b′*、*c′d′*的交点为 *AB* 上的*Ⅲ*点与 *CD* 上*Ⅳ*点在 *V* 面上的重合投影，

从 H 面投影看，III 点在前，IV 点在后，所以 3′可见，4′不可见。

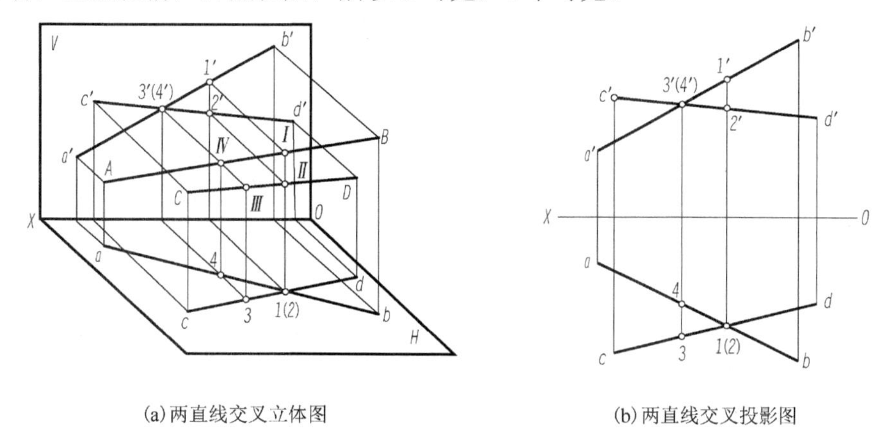

(a) 两直线交叉立体图　　　　(b) 两直线交叉投影图

图 2-31　两直线交叉

4. 两直线垂直

两直线垂直包括相交垂直和交叉垂直，是相交和交叉两直线的特殊情况。

两直线垂直，其夹角的投影有以下三种情况：

(1) 当两直线都平行于某一投影面时，其夹角的投影反映直角实形；

(2) 当两直线都不平行于某一投影面时，其夹角的投影不反映直角实形；

(3) 当两直线中有一条直线平行于某一投影面时，其夹角在该投影面上的投影仍然反映直角实形。这一投影特性称为直角投影定理。

图 2-32 是对该定理的证明：设直线 $AB \perp BC$，且 $AB /\!/ H$ 面，BC 倾斜于 H 面。由于 $AB \perp BC$，$AB \perp Bb$，所以 $AB\perp$ 平面 $BCcb$，又 $AB /\!/ ab$，故 $ab\perp$ 平面 $BCcb$，因而 $ab \perp bc$。

【例 2-7】 如图 2-33 所示，求点 C 到正平线 AB 的距离。

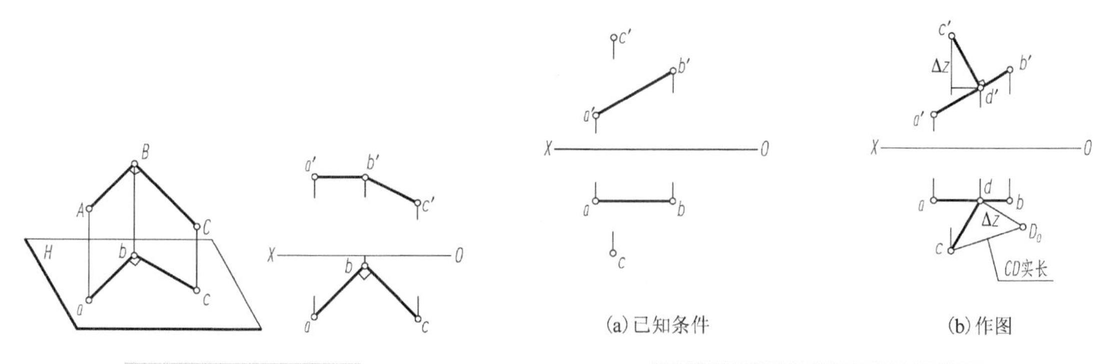

(a) 已知条件　　　　(b) 作图

图 2-32　直角投影定理　　　　图 2-33　求一点到正平线的距离

解　(1) 分析：一点到一直线的距离，即由该点到该直线所引的垂线的长度。因此该题应分两步进行：一是过已知点 C 向正平线 AB 引垂线，二是求垂线的实长。

(2) 作图过程如下。

① 过 c' 作 $c'd' \perp a'b'$；

② 由 d' 求出 d；

③ 连 cd，则直线 $CD \perp AB$；

④ 用直角三角形法求 CD 的实长，cD_0 即为所求 C 点到正平线 AB 的距离。

2.6　平面的投影

平面是由点线组成的，画平面的投影图实质上是画点线的投影图。

根据初等几何学所述，平面的表示方法有以下几种，如图 2-34 所示。图(a)所示为不在同一直线上的三点，图(b)所示为一直线和直线外一点，图(c)所示为两条相交直线，图(d)所示为两条平行直线，图(e)所示为任意平面图形(如四边形、三角形、圆等)。

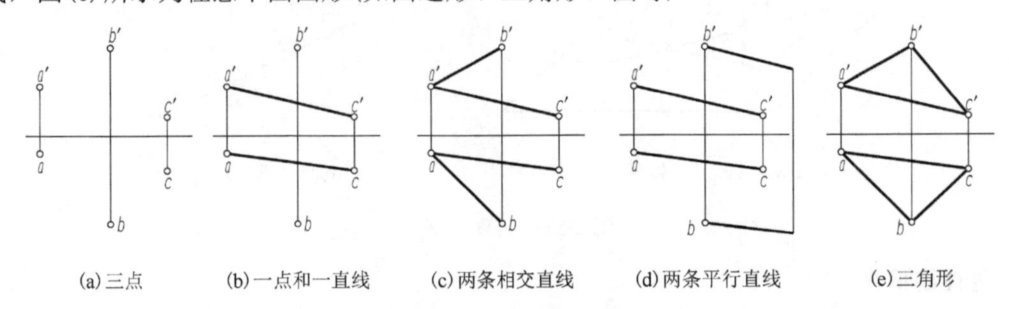

(a) 三点　(b) 一点和一直线　(c) 两条相交直线　(d) 两条平行直线　(e) 三角形

图 2-34　几何元素表示平面

2.6.1　各种位置平面的投影特性

根据平面与投影面相对位置的不同，平面可分为投影面平行面、投影面垂直面、一般位置平面。投影面平行面和投影面垂直面统称特殊位置平面。

1. 一般位置平面

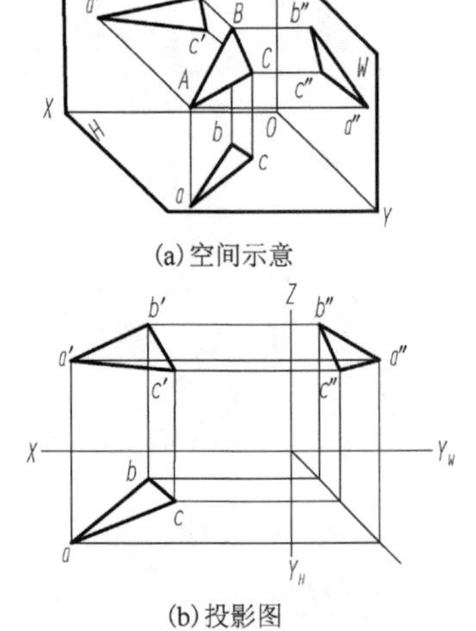

(a) 空间示意

(b) 投影图

图 2-35　一般位置平面

1) 空间位置

与三个投影面均倾斜，形成一定的角度的平面，称为一般位置平面，如图 2-35(a)所示。

2) 投影特性

因为一般位置平面与三个投影既不平行，也不垂直。因此，可概括出一般位置平面的三个投影既不反映实形，也不积聚成直线，均是类似形，如图 2-35 所示。

2. 投影面平行面

1) 投影面平行面分类

把平行于某一个投影面，与其他两个投影面都垂直的平面，称为投影面平行面。投影面平行面分为三种：平行于 H 面，与 V、W 面垂直的平面称为水平面；平行于 V 面，与 H、W 面垂直的平面称为正平面；平行于 W 面，与 H、V 面垂直的平面称为侧平面。

2) 投影特性

根据投影面平行面的空间位置，可以得出其投影特性。各种投影面平行面的直观图、投影图及投影特性见表 2-4。

从表 2-4 可概括出投影面平行面的投影特性：

投影面平行面在它所平行的投影面上的投影反映实形；在其他两个投影面上的投影，分别积聚成直线，并且分别平行于该平面所平行的那个投影面的两条投影轴。

表 2-4　投影面平行面的投影特性

名称	正平面	水平面	侧平面
直观图	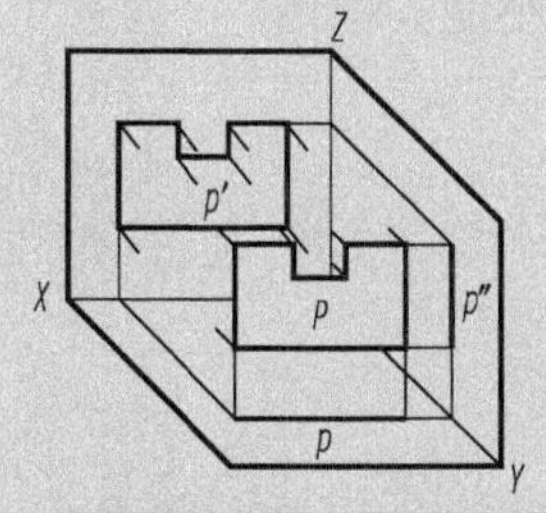	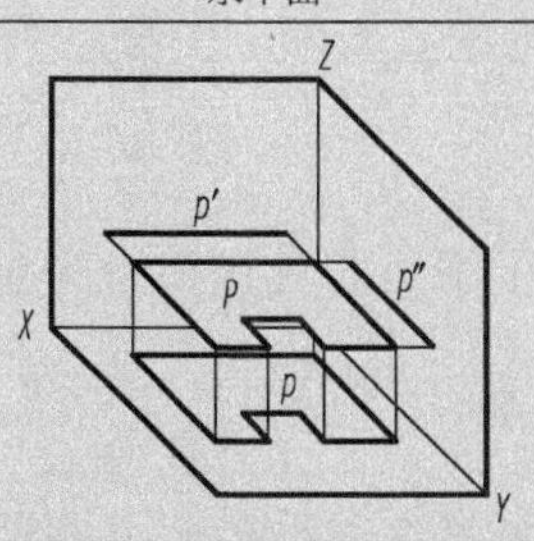	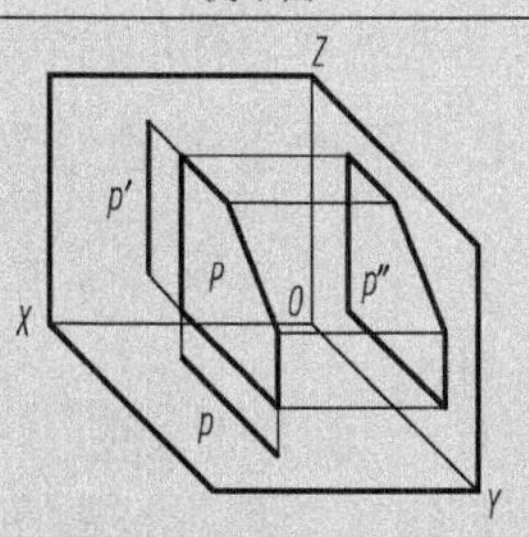
投影图	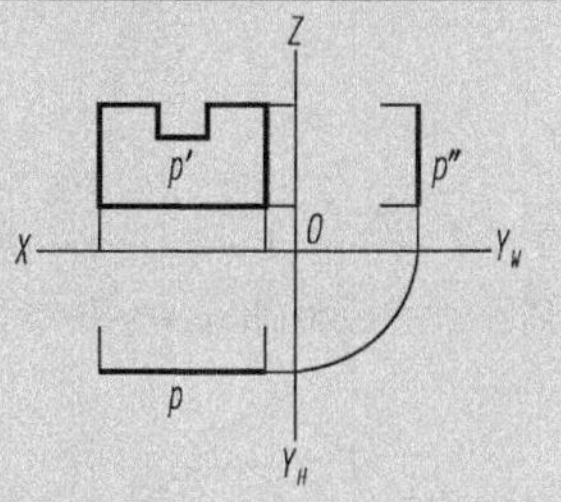	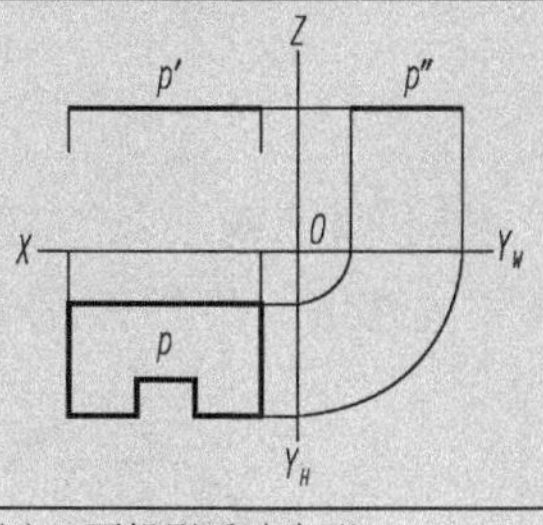	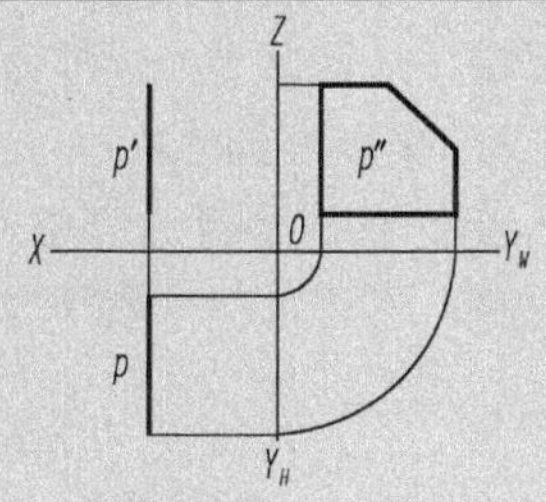
投影特性	(1) V 面投影反映实形； (2) H 面投影、W 面投影积聚成直线，分别平行于投影轴 OX、OZ	(1) H 面投影反映实形； (2) V 面投影、W 面投影积聚成直线，分别平行于投影轴 OX、OY_W	(1) W 面投影反映实形； (2) V 面投影、H 面投影积聚成直线，分别平行于投影轴 OZ、OY_H

3. 投影面垂直面

1) 投影面垂直面分类

把垂直于某一个投影面，与其他两个投影面都倾斜的平面，称为投影面垂直面。投影面垂直面分为三种：垂直于 H 面，与 V、W 面倾斜的平面称为铅垂面；垂直于 V 面，与 H、W 面倾斜的平面称为正垂面；垂直于 W 面，与 H、V 面倾斜的平面称为侧垂面。

2) 投影特性

各种投影面垂直面的直观图、投影图及投影特性见表 2-5。

表 2-5　投影面垂直面的投影特性

名称	正垂面	铅垂面	侧垂面
直观图	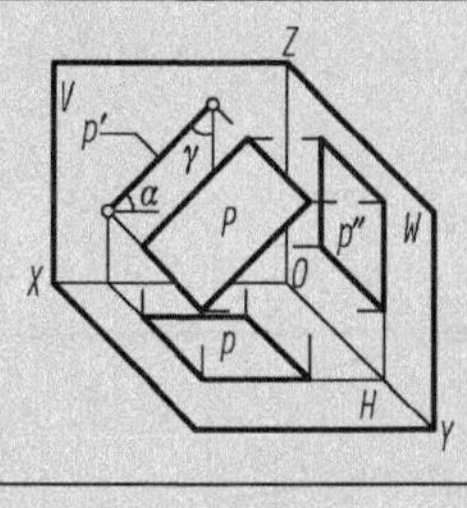	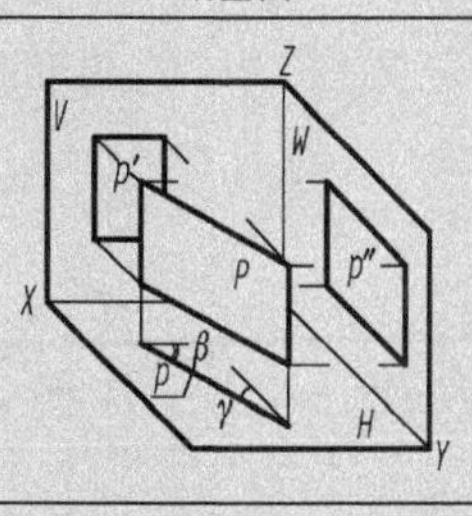	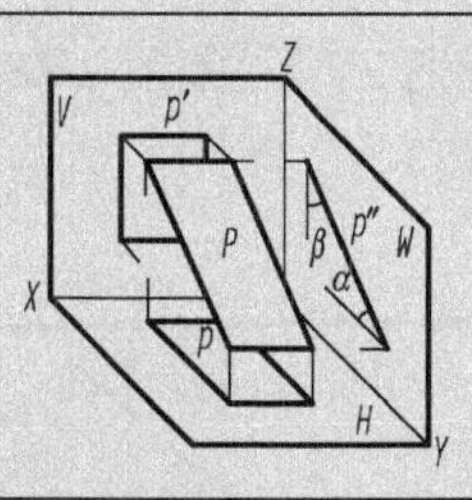
投影图	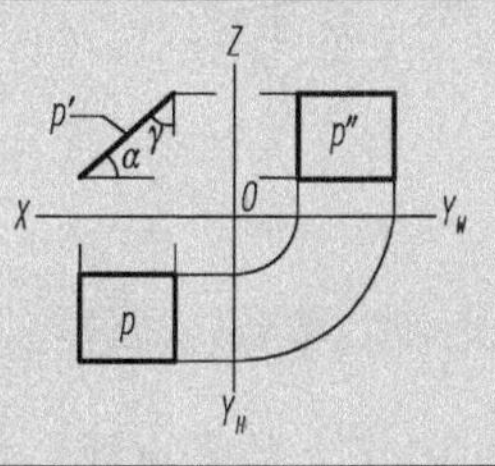	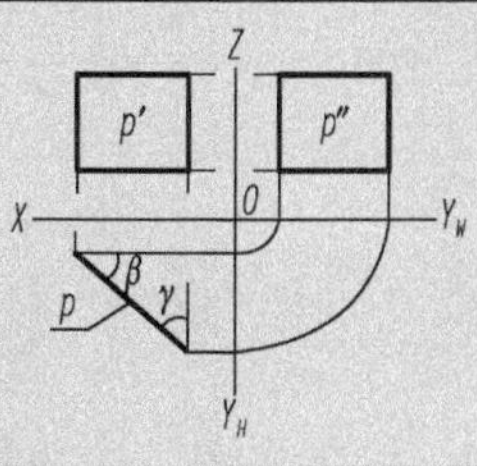	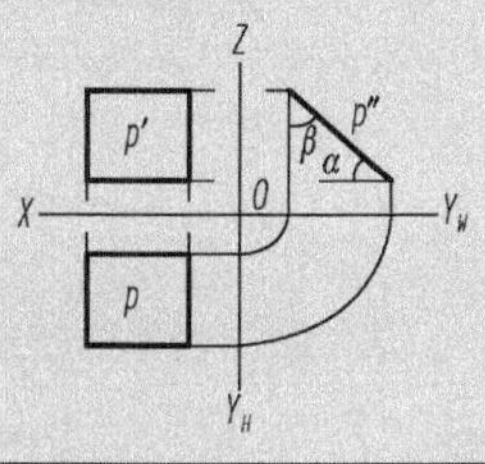
投影特性	(1) V 面投影积聚成一直线，并反映与 H、W 面的倾角 α、γ； (2) 其他两投影为面积缩小的类似形	(1) H 面投影积聚成一直线，并反映与 V、W 面的倾角 β、γ； (2) 其他两投影为面积缩小的类似形	(1) W 面投影积聚成一直线，并反映与 H、V 面倾角 α、β； (2) 其他两投影为面积缩小的类似形

从表 2-5 可概括出投影面垂直面的投影特性：

投影面垂直面在它所垂直的投影面上的投影积聚成直线，它与投影轴的夹角，分别反映该平面对其他两投影面的夹角；在其他两投影面上的投影为面积缩小的类似形。

2.6.2　平面上的直线和点

平面上的直线和点是指：属于平面的直线和点的投影图特性。下面分别讨论平面上的直线和点投影。

1．平面上的直线

直线在平面上的几何条件是：直线通过平面上的两点，或通过平面上一点且平行于平面上的一直线，如图 2-36(a)和(b)所示。

2．平面上的点

点在平面上的几何条件是：点在平面上的一条直线上。因此，要在平面上取点必须先在平面上取线，然后再在此线上取点，即：点在线上，线在面上，那么点一定在面上，如图 2-36(c)所示。

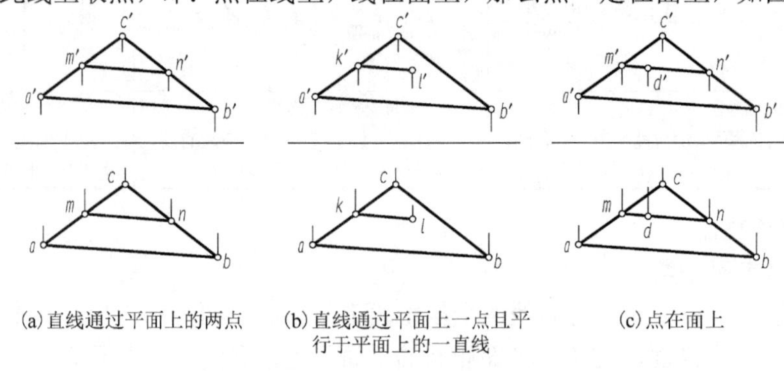

(a)直线通过平面上的两点　(b)直线通过平面上一点且平行于平面上的一直线　(c)点在面上

图 2-36　平面上的直线和点

3．特殊位置平面上的直线和点

因为特殊位置的平面在它所垂直的投影面上的投影积聚成直线，所以特殊位置平面上的点、直线和平面图形，在该平面所垂直的投影面上的投影，都位于这个平面的有积聚性的同面投影上，如图 2-37 所示。

【例 2-8】 如图 2-38(a)所示，已知△*ABC* 的两面投影，及△*ABC* 内 *K* 点的水平投影 *k*，作正面投影 *k*′。

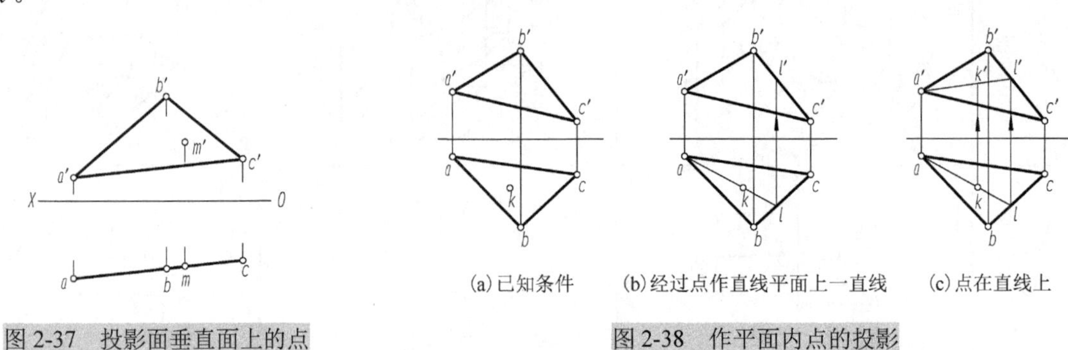

(a)已知条件　(b)经过点作直线平面上一直线　(c)点在直线上

图 2-37　投影面垂直面上的点　　图 2-38　作平面内点的投影

解　(1)分析：由初等几何可知，过平面内一个点可以在平面内作无数条直线，任取一条过该点且属于该平面的已知直线，则点的投影一定落在该直线的同面投影上。

(2)作图过程如图 2-38(b)、(c)所示。过△*ABC* 的某一顶点与 *K* 点作一直线如 *AL*，*k*′在直线 *AL* 的正面投影上。

【例 2-9】 已知四边形平面 $ABCD$ 的 H 投影 $abcd$ 和 ABC 的 V 投影 $a'b'c'$，如图 2-39(a)所示，试完成平面的 V 面投影。

解　(1)分析：已知四边形平面 $ABCD$ 的 H 投影 $abcd$ 和 ABC 的 V 投影 $a'b'c'$，要完成平面的 V 面投影，关键是求出四边形顶点 D 的 V 面投影 d'，在求 d' 时，要保证 $ABCD$ 四点在一个平面内，因此问题就可以转化为在平面 ABC 内，求一点 D 的 V 面投影。那么怎样保证 D 在 ABC 内呢？同样也要通过作辅助线来解决。

(2)作图过程如下。

① 连接 ac 和 $a'c'$，得辅助线 AC 的两投影；

② 连接 bd 交 ac 于 e；

③ 由 e 在 $a'c'$ 上求出 e'；

④ 连接 $b'e'$，延长 $b'e'$ 在上面求出 d'；

⑤ 分别连接 $a'd'$ 及 $c'd'$，即得到四边形的 V 面投影，如图 2-39 所示。

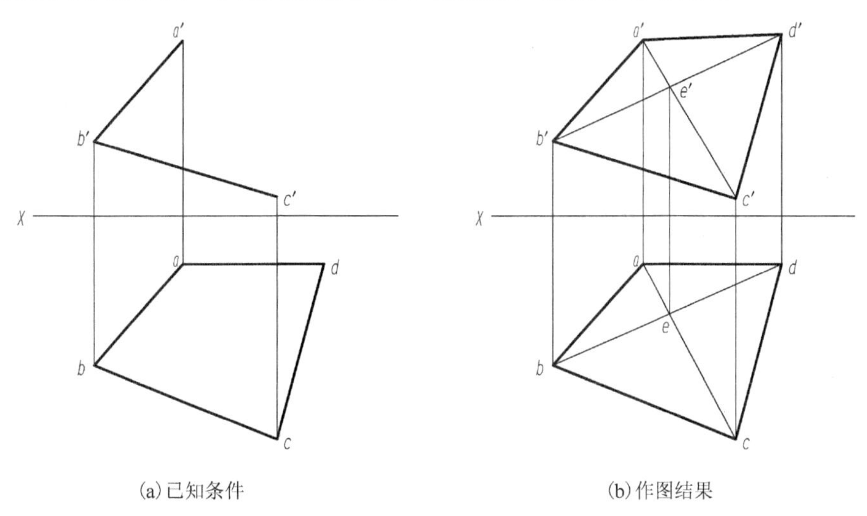

(a)已知条件　　(b)作图结果

图 2-39　补全平面的投影

第二篇　制图表达

第3章　立体投影

教学目标和要求

掌握平面立体投影图的画法;
掌握曲面立体投影图的画法;
掌握立体截交线的画法;
掌握两立体相贯线的画法。

教学重点和难点

掌握立体截交线的画法;
掌握两立体相贯线的画法。

在实际工程中，零件的形状千变万化，但总是由基本立体叠加、切割、相交构成的。常见的基本立体分为平面立体和曲面立体两大类。本章将介绍基本立体的投影，平面切割基本立体后的投影以及两基本立体相交后的投影。

3.1　平面立体的投影

平面立体的每个表面都是平面，如棱柱、棱锥，由底面和侧面围成。立体的侧面称为棱面，棱面的交线称为棱线，棱线的交点称为顶点。平面立体的投影实质就是画出组成立体各表面的投影。看得见的棱线画成实线，看不见的棱线画成虚线。

3.1.1　棱柱

棱柱的棱线互相平行，上底面和下底面互相平行且大小相等。常见的棱柱有三棱柱、四棱柱、五棱柱和六棱柱。

现以图3-1所示的五棱柱为例说明棱柱的投影特征和作图方法。

1. 棱柱的投影

(1)分析：图3-1(a)所示正五棱柱的顶面和底面平行于水平面，后棱面平行于正面，其余棱面均垂直于水平面。在这种位置下，五棱柱的投影特征是：顶面和底面的水平投影重合，并反映实形——正五边形。五个棱面的水平投影分别积聚为五边形的五条边。正面和侧面投影上大小不同的矩形分别是各棱面的投影，不可见的棱线画虚线。

(2)作图过程如下。

① 先画出对称中心线，如图3-1(b)所示。

② 再画出两个底面的三面投影：其 H 投影重合，反映正五边形实形，是五棱柱的特征投影。它们的 V 投影和 W 投影均积聚为直线。

③ 画出各棱线的三面投影：两个底面的 H 投影为正五边形，其五个顶点的 H 投影积聚，其 V 投影和 W 投影均反映实长。

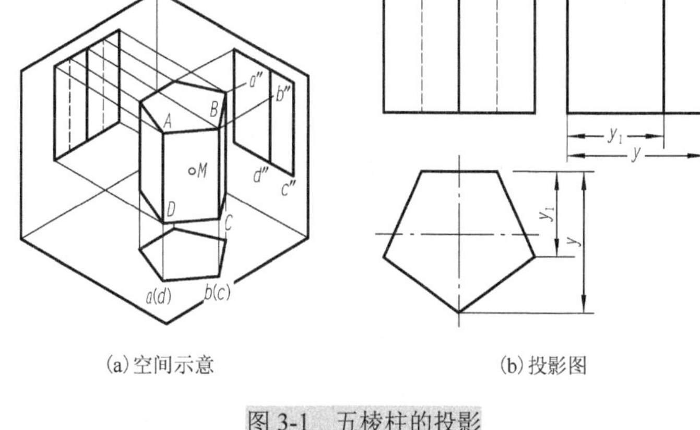

(a)空间示意　　(b)投影图

图3-1　五棱柱的投影

④ 三面投影满足长对正、高平齐、宽相等三等定律，省略三根投影轴，作图结果如图3-1(b)所示。

2. 棱柱表面取点、取线

由于组成棱柱的各表面都是平面，因此，在平面立体表面上取点、取线的问题，实质上就是在平面上取点、取线的问题。

判别立体表面上点和线可见与否的原则是：如果点、线所在表面的投影可见，那么点、线的同面投影可见，否则不可见。

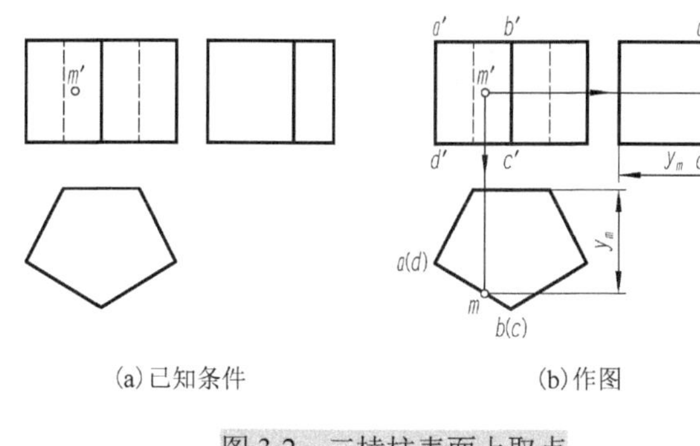

(a)已知条件　　(b)作图

图3-2　三棱柱表面上取点

【例3-1】 如图3-2(a)所示，已知五棱柱棱面上点 M 的正面投影 m'，求作另外两投影 m、m''。

解　(1)分析：从图3-1(a)中可知，M 点的正面投影 m'可见，由此判断 M 点在五棱柱的左前面 $ABCD$ 上，左前面为铅垂面，H 投影有积聚性，其 M 点 H 投影 m 必在该侧面的积聚投影上。

(2)作图过程如图3-2(b)所示。

① 分别过 m'向下引垂线交积聚投影 $abcd$ 于 m 点。

② 根据已知点的两面投影求第三投影的方法(二补三)求得 m''。

③ 判别可见性：因 M 点在左前侧面，则 m''可见。

3.1.2　棱锥

棱锥的棱线交于一点。常见的棱锥有三棱椎、四棱椎、五椎柱等。现以图3-3所示的三棱锥为例说明棱锥的三面投影。

1. 棱锥的投影

(1)分析：三棱锥是由一个底面和三个侧面所组成。底面及侧面均为三角形。三条棱线交于一个顶点，三棱锥的底面为水平面，侧面△SAC 为侧垂面。

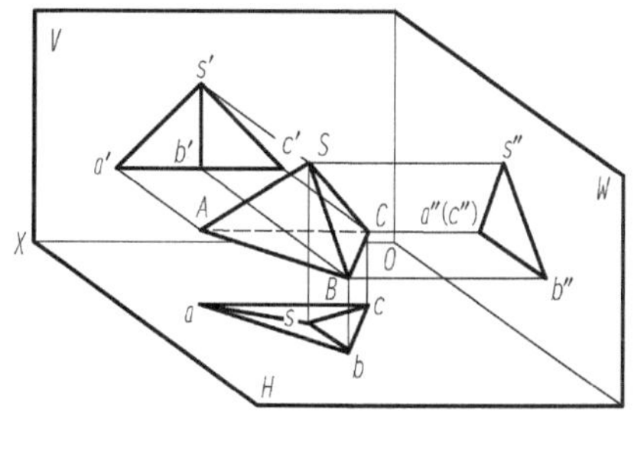

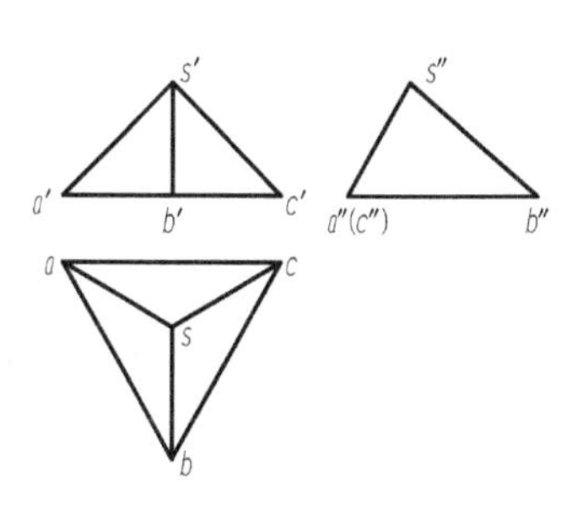

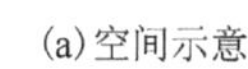
(a)空间示意　　(b)投影图

图3-3　三棱锥的投影

(2) 作图过程如下。

① 画出底面△ABC的三面投影：H投影反映实形，V、W投影均积聚为直线段。

② 画出顶点S的三面投影，将顶点S和底面△ABC的三个顶点A、B、C的同面投影两两连线，即得三条棱线的投影，三条棱线围成三个侧面，完成三棱锥的投影。

2. 棱锥表面上取点、线

棱锥的左前和右前棱面是一般位置平面，其三面投影没有积聚性，解题时应首先确定所给点、线在哪个表面上，再根据表面所处的空间位置利用辅助线作图。

【例 3-2】 如图 3-4(a)所示，已知三棱锥棱面SAB上点M的正面投影m'和棱面SAC上点N的水平投影n，求作另外两个投影。

解 (1) 分析：M点所在棱面SAB是一般位置平面，其投影没有积聚性，必须借助在该平面上作辅助线的方法求作另外两个投影，如图 3-4(b)所示。可以在棱面SAB上过M点作AB的平行线为辅助线作出其投影。N点所在棱面SAC是侧垂面，可利用积聚性画出其投影。

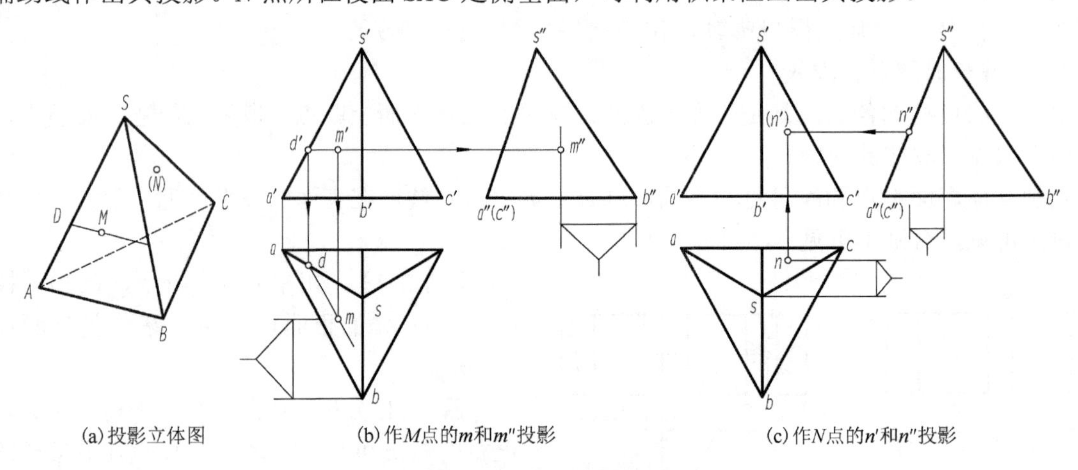

(a) 投影立体图　　(b) 作M点的m和m''投影　　(c) 作N点的n'和n''投影

图 3-4　三棱柱表面上取点

(2) 作图过程如图 3-4(b)、(c)所示。

① 过m'作$m'd' \parallel a'b'$，由d'作垂线得出d，过d作ab的平行线，再由m'求得m。

② 由m'高平齐、宽相等，求得m''，如图 3-4(b)所示。

③ N点在三棱柱的后面侧垂面上，其侧面投影n''必在$s''a''$上，因此不需作辅助线，高平齐可直接作出n''。

④ 再由n、n''，根据宽相等直接作出n'，如图 3-4(c)所示。

⑤ 判别可见性：m、n、m''可见。

3.2　曲面立体的投影

常见的曲面立体是回转体，主要有圆柱体、圆锥体、圆球体等。曲面立体是由曲面或曲面与平面围成的。

在投影面上表示回转体就是把组成回转体的曲面或曲面与平面表示出来，然后判别其可见性。曲面上可见与不可见的分界线称为回转面对该投影面的转向轮廓线。因为转向轮廓线是对某一投影面而言，所以它们的其他投影不应画出。

3.2.1　圆柱体

圆柱体由圆柱面和上下两底面围成。圆柱面可看成由一条母线绕平行于它的轴线回旋而成，圆柱面上任意一条平行于轴线的直母线称为圆柱面的素线。下面以图 3-5(a)所示的圆柱为例说明圆柱体的三面投影。

1. 圆柱体的投影

(1)分析：圆柱体由圆柱面、顶面、底面围成。圆柱面是由直线绕与其平行的轴线旋转一周形成的。因此圆柱也可看作是由无数条相互平行且长度相等的素线所围成的。圆柱轴线垂直于 H 面，底面、顶面为水平面，底面、顶面的水平投影反映圆的实形，其他投影积聚为直线段。

(2)作图过程如图 3-5(b)所示。

① 用点画线画出圆柱体的轴线、中心线。

② 画出顶面、底面圆的三面投影。

③ 画转向轮廓线的三面投影。该圆柱面对正面的转向轮廓线(正视转向轮廓线)为 AA_1 和 BB_1，其侧面投影与轴线重合，对侧面的转向轮廓线(侧视转向轮廓线)为 DD_1 和 CC_1，其正面投影与轴线重合。

④ 还应注意圆柱体的 H 投影圆是整个圆柱面积聚成的圆周，圆柱面上所有的点和线的 H 投影都重合在该圆周上。圆柱体的三面投影特征为一个圆对应两个矩形。

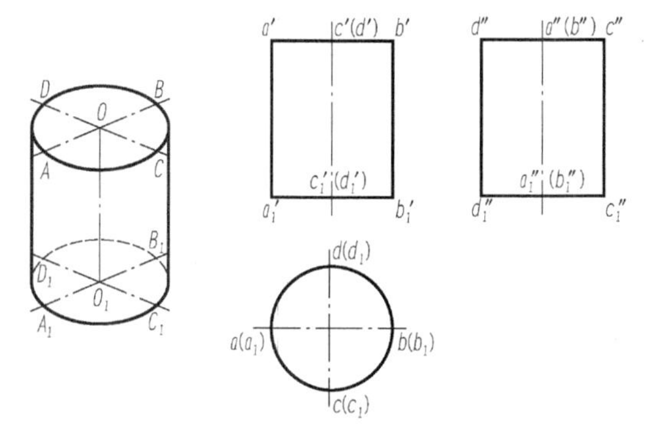

(a)空间示意 (b)投影图

图 3-5 圆柱体的投影

2. 圆柱表面上取点、取线

在圆柱体表面上取点，可直接利用圆柱投影的积聚性作图。

【例 3-3】 如图 3-6(a)所示，已知圆柱面上的点 M、N 的正面投影，求其另两个投影。

解 (1)分析：M 点的正面投影 m'可见，又在点画线的左面，由此判断 M 点在左、前半圆柱面上，侧面投影可见。N 点的正面投影(n')不可见，又在点画线的右面，由此判断 N 点在右后半圆柱面上，侧面投影不可见。

(2)作图过程如图 3-6(b)所示。

① 求 m、m''。过 m'向下作垂线交于圆周上一点为 m，根据 y_1 坐标求出 m''；

② 求 n、n''。作法与 M 点相同。

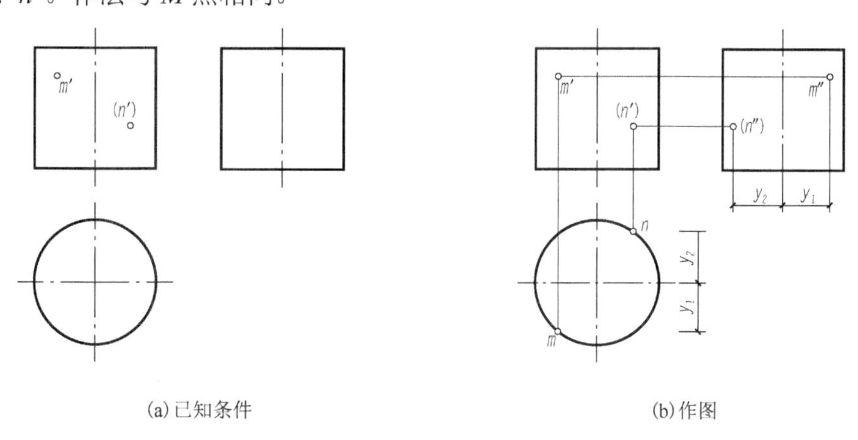

(a)已知条件 (b)作图

图 3-6 圆柱表面上取点

【例 3-4】 如图 3-7(a)所示，已知圆柱面上的三点 ABC 一面投影 a'、b、c''，求其另两个投影，并把 ABC 顺序连接起来。

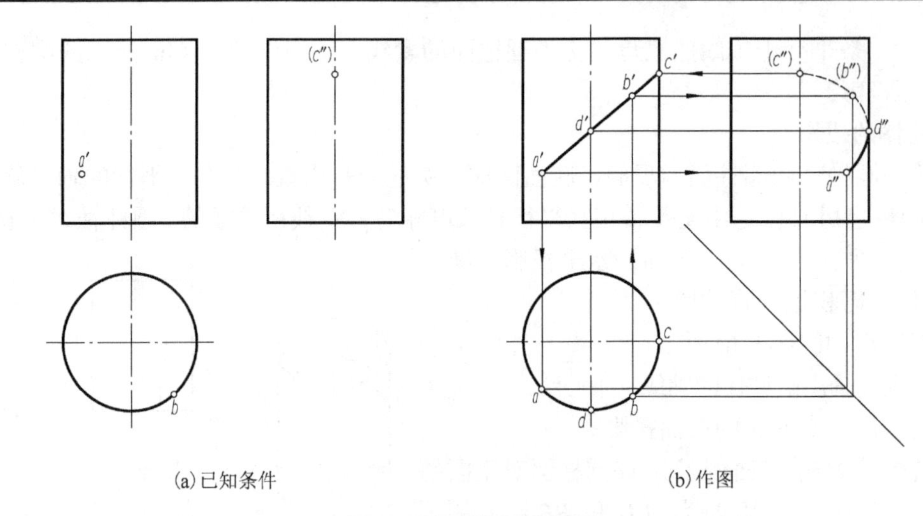

图 3-7　圆柱表面上取线

解　(1)分析：圆柱面上的线除了素线外均为曲线，由此判断线段 ABC 是圆柱面上的一段曲线。AB 位于前半圆柱面上，C 位于最右的转向轮廓线上，因此 $a'b'c'$可见。为了准确地画出曲线 ABC 的投影，找出转向轮廓线上的点如 D 点，把它们光滑连接即可。

(2)作图过程如图 3-7(b)所示。

① 求端点 A、C 的投影；利用积聚性求得 H 投影 a、c，再根据 y 坐标求得 a''、c''；

② 求侧视转向轮廓线上的点 D 的投影 d、d''；

③ 求中间点 B 的投影 b、b''；

④ 判别可见性并连线；D 点为侧面投影可见与不可见分界点，曲线的侧面投影 $c''b''d''$为不可见，画成虚线。$a''d''$为可见，画成实线。

3.2.2　圆锥体

圆锥体由圆锥面和底面围成。圆锥面可看成由一条母线绕与它斜交的轴线回旋而成，圆锥面上任意一条与轴线斜交的直母线称为柱锥面的素线。下面以图 3-8(a)所示的圆锥为例说明圆锥的三面投影。

1．圆锥体的投影

(1)分析：圆锥体是由圆锥面和底面围合而成。圆锥面可看作一直母线绕与其相交的轴线旋转而成。因此圆锥体可看作由无数条交于顶点的素线所围成，也可看作由无数个平行于底面的纬圆所组成。圆锥轴线垂直于 H 面，底面为水平面，H 投影反映底面圆的实形，其他两投影均积聚为直线段。

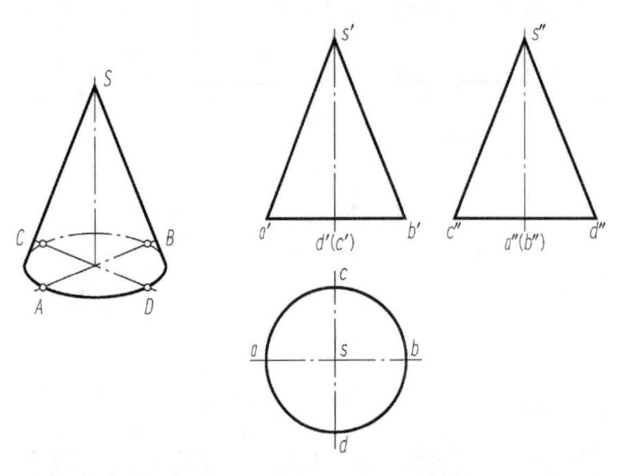

图 3-8　圆锥体的投影

(2)作图过程如图 3-8(b)所示。

① 用点画线画出圆锥体各投影轴线、中心线；

② 画出底面圆和锥顶 S 的三面投影；

③ 画出各转向轮廓线的投影；正视转向轮廓线的 V 投影为 $s'a'$、$s'b'$，侧视转向轮廓线的 W 投影为 $s''c''$、$s''d''$；

④ 圆锥面的三个投影都没有积聚性。圆锥面

三面投影的特征为一个圆对应两个三角形。

2. 圆锥体表面上取点

由于圆锥面的三个投影都没有积聚性，求表面上的点时，需采用辅助线法。为了作图方便，在曲面上作的辅助线应尽可能是直线(素线)或平行于投影面的圆(纬圆)。因此在圆锥面上取点的方法有两种：素线法和纬圆法。

【例 3-5】 如图 3-9 所示，已知圆锥面上点 *M* 的正面投影 *m'*，求 *m*、*m''*。

方法一：素线法

(1)分析：如图 3-9(a)所示，*M* 点在圆锥面上，一定在圆锥面的一条素线上，故过锥顶 *S* 和点 *M* 作一素线 *ST*，求出素线 *ST* 的各投影，根据点线的从属关系，即可求出 *m*、*m''*。

(2)作图过程如图 3-9(b)所示。

① 在图 3-9(b)中，连接 *s'm'*延长交底圆于 *t'*，在 *H* 投影上求出 *t* 点，根据 *t*、*t'*求出 *t''*，连接 *st*、*s''t''*即为素线 *ST* 的 *H* 投影和 *W* 投影。

② 根据点线的从属关系求出 *m*、*m''*。

方法二：纬圆法

(1)分析：过点 *M* 作一平行于圆锥底面的纬圆。该纬圆的水平投影为圆，正面投影、侧面投影为一直线。*M* 点的投影一定在该圆的投影上。

(2)作图过程如图 3-9(c)所示。

① 在图 3-9(c)中，过 *m'*作与圆锥轴线垂直的线 *e'f'*，它的 *H* 投影为一直径等于 *e'f'*、圆心为 *s* 的圆，*m* 点必在此圆周上。

② 由 *m'*、*m* 求出 *m''*。

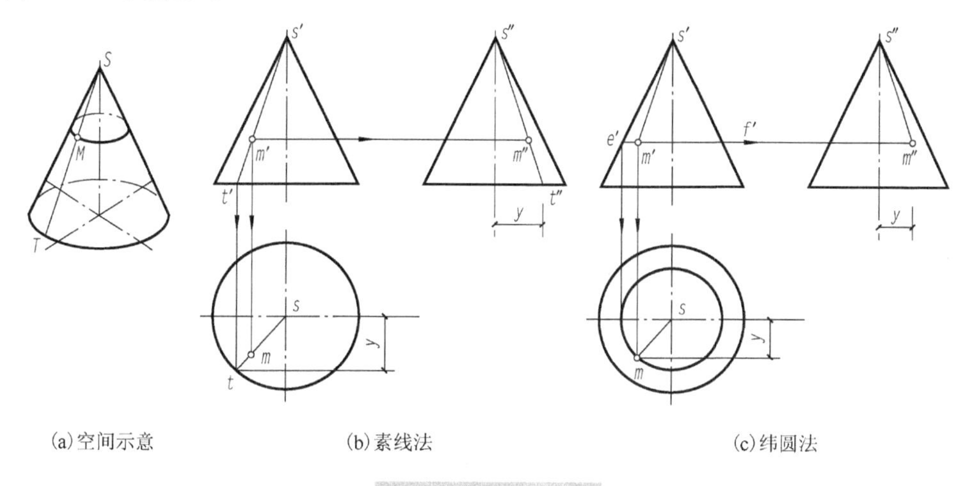

(a)空间示意　　(b)素线法　　(c)纬圆法

图 3-9 圆锥面上取点

3. 圆锥表面上取线

在圆锥表面上取线，可先取属于线上的特殊点，再取属于线上的一些一般点，经判别可见性后，再顺次连成所要取的线。如图 3-10 所示，已知圆锥表面素线上的直线 *AB* 的正面投影 *a'b'*和圆锥表面上垂直于轴线(圆锥轴线垂直于水平面)的一段回转弧 *CD* 的正面投影 *c'd'*(积聚成直线)，试求另两个投影。画法如下：

(1)求 *ab*、*a''b''*。由于直线 *AB* 在圆锥表面素线上，故而过直线 *AB* 作锥面上的素线 *SI*。即先过 *a'b'*作 *s'1'*，由 *l'*先求出 1，再求出 1''，连接 *s*、1 和 *s''*、1''，*s*1 和 *s''*1''分别为辅助线 *SI* 的水平投影和侧面投影。则直线 *AB* 的水平投影和侧面投影必在 *SI* 的同面投影上，从而即可求出 *ab* 和 *a''b''*。*ab* 可见；因直线 *AB* 在左半个圆锥面上，所以 *a''b''*也可见。

(2) 求圆锥表面上一段回转圆弧 *CD* 的水平投影和侧面投影。由于圆锥表面上垂直于轴线(轴线垂直水平面)的一段回转圆弧 *CD* 必平行于水平面，故水平面投影反映真形。过 *c′d′*作 *c′*2′(回转圆直径)，由 *c′*2′求出 *c*2，即可求出 *cd*。其侧面投影和正面投影同样积聚成直线，由于 *CD* 在左半个圆锥面上，故 *c″d″*亦为可见。

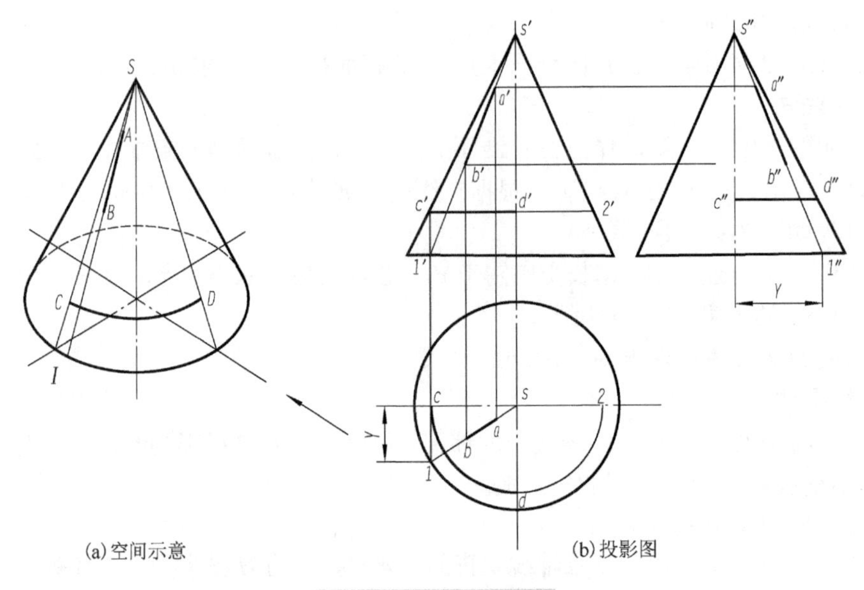

(a) 空间示意　　　(b) 投影图

图 3-10　圆锥表面取线

3.2.3　圆球体

圆球体是由圆球面围合而成，圆球表面可看作由一条圆母线绕其直径回转而成。下面以图 3-11 (a) 所示的圆球为例说明圆球体的三面投影。

1．圆球体的投影

(1) 分析：圆球的三个投影均为大小相等的圆，其直径等于圆球的直径。正面投影圆是前后半球的分界圆，也是球面上最大的正平圆；水平投影圆是上下半球的分界圆，也是球面上最大的水平圆；侧面投影圆是左右半球的分界圆，也是球面上最大的侧平圆。三投影图中的三个圆分别是球面对 *V* 面、*H* 面、*W* 面的转向轮廓线。

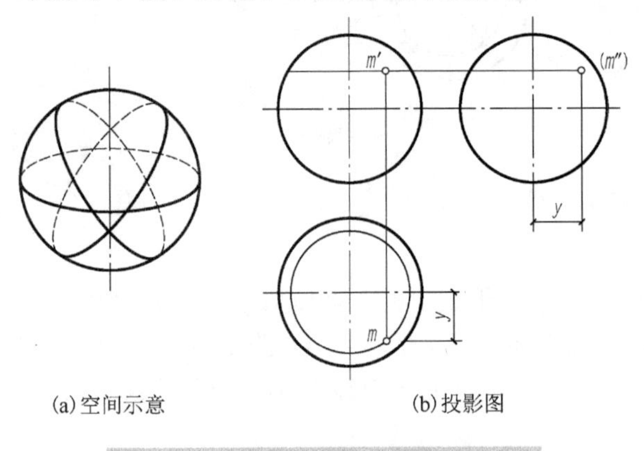

(a) 空间示意　　　(b) 投影图

图 3-11　圆球体的投影及圆球面上取点

(2) 过程如图 3-11 (b) 所示。

① 确定球心位置，并用点画线画出它们的对称中心线，各中心线分别是转向轮廓线投影的位置；

② 分别画出球面上对三个投影面的转向轮廓线圆的投影。

2．圆球面上取点

球面的三个投影均无积聚性。过表面上一点，可作属于球面上的无数个纬圆。为作图方便，选用平行于投影面的纬圆作辅助纬圆，即过球面上一点可作正平纬圆、水平纬圆或侧平纬圆。

【例 3-6】 如图 3-11 (b) 所示，已知属于球面上的点 *M* 的正面投影 *m′*，求其另两个投影。

解　(1) 分析：根据 *m′*的位置和可见性，可判断 *M* 点在上半球的右前部，因此 *M* 点的水平投影 *m* 可见，侧面投影 *m″*不可见。

(2) 作图过程如图 3-11(b) 所示。过 m' 作一水平纬圆，作出水平纬圆的 H、W 投影，从而求得 m、m''。当然，也可采用过 m' 作正平纬圆或侧平纬圆来解决，这里不再详述。

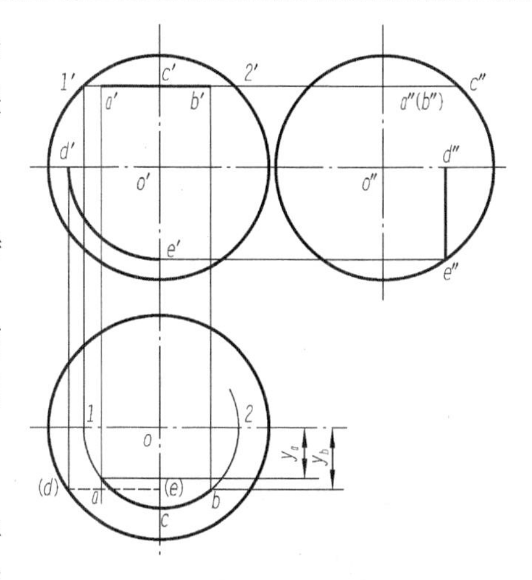

图 3-12 圆球表面取线

3. 圆球表面上取线

在圆球表面上取线，可以求出属于线上的一系列点（特殊点、一般点），判别可见性，再顺次连成所要取的线。

【例 3-7】 如图 3-12 所示，已知圆球表面上平行水平面的一段回转圆弧 ACB 的正面投影 $a'c'b'$ 和平行正面的一段回转圆弧 DE 的侧面投影 $d''e''$，试分别求另两个投影。

解 作图过程如下。

(1) 求 acb、$a''c''b''$。由于 $a'c'b'$ 是可见的，且平行于水平面，故可作纬圆（水平圆）求解。过 $a'c'b'$ 作水平面与圆球正面（圆）交点 $1'2'$，以 $1'2'$ 为直径在水平投影上作水平圆，则水平圆弧 ACB 的水平投影 acb 必在该纬圆上，再由 $a'c'b'$、acb 求出 $a''c''b''$。因水平圆弧 ACB 位于上半个圆球面上，故 acb 为可见。又因水平圆弧 ACB 中 CB 部分位于右半个圆球面上，侧面投影为不可见，故在本图中的侧面投影 $c''(b'')$ 与可见的 AC 侧面投影 $a''c''$ 重影。

(2) 求 $d'e'$、de。由于 $d''e''$ 是可见，且平行于正面，故可用纬圆（正平圆）求解。以侧面投影 $d''e''$ 为半径，在正面投影上作正平圆的正面投影，即得 DE 的正面投影 $d'e'$（1/4 纬圆），再由 $d''e''$、$d'e'$ 求出 de。因正平圆弧 DE 位于前半个圆球面上，故 $d'e'$ 为可见。又因为平圆弧 DE 位于下半个圆球面上，故 (d) (e) 为不可见（画成虚线）。

3.3 切割体的投影

立体被平面切割后剩余部分的投影，称为切割体的投影。在工程中常常会遇到这样的形体，如图 3-13(a) 所示木榫头和图 3-13(b) 所示顶尖。

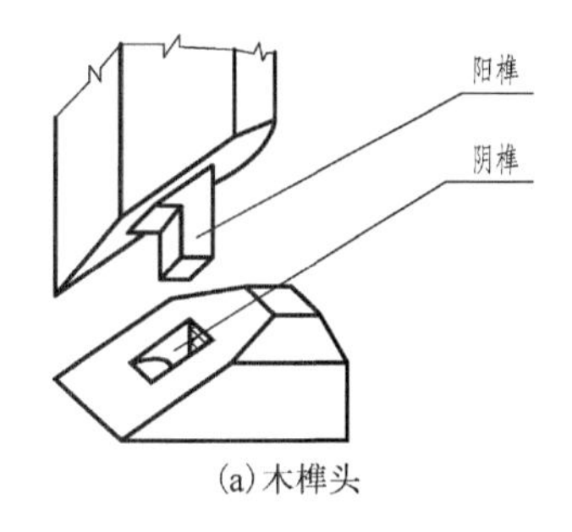

(a) 木榫头

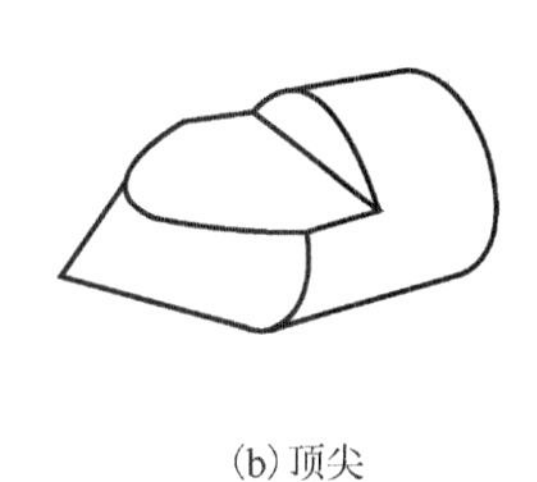
(b) 顶尖

图 3-13 切割体

截割立体的平面称为截平面。截平面与立体表面的交线称为截交线。由截交线所围成的平面图形称为截面（断面），如图 3-14 所示。

根据截平面的位置以及立体形状的不同，所得截交线的形状也不同，但任何截交线都具有以下基本性质。

(1) 封闭性：立体表面上的截交线总是封闭的平面图形（平面折线、平面曲线或两者组合）。

(2) 共有性：截交线既属于截平面，又属于立体的表面。

从以上性质可知：求画截交线实质上就是要求画出截平面与立体表面一系列共有点的问题。

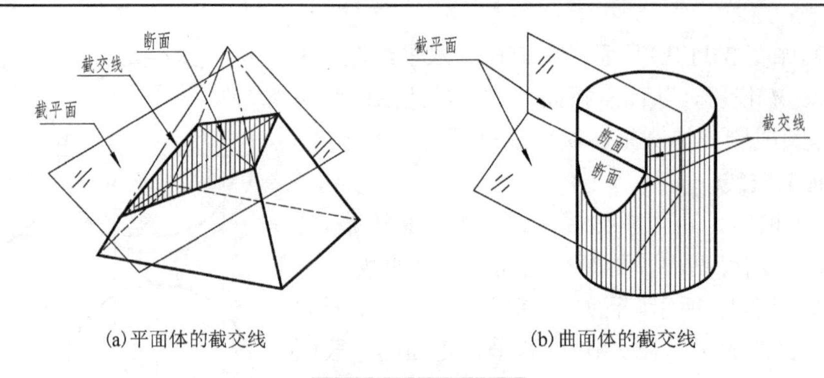

(a) 平面体的截交线　　(b) 曲面体的截交线

图 3-14　截交线概念

3.3.1　平面截割体的投影

1．截交线分析

平面截切平面体所得的截交线，是由直线段组成的封闭的平面多边形。平面多边形的每一个顶点是平面体的棱线与截平面的交点，每一条边是平面体的表面与截平面的交线。画截交线实质就是求出平面体的棱线与截平面的交点，或直接求出平面体的表面与截平面的交线。

下面举例说明画截交线的步骤。

2．平面截切棱锥

【例 3-8】 如图 3-15 所示，求四棱锥被正垂面 P 截割后，截交线的投影。

解　(1) 分析：由图 3-15 (a) 可见，截平面 P 与四棱锥的四个侧面都相交，所以截交线为四边形。四边形的四个顶点是四棱锥的四条棱线与截平面的交点。由于截平面 P 为正垂面，故截交线的 V 面投影积聚为直线，可直接确定，然后再由 V 投影求出 H 和 W 投影。

(2) 作图过程如图 3-15 (b) 所示。

① 根据截交线投影的积聚性，在 V 面投影中直接求出截平面 P 与四棱锥四条棱线交点的 V 投影 1′、2′、3′、4′。

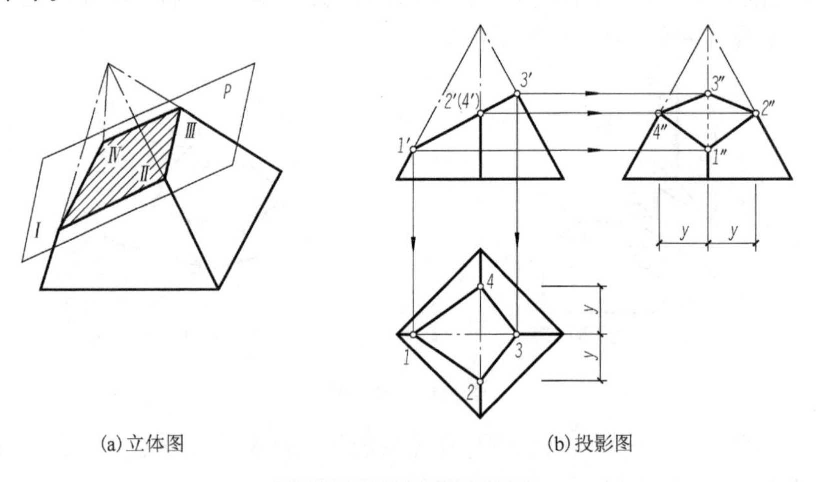

(a) 立体图　　(b) 投影图

图 3-15　平面截割四棱锥

② 根据从属性，在四棱锥各条棱线的 H、W 投影上，求出交点的相应投影 1、2、3、4 和 1″、2″、3″、4″。

③ 将各点的同面投影依次相连(注意同一侧面上的两点才能相连)，即得截交线的各投影。由于四棱锥去掉了被截平面切去的部分，所以截交线的三个投影均为可见。

3. 平面截切棱柱

【例 3-9】 如图 3-16(a)所示，求作被截五棱柱的三面投影图。

解 (1)分析：由于截平面是一个正垂面，所以截交线的 V 面投影与截平面的正面投影重合。从 V 面投影中可以看出，五棱柱被平面截着的是上顶面和四个棱面，故截交线是一个五边形。五边形的五个顶点就是截平面与五棱柱的三条侧棱及上顶面的两条边的交点。

(2)作图具体过程如图 3-16(c)所示。

① 在 V 投影面上找出五个点正面投影 1′、2′、3′、4′、5′的位置；

② 根据长对正画出五个点的水平投影 1、2、3、4、5 的位置；

③ 根据五个点正面投影和水平投影画出侧面投影 1″、2″、3″、4″、5″的位置。

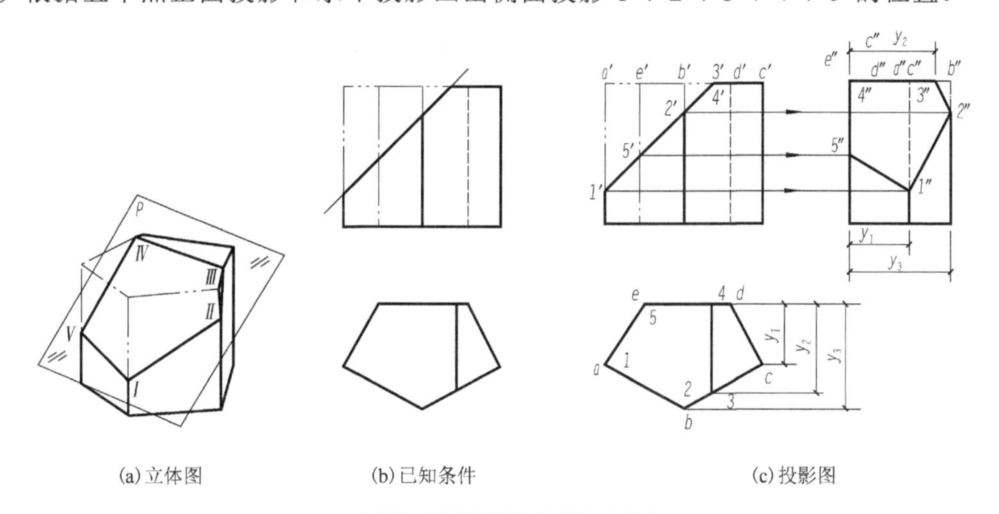

(a)立体图 (b)已知条件 (c)投影图

图 3-16 求缺口五棱锥的投影

4. 画平面体截交线的步骤

根据上面的作图，总结出画平面体截交线的步骤如下。

(1)分析截平面数目以及它们与投影面的相对位置；

(2)确定截交线的形状，在切口处找出截交线上顶点的一面投影；

① 求截平面与棱线的交点(截平面截到几条棱线就有几个交点)；

② 求截平面与底面的交点(两个交点)；

③ 两截平面与棱面的交点(两个交点)；

(3)找出截交线上顶点的其他两面投影(棱柱表面取点法、棱锥表面取点法)；

(4)同一棱面上的相邻两点相连；

(5)判别可见性：可见表面上的交线可见，否则不可见，不可见的交线用虚线表示；

(6)整理立体的棱线。

3.3.2 曲面切割体的投影

1. 截交线分析

平面与曲面立体相交，其截交线一般为封闭的平面曲线，特殊情况为直线或直线和曲线。其形状取决于曲面体的几何特征，以及截平面与曲面体的相对位置。截交线是截平面与曲面立体表面的共有线，求截交线时只需求出若干共有点，然后按顺序光滑连接成封闭的平面图形即可。因此，求曲面体的截交线实质上就是在曲面体表面上取点。

2. 平面截切圆柱

平面截切圆柱时，根据截平面与圆柱轴线的相对位置的不同，截交线有三种不同的形状，见表 3-1。

表 3-1　平面与圆柱相交

截平面位置	截平面与轴线平行	截平面与轴线垂直	截平面与轴线倾斜
立体图			
投影图			
特点	截交线为直线	截交线为圆	截交线为椭圆

【例 3-10】 如图 3-17 所示，求正垂面 P 截切圆柱所得的截交线的投影。

解　(1) 分析：正垂面 P 倾斜于圆柱轴线，截交线的形状为椭圆。平面 P 垂直于 V 面，所以截交线的 V 投影和平面 P 的 V 投影重合，积聚为一段直线。由于圆柱面的水平投影具有积聚性，所以截交线的水平投影也有积聚性，与圆柱面 H 投影的圆周重合。截交线的侧面投影仍是一个椭圆，需作图求出。

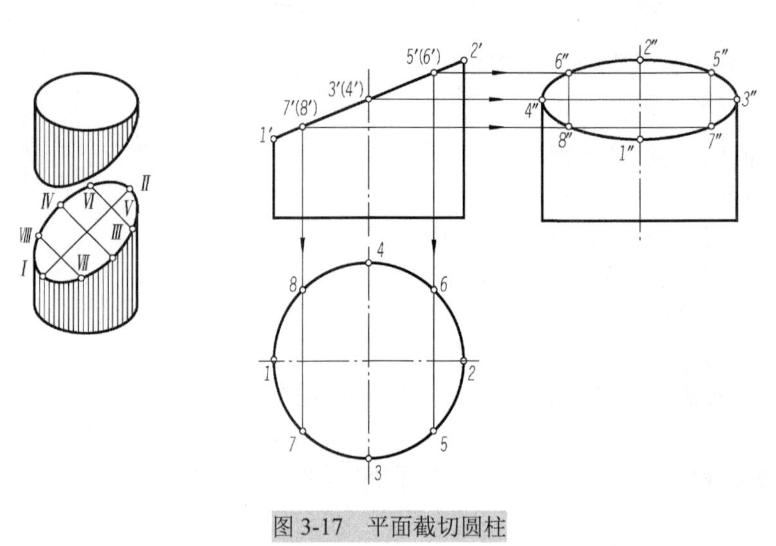

图 3-17　平面截切圆柱

(2) 作图过程如下。

① 求特殊点。要确定椭圆的形状，需找出椭圆的长轴和短轴。椭圆短轴为Ⅰ Ⅱ，长轴为Ⅲ Ⅳ，其投影分别为 1′2′、3′(4′)。Ⅰ、Ⅱ、Ⅲ、Ⅳ分别为椭圆投影的最低、最高、最前、最后点，由 V 投影 1′、2′、3′、4′可直接求出 H 投影 1、2、3、4 和 W 投影 1″、2″、3″、4″；

② 求一般点。为作图方便，在 V 投影上对称性地取 5′(6′)、7′(8′) 点，H 投影 5、3、7、8 一定在柱面的积聚投影上，由 H、V 投影再求出其 W 投影 5″、6″、7″、8″。取点的多少一般可根据作图准确程度的要求而定。

③ 依次光滑连接 1″8″4″6″2″5″3″7″1″即得截交线的侧面投影，将不到位的轮廓线延长到 3″和 4″。

【例 3-11】 如图 3-18 所示，已知顶部开有长方槽的圆柱体的 V 面投影和 H 投影，补画其 W 投影。

解　(1) 分析：该立体是圆柱被左右对称的两个侧平面和一个水平面所截切，侧平面平行于圆柱轴线，截得两个矩形，水平面垂直与圆柱轴线，截交线为圆的一部分。

(2)作图：设两个侧平面截得的四条素线分别为AA_1、BB_1、CC_1、DD_1，补画出圆柱的W投影，而圆柱的H投影具有积聚性，根据投影规律，求出各点的W投影，连线，整理轮廓，作图结果见图3-18(b)。

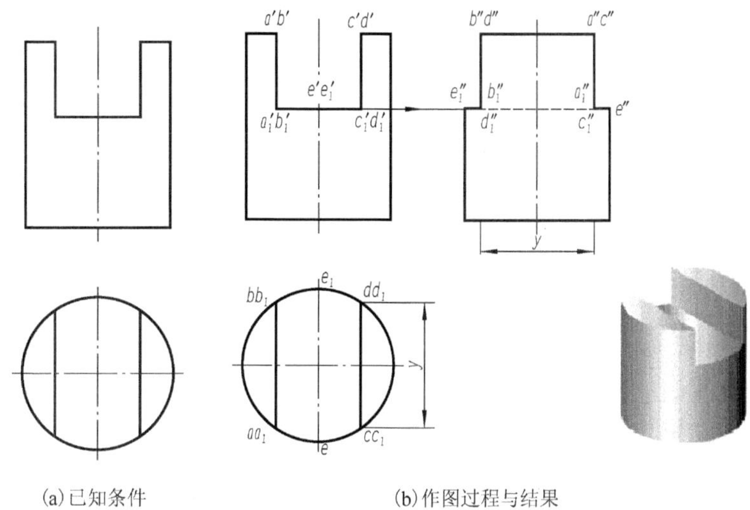

(a)已知条件　　　　　　　　(b)作图过程与结果

图3-18　圆柱截切

【例3-12】 如图3-19所示，已知开槽空心圆筒的主视图和俯视图，试补全其左视图。

解　其外圆柱面截交线的画法与例3-10相同。内圆柱表面也会产生另一组截交线，画法与外圆柱面截交线画法类似，但要注意它们的可见性，截平面之间的交线被圆柱孔分成两段，所以6″、8″之间不应连线。

3. 平面截切圆锥

平面截切圆锥时，根据截平面与圆锥相对位置的不同，其截交线有五种不同的情况，见表3-2。

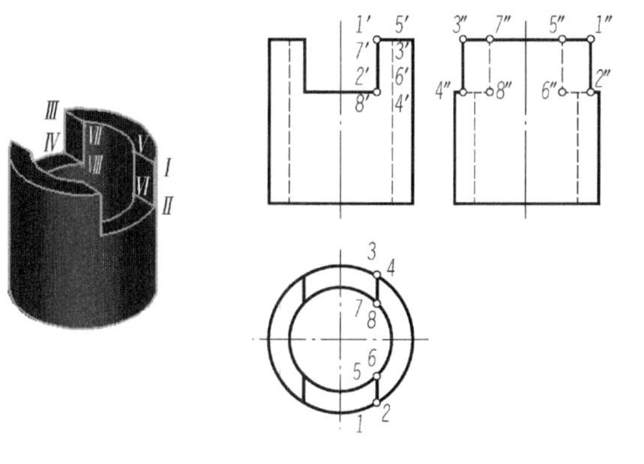

图3-19　空心圆筒开槽

表3-2　平面与圆锥相交

截平面位置	截平面垂直于轴线	截平面倾斜于轴线	截平面平行于一条素线	截平面平行于轴线(平行于二条素线)	截平面通过锥顶
立体图	P	P	P	P	P
投影图	P_V	P_V	P_V	P_H	P_V
特点	截交线为圆	截交线为椭圆	截交线为抛物线	截交线为双曲线	截交线为两素线

【例 3-13】 如图 3-20 所示，求正平面 P 截切圆锥所得的截交线的投影。

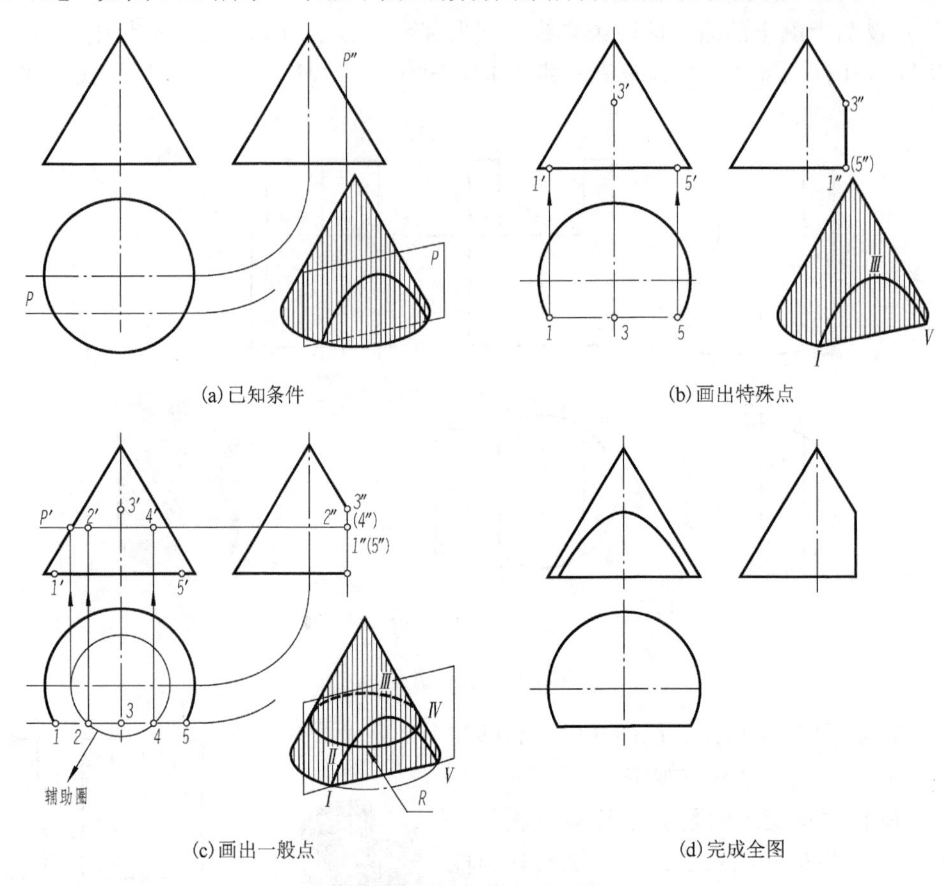

(a) 已知条件　　(b) 画出特殊点

(c) 画出一般点　　(d) 完成全图

图 3-20　平面截切圆锥

解　(1) 分析：由图 3-20 可看出，截平面 P 为平行于圆锥轴线的正平面，截切圆锥所得的截交线为双曲线，双曲线的 H 投影和 W 投影与正平面 P 的积聚投影重合，为一直线段，双曲线的 V 投影均不反映实形。

(2) 作图过程如下。

① 求特殊点。确定双曲线的顶点和端点，图 3-20(b) 中点 I 和 V 为双曲线的端点，位于圆锥底面圆周上；点 III 为双曲线的顶点(最高点)；这三点均可直接求出三面投影。

② 求一般点。再找出两个一般位置的点 II 和 IV，作辅助圆 R 与截平面 P 相交于 2、4 两点，用纬圆法求出其余两面投影。

③ 依次光滑连接 1′2′3′4′5′，即得截交线的 V 面投影。

【例 3-14】 如图 3-21(a) 所示，已知圆锥被截切后的正面投影和部分水平投影，试补全其水平投影，并作出侧面投影。

解　(1) 分析：在图 3-21(b) 中，轴线铅垂的圆锥被两个截平面 P 和 Q 截切，因此截交线应由两部分所组成。正垂面 P 过圆锥的锥顶，它与圆锥面的截交线为两条直素线，其 V 面投影 1′2′与截平面 P 的 V 面积聚性投影重合，其 H 面投影和 W 面投影仍为直线，图中用素线法作得 12、13 和 1″2″、1″3″。正垂面 Q 与圆锥面的轴线斜交，其截交线的空间形状是椭圆弧，该椭圆弧的 V 面投影与截平面 Q 的 V 面积聚性投影重合，为直线段 $b'2'$，其 H 面和 W 面投影反映类似形。两个截平面还产生一条交线 IIIII，是一条正垂线。各交线的正面投影均为已知。

(2) 作图过程如下。

① 求各交线的水平投影和侧面投影。锥顶 I 的三面投影均已知，由点 II、III 的正面投影 2′、

3′，利用素线法求出其水平投影 2、3 和侧面投影 2″、3″，从而可得截交线 *I II*、*I III* 和交线 *II III* 的水平投影和侧面投影，其中 *II III* 的水平投影 2 3 为不可见，画成虚线。

② 求椭圆弧的投影时，需先求特殊点，因为该椭圆弧为多半个，所以其长、短轴的端点均需求出。为此，将截平面 *Q* 扩大，交圆锥的正面轮廓线于点 *A*，其正面投影为 *a*′，线段 *a*′*b*′为空间截交线椭圆长轴(它是一条正平线)的正面投影，它反映长轴的实长，其水平和侧面投影用直线上取点的方法直接求出。

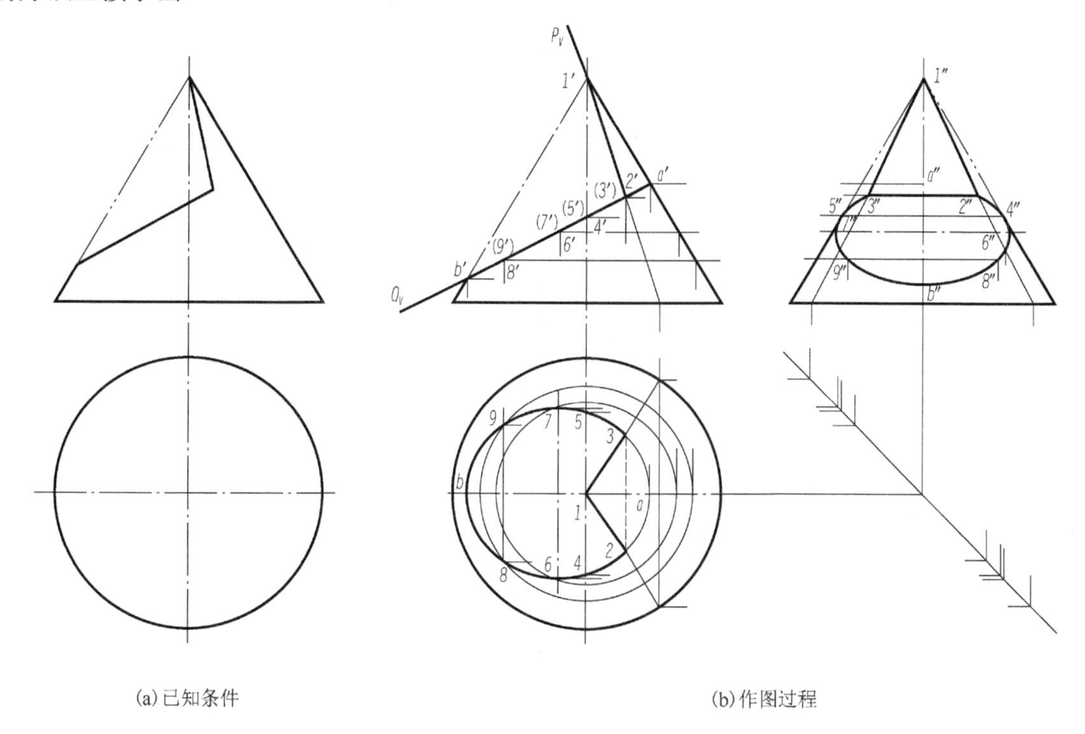

(a) 已知条件　　　　(b) 作图过程

图 3-21　圆锥被两个平面截切

③ 线段 *a*′*b*′的中点为短轴 *VI VII* 的正面投影 6′(7′)，它是一条正垂线，其水平和侧面投影用纬圆法(也可用素线法)求出。*IV*、*V* 点为圆锥侧面轮廓线上的点，其侧面投影利用直线上取点的方法直接求出，水平投影利用点的投影规律作出。求一般点时，可利用纬圆法或素线法求出其水平和侧面投影，然后再将各点的同面投影依次光滑地连接成椭圆，最后由截平面 *Q* 的有效范围确定椭圆弧的长度，*II*、*III* 是椭圆弧的端点。

④ 分析、整理圆锥被截切后，侧面轮廓线的侧面投影情况。由正面投影可知，侧面轮廓线在点 *IV*、*V* 以上被截去，故将其在点 *IV*、*V* 以下保留部分及底圆的侧面投影加深，完成作图。

4. 平面截切圆球

平面与球面相交，不管截平面的位置如何，其截交线均为圆。而截交线的投影可分为三种情况，见表 3-3。

表 3-3　平面与球相交

截平面位置	与 *V* 平行	与 *H* 平行	与 *V* 垂直
轴测图	P	P	P

续表

截平面位置	与 V 平行	与 H 平行	与 V 垂直
投影图			
特点	V 投影是反映实形的圆 H 投影是反映圆的直径	H 投影是反映实形的圆 V 投影是反映圆的直径	V 投影是反映圆的直径 H 投影是椭圆

【例 3-15】 如图 3-22 所示，求平面截切圆球所得截交线的投影。

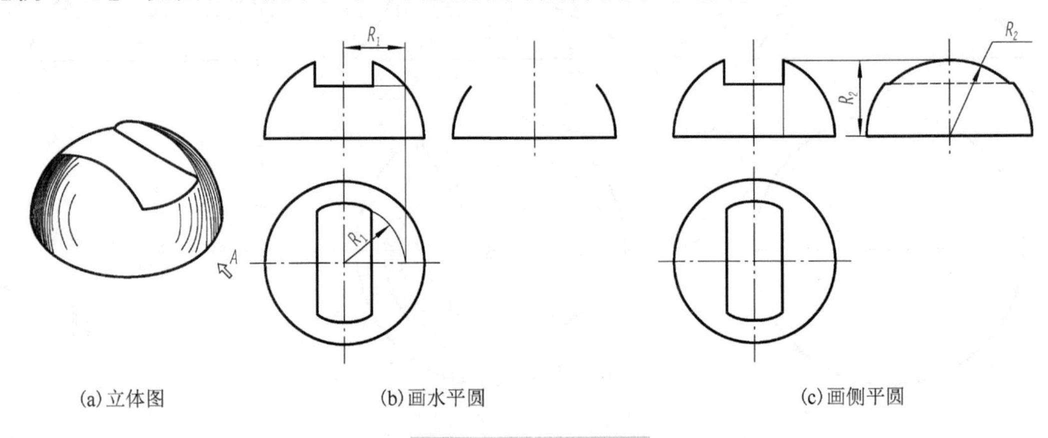

(a) 立体图　　(b) 画水平圆　　(c) 画侧平圆

图 3-22　平面截切圆球

解　(1) 分析：该半球体被一个水平面和两个侧平面截切，水平面截切圆球所得截交线 H 投影为圆，W 投影积聚为直线。侧平面截切圆球所得截交线 W 投影为圆，H 投影和 W 投影积聚为直线。

(2) 作图过程如下。

① 画水平面圆。在 V 投影上，水平切割面与半球体的交线是水平圆的直径，圆规量取该直径在 H 投影面上画圆，如图 3-22(b) 所示。

② 画水平面圆。在 W 投影上，侧平切割面与半球体的交线是侧平圆的直径，圆规量取该直径在 W 投影面上画圆。如图 3-22(c) 所示。

③ 判断虚实。水平圆在 W 投影面上有部分被遮挡，画成虚线。

5. 画曲面体截交线的步骤

根据上面的作图，总结出画截交线的步骤如下。

(1) 分析截平面数目以及它们与投影面的相对位置；

(2) 确定截交线的形状，找出截交线上特殊点的一面投影；

① 极限点：最高点、最低点、最左点、最右点、最前点、最后点；

② 转向点：求截平面与转向轮廓线的交点；

(3) 找出截交线上一般点的一面投影；

(4) 找出截交线上特殊点和一般点的其他两面投影；

(5) 相邻两点相连；

(6) 判别可见性：可见表面上的交线可见，否则不可见，不可见的交线用虚线表示；

(7) 整理立体的转向轮廓线。

3.3.3 组合回转切割体投影

组合回转体由若干基本回转体组成。平面与组合回转体相交，则形成组合截交线。作图时首先要分析各部分的曲面性质及其分界线，然后按照它们各自的几何特性确定其截交线的形状，再分别作出。

【例 3-16】 图 3-23(a)所示为一顶尖，画出它的投影图。

解 (1)分析：顶尖由一同轴的圆锥和圆柱组成，其上切去的部分可以看成被水平面 P 和正垂面 Q 截切而成。平面 P 与圆锥面的截交线为双曲线，与圆柱面的截交线为两平行直线，它们的水平投影均反映真形，而正面投影和侧面投影分别积聚在 P_V 和 P_W 上。平面 Q 截切圆柱的范围只截切到 P 面为止，故与圆柱面的截交线是一段椭圆弧，其正面投影积聚在 Q_V 上，侧面投影积聚在圆柱的侧面投影上，而水平投影为椭圆弧但不反映真形。所以，顶尖上的整个截交线是由双曲线、两平行直线和椭圆弧组成的。作图时，对截交线为两平行直线的部分，可利用圆柱投影的积聚性直接求得，而截交线为双曲线和椭圆弧的部分，则需要运用辅助平面法或面上取点线法进行作图。

(2)作图步骤如图 3-23(b)所示。

① 画出组成顶尖主体(圆锥、圆柱)的三面投影图。

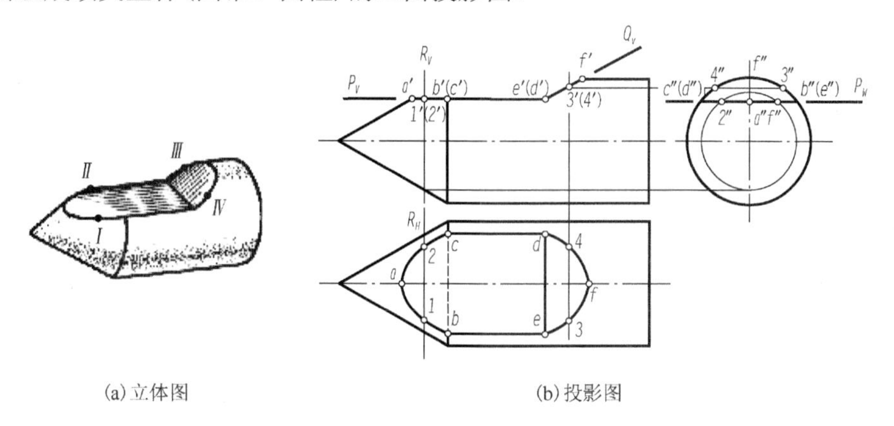

(a)立体图　　(b)投影图

图 3-23 顶尖的投影

② 画出三段截交线的分界点。先求出双曲线与矩形、矩形与椭圆的分界点 B、C 和 E、D 的正面投影 b'、(c') 和 e'、(d')，再求其侧面投影 b''、c'' 和 (e'')、(d'')，最后求其水平投影 b、c 和 e、d。

③ 画左边双曲线的投影。求特殊点：双曲线的顶点 A 和末端两点 B 和 C(即为中间截交线为两平行直线左边两端点)。先在正面投影上确定 a'，然后求得它的其他两个投影 a、a''。再求一般点，如 I 和 II 两点，可用辅助侧平面 R 求得。用曲线光滑地连接各点，即得双曲线的水平投影，其正面投影和侧面投影分别积聚在 P_V 和 P_W 上。

④ 画右边椭圆弧的投影。先求特殊点 F、E 和 D(中间截交线为两平行直线右边两端点)，即先在正面投影上确定 f'，就可求得它的其他两个投影 f、f''。再求一般点，如 III 和 IV 两点，可根据其截交线的正面投影和侧面投影有积聚性，定出 $3'$、$4'$ 和 $3''$、$4''$，再求得水平投影 3、4。用曲线光滑地连接各点，即得椭圆弧的水平投影，其正面投影积聚在 Q_V 上，侧面投影积聚在圆柱的侧面投影上。

⑤ 画中间直线部分的投影。将 b 和 e、c 和 d 相连成粗实线(即为 P 面与圆柱面截切的截交线为两平行直线的水平投影)，其正面投影积聚在 P_V 上，侧面投影积聚在 P_W 上，将 d 和 e 相连成粗实线(两截平面 P、Q 交线的水平投影)，bc 改画成虚线(下半部圆锥和圆柱同轴相贯的交线不可见圆弧线段的投影)，即得这段不可见相贯线的水平投影。其正面投影积聚成直线，侧面投影积聚在有积聚性的圆柱的侧面投影(圆)上。

【例 3-17】 图 3-24(a)所示为一连杆头，画出它的投影图。

解 (1)分析：连杆头由组合回转体切割而成。这个组合回转体的左端是圆柱，中段是内环台的一部分，右段是圆球，它们之间是同轴相贯的光滑过渡。用两个前后对称的正平截平面 P 截切这个组合回转体，再开一个正垂圆柱孔，就形成了这个连杆头。截平面 P 为正平面，它与右段球面的截交线为圆，与中段内环面的截交线为一般曲线，与左段圆柱不相交。由于 P 为正平面，其正面投影反映真形，水平投影和侧面投影分别积聚在 P_H 和 P_W 上，又由于两个正平截平面 P 在这个连杆头上前后对称截切，前后截交线的正面投影互相重合，因此，本题就只介绍求前面正平面截成的截交线的正面投影。

(2)作图步骤如图 3-24(b)所示。

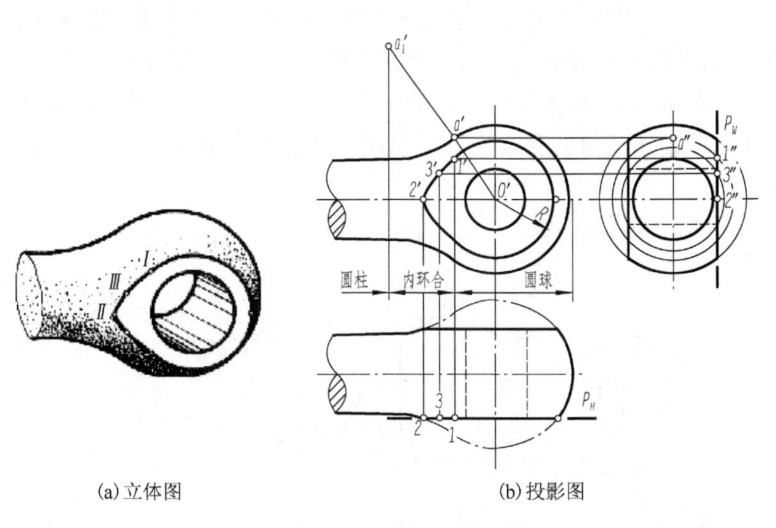

(a)立体图　　(b)投影图

图 3-24　连杆头的投影

① 求这三段回转面的分界线(即是求三段同轴回转体的相贯线)。分界线的位置可用几何作图方法求出。在正面投影上作球心与内环台的正视转向轮廓线的圆心的连心线 $O'O_1'$，$O'O_1'$与球、环的正视转向轮廓线的正面投影交于点 a'，则 a'即为球面和环面的正视转向轮廓线分界点的正面投影，过 a'向下引垂直于轴线的直线，即为球面与环面分界线的正面投影。由 O_1'点向圆柱正视转向轮廓线的正面投影引垂线，即为环面与圆柱面分界线的正面投影，由于左边的圆柱面未参加截切，它与环面的分界线无必要求出。由于这三段曲面光滑过渡，故分界处不画线。找出分界线是为了确定截平面 P 截切连杆头之后，作出不同截交线的分界点。

② 作前面的截平面 P(正平面)与右段球面的截交线为圆的投影。该圆的半径 R 可从水平投影或侧面投影找出。其正面投影反映真形，但只画到分界线上的点 1′(此点为球、环两面截交线的正面投影的分界点)处为止。其水平投影和侧面投影分别积聚在 P_H 和 P_W 上。

③ 作截平面 P 与中段内环面的截交线的投影。该段截交线为一般曲线，其顶点的正面投影 2′可从水平投影 2 求出。此外，在 2′与 1′(为环、球两面截交线的正面投影的分界点)之间，还可在内环面上任作纬圆，先求出点 3″，后求出点 3 和 3′等。

④ 依次光滑连接中段内环面截交线上点的正面投影，它与右段球面截交线为圆弧的正面投影即为所求。

3.4　相贯体的投影

工程形体常常是由两个或更多的基本几何形体组合而成，如图 3-25 所示。两立体相交又称两立体相贯，两相交的立体称为相贯体，相贯体表面的交线称为相贯线。其相贯线是两立体表面的共有线，相贯线上的点为两立体表面的共有点。掌握相贯线的画法对绘制和阅读建筑图很有帮助。立体相贯分为两平面立体相贯、平面立体与曲面立体相贯、两曲面立体相贯三种情况。

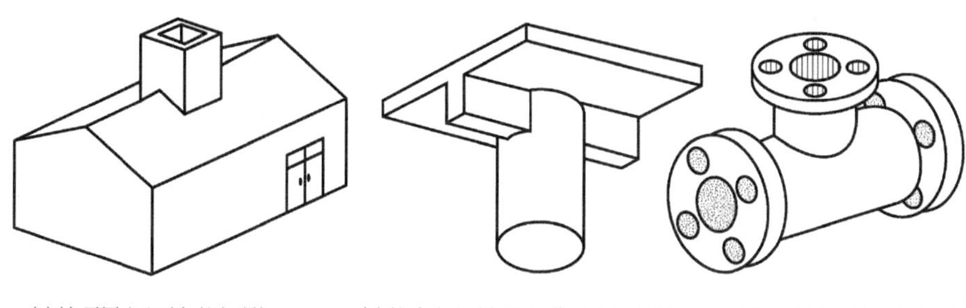

(a)坡顶屋(平面立体相贯)　　(b)柱头(平面立体与曲面立体相贯)　　(c)三通管(曲面立体相贯)

图 3-25　立体与立体相交

3.4.1　两平面立体相贯

1. 相贯线分析

两平面立体相贯时，相贯线为封闭的空间折线或平面多边形，每一段折线都是两平面立体某两侧面的交线，每一个转折点为一平面体的某棱线与另一平面体某侧面的交点。因此，求两平面立体相贯线，实质上就是求直线与平面的交点或求两平面交线的问题。

2. 例题分析

【例 3-18】 如图 3-26(a)所示，已知屋面上老虎窗的正面和侧面投影，求作老虎窗与坡屋面的交线以及它们的水平投影。

解　(1)分析：从图 3-26(a)中老虎窗的实例可看出，老虎窗可看作棱线垂直于正面的五棱柱与坡屋面相交，交线的正面投影与老虎窗的正面投影(五边形)重合。坡屋面是侧垂面，侧面投影积聚成斜线，交线的侧面投影也在此斜线上。因此，根据已知交线的正面和侧面投影，便可作出水平投影。

(2)作图画法如图 3-26(b)所示。

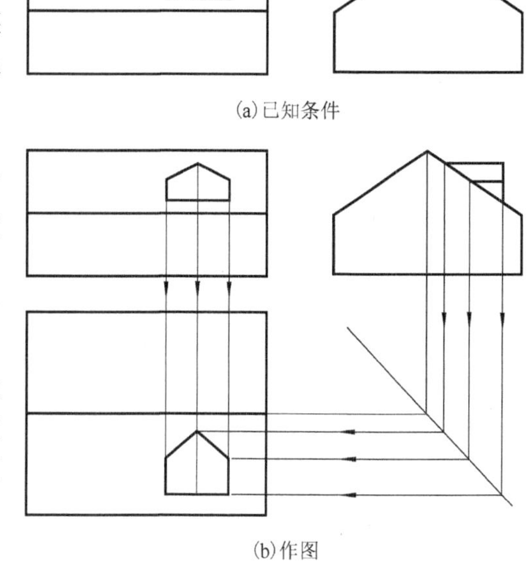

(a)已知条件

(b)作图

图 3-26　烟囱与屋面相交

【例 3-19】 求作图 3-27(a)所示高低房屋相交的表面交线。

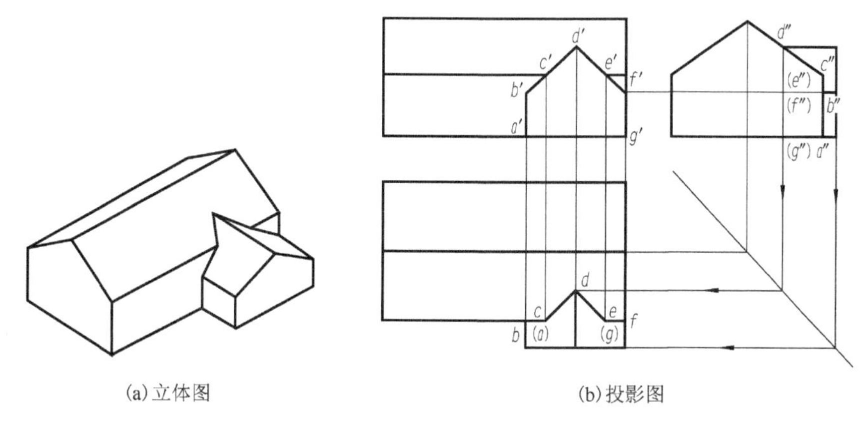

(a)立体图　　(b)投影图

图 3-27　高低屋面的交线

解　(1)分析：高低房屋相交，可看成两个五棱柱相贯，由于两个五棱柱的底面(相当于地面)在同一平面上，所以相贯线是不封闭的空间折线。两个五棱柱中的一个五棱柱的棱面都垂直于侧面，另一个五棱柱的棱面都垂直于正面，所以交线的正面、侧面投影为已知，根据正面、侧面投影求作交线的水平投影。

(2) 作图如图 3-27(b) 所示。先从 *V* 面投影上找到相贯线上的 7 个交点，分别是 *a'b'c'd'e'f'g'*，再从 *W* 面上找到对应的 7 个交点，分别是 *a"b"c"d"e"f"g"*，根据长对正宽相等，作出 *H* 面上对应的 7 个交点 *abcdefg*，连接成折线，并判断虚实。

3. 画平面体相贯线的步骤

根据上面的作图，总结出画截相贯线的步骤如下。

(1) 分析两立体表面特征及与投影面的相对位置；

(2) 确定相贯线的形状及特点，找出相贯线上转折点的一面投影；

即求出一平面体的棱线与另一平面体侧面的交点；

(3) 求出相贯线上转折点的其他两面投影；

(4) 位于两立体同一侧面上的相邻两点相连；

(5) 判别可见性：每条相贯线段，只有当所在的两立体的两个侧面同时可见时，它才是可见的；否则，若其中的一个侧面不可见，或两个侧面均不可见时，则该相贯线段不可见；

(6) 将相贯的各棱线延长至相贯点，完成两相贯体的投影。

3.4.2 平面立体和曲面立体相贯

1. 相贯线分析

平面立体与曲面立体相交，相贯线一般情况下为若干段平面曲线所组成，特殊情况下，如平面体的表面与曲面体的底面或顶面相交或恰巧交于曲面体的直素线时，相贯线有直线部分。每一段平面曲线或直线均是平面体上各侧面截切曲面体所得的截交线，每一段曲线或直线的转折点，均是平面体上的棱线与曲面体表面的贯穿点。因此，求平面立体和曲面立体的相贯线可归结为求平面立体的侧面与曲面体的截交线，或求平面体的棱线与曲面体表面的交点。

2. 例题分析

【例 3-20】 如图 3-28 所示，求四棱柱与圆锥的相贯线。

解 (1) 分析：四棱柱与圆锥相贯，其相贯线是四棱柱四个侧面截切圆锥所得的截交线，由于截交线为四段双曲线，四段双曲线的转折点，就是四棱柱的四条棱线与圆锥表面的贯穿点。由于四棱柱四个侧面垂直于 *H* 面，所以相贯线的 *H* 投影与四棱柱的 *H* 投影重合，只需作图求相贯线的 *V*、*W* 投影。从立体图可看出，相贯线前后、左右对称，作图时，只需作出四棱柱的前侧面、左侧面与圆锥的截交线的投影即可，并且 *V*、*W* 投影均反映双曲线实形。

(2) 作图过程如下。

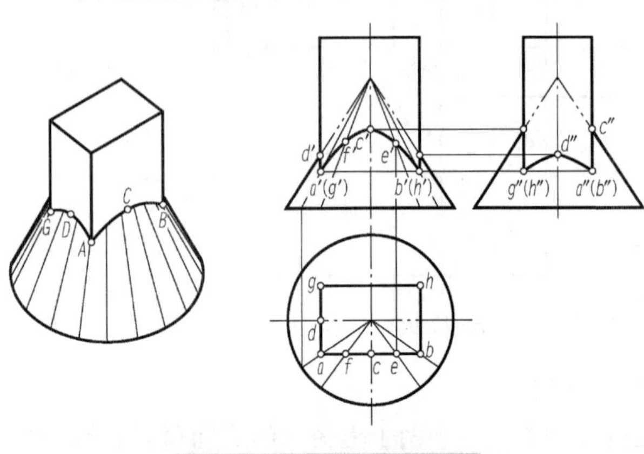

图 3-28 四棱柱与圆锥相贯

① 根据三等规律画出四棱柱和圆锥的 *W* 面投影。由于相贯体是一个实心的整体，在相贯体内部对实际上不存在的圆锥 *W* 投影轮廓线及未确定长度的四棱柱的棱线的投影，暂时画成用细双点画线表示的假想投影线或细实线。

② 求特殊点。先求相贯线的转折点，即四条双曲线的连接点 *A*、*B*、*G*、*H*，也是双曲线的最低点。可根据已知的 *H* 投影，用素线法求出 *V*、*W* 投影。再求前面和左面双曲线的最高点 *C*、*D*。

③ 同理，用素线法求出两对称的一般点

E、F的V投影e'、f'。

④ 连点。V投影连接$a' \to f' \to c' \to e' \to b'$，$W$投影连接$a'' \to d'' \to g''$。

⑤ 判别可见性。相贯线的V、W投影都可见，相贯线的后面和右面部分的投影，与前面和左面部分重合。

⑥ 补全相贯体的V、W投影。圆锥的最左、最右素线；最前、最后素线均应画到与四棱柱的贯穿点为止。四棱柱四条棱线的V、W投影，也均应画到与圆锥面的贯穿点为止。

3. 画平面体与曲面体相贯线的具体步骤

根据上面的作图，总结出画相贯线的步骤如下。

(1)分析两立体表面特征及与投影面的相对位置；

(2)确定相贯线的形状及特点，找出相贯线每段平面曲线上特殊点的一面投影；

① 极限点：如最高、最低点，最前、最后点，最左、最右点等；

② 转向点：位于转向轮廓线上的点；

(3)找出一般点：为能较准确地作出相贯线的投影，还应在特殊点之间作出一定数量的一般点；

(4)求出相贯线上特殊点和一般点的其他两面投影；

(5)顺次将各点光滑连接；

(6)判别其可见性：每条相贯线段，只有当其所在的两立体的两个侧面同时可见时，它才是可见的；否则，若其中的一个侧面不可见，或两个侧面均不可见时，则该相贯线段不可见；

(7)将相贯的各棱线或转向轮廓线延长至相贯点，完成两相贯体的投影。

3.4.3　两曲面立体相贯

1. 相贯线分析

两曲面体的相贯线一般是封闭的空间曲线，特殊情况下为平面曲线或直线段(当两同轴回转体相贯时，相贯线是垂直于轴线的平面纬圆(见表3-4)；当两个轴线平行的圆柱相贯时，其相贯线为直线——圆柱面上的素线(见表3-4)。

相贯线是两曲面体表面的共有线，相贯线上每一点都是相交两曲面体表面的共有点。求相贯线实质上就是求两曲面体表面的共有点(在曲面体表面上取点)，将这些点光滑地连接起来即得相贯线。

2. 例题分析

【例3-21】 如图3-29所示，利用积聚性求作轴线垂直相交的两圆柱的相贯线。

解　(1)分析：当两个圆柱正交且轴线分别垂直于投影面时，则圆柱面在该投影上的投影积聚为圆，相贯线的投影重合在圆上，由此可利用已知点的两个投影求第三投影的方法求出相贯线的投影。

小圆柱与大圆柱的轴线正交，相贯线是前、后、左、右对称的一条封闭的空间曲线。根据两圆柱轴线的位置，大圆柱面的侧面投影及小圆柱面的水平投影具有积聚性，因此，相贯线的水平投影和小圆柱面的水平投影重合，是一个圆；相贯线的侧面投影和大圆柱的侧面投影重合，是一段圆弧。因此通过分析知道要求的只是相贯线的正面投影。

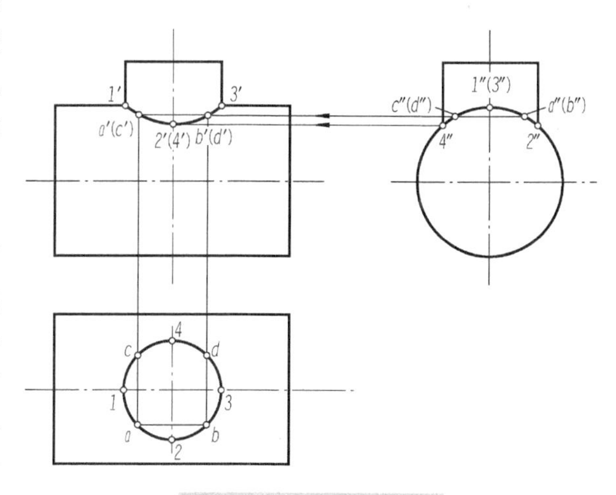

图3-29　正交两圆柱相贯

(2) 作图过程如下。

① 求特殊点。由于已知相贯线的水平投影和侧面投影，故可直接求出相贯线上的特殊点。由 *W* 投影和 *H* 投影可看出，相贯线的最高点为 *I*、*III*，*I*、*III* 同时也是最左、最右点；最低点为 *II*、*IV*，*II*、*IV* 也是最前、最后点。由 1″、3″、2″、4″可直接求出 *H* 投影 1、3、2、4；再求出 *V* 投影 1′、3′、2′、4′。

② 求一般点。由于相贯线水平投影为已知，所以可直接取 *a*、*b*、*c*、*d* 四点，求出它们的侧面投影 *a*″(*b*″)、*c*″(*d*″)，再由水平、侧面投影求出正面投影 *a*′(*c*′)、*b*′(*d*′)。

③ 判别可见性，光滑连接各点。相贯线前后对称，后半部与前半部重合，只画前半部相贯线的投影即可，依次光滑连接 1′、*a*′、2′、*b*′、3′各点，即为所求。

【例 3-22】 如图 3-30 所示，求作轴线垂直交叉的两圆柱的相贯线。(少学时不要求)

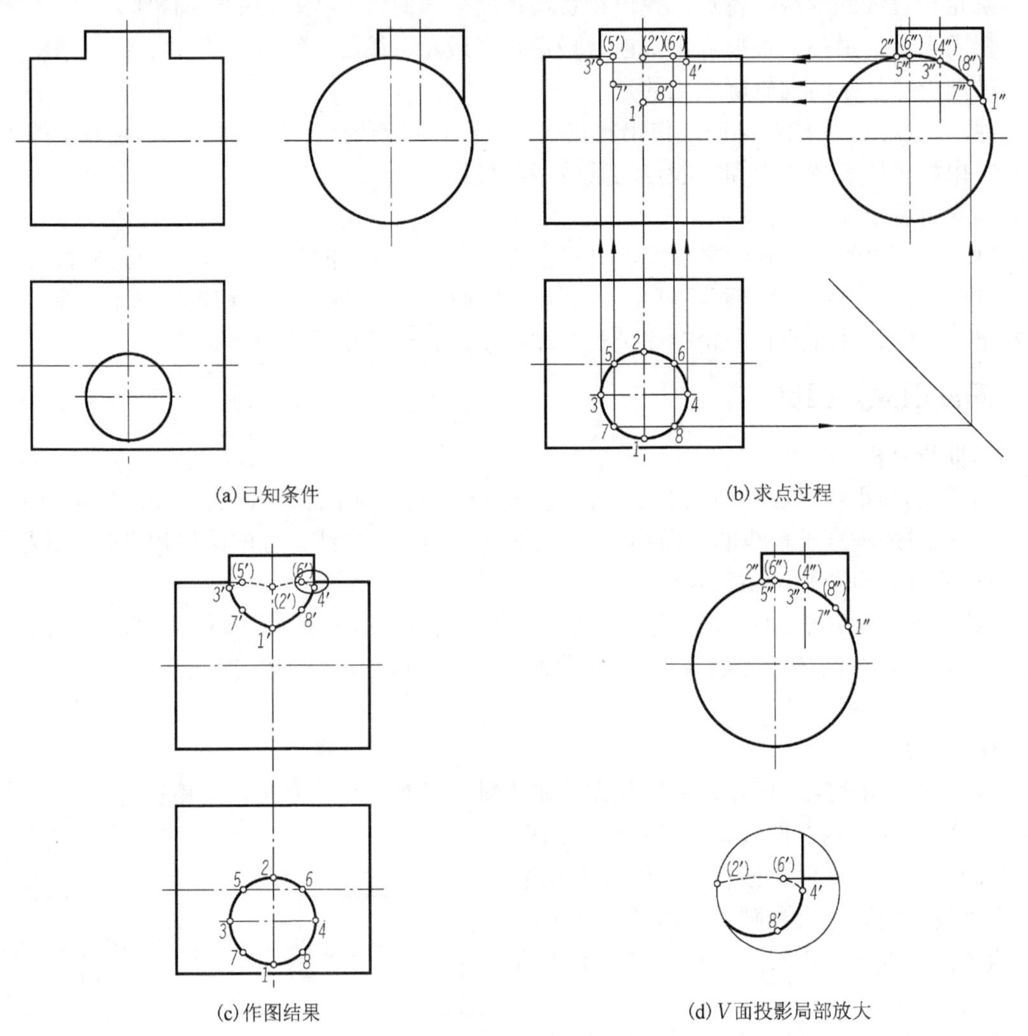

图 3-30　两轴线垂直交叉圆柱相贯

解　(1) 分析：小圆柱与大圆柱的轴线垂直交叉，相贯线左、右对称，但前后不对称。根据两圆柱轴线的位置，大圆柱面的侧面投影及小圆柱面的水平投影具有积聚性，相贯线的水平投影和小圆柱面的水平投影重合，是一个圆；相贯线的侧面投影和大圆柱的侧面投影重合，是一段圆弧。因此通过分析知道要求的只是相贯线的正面投影。

(2) 作图过程如下。

① 求特殊点。由于已知相贯线的水平投影和侧面投影，故可直接求出相贯线上的特殊点。由

W 投影可看出，相贯线的最高点为 Ⅴ、Ⅵ，最低点为 Ⅰ 点；从 H 投影看出最左、最右点为Ⅲ、Ⅳ，最前最后点为 Ⅰ、Ⅱ。同时，这六个极限点也就是相贯线的转向点。根据这些特殊点的投影规律，求出它们的 V 面投影 1′、2′、3′、4′、5′、6′。

② 求一般点。由于相贯线上 Ⅰ 点与Ⅲ、Ⅳ点之间较远，可以在它们之间取一对一般点Ⅶ、Ⅷ，先确定其 H 投影，找出其 W 投影，再根据投影规律求出其正面投影 7′、8′。

③ 判别可见性，光滑连接各点。相贯线中的点，只有同时对两个圆柱都可见才能连成实线。因此，光滑连接 3′7′1′8′4′成粗实线，光滑连接 3′5′2′6′4′成虚线。

④ 整理轮廓线。轮廓线要画到转向点为止，因此，正面投影大圆柱的最高素线应画到 5′、6′，小圆柱的最左最右素线应该画到 3′、4′，同时要注意大圆柱的最上素线有一小段被小圆柱挡住了，要画成虚线，详见图 3-30(d)。

【例 3-23】 如图 3-31 所示，求作圆柱和圆锥相交的相贯线并补全投影。

解 (1)分析：相贯线的侧面投影已知，积聚在圆柱的圆投影上，可求出最上、最下、最前、最后四个极限点 1、2、3、4，2 点是最左点，AB 为最右点，5、6 两个为一般位置的点。

(2)作图过程如下。

① 求出特殊点 1、2、3、4，如图 3-31(b)所示。

② 求出一般点 5、6、a、b，如图 3-31(c)所示。

③ 光滑顺次连接各点，并且判别可见性，作出相贯线，如图 3-31(d)所示。

④ 补全轮廓线，如图 3-31(d)所示。

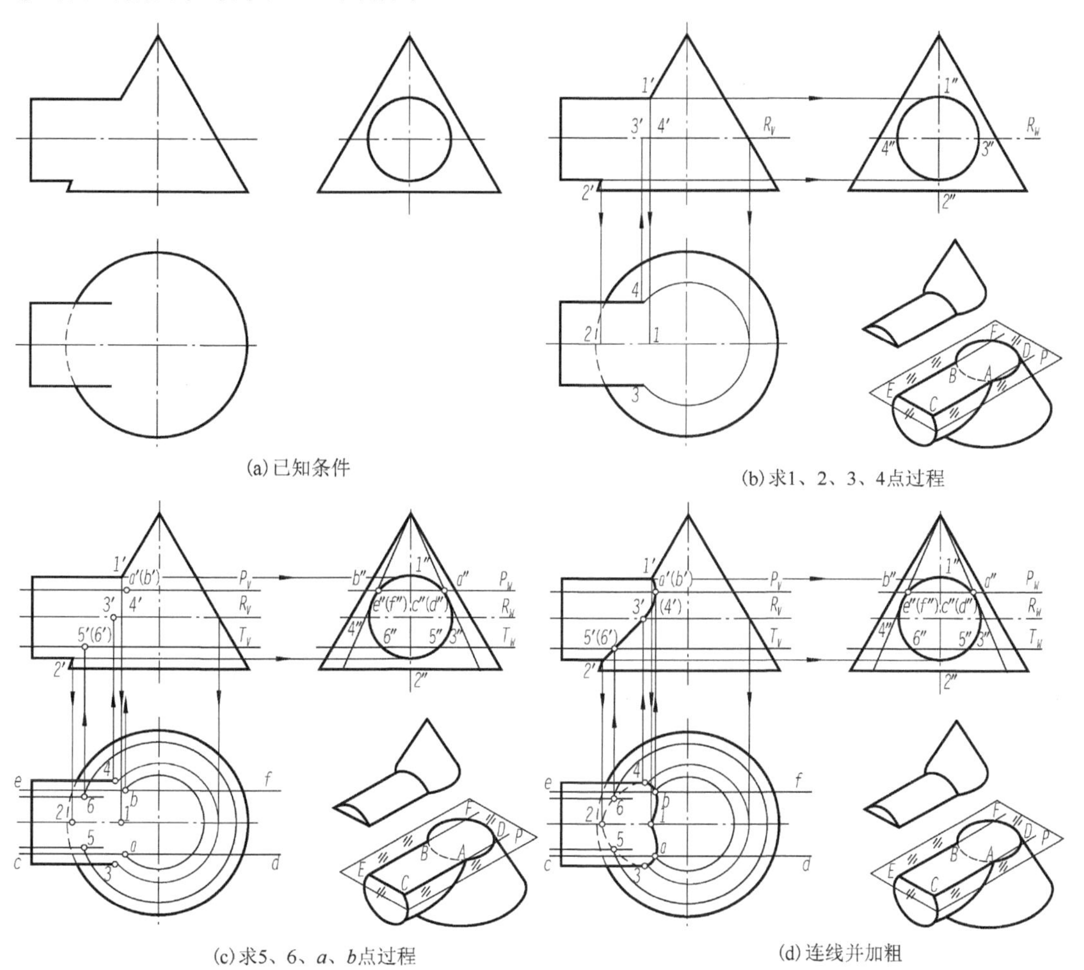

(a)已知条件

(b)求1、2、3、4点过程

(c)求5、6、a、b点过程

(d)连线并加粗

图 3-31 圆锥和圆柱相贯

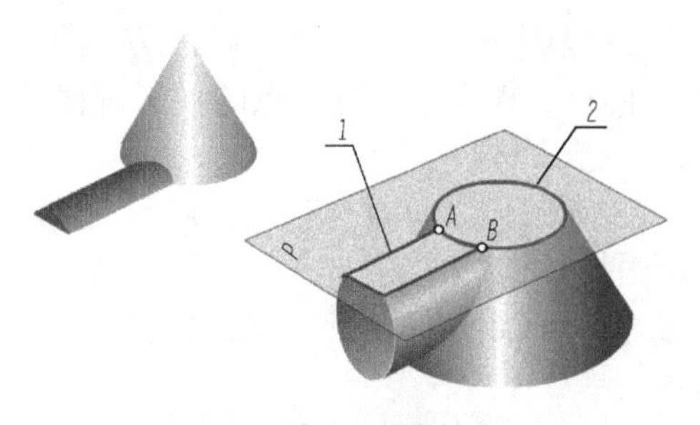

图 3-32　辅助平面法

3．辅助平面法求相贯线

辅助平面法就是用辅助平面同时截切相贯的两曲面体，在两曲面体表面得到两条截交线，这两条截交线的交点即为相贯线上的点，如图 3-32 所示。这些点既在两形体表面上，又在辅助平面上。因此，辅助平面法就是利用三面共点的原理，用若干个辅助平面求出相贯线上的一系列共有点。

为了作图简便，选择辅助平面时，应使所选择的辅助平面与两曲面体的截交线投影最简单，如直线或圆，通常选特殊位置平面作为辅助平面。同时，辅助平面应位于两曲面体相交的区域内，否则得不到共有点。

【例 3-24】 求图 3-33(a) 中圆锥台和半球的相贯线。

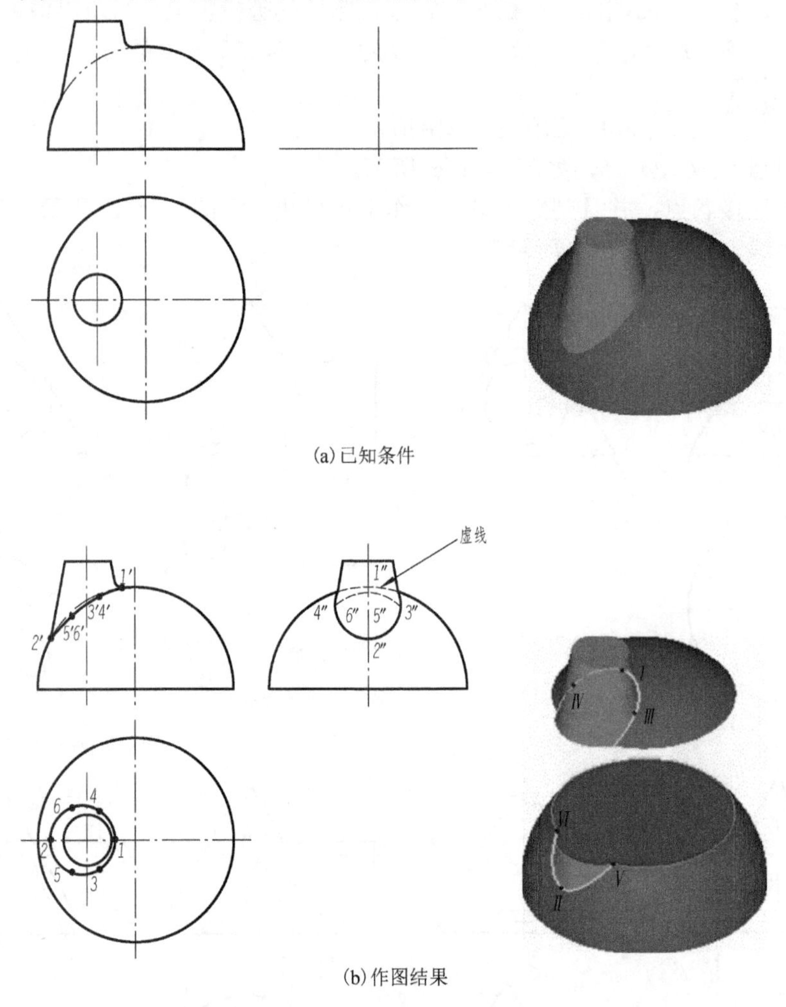

图 3-33　圆锥台和半球相贯

(1) 分析：由于圆锥台和半球的三面投影均无积聚性，所以不能利用积聚性法求相贯线的投影。但是可以采用辅助平面法求解。本例选用水平面作为辅助平面，它与圆锥台、半球的截交线都是圆；为了求得圆锥台侧面投影轮廓线上的点，可用通过圆锥台轴线的侧平面作为辅助平面。

(2) 作图步骤如下。

① 求两立体的轮廓线。

② 求相贯线的投影。

首先，求相贯线上的特殊点(轮廓线上点)。

求正面投影轮廓线；从水平投影中可以看出，圆锥台和半球的正面投射轮廓线在同一正平面内，所以两立体正面投影轮廓线必相交。交点的正面投影分别是 1′、2′，根据 1′、2′利用轮廓线对应关系可直接求出 1、2 和 1″、2″。

求圆锥台侧面投影轮廓线上的点 3″、4″；可用过圆锥台轴线的侧平面 *P* 作为辅助平面求出。*P* 平面与半球的截交线是半圆，该半圆与圆锥台侧面投影轮廓线的交点即为 3″、4″，由 3″、4″按轮廓线对应关系可直接求出 3′、4′和 3、4。

其次，求一般位置点；在 *Ⅰ Ⅱ*高度范围内，选取水平面 *Q* 为辅助平面，它与圆锥台、半球的截交线都是圆，两圆水平投影交于 5、6 点，然后，由 5、6 求出其相应的正面投影和侧面投影 5′、6′和 5″、6″。按这种方法求出所需若干一般位置点。

最后，光滑连线并判断可见性。依次分别光滑连接各点的正面投影、水平投影、侧面投影，并判别可见性，完成作图。连线的顺序按以下原则进行；相邻辅助平面求出的点是相贯线上的相邻点(因没有积聚性时，找不到相贯线的已知投影)；这些点的投影仍是相邻点；连线时，各投影中的相邻点相连；同一辅助平面求出的点不能相连。

③ 整理轮廓线。圆锥台侧面投影轮廓线从上画到 3″、4″；半球侧面投影轮廓线为半圆，半圆被圆锥台挡住的部分圆弧应画成虚线，作图结果见图 3-33(b)。

4. 画曲面体相贯线的步骤

(1) 分析两立体表面特征及与投影面的相对位置。

(2) 确定相贯线的形状及特点，找出相贯线上特殊点的一面投影。

① 极限点：如最高、最低点，最前、最后点，最左、最右点等。

② 转向点：位于转向轮廓线上的点。

(3) 找出一般点：为较准确地作出相贯线的投影，还应在特殊点之间作出一定数量的一般点。

(4) 求出相贯线上特殊点和一般点的其他两面投影。

(5) 顺次将各点光滑连接。

(6) 判别其可见性：每条相贯线段，只有当所在的两立体的两个曲面同时可见时，它才是可见的；否则，若其中的一个曲面不可见，或两个曲面均不可见时，则该相贯线段不可见。

(7) 将相贯的各转向轮廓线延长至相贯点，完成两相贯体的投影。

5. 特殊相贯线

在特殊情况下，相贯线是直线、圆或椭圆，见表 3-4。

表 3-4 相贯线的特殊情况

说明	投影图
相贯线是圆，水平投影为圆的实形	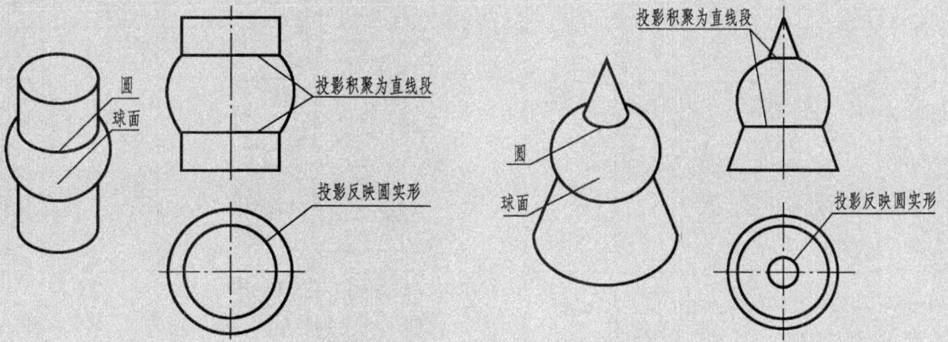 圆 球面 投影积聚为直线段 投影反映圆实形 圆 球面 投影积聚为直线段 投影反映圆实形

续表

说明	投影图
相贯线是椭圆，该椭圆的正面投影为一直线段	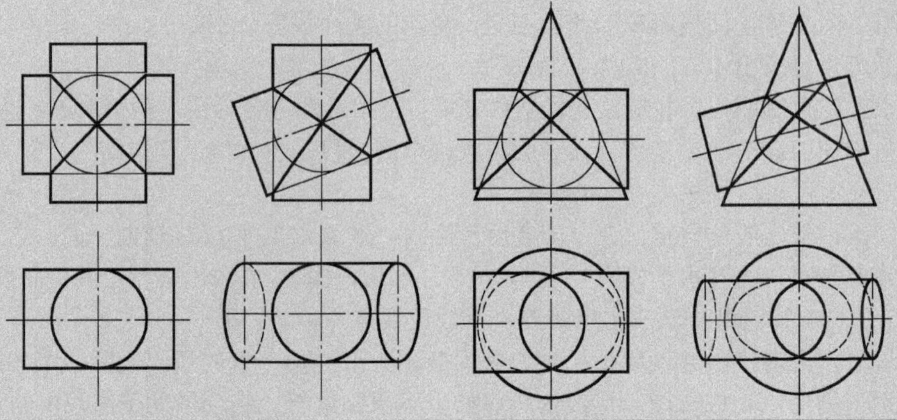
相贯线是直线	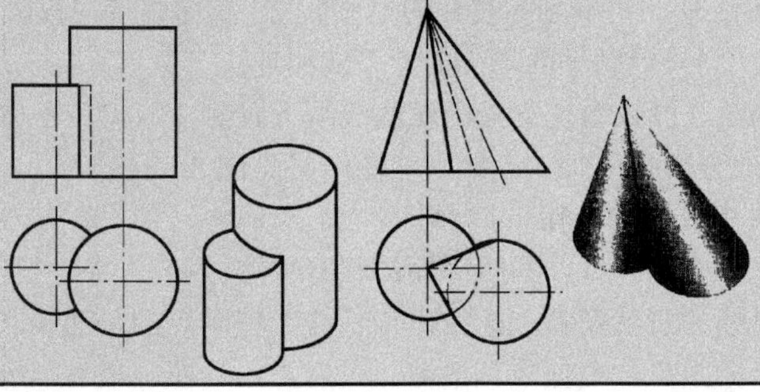

6. **圆柱、圆锥相贯线的变化规律**

圆柱、圆锥相贯时，其相贯线空间形状和投影形状的变化，取决于其尺寸大小的变化和相对位置的变化。下面分别以圆柱与圆柱相贯、圆柱与圆锥相贯为例说明尺寸变化和相对位置变化对相贯线的影响。

1）两圆柱轴线正交

相贯线变化如表 3-5 所示。

表 3-5　两圆柱相交相贯线变化情况

	$d_1<d_2$	$d_1=d_2$	$d_1>d_2$
立体图			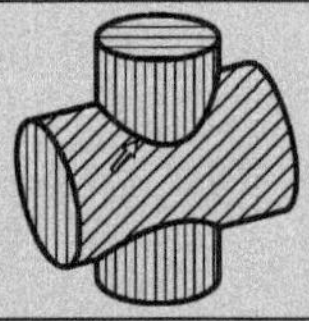
投影图	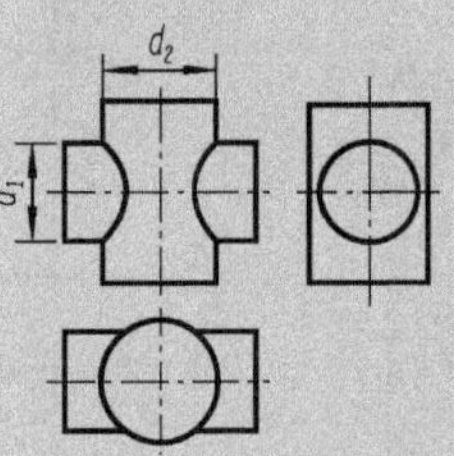 d_2 d_1	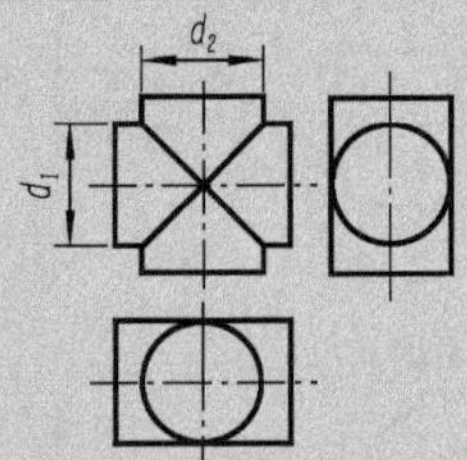 d_2 d_1	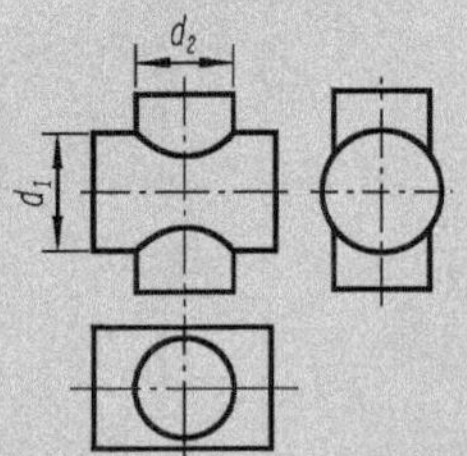 d_2 d_1
弯曲趋势	其相贯线的弯曲趋势总是向大圆柱里弯曲，为左右两条封闭的空间曲线	相贯线从两条空间曲线变成两条平面曲线——椭圆，其正面投影为两条相交直线，水平投影和侧面投影均积聚为圆	相贯线为上下两条封闭的空间曲线

2）圆柱与圆锥轴线正交

当圆锥的大小和其轴线的相对位置不变，而圆柱的直径变化时，相贯线的变化情况见表3-6。

表3-6　圆柱与圆锥相交相贯线变化情况

	圆柱穿过圆锥	圆柱与圆锥公切于一球面	圆锥穿过圆柱
立体图	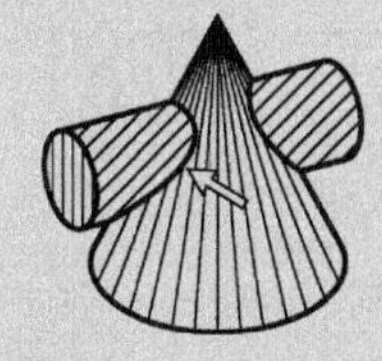	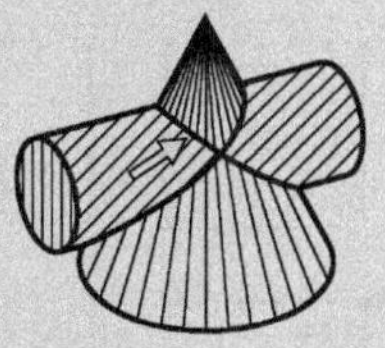	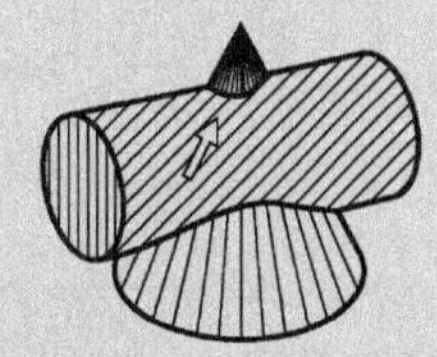
投影图	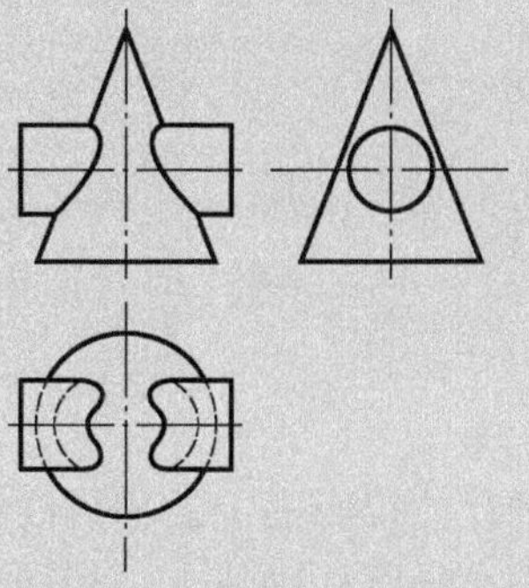	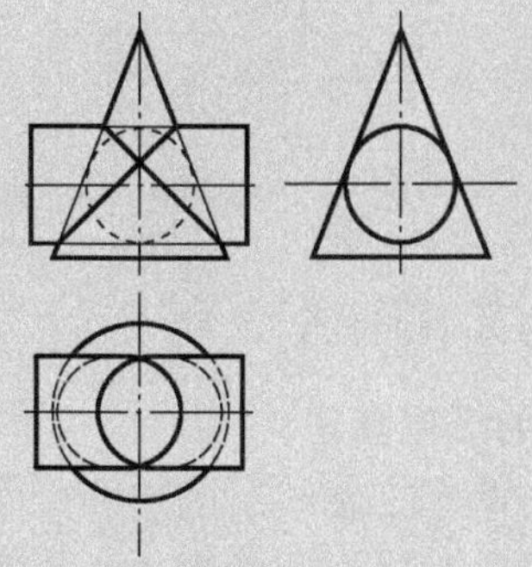	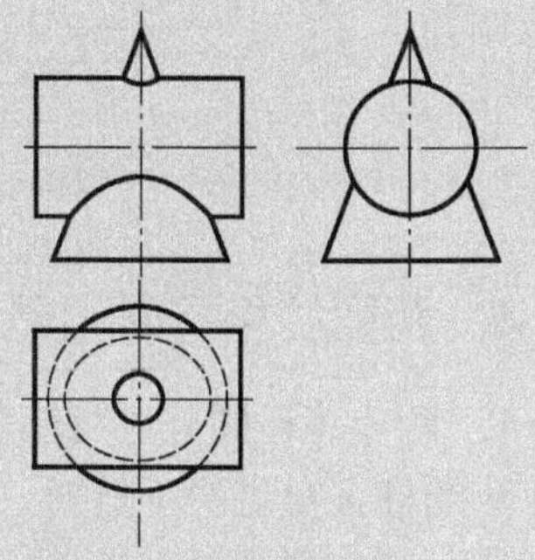
弯曲趋势	相贯线的弯曲趋势总是向大圆锥里弯曲，相贯线为左右两条封闭的空间曲线	相贯线从两条空间曲线变成平面曲线——椭圆，其正面投影为两相交直线，水平投影和侧面投影均积聚为椭圆和圆	相贯线为上、下两条空间曲线。

3）两相交圆柱位置变化

两相交圆柱直径不变，改变其轴线的相对位置，则相贯线也随之变化，如表3-7所示。

表3-7　两圆柱相交相贯线变化情况

	大圆柱与小圆柱全贯	大圆柱与小圆柱互贯	大圆柱与小圆柱相切
投影图	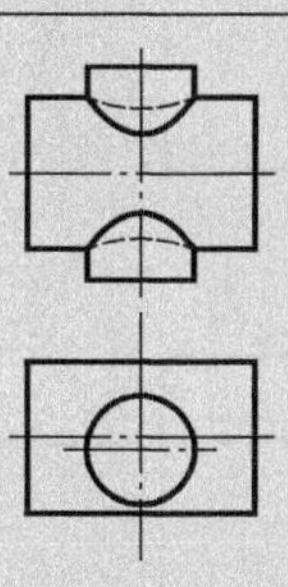	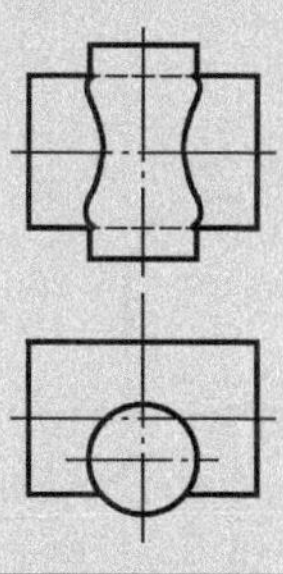	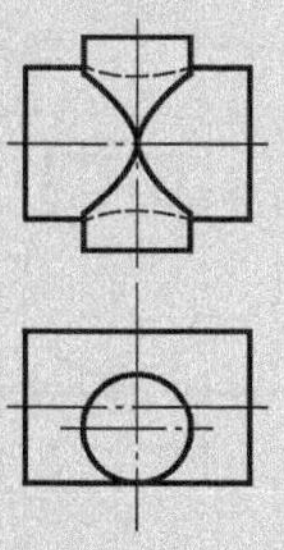
弯曲趋势	相贯线为上下两条封闭的空间曲线	相贯线为一条封闭的空间曲线	相贯线由两条变为一条空间曲线，并相交于切点

7．圆柱上穿孔及两圆柱孔的相贯线

圆柱上穿孔后，形成内圆柱面。图3-34(a)表示了常见的三种穿孔形式。图3-34(a)为圆柱与圆柱孔相贯，其相贯线的求法与图3-29的方法相同，只是画图时应注意画出内圆柱面的投影轮廓线。图3-34(b)为圆柱孔与圆柱孔相贯，图3-34(c)既有内、外圆柱面相贯，又有两内圆柱面相贯。这些相贯线的求法与圆柱体外表面相贯线的求法相同。

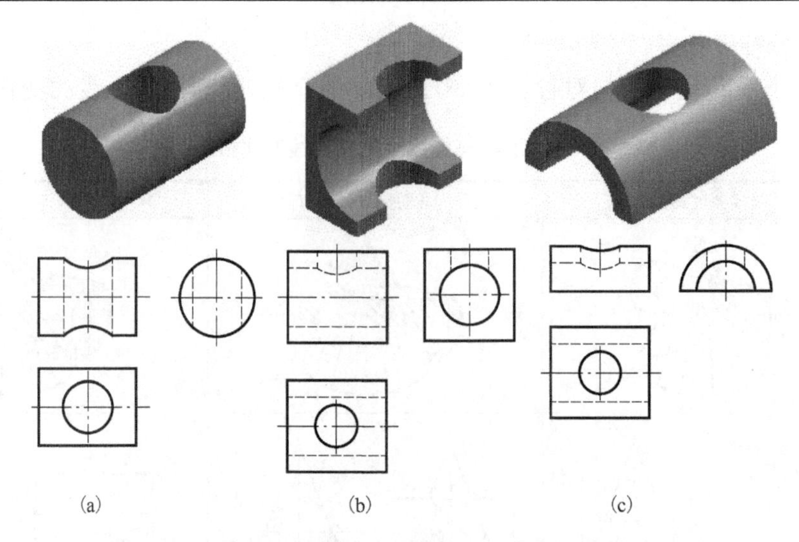

图 3-34　圆柱穿孔及两圆柱孔相贯

3.4.4　两圆柱相贯时相贯线的简化画法

1．两非等径圆柱正交相贯线的近似画法

两圆柱正交直径不等时，在与两圆柱轴线所确定的平面平行的投影面上的相贯线投影可以采用圆弧代替。作图时，以较大圆柱的半径为圆弧半径，其圆心在小圆柱轴线上，相贯线弯向较小的立体，如图 3-35 所示。

2．两圆柱的直径相差很大时的简化画法

当小圆柱的直径与大圆柱相差很大时，在与两圆柱轴线所确定的平面平行的投影面上的相贯线投影可以采用直线代替，如图 3-36 所示。

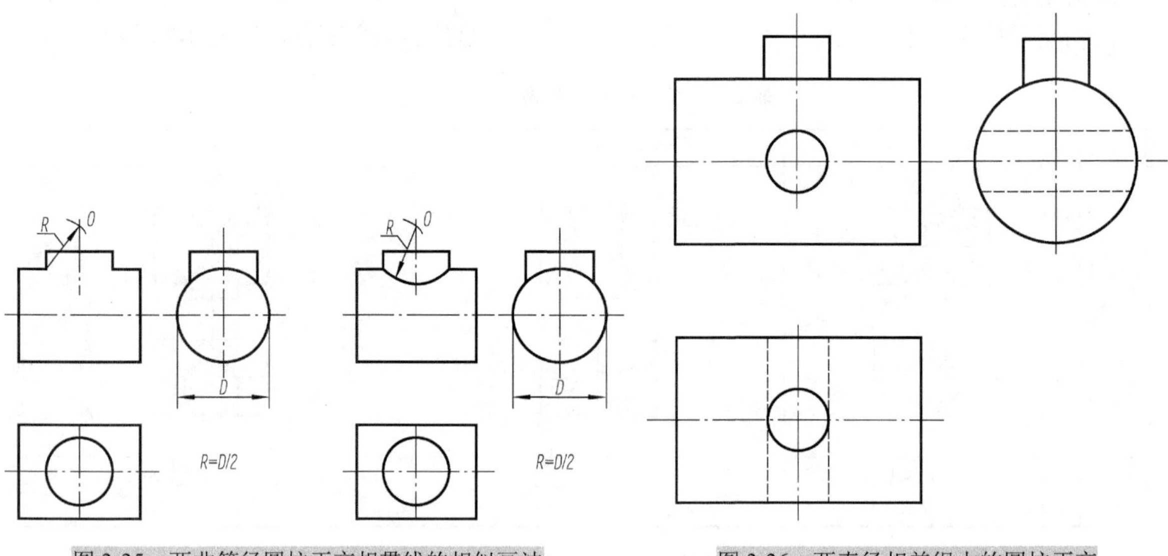

图 3-35　两非等径圆柱正交相贯线的相似画法

图 3-36　两直径相差很大的圆柱正交相贯线的简化画法

第 4 章　组合体投影图

教学目标和要求

掌握组合体的形成及形体分析法；
掌握组合体投影图的画法；
掌握组合体投影图的尺寸标注；
掌握组合体投影图的读法。

教学重点和难点

掌握组合体投影图的画法；
掌握组合体投影图的读法。

任何一个机器或部件都可以看成是由一些基本形体组合而成的。由基本立体按一定的组合方式组合而成的较为复杂的立体，称为组合体。组合体投影这一部分内容，在整个制图课中起着承上启下的作用。

4.1　组合体的形体分析

为了便于研究组合体，可以假想将组合体分解为若干简单的基本体，然后分析它们的形状、相对位置以及组合方式，这种分析方法叫作形体分析法。形体分析法是组合体画图、读图和尺寸标注的基本方法。

4.1.1　组合体的组合方式

采用形体分析法对组合体进行分解，组合体的组合方式可以分为叠加、切割(包括穿孔)和综合三种形式。

机械工程中一些比较复杂的零件，一般都可看作是由基本几何体(如棱柱、棱锥、圆柱、圆锥、球等)通过叠加、切割或既有叠加又有切割而形成的。如图 4-1(a)所示的组合体是由两个四棱柱和 1 个三角块叠加而成，图 4-1(b)所示的组合体是由一个长方体被切割掉如图所示的三部分而成。图 4-2 所示组合体较为复杂，可以看成是由 1、2、3 这 3 个形体先进行叠加，然后对 2、3 两个形体经过切割 4、5、6 而形成的。

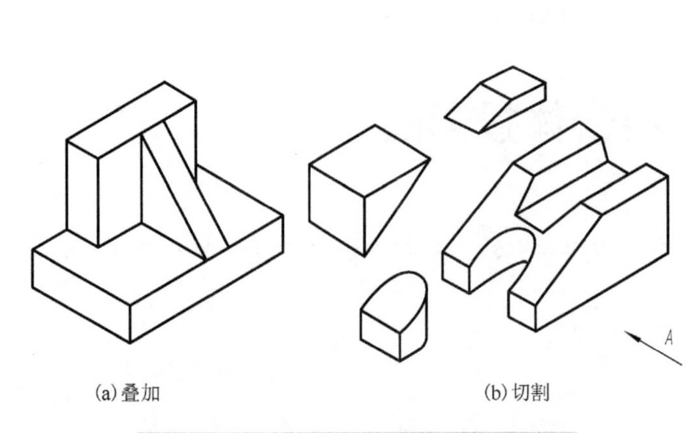

图 4-1 组合体的组合方式——叠加与切割

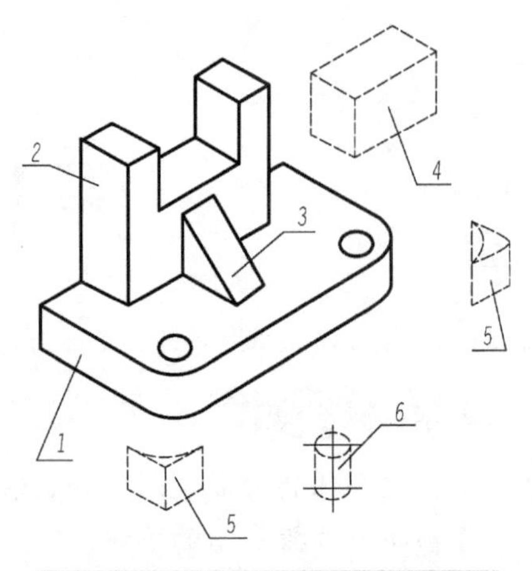

图 4-2 组合体的组合方式——综合

4.1.2 组合体相邻表面之间的结合关系

形成组合体的各基本形体之间的表面结合有三种方式：平齐(共面)、相切、相交，在画投影图时，应注意这三种结合方式的区别，正确处理两结合表面的结合部位。

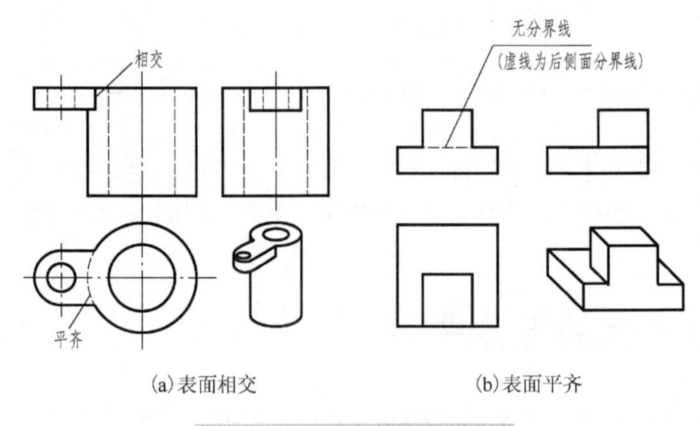

图 4-3 两立体表面相交和平齐

1. 相交

面与面相交时，要画出交线的投影。

两基本形体的表面相交，在相交处必然产生交线，它是两基本形体表面的分界线，必须画出交线的投影。如图 4-3(a)中圆筒外表面与耳板之间的交线，图 4-3(b)中 V 面投影中画成虚线的上面小长方体的后表面与底板长方体的上表面的交线。

2. 平齐

两形体表面平齐时，不画分界线。

平齐(共面)是指两基本形体的表面位于同一平面上，两表面没有转折和间隔，所以两表面间不画线。如图 4-3(a)中圆筒上表面与耳板上表面之间平齐，图 4-3(b)两个长方体前表面平齐，图 4-4(a)图中的底板和竖板之间平齐连接，所以不画线。

3. 相切

两表面相切时，相切处不画线。

相切分为平面与曲面相切和曲面与曲面相切，不论哪一种，都是两表面的光滑过渡，不应画线。如图 4-4(a)中侧立板中间相切处不画线，又如图 4-4(b)圆柱与底板侧表面也是相切关系，相切处不画线，其 V 面投影和 W 投影的水平线只画到切点为止。

立体表面切线处理：

(1) 立体表面具有公切线，且公切线垂直一投影面，则在该投影面上的投影画出切线轮廓线，如图 4-5(a)、(c)所示；

(2) 立体表面具有公切线，但公切线与投影面不垂直，则在投影面上的投影不画出切线轮廓线，如图 4-5(b)、(d)所示。

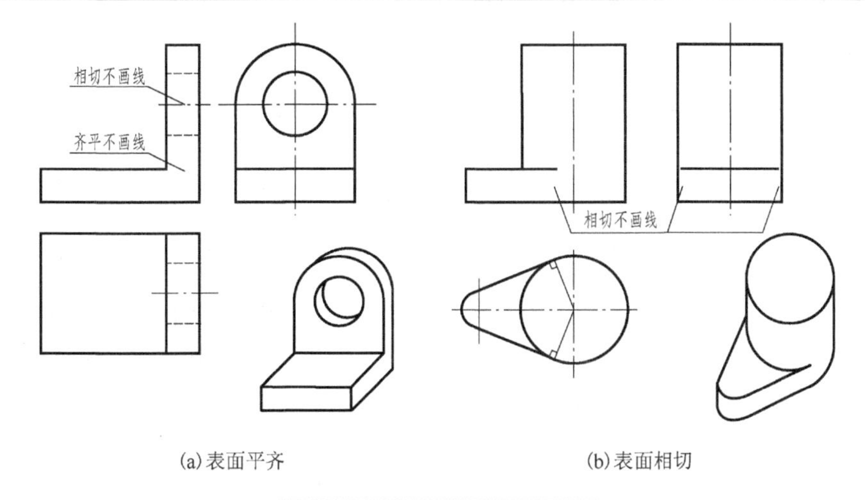

(a)表面平齐　　　　　　　　　　　　(b)表面相切

图 4-4　两立体表面相切和平齐

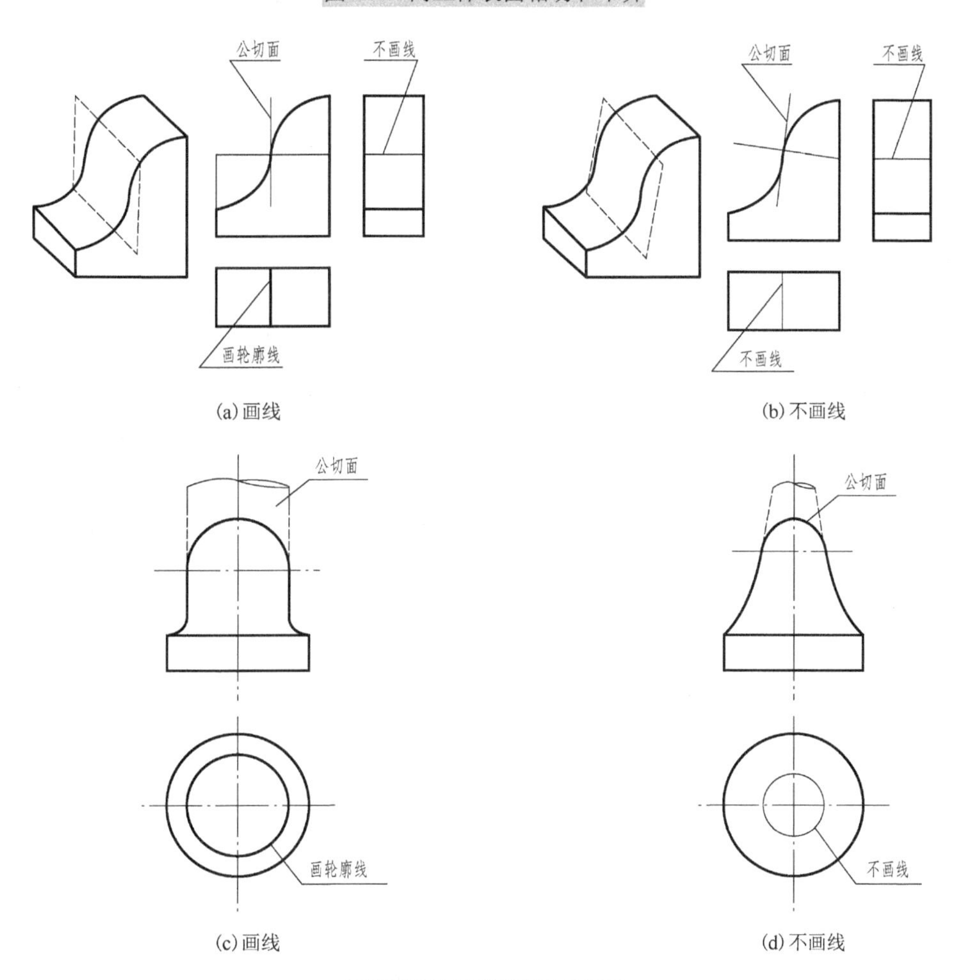

(a)画线　　　　　　　　　　　　(b)不画线

(c)画线　　　　　　　　　　　　(d)不画线

图 4-5　立体切线处理情况

4.2　组合体的投影图画法

在画组合体的投影图时，应首先进行形体分析，确定组合体的组成部分，并分析它们之间的结合形式和相对位置，然后画投影图。

4.2.1　叠加形成的组合体画法

下面以轴承座(图 4-6)为例，介绍画组合体三视图的方法和步骤。

1. 形体分析

分析组合体是由哪些基本形体所组成，它们的组合方式和相对位置如何，相邻表面之间是如何结合的。

如图 4-6 所示的轴承座，可以看成由四棱柱底板(前面挖去两个四分之一圆柱)、后面的支撑板(上面挖去一半圆柱)，前面的肋板（上面挖去一圆弧)，上面的圆柱体(中间挖空)和最上面的圆柱体(中间挖空)叠加组成。肋板在底板中央，支撑板在底板后面，最上面的小圆柱体在大圆柱体的中间，大圆柱体由前面的肋板和后面的支撑板共同支撑，如图 4-5(b)所示。

2. 确定主视图

在确定形体安放位置时，应考虑形体的自然位置和工作位置，同时要掌握一个平稳的原则。本着平稳的原则，形体应平放，使 H 面平行于底板底面，V 面平行于形体的正面，尽量反映组合体的形状特征。

立体四个面投影图如图 4-7 所示，图(b)和图(d)相比较，图(d)虚线较多，故图(b)做主视图较好；图(a)和图(c)相比较，图(a)做主视图较好；最后图(a)和图(b)相比较，图(b)做主视图较好。

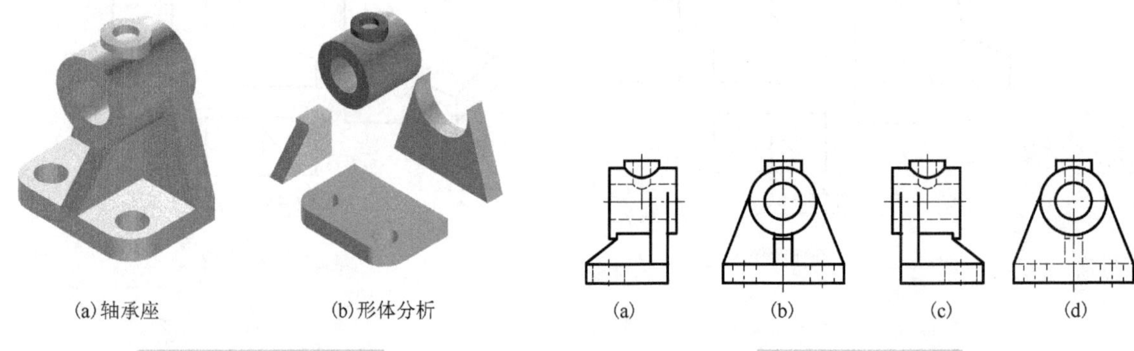

图 4-6　轴承座形体分析　　图 4-7　主视图选择

3. 布置三视图

每个视图用中心线或主要轮廓线定位。

1) 选比例、定图幅

根据物体的大小选定作图比例，并在视图之间留出标注尺寸的位置和适当的间距，据此选用合适的标准图幅。

2) 布图、画基准线

基准线是指画图时测量尺寸的基准，每个视图需要确定两个方向的基准线。通常用对称中心线、轴线和大端面作为基准线，如图 4-8 所示。

4. 轻画底稿

先主后次，先粗后细，先实后虚。画形体的顺序：先实后空；先大后小；先画轮廓，后画细节。

注意： 三个视图配合画，从反映形体特征的视图画起，再按投影规律画出其他两个视图。

(1) 画轴承和加油孔，如图 4-9 所示。

(2) 画底板，如图 4-10 所示。

(3) 画支撑板，如图 4-11 所示。

(4) 画肋板，如图 4-12 所示。

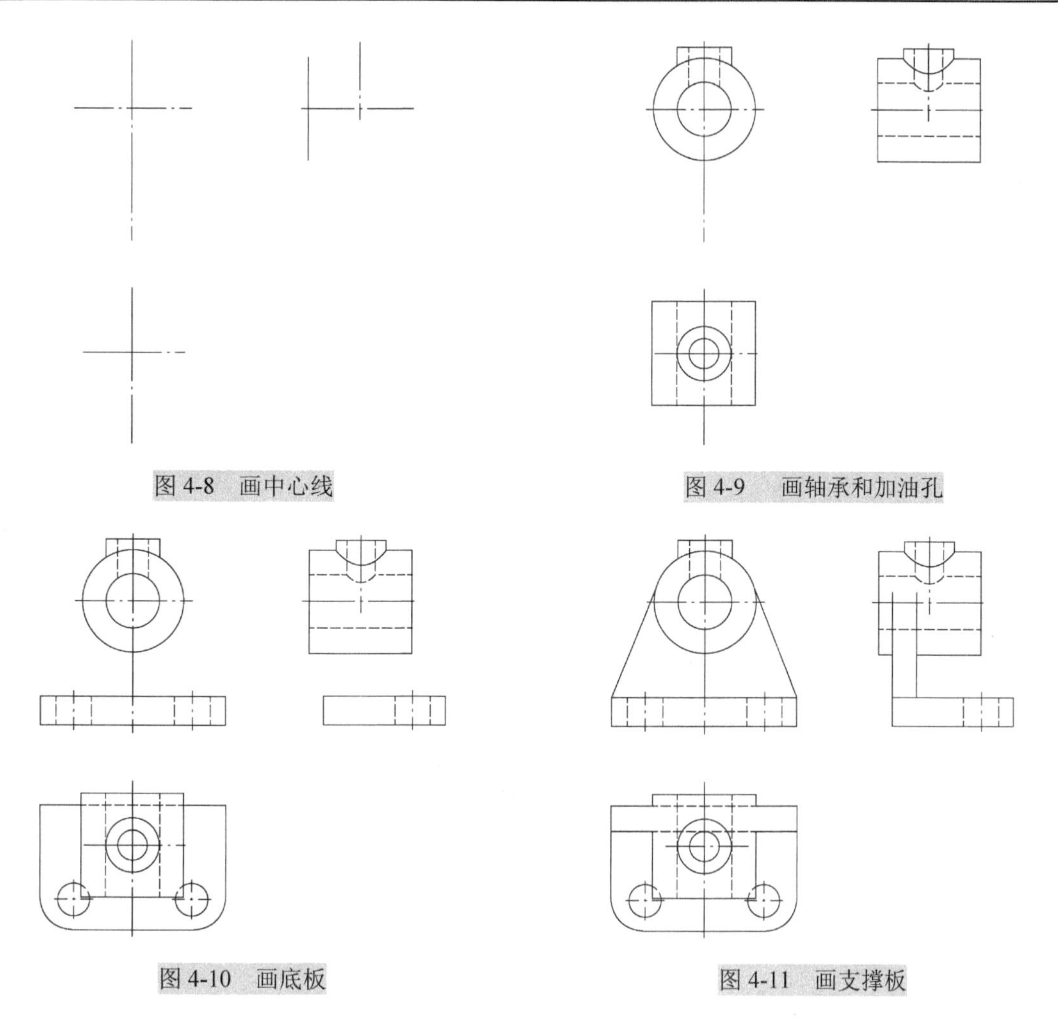

图 4-8　画中心线

图 4-9　画轴承和加油孔

图 4-10　画底板

图 4-11　画支撑板

5. **清理、加深**

检查、加深图线。经检查无误之后，按各类线宽要求，对图形进行加深，如图 4-13 所示。

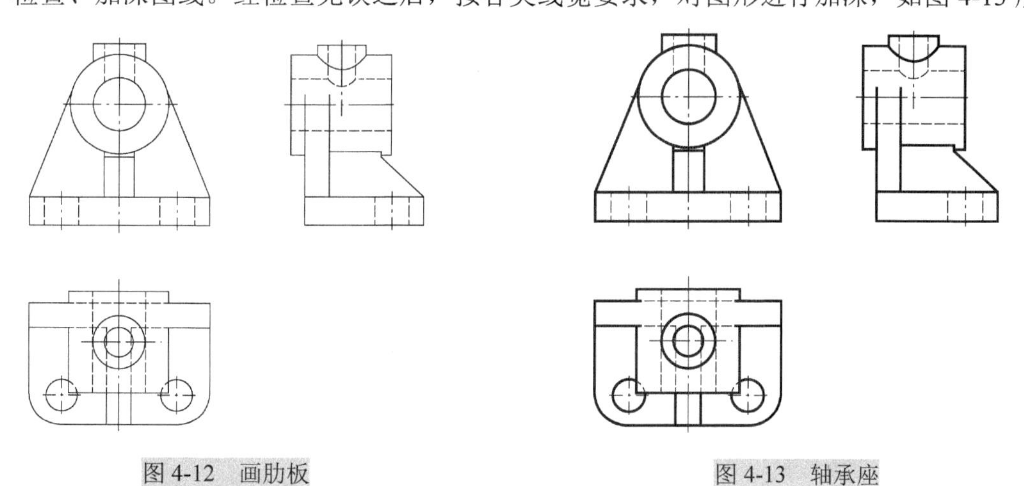

图 4-12　画肋板

图 4-13　轴承座

4.2.2　切割体画法

在画切割型组合体的三视图时，应先进行形体复原画出未切割前的形体投影，然后依次切割，每切割一部分时，也应先从这一形体的特征投影画起，再画其他投影。为避免错误，每切割一次后，要将被切去的图线擦去。其余的作图与叠加型组合体基本相同。

图 4-14 是一切割型组合体的形体分析，图 4-15 为其三视图的画图步骤。

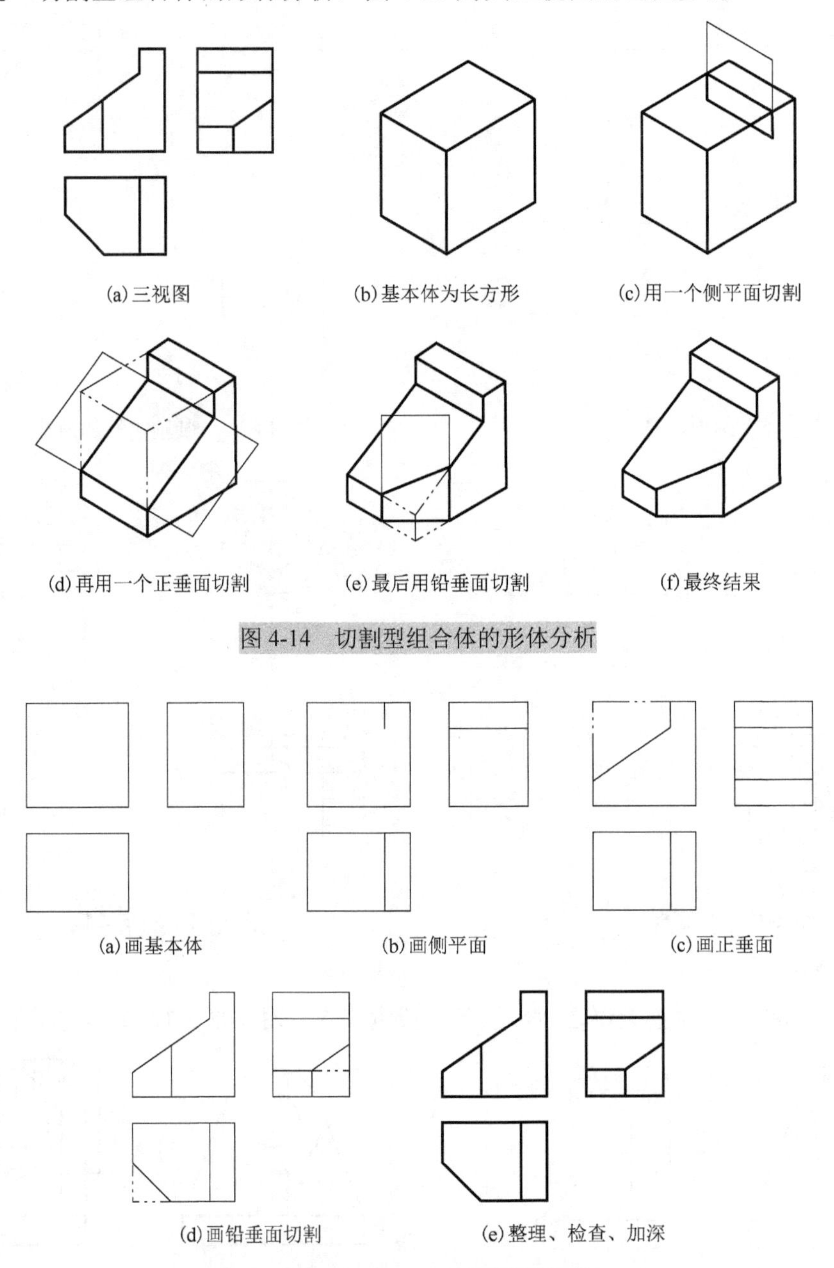

图 4-14　切割型组合体的形体分析

图 4-15　切割型组合体的画图步骤

4.3　组合体的尺寸标注

组合体的投影图，仅仅表达形体的形状和各部分的相互关系，还必须注上足够的尺寸，才能明确形体的实际大小和各部分的相对位置。

4.3.1　尺寸标注的基本要求和种类

标注组合体尺寸的基本要求有以下几点：

(1) 在图上所注的尺寸要完整，不能有遗漏，也不能多余。

(2) 要准确无误且符合制图标准的规定。

(3)尺寸布置要清晰，便于读图。

(4)标注要合理。

按尺寸所起的作用不同，尺寸分为定形尺寸、定位尺寸和总体尺寸，尺寸标注的起点，称为尺寸基准，下面分别讲述。

1. 尺寸基准

尺寸基准是确定尺寸位置的几何元素，定位尺寸标注的起点。形体在长、宽、高方向都有一个主要尺寸基准，还往往有一或几个辅助尺寸基准。尺寸基准的确定既与物体的形状有关，也与该物体的加工制造要求、工作位置等有关。通常选用底平面、端面、对称面及回转体的轴线等作为尺寸基准。图 4-16 所示的立体，长度基准在对称面，宽度基准在后端面，高度基准在底面。

2. 定形尺寸

这是确定组成形体的各基本形体大小的尺寸。基本形体形状简单，只要注出它的长、宽、高或直径，即可确定它的大小。尺寸一般注在反映该形体特征的实形投影上，并尽可能集中标注在一两个投影的下方和右方。

如图 4-17 中组合体的定形尺寸包括：半圆柱的厚 14，半径 $R18$；圆柱孔的直径 $\phi20$；底板宽 36，长 46，高 12；底板前部突出形体的 8、12、7 等。

3. 定位尺寸

定位尺寸是确定组合体各组成部分之间的相对位置关系的尺寸。如图 4-17 中确定圆柱孔轴线高度的 34 等，有时定形尺寸也可以作定位尺寸用。

4. 总体尺寸

总体尺寸是确定组合体总长、总宽、总高的尺寸。如图 4-17 中的 46 是总长尺寸，36 是总宽尺寸，因尺寸界线一般不从圆弧切线引出，所以不能标注总体高度尺寸。

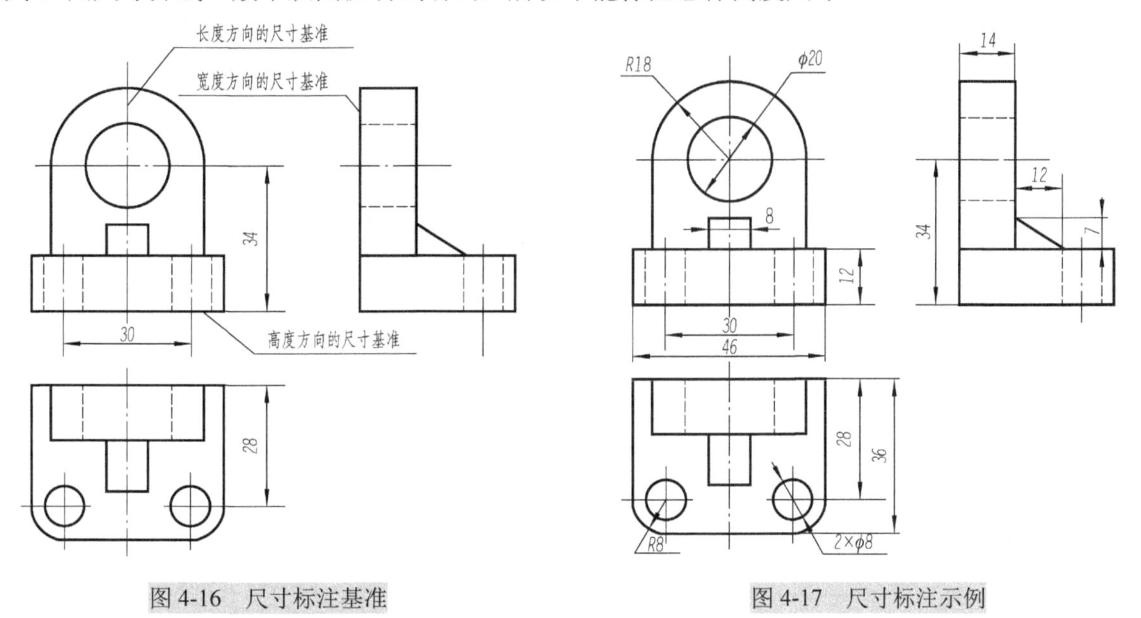

图 4-16　尺寸标注基准　　　　图 4-17　尺寸标注示例

4.3.2　基本立体的尺寸标注

组合体是由基本立体组成的，熟悉基本体的尺寸标注是组合体尺寸标注的基础。图 4-18 所示为常见的几种基本体(定形)尺寸的注法。

1. 完整基本立体

完整的基本立体的尺寸标注、尺寸数量和位置，如图 4-18 所示。

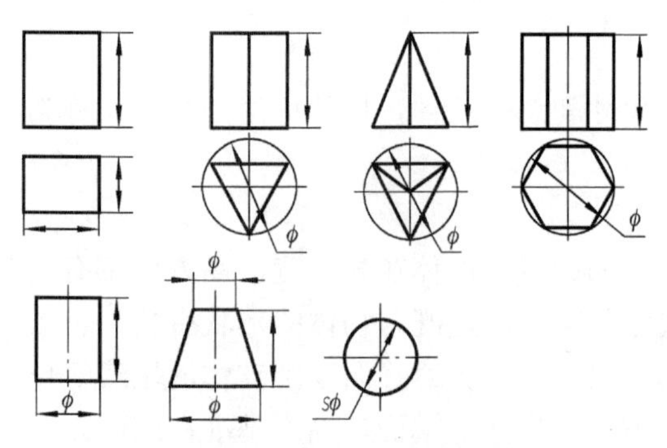

图 4-18　基本立体的尺寸注法

2. 切割后的基本立体

切割后的基本立体尺寸标注见图 4-19 和图 4-20。需要说明的是，截交线不需要标注尺寸，但需要标注截平面的定位尺寸。

3. 相贯后的基本立体

两立体相贯后，相贯线不需要标注尺寸，但需要分别标注相贯两立体的定形尺寸和定位尺寸。

4. 尺寸标注注意事项

确定了应标注哪些尺寸后，还应考虑尺寸如何配置，才能达到明显、清晰、整齐、合理等要求。要注意如下几点：

(1) 合理确定三个方向上的尺寸基准，一般将形体的底面、端面、轴线、对称面等作为标注尺寸的基准；

(2) 整圆或大半圆标注直径，前面加ϕ，注在非圆视图上，但是底板上的圆例外；

(3) 半圆或小半圆标注半径，前面加 *R*，注在是圆视图上；

(4) 小尺寸在内、大尺寸在外，两道尺寸线相距 7～8mm；

(5) 同一方向尺寸排列整齐；

(6) 对称尺寸的对称线位于中间；

(7) 尺寸界限不要排在曲面上，要排在曲面的轴线上；

(8) 尺寸一般不要标注在虚线上；

(9) 截交线和相贯线不要标注尺寸，但要标注截平面和相贯体的位置尺寸。

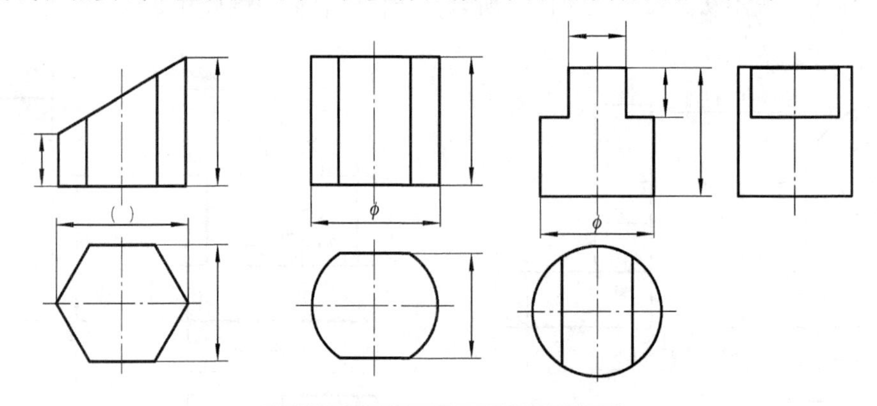

图 4-19　切割后基本体的尺寸注法

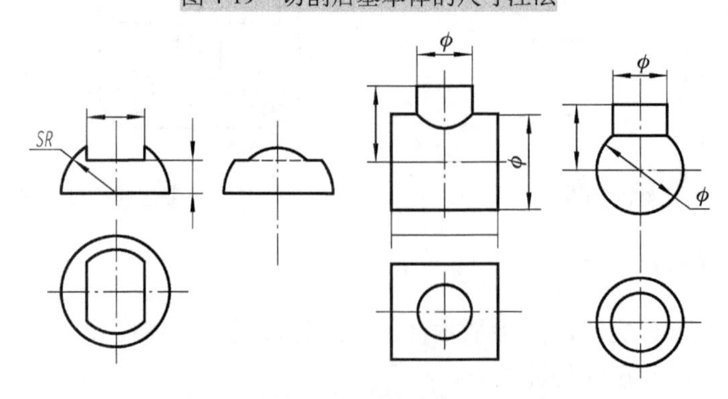

图 4-20　切割和相贯后基本体的尺寸注法

尺寸标注一项复杂又烦琐的工作，一不留心常会出现错误，常见的错误见表 4-1。

表 4-1　常见尺寸标注错误

内容	错误	正确
对称尺寸的对称线位于中间	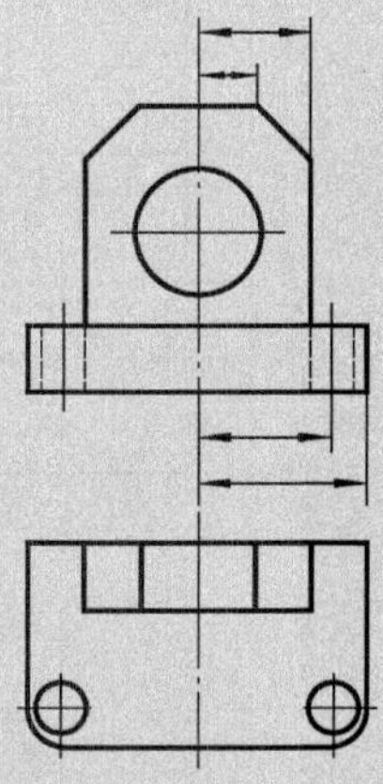	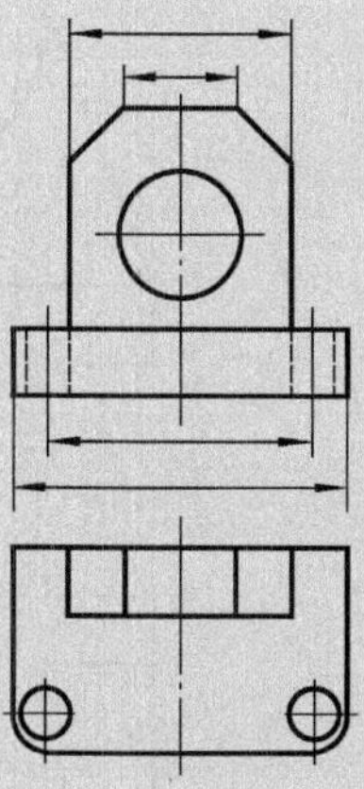
同一方向的尺寸线，最好画在一条线上，不要错开	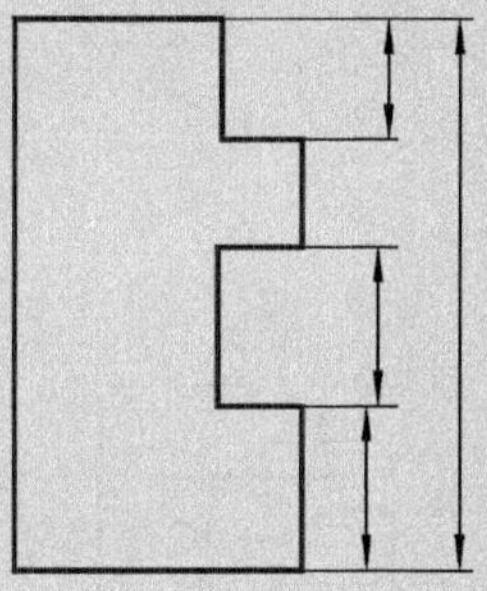 不好	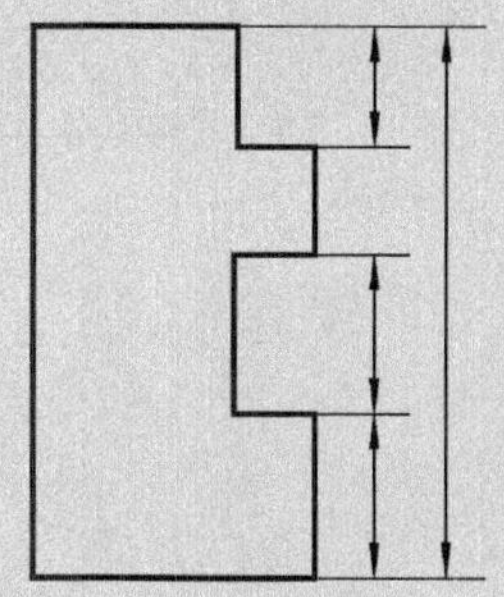 好
整圆的直径最好集中注在非圆视图上，底板角上的小孔尺寸和圆盘上的均布小孔尺寸除外	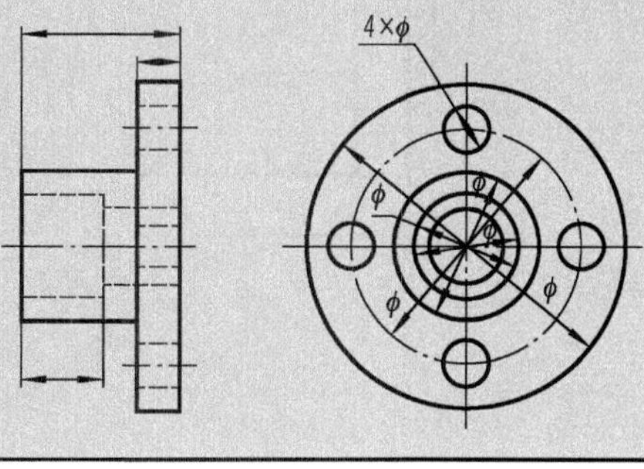 4×ϕ ϕ ϕ ϕ ϕ ϕ	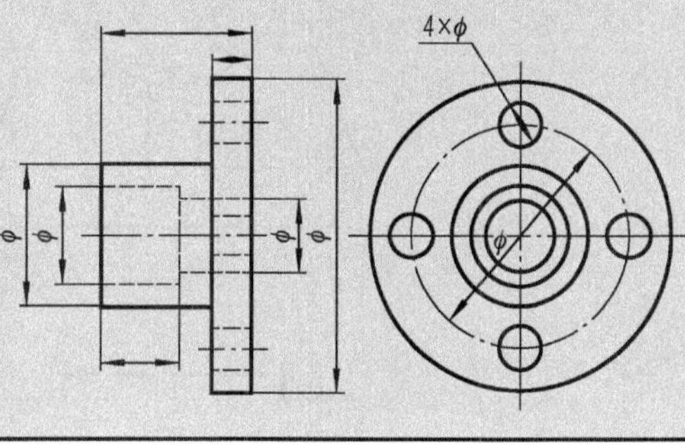 4×ϕ ϕ ϕ ϕ ϕ ϕ

4.3.3　组合体的尺寸标注

组合体标注尺寸的方法仍然是形体分析法，把形体分解成若干基本立体，先标注每一基本立体的尺寸，然后标注形体的总体尺寸，最后进行调整。下面以图 4-21 中的轴承座为例，介绍标注尺寸的步骤。

1. 确定尺寸基准

轴承座的尺寸基准选择，见图 4-21，长度基准选择在对称线上，宽度基准选择在后端面，高度基准选择在底面。

2. 标注轴承和加油孔的定形和定位尺寸

轴承和加油孔的定形尺寸是 ϕ14、ϕ26、ϕ26、ϕ50、50，定位尺寸前后方向是 26，上下方向是 60，因为左右方向的尺寸基准是左右对称线，所以不需要标注左右方向的定位尺寸，如图 4-22 所示。

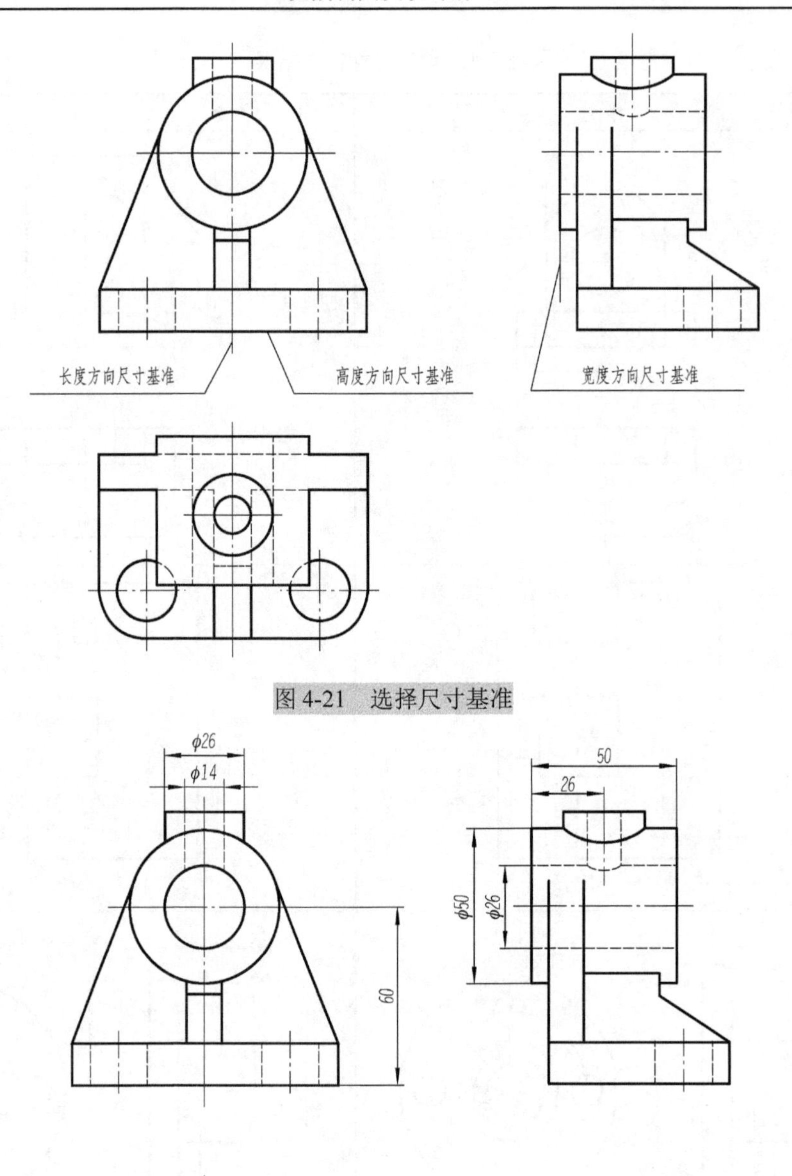

图 4-21　选择尺寸基准

图 4-22　标注轴承和加油孔尺寸

3. 标注底板的定形和定位尺寸

底板的定形尺寸是 14、90、60、*R*16、*ϕ*18，定位尺寸 44、58，如图 4-23 所示。

4. 标注支撑板的定形和定位尺寸

支撑板的定形尺寸是 12，定位尺寸是 7，如图 4-24 所示。

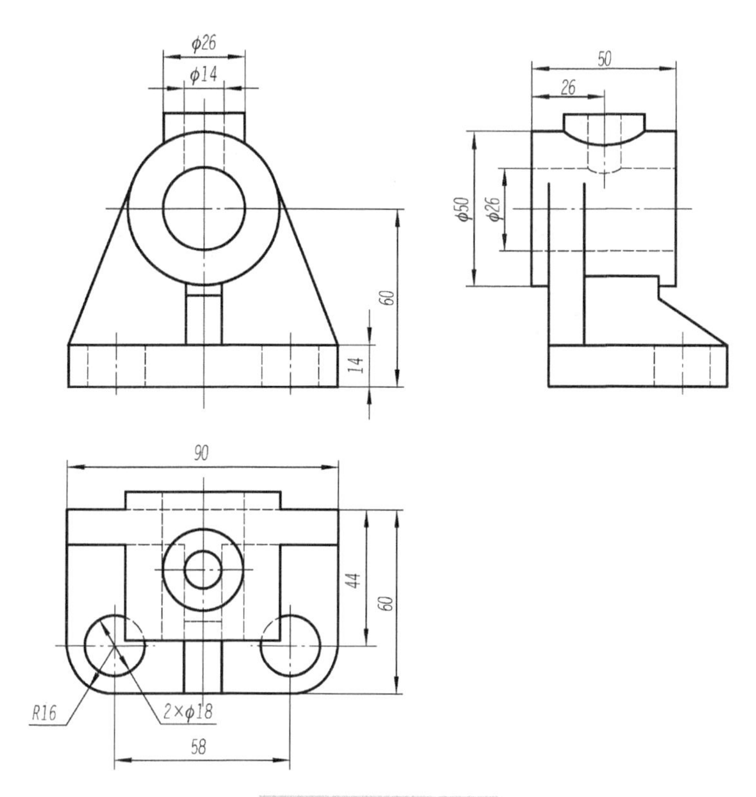

图 4-23　标注底板尺寸

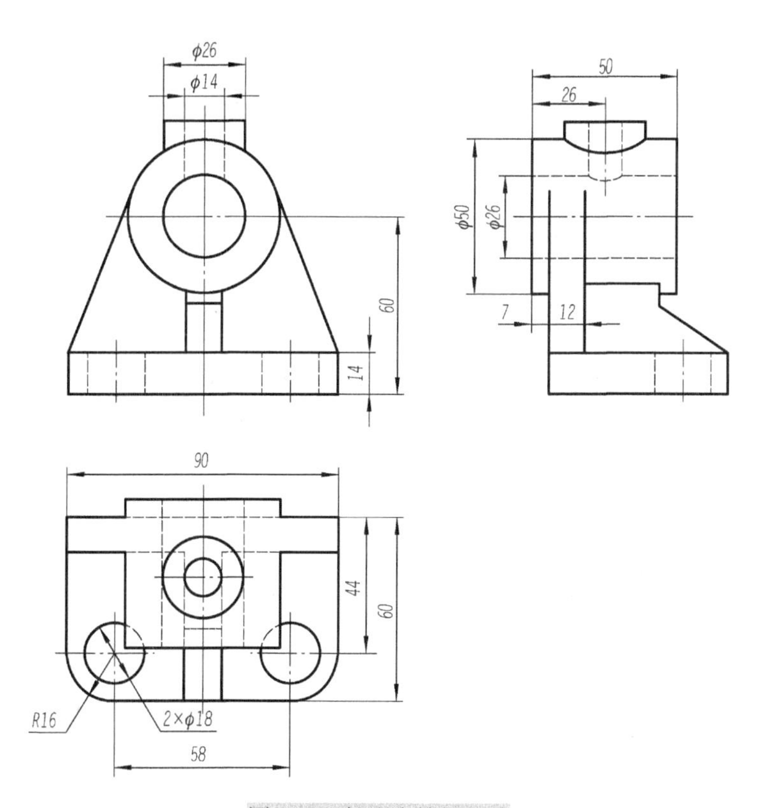

图 4-24　标注支撑板尺寸

5. 标注肋板的定形和定位尺寸

肋板的定形尺寸是 12、26、22，定位尺寸是前边已经标注的 7 和 14，如图 4-25 所示。

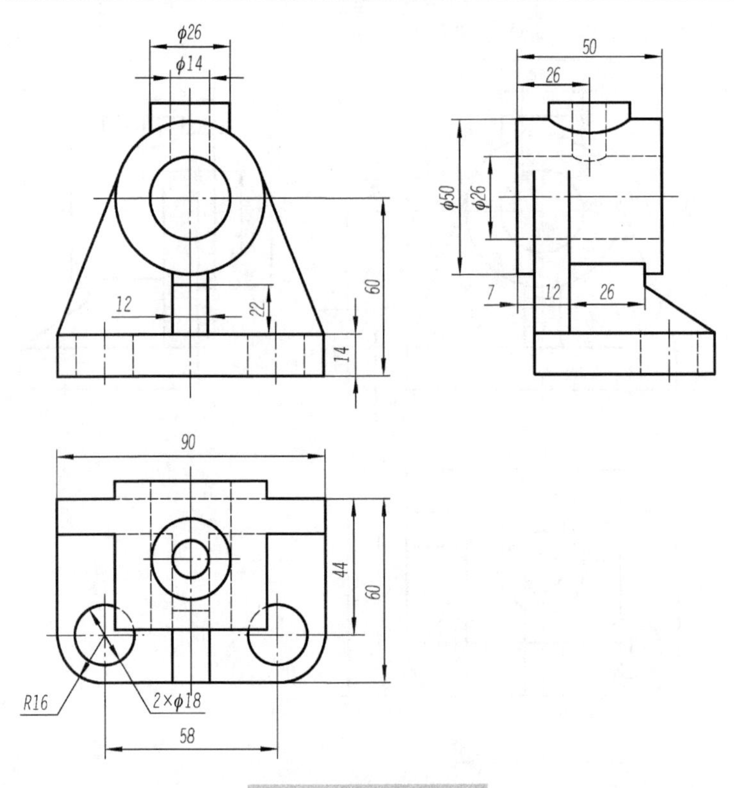

图 4-25　标注肋板尺寸

6. 标注总体尺寸

组合体需要标注总体尺寸，这样会造成多余的尺寸，所以要调整总体尺寸，增加一个总体尺寸必须减去一个尺寸。总高 90，总宽 60+7，总长 90，如图 4-26 所示。

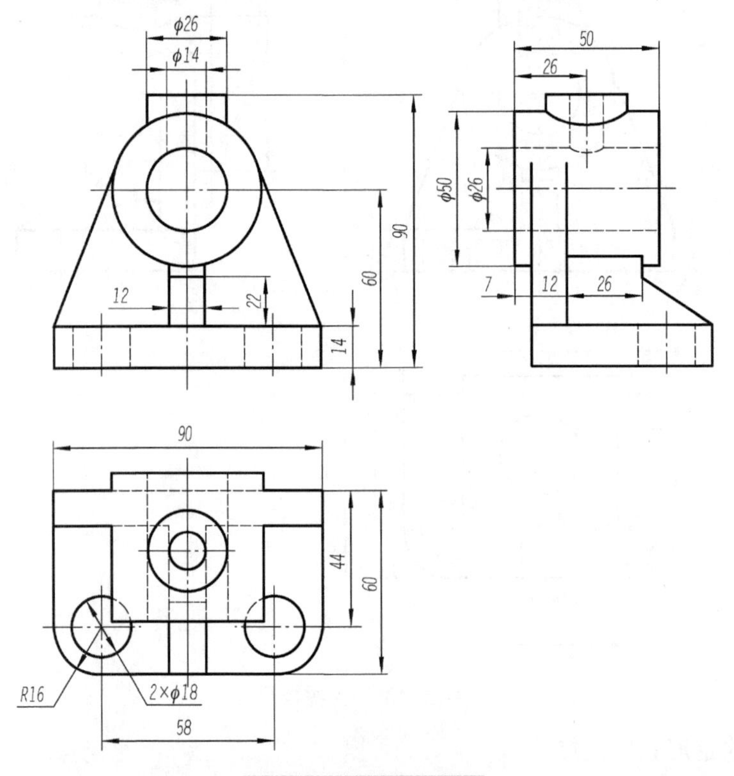

图 4-26　调整总体尺寸

4.4　阅读组合体的投影图

根据组合体的投影图想象出物体的空间形状和结构，这一过程就是读图。在读图时，常以形体分析法为主，即是以基本几何体的投影特征为基础，在投影图上分析组合体各个组成部分的形状和相对位置，然后综合起来确定组合体的整体形状。当图形较复杂时，也常用线面分析法帮助读图。线面分析是在形体分析法的基础上，运用线、面的投影规律，分析形体上线、面的空间关系和形状，从而把握形体的细部。

4.4.1　读图的基本要求

(1) 熟练掌握三面投影的规律。即“长对正、高平齐、宽相等”的三等规律。掌握组合体上、下、左、右、前、后各个方向在投影图中的对应关系，如 *V* 投影能反映上、下、左、右的关系，*H* 投影能反映前、后、左、右的关系，*W* 投影能反映前、后、上、下的关系。

(2) 熟练掌握点、线、面、基本形体以及它们切割叠加后的投影特性，能够根据它们的投影图，快速想象出基本几何体的形状。

(3) 熟练掌握形体各种投影图的画法，因为画图是读图的基础，而读图是画图的逆过程，更是提高空间形象思维能力和投影分析能力的重要手段。熟练掌握尺寸的标注方法，能用尺寸配合图形，分析组合体的空间形状及大小。

(4) 要将各投影图结合起来进行分析。如图 4-27 所示形体的两面投影图，如果只根据 *H* 投影图，是不能将形体的空间形状判断清楚的，必须结合 *V* 投影图才能正确读图。又如图 4-28 所示的 *H* 投影、*V* 投影相同，*W* 投影不同的几个形体，必须结合 *H*、*V*、*W* 三面投影才能正确读图。有时三个视图相同，表示的却是不同的立体，如图 4-29 所示。

(5) 可运用形体分析法逐步读图，必要时，结合线面分析法。

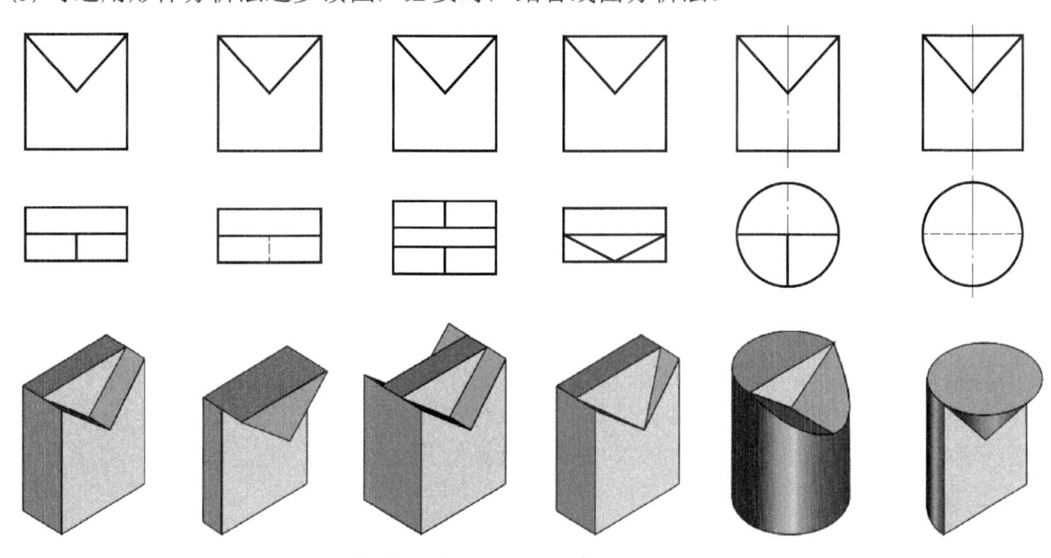

图 4-27　*V* 投影相同 *H* 投影不同的几个形体

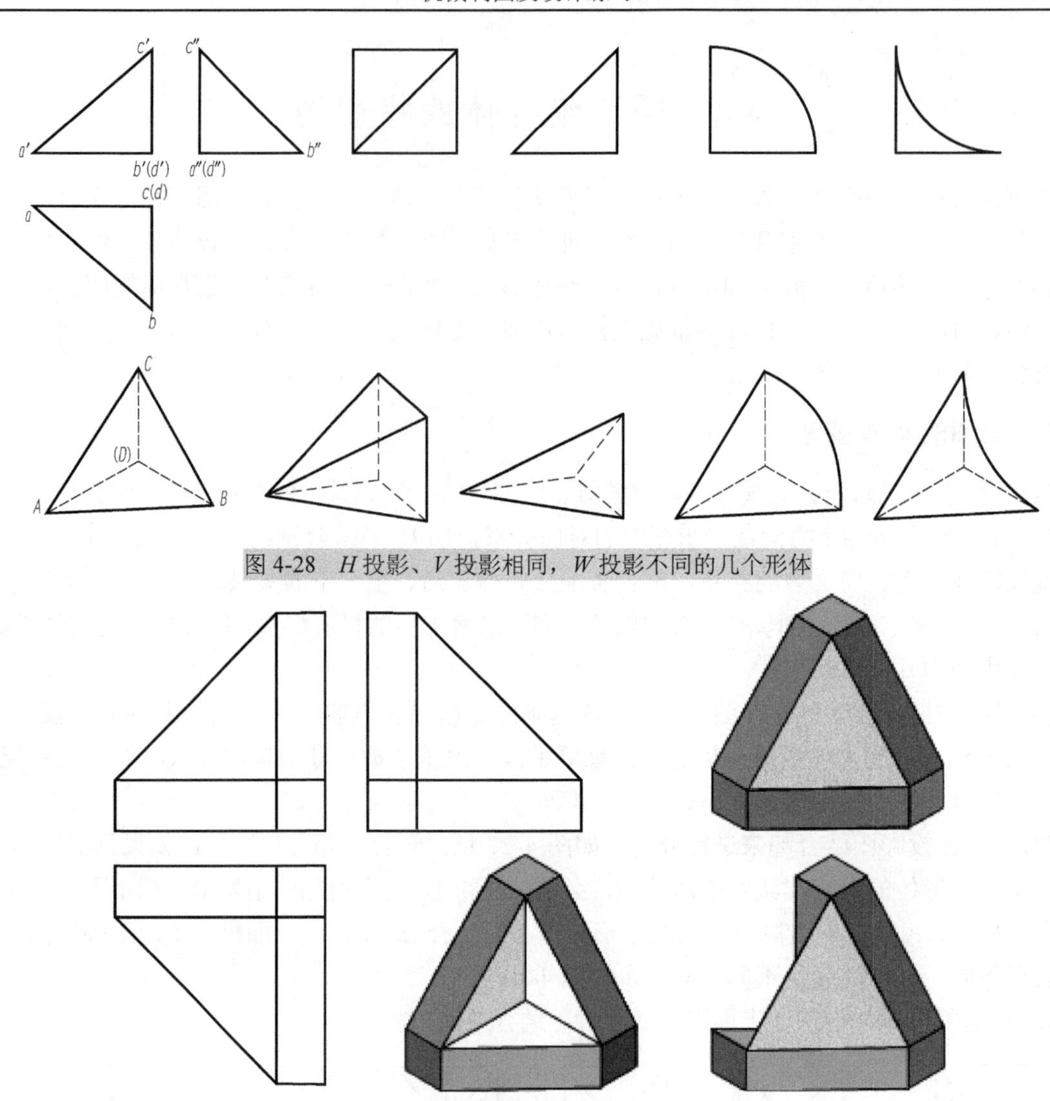

图 4-28　H 投影、V 投影相同，W 投影不同的几个形体

图 4-29　同一组三视图表示不同的形体

4.4.2　读图的方法和步骤

读图最基本的方法就是形体分析法和线面分析法。一般是先要抓住最能反映形状特征的一个投影，结合其他投影，先进行形体分析，后进行线面分析；再由局部到整体，最后综合起来想象出该组合体的整体形象。

1．形体分析法读图

运用形体分析法读图，通常分为三步：

(1) 从主视图入手，按照基本立体分线框，考虑对称性；

(2) 找到对应的线框，并确认每一线框的形状以及位置；

(3) 综合想象立体的形状。

下面举例说明应用形体分析法读图。

【例 4-1】 运用形体分析法想象出图 4-30(a)所示组合体的整体形状。

解　(1) 分线框，对投影。

一般从最能反映组合体形体特征和相对位置特征的 V 面投影入手去分解。图 4-30(a)中 V 面投影可分为 1′、2′、3′三个线框，根据三等投影规律可在其他两面投影中找到每部分相对应的投影，如图 4-30(a)所示，由此可知该物体由三个基本形体组成。

(2) 识形体，定位置。

这三个基本体都有一个投影有积聚性并反映其形状特征，另两投影表示出厚度。为想象出各部分的形状，首先从各投影中找出反映其形状特征的线框是想象其形状的关键。该图中 *V* 面投影的线框 3′，*H* 投影的线框 1，*W* 投影的线框 2″分别是三个形体的特征线框。想象时从这三个特征线框入手，结合另两个投影，就可以得出形体的形状，如图 4-30 (c)、(d)、(e) 所示。

在确定各组成部分之间的位置时，应从最能反映组合体中各部分相对位置的那个投影入手。*V* 面投影反映形体的上下和左右的位置，*H* 投影反映了各部分的左右和前后位置，*W* 投影反映各部分的前后和上下的相对位置。该题中 *H* 投影、*W* 投影则是表示组成物体各部分相对位置最明显的两个投影。

(3) 合起来，想整体。

综合想象出组合体整体形状如图 4-30 (b) 所示。

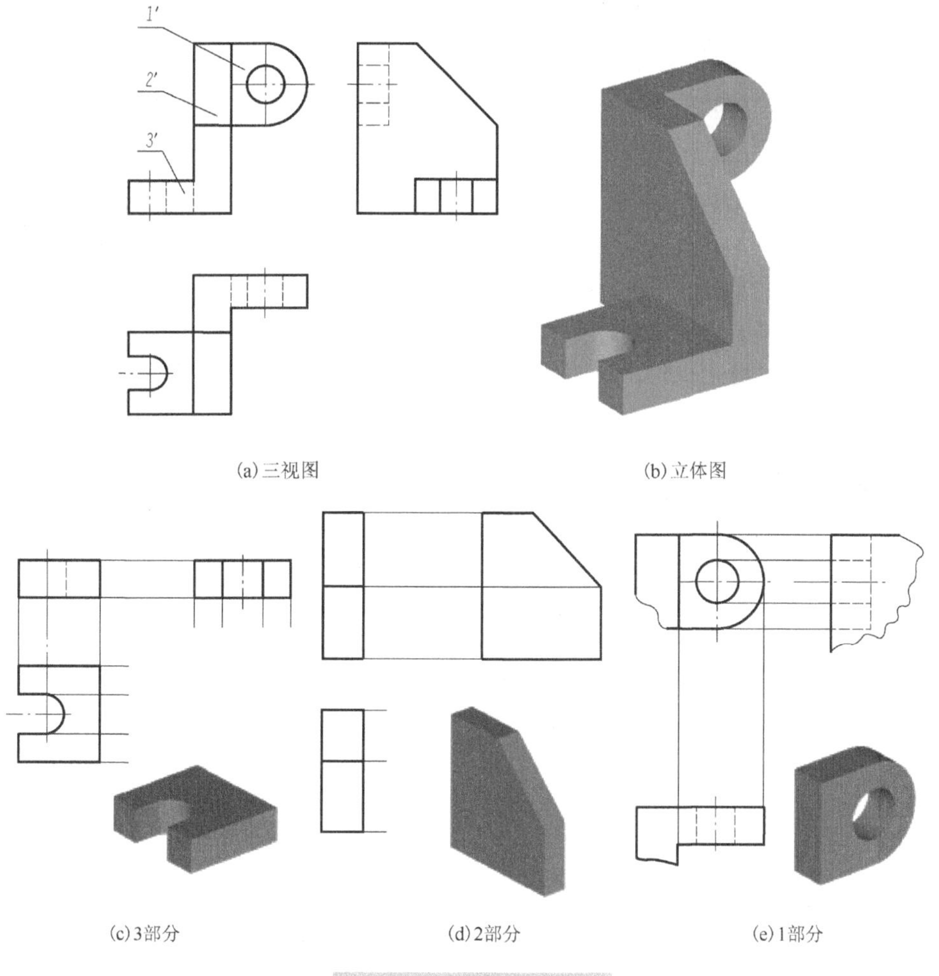

(a) 三视图　(b) 立体图

(c) 3部分　(d) 2部分　(e) 1部分

图 4-30　组合体的投影图

2. 线面分析法读图

运用线面分析法的关键在于弄清投影图中的图线和线框的含义，投影图中的图线可以表示两个面的交线或曲面投影的转向轮廓线或投影有积聚性的面；投影图中的线框可以表示一个面或一个体或一个孔或一个槽，如图 4-31 所示。

运用形线面分析法读图，通常分为三步：

(1) 恢复原形，想象切割前的形状；

(2) 确定每一切割面位置和形状；

(3) 综合想象立体的形状。

【例 4-2】 运用线面分析法想象出图 4-32 中组合体的整体形状。

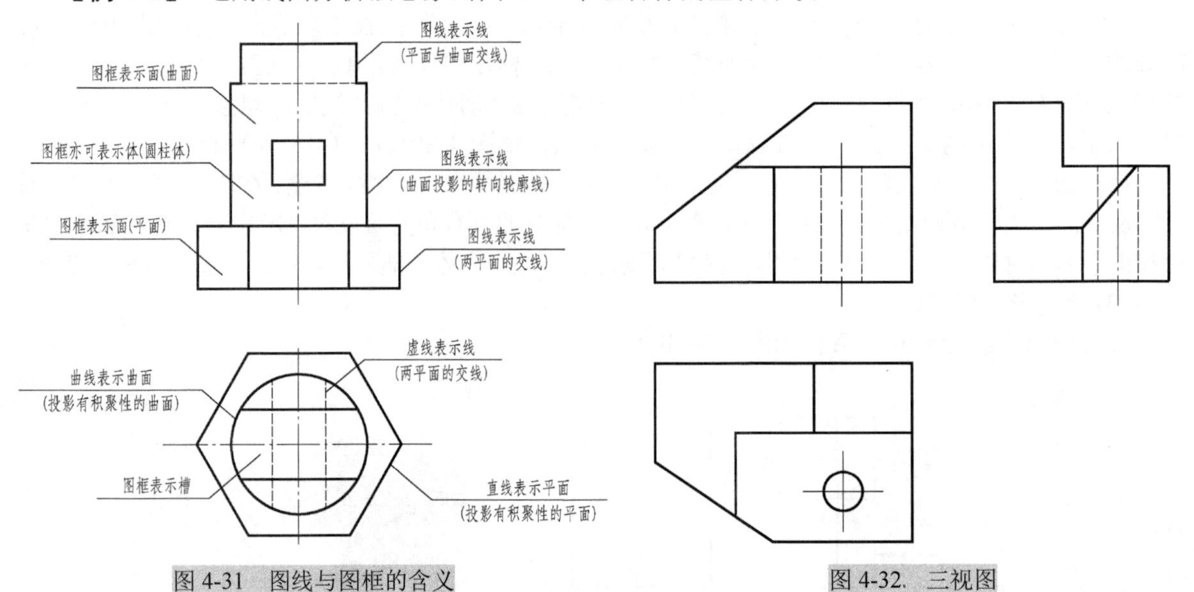

图 4-31　图线与图框的含义　　图 4-32. 三视图

解　从三个投影可以确定该形体是平面立体，由一个基本长方体切割而成。读图过程如下。

(1) 恢复原形，找出切割面。主视图上有一个缺角，俯视图上有一缺角，左视图有一缺口。

(2) 确定每一切割面的位置和形状。主视图的缺角，视图表明切割面是六边形的正垂面，如图 4-33(a)所示。俯视图的缺角，说明切割面是五边形的铅垂面，如图 4-33(b)所示。左视图的缺角，说明切割面是两个，一个水平面，一个正平面，如图 4-33(c)所示。

(3) 左视图上的直线 $a''b''$，根据 H 投影和 V 投影，判断是一般位置直线，如图 4-33(d)所示。

(4) 将各线框综合，想象出组合体的整体形状，如图 4-34 所示。

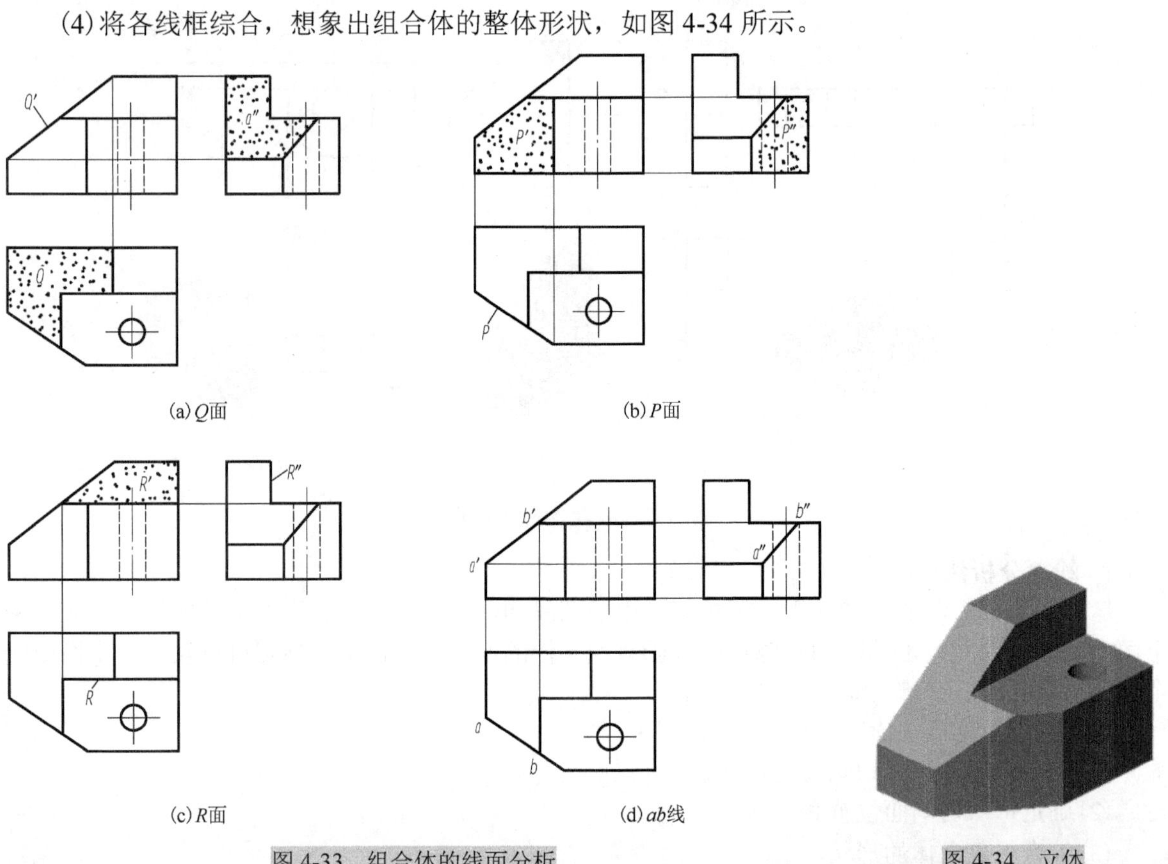

(a) Q面　(b) P面　(c) R面　(d) ab线

图 4-33　组合体的线面分析　　图 4-34　立体

4.4.3　根据两投影图补画第三投影

根据已知两投影图，想出形体的空间形状，再由想象中的空间形状画出其第三投影。这种训练是培养和提高读图能力，检验读图效果的一种重要手段，也是培养空间分析问题和解决空间问题能力的一种重要方法。

由两投影补画第三投影的步骤如下：

(1) 通过粗略读图，想象出形体的大致形状。

(2) 运用形体分析法或线面分析法，想象出各部分的确切形状，根据“长对正、高平齐、宽相等”补画出各部分的第三投影，并由相互位置关系确定它们相邻表面间有无交线。

(3) 整理投影，加深图线。

【例 4-3】 如图 4-35(a) 所示，已知组合体的 V 投影和 W 投影，补画 W 投影。

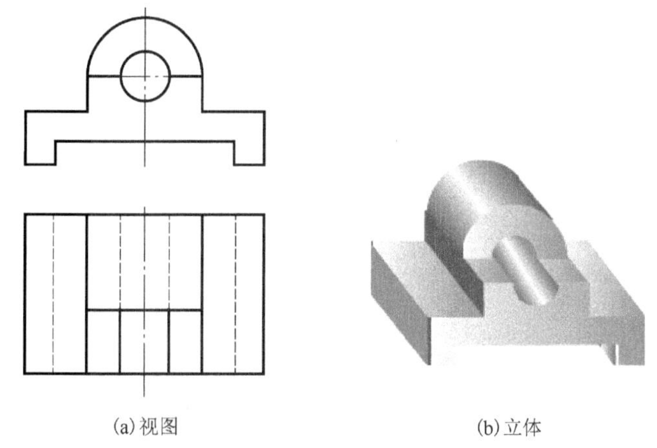

(a) 视图　(b) 立体

图 4-35　已知组合体的 V、W 投影

解　图 4-36(a) 所示的组合体，可以看作是由 2 部分组成。下部结构为十四棱柱底板，底板上部叠加了半圆柱，中间还有一个圆柱孔，如图 4-36(b) 所示。作图过程如下。

(1) 找出地板的两面投影，见图 4-36(a)，根据两面投影判断是十四棱柱。

(2) 画出底板的 W 投影，有 14 条棱线，有的是虚线，有的重叠，如图 4-36(b) 所示。

(3) 找出叠加部分半圆柱的投影，见图 4-36(c)，根据两面投影判断是半圆柱。

(4) 画出半圆柱的投影，检查图稿，加深图线，完成作图，如图 4-36(d) 所示。

【例 4-4】 如图 4-37(a) 所示，已知一组合体的主视图、左视图，求作其俯视图。

解　首先读懂所给的投影图，想象出组合体的形状。分析已知的两个投影图，可以知道该组合体是由一长方体被多次切割形成的。从正立面图分析，长方体的左上部被一正垂面截切掉；从左侧立面图分析，在右端又被前后对称的两个侧垂面截切掉两部分；两投影结合起来，可以看出中下部被切出一个从左到右的通槽，槽的上半部分为半圆柱形。由此可以想象出这个组合体的大致形状如图 4-37(b) 所示。

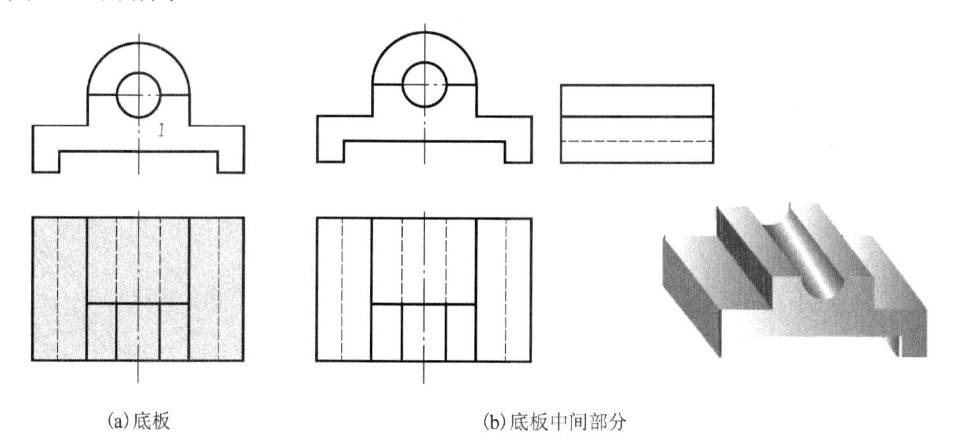

(a) 底板　(b) 底板中间部分

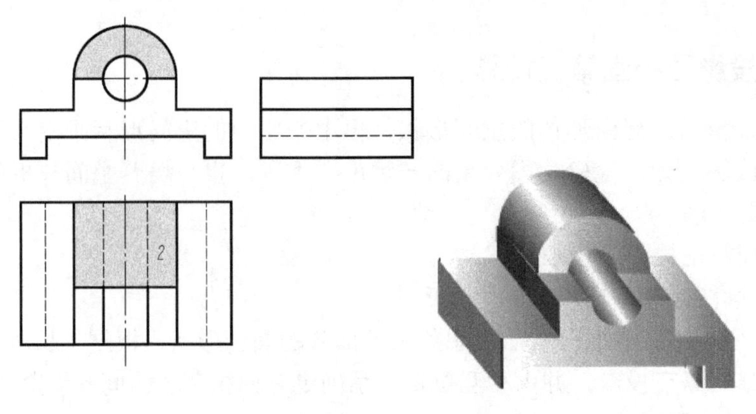

(c) 上部

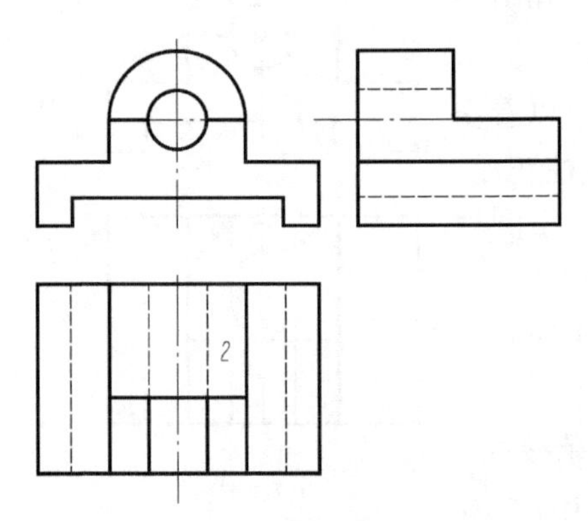

(d) 画左视图

图 4-36　叠加体补图举例

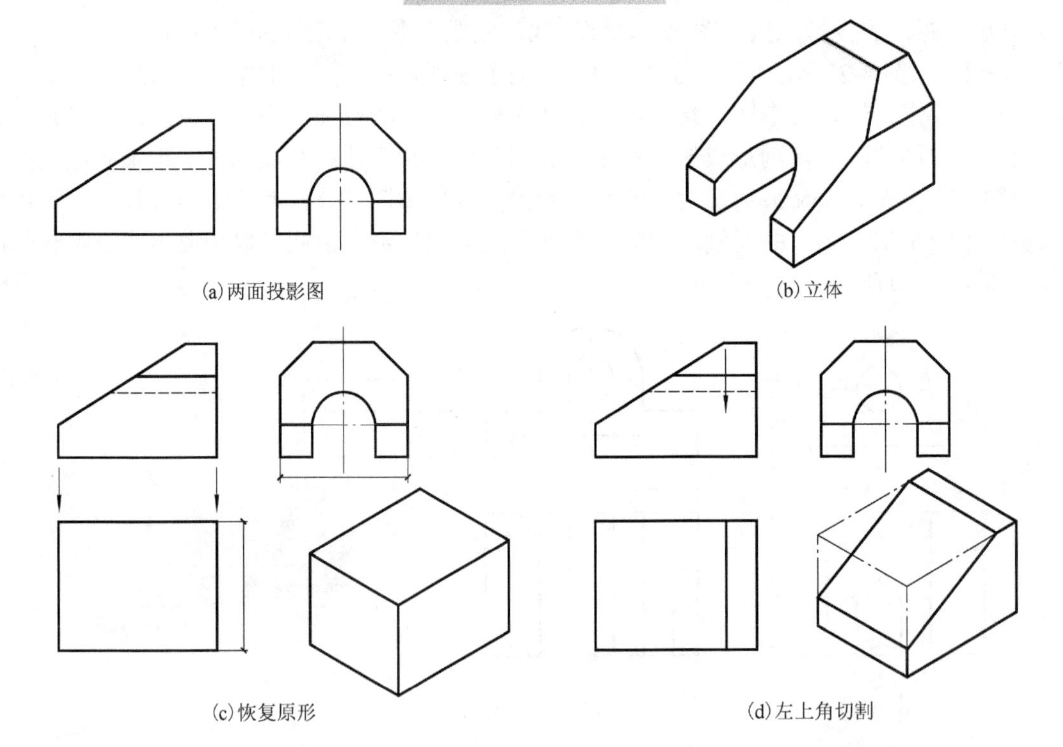

(a) 两面投影图　　(b) 立体

(c) 恢复原形　　(d) 左上角切割

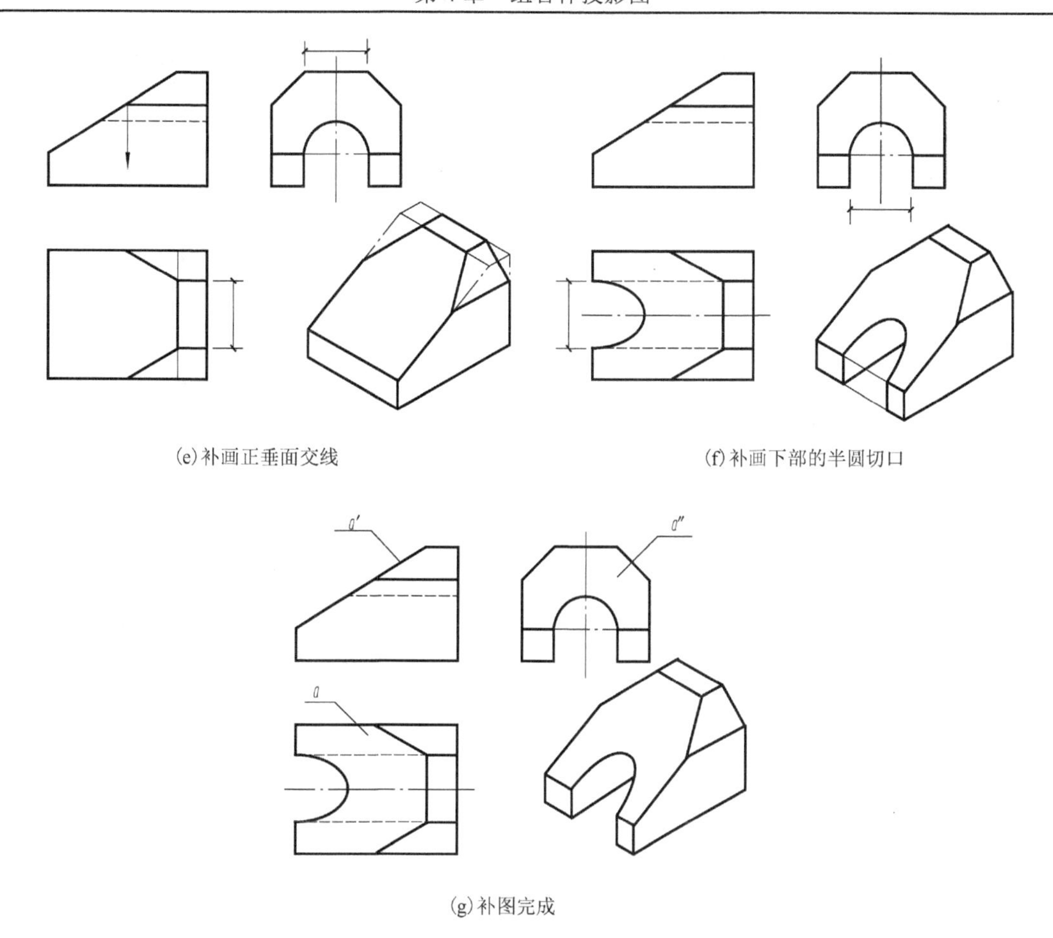

(e)补画正垂面交线　　(f)补画下部的半圆切口

(g)补图完成

图 4-37　切割体补图举例

4.4.4　补画三面投影图中所缺的图线

补画三面投影图中所缺的图线是读画图训练的另一种基本形式。它往往是在一个或两个投影中给出组合体的某个局部结构，而在其他投影中遗漏。这就要从给定的一个投影中的局部结构入手，由投影规律补画完整其余的投影。这种练习说明多面正投影图是以多个投影为基础，物体上任何局部结构一定在各个投影中都要有所表达，进一步强调了在画图时一定要三面图同时配合画，这样才不容易遗漏局部结构。

【例 4-5】 如图 4-38(a)所示，补全三面投影图中所缺的图线。

解　首先根据所给的不完整的投影图，想象出组合体的形状。

虽然所给投影图不完整，但仍然可以看出这是一个长方体经切割而成的组合体；由 *V* 面投影看出长方体被正垂面切去左上角(图 4-38(b))；由 *H* 投影想象出一个铅垂面进一步切去其左前角(图 4-38(c))；从 *W* 投影可以看出，在前两次切割的基础上，再用一个水平面和一个正平面把其前上角切去(图 4-38(d))；这样想象出组合体的完整形状如图 4-38(e)所示。

然后根据组合体的形状和形成过程，逐步添加图线。在添加图线时要严格遵守“长对正、高平齐、宽相等”的投影规律。

正垂面切去其左上角，应在 *H* 投影和 *W* 投影图中添加相应的图线，如图 4-39(a)所示；然后铅垂面再切去左前角，需在 *V* 面投影图和 *W* 投影图上添加相应的图线，如图 4-39(a)所示；水平面和正平面把前上角切去，则要在 *V* 面投影图和 *H* 投影图上添加相应的图线，如图 4-39(b)所示；把所有要修改的图线修改完毕后，再进行检查，检查无误就得到了所要求的最终结果，即 4-39(c) 所示图形。

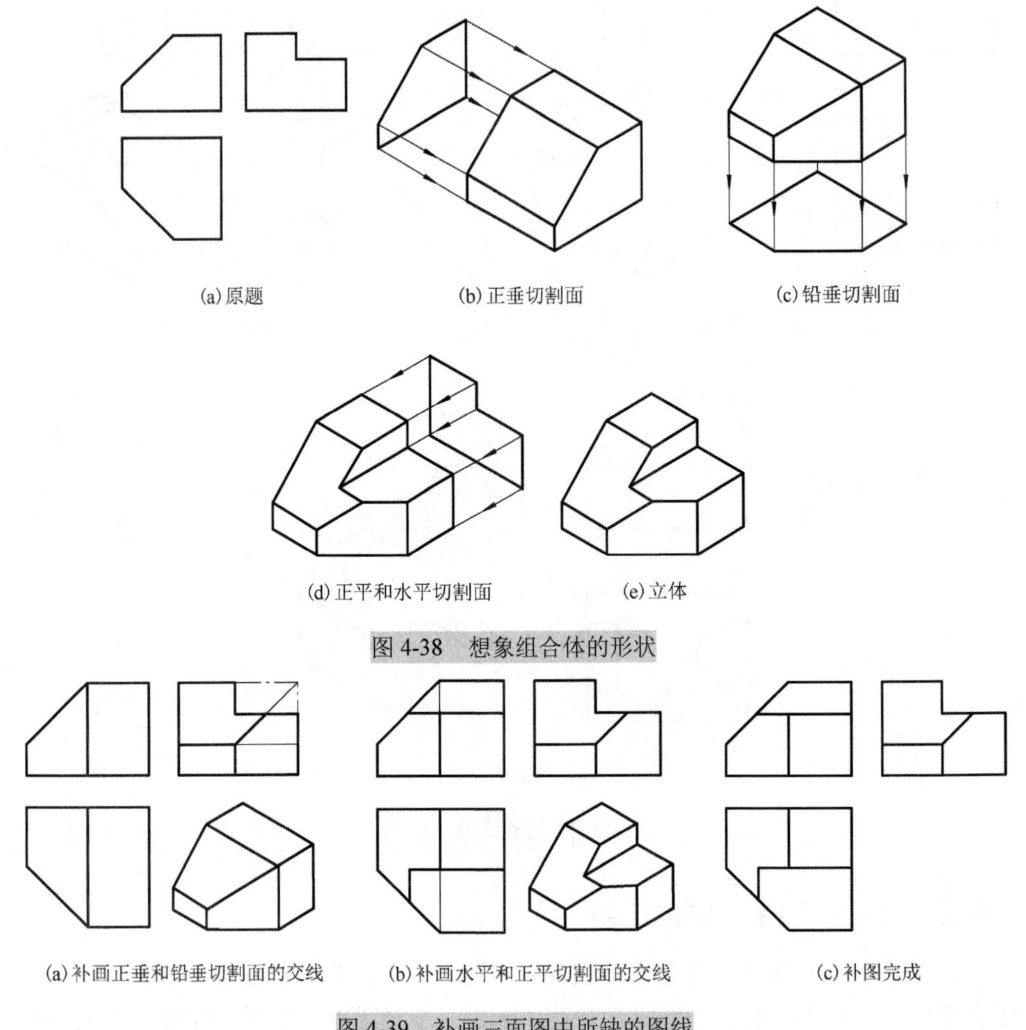

(a)原题　(b)正垂切割面　(c)铅垂切割面

(d)正平和水平切割面　(e)立体

图 4-38　想象组合体的形状

(a)补画正垂和铅垂切割面的交线　(b)补画水平和正平切割面的交线　(c)补图完成

图 4-39　补画三面图中所缺的图线

第 5 章　轴测投影图

教学目标和要求

理解轴测投影图的形成；
掌握正等轴测投影图的画法；
掌握斜二轴测投影图的画法；
掌握剖切轴测投影图的画法。

教学重点和难点

掌握正等轴测投影图的画法；
掌握斜二轴测投影图的画法。

图 5-1(a)是物体的正投影图，能够完整、准确地表示形体的形状和大小，作图也比较简便。但是，这种图立体感不强，缺乏读图能力的人们很难看懂。

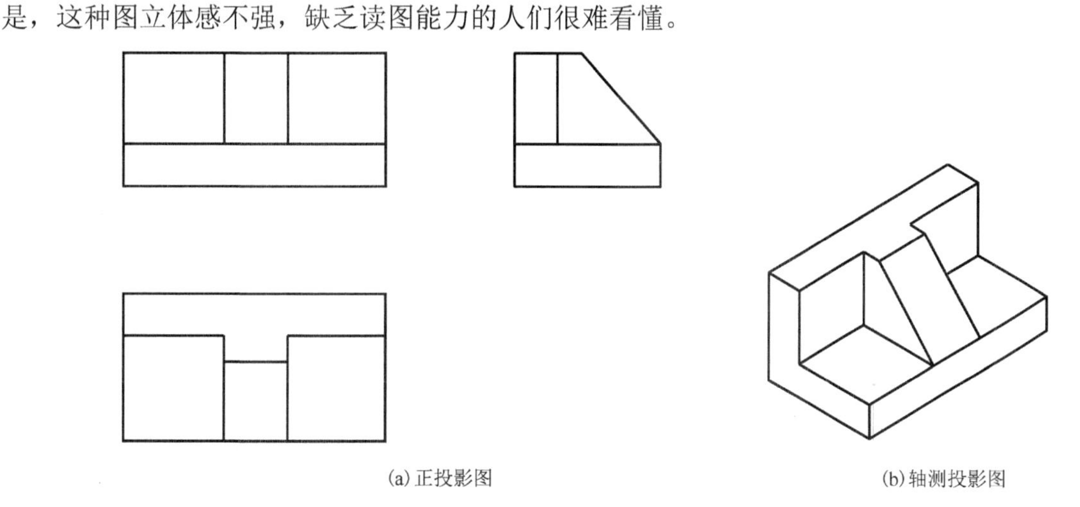

(a) 正投影图　　(b) 轴测投影图

图 5-1　投影图与轴测图的对比

图 5-1(b)是物体的轴测投影图，能在一个投影图中同时反映物体的长、宽、高，具有较强的立体感。但由于它不易反映物体各个表面的实形，工程上常将轴测投影图作为辅助图样。本章主要介绍几种常用轴测投影图的画法。

5.1　轴测投影的基本知识

1. 轴测投影的形成

根据平行投影的原理，把形体连同确定其空间位置的三条坐标轴 OX、OY、OZ 一起，沿着不平行于这三条坐标轴的方向，投影到新投影面 P 上，所得到的投影称为轴测投影，如图 5-2 所示。

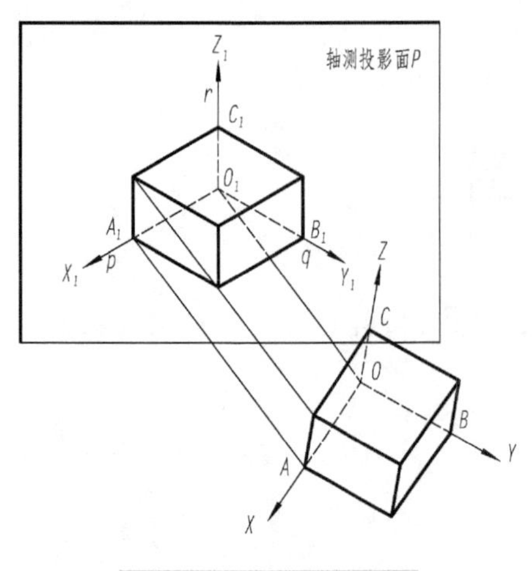

图 5-2　轴测投影的形成

2. 轴测投影的有关术语

1) 轴测投影面

在轴测投影中，投影面 P 称为轴测投影面。

2) 轴测轴

三条坐标轴 OX、OY、OZ 的轴测投影 O_1X_1、O_1Y_1、O_1Z_1 称为轴测轴，画图时，规定把 O_1Z_1 轴画成竖直方向，如图 5-2 所示。

3) 轴间角

轴测轴之间的夹角，即 $\angle X_1O_1Z_1$、$\angle X_1O_1Y_1$、$\angle Y_1O_1Z_1$ 称为轴间角。

4) 轴向变形系数

轴测轴上某段与它在空间直角坐标轴上的实长之比，称为轴向变形系数。即

$P=O_1A_1/OA$，称 OX 轴向变形系数；

$q=O_1B_1/OB$，称 OY 轴向变形系数；

$r=O_1C_1/OC$，称 OZ 轴向变形系数。

轴间角和轴向变形系数决定轴测图的形状和大小，是画轴测投影图的基本参数。

3. 轴测投影的分类

根据投影方向与轴测投影面的相对位置可分为正轴测投影和斜轴测投影两大类。

1) 正轴测投影

正轴测投影的投影方向垂直于轴测投影面。

2) 斜轴测投影

斜轴测投影的投影方向倾斜于轴测投影面。

根据轴向变形系数是否相等，两类轴测图又分为三种：

(1) 正（或斜）等轴测图（$p=q=r$）；

(2) 正（或斜）二轴测图（$p=q\neq r$ 或 $p=r\neq q$ 或 $p\neq q=r$）；

(3) 正（或斜）三轴测图（$p\neq q\neq r$）。

上述类型中，由于三测投影作图比较烦琐，所以很少采用，这里只介绍常用的正等轴测图、正面斜二轴测图和水平面斜二轴测图的画法。

4. 轴测投影的特性

(1) 直线的轴测投影一般仍为直线；互相平行的直线其轴测投影仍互相平行；直线的分段比例在轴测投影中仍不变。

(2) 与坐标轴平行的直线，轴测投影后其长度可沿轴量取；与坐标轴不平行的直线，轴测投影后就不可沿轴量取，只能先确定两端点，然后再画出该直线。

5. 轴测投影图的画法

根据形体的正投影图画其轴测图时，一般采用下面的基本作图步骤。

(1) 形体分析并在形体上确定直角坐标系，坐标原点一般设在形体的角点或对称中心上。

(2) 选择轴测图的种类与合适的投影方向，确定轴测轴及轴向变形系数。

(3) 根据形体特征选择合适的作图方法，常用的作图方法有：坐标法、叠加法、切割法、网格法等。

① 坐标法：利用形体上各顶点的坐标值画出轴测图的方法。

② 叠加法：先把形体分解成基本形体，再逐一画出每一基本形体的方法。

③ 切割法：先把形体看成是一个由长方体进行切割而成，再逐一画出截面的方法。

④ 网格法：对于曲面立体先找出曲线上的特殊点，过这些点作平行于坐标轴的网格线，得到这些点的坐标值，然后把这些点连接起来的方法。

(4) 画底稿。

(5) 检查底稿加深图线。

5.2　正等轴测图

正等轴测图属正轴测投影中的一种类型。由于它画法简单、立体感较强，所以在工程上较常用。

投射方向垂直于轴测投影面，而且参考坐标系的三根坐标轴对投影面的倾斜角都相等，在这种情况下画出的轴测图称为正等轴测图，简称正等测。

如图 5-36 所示，可以证明：正等轴测图的轴间角都相等，即 $\angle X_1O_1Z_1=\angle X_1O_1Y_1=\angle Y_1O_1Z_1=120°$，各轴向变形系数 $p=q=r\approx0.82$，为了作图简便，习惯上简化为 1，即 $p=q=r=1$，作图时可以直接按形体的实际尺寸量取。这种简化了轴向变形系数的轴测投影实际的轴测投影放大了 1.22 倍，图 5-3 所示为正四棱柱的正等测图。

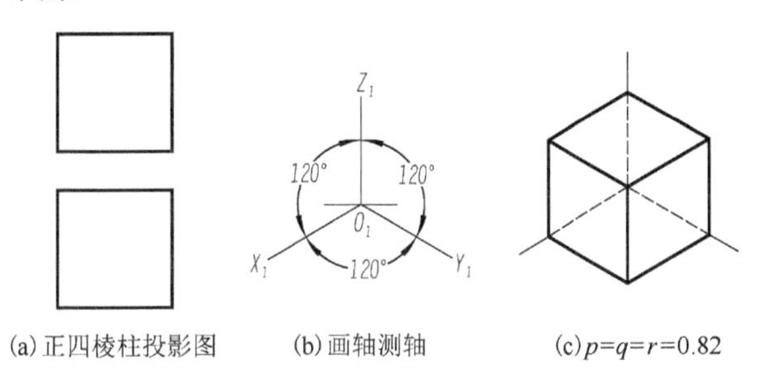

(a) 正四棱柱投影图　(b) 画轴测轴　(c) $p=q=r=0.82$

图 5-3　正等测投影图

5.2.1　基本立体正等轴测图画法

1. 正六棱柱

如图 5-4 所示，正六棱柱的前后、左右对称，将坐标原点 O_0 定在上底面六边形的中心，以六边形的中心线为 X_0 轴和 Y_0 轴。这样便于直接作出上底面六边形各顶点的坐标，从上底面开始作图。作图步骤如下。

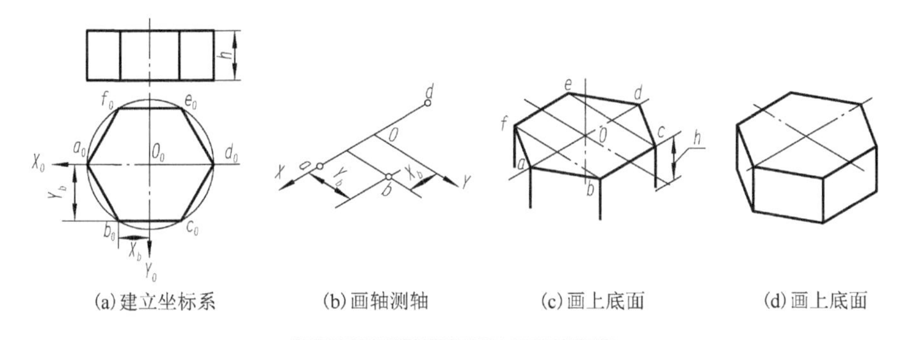

(a) 建立坐标系　(b) 画轴测轴　(c) 画上底面　(d) 画上底面

图 5-4　正六棱柱的正等测画法

(1) 定出坐标原点及坐标轴，如图 5-4 (a) 所示。

(2) 画出轴测轴 OX、OY，由于 a_0、d_0 在 X_0 轴上，可直接量取并在轴测轴上作出 a、d。根据顶点 b_0 的坐标值 X_b 和 Y_b，定出其轴测投影 b，如图 5-4 (b) 所示。

(3) 作出 b 点与 X、Y 轴对应的对称点 f、c，连接 a、b、c、d、e、f 即为六棱柱上底面六边形的轴测图。由顶点 a、b、c、d、e、f 向下画出高度为 h 的可见轮廓线，得下底面各点，如图 5-4 (c) 所示。

(4) 连接下底面各点，擦去作图线，描深，完成六棱柱正等测图，如图 5-4 (d) 所示。

由作图可知，因轴测图只要求画可见轮廓线，不可见轮廓线一般不要求画出，故常将原标注的原点取在顶面上，直接画出可见轮廓，使作图简化。

2. 圆柱

如图 5-5 所示，直立圆柱的轴线垂直于水平面，上、下底为两个与水平面平行且大小相同的圆，在轴测图中均为椭圆。可根据圆的直径和柱高作出两个形状、大小相同，中心距为 h 的椭圆，然后作两椭圆的公切线即成。作图步骤如下。

(1) 作圆柱上底圆的外切正方形，得切点 a_0、b_0、c_0、d_0，定坐标原点和坐标轴，如图 5-5(a) 所示。

(2) 作轴测轴和四个切点 a、b、c、d，过四点分别作 X、Y 轴的平行线，得外切正方形的轴测菱形，如图 5-5(b) 所示。

(3) 过菱形顶点 1、2，连接 1c 和 2b 得交点 3，连接 2a 和 1d 得交点 4。1、2、3、4 各点即为作近似椭圆四段圆弧的圆心。以 1、2 为圆心，1c 为半径作圆弧；以 3、4 为圆心，3b 为半径作圆弧，即为圆柱上底的轴测椭圆。将椭圆的三个圆心 2、3、4 沿 Z 轴平移高度 h，作出下底椭圆（下底椭圆看不见的一段圆弧不必画出），如图 5-5(c) 所示。

(4) 作椭圆的公切线，擦去作图线，描深，如图 5-5(d) 所示。

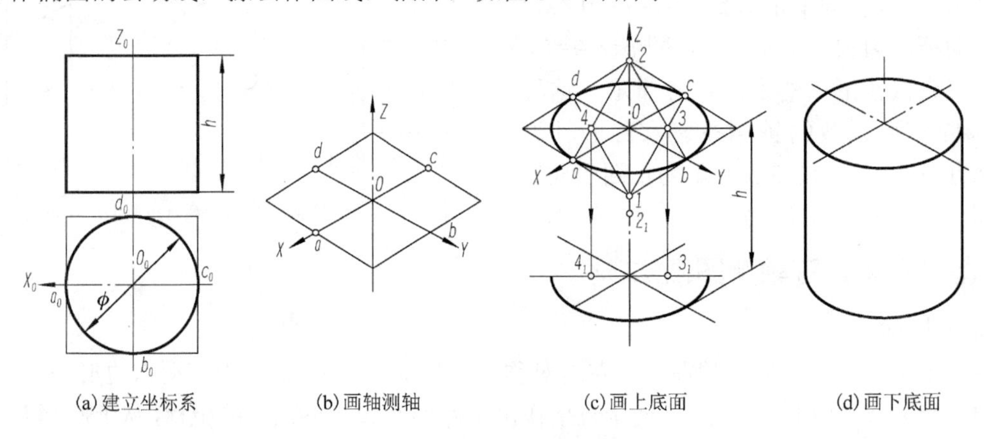

(a) 建立坐标系　(b) 画轴测轴　(c) 画上底面　(d) 画下底面

图 5-5　圆柱的正等轴测图

3. 平板圆角

平行于坐标面的圆角是圆的一部分，如图 5-6(a) 所示。特别是常见的四分之一圆周的圆角其正等测恰好是上述近似椭圆的四段圆弧中的一段。作图步骤如下。

(1) 画出平板的轴测图，并根据圆角的半径 R，在平板上底面相应的棱线上作出切点 1、2、3、4，如图 5-6(b) 所示。

(2) 过切点 1、2 分别作相应棱线的垂线，得交点 O_1。同样，过切点 3、4 作相应棱线的垂线，得交点 O_2。以 O_1 为圆心，$O_1 1$ 为半径作圆弧 $\overset{\frown}{12}$；以 O_2 为圆心，$O_2 3$ 为半径作圆弧 $\overset{\frown}{34}$，即得平板上底面圆角的轴测图，如图 5-6(c) 所示。

(3) 将圆心 O_1、O_2 下移平板的厚度 h，再用与上底面圆弧相同的半径分别画两圆弧，即得平板下底面圆角的轴测图。在平板右端作上、下小圆弧的公切线，擦去作图线，描深，如图 5-6(d) 所示。

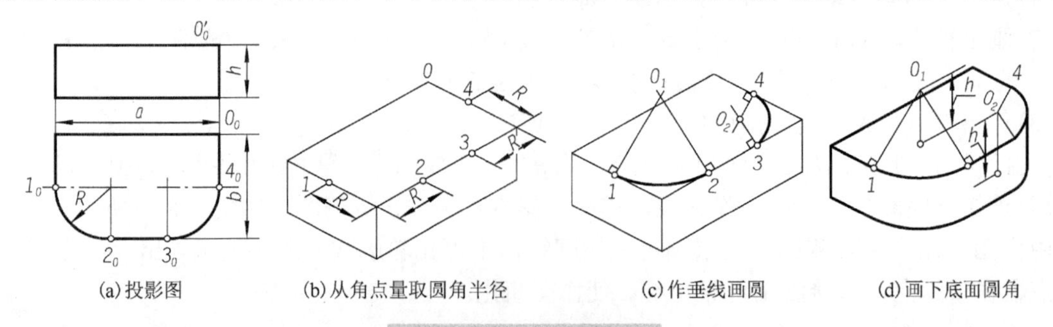

(a) 投影图　(b) 从角点量取圆角半径　(c) 作垂线画圆　(d) 画下底面圆角

图 5-6　圆角的正等测画法

5.2.2　组合体正等轴测图画法

下面以实例介绍组合体正等轴测图画法。

【例 5-1】 已知形体的三面投影如图 5-7(a)所示，用切割法绘制其正等测图。

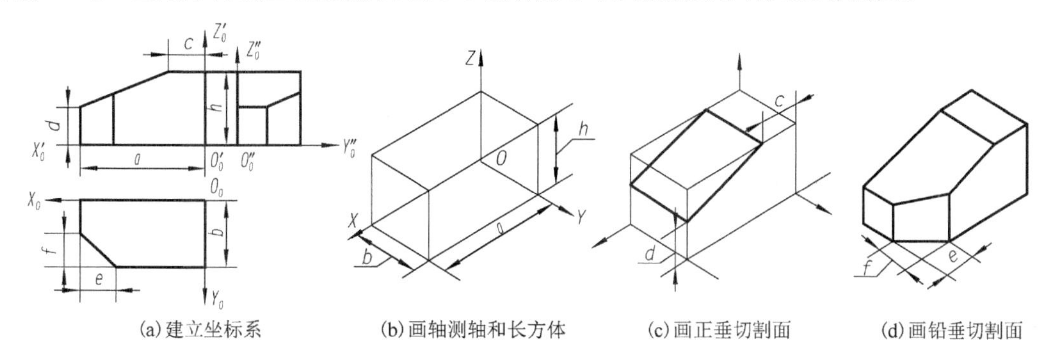

(a)建立坐标系　(b)画轴测轴和长方体　(c)画正垂切割面　(d)画铅垂切割面

图 5-7　切割体的正等测图

解　(1)分析：对于图 5-7(a)所示的形体，可采用切割法作图。把形体看成是一个由长方体被正垂面切去一块，再由铅垂面切去一角而形成。对于截切后的斜面上与三根坐标轴都不平行的线段，在轴测图上不能直接从正投影图中量取，必须按坐标作出其端点，然后再连线。

(2)作图步骤如下。

① 定坐标原点及坐标轴，如图 5-7(a)所示。

② 根据给出的尺寸 a、b、h 作出长方体的轴测图，如图 5-7(b)所示。

③ 倾斜线上不能直接量取尺寸，只能沿与轴测轴相平行的对应棱线量取 c、d，定出斜面上线段端点的位置，并连成平行四边形，如图 5-7(c)所示。

④ 根据给出的尺寸 e、f 定出左下角斜面上线段端点的位置，并连成四边形。擦去作图线，描深，如图 5-7(d)所示。

【例 5-2】 根据图 5-8(a)所示物体(支承座)的三视图，画出它的正等轴测投影。

解　(1)分析：根据支撑座的形体特点，可用综合法作图，一般先作堆叠型的形体，后作挖切型的形体。其作图步骤如图 5-8(b)～(f)所示。

(2)作图步骤如下。

① 在三视图上定坐标轴，原点定在后、中、下(在对称平面与后下方底面的交点)处，如图 5-8(a)所示。

② 画轴测轴并画底板和地板圆角。地板上的圆孔要先做垂线，参照图 5-6 的方法定出圆心，分别作圆弧即为底板上圆的轴测图，将圆心向下移动，画出下表面的圆孔，得到的轴测图，如图 5-8(b)所示。

③ 画竖板。支撑板上的圆孔和半圆，要先按直径画出菱形，参照图 5-5 的方法定出四个圆心，分别作四段圆弧即为支撑板上圆的轴测图，将圆心向前移动，画出前表面的圆孔和半圆，即可画出竖板，如图 5-8(c)和(d)所示。

④ 画肋板。在底板、竖板的居中位置上，沿 OX 轴向左、右各量一半厚度，沿 OZ 轴向自上而下量高度，即可画出肋板，如图 5-8(e)所示。

⑤ 通常不画物体的不可见轮廓，擦除多余线，然后加深，即完成作图，如图 5-8(f)所示。

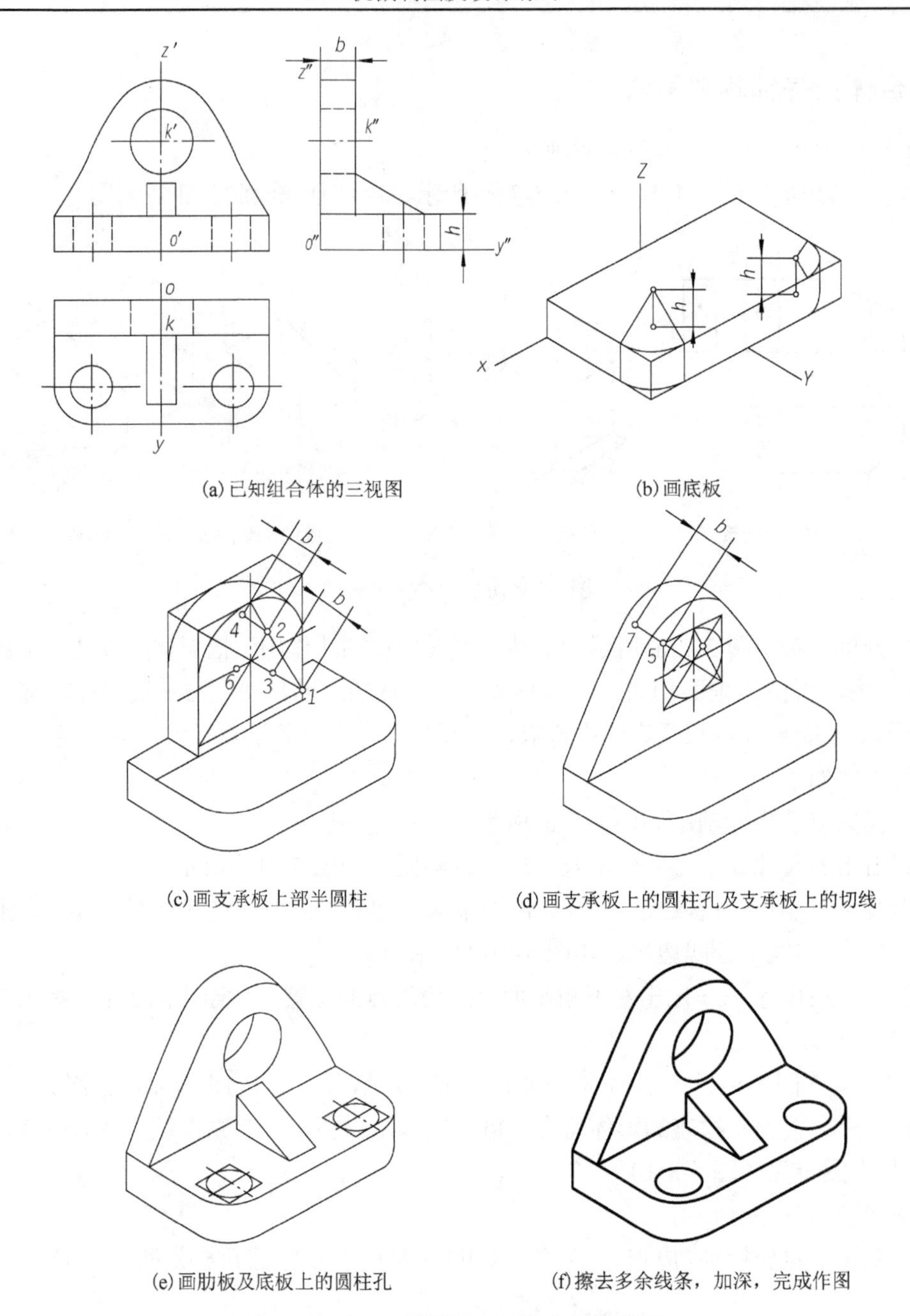

图 5-8　用综合法画组合体的正等轴测图

5.3　正面斜二轴测图

正面斜二轴测图是斜二轴测图的一种。对于形体的正面形状较复杂或具有圆和曲线时，常用正面斜二测图。

轴测投影面平行于一个坐标面，投射方向倾斜于轴测投影面时，即得正面斜二轴测图，如图 5-9 所示。如果轴测投影面平行正立面，叫正面斜二轴测图。如果轴测投影面平行水平面，叫水平斜二轴测图、如果轴测投影面平行侧立面，叫侧面斜二轴测图。表示机械产品常用正面斜二测。

在图 5-9 中，由于 $X_0O_0Z_0$ 坐标面平行于 V 面，其正面斜轴测投影反映实形，所以轴测轴 OX、OZ 分别为水平和铅垂方向，轴间角 $\angle XOZ=90^\circ$，轴向伸缩系数 $p=q=1$。OY 轴的轴变形系数与轴间角之间无依从关系，可任意选择。通常选择 OY 轴与水平方向成 45°，q=0.5 作图较为方便、美观，一般适用于正立面形状较为复杂的形体。

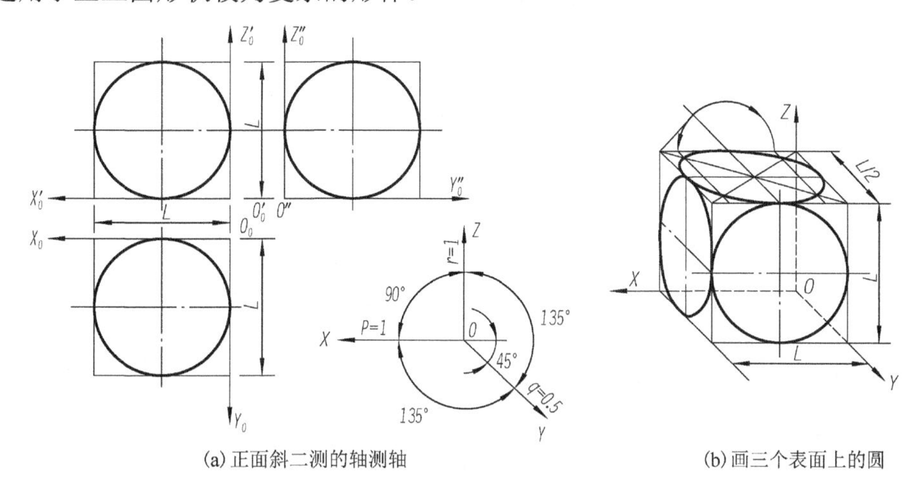

图 5-9　正面斜二测的轴间角和轴向伸缩系数

【例 5-3】 画出图 5-10(a)所示立体的正面斜二测图。

解　(1)分析：在正面斜二测图中，轴测轴 OX、OZ 分别为水平线和铅垂线，OY 轴根据投射方向确定。如果选择由左向右投射，如图 5-10(b)所示。立体最后面包含 OX 轴和 OZ 轴，立体表面在 XOZ 坐标面上的图线或和 XOZ 坐标面平行的图线，轴测投影反映实形。

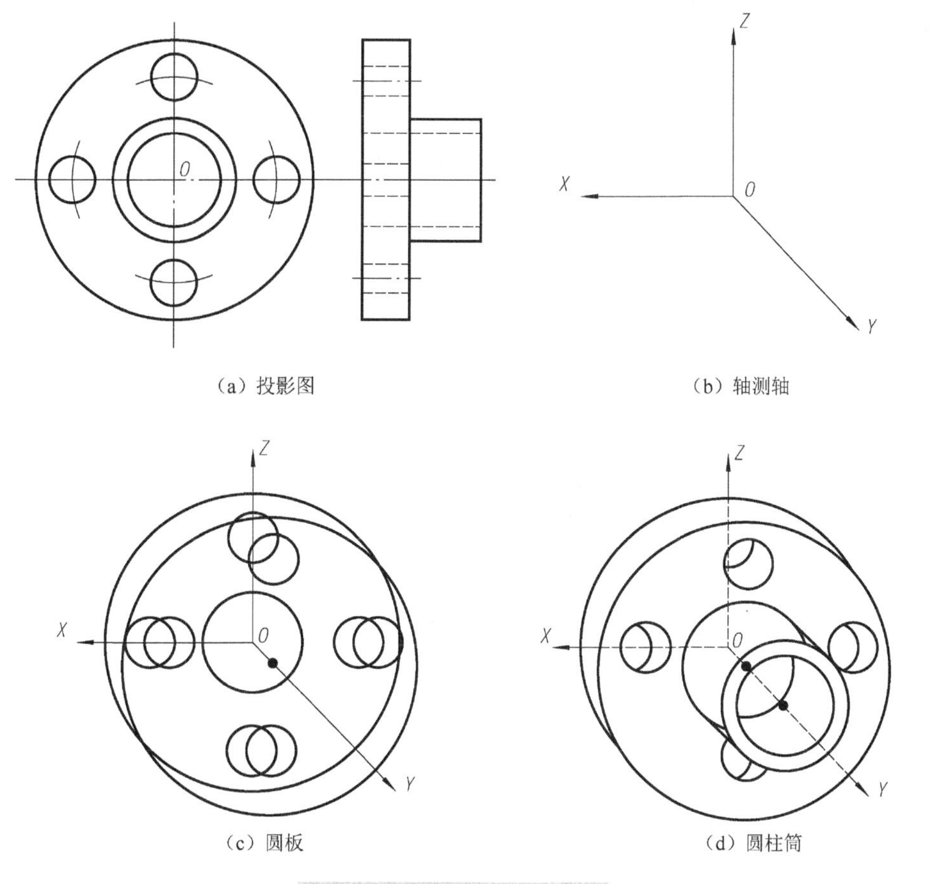

图 5-10　台阶的正面斜二测图

(2)作图：步骤如图 5-10(c)、(d)所示，画出轴测轴 OX、*OZ*、*OY*，然后画出大圆柱的后面的投影实形，过各顶点作 *OY* 轴平行线，并量取实长的一半(q=0.5)画出大圆柱的前面的投影实形，同样的方法画出小圆柱的投影实形。

【例 5-4】 作图 5-11(a)所示拱门的正面斜二测图。

解 (1)分析：轴测投影面 *XOZ* 反映拱门正面投影的实形，作图时应注意 *OY* 轴方向各部分的相对位置以及可见性。

(2)作图步骤如下。

① 画轴测轴，*OX*、*OZ* 分别为水平线和铅垂线，*OY* 轴由左向右或由右向左投射绘制的轴测图效果相同。先画底板轴测图，并在底板上量取 $Y_1/2$，定出拱门前墙面位置图，画出外形轮廓立方体，如图 5-11(b)所示。

② 按实形画出拱门前墙面及 *OY* 轴方向线，并由拱门圆心向后量取 1/2 墙厚，定出拱门在后墙面的圆心位置，如图 5-11(c)所示。

③ 完成拱门正面斜二测图，注意只要画出拱门后墙面可见部分图线，如图 5-11(d)所示。

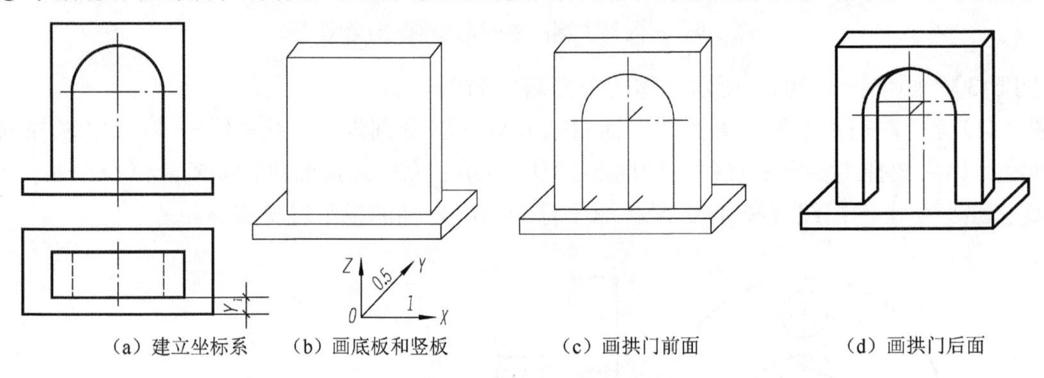

(a) 建立坐标系　(b) 画底板和竖板　(c) 画拱门前面　(d) 画拱门后面

图 5-11　正面斜二测图

第6章　机件的常用表达方法

教学目标和要求

掌握基本视图种类和画法;
掌握剖视图的种类和画法;
掌握断面图和简化画法。

教学重点和难点

基本视图种类和画法;
剖视图的种类和画法。

前面已经介绍了用三视图表示物体的方法，但在工程实际中，机件(包括零件、部件和机器)的结构形状是多种多样的，有的机件的外形和内形都比较复杂，仅用三视图往往是不够的。为此，国家标准《技术制图》与《机械制图》规定了机件的各种表达方法。本章将介绍视图、剖视图、断面图、简化画法等常用表达方法。画图时应根据机件的实际结构形状特点，选用恰当的表达方法。

6.1　视　　图

视图主要用来表达机件的外部结构形状，视图通常有基本视图、向视图、局部视图和斜视图。

6.1.1　基本视图和向视图

1. 基本视图

机件在基本投影面上的投影称为基本视图，即将机件置于一正六面体内，如图 6-1(a)所示，正六面体的六面构成六个基本投影面，向该六面投影所得的视图为基本视图。该六个视图分别是由前向后、由上向下、由左向右投影所得的主视图、俯视图和左视图，以及由右向左、由下向上、由后向前投影所得的右视图、仰视图和后视图。各基本投影面的展开方式如图 6-1(b)所示，展开后各视图的配置如图 6-1(c)所示。基本视图具有“长对正、高平齐、宽相等”的投影规律，即主视图、俯视图和仰视图长对正(后视图同样反映零件的长度尺寸，但不与上述三视图对正)，主视图、左、右视图和后视图高平齐，左、右视图与俯、仰视图宽相等。

基本视图一般不用标注名称。

在表达机件的图样时，不必六个基本视图都画，在明确表达清楚机件的前提下，应使视图(包括后面所讲的剖视图和断面图)的数量为最少。

2. 向视图

向视图是可自由配置的视图。若一个机件的基本视图不按基本视图的规定配置，或不能画在同一张图纸上，则可画成向视图。这时，应在视图上方标注大写拉丁字母“×”，称为×向视图，在相应的视图附近用箭头指明投射方向，并注写相同的字母，如图 6-2 所示。

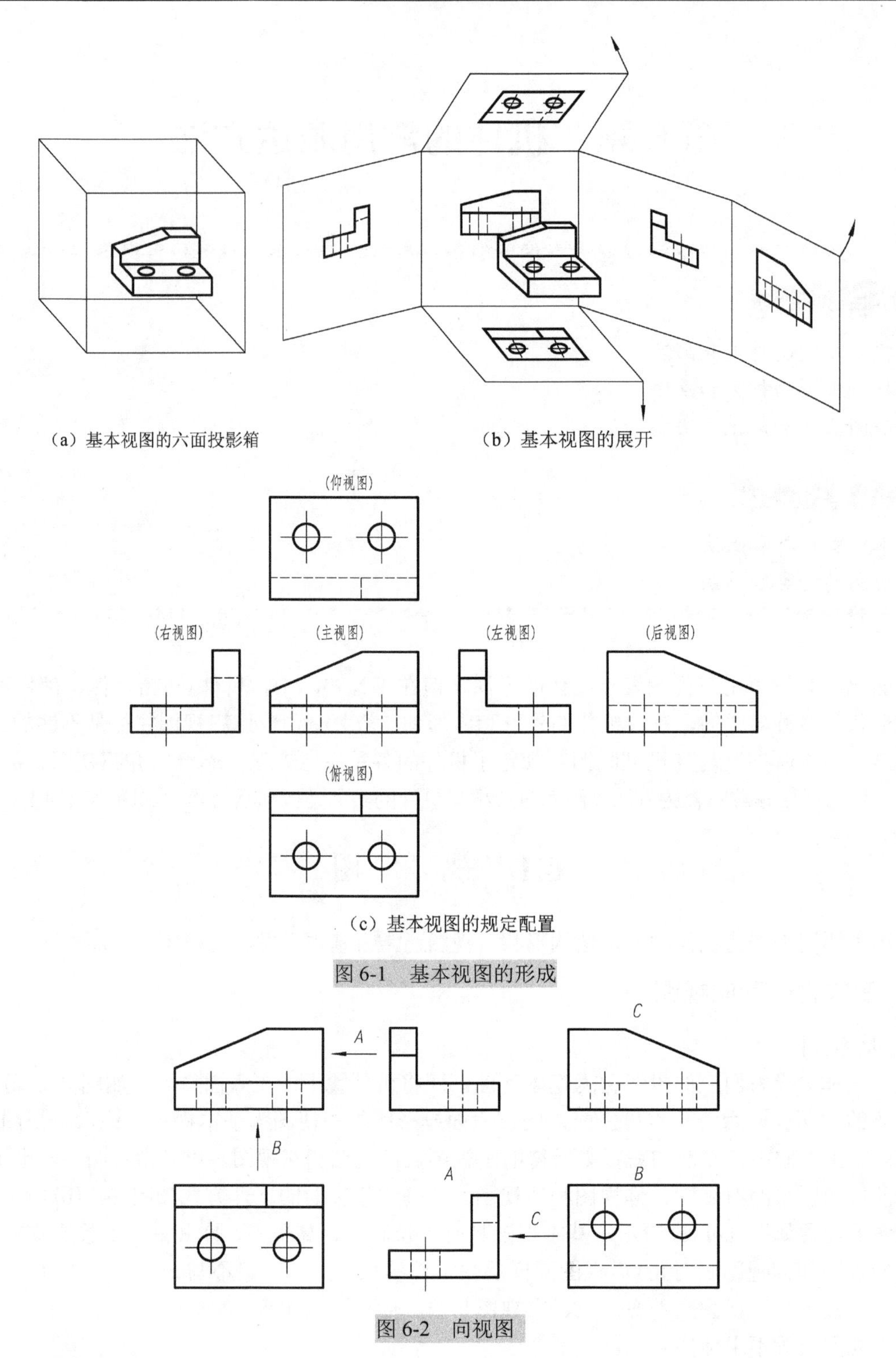

（a）基本视图的六面投影箱　　（b）基本视图的展开

（c）基本视图的规定配置

图 6-1　基本视图的形成

图 6-2　向视图

6.1.2　局部视图

将机件的某一部分向基本投影面投影，所得到的视图叫作局部视图。画局部视图的主要目的是为了减少作图工作量。图 6-3 所示机件，当画出其主、俯视图后，仍有两侧的凸台没有表达清楚。如果画出左视图和右视图，则已经表达清楚的部分也需要画出，因此，可以只画出表达该部分的局部左视图和局部右视图。

局部视图的断裂边界用波浪线画出，如图 6-3 中的局部视图 *A*。当所表达的局部结构是完整的，且外轮廓又是封闭的，波浪线可以省略，如图 6-3 中的局部视图 *B*。

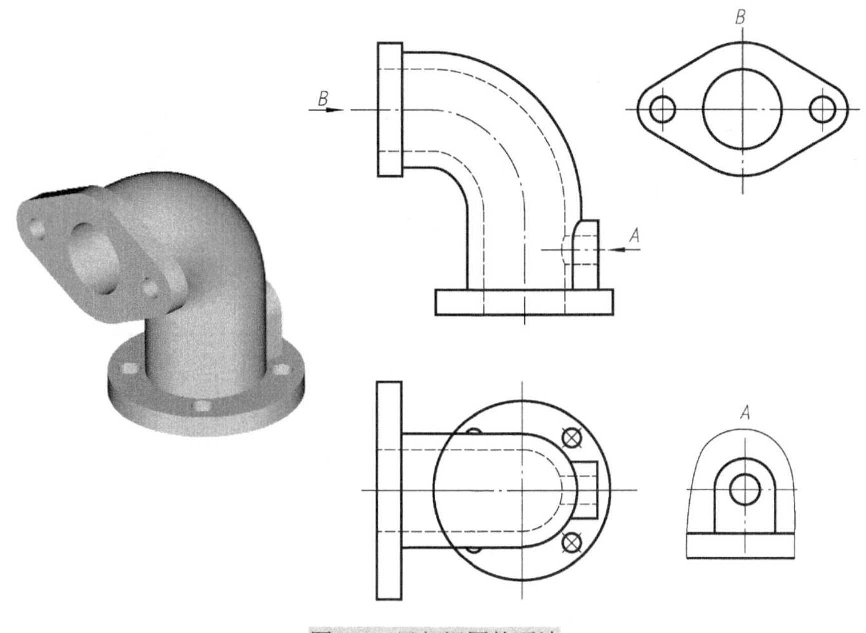

图 6-3　局部视图的画法

画局部视图时，一般应在局部视图上方标上视图的名称“×”（“×”为大写拉丁字母），在相应的视图附近用箭头指明投影方向，并注上同样的字母。局部视图可按基本视图的配置形式配置，如图 6-3 中局部视图 *B*，也可按向视图的配置形式配置，如图 6-3 中局部视图 *A*。当局部视图按投影关系配置，中间又无其他图形隔开时，可省略标注，如图 6-3 中局部视图 *B* 就可以省略标注。

6.1.3　斜视图

机件向不平行于任何基本投影面的平面投射所得的视图称斜视图。斜视图主要用于表达机件上倾斜部分的实形。图 6-4 所示的连接弯板，其倾斜部分在基本视图上不能反映实形，表达得不够清楚，画图又较困难，读图也不方便。为此，可选用一个新的投影面，使它与机件的倾斜部分表面平行，然后将倾斜部分向新投影面投影，这样便可在新投影面上反映实形。

斜视图可以按基本视图的形式配置并标注(图 6-4(a))，必要时也可配置在其他适当位置(图 6-4(b))，在不引起误解时，允许将视图旋转配置，表示该视图名称的大写拉丁字母应靠近旋转符号的箭头端(图 6-4(c))，也允许将旋转角度标注在字母之后(图 6-4(d))。

因为斜视图只是为了表达它们的倾斜结构的局部形状，所以画出了它的真形后，就可以用双折线或波浪线断开，不画其他部分的视图，成为一个局部的斜视图，如图 6-4 所示。此外，还应注意：若画双折线，双折线的两端应超出图形的轮廓线；若画波浪线，波浪线应画到轮廓线为止，且只能画在表示物体的实体的图形上。

一般情况，斜视图和局部视图要和基本视图一起用于表达一个机件，如图 6-5 所示的两种表达形式就是应用了基本视图、斜视图和局部视图。

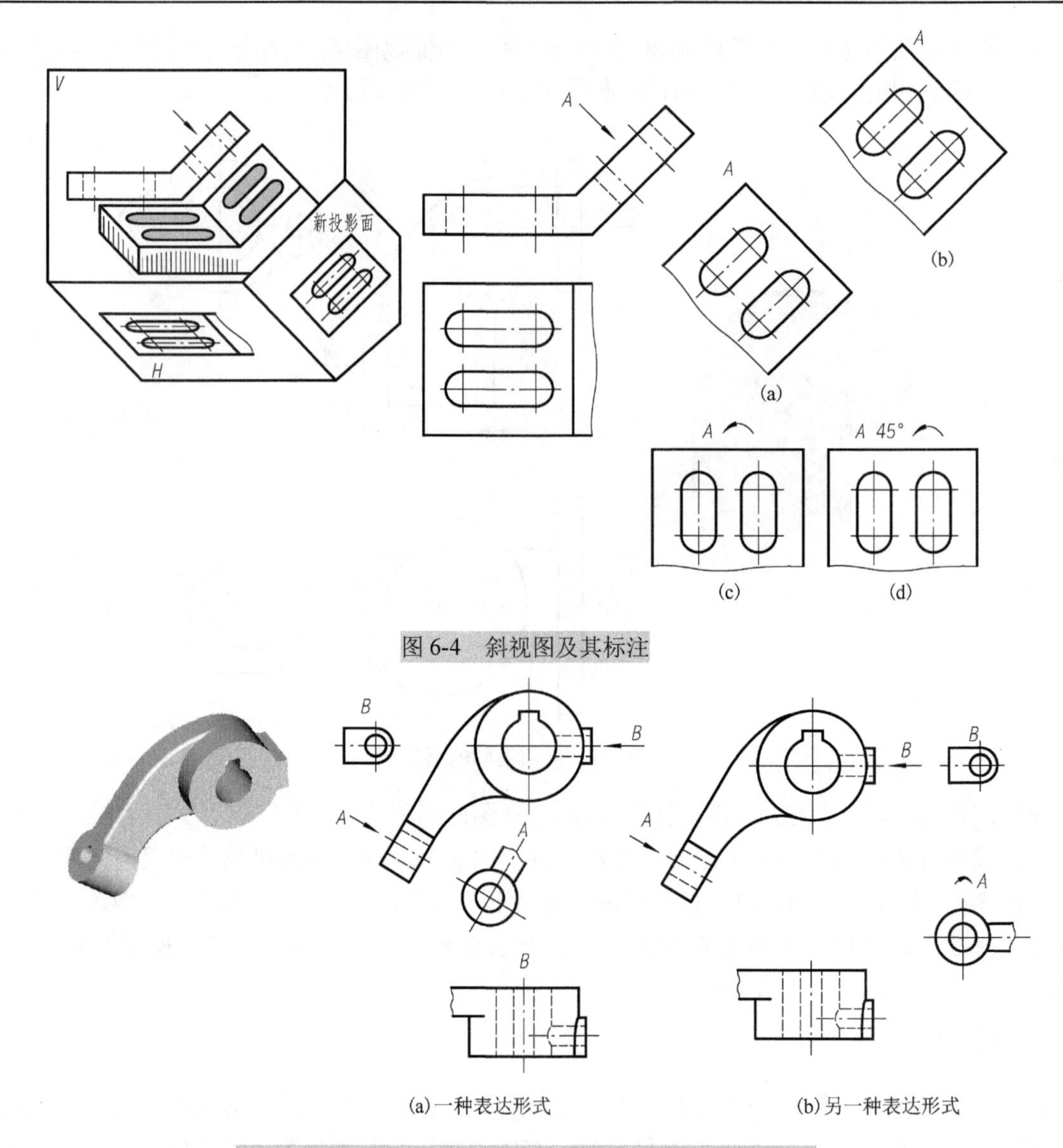

图 6-4　斜视图及其标注

图 6-5　用主视图和斜视图、局部视图清晰表达的压紧杆

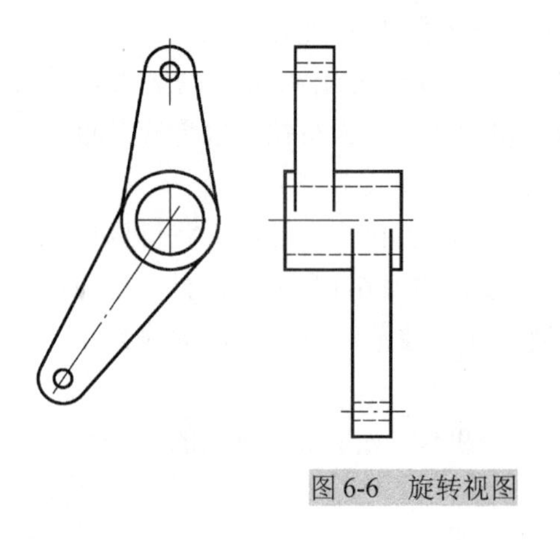

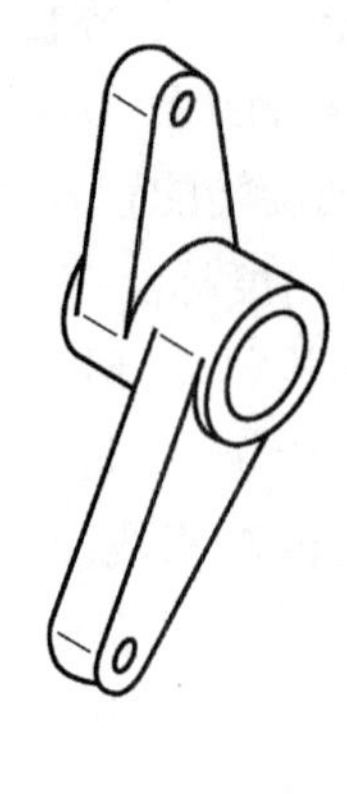

图 6-6　旋转视图

6.1.4　旋转视图

假设将机件的倾斜部分旋转到与某一选定的基本投影面平行后，向该投影面投影所得到的视图，称为旋转视图。

当机件上的倾斜部分有明显的回转轴线时，如图 6-6 所示的摇臂。为了在左视图中表示出下臂的实长，可假想把倾斜的下臂绕回转轴线旋转到与 *W* 面平行后，再连同上臂一起画出它的左视图，即得到旋转视图。旋转视图不必标注。

6.2 剖 视 图

剖视图主要用来表达机件的内部结构形状。剖视图分为全剖视图、半剖视图和局部剖视图三种。获得三种剖视图的剖切面和剖切方法有单一剖切面(平面或柱面)剖切、几个相交的剖切平面剖切、几个平行的剖切平面剖切、组合的剖切平面剖切。

6.2.1 剖视图概述

1. 剖视图的概念

机件上不可见的结构形状规定用虚线表示，不可见的结构形状愈复杂，虚线就愈多，这样对读图和标注尺寸都不方便。为此，对机件不可见的内部结构形状经常采用剖视图来表达，如图 6-7 所示。

图 6-7(a)是机件的两视图，主视图上有多条虚线。图 6-7(b)、(c)表示进行剖切的过程，假想用剖切平面把机件切开，移去观察者与剖切平面之间的部分，将留下的部分向投影面投影，这样得到的图形就称为剖视图，简称剖视，如图 6-7(d)所示。

因为剖切是假想的，实际上机件仍是完整的，所以画其他视图时，仍应按完整的机件画出，如图 6-7(d)中的俯视图。

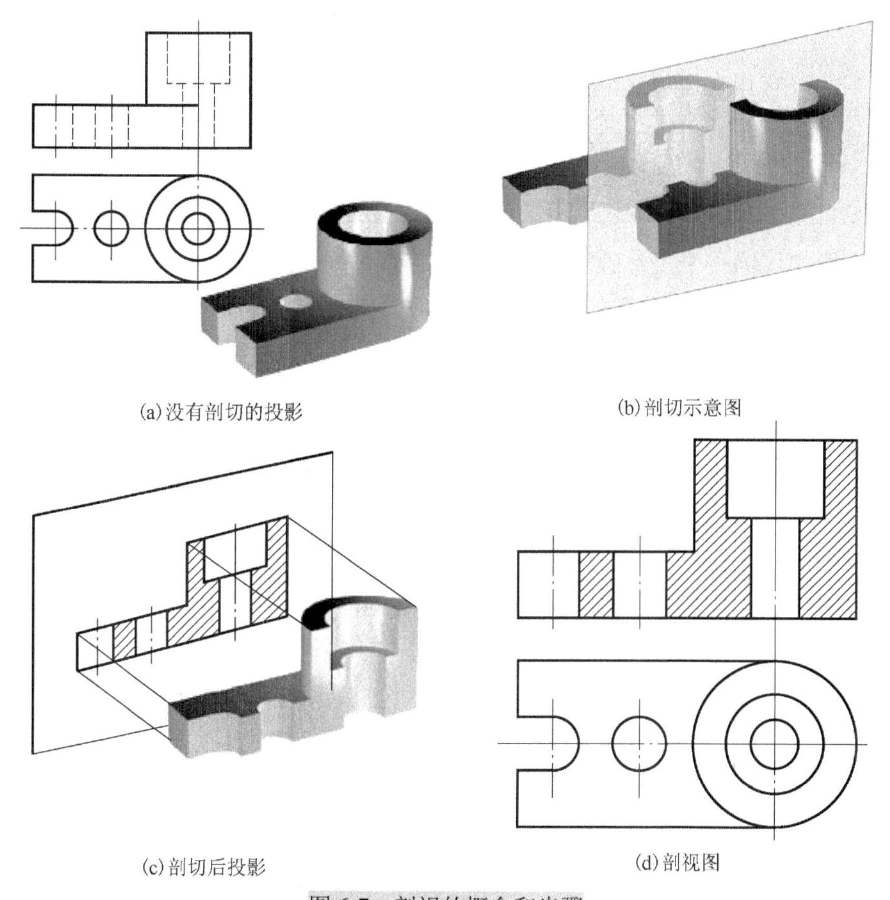

(a)没有剖切的投影　(b)剖切示意图

(c)剖切后投影　(d)剖视图

图 6-7　剖视的概念和步骤

剖切平面与机件接触的部分，称为剖面。剖面是剖切平面和物体相交所得的交线围成的图形。为了区别剖到和未剖到的部分，要在剖到的实体部分上画上剖面符号，国家标准 GB 4457.5—1984 规定了各种材料剖面符号的画法，如表 6-1 所示。

表 6-1　剖面符号

材料名称		剖面符号	材料名称	剖面符号
金属材料，通用剖面线（已有规定剖面符号者除外）			木质胶合板（不分层数）	
线圈绕组元件			基础周围的泥土	
转子、电枢、变压器和电抗器等的叠钢片			混凝土	
非金属材料（已有规定剖面符号者除外）			钢筋混凝土	
型砂、填砂、粉末冶金、砂轮、硬质合金刀片等			砖	
玻璃及供观察用的其他透明材料			格网（筛网、过滤网等）	
木材	纵剖面		液体	
	横剖面			

在同一张图样中，同一个机件的所有剖视图的剖面符号应该相同。例如金属材料的剖面符号，都画成与水平线成 45°（可向左倾斜，也可向右倾斜）且间隔均匀的细实线。

2. 剖切平面位置的选择

因为画剖视图的目的在于清楚地表达机件的内部结构，因此，应尽量使剖切平面通过内部结构比较复杂的部位（如孔、沟槽）的对称平面或轴线。另外，为便于看图，剖切平面应取平行于投影面的位置，这样可在剖视图中反映出剖切到的部分实形，如图 6-8 所示。

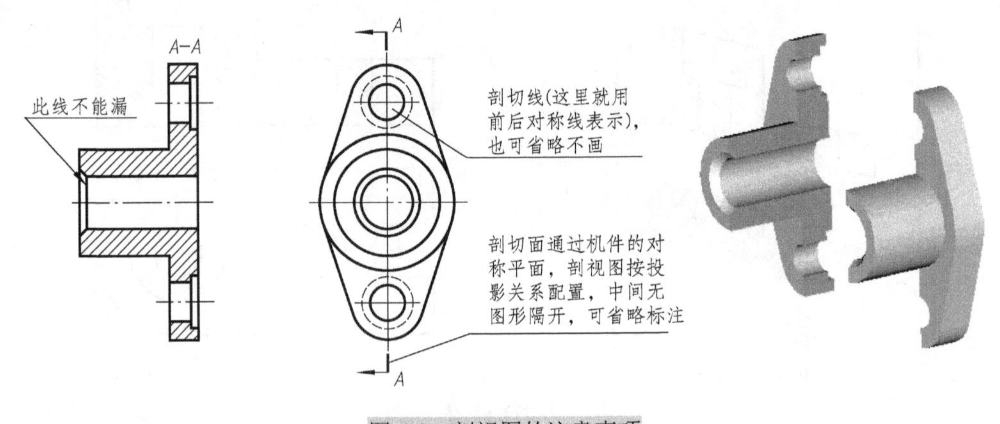

图 6-8　剖视图的注意事项

3. 虚线的省略问题

剖切平面后方的可见轮廓线都应画出，不能遗漏。不可见部分的轮廓线——虚线，在不影响对机件形状完整表达的前提下，不再画出，如图 6-8 所示就省略了虚线。

4. 标注问题

剖视图标注的目的，在于表明剖切平面的位置和数量，以及投影的方向。一般用两条粗短线表示剖切平面的位置，用箭头表示投影方向，用字母表示某处做了剖视，如图 6-8 所示。

剖视图如满足以下三个条件，可不加标注：

(1) 剖切平面是单一的，而且是平行于基本投影面的平面；

(2) 剖视图配置在相应的基本视图位置；

(3) 剖切平面与机件的对称面重合。

图 6-9 即为省略标注的例子，图 6-8 也可以省略标注。

凡满足以下两个条件的剖视，在标注时可以省略箭头：

(1) 剖切平面平行于基本投影面；

(2) 剖视图配置在基本视图位置，而中间又没有其他图形间隔。

图 6-10 即为剖视图省略标注箭头的示例。

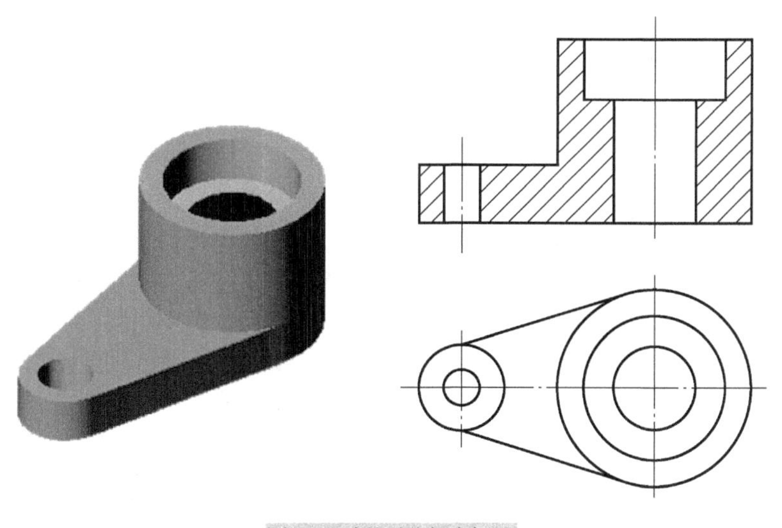

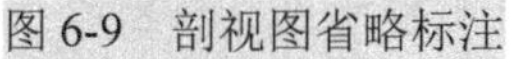
图 6-9　剖视图省略标注

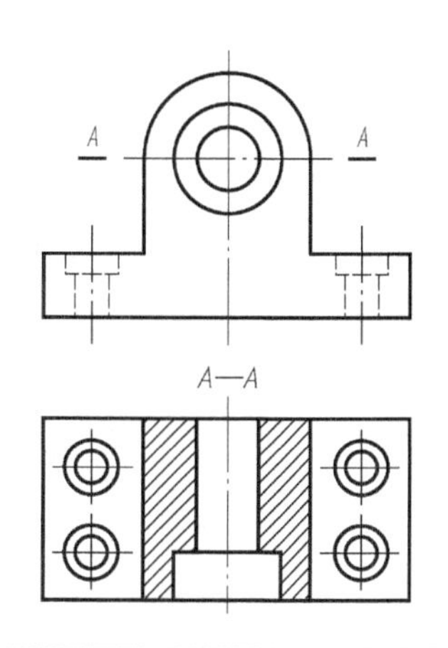

图 6-10　剖视图省略标注箭头

6.2.2　剖视图的种类及画法

根据机件被剖切范围的大小，剖视图可分为全剖视图、半剖视图和局部剖视图，如图 6-11 所示。

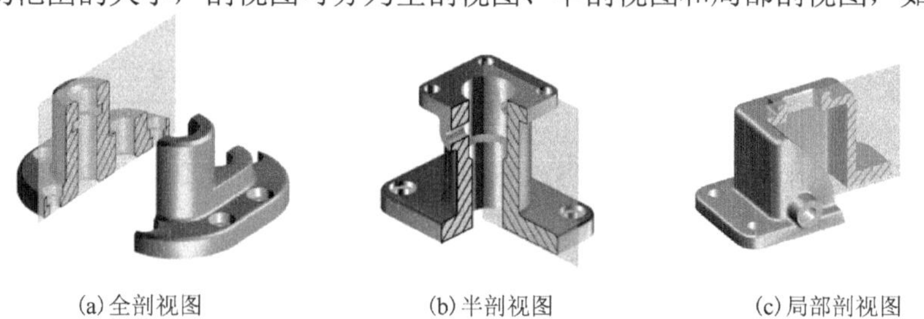

(a) 全剖视图　(b) 半剖视图　(c) 局部剖视图

图 6-11　剖视图的种类

1. 全剖视图

用剖切平面完全地剖开机件后所得到的剖视图，称为全剖视图。前边讲过的几个例子都是全剖视图。

图 6-12 的主视图为全剖视，因它满足前述不加标注的三个条件，所以没有加任何标注。

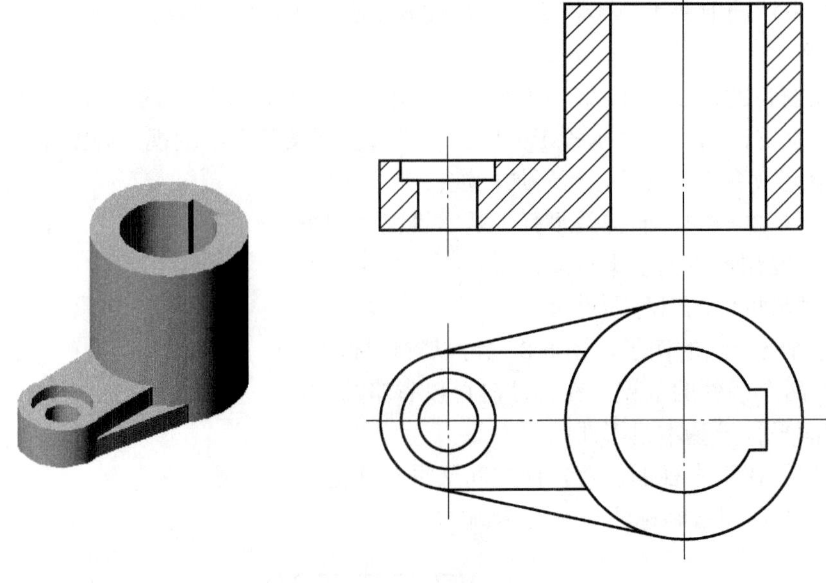

图 6-12 全剖视图

全剖视图用于表达内形复杂又无对称平面的机件。为了便于标注尺寸，对于外形简单，且具有对称平面的机件也常采用全剖视图。

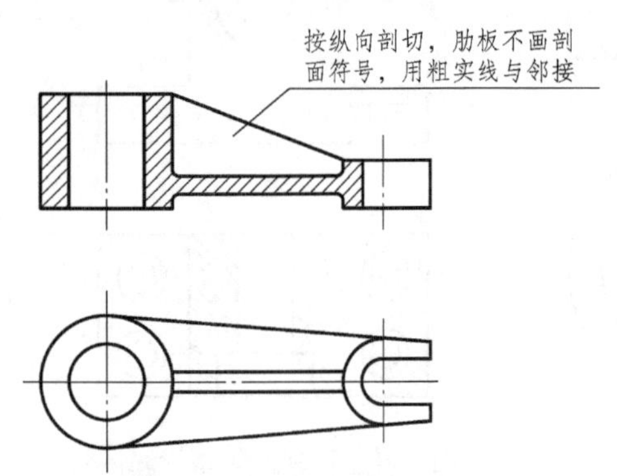

图 6-13 剖视图中肋的规定画法

图 6-13 画出了一个拨叉，从图中可见，拨叉的左右端用水平板连接。中间还有起加强连接作用的肋。国标规定：对于机件的肋、轮辐及薄壁等，如按纵向剖切，这些结构通常按不剖绘制，即不画剖面符号，而用粗实线将它与相邻连接部分分开；如果横向剖切，则按剖视图绘制。在图 6-13 的拨叉的全剖视图中的肋，就是按上述规定画出的。

2. 半剖视图

当机件具有对称平面，向垂直于对称平面的投影面上投影时，以对称中心线(细点画线)为界，一半画成视图用以表达外部结构形状，另一半画成剖视图用以表达内部结构形状，这样组合的图形称为半剖视图，如图 6-14(c)所示。

半剖视的特点是用剖视和视图的一半分别表达机件的内形和外形。图 6-14(a)主视图采用视图法，虚线较多无法将内部复杂结构表达清楚，图 6-14(b)主视图采用全剖视图，机件外形的耳板表达不出来。而图 6-14(c)采用的半剖视图中视图表达清楚了外部结构，剖视图表达清楚了内部结构。

半剖视图主要适用范围：内、外形都较复杂的对称机件(或基本对称的机件)。半剖视图的标注方法和全剖视图相同。

在半个剖视图中已表达清楚的内形在另半个视图中其虚线可省略，但应画出孔或槽的中心线，如图 6-15 所示。但是，如果机件的某些内部形状在半剖视图中没有表达清楚，则在表达外部形状的半个视图中，应该用虚线画出，如图 6-14(c)所示。

3. 局部剖视图

当机件尚有部分的内部结构形状未表达清楚，但又没有必要作全剖视或不适合于作半剖视时，可用剖切平面局部地剖开机件，所得的剖视图称为局部剖视图，如图 6-16 所示。局部剖切后，机件断裂处的轮廓线用波浪线表示。

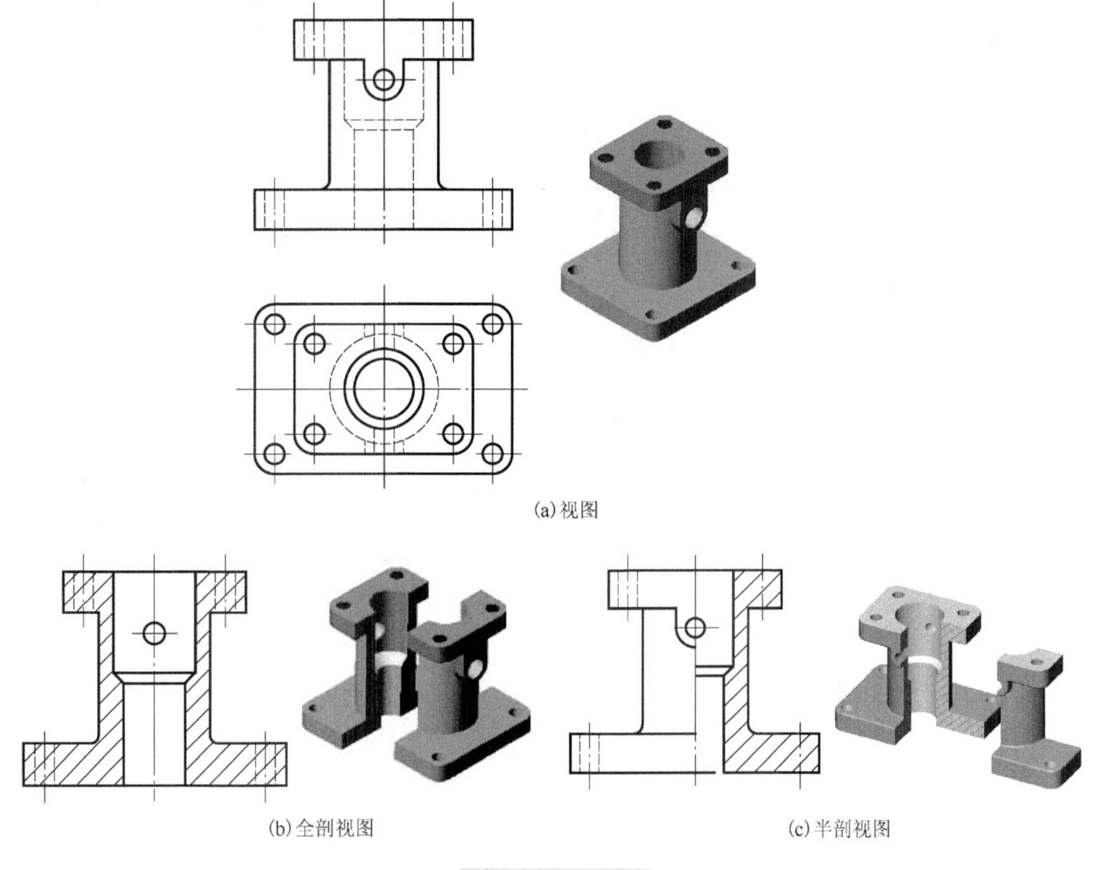

(a) 视图

(b) 全剖视图　　　　(c) 半剖视图

图 6-14　视图表达

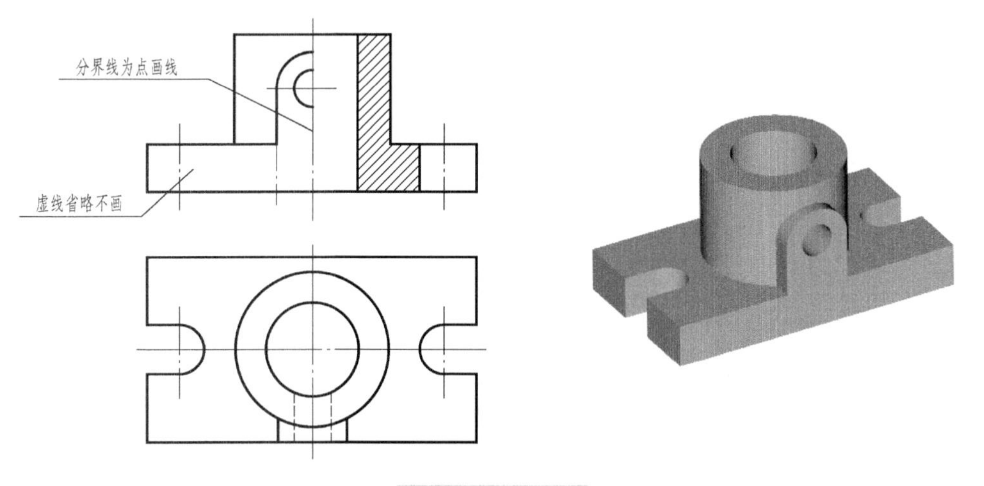

图 6-15　半剖视图

图 6-17 所示机件，虽然对称，但由于机件的分界处有轮廓线，因此不宜采用半剖视而采用了局部剖视，而且局部剖视范围的大小，视机件的具体结构形状而定，可大可小。实心杆上的孔、槽等结构，也常采用局部剖视图，如图 6-18 所示。

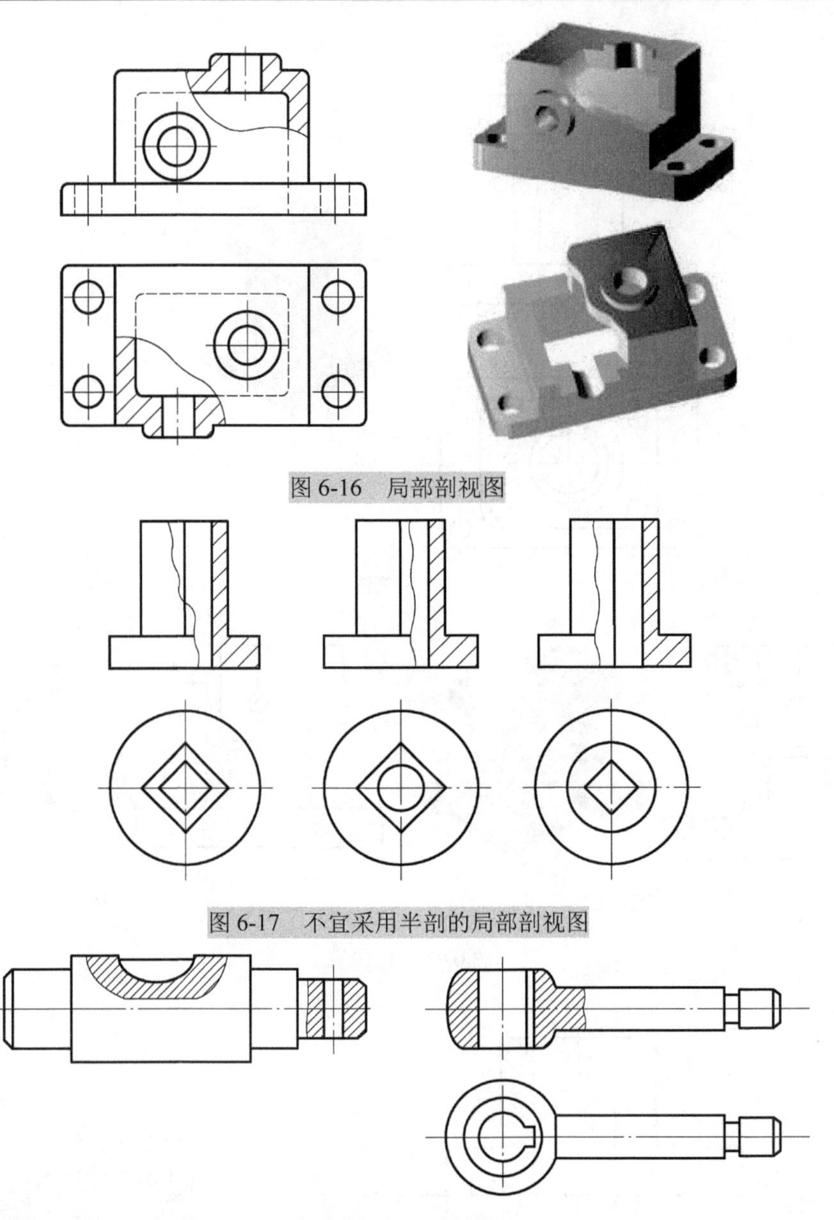

图 6-16　局部剖视图

图 6-17　不宜采用半剖的局部剖视图

图 6-18　常用局部剖视图

当单一剖切平面位置明显时，局部剖视图可省略标注，当剖切平面位置不明显时，必须标注剖切符号、投射方向和剖视图的名称，如图 6-19 所示。

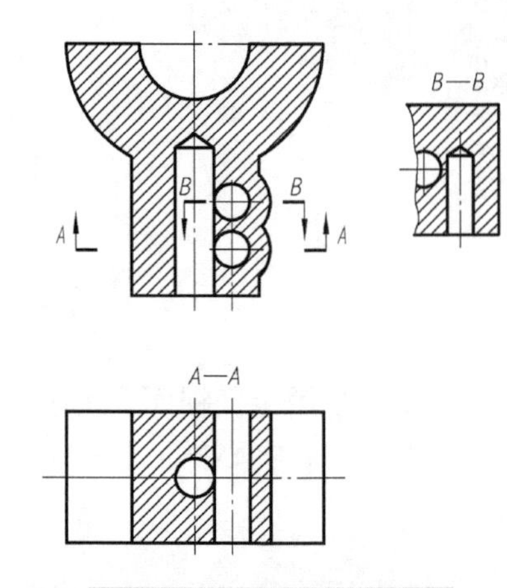

图 6-19　局部剖视图的标注

局部剖视图注意的问题：

(1) 机件局部剖切后，不剖部分与剖切部分的分界线用波浪线表示。波浪线只应画在实体断裂部分，而不应把通孔和空槽处连起来(因为通孔和空槽处不存在断裂)，也不应超出视图的轮廓，如图 6-20 (a) 所示。

(2) 波浪线不应与视图上的其他图线重合或画在它们的延长线位置上(或用轮廓线代替)，如图 6-20 (b) 所示。

(3) 当被剖结构为回转体时，允许将结构的回转轴线作为局部剖视图与视图的分界线，如图 6-20 (c) 所示。

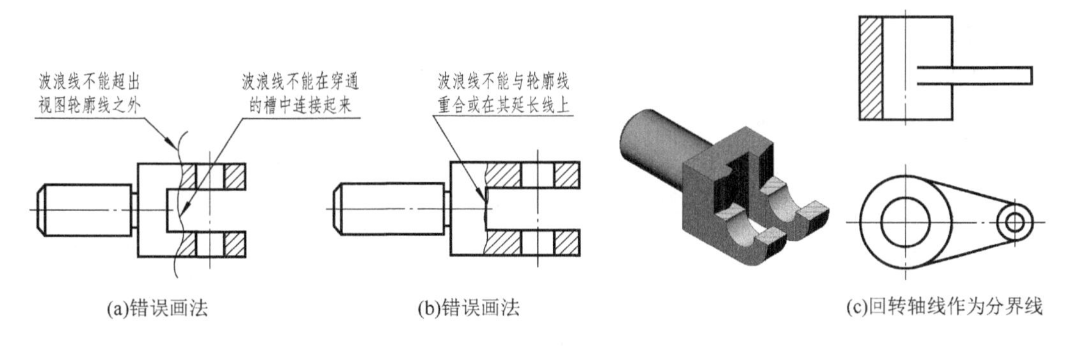

图 6-20　局部剖视图中波浪线的注意事项

6.2.3　剖切面的种类及方法

1. 单一剖切面

单一剖切面用得最多的是投影面的平行面，前面所举图例中的剖视图都是用这种平面剖切得到的。

单一剖切面还可以用垂直于基本投影面的平面，当机件上有倾斜部分的内部结构需要表达时，可和画斜视图一样，选择一个垂直于基本投影面且与所需表达部分平行的投影面，然后再用一个平行于这个投影面的剖切平面剖开机件，向这个投影面投影，这样得到的剖视图称为斜剖视图，简称斜剖视，如图 6-21 所示。

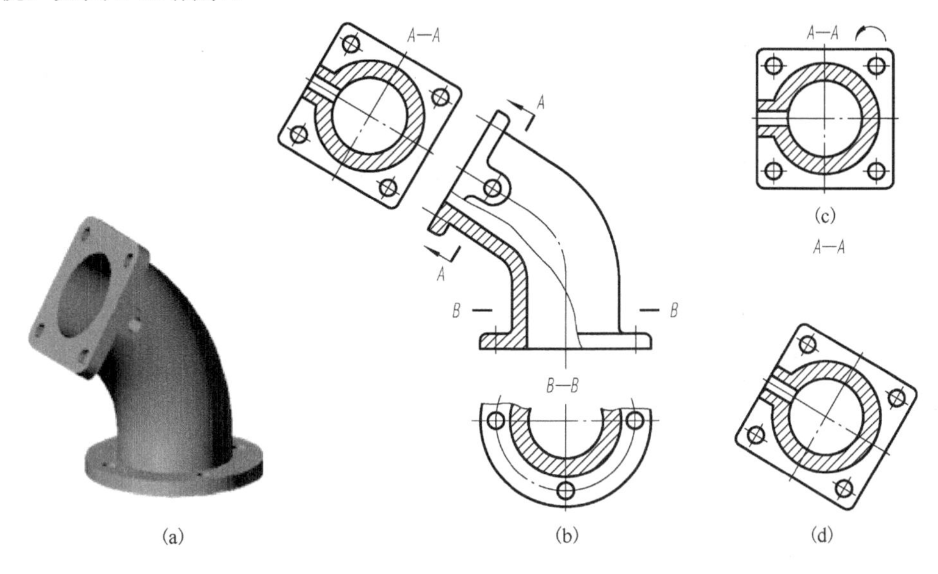

图 6-21　斜剖视

斜剖视图主要用以表达倾斜部分的结构，机件上与基本投影面平行的部分，在斜剖视图中不反映实形，一般应避免画出，常将它舍去画成局部视图。画斜剖视时应注意以下几点：

(1) 斜剖视最好配置在与基本视图的相应部分保持直接投影关系的地方，标出剖切位置和字母，并用箭头表示投影方向，还要在该斜视图上方用相同的字母标明图的名称，如图 6-21(b) 所示；

(2) 为使视图布局合理，可将斜剖视图保持原来的倾斜程度，平移到图纸上适当的地方，如图 6-21(d) 所示；为了画图方便，在不引起误解时，还可把图形旋转到水平位置，表示该剖视图名称的大写字母应靠近旋转符号的箭头端，如图 6-21(c) 所示。

(3) 在画剖视图的剖面符号时，当某一剖视图的主要轮廓与水平线成 45° 角时，将该剖视图的剖面线与水平线画成 60° 或 30°，其余图形中的剖面线仍与水平线成 45°，但二者的倾斜趋势相同。

2. 几个相交的剖切平面

当机件的内部结构形状用一个剖切平面不能表达完全，且这个机件在整体上又具有回转轴时，用几个相交的剖切平面(交线垂直于某一基本投影面)剖开机件的方法，习惯上称为旋转剖。采用旋转剖画剖视图时，先假想按剖切位置剖开机件，然后将被剖切面剖开的结构及其有关部分旋转到与选定的投影面平行后，再进行投射，使剖视图既反映实形又便于画图，如图 6-22 所示。

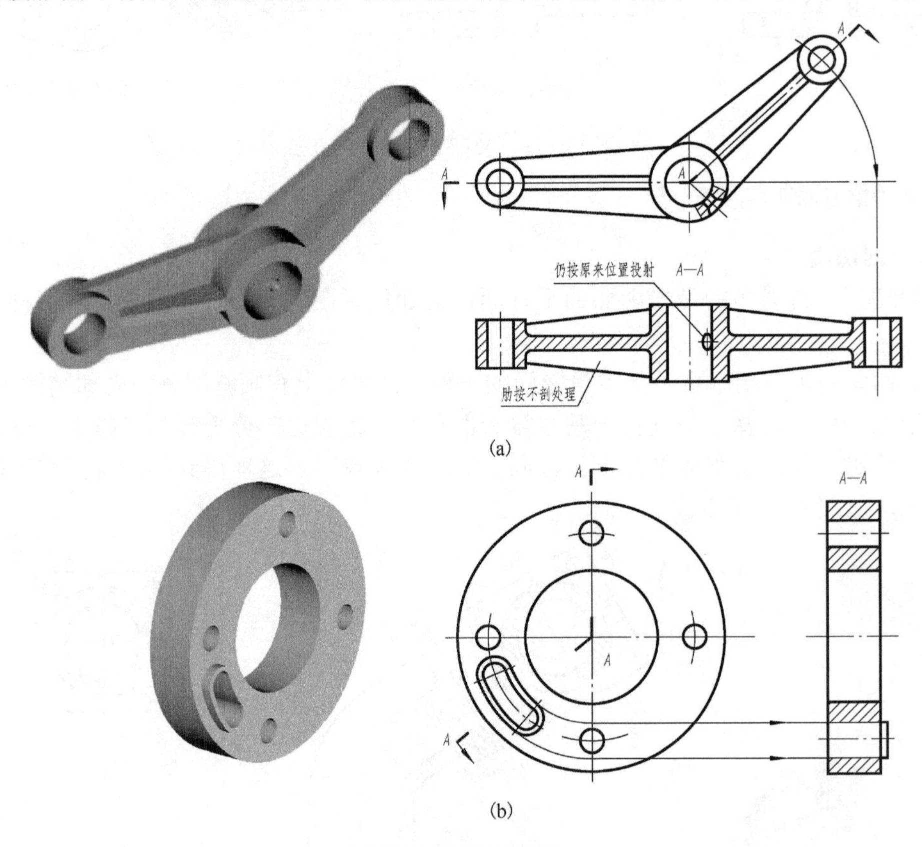

图 6-22　旋转剖视图

旋转剖注意事项：

(1) 旋转剖必须标注，标注时，在剖切平面的起、迄、转折处画上剖切符号，标上同一字母(转折处如果空间不够字母可以省略)，并在起迄画出箭头表示投影方向，在所画的剖视图的上方中间位置用同一字母写出其名称“×—×”，如图 6-22 所示；

(2) 在剖切平面后的其他结构，一般仍按原来位置投射，如图 6-22(a) 中剖切平面后的油孔的投影；

(3) 当剖切后产生不完整要素时，应将该部分按不剖画出，如图 6-23 所示的不完整要素的投影。

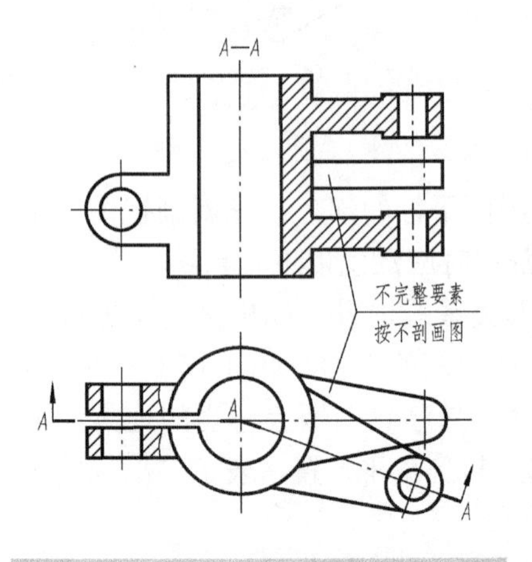

图 6-23　产生不完整要素的旋转剖视图

3. 几个平行的剖切平面

当机件上有较多的内部结构形状，而它们的轴线不在同一平面内时，可用几个互相平行的剖切平面剖切，这种剖切方法称为阶梯剖。图 6-24 所示机件用了两个平行的剖切平面剖切后画出的“*A—A*”剖视图。

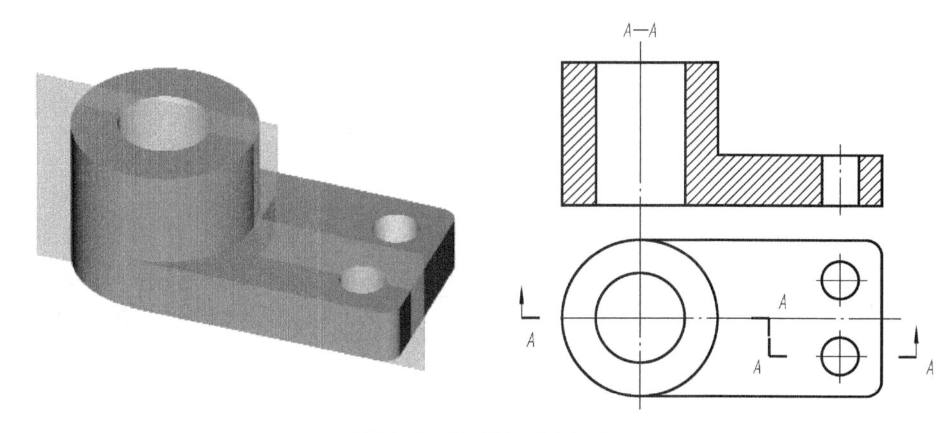

图 6-24　阶梯剖切的画法

采用阶梯剖面画剖视图时，各剖切平面剖切后所得的剖视图是一个图形，不应在剖视图中画出各剖切平面的界线，如图 6-25(a)所示；在图形内也不应出现不完整的结构要素，如图 6-25(b)所示。仅当两个要素在图形上具有公共对称中心线或轴线时，才可以出现不完整要素，这时，应各画一半，并以对称中心线或轴线为界，如图 6-25(c)所示。

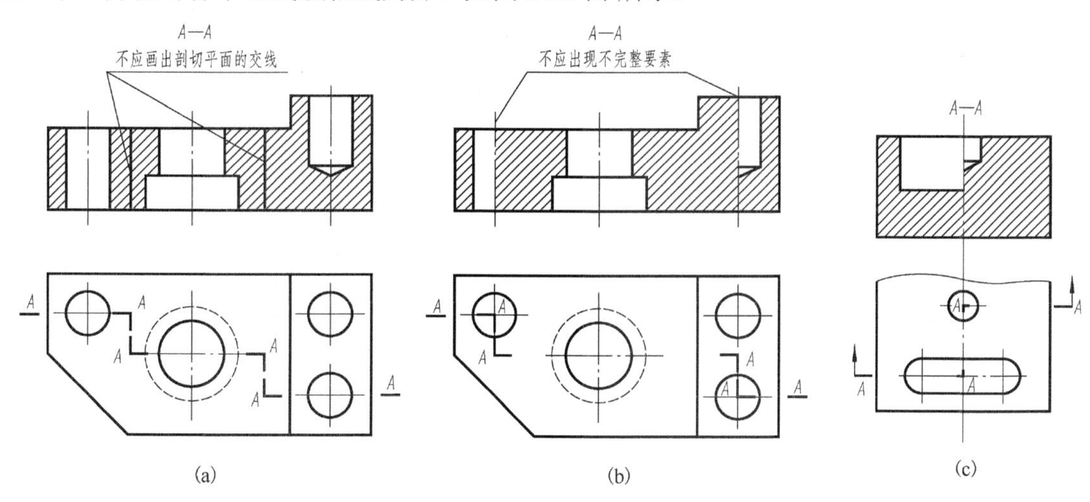

图 6-25　阶梯剖注意事项

阶梯剖的标注与旋转剖的标注要求相同。在转折处的剖切符号不应与视图中的轮廓线重合或相交。当转折处的地方很小时，可省略字母。

4. 复合剖

相交剖切平面与平行剖切平面的组合称为组合剖切平面。用组合剖切平面剖开机件的剖切方法称为复合剖，如图 6-26 所示。

复合剖形成的剖视图必须标注，其方法与旋转剖、阶梯剖类似。

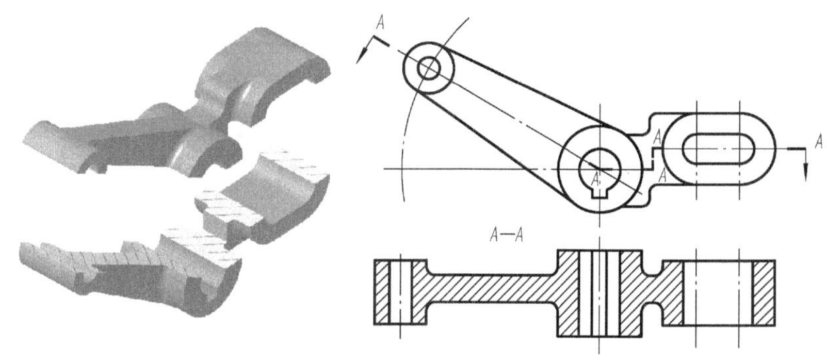

图 6-26　复合剖

6.3 断 面 图

断面图主要用来表达机件某部分断面的结构形状。

6.3.1 断面的概念

假想用剖切面将物体的某处切断，仅画出该剖切面与物体接触部分的图形，这个图形称为断面图，简称断面。通常在断面图上画出剖面符号，断面图常用来表示机件上某一局部的断面形状，如机件上的肋、轮辐，以及轴上的键槽和孔等。如图 6-27(a)所示轴，只画了一个主视图，并画出了键槽处的断面形状，就把整个轴的结构形状表达清楚了，比用多个视图或剖视图显得更为简便、明了。

断面与剖视的区别在于：断面只画出剖切平面和机件相交部分的断面形状，如图 6-27(a)所示，而剖视图则须把断面和断面后可见的轮廓线都画出来，如图 6-27(b)所示。

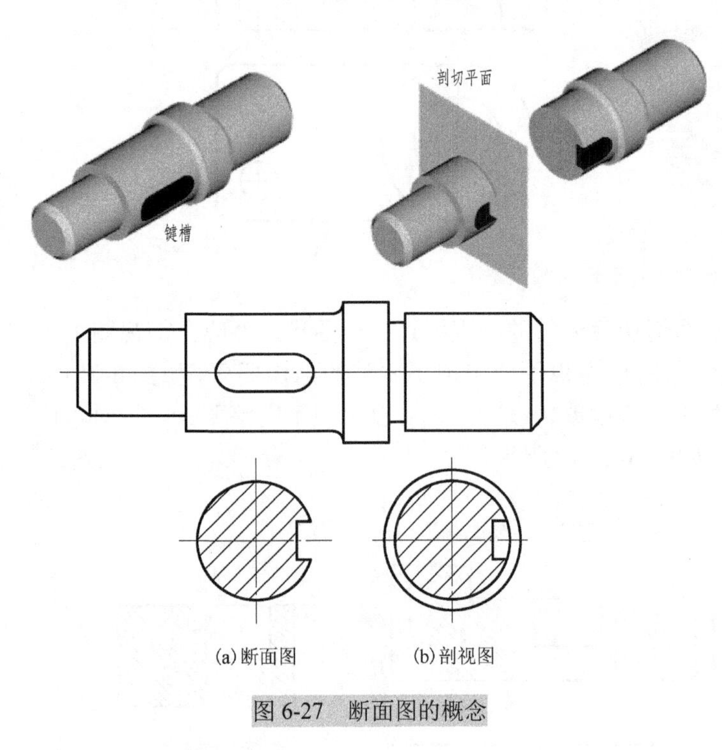

图 6-27　断面图的概念

6.3.2 断面的种类及画法

断面按其在图纸上配置的位置不同，分为移出断面和重合断面。

1. 移出断面

画在视图轮廓线以外的断面，称为移出断面，例如图 6-27(a)、图 6-28 均为移出断面。

移出断面的轮廓线用粗实线绘制，图形位置应尽量配置在剖切位置符号或剖切平面迹线的延长线上(剖切平面迹线是剖切平面与投影面的交线)，如图 6-27(a)、图 6-28(a)所示，也允许放在图上任意位置，如图 6-28(c)、(d)所示。当断面图形对称时，也可将断面画在视图的中断处，如图 6-28(b)所示。

一般情况下，画断面时只画出剖切的断面形状，但当剖切平面通过机件上回转面形成的孔或凹坑的轴线时，这些结构按剖视画出，如图 6-28(a)、(e)所示。当剖切平面通过非圆孔但会导致出现完全分离的两个断面时，这种结构也应按剖视画出，在不致引起误解时，允许将图形旋转，如图 6-28(f)所示。为了表达切断面的真实形状，剖切平面应垂直于所需表达机件结构的主要轮廓线或轴线，如图 6-28(g)所示。由两个或多个相交的剖切平面剖切得出的移出断面，在中间必须断开，画图时还应注意中间部分均应小于剖切迹线的长度，如图 6-28(g)所示。

移出断面的标注；

(1)移出断面一般用剖切符号表示剖切位置，用箭头表示投影方向，并注上字母，在断面图的上方应用同样的字母标出相应的名称“×—×”(×是大字拉丁字母)，如图 6-28(c)中的 *A—A* 断面图所示；

(2)配置在剖切符号延长线上不对称的移出断面，可以省略断面图名称(字母)的标注，如

图 6-28(a)中断面图所示；

(3)按投影关系配置的不对称移出断面及不配置在剖切符号延长线上的对称移出断面图均可省略前头，图 6-28(d)、(e)中的 *A—A* 断面图所示；

(4)配置在剖切平面迹线延长线上的对称移出断面图和配置在视图中断处的移出断面图，均不必标注，如图 6-28(a)、(b)所示。

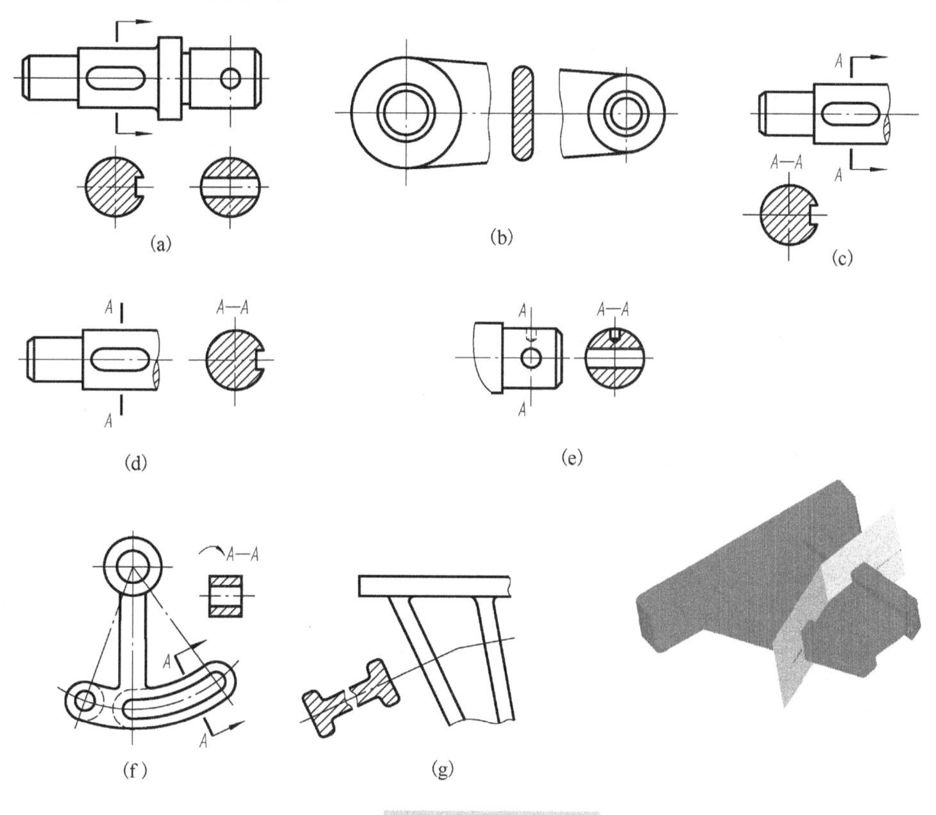

图 6-28　移出断面图

2. 重合断面

画在视图轮廓线内部的断面，称为重合断面，如图 6-29 所示。

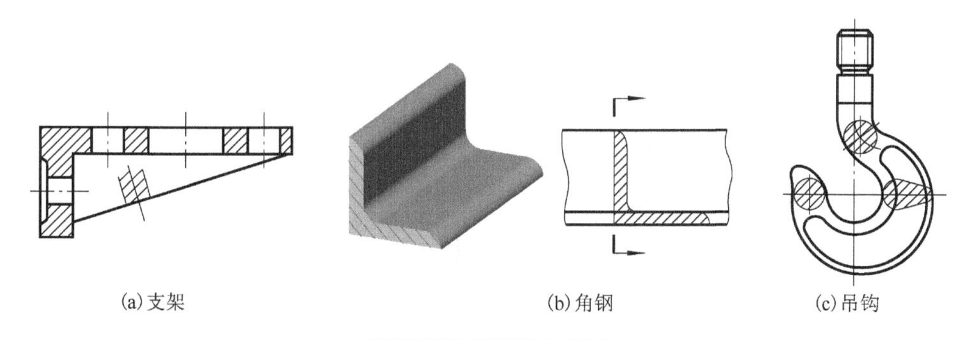

图 6-29　重合断面画法

重合断面的轮廓线用细实线绘制，剖面线应与断面图形的对称线或主要轮廓线成 45° 角。当视图的轮廓线与重合断面的图形线相交或重合时，视图的轮廓线仍要完整地画出，不得中断。

重合断面的标注：配置在剖切符号上的不对称重合断面图，必须用剖切符号表示剖切位置，用箭头表示投影方向，但可以省略断面图的名称(字母)的标注，如图 6-29(b)所示。对称的重合断面图只需在相应的视图中用点画线画出剖切位置，其余内容不必标注，如图 6-29(a)、(c)所示。

6.4　习惯画法和简化画法

对机件上的某些结构，国家标准 GB/T 4458.1—2002 规定了习惯画法和简化画法，现分别介绍如下。

1. **断裂画法**

对于较长的机件(如轴、连杆、筒、管、型材等)，若沿长度方向的形状一致或按一定规律变化时，为节省图纸和画图方便，可将其断开后缩短绘制，但要标注机件的实际尺寸，折断处用波浪线断开，如图 6-30 所示。

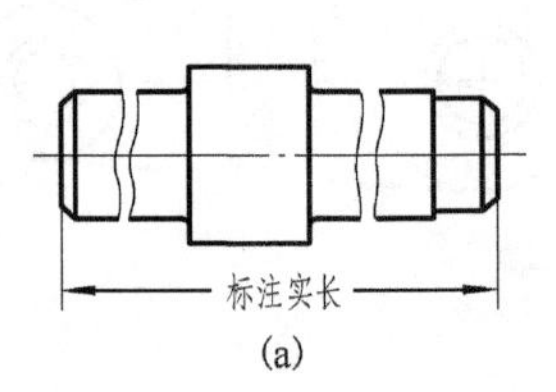

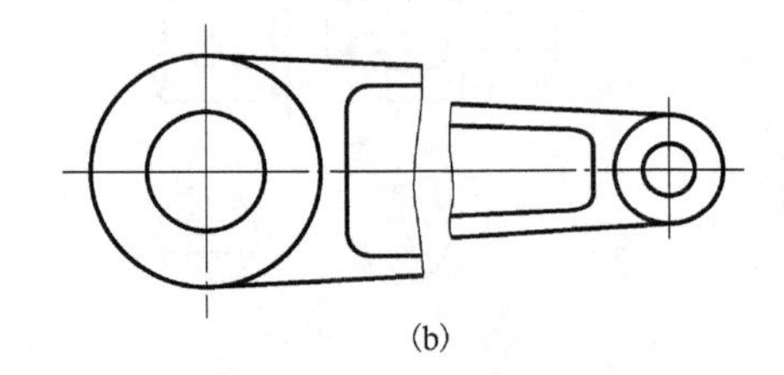

图 6-30　断裂画法

2. **局部放大图**

当机件的某些局部结构较小，在原定比例的图形中不易表达清楚或不便标注尺寸时，可将此局部结构用较大比例单独画出，这种图形称为局部放大图，如图 6-31 所示。

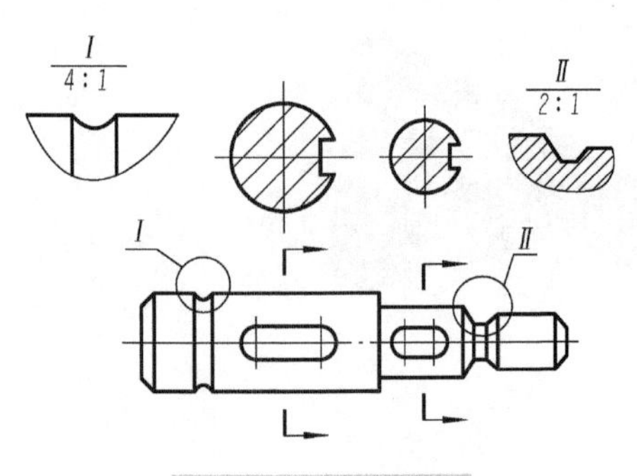

图 6-31　局部放大图

(1) 局部放大图可以画成视图、剖视图或断面图，它与被放大部分的表达方式无关，局部放大图应尽量配置在放大部位的附近。

(2) 在原视图上用细实线圈出被放大的部位。当机件上只有一个被放大的部位时，只需在局部放大图的上方注明所采用的比例。而当同一机件上有多个被放大的部位时，必须用罗马数字依次标明被放大的部位，并在局部放大图的上方标注出相应的罗马数字和所采用的比例。

(3) 当被放大部分的图形相同或对称时，只需画出一个。

3. **其他习惯画法和简化画法**

(1) 当机件具有若干相同结构(齿、槽等)，并按一定规律分布时，只需要画出几个完整的结构，其余用细实线连接，在零件图中则必须注明该结构的总数，如图 6-32 所示。

(2) 若干直径相同且成规律分布的孔(圆孔、螺孔、沉孔等)，可以仅画出一个或几个。其余只需用点画线表示其中心位置，在零件图中应注明孔的总数，如图 6-33 所示。

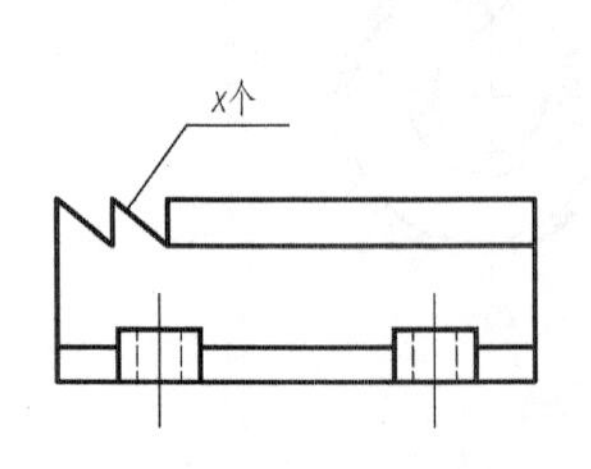

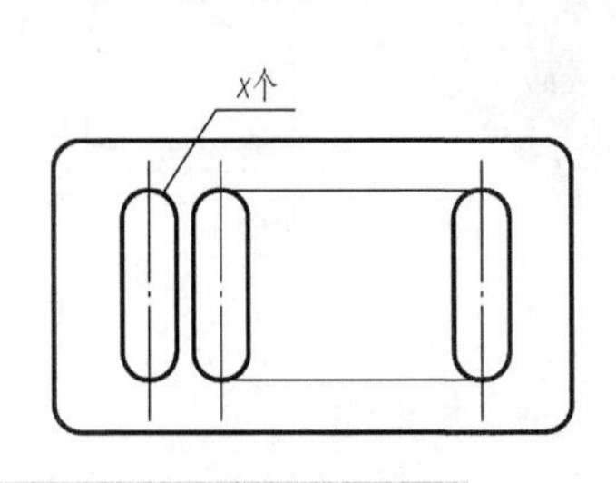

图 6-32　成规律分布的若干相同结构的简化画法

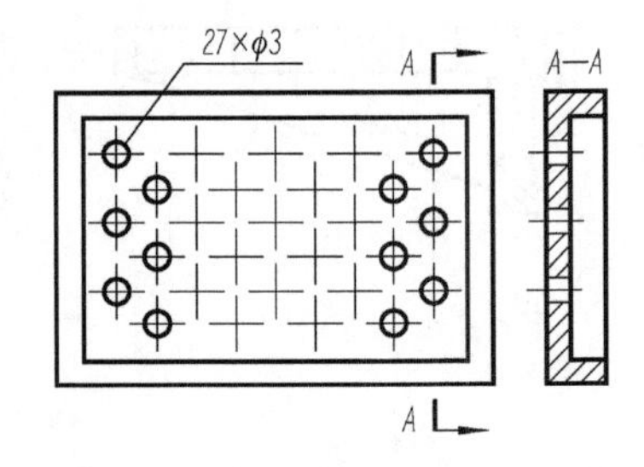

图 6-33　成规律分布的相同孔的简化画法

(3) 对于机件的肋、轮辐及薄壁等，如按纵向剖切，这些结构都不画剖面符号，而用粗实线将它与其邻接的部分分开。当零件回转体上均匀分布的肋、轮辐、孔等结构不处于剖切平面上时，可将这些结构旋转到剖切平面上画出，如图 6-34 所示。

(4) 当某一图形对称时，可画略大于一半，如图 6-35(a)所示，在不致引起误解时，对于对称机件的视图也可只画出一半或四分之一，此时必须在对称中心线的两端画出两条与其垂直的平行细实线，如图 6-35(b)所示。

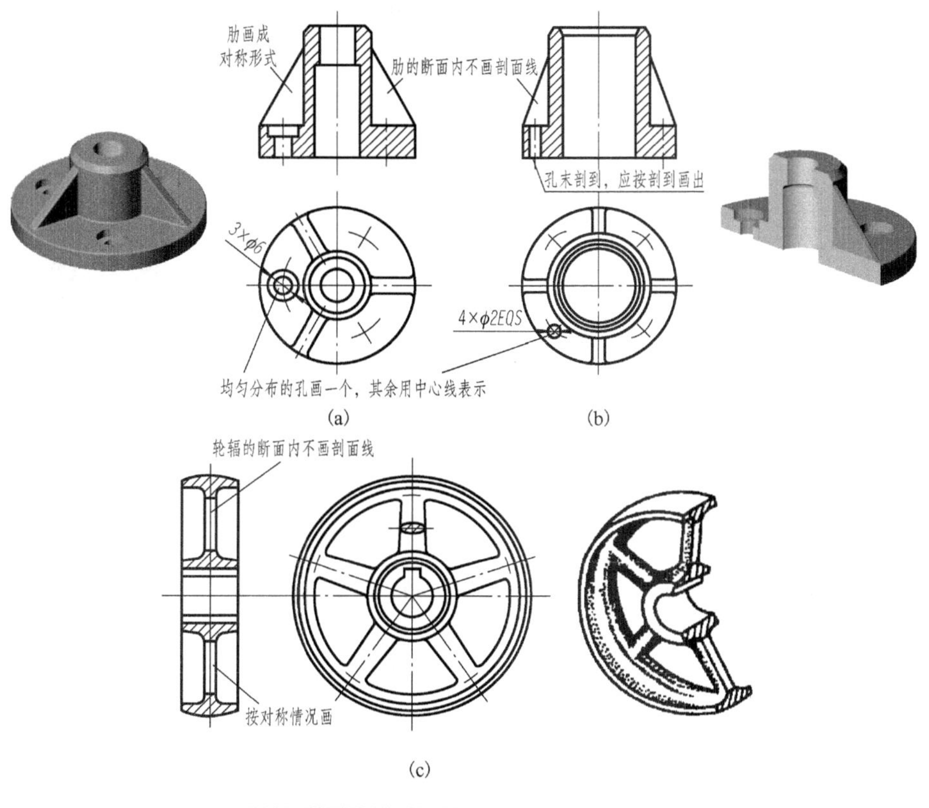

图 6-34　回转体上均匀分布的肋、孔的画法

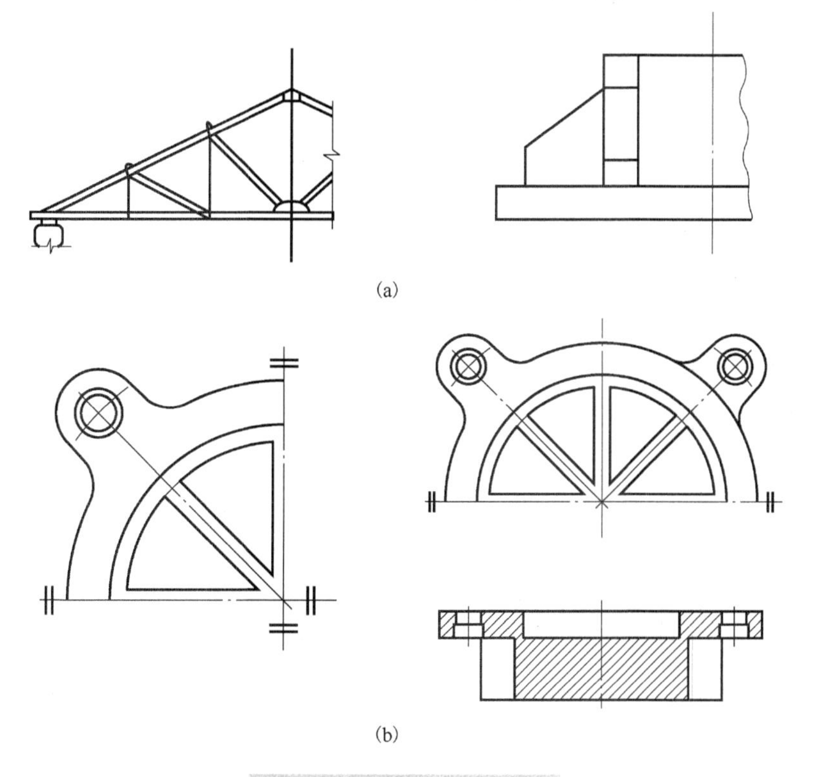

图 6-35　对称机件的简化画法

(5) 对于网状物、编织物或机件上的滚花部分，可以在轮廓线附近用粗实线示意画出，并在图上或技术要求中注明这些结构的具体要求，如图 6-36 所示。

(6) 当图形不能充分表达平面时，可用平面符号(相交的两细实线)表示，如图 6-37 所示。

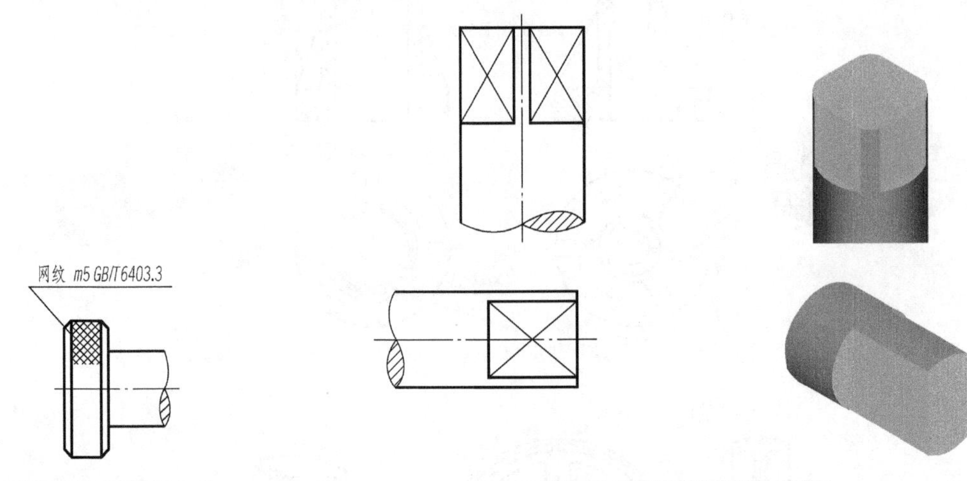

图 6-36　滚花的画法

图 6-37　表示平面的简化画法

(7) 机件上的一些较小结构，如在一个图形中已表达清楚时，其他图形可简化或省略，如图 6-38 所示。

(8) 机件上斜度不大的结构，如在一个图形中已表达清楚时，其他图形可按小端画出，如图 6-39 所示。

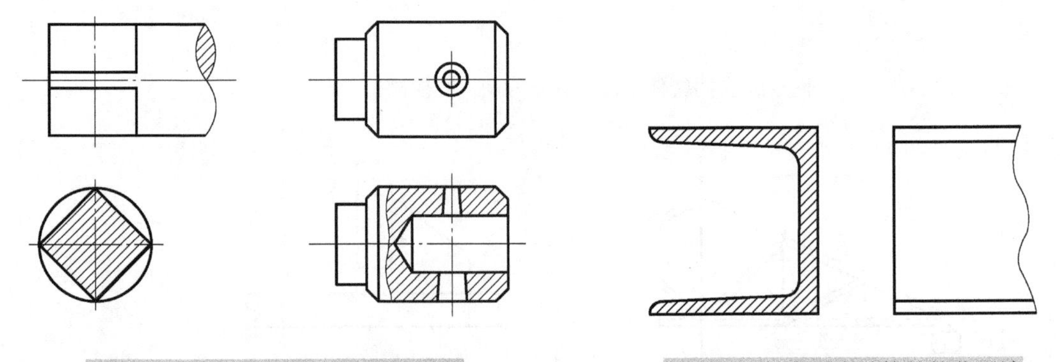

图 6-38　机件上较小结构的简化画法

图 6-39　斜度不大结构的简化画法

(9) 零件上对称结构的局部视图，如键槽、方孔等，可按图 6-40 所示的方法表示。

(10) 圆柱形法兰和类似机件上的均匀分布的孔，可按图 6-41 的方法绘制，孔的位置按规定从机件外向该法兰端面方向投影所得的位置画出。

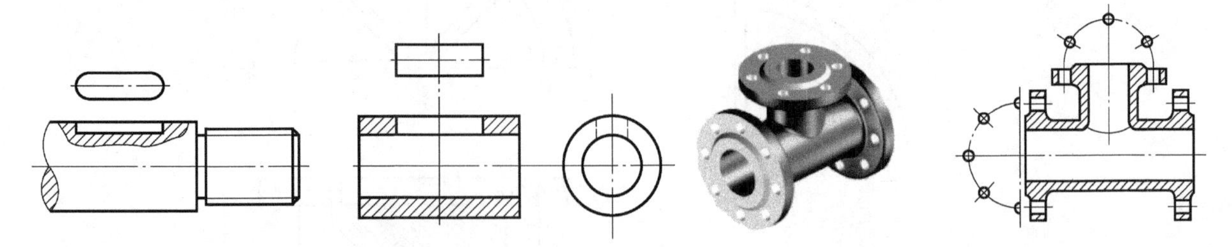

图 6-40　零件上对称结构局部剖视图的简化画法

图 6-41　法兰盘上孔的画法

(11) 在不致引起误解时，移出断面图允许省略剖面符号，但剖切位置和断面图的标注必须遵照原规定，如图 6-42 所示。

(12) 与投影面倾斜角度小于或等于 30° 的圆或圆弧，其投影可用圆或圆弧代替，如图 6-43 所示。

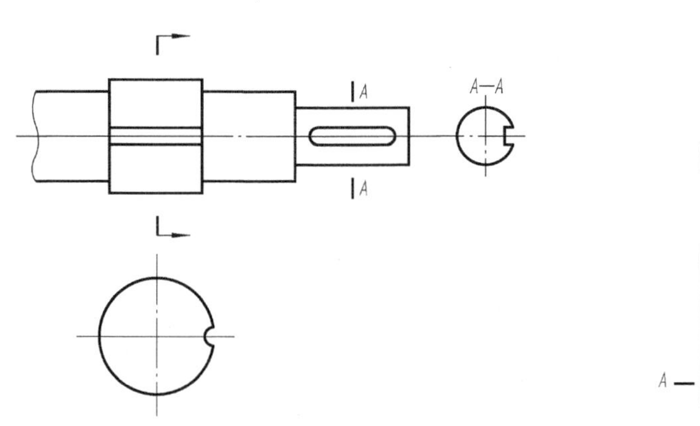

图 6-42　移出断面的简化画法

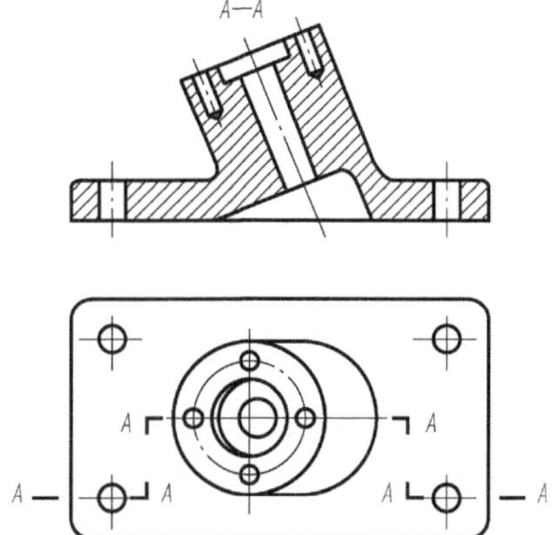

图 6-43　倾斜面上圆的简化画法

(13) 在不致引起误解时，零件图中的小圆角、锐边的小倒圆或 45° 小倒角允许省略不画，但必须注明尺寸或在技术要求中加以说明，如图 6-44 所示。

(14) 在需要表示位于剖切平面前的结构轮廓线时，用双点画线表示，如图 6-45 所示。

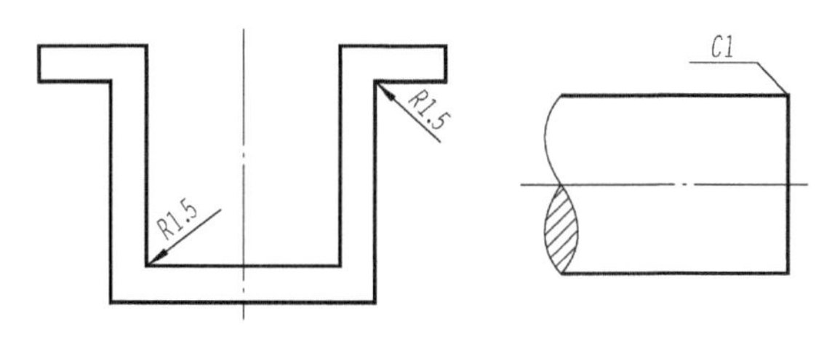

图 6-44　倒角的简化画法

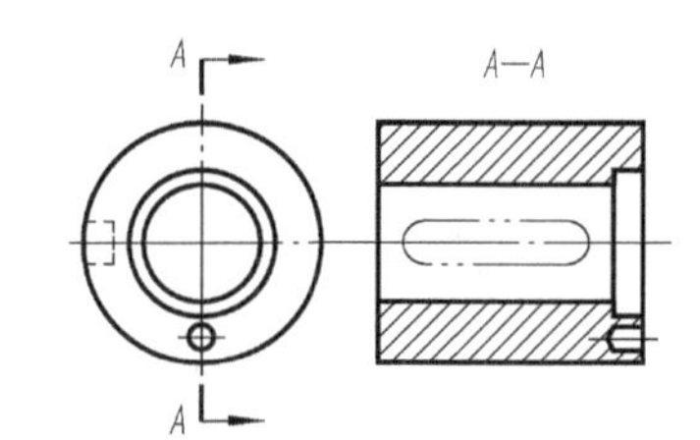

图 6-45　剖切掉的部分的表达方法

6.5　第三角画法简介

在表达机件结构时，第一角和第三角画法等效使用。例如中国、俄罗斯、德国等采用第一角投影法；美国、日本等采用第三角投影法。为了适应国际科学技术交流，现根据 GB/T 14692—1993《技术制图　投影法》规定对第三角投影的画法作简单介绍。

1. 第三角投影法

三个互相垂直的投影面：*V*、*H*、*W*，将 *W* 面左侧的空间分成四个角，其编号如图 6-46 所示，将机件放在第三分角(*V* 面的后方，*H* 面的下方和 *W* 面的左方)向各投影面进行正投影，从而得到相应的正投影图，这种画法称为第三角投影法。

2. 第三角投影法的特点

(1) 把物体放在第三分角内，使投影面处于观察者与物体之间，并假想投影面是透明的，从而得到物体的投影图。在 *V*、*H*、*W* 三个投影面上的投影图，分别称为前视图(也称正视图)、顶视图、右视图，如图 6-47 所示。实际上：前视图——即是第一角投影的主视图，顶视图——即是第一角投影的俯视图，只是投影所处的位置假想的不一样。

(2) 展开时，*V* 面不动，将 *H* 面、*W* 面分别绕它们与 *V* 面的交线向上、向右转 90°，使这三面展成同一个平面，得到物体的三视图，三视图的配置如图 6-47(b) 所示。

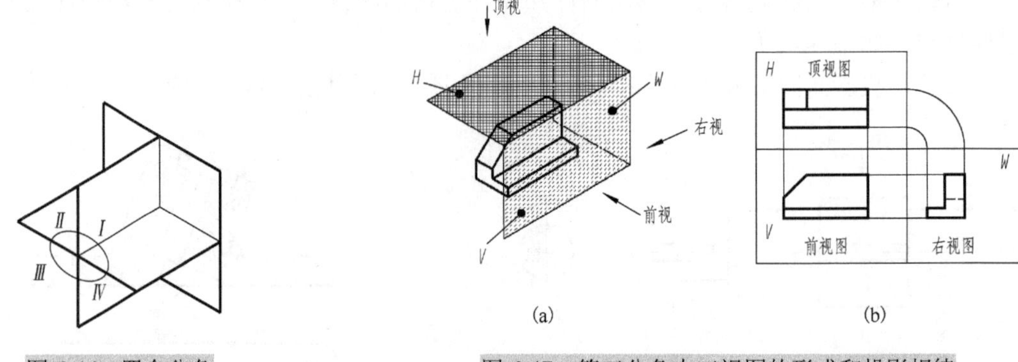

图 6-46　四个分角

图 6-47　第三分角中三视图的形成和投影规律

(3) 三视图之间的关系：第三角投影的三视图之间，同样符合“长对正，高平齐，宽相等”的投影规律。但应注意方向：在顶视图和右视图中，靠近前视图的一边是物体前面的投影(即要搞清楚三个视图各边的前、后、左、右、上、下的关系)。

(4) 第三角投影法也有六个基本视图。采用第三角画法时，与第一角画法相类似，可以形成六个基本视图，六个基本视图的配置如图 6-48 所示。在同一张图纸内按图 6-48 配置视图时，一律不注视图名称。

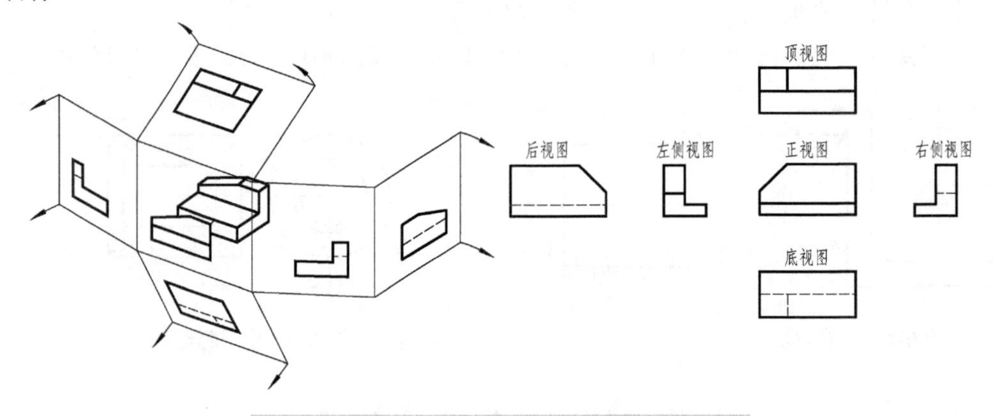

图 6-48　第三分角中六个基本视图的形成和配置

采用第三角画法时，必须在图样中画出第三角画法的识别符号，如图 6-49 所示。

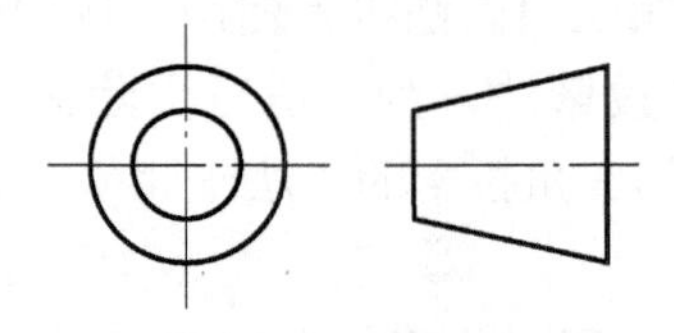

图 6-49　第三角画法的识别符号

第三篇　机械制图

第7章　标准件和常用件

教学目标和要求

掌握国家对标准件和常用件的规定画法;
掌握机械标准手册的查阅方法。

教学重点和难点

掌握螺纹以及螺纹连接件的规定画法;
掌握齿轮以及齿轮啮合的规定画法;
掌握键、销、弹簧、轴承的画法。

任何机器或部件都是由零件装配而成的。图7-1所示为一齿轮油泵的零件分解图，它是柴油机润滑系统的一个部件。从图中可以看出，齿轮油泵是由泵体、主动轴、主动齿轮、从动轴、从动齿轮、泵盖和传动齿轮等19种零件装配而成的。

在各种机器和设备中，应用最广泛的是螺栓、螺钉、螺母、垫圈、键、销、轴承及圆柱螺旋压缩弹簧、拉伸弹簧等零件。为了便于大批量生产，它们的结构和尺寸等都按统一的规格标准化了，因此称它们为标准件。

齿轮等零件在机器中也经常应用，但它们的结构和尺寸规格等只是部分的标准化，称之为常用件。

由于标准件和常用件的用量大，需要成批或大量生产，为了提高劳动生产率，降低成本，确保产品质量，国家有关部门批准并发布了各种标准件的标准、常用件的部分结构要素的标准。在加工这些零件时，可以使用标准的切削刀具或专用机床，从而能在高效率的情况下获得产品；同时，在装配或维修机器时，也能按规格选用或更换标准件、常用件。在绘图时，对这些零件的形状和结构，如螺纹的牙型、齿轮的齿廓、螺旋弹簧的外形等，不需要按真实投影画出，只要根据国家标准规定的画法、代号或标记进行绘画和标注，至于它们的结构和尺寸，可以根据标准件的标记，查阅相应的国家标准或机械零件手册得出。由此可见，使用规定的画法或标记，不仅不会影响这些机件的制造，还可以加快绘图的速度。

本章将介绍螺纹、螺纹紧固件、键、销、齿轮、滚动轴承及螺旋压缩弹簧的规定画法和标记方法，并学会从相关标准手册中查阅有关数据的方法，为下一阶段绘制和阅读机械图打下基础。

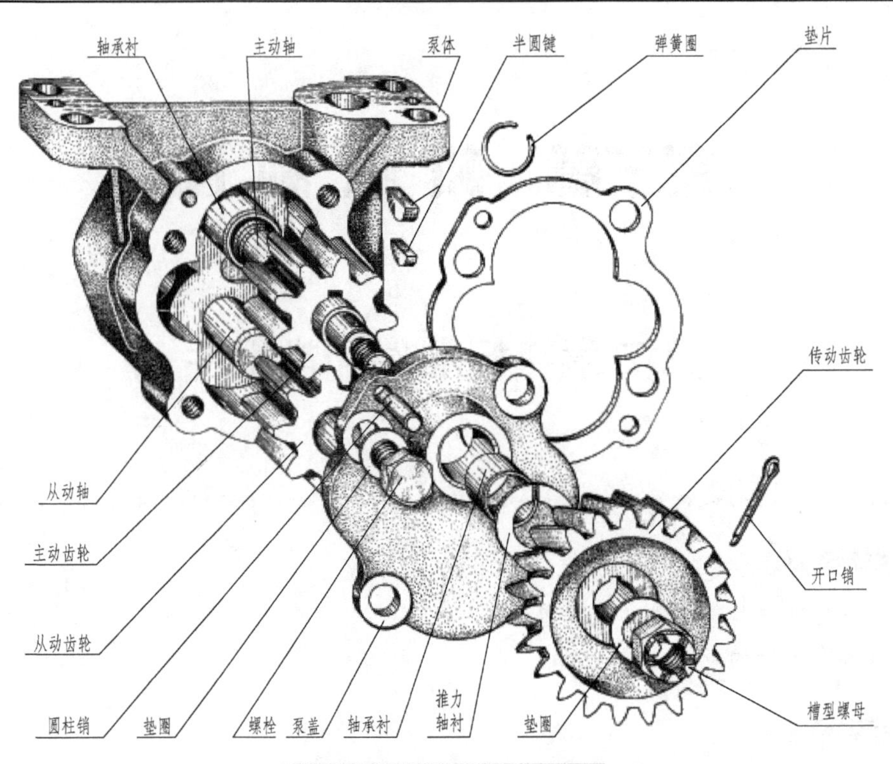

图 7-1　齿轮油泵的零件分解图

7.1　螺　　纹

7.1.1　螺纹的形成和要素

1. 螺纹的形成

螺纹是零件上常见的一种结构。它是指在圆柱(或圆锥)表面上，沿着螺旋线所形成的具有相同剖面的连续凸起部分(又称牙)和凹陷部分(称螺纹沟槽)。在圆柱(或圆锥)外表面上形成的螺纹称外螺纹；在其内孔表面上所形成的螺纹称内螺纹，如图 7-2 所示。

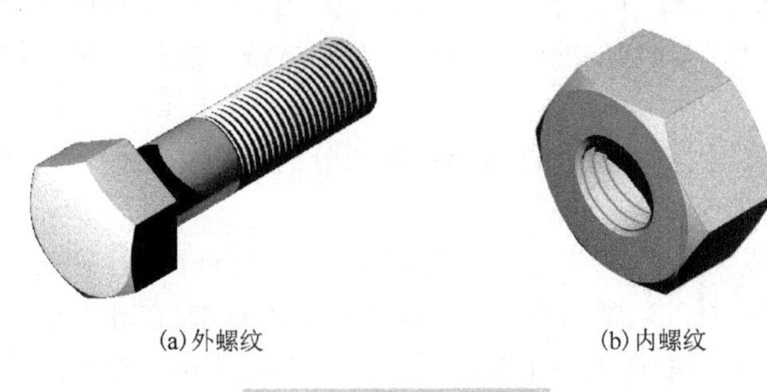

(a) 外螺纹　　(b) 内螺纹

图 7-2　外螺纹和内螺纹

生产实际中螺纹通常是在车床上加工的，工件等速旋转，同时车刀沿轴向等速移动，即可加工出螺纹，如图 7-3 所示。由于刀刃的形状不同，在工件表面切去部分的截面形状也不同，所以可加工出各种不同的螺纹。也可以用板牙或丝锥加工直径较小的螺纹，俗称套扣或攻丝，如图 7-4 所示。用丝锥加工内螺纹时，需要先用钻头钻孔，再用丝锥攻丝。

2. 螺纹要素

1) 牙型

在通过螺纹轴线的剖面上，螺纹的轮廓形状称螺纹牙型。其凸起部分称为螺纹的牙，凸起的顶端称为螺纹的牙顶，沟槽的底部称为螺纹的牙底。常见的螺纹牙型有三角形、梯形、锯齿形和矩形等，如图 7-5 所示。

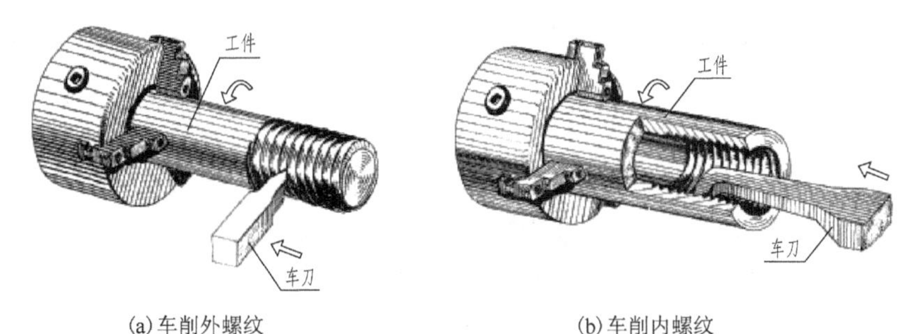

(a)车削外螺纹　(b)车削内螺纹

图 7-3　外螺纹、内螺纹的车削方法

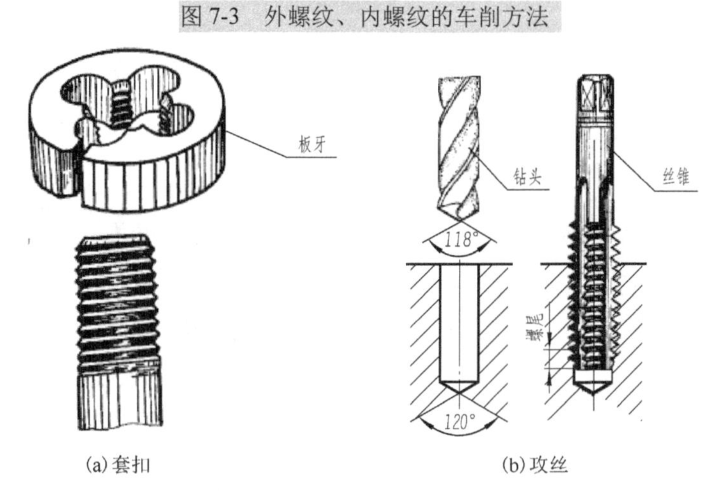

(a)套扣　(b)攻丝

图 7-4　套扣和攻丝

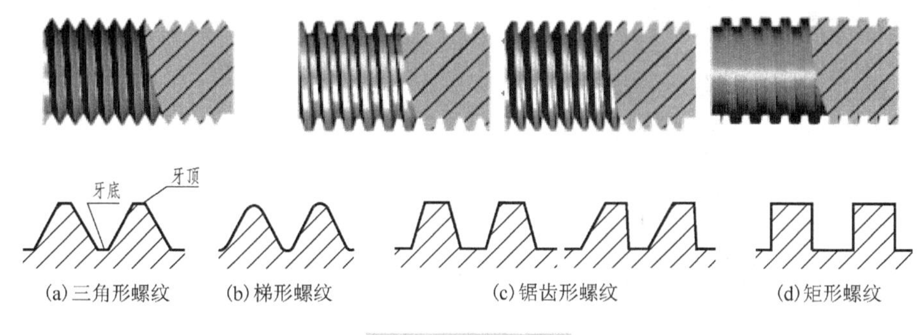

(a)三角形螺纹　(b)梯形螺纹　(c)锯齿形螺纹　(d)矩形螺纹

图 7-5　螺纹的牙型

2) 直径

直径有大径(d、D)、中径(d_2、D_2)和小径(d_1、D_1)之分。

(1)大径：与外螺纹牙顶或内螺纹牙底相切的假想圆柱的直径。

(2)小径：与外螺纹牙底或内螺纹牙顶相切的假想圆柱的直径。

(3)中径：通过牙型上沟槽和凸起宽度相等处的一个假想圆柱的直径。

外螺纹用小写字母，内螺纹用大写字母表示。其中外螺纹大径 d 和内螺纹小径 D_1 亦称顶径。螺纹大径称公称直径(管螺纹用尺寸代号表示)，如图 7-6 所示。

3) 线数(n)

螺纹有单线与多线之分。沿一条螺旋线所形成的螺纹称单线螺纹；沿两条或多条在轴向等距分布的螺旋线所形成的螺纹称多线螺纹，如图 7-7(a)所示为单线螺纹，图 7-7(b)所示为双线螺纹。

4) 螺距(P)和导程(P_h)

如图 7-7 所示，相邻两牙在中径线上对应两点间的轴向距离称螺距；同一条螺旋线上的相邻两牙在中径线上对应两点间的轴向距离称导程，如图 7-7 所示。螺距与导程是两个不同的概念。单线螺纹 $P=P_h$；多线螺纹 $P=P_h/n$。

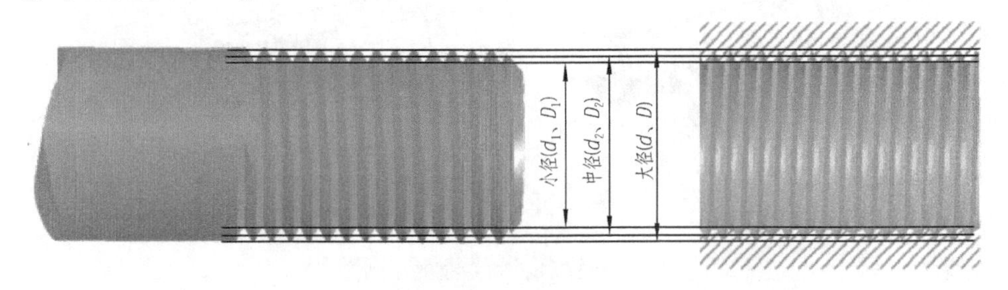

图 7-6　螺纹直径

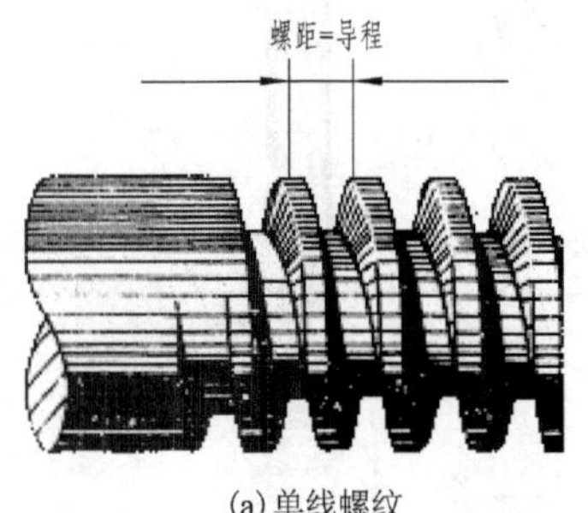

(a) 单线螺纹

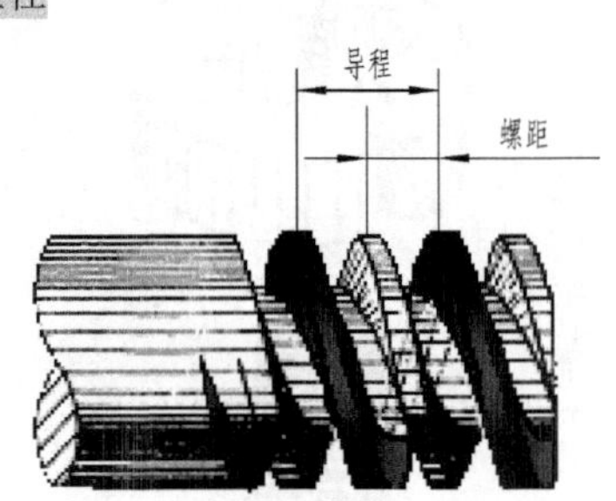

(b) 双线螺纹

图 7-7　螺纹线数、螺距和导程

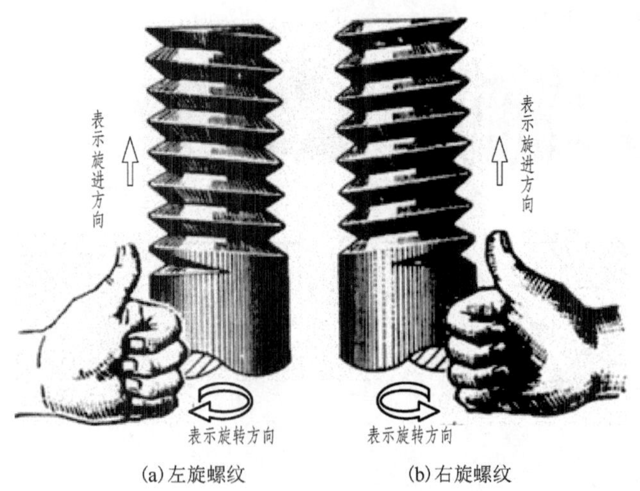

(a) 左旋螺纹　　(b) 右旋螺纹

图 7-8　螺纹的旋向

5) 旋向

内、外螺纹的旋转方向称旋向。螺纹分左旋和右旋两种。顺时针旋转时旋入的螺纹称右旋螺纹；逆时针旋转时旋入的螺纹称左旋螺纹。旋向可由左右手判断，如图 7-8 所示。

上述五项是螺纹的基本结构要素，其中牙型、公称直径和螺距三项都符合国家标准规定的螺纹称为标准螺纹；而牙型符合标准，公称直径和螺距不符合标准的螺纹称为特殊螺纹；若牙型不符合标准(如矩形螺纹等)，则称为非标准螺纹。画非标准螺纹时，应画出牙型，并标出螺纹的所有尺寸。

只有牙型、公称直径、螺距、线数和旋向等诸要素都相同时，内、外螺纹才能旋合在一起。

7.1.2　螺纹的画法

1．外螺纹的画法

外螺纹的画法如图 7-9 所示。

(1) 外螺纹牙顶圆的投影用粗实线绘制，牙底圆的投影用细实线表示(通常按牙顶圆直径的 0.85 倍绘制)，在螺杆的倒角或倒圆部分也应画出螺纹线。

(2) 在垂直于螺纹轴线的投影面的视图中，表示牙底圆的细实线只画约 3/4 圈(空出约 1/4 的位置不作规定)。此时，螺杆或螺孔上倒角圆的投影省略不画，如图 7-9(a) 所示。

(3) 完整螺纹的终止界线称螺纹终止线，用粗实线表示。

(4) 在剖视图中，剖面线必须画到大径的粗实线处，如图 7-9 (b) 所示。

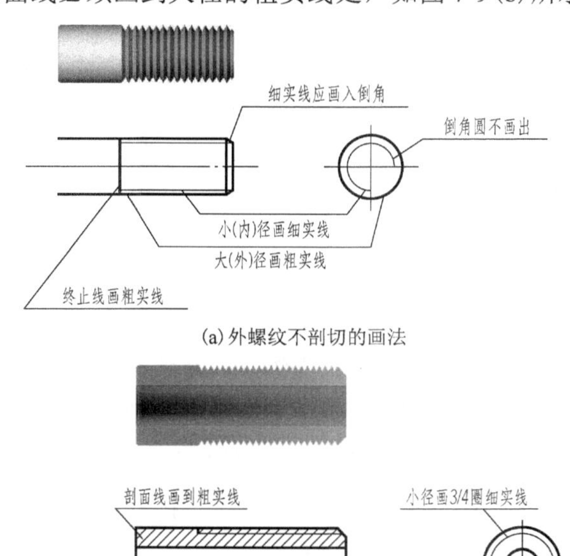

(a) 外螺纹不剖切的画法

(b) 外螺纹的剖切画法

图 7-9　外螺纹的画法

2. 内螺纹的画法

内螺纹的画法如图 7-10 所示。

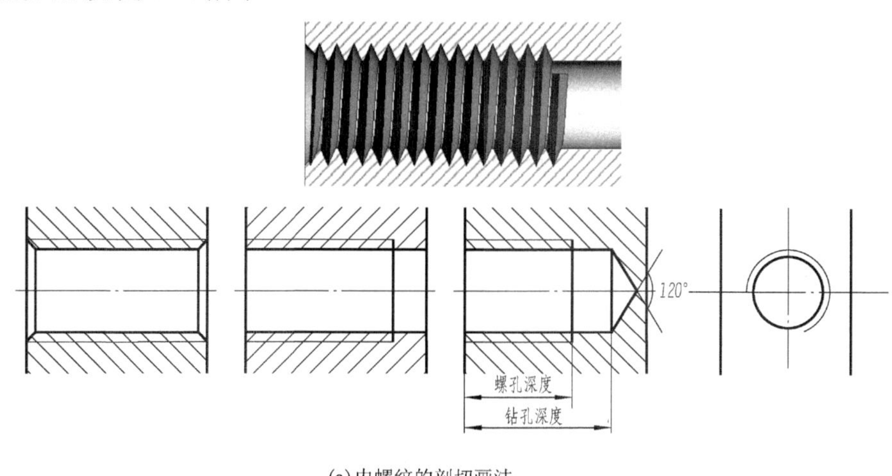

(a) 内螺纹的剖切画法

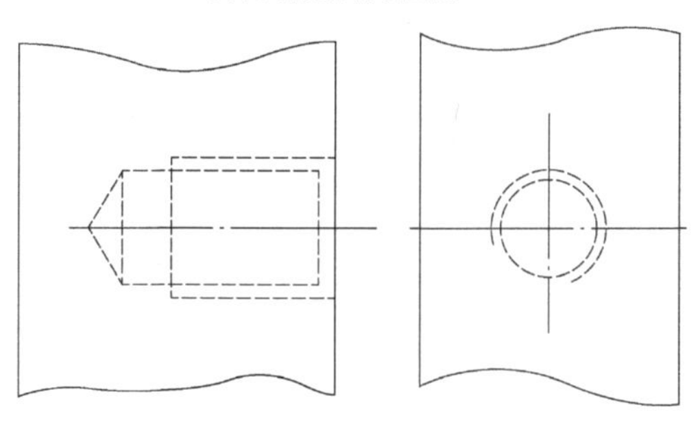

(b) 内螺纹的不剖切画法

图 7-10　内螺纹的画法

(1) 在剖视图或断面图中，内螺纹牙顶圆的投影用粗实线表示。牙底圆的投影用细实线表示，螺纹终止线用粗实线表示，剖面线必须画到小径的粗实线处。

(2) 在垂直于螺纹轴线的投影面的视图中，表示牙底圆的细实线只画约 3/4 圈，倒角的投影省略不画。

(3) 不可见螺纹的所有图线(轴线除外)均用虚线绘制，如图 7-10(b)所示。

(4) 绘制不穿透的螺孔时，一般应将钻孔深度与螺孔深度分别画出，底部的锥顶角画成 120°，钻孔深度应比螺孔深约 0.5D。

3. 螺纹旋合的画法

螺纹旋合的画法如图 7-11 所示。

(1) 在剖面图中，旋合部分应按外螺纹的画法绘制，其他部分仍按各自的画法表示。

(2) 画螺纹旋合图时，表示大小径的粗实线与细实线应分别对齐。

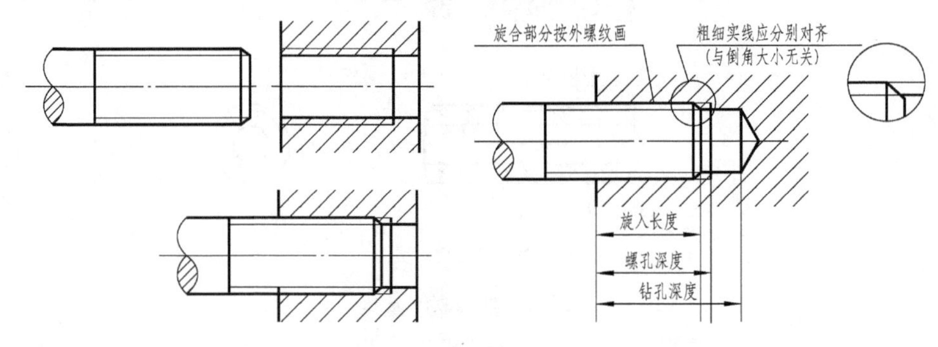

图 7-11　螺纹旋合的画法

7.1.3　螺纹的种类和标注

1. 螺纹的种类

螺纹按用途分连接螺纹和传动螺纹两种。

(1) 连接螺纹。起连接作用的螺纹。常用的有四种标准螺纹：粗牙普通螺纹、细牙普通螺纹、非螺纹密封的管螺纹和用螺纹密封的管螺纹。

(2) 传动螺纹。用于传递动力和运动的螺纹。常用的有两种标准螺纹：梯形螺纹和锯齿形螺纹。

2. 螺纹的标注

螺纹采用规定画法后，在图上看不出它的牙型、螺距、线数和旋向等结构要素，这需要用标记加以说明。表 7-1 是常用螺纹的种类及其标记。

表 7-1　常用螺纹的种类和标记示例

螺纹种类		牙型放大图	特征代号	标记示例		说明
连接螺纹	普通螺纹	60°	M	粗牙	M20-6g	粗牙普通外螺纹，公称直径 20mm，右旋。螺纹公差带：中径、大径均为 6g。旋合长度属中等的一组
连接螺纹	普通螺纹	60°	M	细牙	M20×1.5-7H-L	细牙普通内螺纹，公称直径 20mm，螺距为 15mm，右旋。螺纹公差带：中径、小径均为 7H。旋合长度属长的一组
连接螺纹	管螺纹	55°	G	55° 非密封管螺纹	G1/2A	55° 非密封圆柱外螺纹，尺寸代号 1/2，公差等级为 A 级，右旋。用引出标注

续表

螺纹种类		牙型放大图	特征代号	标记示例		说明
连接螺纹	管螺纹	55°	R_P R_1 R_c R_2	55°密封管螺纹	Rc1 1/2	55°密封的与圆锥外螺纹旋合的圆锥内螺纹，尺寸代号$1\frac{1}{2}$，右旋。用引出标注。 与圆锥内螺纹旋合的圆锥外螺纹的特征代号为 R_2。 圆柱内螺纹与圆锥外螺纹旋合时，前者和后者的特征代号分别为 R_P 和 R_1
传动螺纹	梯形螺纹	30°	Tr	Tr40×14(p7)LH-7H		梯形内螺纹，公称直径 40mm，双线螺纹，导程 14mm，螺距 7mm，左旋(代号为 LH)。螺纹公差带：中径为 7H。旋合长度属中等的一组
	锯齿形螺纹	3° 30°	B	B32×6-7e		锯齿形外螺纹，公称直径 32mm，单线螺纹，螺距 6mm，右旋。螺纹公差带：中径为 7e。旋合长度属中等的一组

1) 普通螺纹

将规定标记注写在尺寸线或尺寸线的延长线上，尺寸线的箭头指在螺纹大径上，如图 7-12 所示。其标记格式为：

特征代号、公称直径×螺距 *P*(或导程/线数)、旋向—公差带代号—旋合长度代号

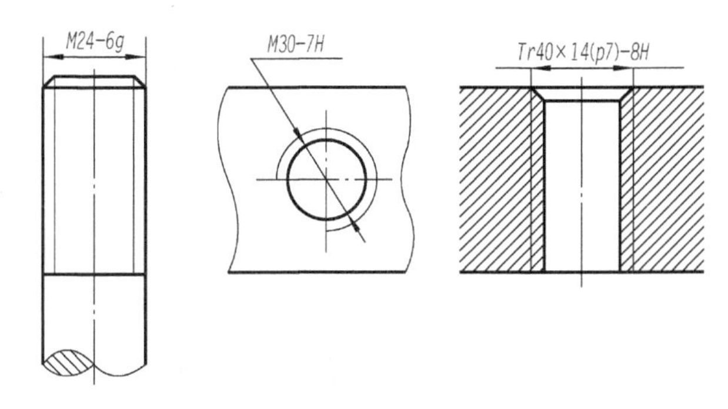

图 7-12　普通螺纹、梯形螺纹的标注示例

普通螺纹的特征代号为 M，直径、螺距，可查附表 1-1。同一公称直径的普通螺纹，其螺距分为一种粗牙的以及一种或一种以上的细牙的。因此，在标注细牙螺纹时，必须注出螺距，粗牙螺纹则不注螺距。由于细牙螺纹的螺距比粗牙螺纹的螺距小，所以细牙螺纹多用于细小的精密零件和薄壁零件上。

标注普通螺纹的其他规定：右旋省略标注，左旋注 LH；公差带代号中，中径公差带代号注在前，顶径公差带代号注在后，两者相同时只注一个；旋合长度分为短、中、长三组，代号分别为 S、N、L，其中中等旋合长度代号省略不注。

例如："M20×2LH-6H" 表示公称直径 20mm，螺距为 2mm，左旋的细牙普通内螺纹(公差带代号小写为外螺纹，大写为内螺纹)，中径和小径公差带皆为 6H，旋合长度属于中等的一组；"M10-5g6g-S" 表示公称直径为 10mm，右旋的粗牙普通外螺纹，中径公差带为 5g，大径公差带为 6g，旋合长度属于短的一组。

2) 梯形螺纹

梯形螺纹用来传递双向动力，如机床的丝杠。

梯形螺纹的代号由梯形螺纹特征代号 Tr 和尺寸规格两个部分组成。单线螺纹的尺寸规格用"公称直径×螺距"表示；多线螺纹用"公称直径×导程(*P* 螺距)"表示。当螺纹为左旋时，需在尺寸规格之后加注"LH"。

梯形螺纹的标记由梯形螺纹代号、公差带代号及旋合长度代号组成。梯形螺纹的公差带代号只标注中径公差带。梯形螺纹按公称直径和螺距的大小将旋合长度分为中等旋合长度(N)和长旋合

长度(L)两组。当旋合长度为 N 组时，不标注旋合长度代号。

例如：“Tr40×7-7H”表示公称直径为 40mm，螺距为 7mm 的单线右旋梯形内螺纹，中径公差带为 7H，中等旋合长度；“Tr40×14(P7)LH-8e-L”表示公称直径为 40mm，导程为 14mm，螺距为 7mm 的双线左旋梯形外螺纹，中径公差带为 8e，长旋合长度。

3) 锯齿形螺纹

锯齿形螺纹用来传递单向动力，如千斤顶中的螺杆。

锯齿形螺纹的代号和标记的标注方法与梯形螺纹相同：螺纹代号由特征代号 B 和尺寸规格(单线螺纹用“公称直径×螺距”，多线螺纹用“公称直径×导程(*P* 螺距)”组成，当螺纹为左旋时，需在尺寸规格后加注“LH”)；螺纹标记由螺纹代号、公差带代号及旋合长度组成，公差带代号和旋合长度的标注规定，也与梯形螺纹相同。

例如：“B40×10(P5)LH-8C”表示：锯齿形内螺纹，公称直径为 40mm，螺距为 5mm，导程为 10mm，双线螺纹，左旋，中径公差带代号 8C，中等旋合长度。

有关锯齿形螺纹的各项数据，需用时可查阅 GB/T 13576—1992。

4) 管螺纹的标注

管螺纹是位于管壁上用于管子连接的螺纹，有 55° 非密封管螺纹和 55° 密封管螺纹两种。非密封管螺纹连接由圆柱外螺纹和圆柱内螺纹旋合获得，密封管螺纹连接则由圆锥外螺纹和圆锥内螺纹或圆柱内螺纹旋合获得。圆锥螺纹设计牙型的锥度为 1∶16。管螺纹的尺寸代号与带有外螺纹的管子的孔径英寸数相近。管螺纹的设计牙型、尺寸代号及基本尺寸(包括每 25.4mm 内所含的牙数、螺距、牙高、大径、中径、小径等，圆锥螺纹还有基准距离和外螺纹的有效长度)、标记示例，可查阅附表 1-3 和表 1-4。

55° 非密封管螺纹的内、外螺纹的特征代号都是 G。55° 密封管螺纹的特征代号分别是：与圆锥外螺纹旋合的圆柱内螺纹 R_P；与圆锥外螺纹旋合的圆锥内螺纹 R_C；与圆柱内螺纹旋合的圆锥外螺纹 R_1；与圆锥内螺纹旋合的圆锥外螺纹 R_2。

管螺纹的标记由特征代号、尺寸代号组成，当螺纹为左旋时，在尺寸代号后需注明代号 LH。由于 55° 非密封管螺纹的外螺纹的公差等级有 A 级和 B 级，所以标记时需在尺寸代号之后或尺寸代号与左旋代号 LH 之间，加注公差等级 A 或 B，如图 7-13 所示。例如：尺寸代号 2、右旋、非密封的内螺纹的标记是 G2；尺寸代号 4、左旋、公差等级 B 级、非密封的外螺纹的标记是 G4BLH；尺寸代号 3、右旋、与圆锥内螺纹旋合的密封的圆锥外螺纹的标记是 $R_2$3；尺寸代号 3/4、左旋、与圆锥外螺纹旋合的圆锥内螺纹的标记是 R_C3/4LH。

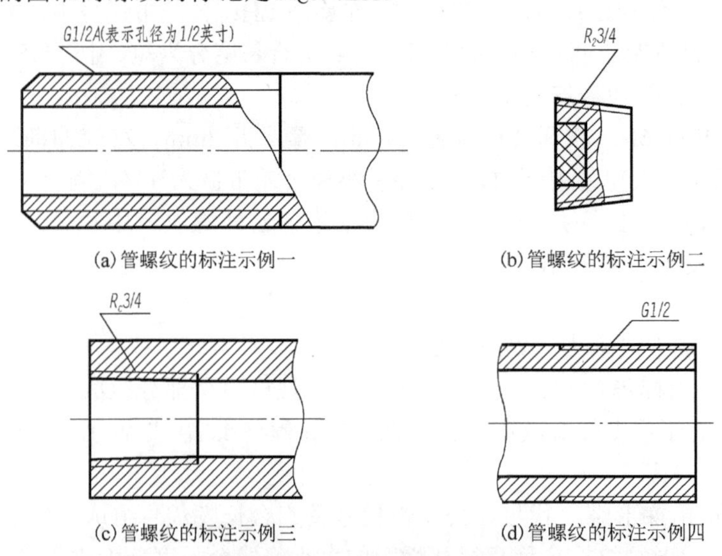

(a) 管螺纹的标注示例一　(b) 管螺纹的标注示例二

(c) 管螺纹的标注示例三　(d) 管螺纹的标注示例四

图 7-13　管螺纹的标注示例

5) 特殊螺纹和非标准螺纹的标注

对于特殊螺纹，应在螺纹特征代号前加注“特”字；对于非标准螺纹，应画出螺纹的牙型，并标注出所需的尺寸和要求。

7.1.4　螺纹的工艺结构

1) 螺纹的末端结构

为了螺杆旋入时方便以及防止起始圈碰坏，通常预先将螺纹末端制成一定的形状，如倒角、倒圆等，常用于螺栓、螺柱、螺钉的末端，如图 7-14 所示。

平端　倒角　球头　圆角

图 7-14　螺纹末端结构

2) 螺纹收尾和退刀槽

加工外螺纹和不通孔的内螺纹时，车削螺纹时，刀具接近螺纹末尾处要逐渐离开工件，因此在螺纹尾部会产生一小段不完整的牙型，称为螺纹收尾，螺尾是不能旋合的。螺尾是不包括在螺纹有效长度之内的，需要画出螺尾时，从螺纹牙底与终止线的交点起，画出与轴线成 30° 的细实线即可，如图 7-15(a)所示。

为了避免产生螺尾，可以预先在螺纹末尾处加工出退刀槽，然后再车削螺纹，如图 7-15(b)所示。

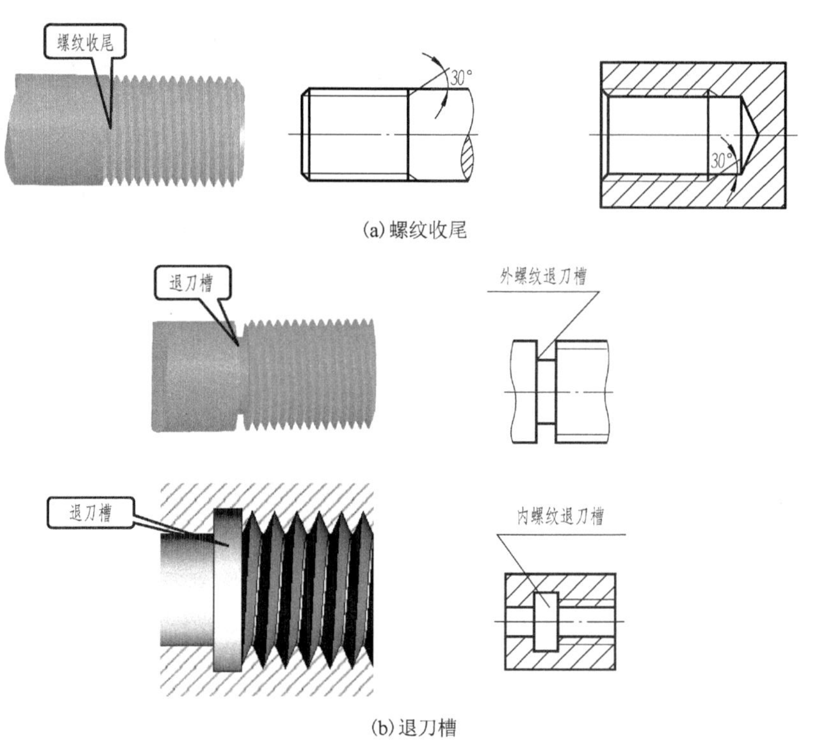

(a) 螺纹收尾

(b) 退刀槽

图 7-15　螺纹收尾和退刀槽

3) 不通螺纹孔

加工不通螺纹孔(图 7-16)时，其步骤是先钻孔，钻头的直径等于螺纹的小径，钻头头部一般为 118° 的锥体，在孔底形成相应的锥坑，在制图时为了方便规定将其画成 120° 锥坑，但不必标注角度。加工出光孔后再用丝锥攻丝，通常光孔的深度比螺纹孔深 0.5D。

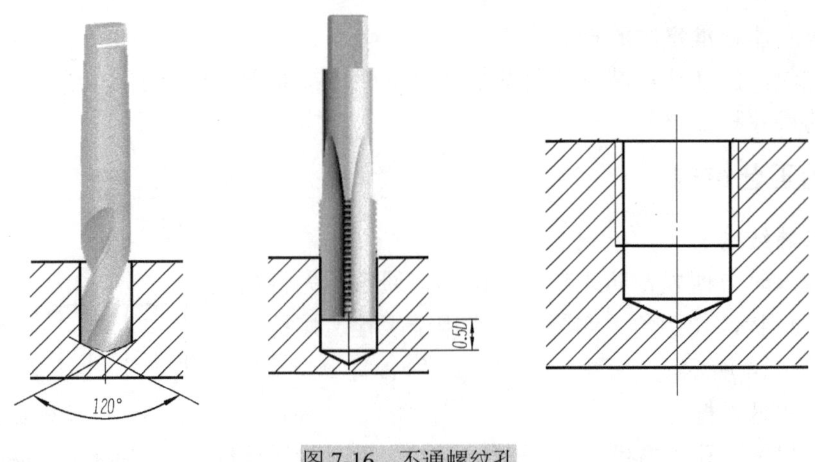

图 7-16　不通螺纹孔

7.2　螺纹紧固件

7.2.1　常用螺纹紧固件

通过螺纹起连接作用的零件称螺纹紧固件，常用的有螺栓、螺柱、螺钉、螺母、垫圈等，如图 7-17 所示。这些零件都是标准件。国家标准对它们的结构、形式、尺寸都作了规定，并规定了不同的标记方法。因此只需知道规定标记，就可以从有关标准中查到它们的结构、形式和全部尺寸，不必画出它们的零件图。

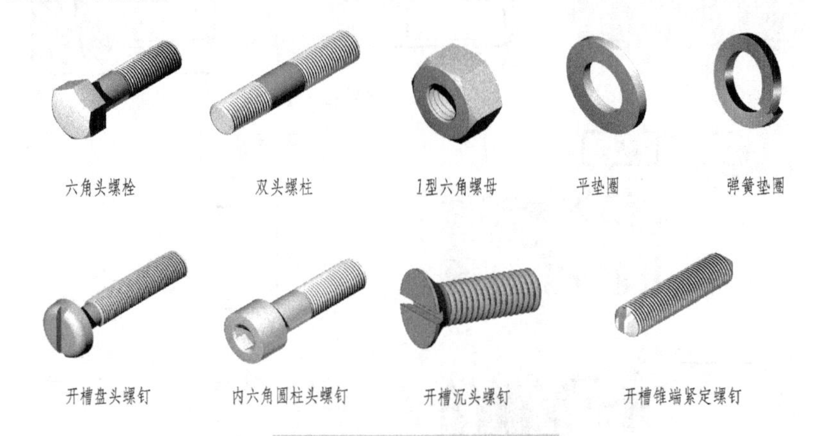

图 7-17　常用的螺纹紧固件

紧固件的标记方法见 GB/T 1237—2000，表 7-2 是一些常用的螺纹紧固件的视图、主要尺寸及规定标记示例。

表 7-2　常用的螺纹紧固件及其标记示例

图例	名称及视图	规定标记示例
	六角头螺栓 M10 60	螺栓 GB/T 5780 M10×60

续表

图例	名称及视图	规定标记示例
	双头螺柱	螺柱 GB/T 897 M10×50
	开槽沉头螺钉	螺钉 GB/T 68 M10×60
	开槽长圆柱端紧定螺钉	螺钉 GB/T 75 M12×40
	1型六角螺母	螺母 GB/T 6170 M12
	平垫圈	垫圈 GB/T 97.1－2002 12-200HV
	标准型弹簧垫圈	垫圈 GB/T 93　20

常用螺纹紧固件标记时注意：

(1)完整的标记应是：名称　国标号及其年号　螺纹规格(或螺纹规格×公称长度)－性能等级或硬度。

(2)采用现行标准规定的各螺纹紧固件时，国标中的年号可以省略，如表 7-2 中的除平垫圈外的螺纹紧固件的标记都省略了年号。

(3)在国标号后，螺纹代号或公称规格前，要空一格。

(4)当写出了螺纹紧固件的国标号后，不仅可以省略年号，还可省略螺纹紧固件的名称。

(5)当性能等级或硬度是标准规定的常用等级时，可以省略不注明；在其他情况下则应注明。如表 7-2 中的平垫圈所示，HV 表示维氏硬度，200 为硬度值。由于产品等级为 A 级的平垫圈的标准所规定的硬度等级为 200HV 和 300HV 级，而当性能等级或硬度符合规定时可以省略不标，所以这里也可省略不标。

7.2.2 螺栓连接

利用螺纹紧固件连接零件的形式主要有三种：螺栓连接、螺柱连接、螺钉连接，如图 7-18 所示。

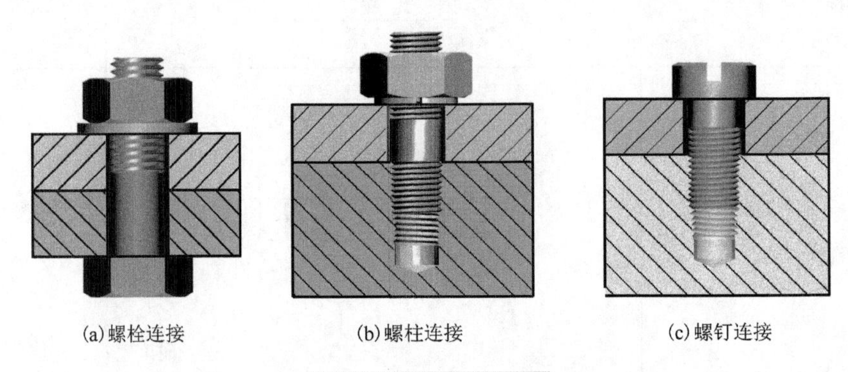

图 7-18　螺纹连接形式

1. 螺栓连接的装配图及其画法

螺栓用来连接不太厚的并能钻成通孔的零件。图 7-18(a)为螺栓连接的示意图。图 7-19 表示用螺栓连接两块板的画法。图 7-19(a)画出了连接前的情况，被连接的两块板上钻有直径比螺栓大径略大的孔(孔径≈1.1*d*)，连接时，先将螺栓伸进这两个孔中，一般以螺栓的头部抵住被连接板的下端面，然后，在螺栓上部套上垫圈，以增加支承面积和防止损伤零件的表面，最后，用螺母拧紧。图 7-19(b)表示用螺栓连接两块板的装配画法；也可以采用图 7-19(c)所示的简化画法，其中，螺栓头部和螺母的倒角都省略不画，在装配图中常用这种画法。

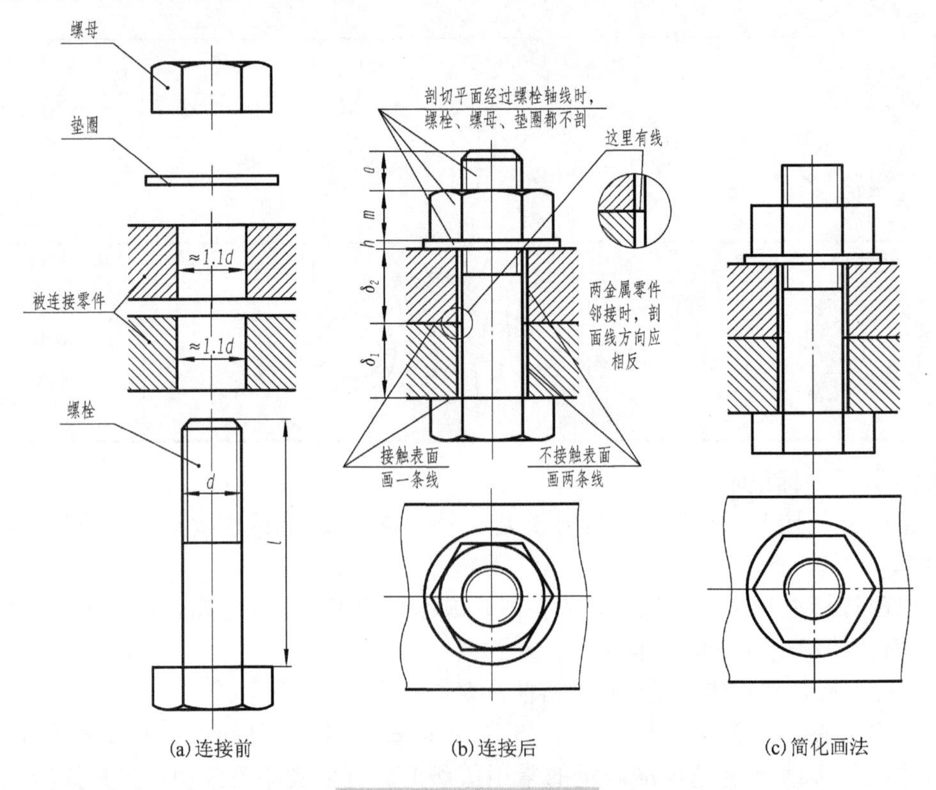

图 7-19　螺栓连接的画法

画螺纹紧固件的装配图应遵守下述基本规定：

(1) 两零件接触表面画一条线，不接触表面画两条线。

(2) 两零件邻接时，不同零件的剖面线方向应相反，或者方向一致、间隔不等。

(3) 对于紧固件和实心零件(如螺钉、螺栓、螺母、垫圈、键、销、球及轴等)，若剖切平面通过它们的基本轴线时，则这些零件都按不剖绘制，仍画外形；需要时，可采用局部剖视。

2. 螺栓、螺母和垫圈的近似画法

单个螺纹紧固件的画法，可根据公称直径查附表 2-1～附表 2-5 或有关标准，得出各部分的尺寸。但在绘制螺栓、螺母和垫圈时，通常按螺栓的螺纹规格 d、螺母的螺纹规格 D 进行比例折算，得出各部分尺寸后按近似画法画出，如图 7-20 所示。

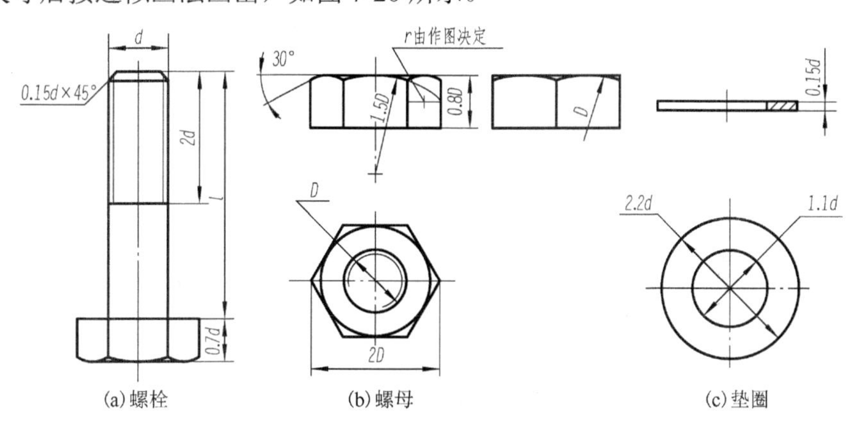

图 7-20　单个紧固件的近似画法

3. 螺栓连接举例

【例 7-1】 图 7-19 中的螺纹紧固件，选用 GB/T 5782、GB/T 6170、GB/T97. 1 所列的螺栓、螺母、垫圈，需按螺纹规格或公称规格查阅有关标准，计算和选定螺栓的公称长度 l 。

解　螺栓的公称长度 l ，应查阅垫圈、螺母的表格得出 h 、m ，再加上被连接零件的厚度 δ_1 、δ_2 等，经计算后选定。从图 7-19(b) 可知：

$$螺栓长度\ l = \delta_1 + \delta_2 + h + m + a$$

其中， a 是螺栓伸出螺母的长度，一般可取(0.2～0.3) d （d 是螺栓的公称直径）。上式计算得出数值后，再从相应的螺栓标准所规定的长度系列中，选取合适的 l 值。

已知螺纹紧固件的标记为：螺栓　GB/T 5782　M12× l ；螺母　GB/T 6170　M12；垫圈 GB/T 97.1　12；被连接件的厚度 δ_1=12、δ_2=15，试写出螺栓的标记。

根据公称直径 12mm 查附表 2-3 得出螺母的 m_{max} =10.8；查附表 2-5 得垫圈的 $h_{max} = 2.7$ 。

计算螺栓公称长度 l ：

$l \geqslant \delta_1 + \delta_2 + h + m + (0.2\sim0.3)\ d$ = 12+15+ 2.7+10.8+（0.2～0.3）×16= 42.9～44.1

查附表 2-1 六角头螺栓—A 和 B 级(GB/T 5782—2000)可得 l 公称系列值如下：

l 公称（系列值）	6、8、10、12、16、20、25、30、35、40、45、50、55、60、65、70、80、90、100

从中选取螺栓的公称长度 l =45。

所以螺栓的标记为

螺栓　GB/T 5782　M12×45

7.2.3　螺钉连接

螺钉按用途分为连接螺钉和紧定螺钉两类。前者用来连接零件；后者主要是用来固定零件。

1．连接螺钉

连接螺钉用于连接不经常拆卸，并且受力不大的零件。连接螺钉的一端制有螺纹，另一端为头部。按头部形状不同可分为许多种类，如有开槽盘头螺钉、开槽圆柱头螺钉、开槽沉头螺钉、内六角螺钉等。图 7-21 所示的是十字槽沉头螺钉、开槽盘头螺钉和开槽沉头螺钉的连接画法及螺钉各部分的近似尺寸。图 7-21(a)、(c)所示的通孔带有圆锥形沉孔，以便螺钉的头部放入。通孔的直径应比螺钉的大径 d 稍大(孔径≈1.1d)，以便装配。在螺钉连接的装配图中，按装配画法的规定将螺钉作为不剖画出。从图 7-21 中还可以看出，凡不接触表面，如螺钉大径与通孔之间画成两条线。

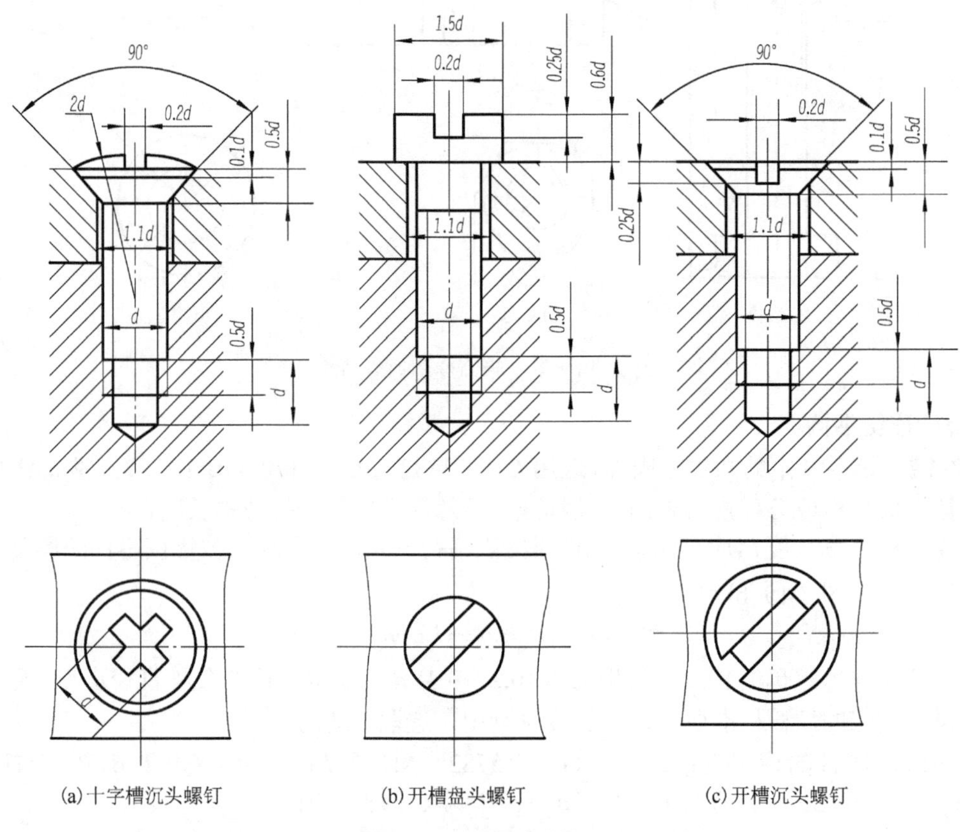

(a)十字槽沉头螺钉　　(b)开槽盘头螺钉　　(c)开槽沉头螺钉

图 7-21　螺钉连接的画法

螺钉连接注意事项：

(1)不用螺母，一般也不用垫圈，而是把螺钉直接拧入被连接件。

(2)螺钉口的槽口：在主视图被放正绘制，在俯视图规定画成与水平线成 45°，不和主视图保持投影关系，如图 7-21(b)、(c)所示。当槽口的宽度小于 2mm 时，槽口投影可涂黑。

(3)若有螺纹终止线，则其应高于两被连接件接触面轮廓线 0.5d，如图 7-21(b)所示。

(4)在装配图中，螺孔有的是通孔；有的是盲孔。当螺孔为盲孔时要注意底部有 120° 的锥角，如图 7-21 所示。

(5)如图 7-22 所示螺钉的旋入长度 b_m 由被旋入件的材料决定：钢 $b_m=d$；铸铁 $b_m=1.25d$ 或 $1.5d$；铝 $b_m=2d$。

2. 紧定螺钉

紧定螺钉用来固定两个零件的相对位置，使它们不产生相对运动。例如，图 7-23 中的轴和齿轮(图中齿轮只画出轮毂部分)，用一个开槽锥端紧定螺钉旋入轮毂的螺孔，使螺钉端部的 90°锥顶角与轴上的 90°锥坑压紧，从而固定了轴和齿轮的相对位置。

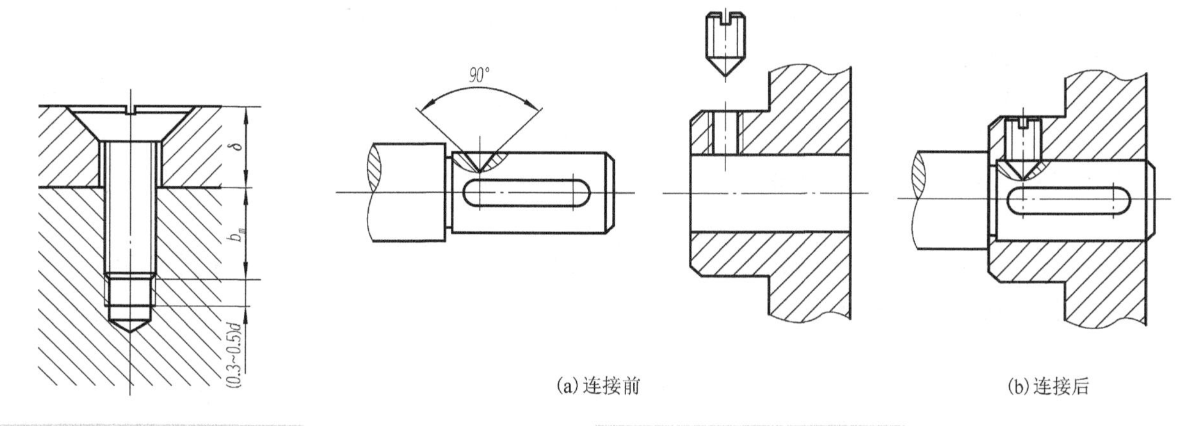

图 7-22　连接螺钉的旋入长度

图 7-23　紧定螺钉连接的画法

7.2.4　双头螺柱连接

1. 双头螺柱连接

当两个被连接的零件中，有一个较厚或不适宜用螺栓连接时，常采用双头螺柱连接。图 7-18(b)是双头螺柱连接的示意图。先在较薄的零件上钻孔(孔径≈1.1d)，并在较厚的零件上制出螺孔。双头螺柱的两端都制有螺纹，一端旋入较厚零件的螺孔中，称为旋入端；另一端穿过较薄的零件上的通孔，套上垫圈，再用螺母拧紧，称为紧固端。从图 7-24 可以看出：双头螺柱连接的上半部与螺栓连接相似，而下半部则与螺钉连接相似。

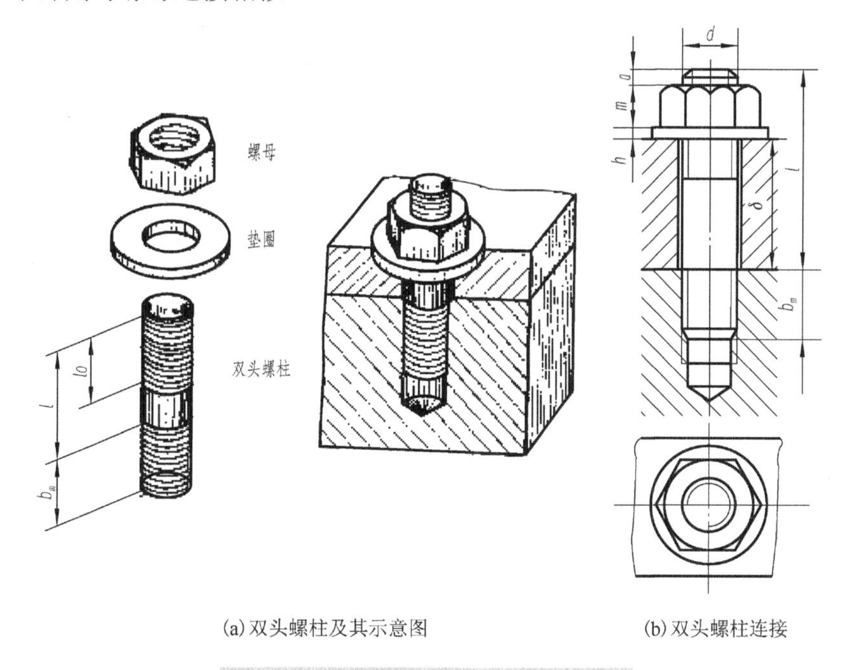

图 7-24　双头螺柱与双头螺柱连接画法

图 7-24 是双头螺柱以及被连接零件和双头螺柱的连接画法，按双头螺柱的螺纹规格 d 进行比例折算。双头螺柱紧固端的螺纹长度为 $l_0=2d$，旋入端的螺纹长度为 b_m，b_m 根据国标规定螺孔的材料选用，通常当被旋入零件的材料为钢和青铜时，取 $b_m=d$，为铸铁时，取 $b_m=1.25d$ 或 $1.5d$；为铝时，取 $b_m=2d$。螺孔的深度为 $b_m+0.5d$，光孔深度为 $0.5d$。双头螺柱的公称长度为 $l=\delta+h+m+a$，计算出 l 值后，从双头螺柱标准中所规定的长度系列里，选取合适的 l 值。

2. 双头螺柱连接举例

【例 7-2】 用粗牙普通螺纹、公称直径 $d=10\text{mm}$ 的双头螺柱连接两个零件。较厚的一个零件（基座）的材料是铸铁，选用 $b_m=1.25d$，另一个零件的厚度 $\delta=10\text{mm}$，并按 GB/T 6170—2000 选用 1 型六角螺母和按 GB/T 97.1—2002 选用平垫圈紧固。试查阅附录中的有关附表，写出螺母、垫圈的规定标记，并计算公称长度 l 和选定双头螺柱。

解 根据公称直径 $d=10\text{mm}$ 查阅附表 2-3 和附表 2-5 可知，螺母和垫圈的规定标记是：

螺母　GB/T 6170－2000　M10

垫圈　GB/T 97.1—2002　10

由附表 2-3 查出的螺母厚度 $m=8.4$，由附表 2-5 查出垫圈厚度 $h=2.2$ 以及已知的 $\delta=10$，可计算双头螺柱的公称长度：

$$l=\delta+h+m+a=10+2.2+8.4+0.3\times10=23.6\text{ mm}$$

查阅附表 2-2，在长度系列中选定 $l=25\text{mm}$。

根据上述各数据，若选用 A 型，则该双头螺柱的规定标记是：

螺柱　GB/T 898　M10×25

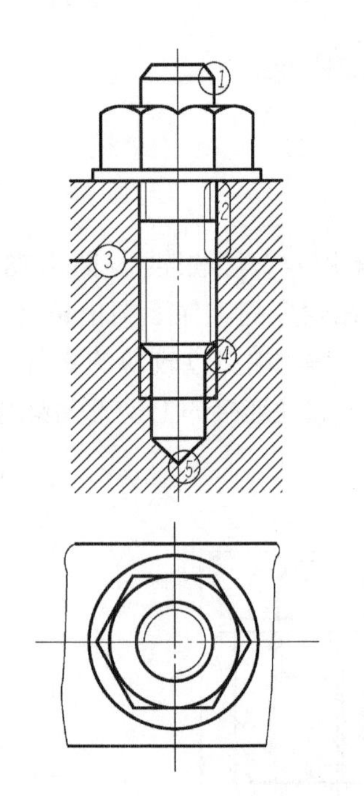

图 7-25　双头螺柱连接的错误画法

【例 7-3】 试指出图 7-25 圈出处的错误画法。

解 图 7-25 中圈出处的错误画法如下：

(1) 双头螺柱伸出螺母处，漏画表示螺纹小径的细实线。

(2) 上部被连接零件的孔径，应比双头螺柱的大径稍大（孔径≈1.1 d），此处不是接触面，应画两条线。同时，剖面线应画到表示孔壁的粗实线为止。

(3) 两相邻零件的剖面线方向，没有画成相反或错开。

(4) 基座螺孔中表示螺纹小径的粗实线和表示钻孔的粗实线，未与双头螺柱表示小径的细实线对齐。螺孔中表示螺纹大径的应为细实线。

(5) 钻孔底部的锥角，未画成 120°。

7.3　键连接和销连接

7.3.1　键连接

在机器和设备中，要使轴和装在轴上的轮同时转动，又便于拆卸，通常在轴与轮子的接触面装上键，起传递扭矩的作用，即在轮孔和轴上分别加工键槽，用键将轮和轴连接起来进行转动，这种连接称为键连接，如图 7-26 所示。

键连接有多种形式，常用的键有普通平键、半圆键和钩头楔键等，如图 7-27 所示。

平键连接应用最广，按平键结构可分圆头普通平键（A 型）、平头普通平键（B 型）、单圆头普通平键（C 型），如图 7-28 所示。

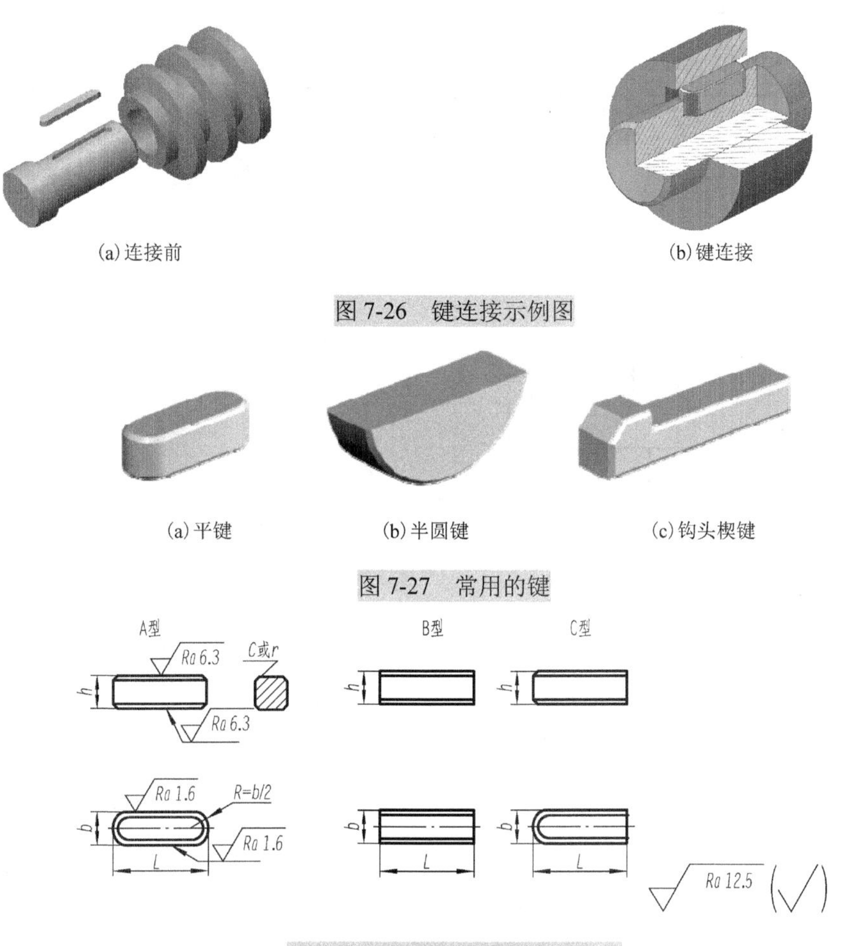

(a)连接前　　(b)键连接

图 7-26　键连接示例图

(a)平键　　(b)半圆键　　(c)钩头楔键

图 7-27　常用的键

图 7-28　普通平键的形式和尺寸

键是标准件，常用的普通平键的尺寸和键槽的断面尺寸，可按轴径查阅附表 3-1 和附表 3-2 得出。选择平键时，先根据轴径 d 从标准中查取键的截面尺寸 $b\times h$，然后按 b，并根据轮毂宽度 B 选定键长 L，一般 L=B−(5～10) mm，并取 L 为标准值。键和键槽的形式、尺寸参见附表 3-1 和附表 3-2。

普通平键的标记示例：

GB/T 1096　键　C 18×12×100

表示 C 型普通平键(A 型平键省略“A”字，而 B 型和 C 型应写出“B”和“C”字)，键宽 b=18mm，键高 h=12mm，键长 L=100mm。

图 7-29(a)表示轴和齿轮的键槽及其尺寸注法。轴的键槽用轴的主视图(局部剖视)和在键槽处的移出断面表示。尺寸则要标注键槽长度 L、键槽宽度 b 和 $d-t$（t 是轴上的键槽深度）。齿轮的键槽采用全剖视图表示，尺寸则应标注 b 和 $d+t_1$（t_1 是齿轮轮毂的键槽深度）。b 与 t、t_1 都可按轴径 d 由附表 3-1 查出；L 则应根据设计要求按 b 由附表 3-2 选定。

图 7-29(b)表示轴和齿轮用平键连接的装配画法。主视图中剖切平面通过轴和键的轴线或对称面，轴和键均按不剖形式画出。为了表示轴上的键槽，采用了局部剖视。键的顶面和轮毂键槽的底面有间隙，应画两条线。左视图中键采用剖视画法，注意轴、齿轮和键的剖面线画法应方向不同或间隔不同。

图 7-29(c)、(d)所示为半圆键和钩头楔键连接的画法。

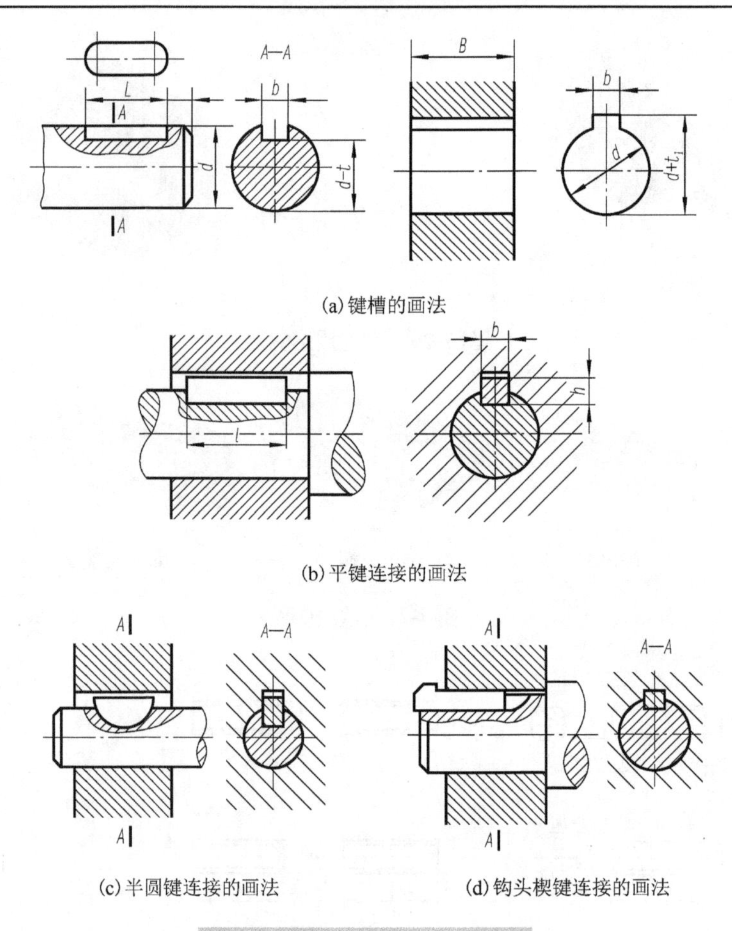

(a) 键槽的画法

(b) 平键连接的画法

(c) 半圆键连接的画法　　(d) 钩头楔键连接的画法

图 7-29　键槽及其键连接的画法

7.3.2　销连接

销是常用的标准件，通常用于零件间的连接或定位，常用的有圆柱销、圆锥销、开口销等。开口销常用在螺纹连接的锁紧装置中，以防止螺母的松脱。图 7-30 所示为常用三种销的连接示意图。

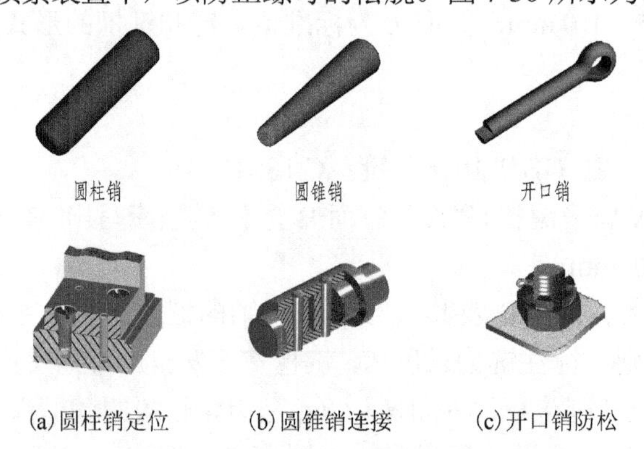

(a) 圆柱销定位　　(b) 圆锥销连接　　(c) 开口销防松

图 7-30　销的种类及连接示意图

图 7-31 所示为圆柱销、圆锥销和开口销连接的画法，当剖切平面通过销的轴线时，销作不剖处理。

销的标记示例：

销　GB/T 119.1　10 m6×90

表示公称直径 d=10mm、公差为 m6、公称长度 L=90mm，材料为钢、不经淬火、不经表面处理的圆柱销。

销的形式、尺寸及标记方法参见附表 3-3 至附表 3-5。

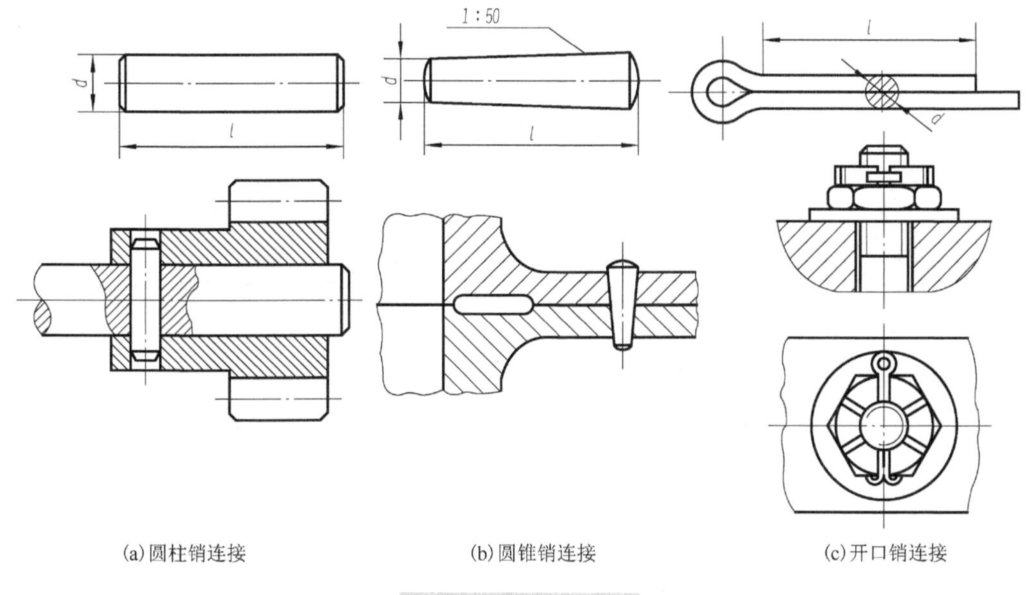

(a) 圆柱销连接　　(b) 圆锥销连接　　(c) 开口销连接

图 7-31　销连接的画法

7.4　齿　　轮

齿轮是广泛应用于机器和部件中的传动零件，它能将一根轴的动力及旋转运动传递给另一轴，也可改变转速和旋转方向，齿轮是常用件。齿轮上每一个用于啮合的凸起部分称轮齿，由两个啮合的齿轮组成的基本机构称齿轮副。常用的齿轮副按两轴相对位置不同分三种。

(1) 平行轴齿轮副(圆柱齿轮)用于两平行轴间的传动，如图 7-32(a)所示。

(2) 相交轴齿轮副(圆锥齿轮)用于两相交轴间的传动，如图 7-32(b)所示。

(3) 交错轴齿轮副(蜗轮与蜗杆)用于两交错轴间的传动，如图 7-32(c)所示。

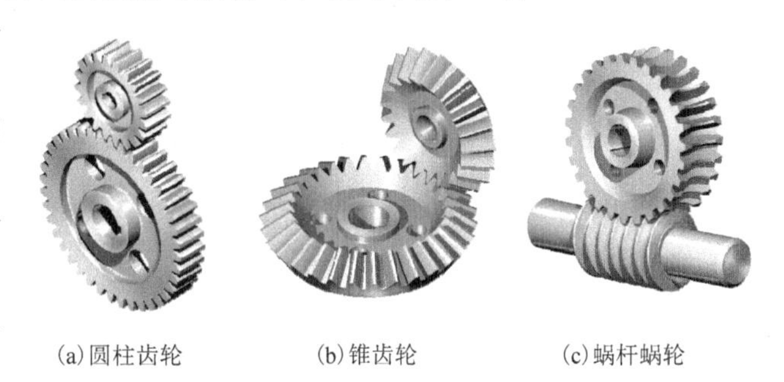

(a) 圆柱齿轮　　(b) 锥齿轮　　(c) 蜗杆蜗轮

图 7-32　常见的齿轮传动

圆柱齿轮的轮齿有直齿、斜齿和人字齿等，其中最常用的是直齿圆柱齿轮。本节主要介绍直齿圆柱齿轮的基本参数及画法。

7.4.1　直齿圆柱齿轮各部分的名称、重要参数和关系

1. 直齿圆柱齿轮各部分的名称和代号(图 7-33)

(1) 顶圆(齿顶圆)：通过齿轮顶部的圆，直径用 d_a 表示。

(2) 根圆(齿根圆)：通过齿轮根部的圆，直径用 d_f 表示。

(3) 节圆、分度圆：当两齿轮啮合时，以 O_1、O_2 为圆心，且过连心线 O_1O_2 上的两轮齿的啮合接触点 P 的圆称为相应齿轮的节圆。直径用 d' 表示，点 P 称节点。设计、加工齿轮时，为了便于计算和分齿而设定的基准圆称分度圆。直径用 d 表示。当标准齿轮按标准中心距安装时节圆与分度圆重合($d=d'$)。

(4) 齿顶高：齿顶圆与分度圆之间的径向距离，用 h_a 表示。

(5) 齿根高：齿根圆与分度圆之间的径向距离，用 h_f 表示。

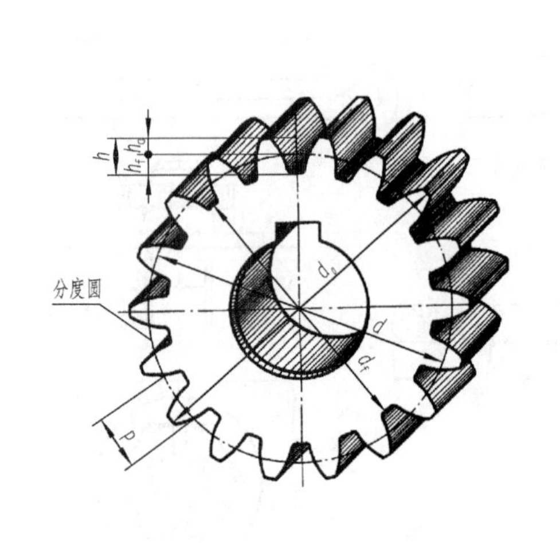

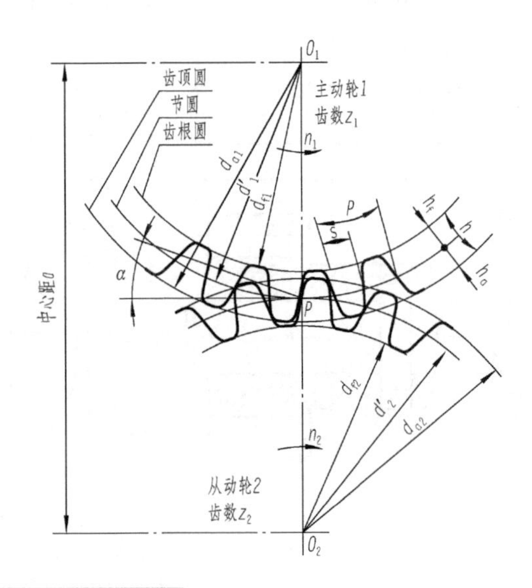

图 7-33　齿轮的各部名称及代号

(6) 齿高：齿顶圆与齿根圆之间的径向距离，用 h 表示，$h=h_a+h_f$ 。

(7) 齿距：两个相邻而同侧齿廓之间的分度圆弧长，用 p 表示。

齿距由槽宽(e)和齿厚(s)组成。在标准齿轮中，槽宽和齿厚各为齿距的一半。即 $s=e=p/2$ 即 $p=s+e$ 。

(8) 齿形角(压力角)：接触点 P 处的公法线与两节圆的公切线所夹的锐角，用 α 表示。我国采用标准齿轮的压力角 $\alpha=20°$ 。

(9) 中心距：两圆柱齿轮轴线之间的最短距离，用 a 表示。

2. 模数

设齿轮的齿数为 z，由于分度圆的周长$=\pi d=zp$，所以 $d=zp/\pi$ 。令 $p/\pi=m$，则 $d=mz$，m 称为齿轮的模数。因为一对正确啮合的齿轮的齿距 p 必须相等，所以它们的模数也必须相等。

模数 m 是设计、制造齿轮的重要参数。模数大，齿距 p 也增大，齿厚 s 也随之增大，因而齿轮的承载能力也增大。不同模数的齿轮，要用不同模数的刀具来加工制造。为了设计和制造方便，减少齿轮成型刀具的规格，模数已经标准化，我国规定的标准模数见表 7-3。

表 7-3　标准模数(摘自 GB/T 1357—1987)

圆柱齿轮模数 m	第一系列	1，1.25，1.5，2，2.5，3，4，5，6，8，10，12，16，20，25，32，40
	第二系列	1.75，2.25，2.75，(3.25)，3.5，(3.75)，4.5，5.5，(6.5)，7，9，(12)，14，18，22

注：选用圆柱齿轮模数时，应优先选用第一系列，其次选第二系列，括号内的模数尽可能不用。

3. 模数与轮齿各部分的尺寸关系

标准直齿圆柱齿轮的轮齿各部分尺寸，都可根据模数来确定，其计算公式见表 7-4。

表 7-4　标准直齿圆柱齿轮轮齿的各部分尺寸关系

名称及代号	计算公式	名称及代号	计算公式
模数 m	$m=p/\pi$ 按表 7-3 取标准值	分度圆直 d	$d=mz$
齿顶高 h_a	$h_a=m$	齿顶圆直 d_a	$d_a=d+2h_a=m(z+2)$
齿根高 h_f	$h_f=1.25m$	齿根圆 d_f	$d_f=d-2h_f=m(z-2.5)$
齿高 h	$h=h_a+h_f=2.25m$	中心距 a	$a=(d_1+d_2)/2=m(z_1+z_2)/2$

7.4.2　直齿圆柱齿轮的规定画法

1. 单个齿轮的规定画法

(1) 齿顶圆和齿顶线用粗实线绘制，分度圆和分度线用细点画线绘制，齿根圆和齿根线用细实线绘制(也可省略不画)，如图 7-34(a)所示。

(2) 在剖视图中，当剖切平面通过齿轮的轴线时，轮齿一律按不剖处理，齿根线画成粗实线，如图 7-34(b)所示。

(3) 需要表示斜齿和人字齿的齿线形状时，可用三条与齿线方向一致的细实线表示，如图 7-34(c)、(d)所示。

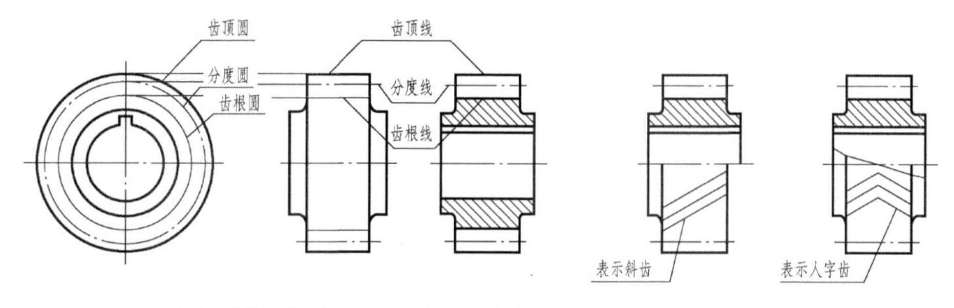

(a) 直齿齿轮外形视图　(b) 直齿齿轮全剖视图　(c) 斜齿齿轮半剖视图　(d) 人字齿局部剖视图

图 7-34　圆柱齿轮的规定画法

2. 啮合的圆柱齿轮画法

(1) 在垂直于圆柱齿轮轴线的投影的视图中，两节圆应相切，啮合区的齿顶圆均用粗实线绘制，也可省略，如图 7-35(a)、(b)所示。

(2) 在剖视图中，当剖切平面通过两啮合齿轮的轴线时，在啮合区内，将一个齿轮的轮齿用粗实线绘制，另一个齿轮的轮齿被遮挡的部分用虚线绘制，如图 7-35(a)所示，也可省略不画。

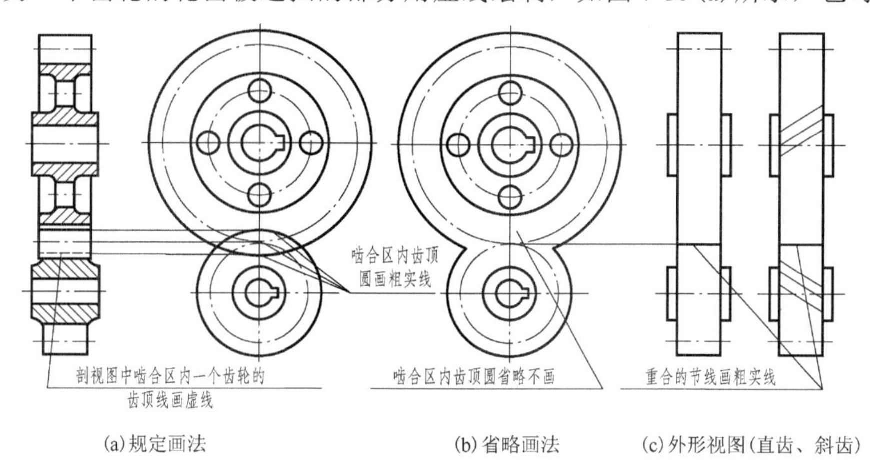

(a) 规定画法　(b) 省略画法　(c) 外形视图(直齿、斜齿)

图 7-35　齿轮啮合的规定画法

(3) 在平行于圆柱齿轮轴线的投影面的外形视图中，啮合区内的齿顶线不需要画出，节线(分度线)用粗实线绘制，其他处的节线(分度线)用点画线绘制，如图 7-35(c)所示。

(4) 齿顶与齿根之间有 $0.25m$ 的间隙，在剖视图中，应按图 7-36 所示的形式画出。

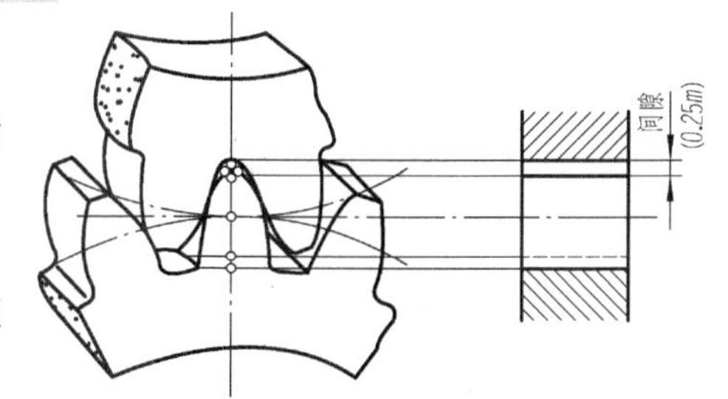

图 7-36　啮合区的画法

7.4.3　齿轮与齿条啮合的画法

当齿轮的直径无限大时，齿轮就成为齿条，如图 7-37 所示。此时，齿顶圆、分度圆、齿根圆都成为直线。绘制齿轮、齿条啮合图时，在齿轮表达为圆的外形视图中，齿轮节圆和齿条节线应相切。在剖视图中，应将啮合区内齿顶线之一画成粗实线，另一轮齿被遮部分画成虚线或省略不画，如图 7-37 所示(图中省略不画被遮的部分)。在图 7-37 中，齿条的主视图画了一个轮齿的齿廓，其余的齿根线用细实线画出。

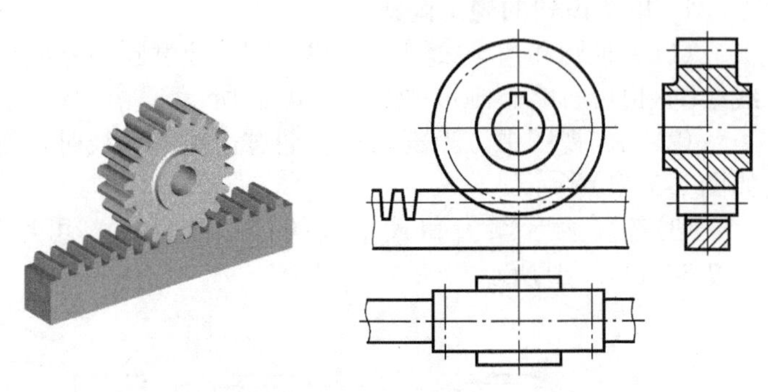

图 7-37　齿轮、齿条啮合的画法

7.4.4　齿轮零件图

图 7-38 所示是齿轮零件图，与其他零件图不同的是，除了要表示出齿轮的形状、尺寸和技术要求外，还要注明齿轮所需的基本参数。

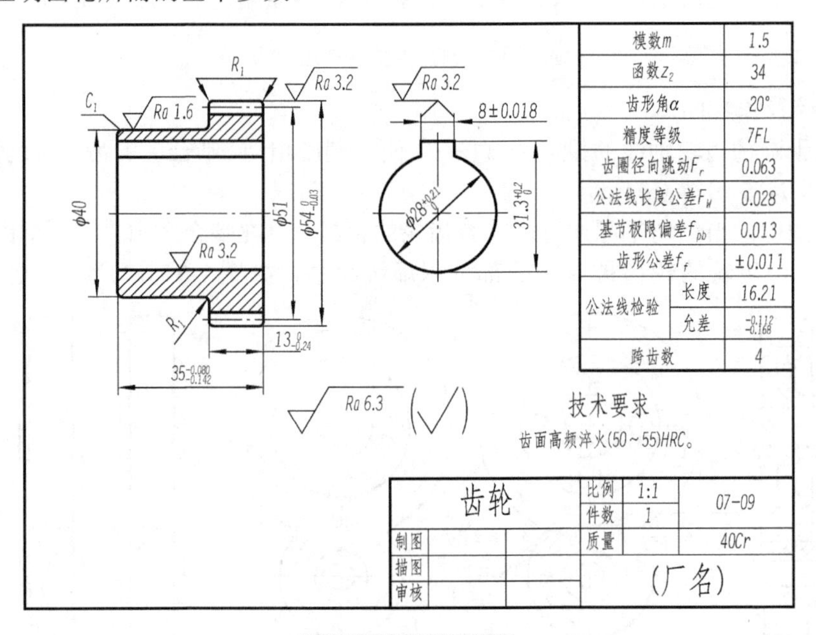

图 7-38　齿轮零件图

7.5　滚 动 轴 承

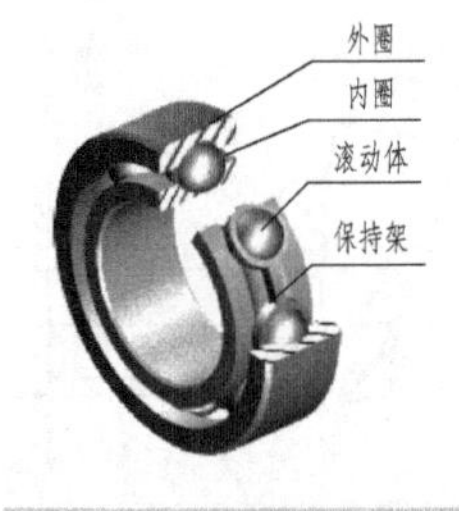

图 7-39　滚动轴承结构

轴承主要用来支承轴及承受轴上的载荷，可分为滚动轴承和滑动轴承。滚动轴承的摩擦小，结构紧凑，故应用广泛，本节仅对常用滚动轴承作介绍。

滚动轴承是标准件，一般由外圈、内圈、滚动体和保持架组成，如图 7-39 所示。通常外圈装在机座的孔内，固定不动，而内圈套在转动的轴上，随轴转动。

7.5.1　滚动轴承的类型、代号

1. 滚动轴承的类型

如图 7-40 所示，按受力方向，滚动轴承可分为三类。

(1) 向心轴承：主要承受径向力；

(2) 推力轴承：只能承受轴向力；

(3) 向心推力轴承：能同时承受径向力和轴向力。

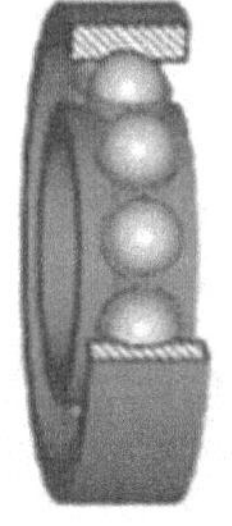

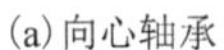

(a) 向心轴承

(b) 推力轴承

(c) 向心推力轴承

图 7-40　滚动轴承的类型

2. 滚动轴承的代号

滚动轴承的结构及尺寸系列已标准化，常用规定代号表示。代号由前置代号、基本代号和后置代号构成，其排列顺序如下：

前置代号　　基本代号　　后置代号

基本代号表示轴承的基本类型、结构和尺寸，是轴承代号的基础。它由轴承类型代号(例如："6" 表示深沟球轴承，"3" 表示圆锥滚子轴承，"5" 表示平底球轴承)、尺寸系列代号[由轴承的宽(高)度系列代号(一位数字)和外径系列代号(一位数字)左、右排列组成]、内径代号(当 10mm≤内径 d≤495mm 时，代号数字 00、01、02、03 分别表示内径 d=10mm、12mm、15mm、17mm；代号数字≥04，则代号数字乘以 5，即为轴承内径 d)构成。

基本代号示例：滚动轴承 61209 GB/T 276—1994

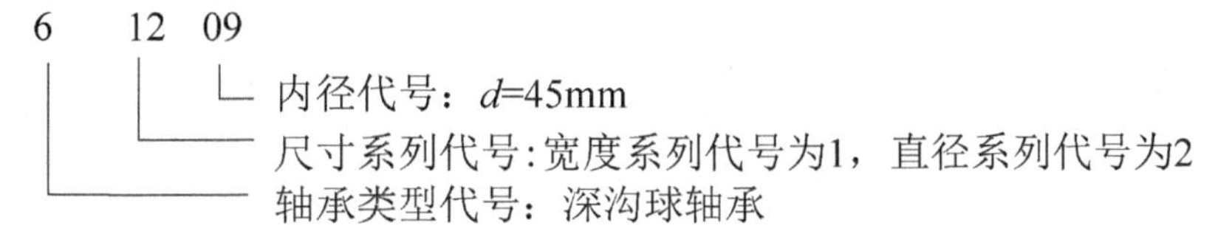

前置、后置代号是轴承在结构形状、尺寸、公差、技术要求等有改变时，在其基本代号左右添加的补充代号(具体可查标准)。

7.5.2　滚动轴承的画法

滚动轴承是标准件，一般不画零件工作图。GB/T 4459.7—1998《机械制图　滚动轴承表示法》规定，滚动轴承可以用通用画法、规定画法和特征画法三种画法绘制。

绘图前，先根据轴承代号查标准确定 d(内径)、D(外径)、B(宽度)。

1. 通用画法

在剖视图中，当不需要确切地表示滚动轴承的外形轮廓、载荷特性、结构特征时，可用矩形线框及位于线框中央正立的、不与矩形线框接触的十字符号表示，如图 7-41 所示。

2. 规定画法

在装配图中，当需真实、形象地表示滚动轴承载荷特性、结构特征时采用规定画法。用规定画法绘制时，轴承的滚动体按不剖处理，内、外圈画成剖视图，剖面线可画成方向和间隔相同。用规定画法绘制时，只画在轴的一侧，另一侧按通用画法绘制，如表 7-5 所示。

3. 特征画法

在装配图中，当需较形象地表示滚动轴承载荷特性、结构特征时采用特征画法。主要是矩形线框和结构要素符号，且两者不接触，如表 7-5 所示。滚动轴承在垂直于轴线的投影面上的投影一律采用图 7-42 所示的特征画法。

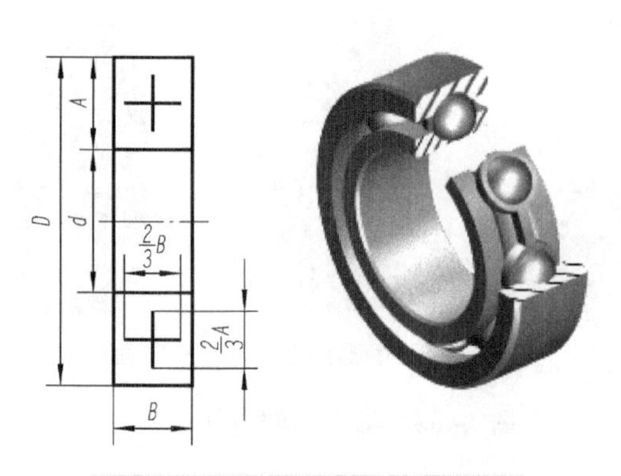

图 7-41　滚动轴承的通用画法示例

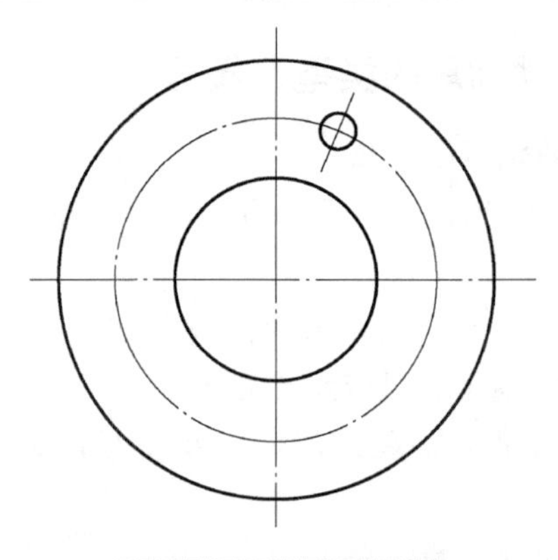

图 7-42　特征画法规定

表 7-5　常用滚动轴承的形式和画法

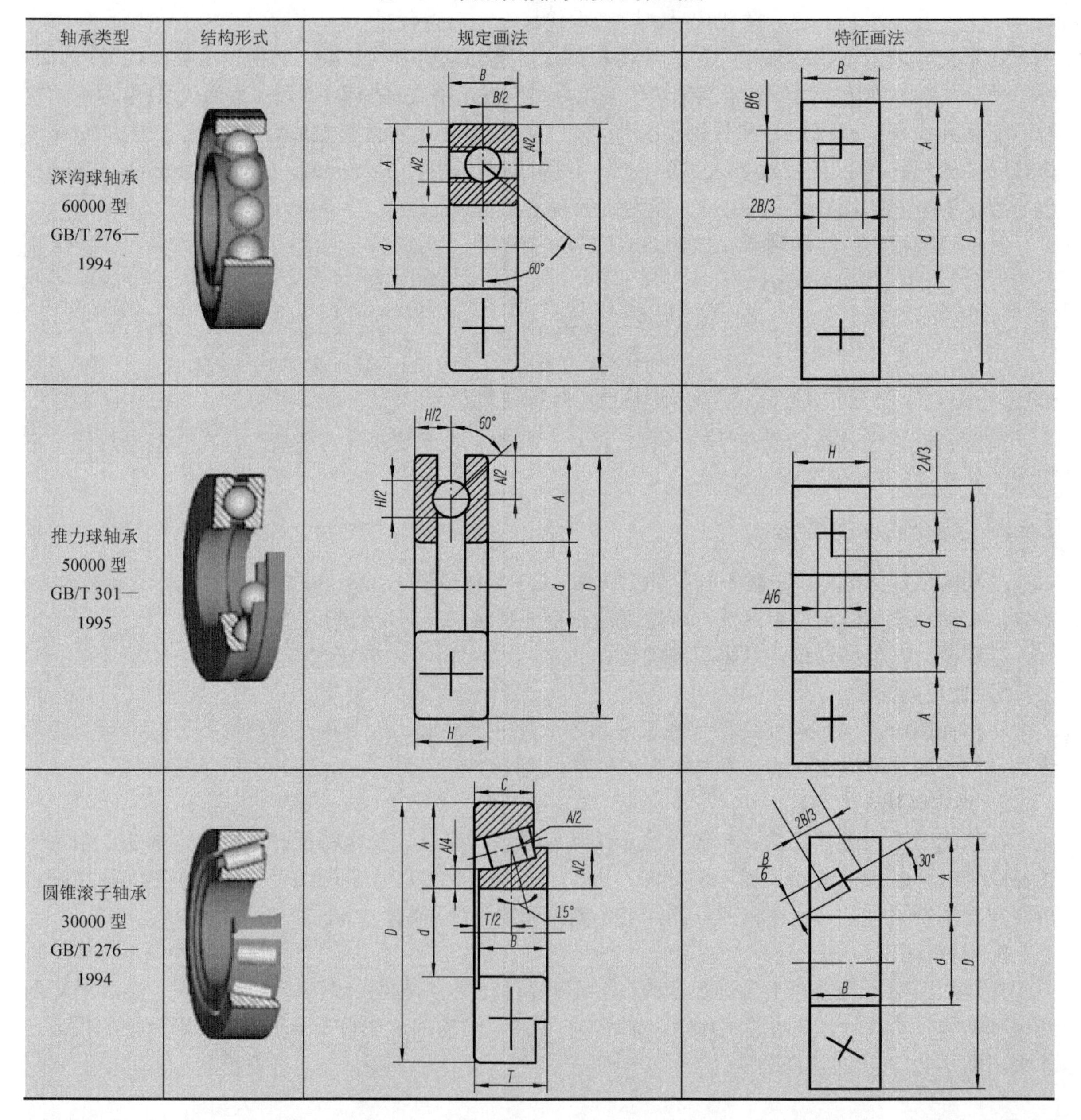

轴承类型	结构形式	规定画法	特征画法
深沟球轴承 60000 型 GB/T 276—1994			
推力球轴承 50000 型 GB/T 301—1995			
圆锥滚子轴承 30000 型 GB/T 276—1994			

7.6 弹　　簧

弹簧主要用来减振、夹紧、储存能量和测力等，它的特点是去除外力后，能立即恢复原状。弹簧的种类很多，有螺旋弹簧、涡卷弹簧、蝶形弹簧、板弹簧等，其中螺旋弹簧又分为压缩弹簧、拉伸弹簧和扭转弹簧等，如图 7-43 所示。本节仅介绍圆柱螺旋压缩弹簧的尺寸计算和画法。

(a)压缩弹簧

(b)拉伸弹簧

(c)扭转弹簧

(d)平面蜗卷弹簧

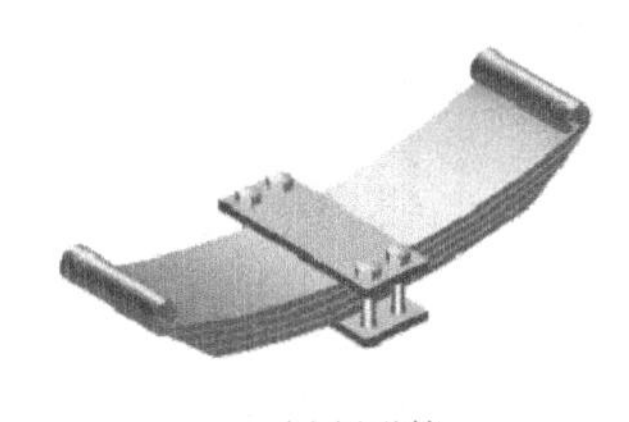
(e)板弹簧

图 7-43　弹簧的部分种类

7.6.1　圆柱螺旋压缩弹簧各部分名称及尺寸关系

圆柱螺旋压缩弹簧各部分的名称和尺寸如图 7-44 所示。

(1)弹簧线径 d：制造弹簧的钢丝直径，按标准选取。

(2)弹簧外径 D_2：弹簧的最大直径，$D_2=D+d$。

(3)弹簧内径 D_1：弹簧的最小直径，$D_1=D_2-2d$。

(4)弹簧中径 D：弹簧的平均直径，$D=(D_2+D_1)/2$。

(5)节距 t：除支承圈外，相邻两圈间的轴向距离。

(6)自由高度 H_0：指弹簧不受外力作用时的高度。

(7)弹簧的总圈数 n_1、支承圈数 n_2、有效圈数 n：为保证圆柱螺旋压缩弹簧工作时变形均匀，使中心轴线垂直于支承面，需将弹簧两端并紧、磨平几圈，并紧、磨平的各圈仅起支承作用，故称为支承圈，常用的有 1.5 圈、2 圈、2.5 圈三种形式；保持相等节距的圈称为有效圈；支承圈数和有效圈数之和称为总圈数，即 $n_1=n_2+n$。

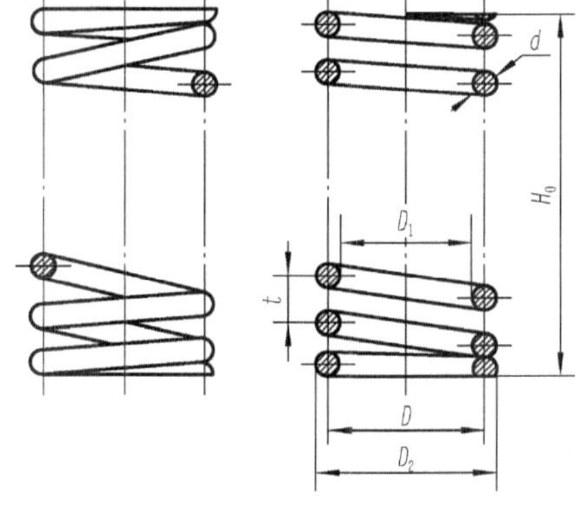

(a)外形视图的画法　(b)剖视图的画法

图 7-44　压缩弹簧各部分的尺寸

(8)展开长度 L：制造弹簧时，簧丝的下料长度，$L\approx n_1\sqrt{(\pi D)^2+t^2}$。

7.6.2　圆柱螺旋压缩弹簧的规定画法和步骤

1. 圆柱螺旋压缩弹簧的画法(图 7-44)

(1)弹簧在平行于轴线的投影面上的视图中，各圈的投影转向轮廓线画成直线，如图 7-44 所示。

(2)有效圈数在四圈以上的弹簧，中间各圈可省略不画。当中间部分省略后，可适当缩短图形的长度，如图 7-44 所示。

(3)螺旋压缩弹簧如果两端并紧磨平时，不论支承圈多少和末端并紧情况如何，均按支承圈为 2.5 圈的形式画出，如图 7-44 所示。

(4)在装配图中，被弹簧挡住的结构一般不画出，可见部分应从弹簧的外轮廓线或从弹簧钢丝断面的中心线画起，如图 7-45(a)所示。

(5)在装配图中，弹簧被剖切时，如弹簧钢丝断面的直径，在图形上等于或小于 2mm 时，断面可以涂黑表示，如图 7-45(b)所示；也可用示意画法，如图 7-45(c)所示。

(6) 在图样上，螺旋弹簧均可画成右旋，但左旋螺旋弹簧不论画成左旋或右旋，一律要加注“左”或“LH”。

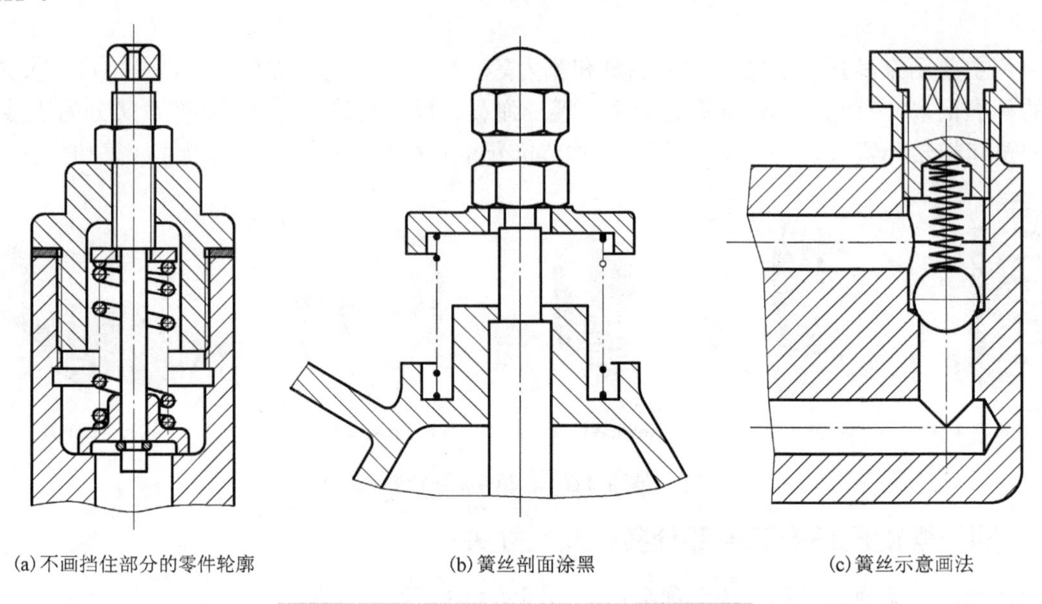

(a) 不画挡住部分的零件轮廓　　(b) 簧丝剖面涂黑　　(c) 簧丝示意画法

图 7-45　圆柱螺旋压缩弹簧在装配图中的画法

2. 圆柱螺旋压缩弹簧画图步骤

(1) 算出弹簧中径 D 及自由高度 H_0，绘出矩形线框，如图 7-46 (a) 所示。

(2) 按照材料直径 d 画出两端支承圈，如图 7-46 (b) 所示。

(3) 在有效圈范围内画直径为 d 的圆，即在右边中径处以节距 t 为间距画两个圆；再在左边中径处以 $t/2$ 为间距画两个圆，如图 7-46 (c) 所示。

(4) 按右旋方向作相应圆的公切线，完成全图。必要时，可画成剖视图或画出俯视图，如图 7-46 (d) 所示。

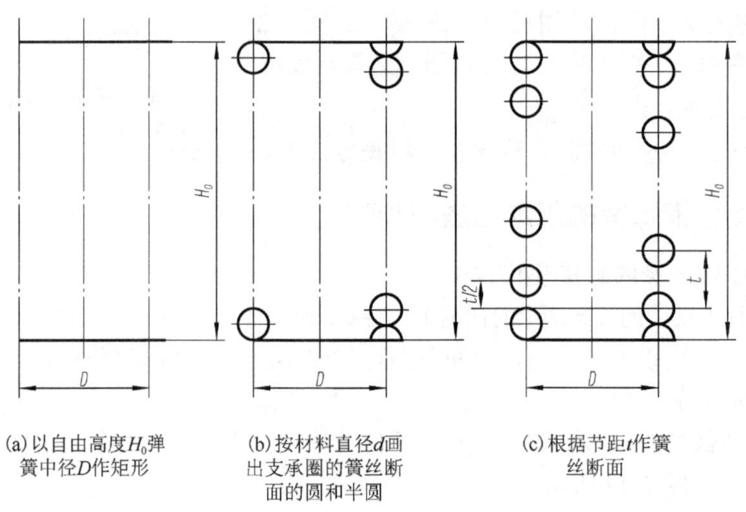

(a) 以自由高度 H_0 弹簧中径 D 作矩形　　(b) 按材料直径 d 画出支承圈的簧丝断面的圆和半圆　　(c) 根据节距 t 作簧丝断面

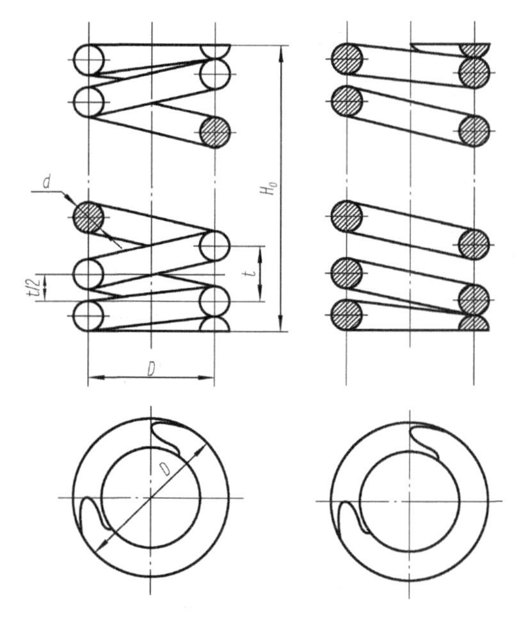

(d)按右旋作圆的公切线画成剖视图或俯视图

图 7-46　圆柱螺旋压缩弹簧的画图步骤

7.6.3　圆柱螺旋压缩弹簧的标记

GB/T 2089—1994 规定了圆柱螺旋压缩弹簧的标记，由名称、类型、尺寸及精度代号、旋向、国标号、材料牌号及表面处理组成，标记的形式举例如下：

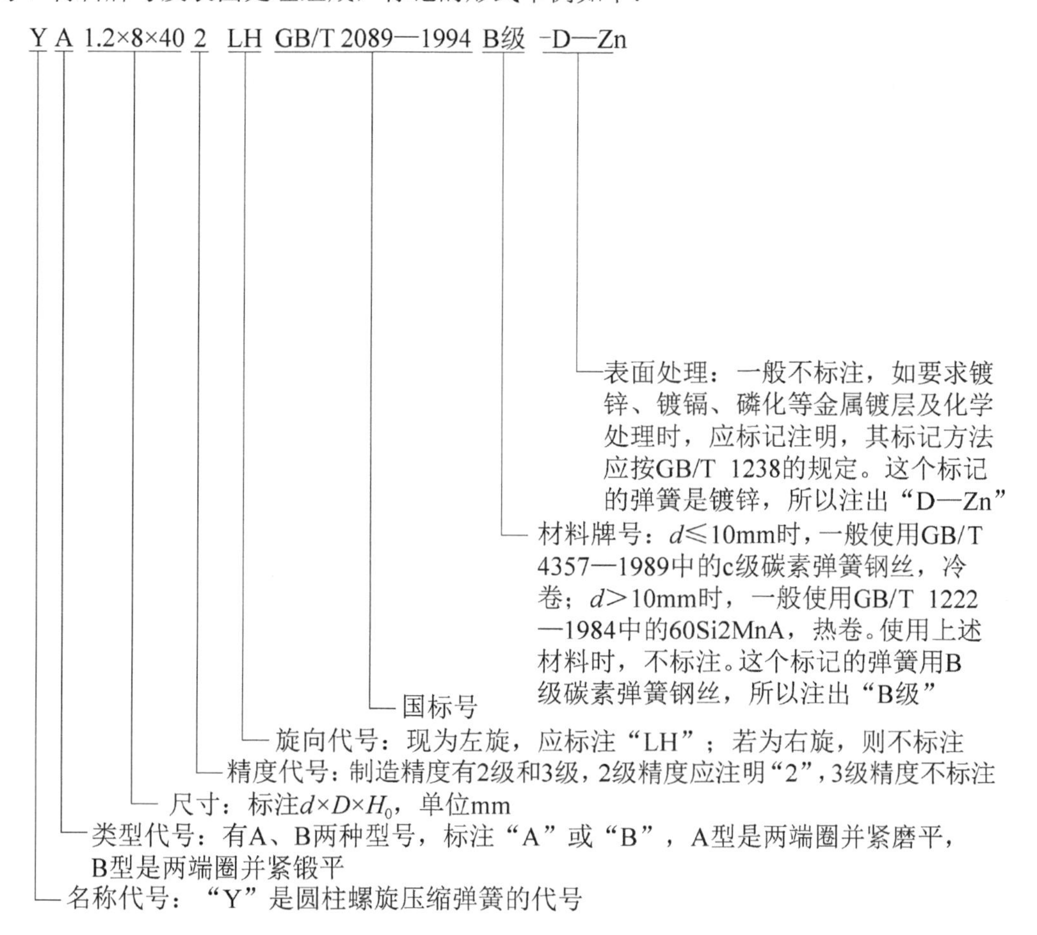

例如，材料直径 30mm，弹簧中径 150mm，自由高度 320mm，制造精度为 3 级，材料为 60Si2MnA，热卷，两端并紧锻平，表面涂漆处理的右旋圆柱螺旋压缩弹簧，按上述规定，它的标记应为：Y B 30×150×320　GB/T 2089—1994。

7.6.4 圆柱螺旋压缩弹簧零件图

图 7-47 是一个圆柱螺旋压缩弹簧的零件图，在弹簧主视图上，注出了完整的尺寸和尺寸公差、形位公差；同时，具有技术要求，并在零件图上方用图解表示弹簧受力时的压缩长度。

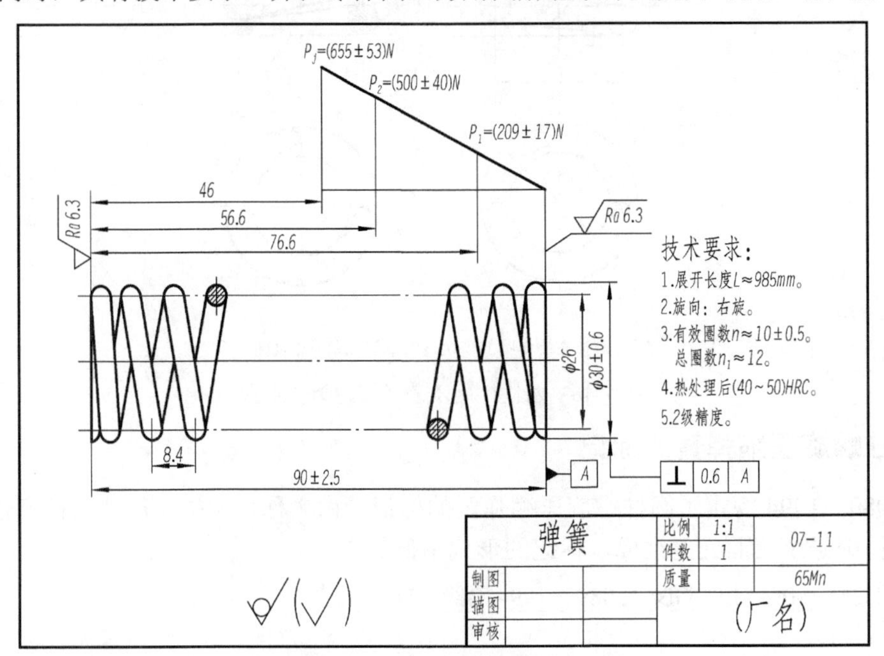

图 7-47　圆柱螺旋压缩弹簧零件图

第8章　零　件　图

教学目标和要求

掌握中等复杂的零件图绘制和阅读；
掌握视图正确的合理表达方法；
了解国家标准对尺寸标注的要求，并能进行基本的尺寸标注；
了解零件结构的工艺性以及加工过程和方法。

教学重点和难点

掌握中等复杂的零件图绘制和阅读；
掌握视图正确的合理表达方法；
了解国家标准对尺寸标注的要求，并能进行基本的尺寸标注。

任何一台机器都是由许多零件装配而成的。表达零件形状、结构、大小及技术要求的图样，称为零件图。本章主要讨论零件图的作用与内容、零件的常见工艺结构、零件表达方案的选择、零件图的尺寸标注、零件的技术要求、画零件图及看零件图的方法和步骤等内容。

8.1　零件图的内容

零件图是制造和检验零件的主要依据，是生产部门的重要技术文件之一。图 8-1(a)为一球阀部件，图 8-1(b)为球阀中阀杆的零件图。为了保证设计要求，制造出合格的零件，一张完整的零件图应具有以下几方面的内容。

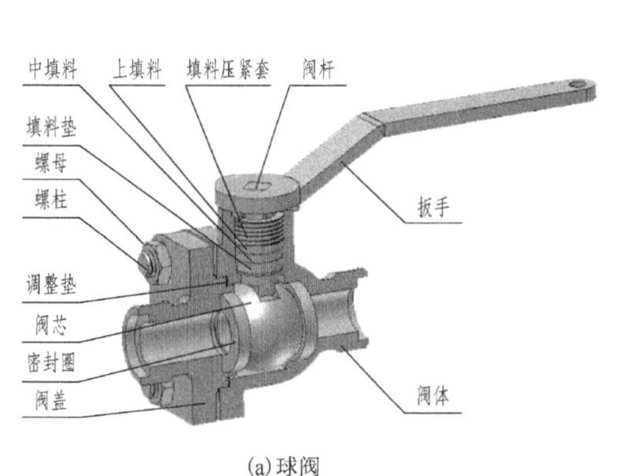

(a)球阀

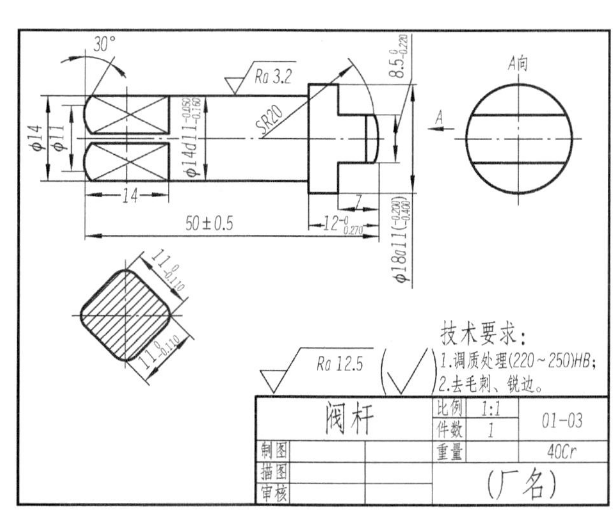

(b)阀杆零件图

图 8-1　阀杆零件图

(1) 一组图形。用视图、剖视、断面及其他规定画法来正确、完整、清晰地表达零件的各部分形状和结构。

(2) 全部尺寸。正确、完整、清晰、合理地标注零件的全部尺寸。

(3) 技术要求。用符号或文字来说明零件在制造、检验等过程中应达到的一些技术要求，如表面粗糙度、尺寸公差、形状和位置公差、热处理要求等。技术要求的文字一般注写在标题栏上方图纸空白处。

(4) 标题栏。标题栏位于图纸的右下角，应填写零件的名称、材料、数量、图的比例以及设计、描图、审核人的签字、日期等各项内容。

8.2　零件的结构工艺性简介

零件的结构形状是由在机器中所起的作用决定的。大部分零件都要经过热加工和机械加工等过程制造出来，因此，设计零件时，首先必须满足零件的工作性能要求，同时还应考虑到制造和检验的工艺合理性，以便有利于加工制造。常见的工艺结构有铸造工艺结构和机械加工工艺结构。

1. 铸造零件的工艺结构

复杂零件的毛坯大多是通过铸造得到的。铸件的结构形状应有利于防止出现铸造缺陷。一般的铸造结构如表 8-1 所示。

表 8-1　常见铸造工艺结构

内容	图例	说明
铸造圆角和拔模斜度	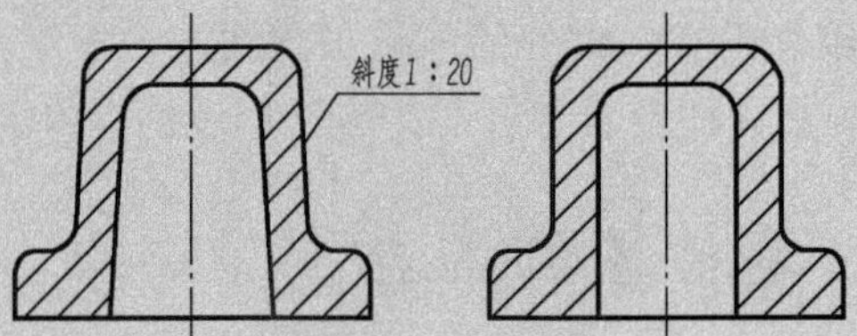 斜度1：20	为了防止砂型在尖角处脱落和避免铸件冷却收缩时，在尖角处产生裂纹，铸件各表面相交处应做成圆角。为了起模方便，铸件表面沿拔模方向作出斜度，一般为1：20，拔模斜度若无特殊要求图中可不画出，也不作标注
铸件壁厚	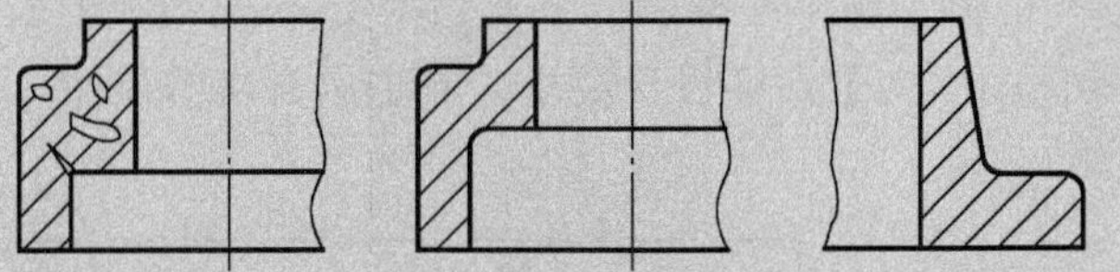 (a) 壁厚不均匀产生缩孔　(b) 壁厚均匀　(c) 壁厚渐变过渡	为了避免浇铸后零件各部分因冷却速度不同，而产生缩孔、裂纹等缺陷，应尽可能使铸件壁厚均匀或逐渐变化
加强肋的使用	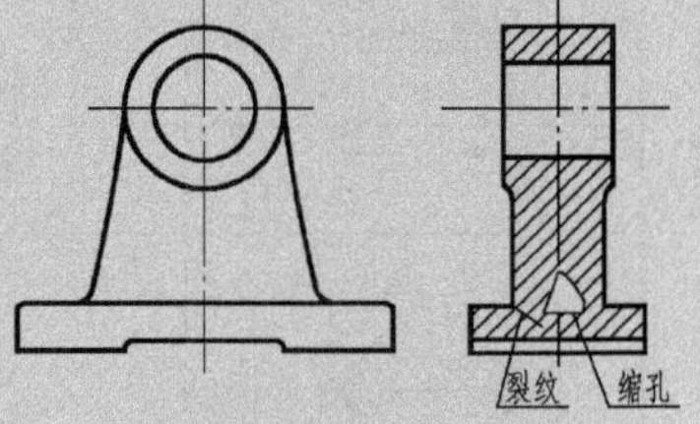 裂纹　缩孔 (a) 不合理 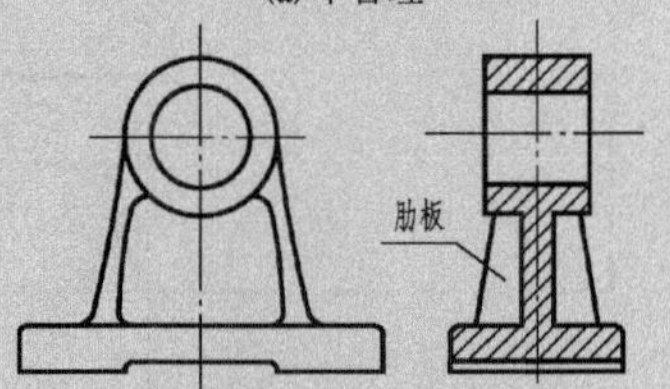 肋板 (b) 合理	铸件厚度过厚易产生裂纹、缩孔等铸造缺陷，但厚度过薄又使铸件强度不够。为避免由于厚度减薄对强度的影响，可用加强肋来补偿

续表

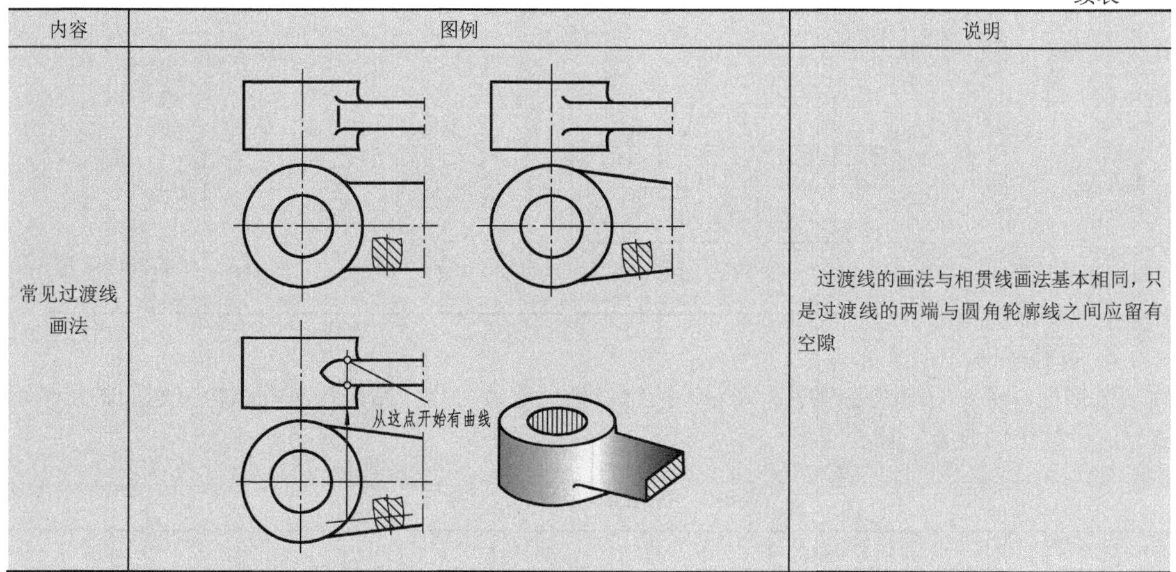

内容	图例	说明
常见过渡线画法		过渡线的画法与相贯线画法基本相同，只是过渡线的两端与圆角轮廓线之间应留有空隙

2. 机械加工零件的工艺结构

常见的机械工艺结构如表 8-2 所示。

表 8-2　常见铸造工艺结构

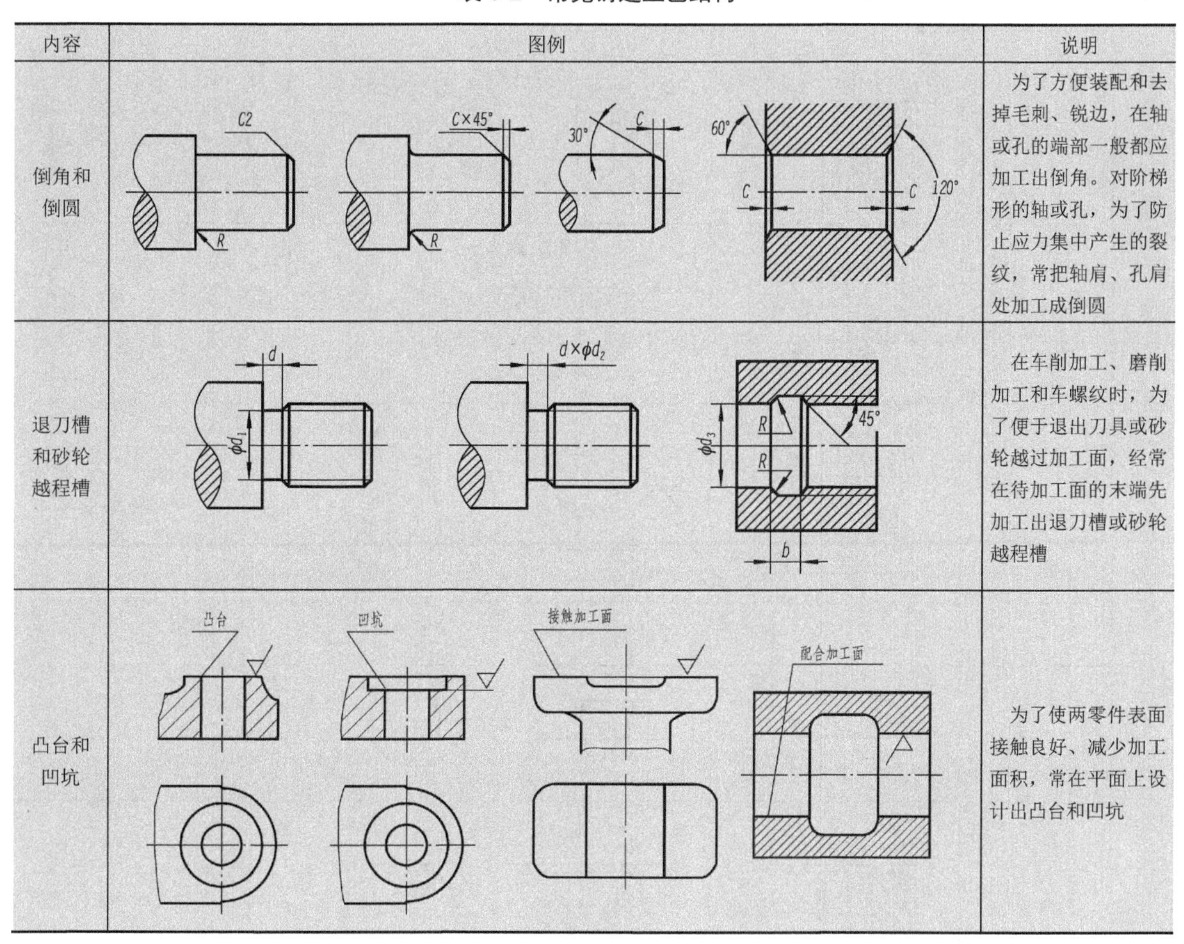

内容	图例	说明
倒角和倒圆		为了方便装配和去掉毛刺、锐边，在轴或孔的端部一般都应加工出倒角。对阶梯形的轴或孔，为了防止应力集中产生的裂纹，常把轴肩、孔肩处加工成倒圆
退刀槽和砂轮越程槽		在车削加工、磨削加工和车螺纹时，为了便于退出刀具或砂轮越过加工面，经常在待加工面的末端先加工出退刀槽或砂轮越程槽
凸台和凹坑		为了使两零件表面接触良好、减少加工面积，常在平面上设计出凸台和凹坑

续表

内容	图例	说明
合理的钻孔结构	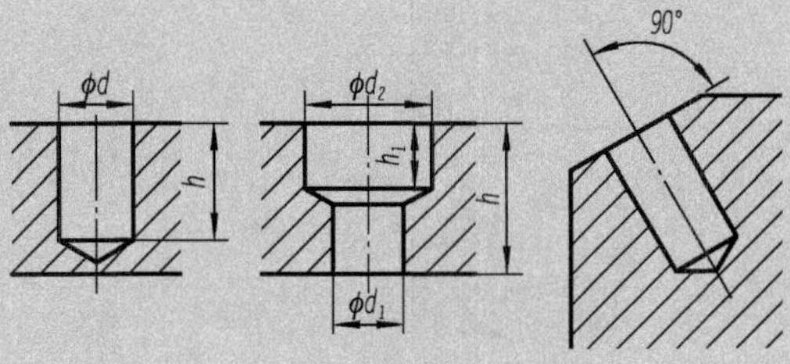 ϕd　h　ϕd_2　h_1　h　ϕd_1　90°	钻孔时，钻头的轴线应尽量垂直于被加工表面，以保证正确的加工位置和避免损坏钻头。 设计钻孔工艺结构时，还应考虑便于钻头进出

3. 沉孔结构

在螺栓、螺钉、螺柱连接中，为保证接触良好、连接可靠，常采用沉孔结构，它们的结构形式和尺寸注法如表 8-3 所示。

表 8-3　孔的结构形式和尺寸注法

结构类型		普通注法	旁注法	说明
光孔	一般孔	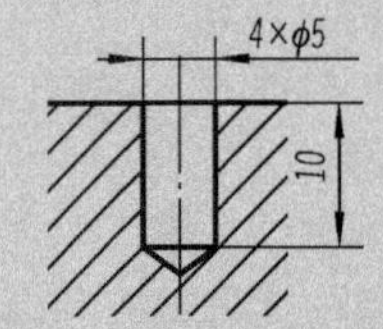 4×φ5　10	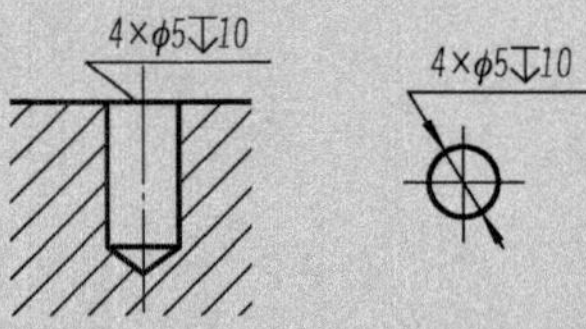 4×φ5↧10　4×φ5↧10	4×φ5 表示四个孔的直径均为 φ5。三种注法任选一种均可
	精加工孔	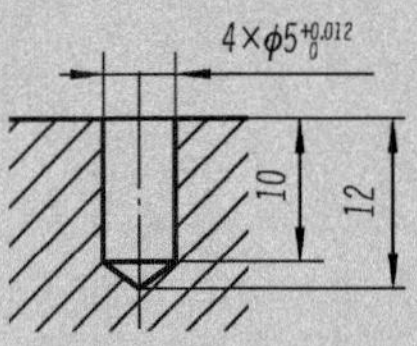 $4\times\phi5^{+0.012}_{0}$　10　12	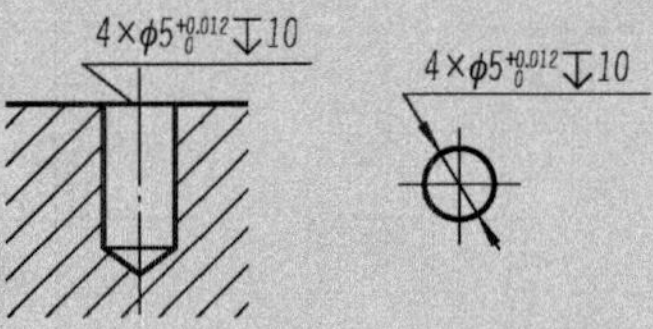 $4\times\phi5^{+0.012}_{0}$↧10　$4\times\phi5^{+0.012}_{0}$↧10	钻孔深为 12，钻孔后需精加工至 $\phi5^{+0.012}_{0}$，加工深度为 9
	锥销孔	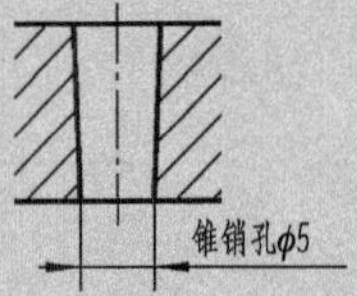 锥销孔φ5	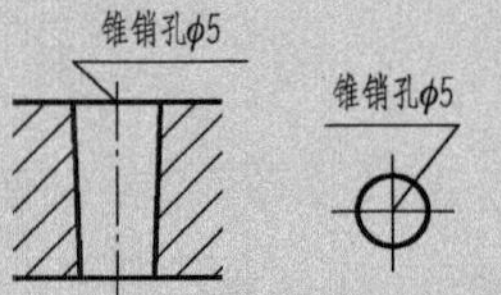 锥销孔φ5　锥销孔φ5	φ5 为与锥销孔相配的圆锥销小头直径(公称直径)。 锥销孔通常是相邻两零件装在一起时加工的
沉孔	锥形沉孔	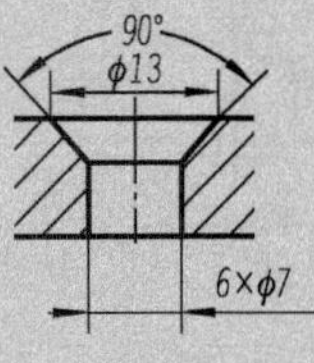 90°　φ13　6×φ7	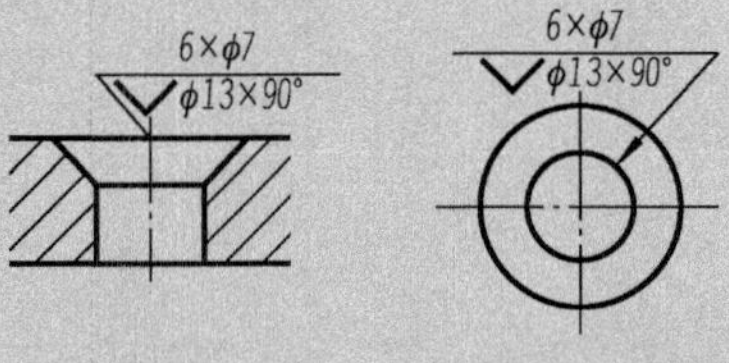 6×φ7 ⌵φ13×90°　6×φ7 ⌵φ13×90°	6×φ7 表示六个孔的直径均为 φ7。锥形部分大端直径为 φ13，锥角为 90°
	柱形沉孔	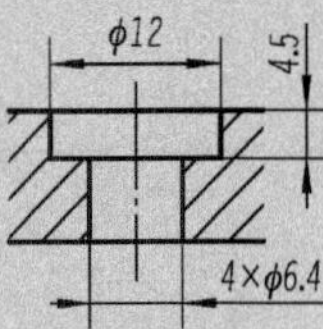 φ12　4.5　4×φ6.4	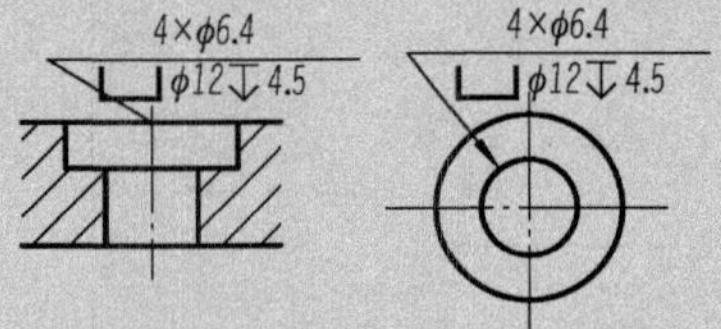 4×φ6.4 ⌴φ12↧4.5　4×φ6.4 ⌴φ12↧4.5	四个柱形沉孔的小孔直径为 φ6.4，大孔直径为 φ12，深度为 4.5
	锪平面孔	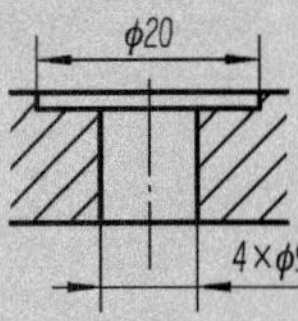 φ20　4×φ9	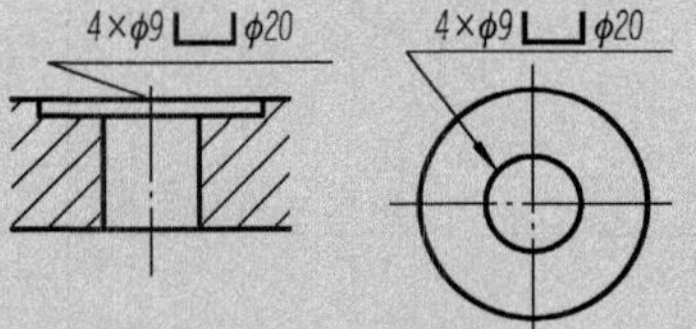 4×φ9 ⌴φ20　4×φ9 ⌴φ20	锪平面 φ20 的深度不需标注，加工时一般锪平到不出现毛面为止

续表

结构类型		普通注法	旁注法		说明
螺纹孔	通孔	3×M6-7H	3×M6-7H	3×M6-7H	3×M6-7H表示3个直径为6，螺纹中径、顶径公差带为7H的螺孔
	不通孔	3×M6-7H 10	3×M6-7H↧10	3×M6-7H↧10	深10是指螺孔的有效深度尺寸为10，钻孔深度以保证螺孔有效深度为准，也可查有关手册确定
	不通孔	3×M6 10 12	3×M6↧10 孔↧12	3×M6↧10 孔↧12	需要注出钻孔深度时，应明确标注出钻孔深度尺寸

8.3 零件的表达方案的选择

零件表达方案选择包括选择主视图以及其他视图，并运用各种表达方法，如剖视、断面等，完整、清晰地表达零件内外形状和结构。

1. **主视图的选择**

主视图是零件图中最重要的视图，是一组视图的核心，读图和绘图一般先从主视图着手，主视图选得是否正确合理，将直接关系到其他视图的数量及配置，影响到读图和绘图是否方便。

选择主视图一般应遵循以下原则。

1)零件的形状特征

主视图应能清楚地反映出零件各组成部分的形状及各功能部分的相对位置关系。形状特征原则是选择主视图投影方向的主要依据，如图8-2所示支座有A和B两种投影方向，其中A向比B向更能反映零件的主要结构形状和相对位置，所以主视图的投射方向选择A向。

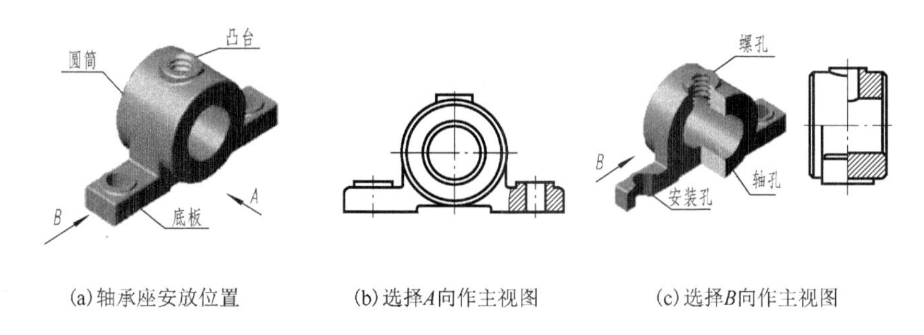

(a)轴承座安放位置　(b)选择A向作主视图　(c)选择B向作主视图

图8-2　轴承座主视图选择

2)零件的加工位置

零件在机床上的位置称为加工位置。通常轴、套、轮和圆盖等零件是以加工位置作为在空间安放位置，结合形状特征选择主视图。图8-3为一轴在车床上的加工示例，主视图按零件的加工位置画出。

3) 零件的工作位置

机器开动后，零件在机器中的位置称为工作位置。叉架、箱体等零件由于结构形状比较复杂，加工面较多，并且需要在不同的机床上加工，因此，这类零件的主视图应按工作位置画出，便于按图装配，如图 8-4 所示。

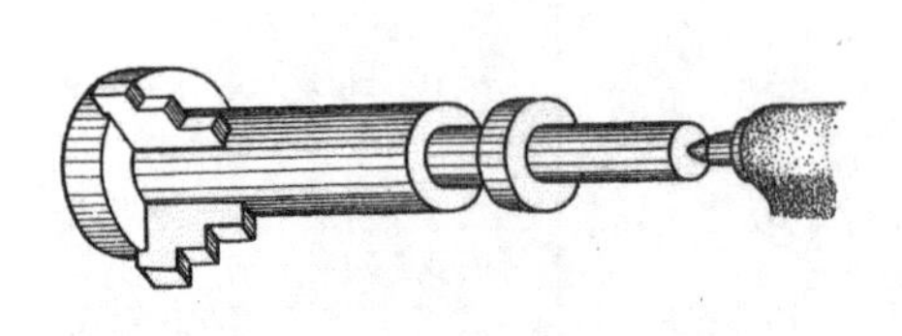

图 8-3　轴在车床上的加工位置

(a) 阀体

(b) 支座

(c) 泵体

图 8-4　零件的工作位置

4) 倾斜零件放正

有些零件加工工序较为复杂，在机器中的工作位置是倾斜的，若按倾斜位置画图，会增加画图和看图的麻烦，对这类零件应在满足形体特征原则确定主视图的投影方向后将零件放正，使其主要表面平行或垂直于基本投影面，如图 8-5 所示的叉架零件图。

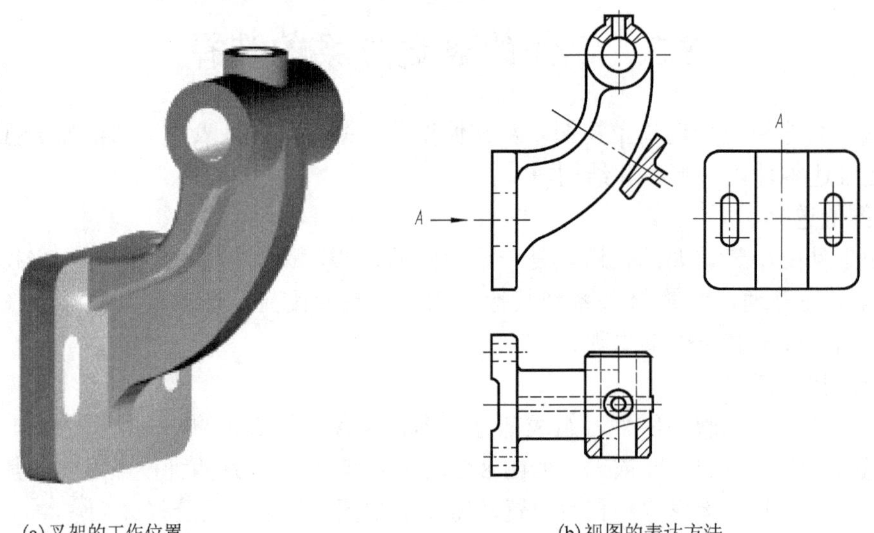

(a) 叉架的工作位置　　(b) 视图的表达方法

图 8-5　叉架的视图选择

2. 其他视图的选择

选择其他视图的原则是：在完整、清晰地表达零件内外形状和结构的前提下，尽量减少视图数量。

对于形状简单的轴套类零件，在主视图上加注直径尺寸就能将零件的结构形状表达清楚。但多数零件仅用一个视图难以完整地表达其结构形状，还必须选择其他视图来补充说明。

选择其他视图时应从以下几个方面考虑：

(1) 根据零件的复杂程度和结构特征，其他视图应对主视图中没有表达清楚的结构形状特征和相对位置进行补充表达。

(2) 选择其他视图时，应优先考虑选用基本视图，尽量在基本视图中选择剖视。

(3) 对尚未表达清楚的局部形状和细小结构，可补充必要的局部视图和局部放大图，尽量按投影关系放置在有关视图的附近。

(4) 选择视图除完整、清晰外，视图数量要恰当，有时为了保证尺寸注得正确、完整、清晰，也可适当增加某个图形。

8.4　零件图的尺寸标注

零件上各部分的大小是按照图样上所标注的尺寸进行制造和检验的。标注尺寸要做到正确、完整、清晰、合理。对于前三项要求，在组合体视图尺寸标注中已介绍，本节主要讨论尺寸标注的合理性。所谓尺寸标注得合理，就是所标注的尺寸能达到设计和制造的要求。

8.4.1　尺寸基准的选择

基准就是标注或量取尺寸的起点。基准的选择直接影响设计要求能否达到及加工是否可行和方便。

尺寸基准可以是平面(如零件的底面、端面、对称面和结合面)、直线(如零件的轴线和中心线等)和点(如圆心、坐标原点等)。零件在机器装配中或在加工、测量时用基准确定它的位置。

1. 尺寸基准分类

1)设计基准

用以确定零件在机器中位置的点、线、面称为设计基准。如图8-6所示的轴承架，在机器中的位置是用接触面*Ⅰ*、*Ⅲ*和对称面*Ⅱ*来确定的，这三个面就分别是轴承架长、高和宽三个方面的设计基准。

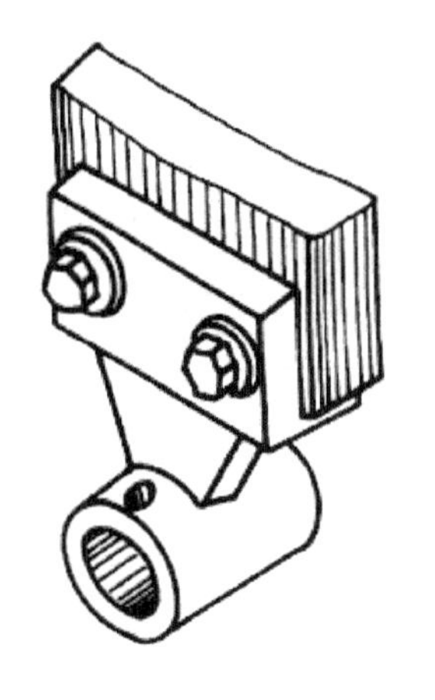

(a)轴承架安装方法　　　　　　　　　　(b)轴承设计基准

图8-6　轴承架设计基准

2)工艺基准

零件在加工、测量、检验时所选定的基准。如图8-7所示的套在车床上加工时，用左端大圆柱面作为径向定位面，而测量轴向尺寸 *a*、*b*、*c* 时，则以右端面为起点，因此右端面就是工艺基准。

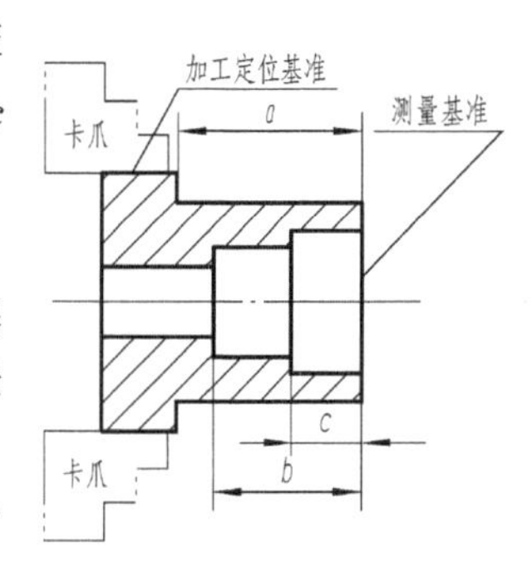

图8-7　套的工艺基准

2. 基准的选择

为减少误差，保证零件的设计要求，在选择基准时，最好使设计基准与工艺基准重合。如不能重合时，零件的功能尺寸从设计基准开始标注，不重要的尺寸从工艺基准开始标注或按形体分析法标注。

当零件较复杂时，一个方向只选一个基准往往不够用，还要附加一些基准。其中起主要作用的称为主要基准，起辅助作用的称为辅助基准。主要基准与辅助基准及两辅助基准之间都应有联系尺寸。

8.4.2　合理标注尺寸应注意的问题

1) 重要尺寸要直接注出

零件上的规格性能尺寸、配合尺寸、装配尺寸、保证机器(或部件)正确安装的尺寸等，都是设计上必须保证的重要尺寸。重要尺寸直接影响零件的使用性能和装配质量，必须从主要基准直接注出，以保证设计要求。

在图 8-8 所示的轴承座的高度方向上的主要基准是下底面，长度方向主要基准是对称面。主要的工作位置是轴承孔，如图 8-8(b)中注成尺寸 b、c，由于加工误差，尺寸 a 误差就会很大，所以，尺寸 a 必须直接从底面注出，如图 8-8(a)所示。同理，安装时，为保证轴承上两个 $\phi 6$ 孔与机座上的孔准确装配，两个 $\phi 6$ 孔的定位尺寸应该如图 8-8(a)直接注出中心距 k，而不应如图 8-8(b)所示注两个 e。

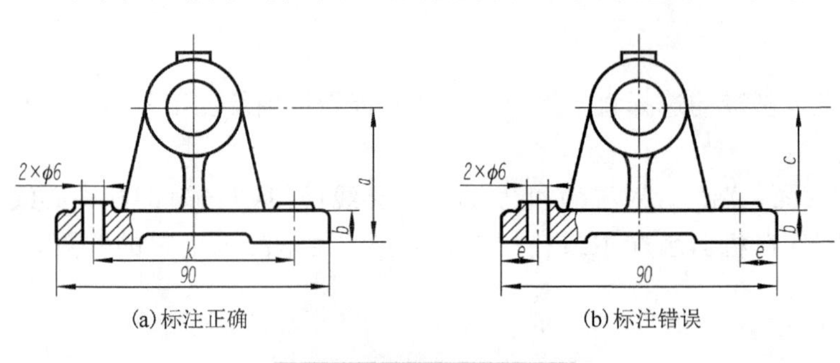

(a) 标注正确　　(b) 标注错误

图 8-8　重要尺寸直接标注

2) 标注尺寸要考虑工艺要求，尽量方便加工和测量

对于零件上没有特殊要求的尺寸，一般可以按加工顺序标注，以方便工人按图加工和测量，如图 8-9 所示。

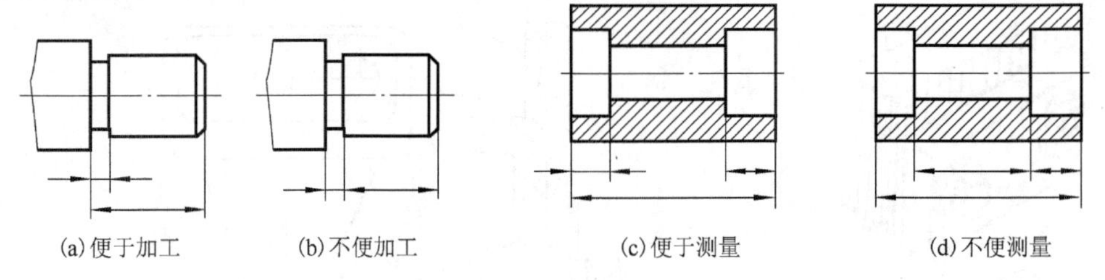

(a) 便于加工　　(b) 不便加工　　(c) 便于测量　　(d) 不便测量

图 8-9　尺寸标注要便于加工和测量

3) 避免注成封闭尺寸链

零件上某一方向尺寸首尾相接，形成封闭尺寸链，如图 8-10(a)中，A、B、C、L 组成了封闭尺寸链。为了保证每个尺寸的精度要求，通常对尺寸精度要求最低的一环不注尺寸，这样既保证了设计要求，又可降低加工成本，如图 8-10(b)所示。

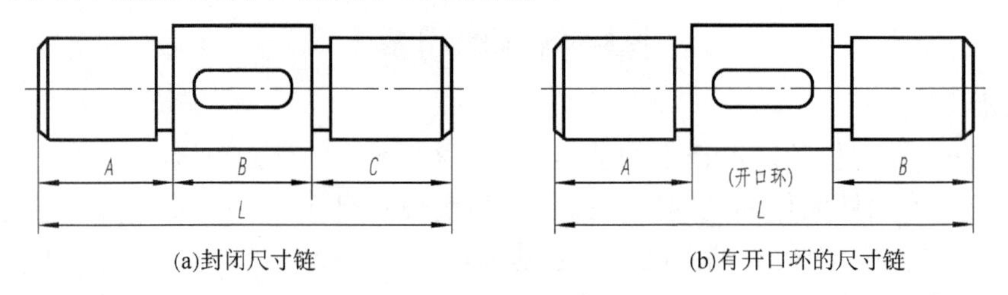

(a) 封闭尺寸链　　(b) 有开口环的尺寸链

图 8-10　应避免注成封闭尺寸链

8.5　四类典型零件的表达

零件的形状是千变万化、各不相同的，根据零件所起作用的不同，把零件分为四类，下面讨论这四类零件的表达方法和尺寸标注的特点。

1. 轴套类零件

图 8-11 所示的主轴即属于轴套类零件。

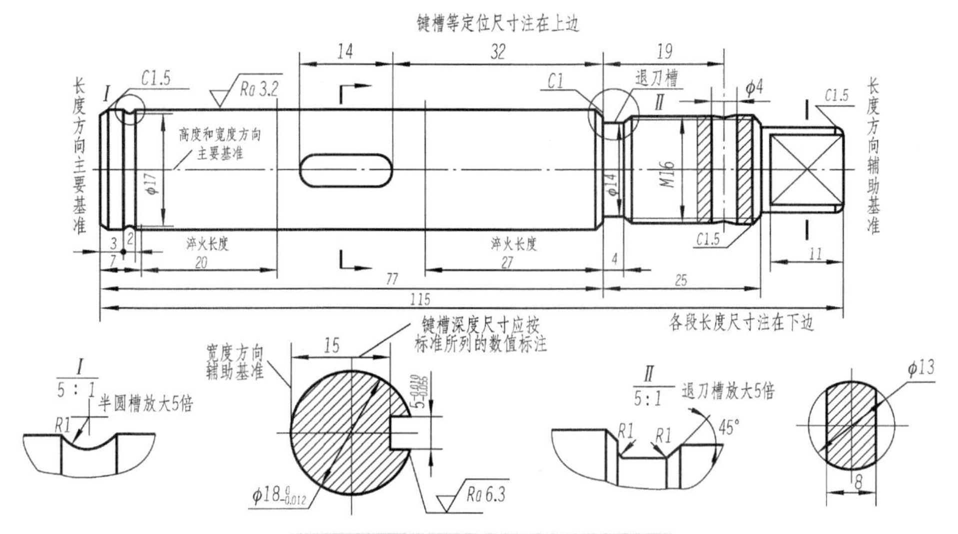

图 8-11　主轴的表达方案与尺寸标注

1) 视图选择

轴套类零件一般在车床上加工，要按形状和加工位置确定主视图，轴线水平放置，大头在左、小头在右，键槽和孔结构可以朝前。轴套类零件主要结构形状是回转体，一般只画一个主视图。对于零件上的键槽、孔等，可作出移出断面。砂轮越程槽、退刀槽、中心孔等可用局部放大图表达。

2) 尺寸分析

(1) 这类零件的尺寸主要是轴向和径向尺寸，径向尺寸的主要基准是轴线，轴向尺寸的主要基准是端面。

(2) 主要形体是同轴的，可省去定位尺寸。

(3) 重要尺寸必须直接注出，其余尺寸多按加工顺序注出。

(4) 为了清晰和便于测量，在剖视图上，内外结构形状尺寸应分开标注。

(5) 零件上的标准结构，应按该结构标准尺寸注出。

2. 轮盘类零件

图 8-12 所示的轴承盖以及各种轮子、法兰盘、端盖等属于此类零件。其主要形体是回转体，径向尺寸一般大于轴向尺寸。

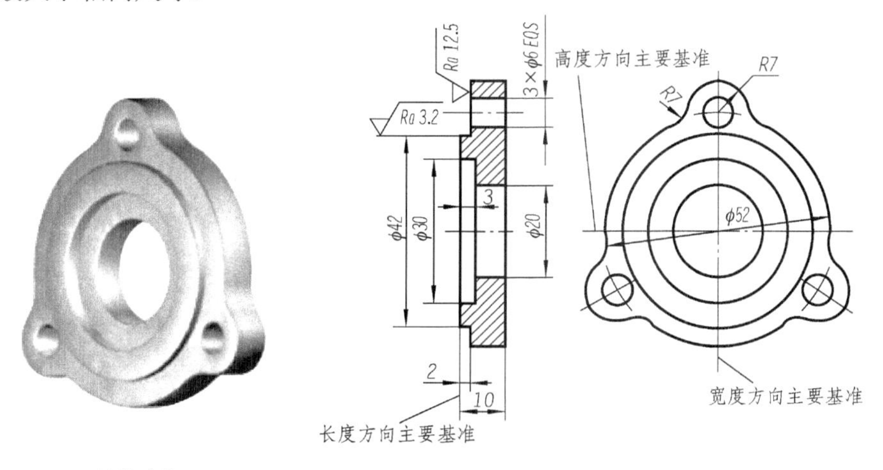

(a) 轴承盖　　　　(b) 轴承盖的视图

图 8-12　轴承盖的表达方案与尺寸标注

1) 视图选择

(1) 这类零件的毛坯有铸件或锻件，机械加工以车削为主，主视图一般按加工位置水平放体，但有些较复杂的盘盖，因加工工序较多，主视图也可按工作位置画出。

(2) 一般需要两个以上基本视图。

(3) 根据结构特点，视图具有对称面时，可作半剖视；无对称面时，可作全剖或局部剖视。其他结构形状如轮辐和肋板等可用移出断面或重合断面，也可用简化画法。

2) 尺寸分析

(1) 此类零件的尺寸一般为两大类：轴向及径向尺寸，径向尺寸的主要基准是回转轴线，轴向尺寸的主要基准是重要的端面。

(2) 定形和定位尺寸都较明显，尤其是在圆周上分布的小孔的定位圆直径是这类零件的典型定位尺寸，多个小孔一般采用如“3× φ5 均布”形式标注，均布即等分圆周，角度定位尺寸就不必标注了。

(3) 内外结构形状尺寸应分开标注。

3. 叉架类零件

图 8-13 所示的支架以及各种杠杆、连杆、叉架等属于此类零件。

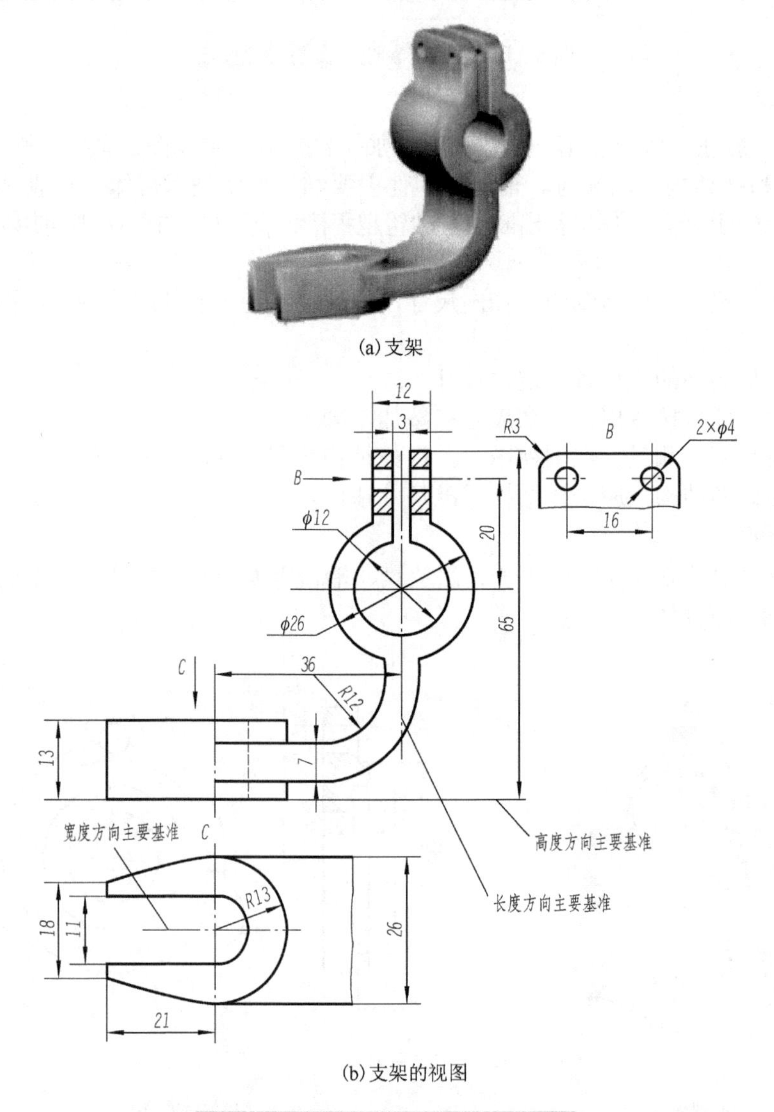

(a) 支架

(b) 支架的视图

图 8-13　支架的表达方案与尺寸标注

1)视图选择

(1)这类零件结构较复杂，需经多种加工，主视图主要由形状特征和工作位置来确定。

(2)一般需要两个以上基本视图，并用斜视图、局部视图，以及剖视、断面等表达内外形状和细部结构。

2)尺寸分析

(1)它们的长、宽、高方向的主要基准一般为加工的大底面、对称平面或大孔的轴线。

(2)定位尺寸较多，一般注出孔的轴线(中心)间的距离，或孔轴线到平面间的距离，或平面到平面间的距离。

(3)定形尺寸多按形体分析法标注，内外结构形状要保持一致。

4. 箱体类零件

图8-14所示阀体以及减速器箱体、泵体、轴承座座等属于这类零件，大多为铸件，一般起支承、容纳、定位和密封等作用，内外形状较为复杂。

(a)阀体

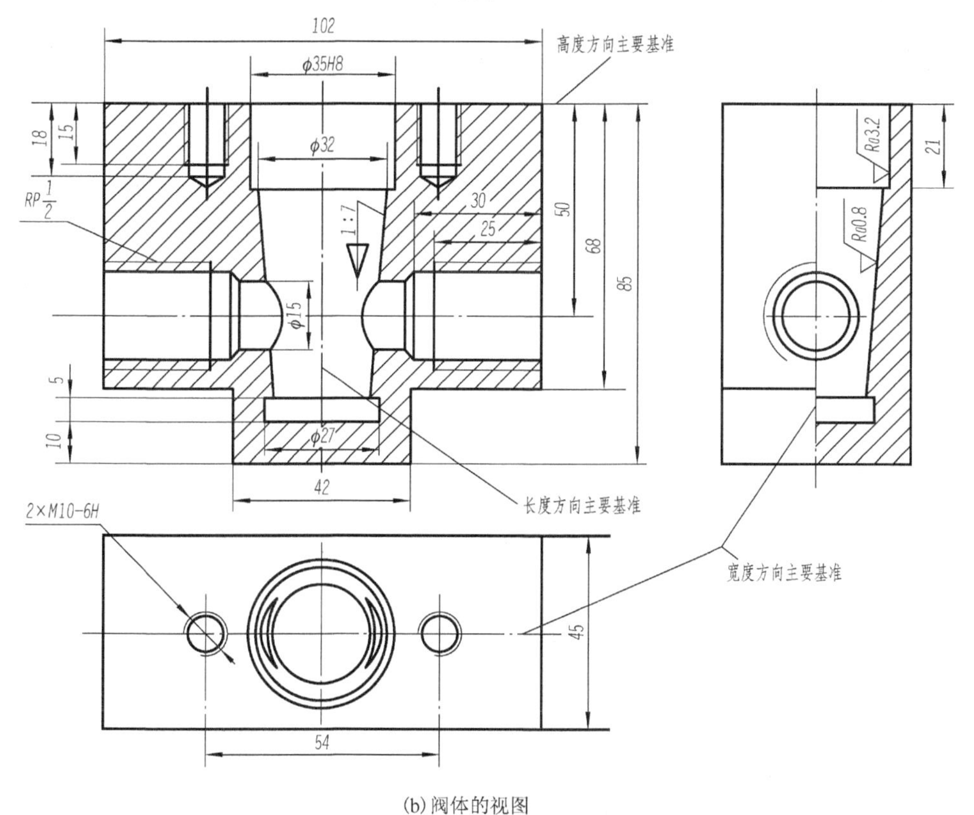

(b)阀体的视图

图8-14 阀体的表达方案与尺寸标注

1) 视图选择

(1) 这类零件一般经多种工序加工而成，因而主视图主要根据形状特征和工作位置确定，图 8-14 的主视图就是根据工作位置选定的，反映了阀体零件的形状特点。

(2) 由于零件结构较复杂，常需三个以上的图形，并广泛地应用各种方法来表达。在图 8-14 中，由于左视图上有对称面，选用了半剖视图，主视图选用全剖视图表示阀体的内部结构，俯视图表示外形。

2) 尺寸分析

(1) 它们的长、宽、高方向的主要基准是大孔的轴线、中心线、对称平面或较大的加工面。

(2) 较复杂的零件定位尺寸较多，各孔轴线或中心线间的距离要直接注出。

(3) 定形尺寸仍用形体分析法注出。

8.6　零件图的技术要求

零件图上除了视图和尺寸外，还需用文字或符号注明对零件在加工工艺、验收检验和材料质量等方面提出要求。

零件图上所要注写的技术要求包括：零件表面粗糙度、材料表面处理和热处理、尺寸公差、形位公差，零件在加工、检验和试验时的要求等内容。

8.6.1　铸件热处理

金属热处理是机械制造中的重要工艺之一，与其他加工工艺相比，热处理一般不改变工件的形状和整体的化学成分，而是通过改变工件内部的显微组织，或改变工件表面的化学成分，赋予或改善工件的使用性能。其特点是改善工件的内在质量。

为使金属工件具有所需要的力学性能、物理性能和化学性能，除合理选用材料和各种成形工艺外，热处理工艺往往是必不可少的。钢铁是机械工业中应用最广的材料，钢铁显微组织复杂，可以通过热处理予以控制，所以钢铁的热处理是金属热处理的主要内容。另外，铝、铜、镁、钛等及其合金也都可以通过热处理改变其力学、物理和化学性能，以获得不同的使用性能。

整体热处理是对工件整体加热，然后以适当的速度冷却，以改变其整体力学性能的金属热处理工艺。钢铁整体热处理大致有退火、正火、淬火和回火四种基本工艺。

8.6.2　表面结构要求

1. 表面结构要求的概念

零件在加工过程中，由于机床、刀具的振动、材料被切削时产生塑性变形及刀痕等原因，零件的表面不可能是一个理想的光滑表面，如图 8-15 所示。这种加工表面上所具有的较小间距和峰谷所组成的微观几何形状与零件的配合性质、耐磨性、工作精度和抗腐蚀性都有密切的关系，它直接影响到机器的可靠性和使用寿命。

2. 表面结构要求的参数“*Ra*”和“*Rz*”

根据零件表面工作情况不同，对其表面结构要求也各有不同，国家标准(GB/T 3505—2000)规定零件表面轮廓参数有 *R* 轮廓(粗糙度参数)、*w* 轮廓(波纹度参数)、*P* 轮廓(原始轮廓参数)。

表面结构要求 *R* 轮廓的粗糙度参数是零件表面微观几何形状误差的高度评定参数，其评定参数有轮廓算术平均偏差，用代号“*Ra*”表示(图 8-16)；轮廓最大高度，用代号“*Rz*”表示。

$$Ra=\frac{1}{l}\int_0^l \left|y(x)\right|\mathrm{d}x \quad 或近似值：Ra=\frac{1}{n}\sum_{i=1}^{n}\left|y_i\right|$$

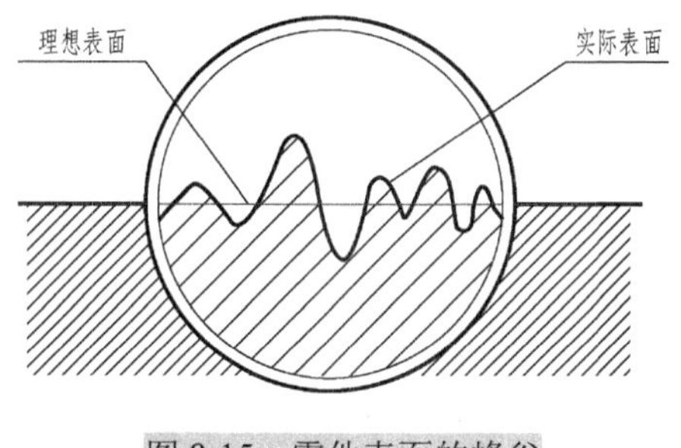

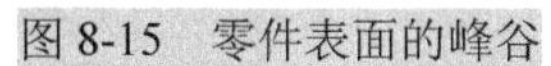
图 8-15 零件表面的峰谷

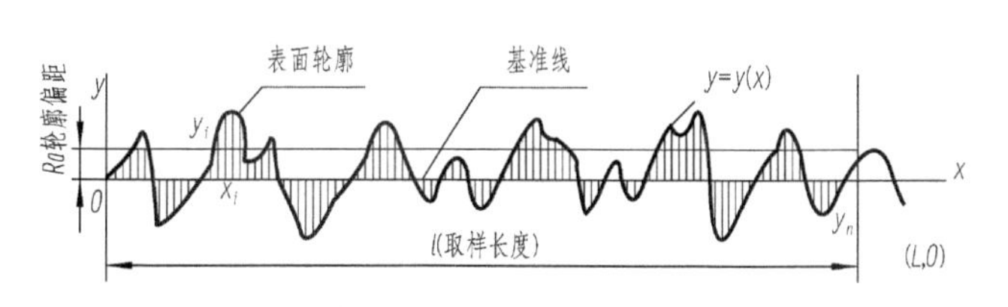

图 8-16 轮廓算术平均偏差

3. 表面结构要求的“*Ra*”和“*Rz*”标准参数

表 8-4 列出了“*Ra*”和“*Rz*”标准参数值(GB/T 1031—1995)。

表 8-4 “*Ra*”和“*Rz*”标准参数值

Ra	*Rz*	*Ra*	*Rz*
0.012		6.3	6.3
0.025	0.025	12.5	12.5
0.05	0.05	25	25
0.1	0.1	50	50
0.2	0.2	100	100
0.4	0.4		200
0.8	0.8		400
1.6	1.6		800
3.2	3.2		1600

表 8-5 列出了“*Ra*”和“*Rz*”不同参数值与表面特征、加工方法比较及应用举例。

表 8-5 “*Ra*”和“*Rz*”值与表面特征、加工方法比较及应用举例

	Ra 值/μm	*Rz* 值/μm	表面特征	主要加工方法	应用举例
粗糙表面	>40～80	>160～320	明显可见刀痕	粗车、粗铣、粗刨、钻、粗纹锉刀和粗砂轮加工	加工表面粗糙，用于加工过程工步，不能作为最后加工表面
	>20～40	>80～160	可见刀痕		
	>10～20	>40～80	微见刀痕	粗车、刨、立铣、平铣、钻等	不接触表面、不重要接触面，如螺栓孔、倒角、机座底面等
半光表面	>5～10	>20～40	可见加工痕迹	精车、精铣、精刨、铰、镗、粗磨等	没有相对运动的零件接触面，如箱体的盖、套筒要求紧密结合表面、键和键槽工作表面；相对运动速度不高的接触面，如支架孔、衬套、带轮轴孔的工作表面
	>2.5～5	>10～20	微见加工痕迹		
	>1.25～2.5	>6.3～10	看不见加工痕迹		
半光表面	>0.63～1.25	>3.2～6.3	可辨加工痕迹方向	粗车、粗铰、精拉、精镗、粗磨、珩磨等	要求很好密合的接触面，如滚动轴承，销的配合面；相对运动速度较高的接触面，如滑动轴承的配合表面、齿轮轮齿的工作表面
	>0.32～0.63	>1.6～3.2	微辨加工痕迹方向		
	>1.6～0.32	>0.8～1.6	不可辨加工痕迹方向		
极光表面	>0.08～1.6	>0.4～0.8	暗光泽面	研磨、抛光、超级精细研磨、镜面磨削	精密量具表面、极重要零件的摩擦面，如气缸内表面、精密机床的主轴轴颈、坐标镗床和加工中心主轴轴颈等
	>0.04～0.08	>0.2～0.4	亮光泽面		
	>0.02～0.08	>0.05～0.2	镜状光泽面		
	≤0.01	≤0.05	镜面		高精度量仪、量块的工作表面

4. 表面结构的图形符号

1) 图形符号分类

国家标准“GB/T 131—2006 产品几何技术规范技术产品文件中表面结构的表示法”中，规定零件的表面结构图形符号有基本图形符号、扩展图形符号、完整图形符号和工件轮廓各表面的图形符号。各类符号的特定含义如表 8-6 所示。

表 8-6　图形符号含义

符号名称	符号样式	含义及说明
基本图形符号		未指定工艺方法的表面；基本图形符号仅用于简化代号标注，当通过一个注释解释时可单独使用，没有补充说明时不能单独使用
扩展图形符号		用去除材料的方法获得表面，如通过车、铣、刨、磨等机械加工的表面；仅当其含义是“被加工表面”时可单独使用
		用不去除材料的方法获得表面，如铸、锻等；也可用于保持上道工序形成的表面，不管这种状况是通过去除材料还是不去除材料形成的
完整图形符号		在基本图形符号或扩展图形符号的长边上加一横线，用于标注表面结构特征的补充信息
工件轮廓各表面图形符号		当在某个视图上组成封闭轮廓的各表面有相同的表面结构要求时，应在完整图形符号上加一圆圈，标注在图样中工件的封闭轮廓线上

2) 图形符号尺寸

表面结构图形符号，其大小与图样中的尺寸数字、文字、有关符号相协调，符号尺寸是根据图样中尺寸数字高度“h”定出。图 8-17 表示符号的画法，表 8-7 给出符号的尺寸。表 8-7 中 h 表示图 8-18 中“a”“b”“c”“d”“e”区域中所有字母的高度，应该等于 h。

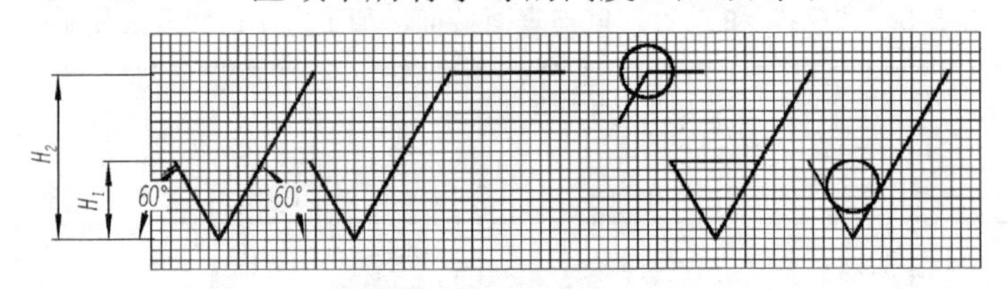

图 8-17　图形符号画法

表 8-7　符号的尺寸　(mm)

数字与字母的高度 h	2.5	3.5	5	7	10	14	20
高度 H_1	3.5	5	7	10	14	20	28
高度 H_2(最小值)	7.5	10.5	15	21	30	42	60

注：H_2 取决于标注内容。

3) 表面结构要求完整符号标注的内容

表面结构要求图形符号，除了标注表面结构粗糙度代号及参数值外，必要时还应标注补充要求，各项要求位置如图 8-18 所示。

5. 零件表面结构要求在图样中的标注

1) 表面结构要求标注的原则及标注方法

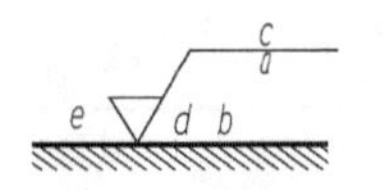

图 8-18　标注位置

表面结构要求标注应遵循下列原则：

(1) 在图样中表面结构要求，对每一表面一般只标注一次，并尽可能标注在相应的尺寸及其公差的同一视图上。

(2) 图样中所标注的表面结构要求是对完工零件表面的要求，除非另有说明。

(3) 表面结构要求图形符号的尖端必须从材料外指向表面，可标注在图样可见轮廓线、可见轮廓线延长线、尺寸线、尺寸界限或带箭头或黑点的引出线上。

(4) 表面结构要求的标注和读取方向应与图样中尺寸数字的标注和读取方向一致，即只能在视图的上边和左边直接标注，或用带箭头的指引线引出标注；视图的右边和下边用带箭头的指引线引出标注；倾斜表面如与尺寸数字读取方向一致也可直接标注，亦可用带箭头的指引线引出标注。表 8-8 中列举了表面结构要求在图样中的各种标注方法。

表 8-8　表面结构要求标注示例

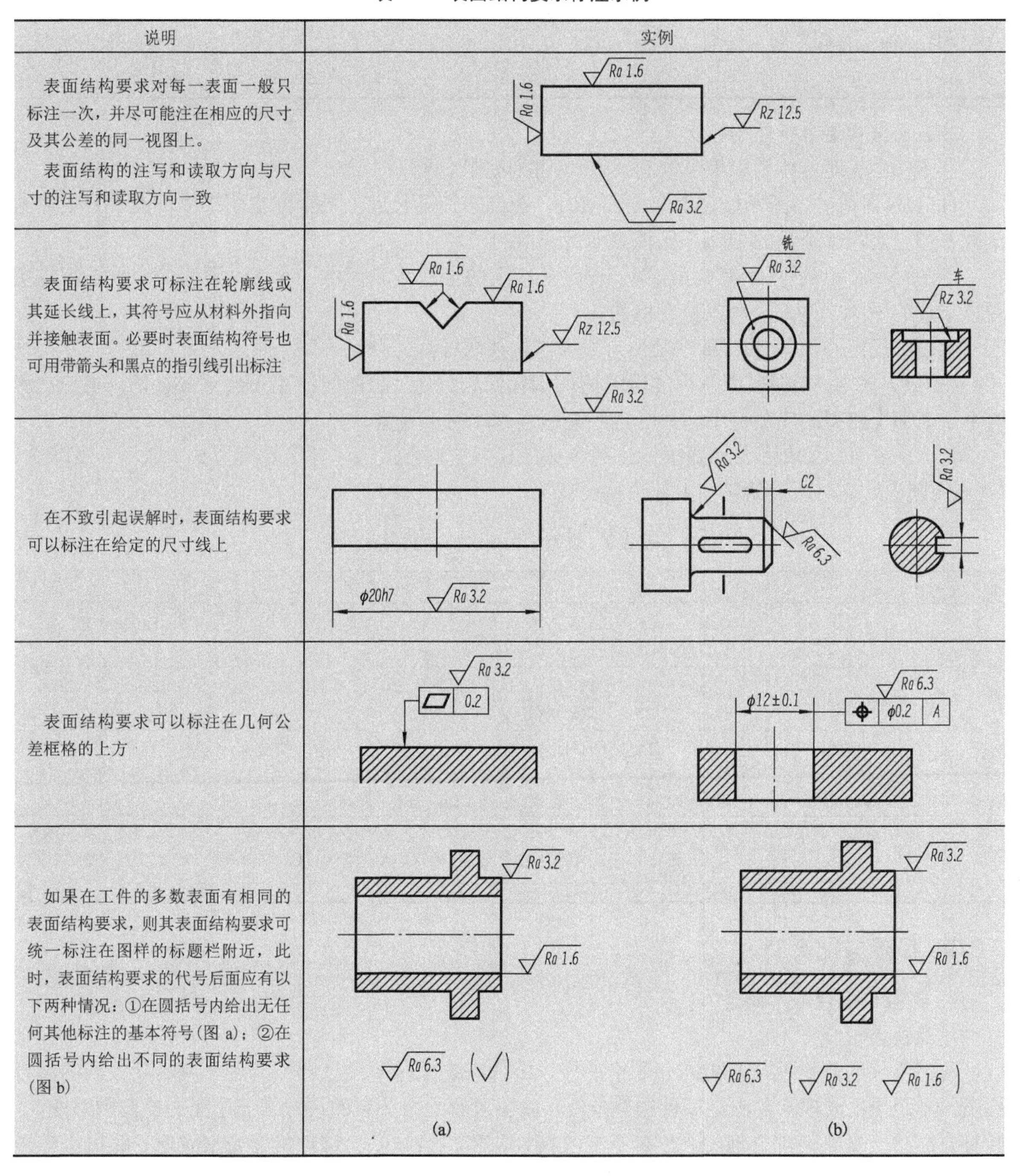

说明	实例
表面结构要求对每一表面一般只标注一次，并尽可能注在相应的尺寸及其公差的同一视图上。 表面结构的注写和读取方向与尺寸的注写和读取方向一致	Ra 1.6　Ra 1.6　Rz 12.5　Ra 3.2
表面结构要求可标注在轮廓线或其延长线上，其符号应从材料外指向并接触表面。必要时表面结构符号也可用带箭头和黑点的指引线引出标注	Ra 1.6　Ra 1.6　Ra 1.6　Rz 12.5　Ra 3.2　铣　Ra 3.2　车　Rz 3.2
在不致引起误解时，表面结构要求可以标注在给定的尺寸线上	ϕ20h7　Ra 3.2　Ra 3.2　C2　Ra 6.3　Ra 3.2
表面结构要求可以标注在几何公差框格的上方	Ra 3.2　0.2　ϕ12±0.1　Ra 6.3　ϕ0.2　A
如果在工件的多数表面有相同的表面结构要求，则其表面结构要求可统一标注在图样的标题栏附近，此时，表面结构要求的代号后面应有以下两种情况：①在圆括号内给出无任何其他标注的基本符号(图 a)；②在圆括号内给出不同的表面结构要求(图 b)	Ra 3.2　Ra 1.6　Ra 6.3 (√)　(a) Ra 3.2　Ra 1.6　Ra 6.3 (Ra 3.2　Ra 1.6)　(b)

续表

说明	实例
当多个表面有相同的表面结构要求或图纸空间有限时，可以采用简化注法。 ①用带字母的完整图形符号，以等式的形式，在图形或标题栏附近，对有相同表面结构要求的表面进行简化标注(图 a) ②用基本图形符号或扩展图形符号，以等式的形式给出对多个表面共同的表面结构要求(图 b)	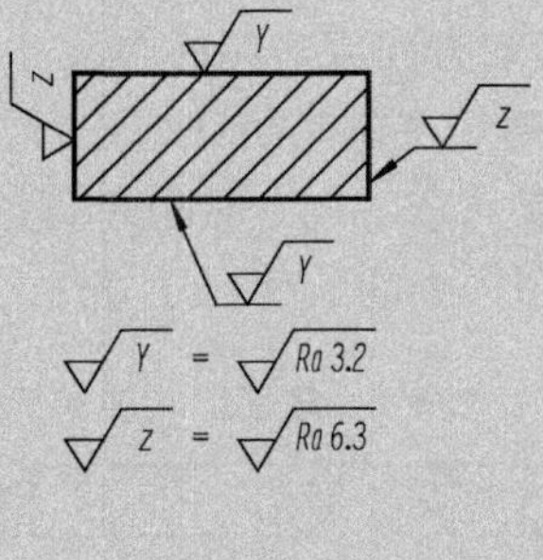 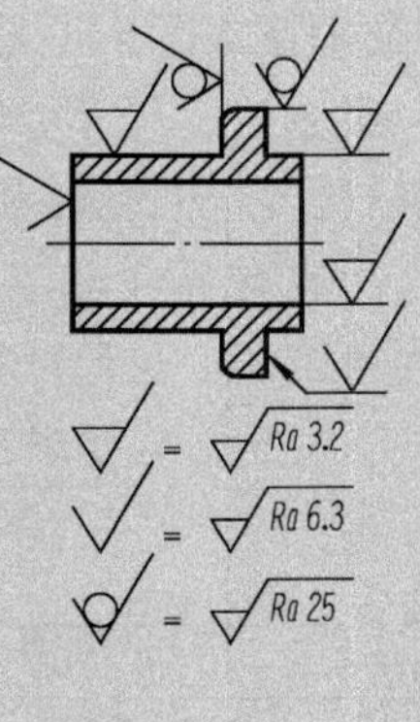 Y = Ra 3.2 Z = Ra 6.3 (a) = Ra 3.2 = Ra 6.3 = Ra 25 (b)

2)表面结构要求标注的含义

在图样中表面结构要求极限值的读取和判断规则有两种。

(1) 16%规则：当图样标注单向上限值时，在同一评定长度上的全部实测值中，大于上限值的个数不超过实测总个数的 16%，则该表面是合格的。

当图样标注单向下限值时，在同一评定长度上的全部实测值中，小于下限值的个数不超过实测总个数的 16%，则该表面也是合格的。

除最大规则外，“16%规则”是所有表面结构要求标注的默认规则。

(2) 最大规则：当图样中在标注极限值(上限值或下限值)的前面加注 max 或 min 时，则在被测的整个表面上测得的实测值中，一个也不能超过标注的极限值。

表 8-9 中列举了表面结构要求标注的含义，其中传输带默认、评定长度为 5 个取样长度默认、“16%规则”默认，所谓默认即不标注就被认定。

表 8-9　表面结构要求标注的含义

代号	含义/说明
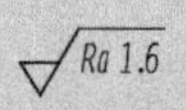 Ra 1.6	表示去除材料，单向上限值，默认传输带，*R* 轮廓，粗糙度算术平均偏差 1.6μm，评定长度为 5 个取样长度(默认)，“16%规则”(默认)
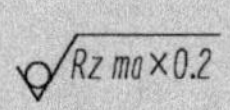 Rz max 0.2	表示不允许去除材料，单向上限值，默认传输带，*R* 轮廓，粗糙度最大高度的最大值 0.2μm，评定长度为 5 个取样长度(默认)，“最大规则”
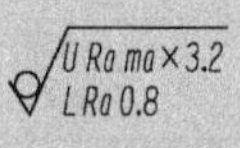 U Ra max 3.2 L Ra 0.8	表示不允许去除材料，双向极限值，两极限值均使用默认传输带，*R* 轮廓，上限值：算术平均偏差 3.2μm，评定长度为 5 个取样长度(默认)，“最大规则”，下限值：算术平均偏差 0.8μm，评定长度为 5 个取样长度(默认)，“16%规则”(默认)
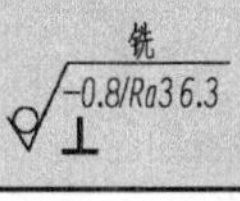 铣 -0.8/Ra3 6.3 ⊥	表示去除材料，单向上限值，传输带：根据 GB/T 6062，取样长度 0.8mm，*R* 轮廓，算术平均偏差极限值 6.3μm，评定长度包含 3 个取样长度，“16%规则”(默认)，加工方法：铣削，纹理垂直于视图所在的投影面

8.6.3　极限与配合

1. 极限与配合基本概念

1)互换性

所谓零件的互换性，是指同一规格的任一零件在装配时不经选择或修配，就达到预期的配合性质，满足使用要求。要满足零件的互换性，就要求有配合关系的尺寸在一个允许的范围内变动，并且在制造上又是经济合理的。零件具有互换性，不但给装配、修理机器带来方便，还可用专用设备生产，提高产品数量和质量，同时降低产品的成本。

2)公差的有关术语

在零件的加工中，由于机床精度、刀具磨损、测量误差等因素的影响，不可能把零件的尺寸做得绝对准确，一定会产生误差。为了保证互换性和产品质量，必须将零件尺寸的加工误差控制在一定的范围内，给它规定出尺寸变动量，这个允许的尺寸变动量就称为尺寸公差，简称公差。

图 8-19(a)所示为孔、轴尺寸公差，图 8-19(b)所示为孔和轴公差与配合的示意图。

(1)基本尺寸：设计时给定的尺寸，如图 8-19 中的 $\phi30$。

(2)实际尺寸：零件制成后实际量得的尺寸。

(3)极限尺寸：允许尺寸变化的两个界限值。它以基本尺寸为基数来确定，两个界限值中较大的一个称为最大极限尺寸，如图 8-19 中孔的最大极限尺寸为 $\phi30.021$ 和轴的最大极限尺寸为 $\phi29.993$。较小的一个称为最小极限尺寸，如图 8-19 中孔的最小极限尺寸为 $\phi30$ 和轴的最小极限尺寸为 $\phi29.980$。实际尺寸在两个极限尺寸的区间算合格。

(4)极限偏差(简称偏差)：极限尺寸与基本尺寸之差。极限偏差有上偏差和下偏差，统称极限偏差。偏差可以是正值、负值或零。

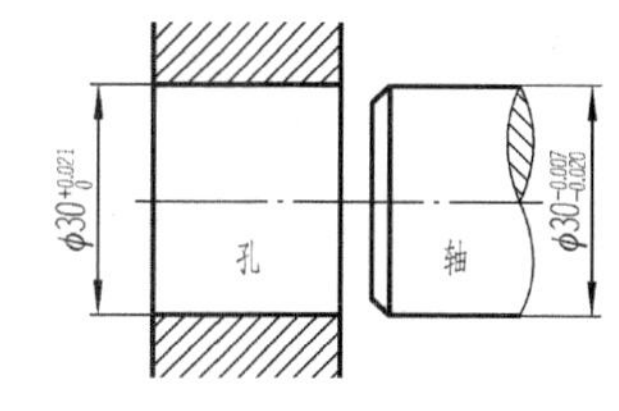

(a)孔轴配合与尺寸公差

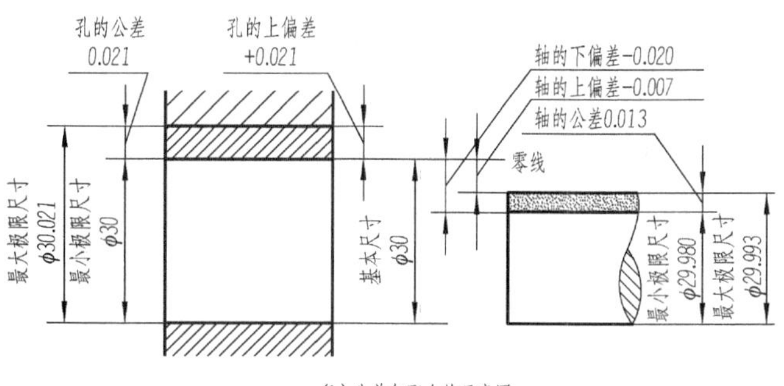

(b)公差与配合的示意图

图 8-19 极限与配合的有关术语

国标规定偏差代号：孔的上、下偏差分别用 ES 和 EI 表示；轴的上、下偏差分别用 es 和 ei 表示。

上偏差=最大极限尺寸-基本尺寸

如图 8-19 中孔的上偏差为+0.021，轴的上偏差为-0.007。

下偏差=最小极限尺寸-基本尺寸

如图 8-19 中孔的下偏差为 0，轴的下偏差为-0.020。

(5)尺寸公差(简称公差)：允许尺寸的变动量。

公差=最大极限尺寸-最小极限尺寸=上偏差-下偏差

如图 8-19 中，孔的公差为 0.021，轴的公差为 0.013。公差总是正值。

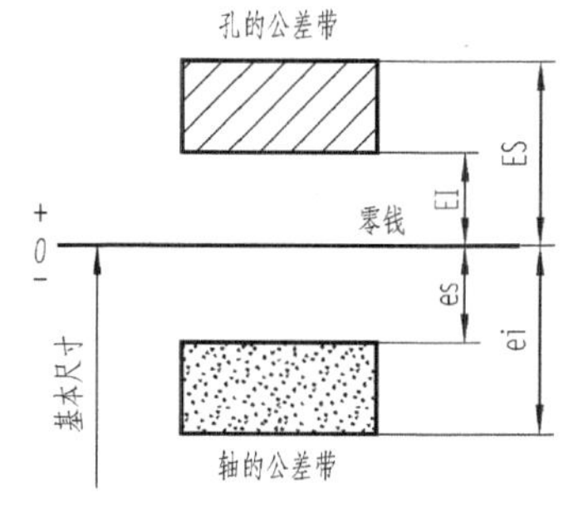

图 8-20 公差带图

(6)零线：在公差与配合图解中，用以确定偏差的一条基准直线，称为零偏差线。通常零线表示基本尺寸，如图 8-19 所示。

(7)尺寸公差带(简称公差带)：在公差带图中，由代表上、下偏差的两条直线所限定的一个区域，如图 8-20 所示。

2. 配合

基本尺寸相同的、相互结合的孔与轴公差带之间的关系称为配合。这里的孔与轴主要指圆柱形的内、外表面，也包括内、外平面组成的结构。孔和轴配合时，由于它们的尺寸不同，将产生间隙或过盈的情况。国家标准规定分为间隙配合、过盈配合和过渡配合三类。

1) 间隙配合

孔的实际尺寸总比轴的实际尺寸大，即孔与轴装配在一起时具有间隙(包括最小间隙为零)的配合。此时孔的公差带完全在轴的公差带之上，如图 8-21 所示。

2) 过盈配合

孔的实际尺寸总比轴的实际尺寸小，即孔与轴装配在一起时具有过盈(包括最小过盈为零)的配合。此时孔的公差带完全在轴的公差带之下，如图 8-22 所示。

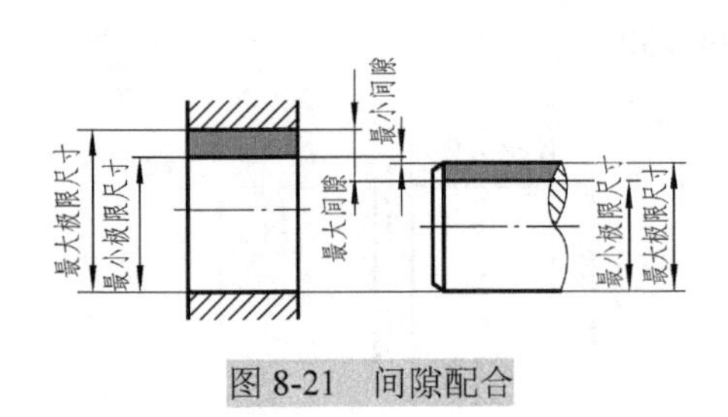

图 8-21　间隙配合

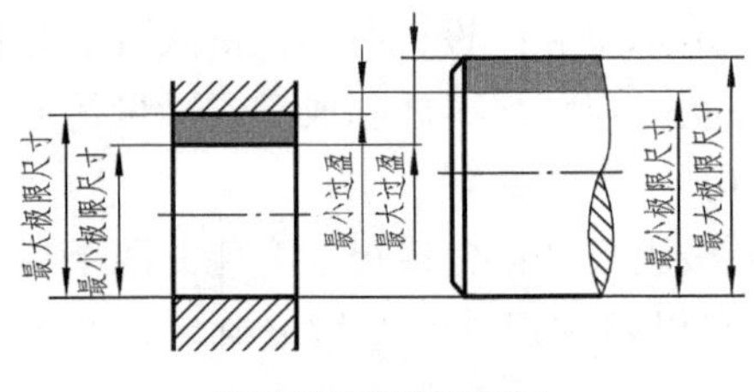

图 8-22　过盈配合

3) 过渡配合

孔的实际尺寸可能比轴的实际尺寸大也可能小，即孔与轴装配在一起时可能具有间隙或过盈的配合。此时孔的公差带与轴的公差带相互交叠，如图 8-23 所示。

3. 标准公差和基本偏差

为了满足不同的配合要求，国家标准规定，孔轴公差带由标准公差和基本偏差两个要素组成。标准公差确定公差带大小，基本偏差确定公差带位置，如图 8-24 所示。

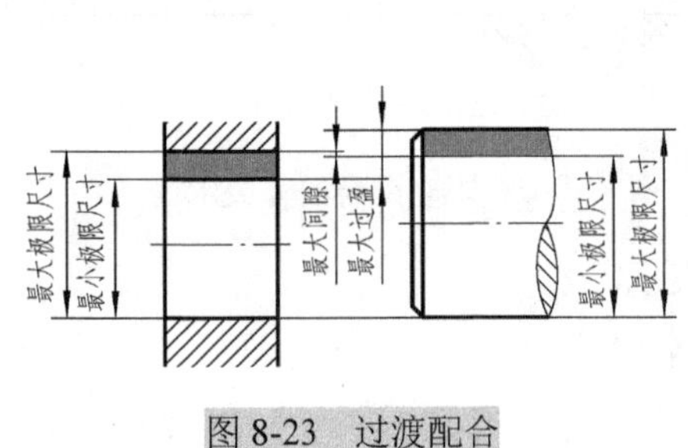

图 8-23　过渡配合

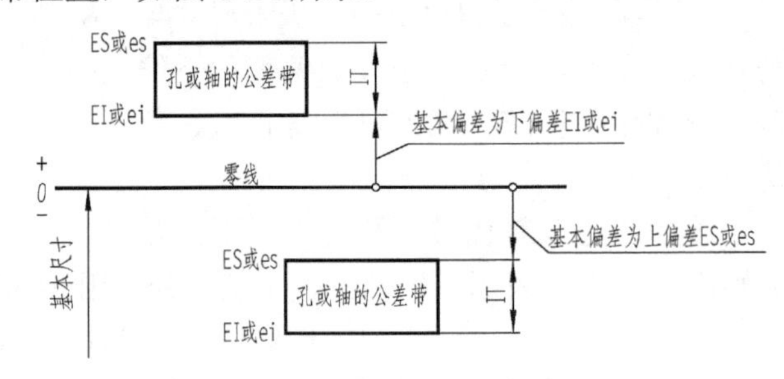

图 8-24　公差带大小及位置

1) 标准公差和公差等级

国家标准规定的，用于确定公差带大小的任一公差为标准公差。标准公差数值与基尺寸分段和公差等级有关。公差等级用于确定尺寸精度的标准。国家标准将公差等级分为 20 级，即 IT01、IT0、IT1、IT2、…、IT18。IT 表示标准公差，后面的阿拉伯数字表示公差等级。从 IT0 至 IT18，尺寸的精度依次降低，而相应的标准公差数值依次增大，标准公差的数值如表 8-10 所示。

表 8-10　标准公差数值表(摘自 GB/T 1800.3—1998)

基本尺寸/mm		公差等级																			
		IT01	IT0	IT1	IT2	IT3	IT4	IT5	IT6	IT7	IT8	IT9	IT10	IT11	IT12	IT13	IT14	IT15	IT16	IT17	IT18
大于	至	μm													mm						
—	3	0.3	0.5	0.8	1.2	2	3	4	6	10	14	25	40	60	0.1	0.14	0.25	0.4	0.6	1	1.4
3	6	0.4	0.6	1	1.5	2.5	4	5	8	12	18	30	48	75	0.12	0.18	0.3	0.48	0.75	1.2	1.8
6	10	0.4	0.6	1	1.5	2.5	4	6	9	15	22	36	58	90	0.15	0.22	0.36	0.58	0.9	1.5	2.2
10	18	0.5	0.8	1.2	2	3	5	8	11	18	27	43	70	110	0.18	0.27	0.43	0.7	1.1	1.8	2.7
18	30	0.6	1	1.5	2.5	4	6	9	13	21	33	52	84	130	0.21	0.33	0.52	0.84	1.3	2.1	3.3
30	50	0.6	1	1.5	2.5	4	7	11	16	25	39	62	100	160	0.25	0.39	0.62	1	1.6	2.5	3.9
50	80	0.8	1.2	2	3	5	8	13	19	30	46	74	120	190	0.3	0.46	0.74	1.2	1.9	3	4.6

续表

基本尺寸/mm		公差等级																			
		IT01	IT0	IT1	IT2	IT3	IT4	IT5	IT6	IT7	IT8	IT9	IT10	IT11	IT12	IT13	IT14	IT15	IT16	IT17	IT18
大于	至	μm													mm						
80	120	1	1.5	2.5	4	6	10	15	22	35	54	87	140	220	0.35	0.54	0.87	1.4	2.2	3.5	5.4
120	180	1.2	2	3.5	5	8	12	18	25	40	63	100	160	250	0.4	0.63	1	1.6	2.5	4	6.3
180	250	2	3	4.5	7	10	14	20	29	46	72	115	185	290	0.46	0.72	1.15	1.85	2.9	4.6	7.2
250	315	2.5	4	6	8	12	16	23	32	52	81	130	210	320	0.52	0.81	1.3	2.1	3.2	5.2	8.1
315	400	3	5	7	9	13	18	25	36	57	89	140	230	360	0.57	0.89	1.4	2.3	3.6	5.7	8.9
400	500	4	6	8	10	15	20	27	40	63	97	155	250	400	0.63	0.97	1.55	2.5	4	6.3	9.7

2) 基本偏差

基本偏差是国家标准规定的用于确定公差带相对于零线位置的上偏差或下偏差，一般指靠近零线的那个极限偏差。当公差带位于零线上方时，基本偏差为下偏差；当公差带位于零线的下方时，基本偏差为上偏差，如图 8-25 所示。

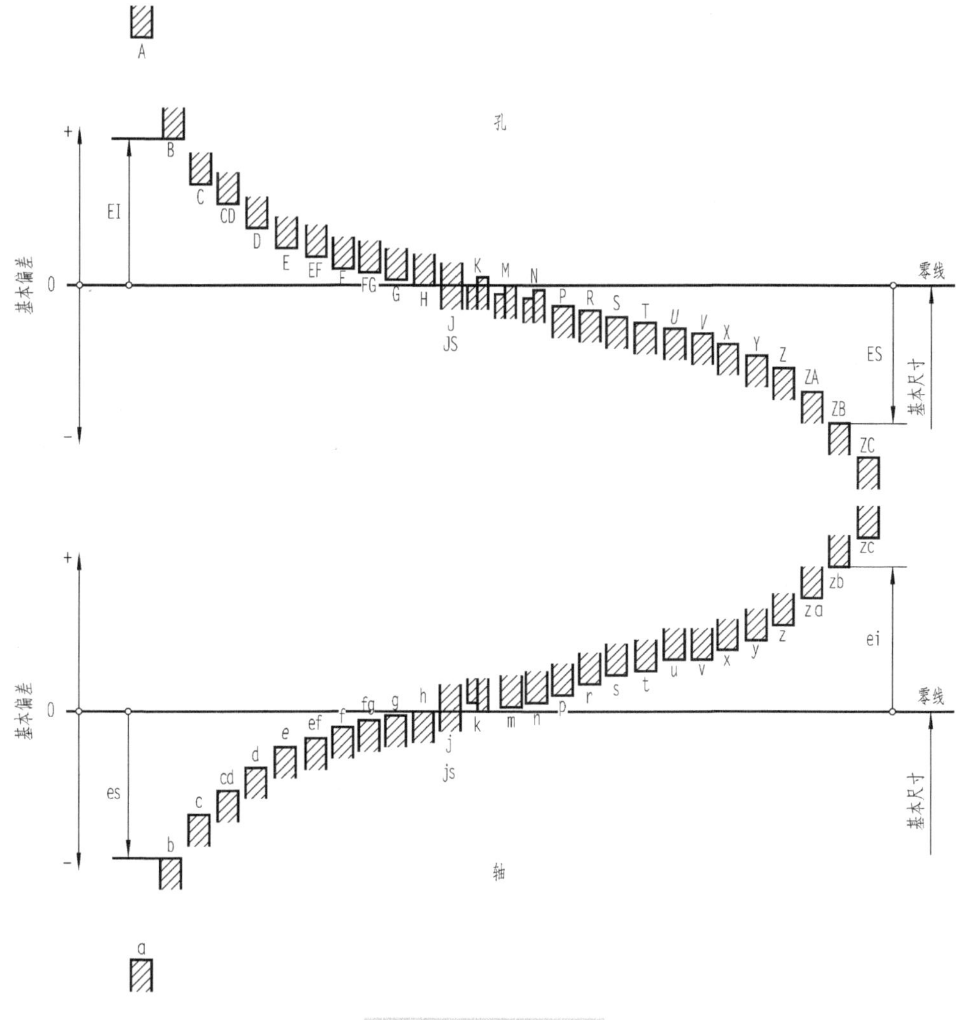

图 8-25　基本偏差系列

按国家标准规定，孔和轴各有 28 个基本偏差，它们的代号用拉丁字母表示：用大写表示孔，小写表示轴。

轴的基本偏差从 a～h 为上偏差，从 j～zc 为下偏差，js 的上、下偏差分别为+IT/2 和−IT/2。

孔的基本偏差从 A～H 为下偏差，从 J～ZC 为上偏差。JS 的上、下偏差分别为+IT/2 和−IT/2。

基本偏差系列只表示公差带的位置，不表示公差带的大小，因此，公差带的一端是开口的。根据孔的与轴的基本偏差和标准公差，可计算孔和轴的另一偏差：

$$孔\quad ES=EI+IT \quad 或 \quad EI=ES-IT$$

$$轴\quad es=ei+IT \quad 或 \quad ei=es-IT$$

3) 孔、轴的公差带代号

孔、轴的公差带代号由基本偏差与公差等级代号组成。

例如 ϕ50H8 的含义是：

此公差带的全称是基本尺寸为 ϕ50，公差等级为 8 级，基本偏差为 H 的孔的公差带。

又如 ϕ50f7 的含义是：

此公差带的全称是基本尺寸为 ϕ50，公差等级为 8 级，基本偏差为 f 的轴的公差带。

4. 基准制

为了实现配合的标准化，统一基准件的基本偏差，从而达到减少刀具和量具的规格和数量的目的，国家标准对配合规定了两种基准制，即基孔制和基轴制。

1) 基孔制

基本偏差为一定的孔的公差带，与不同基本偏差的轴的公差带形成各种配合的一种制度，这种制度在同一基本尺寸的配合中，是将孔的公差带位置固定，通过变动轴的公差带位置，得到各种不同的配合，如图 8-26 所示。

基孔制的孔为基准孔，其基本偏差代号为 H，下偏差为零，即其最小极限尺寸等于基本尺寸。

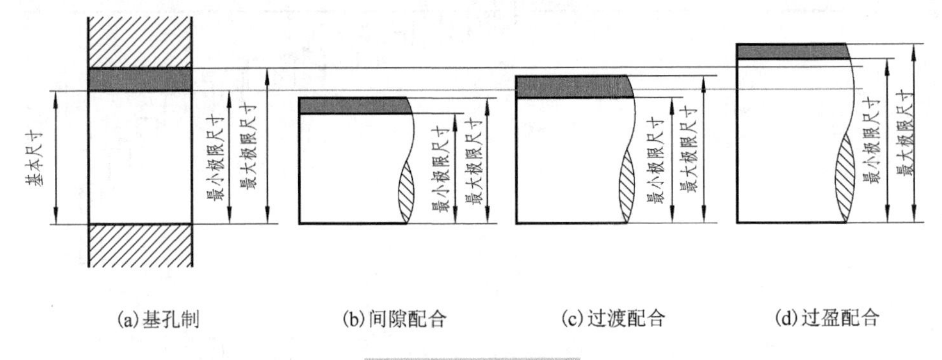

图 8-26　基孔制配合

2) 基轴制

基本偏差为一定的轴的公差带，与不同基本偏差的孔的公差带形成各种配合的一种制度，这种制度在同一基本尺寸的配合中，是将轴的公差带位置固定，通过变动孔的公差带位置，得到各种不同的配合，如图 8-27 所示。

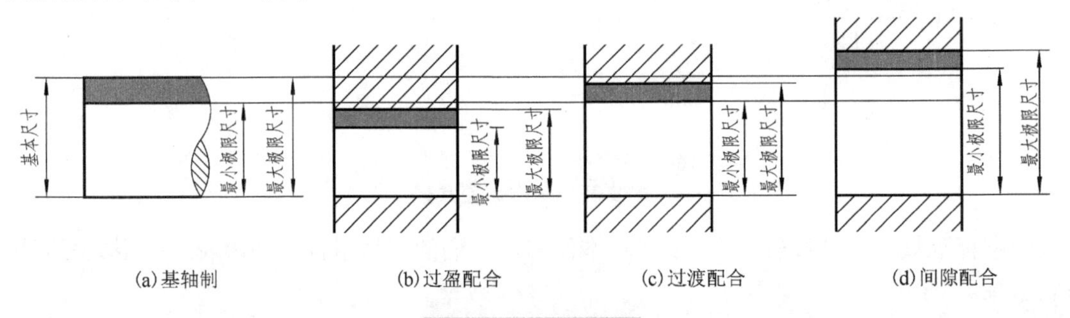

图 8-27　基轴制配合

基轴制的轴为基准轴，其基本偏差代号为 h，上偏差为零，即其最大极限尺寸等于基本尺寸。

一般情况下，应优选基孔制。因为加工同样公差等级的孔和轴，加工孔比加工轴要困难。但当同一轴颈的不同部位需要装上不同的零件，其配合要求又不同时，采用基轴制。

5. 优先、常用配合

国家标准根据机械工业产品生产使用的需要，考虑到刀具、量具的统一，规定了一般用途孔公差带 105 种，轴公差带 119 种以及优先选用的孔、轴公差带。国标还规定轴、孔公差带中组合成基孔制常用配合 59 种，优先配合 13 种；基轴制常用配合 47 种，优先配合 13 种，如表 8-11 和表 8-12 所示。应尽量选用优先配合和常用配合。

表 8-11　基孔制优先常用配合(加上三角的为优先配合)

基准孔	轴																				
	a	b	c	d	e	f	g	h	js	k	m	n	p	r	s	t	u	v	x	y	z
	间隙配合								过渡配合			过盈配合									
H6						H6/f5	H6/g5	H6/h5	H6/js5	H6/k5	H6/m5	H6/n5	H6/p5	H6/r5	H6/s5	H6/t5					
H7						H7/f6	H7/g6	H7/h6	H7/js6	H7/k6	H7/m6	H7/n6	H7/p6	H7/r6	H7/s6	H7/t6	H7/u6	H7/v6	H7/x6	H7/y6	H7/z6
H8					H8/e7	H8/f7	H8/g7	H8/h7	H8/js7	H8/k7	H8/m7	H8/n7	H8/p7	H8/r7	H8/s7	H8/t7	H8/u7				
				H8/d8	H8/e8	H8/f8		H8/h8													
H9			H9/c9	H9/d9	H9/e9	H9/f9		H9/h9													
H10			H10/c10	H10/d10				H10/h10													
H11	H11/a11	H11/b11	H11/c11	H11/d11				H11/h11													
H12		H12/b12						H12/h12													

表 8-12　基轴制优先常用配合(加上三角的为优先配合)

基准轴	孔																				
	A	B	C	D	E	F	G	H	Js	K	M	N	P	R	S	T	U	V	X	Y	Z
	间隙配合								过渡配合			过盈配合									
h5						F6/h5	G6/h5	H6/h5	Js6/h5	K6/h5	M6/h5	N6/h5	P6/h5	R6/h5	S6/h5	T6/h5					
h6						F7/h6	G7/h6	H7/h6	Js7/h6	K7/h6	M7/h6	N7/h6	P7/h6	R7/h6	S7/h6	T7/h6	U7/h6				
h7					E8/h7	F8/h7		H8/h7	Js8/h7	K8/h7	M8/h7	N8/h7									
h8				D8/h8	E8/h8	F8/h8		H8/h8													
h9				D9/h9	E9/h9	F9/h9		H9/h9													
h10				D10/h10				H10/h10													
h11	A11/h11	B11/h11	C11/h11	D11/h11				H11/h11													
h12		B12/h12						H12/h12													

6. 极限与配合在图样上的标注

1) 在装配图上的标注

在装配图上标注公差配合，一般是在基本尺寸右边标出配合代号。配合代号由孔和轴的公差带代号组成，用分式的形式表示。分子是孔的公差代号(或偏差)，分母是轴的公差代号(或偏差)，如图 8-28 所示。

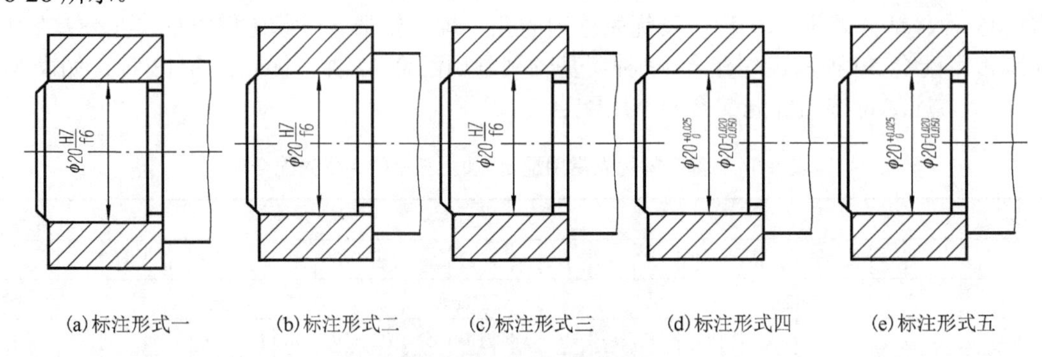

(a)标注形式一　(b)标注形式二　(c)标注形式三　(d)标注形式四　(e)标注形式五

图 8-28　公差与配合的标注

凡分子中含有 H 的为基孔制配合的基准孔，凡分母中含有 h 的为基轴制配合的基准轴，如分子中含有 H 而分母中含有 h 的配合，如 H8/h7 一般认为是基孔制配合，但也可认为是基轴制配合，这是最小间隙为零的一种间隙配合。

2) 在零件图上的标注

在零件图上标注孔和轴的公差有三种形式：

(1) 如图 8-29(a)所示，在孔或轴的基本尺寸后面标注公差带代号。这种注法可和采用专用量具检验零件统一起来，以适应大批量生产的要求。

(2) 如图 8-29(b)所示，注出基本尺寸和上、下偏差数值。这种注法主要用于小量或单件生产，以便加工和检验时减少辅助时间。

(3) 如图 8-29(c)所示，注出基本尺寸，并同时注出公差带代号和上、下偏差数值。这种注法适用于生产规模不确定的情况或量具不确定时。

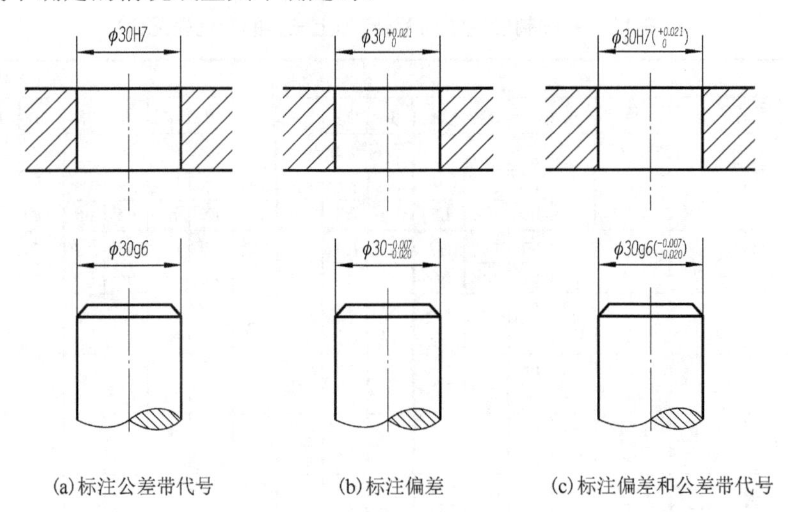

(a)标注公差带代号　(b)标注偏差　(c)标注偏差和公差带代号

图 8-29　公差与配合的标注

当标注极限尺寸时，上偏差注在基本尺寸的右上方，下偏差位于上偏差的下方。偏差的数字大小应比基本尺寸的数字小一号。上、下偏差的小数点必须对齐，小数点后的位数也必须相同，当一个偏差值为零时，可简写为“0”，并与另一偏差的小数点前的位数对齐。对不为零的偏差，应注出正、负号。

若上、下偏差数值对称时，则在基本尺寸的后面加上“±”号，只注出一个偏差值，其字号大小与基本尺寸相同，如图 8-30 所示。

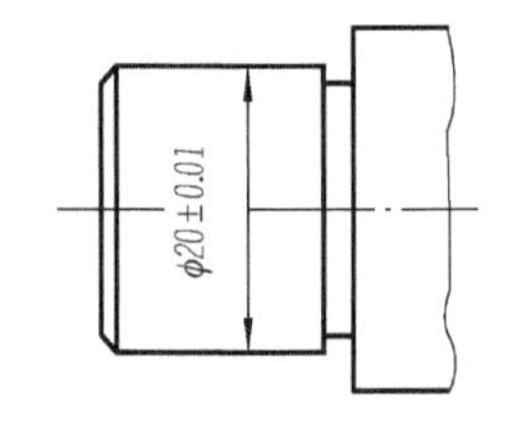

图 8-30　偏差对称时的标注

3)查表方法

【例 8-1】 确定 φ30H8/f7 中孔和轴的上、下偏差，并说明其基准制和配合类型。

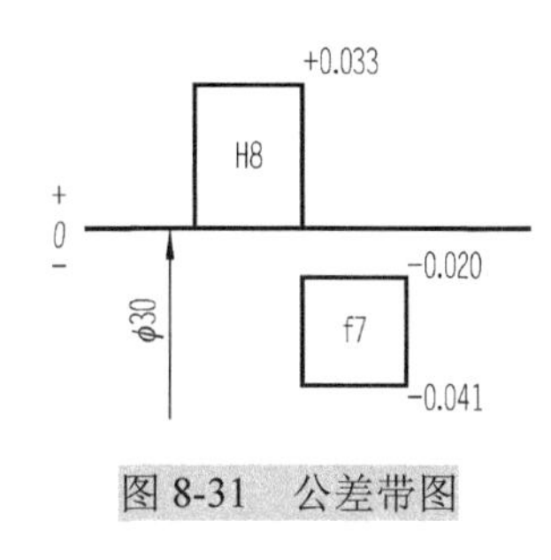

图 8-31　公差带图

由表 8-11 可知，这是基孔制常用配合。在孔的极限偏差附表 5-3 中基本尺寸栏找到＞24～30，再从表的上行找到给出的公差代号 H8，其相交处查得孔的上偏差+0.033，下偏差为 0，同样方法在轴的极限偏差附表 5-2 中得轴的上偏差−0.020，下偏差−0.041。孔的公差为 IT=(+0.033)−0=0.033mm，轴的公差 IT=−0.020−(−0.041)=0.021mm。由于基本偏差代号中有大写字母 H，故为基孔制。从其公差带图 8-31 可知，配合种类为间隙配合。

8.6.4　形状与位置公差

机械零件在加工中的尺寸误差，根据使用要求用尺寸公差加以限制。而加工中对零件的几何形状和相对几何要素的位置误差则由形状和位置公差加以限制。因此，它和表面粗糙度、极限与配合共同成为评定产品质量的重要技术指标。

1. 表面形状和位置公差概念

1)形状误差和公差

形状误差是指实际形状对理想形状的误差。形状公差是指实际要素的形状所允许的变动全量。

2)位置误差和公差

位置误差是指实际位置对理想位置的误差。位置公差是指实际要素的位置对基准所允许的变动全量。

形状和位置公差，简称形位公差。

2. 形位公差的代号

在技术图样中，形位公差应采用代号标注，当无法采用代号标注时，允许在技术要求中用文字说明。国家标准中规定形状和位置公差为两大类共 14 项，各项名称及对应符号如表 8-13 所示。

表 8-13　形位公差符号

公差		特征项目	符号	有或无基准要求	公差		特征项目	符号	有或无基准要求
形状	形状	直线度	—	无	位置	定向	平面度	//	有
		平面度	▱	无			垂直度	⊥	有
		圆度	○	无			倾斜度	∠	有
		圆柱度	⌭	无		定位	位置度	⌖	有或无
形状或位置	轮廓	线轮廓度	⌒	有或无			同轴（同心）度	◎	有
							对称度	⌯	有
		面轮廓度	⌓	有或无		跳动	圆跳动	↗	有
							全跳动	⌰	有

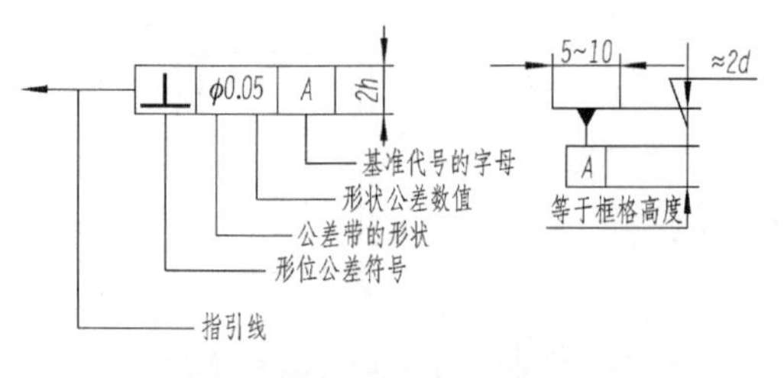

图 8-32　形位公差代号及基准代号

形位公差的代号由形位公差有关项目的符号、框格和指引线、公差数值以及基准代号的字母组成，如图 8-32 所示。

框格和带箭头的指引线均用细实线画出，指示箭头和尺寸箭头画法相同，框格应水平或垂直绘制。框格高度是图样中尺寸数字高度的两倍，它的长度视需要而定。框格从左到右填写以下内容：第一格填写形位公差的符号；第二格填写形位公差数值和有关符号；第三格和以后各格填写基准代号的字母和有关符号。框格中的数字、字母、符号与图样中的数字等高。

形位公差的标注方法如表 8-14 所示。

表 8-14　形位公差标注含义及示例

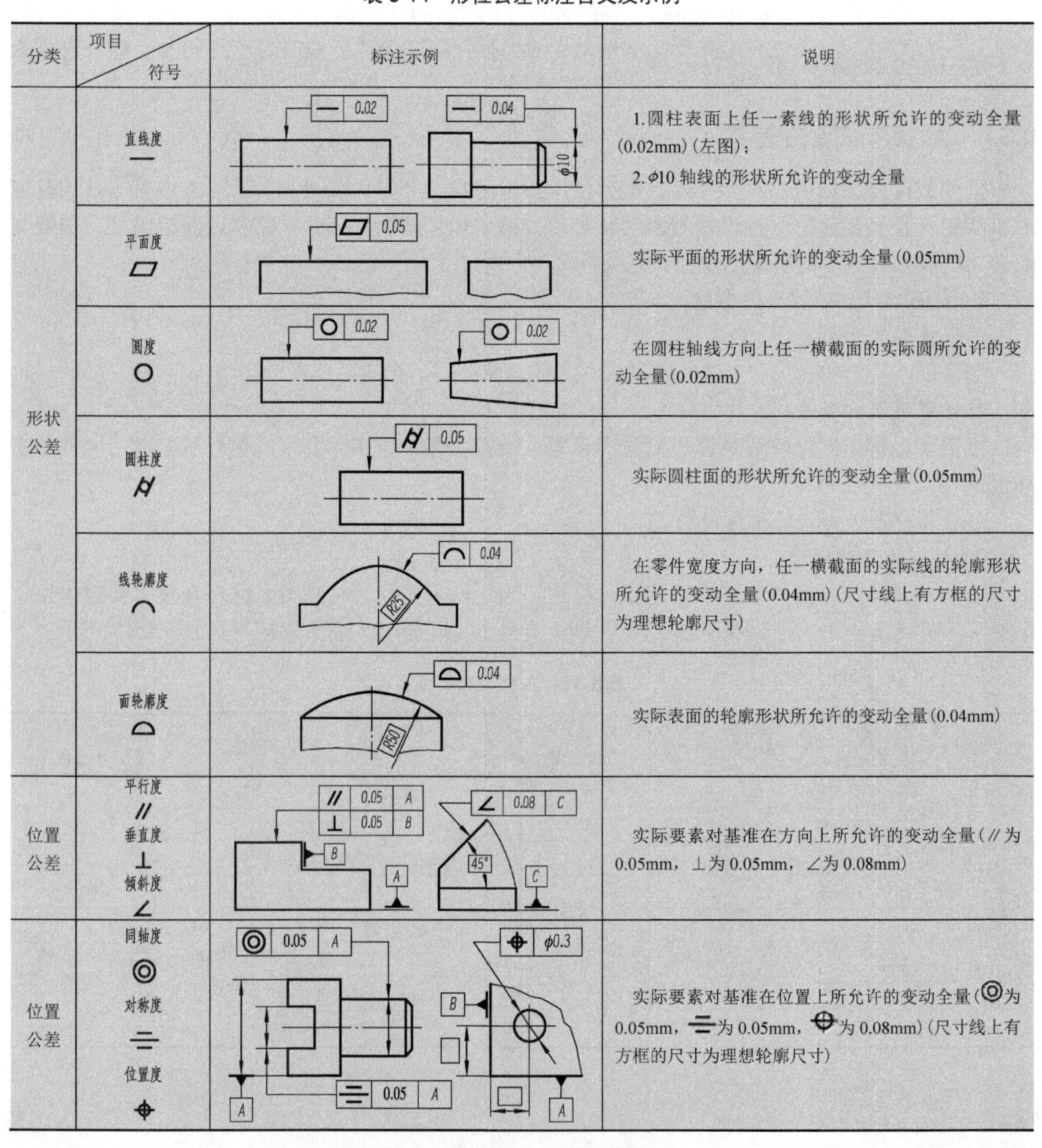

分类	项目 / 符号	标注示例	说明
形状公差	直线度 —		1. 圆柱表面上任一素线的形状所允许的变动全量(0.02mm)(左图)； 2. φ10 轴线的形状所允许的变动全量
	平面度 ▱		实际平面的形状所允许的变动全量(0.05mm)
	圆度 ○		在圆柱轴线方向上任一横截面的实际圆所允许的变动全量(0.02mm)
	圆柱度 ⌭		实际圆柱面的形状所允许的变动全量(0.05mm)
	线轮廓度 ⌒		在零件宽度方向，任一横截面的实际线的轮廓形状所允许的变动全量(0.04mm)(尺寸线上有方框的尺寸为理想轮廓尺寸)
	面轮廓度 ⌓		实际表面的轮廓形状所允许的变动全量(0.04mm)
位置公差	平行度 // 垂直度 ⊥ 倾斜度 ∠		实际要素对基准在方向上所允许的变动全量(// 为 0.05mm，⊥为 0.05mm，∠为 0.08mm)
位置公差	同轴度 ◎ 对称度 ⌯ 位置度 ⌖		实际要素对基准在位置上所允许的变动全量(◎为 0.05mm，⌯为 0.05mm，⌖为 0.08mm)(尺寸线上有方框的尺寸为理想轮廓尺寸)

续表

分类	项目/符号	标注示例	说明
位置公差	圆跳动 ↗ 全跳动 ↗↗	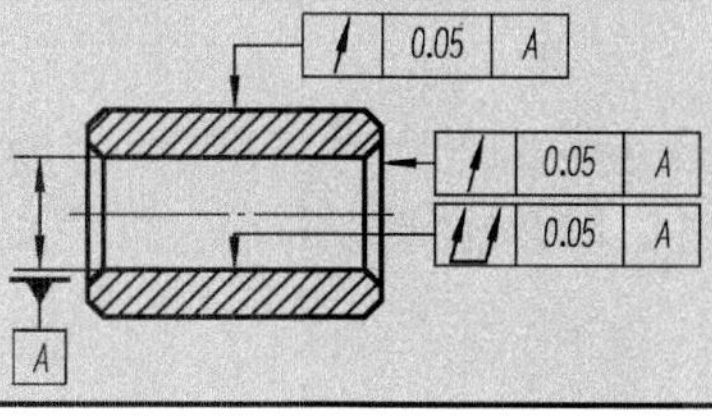 0.05 A 0.05 A 0.05 A A	1. 实际要素绕基准轴线回转一周所允许的最大跳动量(圆跳动)； 2. 实际要素绕基准轴线连续回转时所允许的最大跳动量(全跳动)； (图中从上至下所注，分别为圆跳动的径向跳动、端面跳动及全径跳)

8.7 读 零 件 图

1. 读零件图的方法和步骤

零件图是指生产中指导制造和检验该零件的主要图样，它不仅应将零件的材料，内、外结构形式和大小表达清楚，而且还要对零件的加工、检验、测量提供必要的技术要求。从事各种专业的技术人员，必须具备识读零件图的能力。读零件图时，应联系零件在机器或部件中的位置、作用，以及与其他零件的关系，才能理解和读懂零件图。识读零件图的一般方法和步骤如下。

1)概括了解

从标题栏了解零件的名称、材料、比例、质量等内容。从名称可判断该零件属于哪一类零件，从材料可大致了解其加工方法，从绘图比例可估计零件的实际大小。必要时，最好对照机器、部件实物或装配图了解该零件的装配关系等，从而对零件有初步的了解。

2)分析视图间的联系和零件的结构形状

分析零件各视图的配置以及相互之间的投影关系，运用形体分析和线面分析读懂零件各部分结构，想象出零件的形状。看懂零件的结构形状是读零件图的重点，组合体的读图方法仍适用于读零件图。读图的一般顺序是先整体、后局部；先主体结构、后局部结构，先读懂简单部分，再分析复杂部分。

3)分析尺寸和技术要求

分析零件的长、宽、高三个方向的尺寸基准，从基准出发查找各部分的定形、定位尺寸，并分析尺寸的加工精度要求。必要时还要联系机器或部件与该零件有关的零件一起分析，以便深入理解尺寸之间的关系，以及所标注的尺寸公差、形位公差和表面粗糙度等技术要求。

4)综合归纳

零件图表达了零件的结构形式，尺寸及其精度要求等内容，它们之间是相互关联的。读图时应将视图、尺寸和技术要求综合考虑，才能对这个零件形成完整的认识。

2. 读图示例

下面以图8-33所示阀盖为例，说明识读零件图的方法和步骤，最后的综合归纳，读者自行思考。

1)概括了解

从标题栏可知，阀盖按比例1∶2绘制，材料为铸钢。从图中可见，虽然阀盖的方形凸缘不是回转体，但其他部分都是回转体，因而仍将它看作回转体类零件。阀盖的制造过程是先铸成毛坯，经时效处理后，再切削加工而形成。

2)视图表达和结构形式分析

阀盖由主视图和左视图表达。主视图采用全剖视，表达了两端的阶梯孔、中间通孔的形状以及其相对位置，右端的圆形凸缘，以及左端的外螺纹。选用轴线水平放置的主视图，既符合主要加工位置，又符合阀盖在球阀中的工作位置。左视图用外形视图清晰地表示了带圆角的方形凸缘及其四个角上的通孔和其他可见的轮廓形状。

3）分析尺寸

多数盘盖类零件的主体部分是回转体，所以通常以轴孔的轴线作为径向尺寸基准，由此注出阀盖各部分同轴线的直径尺寸，方形凸缘也用它作为高度和宽度方向的尺寸基准。在注有公差的尺寸 $\phi 50\,\mathrm{h11}(^{0}_{-0.160})$ 处，表明在这里与球阀有配合要求。

以阀盖的重要端面作为轴向尺寸基准，是长度方向的尺寸基准，此例为注有表明粗糙度 $Ra12.5$ 的右端凸缘的端面。由此注出尺寸 $4^{+0.180}_{0}$ 、$44^{0}_{-0.390}$ 以及 $5^{+0.180}_{0}$ 、6 等。有关长度方向的辅助和联系尺寸，请读者自行分析。

4）了解技术要求

阀盖是铸件，需进行时效处理，消除内应力。视图中有小圆角（铸造圆角 $R1 \sim R3$）过渡的部位表明是不加工表面。注有尺寸公差的 $\phi 50$，对照球阀轴测装配图可看出，与阀体有配合关系，但由于相互之间没有相对运动，所以表面粗糙度要求不严，Ra 值为 12.5μm。作为长度方向的主要尺寸基准的端面相对阀盖水平轴线的垂直度位置公差为 0.05mm。

(a) 阀盖立体图

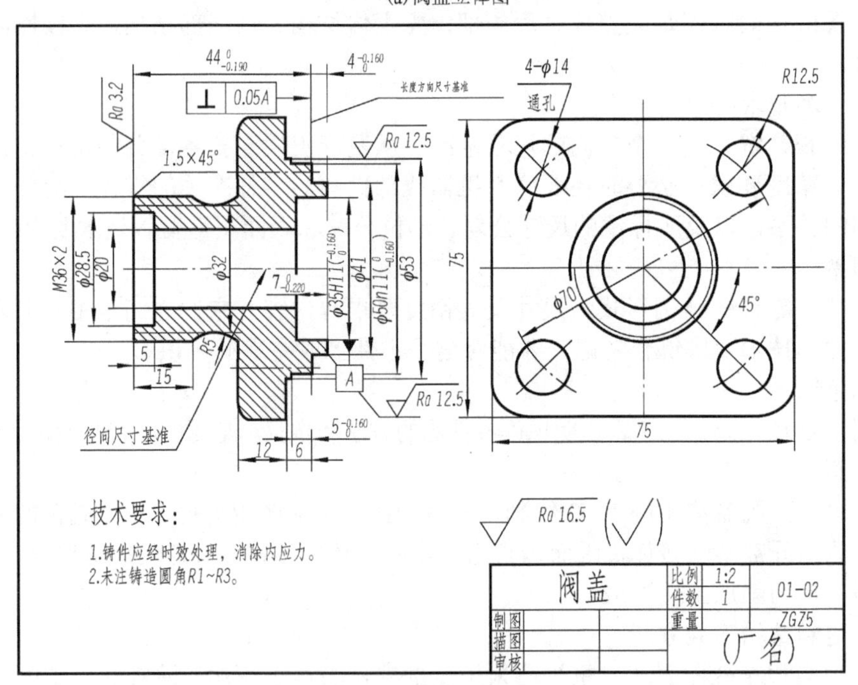

(b) 阀盖零件图

图 8-33　阀盖

第9章 装 配 图

教学目标和要求

掌握中等复杂装配图的绘制和阅读；
能够正确合理地标出必要的尺寸；
掌握装配图拆画零件图的方法。

教学重点和难点

掌握中等复杂装配图的绘制和阅读；
能够正确合理地标出必要的尺寸；
掌握装配图拆画零件图的方法。

在工业生产中，设计、装配、检验和维修机器或部件时都需要装配图。在设计机器时，首先绘制装配图，再由装配图画出零件图，按零件图加工出合格的零件，然后根据装配图把零件装配成机器。因此，装配图要反映出设计者的意图和机器或部件的结构形状、零件间的装配关系、工作原理和性能要求，以及在装配、检验、安装时所需要的尺寸和技术要求。

9.1 装配图的内容

任何机器都是由若干个零件按一定的装配关系和技术要求装配起来的。图 9-1 所示为球阀的轴测装配图，由 13 个零件组成。图 9-2 所示为球阀的装配图，这种用来表示产品及其组成部分的连接、装配关系的图样，称为装配图，包括四项内容。

1. 一组视图

用一组视图表达机器或部件的工作原理、零件间的装配关系、连接方式，以及主要零件的结构形状。如图 9-2 所示球阀装配图中的主视图采用全剖视，表达球阀的工作原理和各主要零件间的装配关系；俯视图表达主要零件的外形，并采用局部剖视表达扳手与阀体的连接关系；左视图采用半剖视，表达阀盖的外形以及阀体、阀杆、阀芯间的装配关系。

2. 必要的尺寸

用来标注机器或部件的规格尺寸、零件之间的配合或相对位置尺寸、机器或部件的外形尺寸、安装尺寸以及设计时确定的其他重要尺寸等。

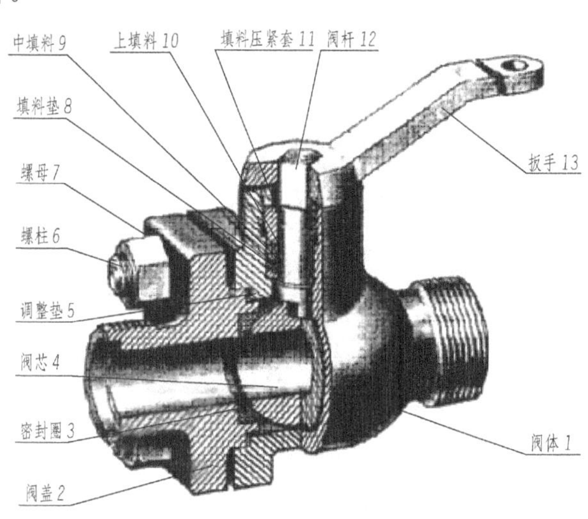

图 9-1 球阀的轴测装配图

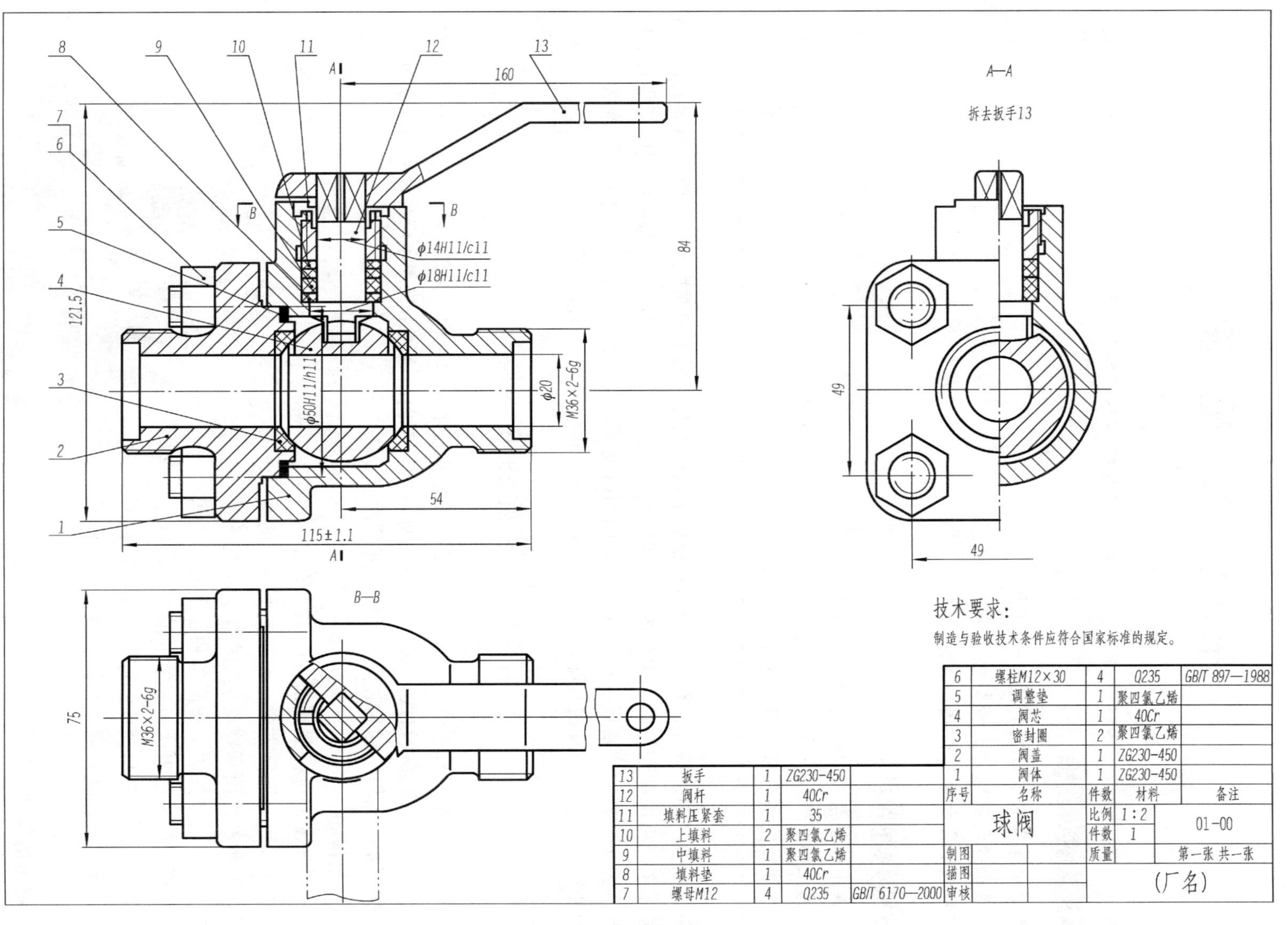
A—A
拆去扳手13
技术要求：
制造与验收技术条件应符合国家标准的规定。
B—B
49
49
84
160
54
115±1.1
121.5
75
M36×2-6g
φ20
φ14H11/c11
φ18H11/c11
φ50H11/h11
6　螺柱M12×30　4　Q235　GB/T 897—1988
5　调整垫　1　聚四氯乙烯
4　阀芯　1　40Cr
3　密封圈　2　聚四氯乙烯
2　阀盖　1　ZG230-450
1　阀体　1　ZG230-450
序号　名称　件数　材料　备注
13　扳手　1　ZG230-450
12　阀杆　1　40Cr
11　填料压紧套　1　35
10　上填料　2　聚四氯乙烯
9　中填料　1　聚四氯乙烯
8　填料垫　1　40Cr
7　螺母M12　4　Q235　GB/T 6170—2000
球阀　比例　1:2　件数　1　01-00
制图　描图　审核　质量　第一张 共一张
(厂名)

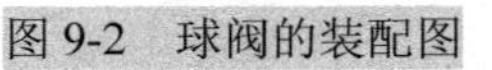
图 9-2　球阀的装配图

3. 技术要求

说明机器或部件的装配、安装、调试、检验、使用与维护等方面的技术要求，一般用文字写出。

4. 序号、明细栏和标题栏

在装配图中，为了便于迅速、准确地查找每一零件，对每一零件编写序号，并在明细栏中依次列出零件序号、名称、数量、材料等。在标题栏中写明装配体的名称、图号、比例以及设计、制图、审核人员的签名和日期等。

9.2 装配图的表达方法

第 7 章中介绍的机件的各种表达方法，在装配图的表达中同样适用。但由于机器或部件是由若干个零件组成，装配图重点表达零件之间的装配关系、零件的主要形状结构、装配体的内外结构形状和工作原理等。国家标准《机械制图》对装配体的表达方法做了相应的规定，画装配图时应将机件的表达方法与装配体的表达方法结合起来，共同完成装配体的表达。

9.2.1 规定画法

(1) 相邻两零件的接触面或基本尺寸相同的轴孔配合面，只画出一条线表示公共轮廓。间隙配合即使间隙较小也必须画出两条线。在图 9-3(a) 中，零件的接触面和配合面，只画出一条线。

(2) 相邻两零件的非接触面或非配合面，应画出两条线，表示各自的轮廓。相邻两零件的基本尺寸不相同时，即使间隙很小也必须画出两条线。如图 9-3(b) 所示，图中螺栓穿入被连接零件的孔时既不接触也不配合，要画出两条线，表示各自的轮廓线。如图 9-2 中阀杆 12 的榫头与阀芯 4 的槽口的非配合面，阀盖 2 与阀体 1 的非接触面等，都画出两条线，表示各自的轮廓线。

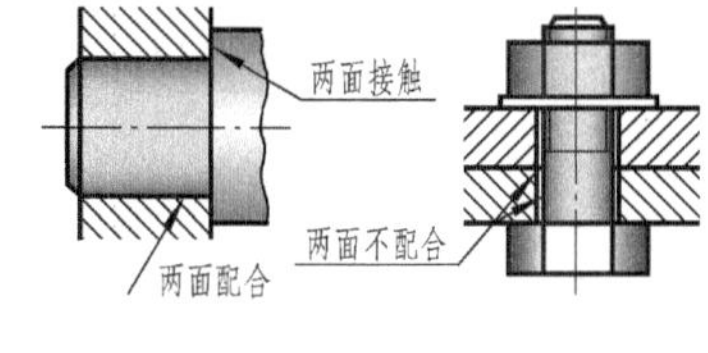

(a) 两面接触　　(b) 两面不接触

图 9-3 规定画法

(3) 在剖视图或断面图中，相邻两零件的剖面线的倾斜方向应相反或方向相同而间隔不同；如两个以上零件相邻时，可改变第三个零件剖面线的间隔或使剖面线错开，以区分不同零件。如图 9-2 中的剖面线画法。在同一张图样上，同一零件的剖面线的方向和间隔在各视图中必须保持一致。

(4) 在剖视图中，对于标准件 (如螺栓、螺母、键、销等) 和实心的轴、手柄、连杆等零件，当剖切平面通过其基本轴线时，这些零件均按不剖绘制，即不画剖面线，如图 9-2 中的螺栓和图 9-2 主视图中的阀杆 12。当需表明标准件和实心件的局部结构时，可用局部剖视表示，如图 9-2 中的扳手 13 的方孔处。

9.2.2 特殊画法

1. 拆卸画法

在装配图中，当某些零件遮挡住被表达的零件的装配关系或其他零件时，可假想将一个或几个遮挡的零件拆卸，只画出所表达部分的视图，这种画法称为拆卸画法。图 9-2 中的左视图，是拆去扳手 13 后画出的 (扳手的形状在另两视图中已表达清楚)。应用拆卸画法画图时，应在视图上方标注“拆去件××”等字样，如图 9-2 所示。

2. 沿结合面剖切画法

在装配图中，为表达某些结构，可假想沿两零件的结合面剖切后进行投影，称为沿结合面剖切画法。此时，零件的结合面不画剖面线，其他被剖切的零件应画剖面线。

3. 假想画法

在装配图中，为了表示运动零件的运动范围或极限位置，可采用双点画线画出其轮廓，如图 9-2 中的俯视图，用双点画线画出了扳手的另一个极限位置；如图 9-8 齿轮油泵的左视图，用双点画线画出了安装该齿轮油泵的机体的安装板。

4. 夸大画法

在装配图中，对于薄片零件、细丝弹簧、微小的间隙等，当无法按实际尺寸画出或虽能画出但不明显时，可不按比例而采用夸大画法画出，如图 9-2 主视图中件 5 的厚度和图 9-3 中的垫片，就是夸大画出的。

9.2.3 简化画法

(1) 在装配图中，零件的工艺结构如小圆角、倒角、退刀槽等允许不画出；螺栓、螺母的倒角和因倒角而产生的曲线允许省略，如图 9-4 所示。

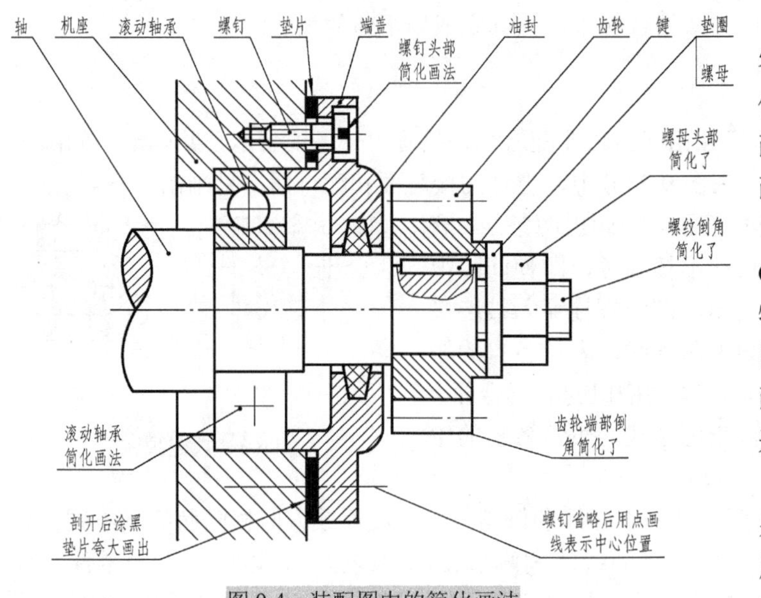

图 9-4　装配图中的简化画法

(2) 在装配图中，若干相同的零件组(如螺纹紧固件组等)，允许仅详细地画出一处，其余各处以点画线表示其位置，如图 9-4 的螺钉画法。

(3) 在装配图中，滚动轴承按 GB/T 4459.7—1998 的规定，可采用特征画法或规定画法，见表 7-5。图 9-4 中滚动轴承采用了规定(简化)画法。在同一图样中，一般只允许采用同一种画法。

(4) 在剖视图或断面图中，如果零件的厚度在 2mm 以下，允许用涂黑代替剖面符号，如图 9-4 中的垫片。

9.3 装配图中的标注

9.3.1 装配图的尺寸标注

装配图中，不必也不可能注出所有零件的尺寸，只需标注出说明机器或部件的性能、工作原理、装配关系、安装要求等方面的尺寸。这些尺寸按其作用分为以下几类。

1. 性能(规格)尺寸

表示机器或部件性能(规格)的尺寸。这类尺寸在设计时就已确定，是设计、了解和选用该机器或部件的依据，如图 9-2 球阀的管口直径 $\phi 20$。

2. 装配尺寸

由两部分组成，一部分是各零件间配合尺寸，如图 9-2 中的 $\phi 50H11/h11$ 等尺寸。另一部分是装配有关零件间的相对位置尺寸，如图 9-2 左视图中的 49。

3. 安装尺寸

机器或部件安装时所需的尺寸，如图 9-2 中主视图中的 84、54 和 M36×2-6g 等。

4. 外形尺寸

表示装配体外形轮廓大小的尺寸，即总长、总宽和总高。它为包装、运输和安装过程所占的空间提供了依据。如图 9-2 中球阀的总长、总宽和总高分别为 115±1.1、75 和 121.5。

5. 其他重要尺寸

它是在设计中确定，又不属于上述几类尺寸的一些重要尺寸，如运动零件的极限尺寸、主体零件的重要尺寸等。

上述五类尺寸，并非在每一张装配图上都必须注全，有时同一尺寸可能有几种含义，如图 9-2 中的 115±1.1，它即是外形尺寸，又与安装有关。在装配图上到底应标注哪些尺寸，应根据装配体作具体分析后进行标注。

9.3.2 技术要求的注写

装配图上一般注写以下几方面的技术要求。

1. 装配要求

在装配过程中的注意事项和装配后应满足的要求，如保证间隙、精度要求、润滑和密封的要求等。

2. 检验要求

装配体基本性能的检验、试验规范和操作要求等。

3. 使用要求

对装配体的规格、参数及维护、保养、使用时的注意事项及要求。

装配图上的技术要求一般注写在明细栏上方或图样右下方的空白处。如图 9-2 所示的技术要求，注写在明细栏的上方。

9.4 装配图中的零、部件序号和明细栏

为了便于读图、进行图样管理和做好生产准备工作，装配图中的所有零、部件必须编写序号，并填写明细栏。

9.4.1 零、部件序号的编排方法

零、部件序号包括：指引线、序号数字和序号排列顺序。

1. 指引线

(1) 指引线用细实线绘制，应从所指零件的轮廓线内引出，并在末端画一圆点。若所指零件很薄或为涂黑断面，可在指引线末端画出箭头，并指向该部分的轮廓，如图 9-5(a)所示。

(2) 指引线的另一端可弯折成水平横线、为细实线圆或为直线段终端，如图 9-5 所示。

(3) 指引线相互不能相交，当通过有剖面线的区域时，不应与剖面线平行。必要时，指引线可以画成折线，但只允许曲折一次。

(4) 一组紧固件或装配关系清楚的零件组，可采用公共指引线，如图 9-5(b)所示。

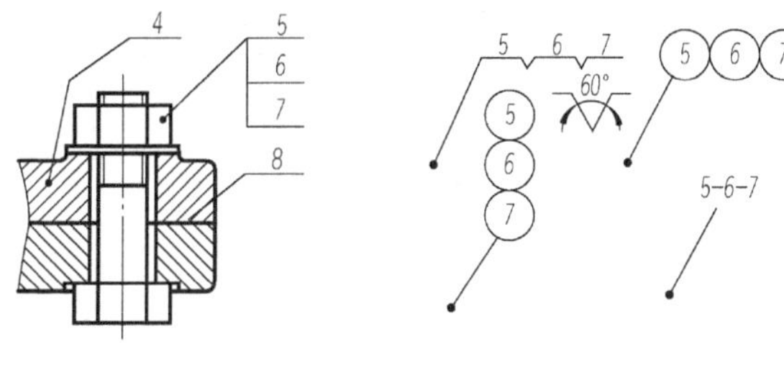

(a) 编注形式一　　(b) 编注形式二

图 9-5 序号的编注形式

2. 序号数字

(1) 序号数字应比图中尺寸数字大一号或两号，但同一装配图中编注序号的形式应一致。

(2) 相同的零、部件的序号应一个序号，一般只标注一次。多次出现的相同零、部件，必要时也可以重复编注。

3. 序号的排列

在装配图中，序号可在一组图形的外围按水平或垂直方向顺次整齐排列，排列时可按顺时针或逆时针方向，但不得跳号，如图 9-2 所示。当在一组图形的外围无法连续排列时，可在其他图形的外围按顺序连续排列。

4. 序号的画法

为使序号的布置整齐美观，编注序号时应先按一定位置画好横线或圆圈(画出横线或圆圈的范围线，取好位置后再擦去范围线)，然后再找好各零、部件轮廓内的适当处，一一对应地画出指引线和圆点。

9.4.2 明细栏

明细栏是机器或部件中全部零件的详细目录，应画在标题栏上方，当位置不够用时，可续接在标题栏左方。明细栏外框竖线为粗实线，其余各线为细实线，其下边线与标题栏上边线重合，长度相等。

明细栏中，零、部件序号应按自下而上的顺序填写，以便在增加零件时可继续向上画格。GB/T 10609.1—1989 规定了标题栏和明细栏的统一格式。学校制图作业明细栏可采用图 9-6 所示的格式。明细栏“名称”一栏中，除填写零、部件名称外，对于标准件还应填写其规格，有些零件还要填写一些特殊项目，如齿轮应填写“m=”、“z=”，标准件的国标号应填写在“备注”中。

序号	名称		件数	材料	备注
(部件名称)			比例		(图号)
			件数		
设计		(日期)	质量		共 张　第 张
制图		(日期)	(校名 班级)		
审核		(日期)			

图 9-6　推荐学生使用的标题栏、明细栏

9.5　装配结构简介

在绘制装配图时，为保证装配体达到应用的性能要求，又考虑安装与拆卸方便，应注意装配结构的合理性。常见装配结构如表 9-1 所示。

表 9-1　常见装配结构

名称	图例	说明
接触面的数量和结构	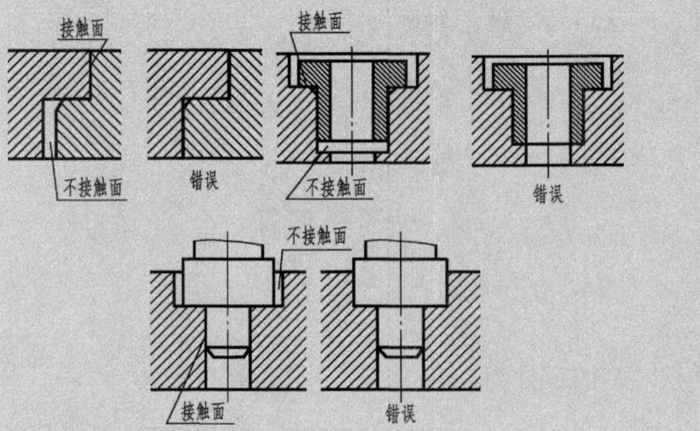 接触面　不接触面　错误　接触面　不接触面　错误　不接触面　接触面　错误	两零件在同一方向(横向、竖向或径向)只能有一对接触面，这样既保证接触良好，又降低加工要求，否则将使加工困难，并且不可能

续表

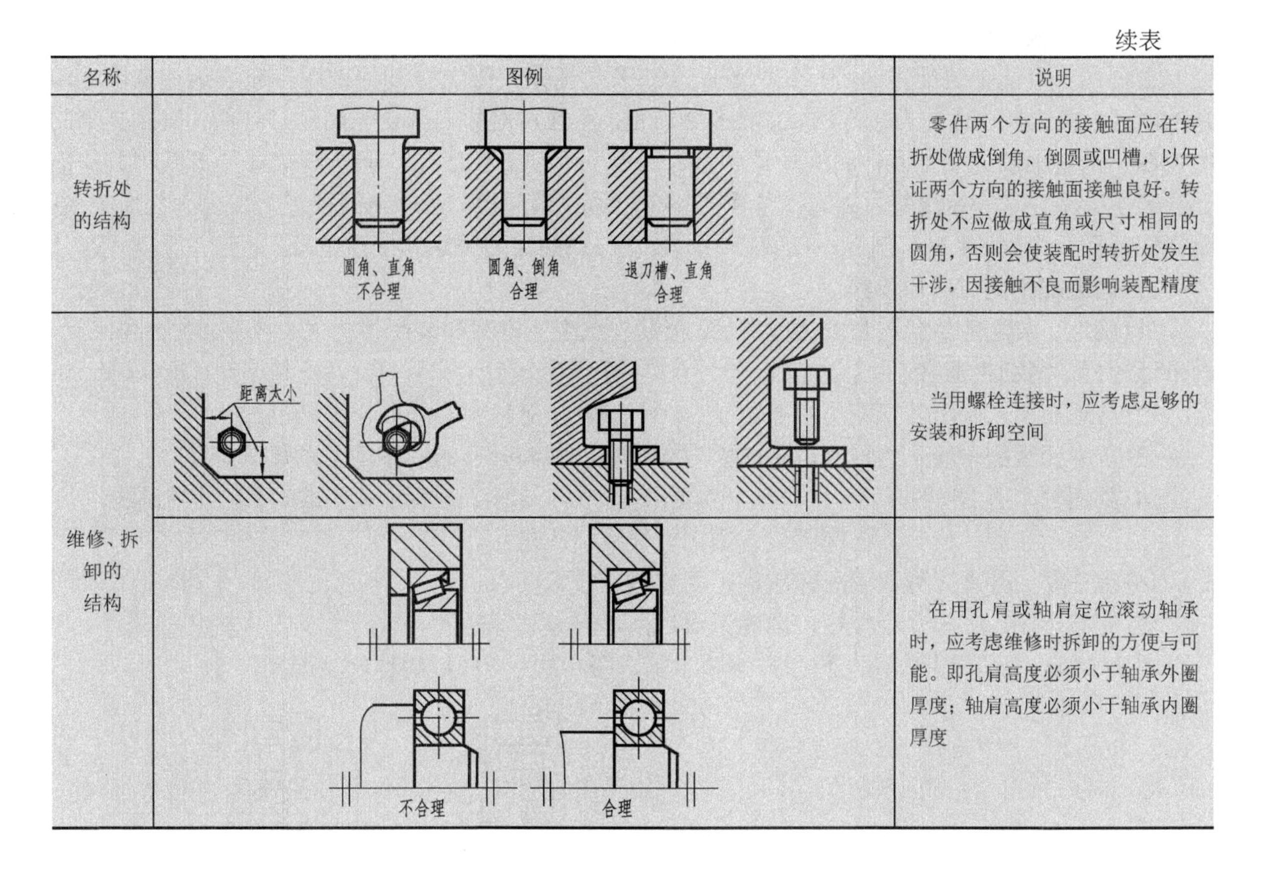

名称	图例	说明
转折处的结构	圆角、直角 不合理 圆角、倒角 合理 退刀槽、直角 合理	零件两个方向的接触面应在转折处做成倒角、倒圆或凹槽，以保证两个方向的接触面接触良好。转折处不应做成直角或尺寸相同的圆角，否则会使装配时转折处发生干涉，因接触不良而影响装配精度
维修、拆卸的结构	距离太小	当用螺栓连接时，应考虑足够的安装和拆卸空间
	不合理 合理	在用孔肩或轴肩定位滚动轴承时，应考虑维修时拆卸的方便与可能。即孔肩高度必须小于轴承外圈厚度；轴肩高度必须小于轴承内圈厚度

9.6 画装配图的方法和步骤

部件是由若干零件装配而成的，根据零件图及其相关资料，可以了解各零件的结构形状，分析装配体的用途、工作原理、连接和装配关系，然后按各零件图拼画成装配图。

现以图9-1所示的球阀为例，介绍由零件图拼画装配图的方法和步骤。

1. 了解部件的装配关系和工作原理

对照图9-1仔细进行分析，可以了解球阀的装配关系和工作原理。球阀的装配关系是：阀体1与阀盖2上都带有方形凸缘结构，用四个螺柱6和螺母7可将它们连接在一起，并用调整垫5调节阀芯4与密封圈3之间的松紧。阀体1上部阀杆12上的凸块与阀芯4上的凹槽榫接，为了密封，在阀体1与阀杆12之间装有填料垫8、中填料9和上填料10，并旋入填料压紧套11。球阀的工作原理是：将扳手13的方孔套进阀杆12上部的四棱柱，当扳手13处于图9-2所示的位置时，阀门全部开启，管道畅通；当扳手13按顺时针方向旋转90°时(图9-2俯视图双点画线所示位置)，则阀门全部关闭，管道断流。从俯视图上的$B-B$局部剖视图，可看到阀体1顶部限位凸块的形状(90°扇形)，该凸块用来限制扳手13旋转的极限位置。

2. 确定表达方案

装配图表达方案的确定，包括选择主视图、其他视图和表达方法。

1)选择主视图

一般将装配体的工作位置作为主视图的位置，以最能反映装配体装配关系、位置关系、传动路线、工作原理主要结构形状的方向作为主视图投射方向。由于球阀的工作位置变化较多，故将其置放为水平位置作为主视图的投射方向，以反映球阀各零件从左到右和从上向下的位置关系、装配关系和结构形状，并结合其他视图表达球阀的工作原理和传动路线。

2）选择其他视图和表达方法

主视图不可能把装配体的所有结构形状全部表达清楚，应选择其他视图补充表达尚未表达清楚的内容，并选择合适的表达方法。如图 9-2 所示，用前后对称的剖切平面剖开球阀，得到全剖的主视图，清楚地表达了各零件间的位置关系、装配关系和工作原理，但球阀的外形形状和其他的一些装配关系并未表达清楚。故选择左视图补充表达外形形状，并以半剖视进一步表达装配关系；选择俯视图并作 $B-B$ 局部剖视，反映扳手与限位凸块的装配关系和工作位置。

3. 画装配图的方法和步骤

(1) 确定了装配体的视图和表达方案后，根据视图表达方案和装配体的大小，选定图幅和比例，画出标题栏，明细栏框格。

(2) 合理布图，画出各视图的主要轴线（装配干线）、对称中心线和作图基准线。

(3) 画主要装配干线上的零件，采取由内向外（或由外向内）的顺序逐个画每一零件。

(4) 画图时，从主视图开始，并将几个视图结合起来一起画，以保证投影准确和防止缺漏线。

(5) 底稿画完后，检查、描深图线、画剖面线、标注尺寸。

(6) 编写零、部件序号，填写标题栏、明细栏、技术要求。

(7) 完成全图后，再仔细校核，准确无误后，签名并填写时间。

图 9-7 为球阀装配图底稿的画图方法和步骤，图 9-2 为完成后的球阀装配图。

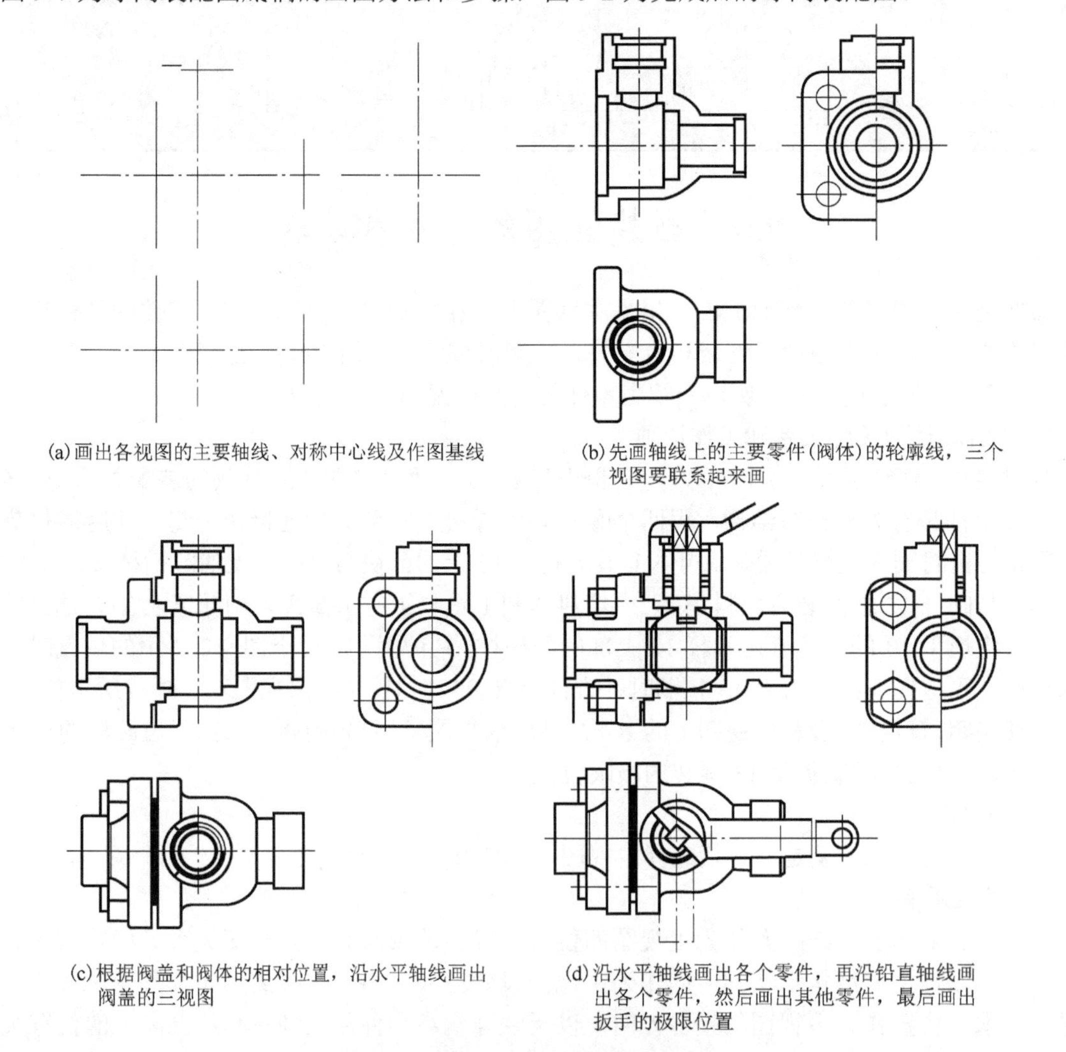

(a) 画出各视图的主要轴线、对称中心线及作图基线

(b) 先画轴线上的主要零件（阀体）的轮廓线，三个视图要联系起来画

(c) 根据阀盖和阀体的相对位置，沿水平轴线画出阀盖的三视图

(d) 沿水平轴线画出各个零件，再沿铅直轴线画出各个零件，然后画出其他零件，最后画出扳手的极限位置

图 9-7　画装配图底稿的方法和步骤

9.7 读装配图及由装配图拆画零件图

读装配图的目的是：了解部件的作用和工作原理，了解各零件间的装配关系、拆装顺序及各零件的主要结构形状和作用，了解主要尺寸、技术要求和操作方法。在设计时，还要根据装配图画出该部件的零件图。

9.7.1 读装配图及由装配图拆画零件图的方法和步骤

1．概括了解

读装配图时，首先由标题栏了解机器或该部件的名称；由明细栏了解组成机器或部件中各零件的名称、数量、材料及标准件的规格，估计部件的复杂程度；由画图的比例、视图大小和外形尺寸，了解机器或部件的大小；由产品说明书和有关资料，并联系生产实践知识，了解机器或部件的性能、功用等，从而对装配图的内容有一个概括的了解。

2．分析视图

首先找到主视图，再根据投影关系识别其他视图的名称，找出剖视图、断面图所对应的剖切位置。根据向视图或局部视图的投射方向，识别出表达方法的名称，从而明确各视图表达的意图和侧重点，为下一步深入看图做准备。

3．分析零件，读懂零件的结构形状

分析零件，就是弄清每个零件的结构形状及其作用。一般应先从主要零件入手，然后是其他零件。当零件在装配图中表达不完整时，可对有关的其他零件仔细观察和分析，然后再做结构分析，从而确定该零件的内外结构形状。

4．分析装配关系和工作原理

对照视图仔细研究部件的装配关系和工作原理，是深入看图的重要环节。在概括了解装配图的基础上，从反映装配关系、工作原理明显的视图入手，找到主要装配干线，分析各零件的运动情况和装配关系；再找到其他装配干线，继续分析工作原理、装配关系、零件的连接、定位以及配合的松紧程度等。

5．由装配图拆画零件图

由装配图拆画零件图是设计过程中的重要环节，也是检验看装配图和画零件图的能力的一种常用方法。拆画零件图前，应对所拆零件的作用进行分析，然后把该零件从与其组装的其他零件中分离出来。分离零件的基本方法是：首先在装配图上找到该零件的序号和指引线，顺着指引线找到该零件；再利用投影关系、剖面线的方向找到该零件在装配图中的轮廓范围。经过分析，补全所拆画零件的轮廓线。有时，还需要根据零件的表达要求，重新选择主视图和其他视图。选定或画出视图后，采用抄注、查取、计算的方法标注零件图上的尺寸，并根据零件的功用注写技术要求，最后填写标题栏。

9.7.2 读装配图及由装配图拆画零件图实例

读齿轮油泵的装配图，如图 9-8 所示，并拆画泵盖 1 的零件图。

1．概括了解

齿轮油泵是机器中用来输送润滑油的一个部件，对照零件序号和明细栏可知：齿轮油泵由泵体、泵盖、传动齿轮和标准件等 11 种零件装配而成，属于中等复杂程度的部件。三个方向的外形尺寸分别是 172、100、113mm，体积不大。

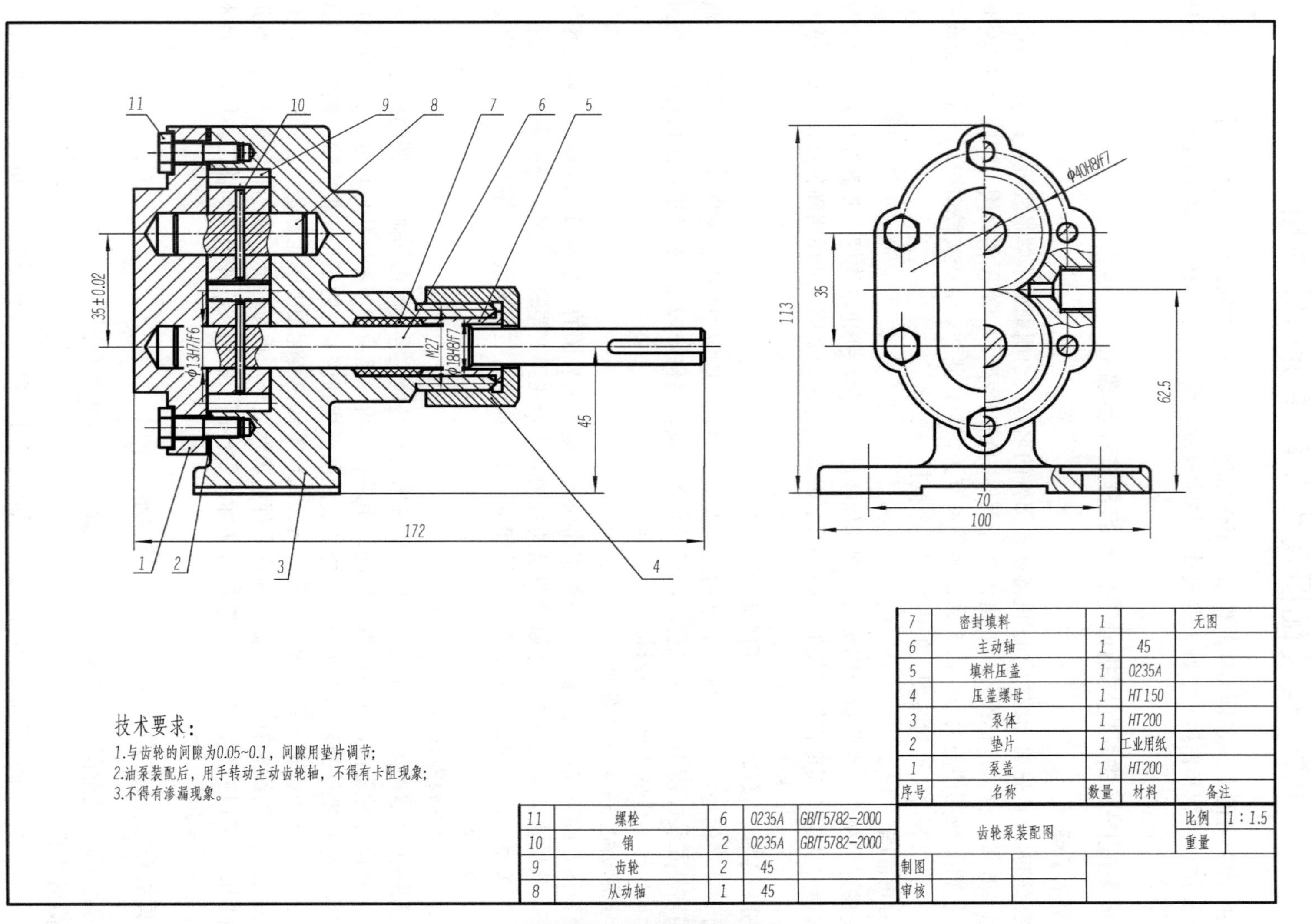

图 9-8　齿轮油泵的装配图

2. 分析视图

齿轮油泵采用两个基本视图表达。如图9-8所示主视图采用全剖视图，反映了组成齿轮油泵的各个零件间的装配关系。左视图采用了沿垫片2与泵体3结合面处的剖切画法，产生了半剖视图，又在吸、压油口处画出了局部剖视图，清楚地表达了齿轮油泵的外形和齿轮的啮合情况。

3. 分析零件，读懂零件的结构形状

从装配图看出，泵体3的外形形状为长圆，中间加工成8字型，用以安装两个齿轮；四周加工有6个螺孔，用以旋入螺栓11并将泵盖1和泵体3连接在一起；前后铸造出阶梯孔并加工成螺孔，用以连接吸油和压油管道；下方有支承脚架，并在支承脚架上加工有通孔，用以穿入螺栓将齿轮油泵与机器连接在一起。泵盖1的外形形状为长圆，四周加工有6个阶梯孔，用以装入螺钉11。其他零件的结构形状请读者自行分析。

4. 分析装配关系和工作原理

泵体3是齿轮油泵中的主要零件之一，它的空腔中容纳了一对吸油和压油的齿轮。由两个销10将一对齿轮9分别和主动轴、从动轴连接。将齿轮9装入泵体后，两侧有泵盖1、泵体3支承这一对齿轮的旋转运动。泵盖用螺栓11与泵体连接，为了防止泵体与端盖的结合面处和主动轴6伸出端漏油，分别用垫片2和密封填料7、填料压盖5、压盖螺母4密封。

主动轴6、从动轴8、齿轮9等是齿轮油泵中的运动零件。当主动轴带动主动齿轮按顺时针方向（从左视图观察）转动时，通过齿轮啮合带动从动齿轮和从动轴逆时针方向转动，如图9-9所示。齿轮油泵的主要功用是通过吸油、压油，为机器提供润滑油。当一对齿轮在泵体中作啮合传动时啮合区内右边空间的压力降低，产生局部真空，油池内的油在大气压力作用下进入油泵低压区的吸油口。随着齿轮的转动，齿槽中的油不断沿箭头方向被带到左边的出油口把油压出，送到机器需要润滑的部位。

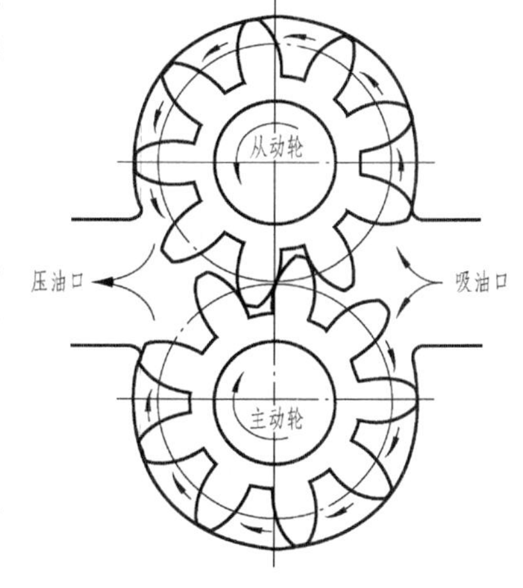

图9-9　齿轮油泵工作原理

5. 齿轮油泵装配图中的配合和尺寸分析

根据零件在部件中的作用和要求，应注出相应的公差带代号。由于主动轴6和传动齿轮9要通过销10传递扭矩并带动从动齿轮和从动轴8转动，因此需要定出相应的配合。在图中可以看到，主动轴和主动轮之间的配合尺寸是ϕ13H7/f6；填料压盖和泵体之间的配合尺寸是ϕ18H7/f6。各处配合的基准制、配合类别请读者自行判断。

6. 由装配图拆画右端盖的零件图

现以拆画泵盖1的零件图为例进行分析。拆画零件图时，先在装配图上找到泵盖1的序号和指引线，再顺着指引线找到泵盖1，并利用“高平齐”的投影关系找到该零件在左视图上的投影关系，确定零件在装配图中的轮廓范围和基本形状。在装配图的主视图上，由于泵盖1的一部分轮廓线被其他零件遮挡，因此分离出来的是一幅不完整的图形，如图9-10（a）所示。经过想象和分析，可补画出被遮挡的可见轮廓线，如图9-10（b）所示。从装配图的主视图中拆画出的泵盖1的图形，反映了泵盖1的工作位置，并表达了各部分的主要结构形状，仍可作为零件图的主视图。因为泵盖1属于轮盘类零件，一般需要用两个视图表达内外结构形状。因此，当泵盖1的主视图确定后，还需要用右视图辅助完成主视图尚未表达清楚的外形、六个阶梯孔的位置等。

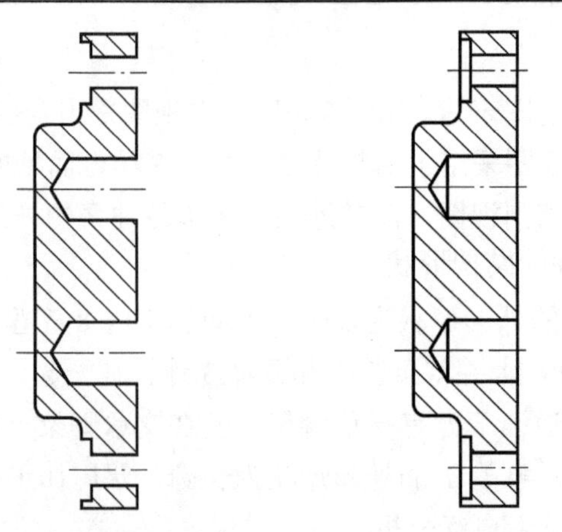

(a) 从装配图中分离出泵盖的主视图　　(b) 补全泵盖主视图上的图线

图 9-10　由齿轮油泵装配图拆画泵盖零件图的思考过程

图 9-11 是画出表达外形的右视图后的泵盖 1 零件图。在图中按零件图的要求标注出尺寸和技术要求，有关的尺寸公差和螺纹的标记是根据装配图中已有的要求抄注的。

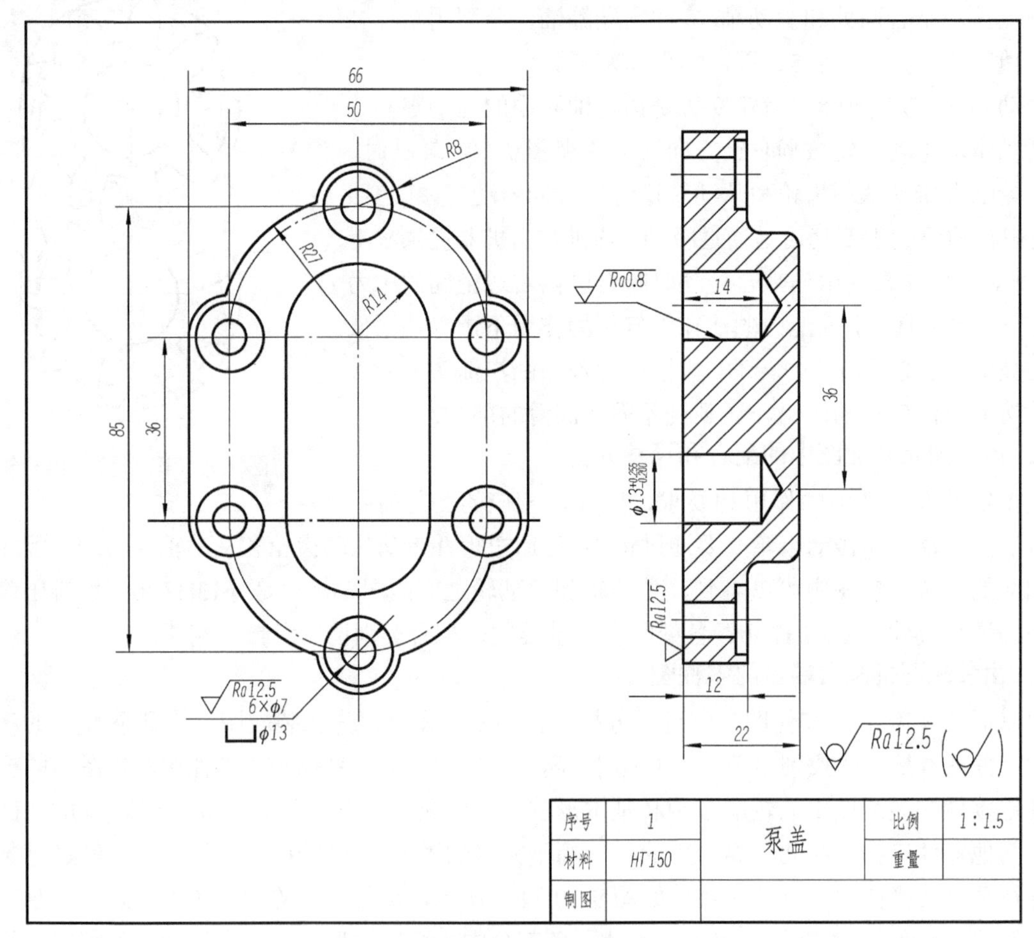

图 9-11　泵盖零件图

第四篇　机械设计练习

第10章　零部件测绘

教学目标和要求

熟悉测绘工具和方法；
掌握零件测绘及零件草图和零件图的绘制；
掌握装配测绘及装配示意图和装配图的绘制。

教学重点和难点

掌握零件测绘及零件草图和零件图的绘制；
掌握装配测绘及装配示意图和装配图的绘制。

10.1　常用的测量工具和方法

10.1.1　测注零件尺寸时的注意事项

(1) 要正确使用测量工具和选择测量基准，以减少测量误差；不要用较精密的量具测量粗糙表面，以免磨损，影响量具的精确度，尺寸一定要集中测量，逐个填写尺寸数值。

(2) 对于零件上不太重要的尺寸(不加工面尺寸、加工面一般尺寸)，可将所测的尺寸数值圆整到整数。对于功能尺寸(如中心距、中心高、齿轮轮齿尺寸等)要精确测量，并予以必要的计算、核对，不应有意调整。

(3) 相配合的孔、轴的基本尺寸应一致。零件上的配合尺寸，测后应圆整到基本尺寸(标准直径或标准长度)，然后根据使用要求，定出配合基准制、配合类别和公差等级，再从公差配合表中查出偏差值。长度和直径尺寸，测后一般应按标准长度和标准直径系列核对后取值。

(4) 标准结构要素，测得尺寸后，应查表取标准值。

(5) 测量零件上已磨损部位的尺寸时，应考虑磨损值，参照相关零件或有关资料，经分析确定。

10.1.2　常用测量工具的使用

1. 测量直线

一般可用直尺(钢板尺)或游标卡尺直接测量得到尺寸的数值；必要时可借助直角尺或三角板配合进行测量，如图10-1所示。

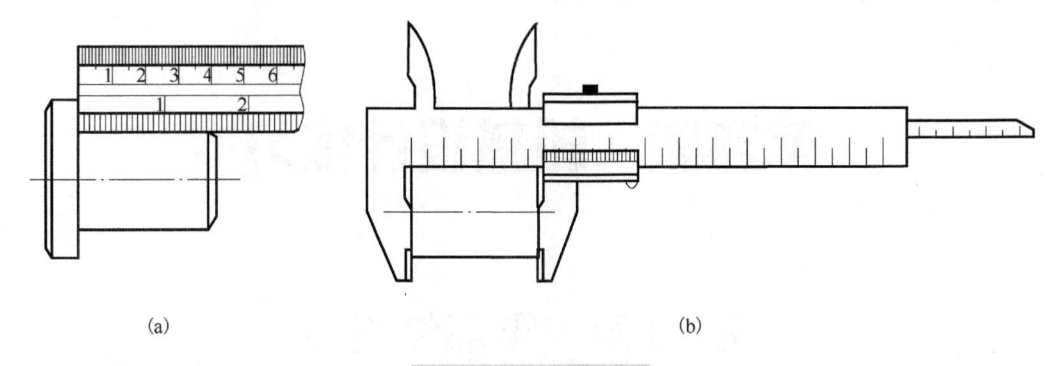

图 10-1　测量直线尺寸

2. 测量回转面内外直径

通常用内外卡钳或游标卡尺直接测量，测量时应使两测量点的连线与回转面的轴线垂直相交，以保证测量精确度，如图 10-2 所示。

在测量阶梯孔的直径时，由于外孔小里孔大，用游标卡尺无法测量里面大孔直径。这时可用内卡钳测量，如图 10-3(a)所示；也可用特殊量具(内外同值卡)测量，如图 10-3(b)所示。

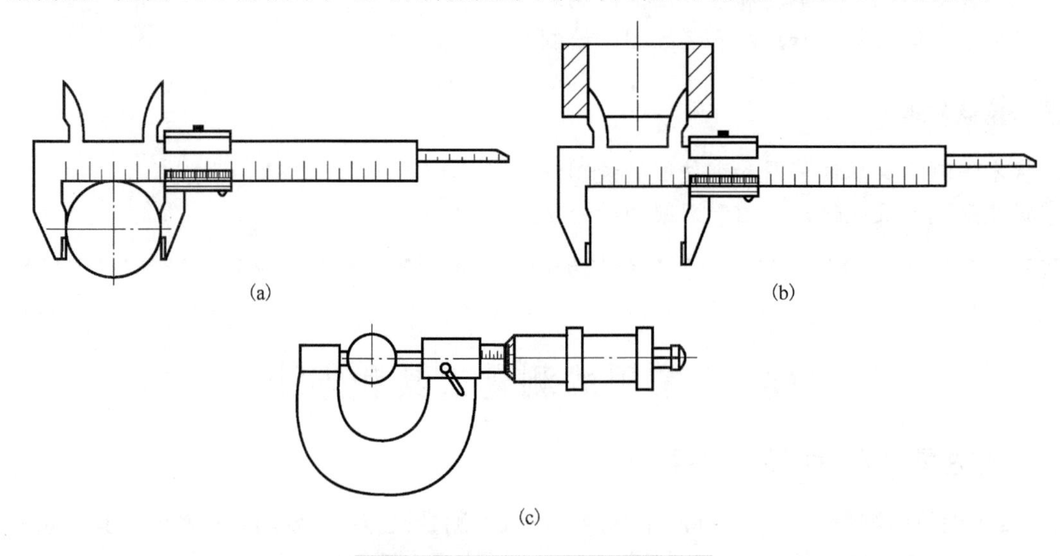

图 10-2　测量回转面内外直径尺寸

3. 测量壁厚

一般可用直尺测量，如图 10-4(a)所示。若孔口较小时，可用带测量深度的游标卡尺测量，如图 10-4(b)所示。当用直尺或游标卡尺都无法测量壁厚时，则可用内外卡钳或外卡钳与直尺合起来测量，如图 10-4(c)、(d)所示。

4. 测量孔间距

根据孔间距的情况不同，可用卡钳、直尺或游标卡尺测量，如图 10-5 所示。

5. 测量中心高

一般可用直尺和卡钳或游标卡尺测量，如图 10-6 所示。

6. 测量圆角

可用圆角测量。每套圆角有两组多片，其中一组用于测量外圆角，另一组用于测量内圆角，每片都刻有圆角半径的数值。测量时，只要从中找到与被测部位完全吻合的一片，读出该片上的 R 数值即为所测圆角半径，如图 10-7 所示。

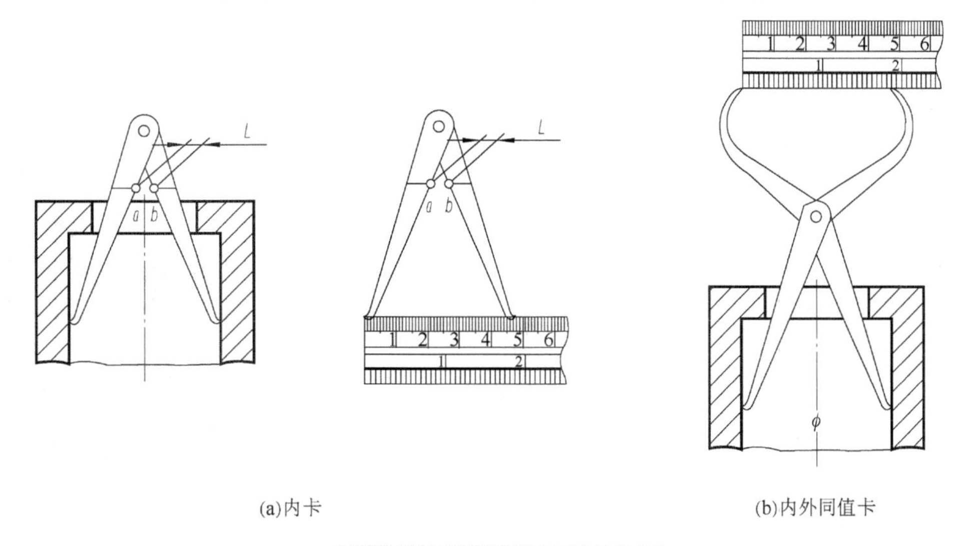

(a)内卡　　(b)内外同值卡

图 10-3　测量阶梯孔直径尺寸

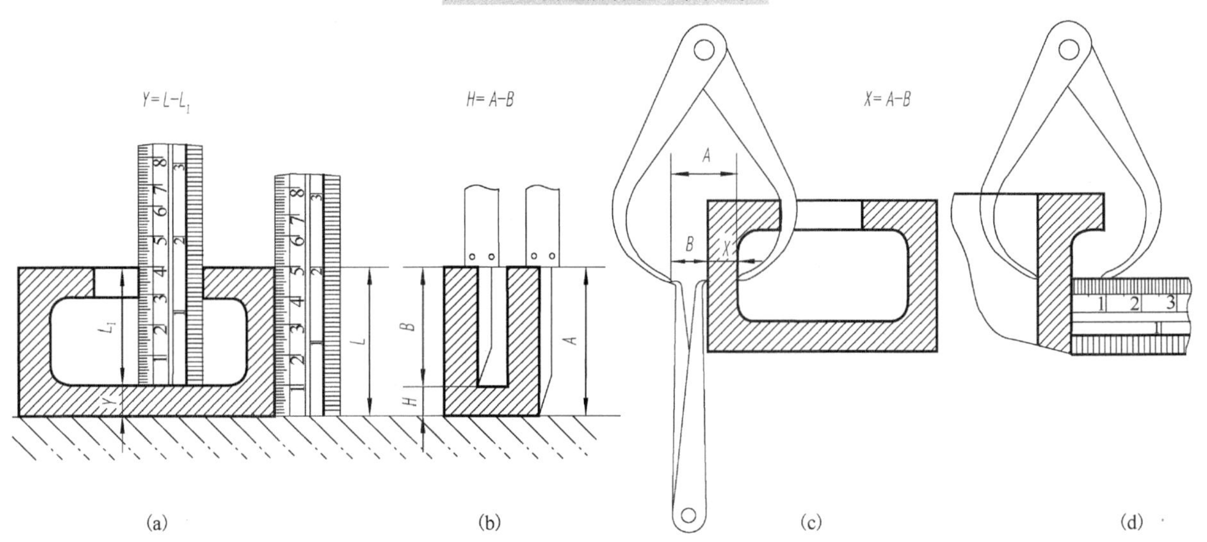

(a)　(b)　(c)　(d)

图 10-4　测量壁厚尺寸

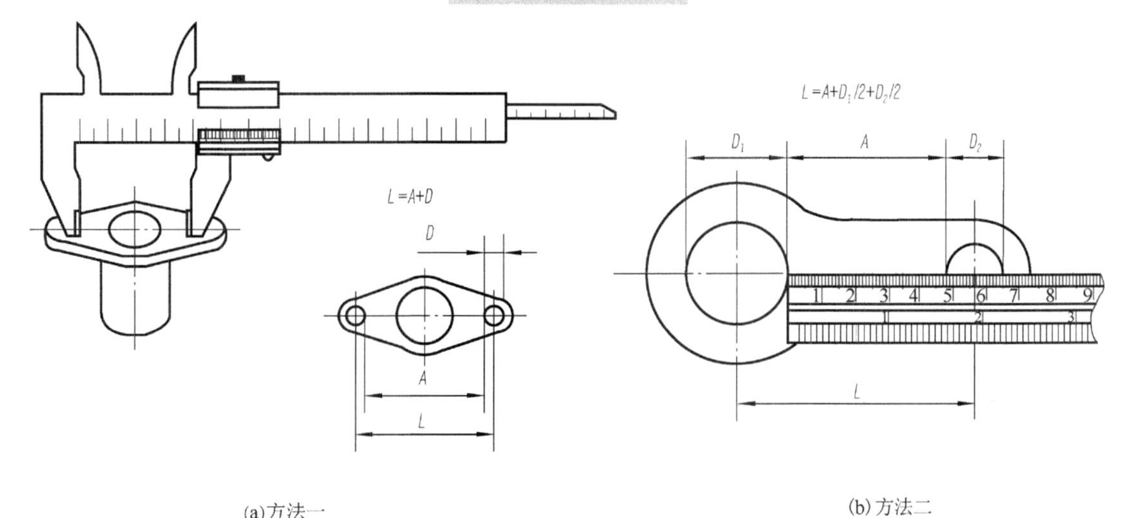

(a)方法一　　(b)方法二

图 10-5　测量孔间距

7. 测量角度

可用圆角规测量，如图 10-8 所示。

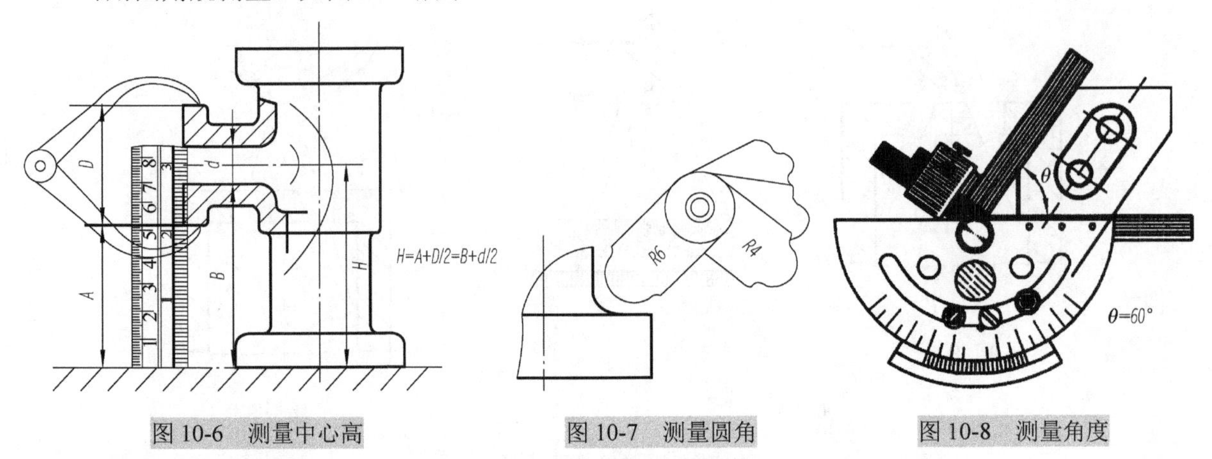

图 10-6　测量中心高　　图 10-7　测量圆角　　图 10-8　测量角度

8. 测量曲线或曲面

要求测得很准确时，须用专门量仪测量。要求测量精度不高时，可采用下述方法测量。

1) 拓印法

对于平面与曲面相交的曲线轮廓，可用纸拓印其轮廓,得到真实的曲线形状后用铅笔加深，然后判定出该曲线的圆弧连接情况，定出切点，找到各段圆弧中心(中垂线法：任取相邻两弦，分别作其垂直平分线，得交点，即为一圆弧的中心)测其半径，如图 10-9(a)所示。

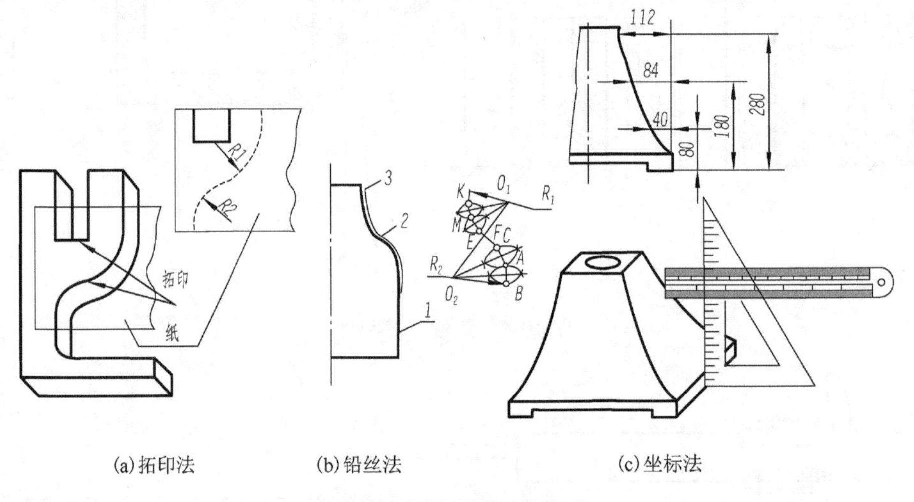

(a)拓印法　　(b)铅丝法　　(c)坐标法

图 10-9　测量曲线和曲面

2) 铅丝法

对于回转面零件的母线曲率半径的测量，可用铅丝贴合其曲面弯成母线实形，描绘在纸上，得到母线真实曲线形状后，判定其曲线的圆弧连接情况，定出切点，再用中垂线法求出各段圆弧的中心后测量其半径，如图 10-9(b)所示。也可用橡皮泥贴合拓印。

3) 坐标法

一般的曲线和曲面都可以用直尺和三角板配合定出面上各点的坐标，在纸上画出曲线，求出曲率半径，如图 10-9(c)所示。

9. 测量螺纹螺距

螺纹的螺距可用螺纹规或直尺测得，如图 10-10 中螺距 P=1.5。

10. 测量齿轮

对标准齿轮，其轮齿的模数可以先用游标卡尺测得 d_a，再计算得到模数 $m=d_a/(z+2)$，奇数齿的顶圆直径 $d_a=2e+d$，如图 10-11 所示。

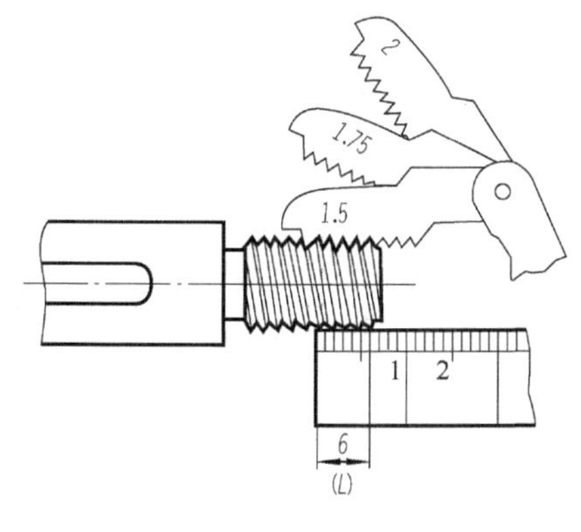

图 10-10　测量螺距

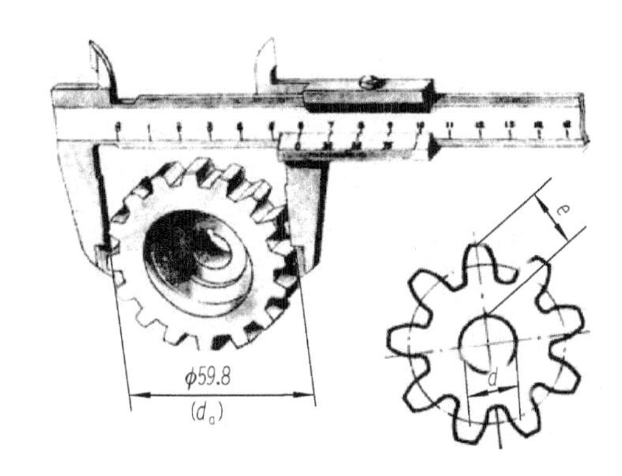

图 10-11　测量标准齿轮

10.2　零件测绘

依据实际零件，通过分析选定表达方案，画出它的图形，测量并标注尺寸，制定必要的技术要求，从而完成零件图绘制的过程，称为零件测绘。零件测绘一般先画零件草图(徒手图)，再根据整理后的零件草图画零件工作图(零件图)。零件测绘对改造设备、修配零件、推广先进技术、交流革新成果，都起着重要作用，是工程技术人员必须掌握的技能。零件测绘，通常与所属的部件或机器的测绘协同进行，以便了解零件功能、结构要求，协调视图、尺寸和技术要求。

10.2.1　零件草图的绘制

1. 零件草图的要求

1) 内容俱全

零件草图是画零件工作图的重要依据，有时也直接用以制配零件，因此，必须具有零件工作图的全部内容，包括一组图形、齐全的尺寸、技术要求和标题栏。

2) 目测徒手

零件草图是不使用绘图工具，只凭目测实际零件形状、大小和大致比例关系，用铅笔徒手画出图形，然后集中测量标注尺寸及制定技术要求。切不可边画边测边注。零件草图与零件工作图的不同之点仅在于前者徒手画，后者用仪器画。

3) 草图不草

草图决不能理解为“潦草之图”。画出的零件草图应做到“图形正确、比例匀称、表达清楚；尺寸齐全清晰；线型号分明、字体工整”。为提高绘图质量和速度，应在方格纸上画零件草图。徒手绘图方法已在第 1 章中介绍过。

2. 零件草图的绘制步骤

图 10-12 是阀盖的轴测图，现以测绘球阀中的阀盖为例说明画零件草图的方法步骤。

图 10-12　阀盖轴测图

1) 了解分析零件

(1) 了解零件的名称，功用以及它在部件或机器中的位置和装配连接关系。阀盖(球阀的阀盖)属于盘盖类零件，主要在车床上加工。

(2) 鉴别零件的材料。可参照类似的图样和有关资料判别。铸件较容易直观鉴别；钢件可直接或取样用火花鉴别，但须注意不要损伤零件。阀盖材料为铸钢 25。常用金属材料牌号及用途见有关手册或附录 5。

(3) 对零件进行形体分析和结构分析。阀盖左端有外螺纹 M36×2 连接管道；右端有 75×74 的方形凸缘，它与阀体的凸缘相结合，钻有 4×ϕ14 的圆柱孔，以便与阀体连接时，安装四个螺柱。

(4) 对零件进行工艺分析，了解其制造方法。阀盖(与阀体)的结合面有四个安装孔需车削加工；另一端面有外螺纹需要车床加工。除结合面、螺孔端面之外，泵盖的其余外表面不需机械加工。铸件需经时效处理。此外，阀盖上的铸造圆角、倒角等，是为了满足铸造、加工的工艺要求而设置的。

2) 确定零件表达方案

(1) 选择主视图。阀盖的主视图，考虑形状特征，其投射方向选与轴孔轴线平行的方向，并按工作位置安放，这样可使主视图所反映的外形和各部分相对位置清楚，并且用全剖视图表达内形。

(2) 选择其他视图。主视图选定之后，可再选左视图，表达左边的凸缘和右边的端面形状。

3) 画零件草图

1) 根据零件的总体尺寸的大致比例，确定图幅(画草图应使用淡色方格纸)；画边框线和标题栏；布置图形，确定出各视图的位置，画主要轴线、中心线或作其基准线，如图 10-13 所示。布置图形时应考虑各视图要有足够位置标注尺寸。

(2) 目测徒手画图形。先画零件主要轮廓，再画次要轮廓和细节，每部分应几个视图对应起来画，以对正投影关系，逐步画出零件的全部结构形状，如图 10-14 所示。

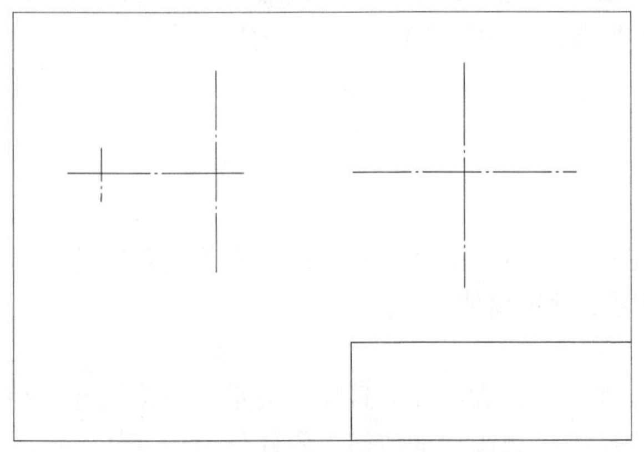

图 10-13　布置视图、画中心线、对称中心线及主要基准面轮廓线

图 10-14　画各视图的主要部分

(3) 仔细检查，擦去多余线；再按规定线型加深；画剖面线；确定尺寸基准，依次画出所有尺寸界线、尺寸线和箭头，如图 10-15 所示。泵盖长度方向基准为两支承孔轴线的平面；宽度方向基准为后端面(结合面)；高度方向基准为两支承孔的任一轴线。

(4) 测量尺寸，协调联系尺寸，查有关标准校对标准结构要素尺寸，填写尺寸数值和必要的技术要求，填写标题栏，完成零件草图全部工作，如图 10-16 所示。

3. 绘制零件草图注意事项

(1) 图形应该徒手目测绘制，并符合上述对零件草图的要求；

(2) 零件上的制造缺陷(如砂眼、气孔等)以及由于长期使用造成的磨损、碰伤等，均不应画出；

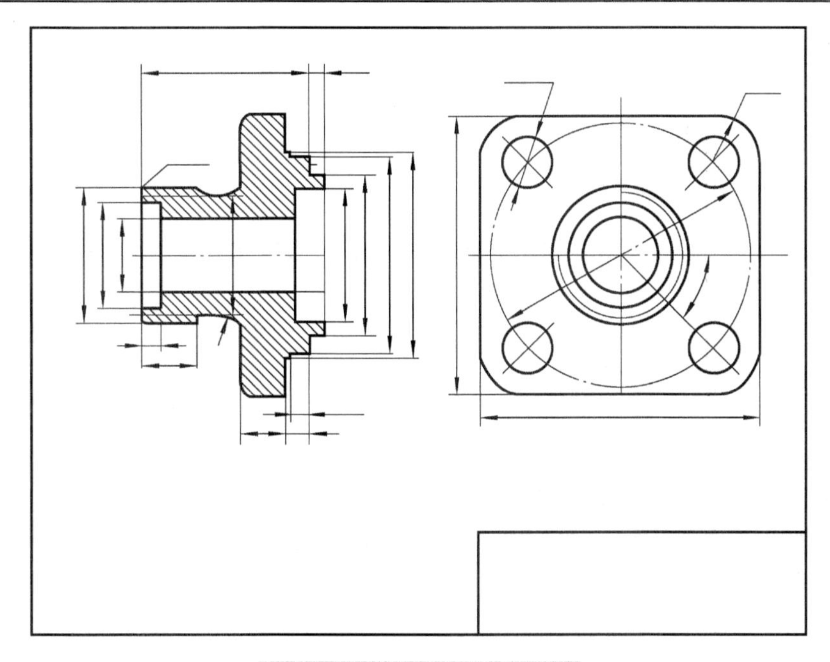

图 10-15　画剖面线以及尺寸线

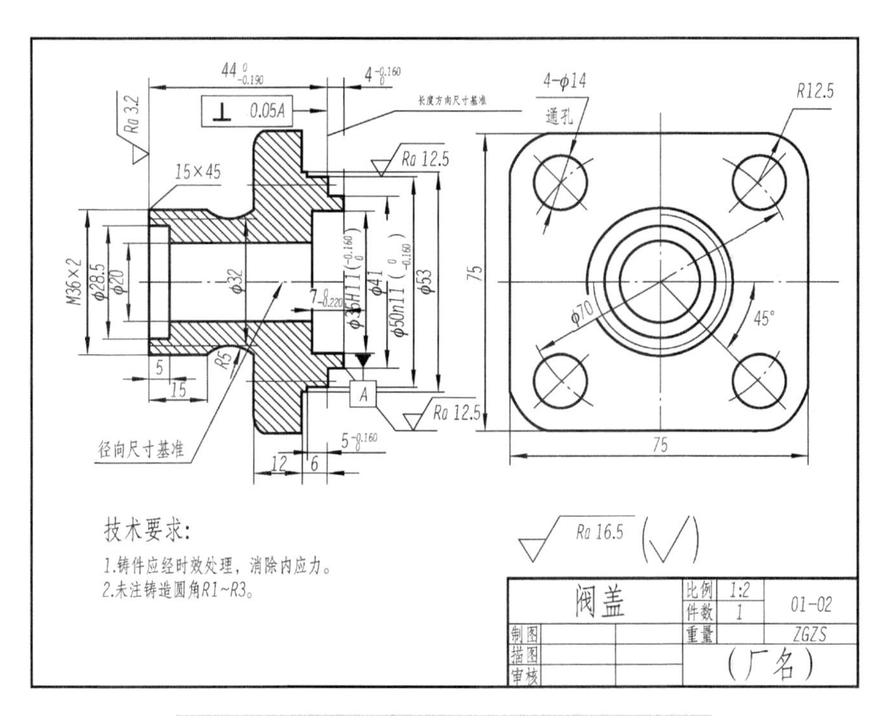

图 10-16　标注尺寸和有关技术要求以及填写标题栏

(3) 零件上的细小结构（如铸造圆角、倒角、退刀槽、砂轮越程槽、凸台和凹坑等）必须画出；

(4) 有配合关系的尺寸，一般只需测出它的基本尺寸，其配合性质和相应的公差值，应在分析后，查阅有关手册确定；

(5) 没有配合关系的尺寸或不重要的尺寸，允许将测量所得的尺寸适当圆整（调整到整数值）；

(6) 对螺纹、键槽、齿轮的轮齿等标准结构的尺寸，应把测量的结果与标准值核对，一般均采用标准的结构尺寸，以便于制造；

(7) 关于制定技术要求，可根据零件的性能和工作要求，对照类似图样和有关资料，用类比法确定后查有关标准复核。

零件测绘对象主要指一般零件。凡属标准件，不必画它的零件草图和零件工作图，只需测量主要尺寸，查有关标准写出规定标记，并注明材料、数量。

10.2.2　零件工程图的绘制

零件草图完成后，应经校核、整理，再依此绘制零件工程图。

1. 零件草图内容

零件草图一般是在现场进行，受时间、条件限制，有些问题不一定考虑得很周全，因此，要对所画的零件草图进行仔细的校核。校核的主要内容有：

(1) 表达方案是否正确、完整、清晰、简练；

(2) 尺寸标注是否正确、齐全、清晰、合理；

(3) 尺寸公差、粗糙度等技术要求的确定是否既满足零件的性能和使用要求，又比较经济合理。

校核后进行必要的修改补充，就可根据零件草图绘制零件工作图。

2. 绘制零件图

绘制零件图的步骤如下。

(1) 定比例和图幅，画边框线和标题栏，布图，画各视图基准线；

(2) 画底稿完成全部图形；

(3) 擦去多余线，检查、加深、画剖面线，画尺寸界线、尺寸线和箭头；

(4) 注写尺寸数值、技术要求和文字说明，填写标题栏；

(5) 校核，即完成零件工作图。

阀盖零件工作图如图 10-16 所示。

绘制零件草图或零件工作图时，应尽可能采用 GB/T 16675.1—1996、GB/T 16675.2—1996 规定的简化表示法(简化画法和简化注法)。

10.3　部件测绘实例

部件测绘是根据现有部件(或机器)，先画出零件草图，再画出装配图和零件工作图的过程。

生产实践中，维修机器设备或技术改造时，在没有现成技术资料的情况下，就需要对机器或部件进行测绘，以得到有关资料。通过部件测绘的实践可继续深入学习和运用零件图和装配图的知识。下面以机用台虎钳为例，介绍部件测绘的一般方法和步骤。

1. 了解工作原理、分析和拆卸部件

首先应了解测绘对象的组成、构造、原理、拆卸顺序、外廓尺寸、极限位置尺寸等情况。部件在拆卸中和拆卸后，要仔细观察零件间的装配关系和零件的结构形状。分析它们的配合性质，从而决定零件的尺寸精度；分析零件的结构特点，加工面与非加工面的区别，从而决定尺寸的合理标注；分析零件间的连接方式，注意画法上的正确性。

如图 10-17 和图 10-18 所示，台虎钳安装在工作台上，用它的钳口来夹紧被加工零件，以便加工。它由活动钳身、固定钳身、底座、螺杆、钳口体等不同零件组成。钳身(活动钳身 9 与固定钳身 5)可同时回转 360°。与螺杆 2 配合的螺母 3 固定在固定钳身 9 上，固定钳口固定在固定钳身 5 上。当转动螺杆 2 时，由于挡圈 1 的限制，使螺杆 2 带动活动钳身 9 作轴向移动，活动钳身 9 带动活动钳口合拢或张开，从而夹紧或放松工件。松开夹紧螺钉 8 时，固定钳身 5 可绕心轴作回转运动，以满足工件加工时不同位置的需要。旋紧夹紧螺钉 8 时，固定钳身 5 被紧固，不能作回转运动。

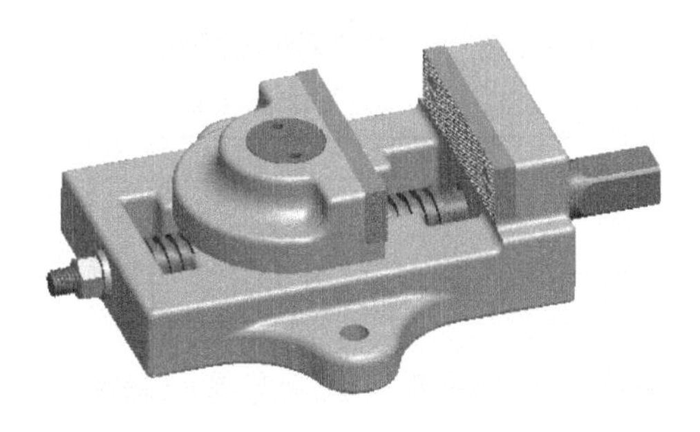

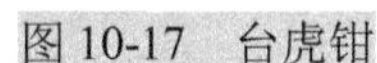
图 10-17　台虎钳

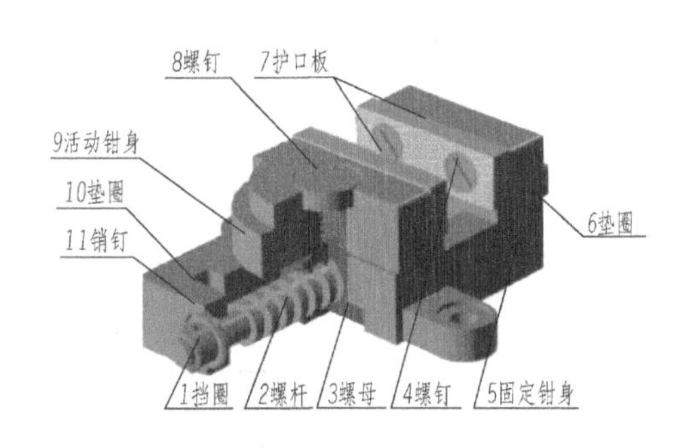

图 10-18　台虎钳分解图

1) 零部件的拆卸要求

(1) 遵循“恢复原机”的要求。

(2) 对于机器上的不可拆连接，壳体上的螺柱，以及一些经过调整、拆开后不易调整复位的零件，一般不进行拆卸。

(3) 遇到不可拆组件或复杂零件的内部结构无法测量时，尽量不拆卸或少拆卸。

2) 零部件的拆卸步骤

(1) 做好拆卸前的准备工作。拆卸前应先测量一些必要的尺寸数据，如部件的外廓尺寸、运动件极限位置尺寸、某些零件间的相对位置尺寸等，以作为绘制装配图和校核尺寸的依据。

(2) 了解机器的连接方式。主要有：永久性连接，如焊接、过盈量大的配合；半永久性连接，如过盈量较小的配合，具有过盈的过渡配合；活动连接，如配合的零件间有间隙，滑动轴承的孔与其相配合的轴颈；可拆卸连接，如螺纹连接，键与销的连接等。

(3) 选择合理的拆卸步骤，确定拆卸的大体步骤，划分部件的组成部分，合理选用工具和拆卸方法按一定顺序拆卸，严防乱敲打、硬撬拉，避免损伤零件。先将机器中的大部件解体，拆成组件；将各组件再拆成测绘所需的小件或零件。同时注意由附件到主机、由外部到内部、由上到下。

(4) 拆下的零件要分类、分组，并对零件进行编号、登记，列出零件明细表，注明零件序号、名称、类别、数量、材料，如果零件是标准件应做标记并注明国标号。记下拆卸顺序和拆卸方向，以便以相反顺序正确复装。拆下的零件用后应按类有序放置，妥善保管，防止碰伤、变形、生锈或丢失。

(5) 拆卸中，要认真研究每个零件的作用、结构特点及零件间装配关系，正确判断配合性质、尺寸精度和加工要求，为画零件图、装配图创造前提。

2. 绘制装配示意图

如图 10-19 所示，装配示意图是以简单的线条和国标规定的简图符号，以示意方法表示每个零件的位置、装配关系和部件工作情况的记录性图样。

画装配示意图应注意以下几点：

(1) 对零件的表达通常不受前后层次的限制，尽可能将所有零件集中在一个视图上表达。如仅用一个视图难以表达清楚时，也可补画其他视图。

(2) 图形画好后应将零件编号或写出零件名称，凡是标准件应定进行标记。

(3) 测绘较复杂的部件时，必须画装配示意图。

3. 测绘零件，画零件草图

1) 了解分析零件

了解零件的名称、功用及它在部件中的位置和装配连接关系；鉴别材料，确定材料名称、牌号；对零件进行结构分析，凡属标准结构要素应查表核取标准尺寸；对零件进行工艺分析，分析其制造方法和加工要求，以便综合设计要求和工艺要求，较合理地确定尺寸公差、形位公差、表面粗糙度和热处理等一系列技术要求。

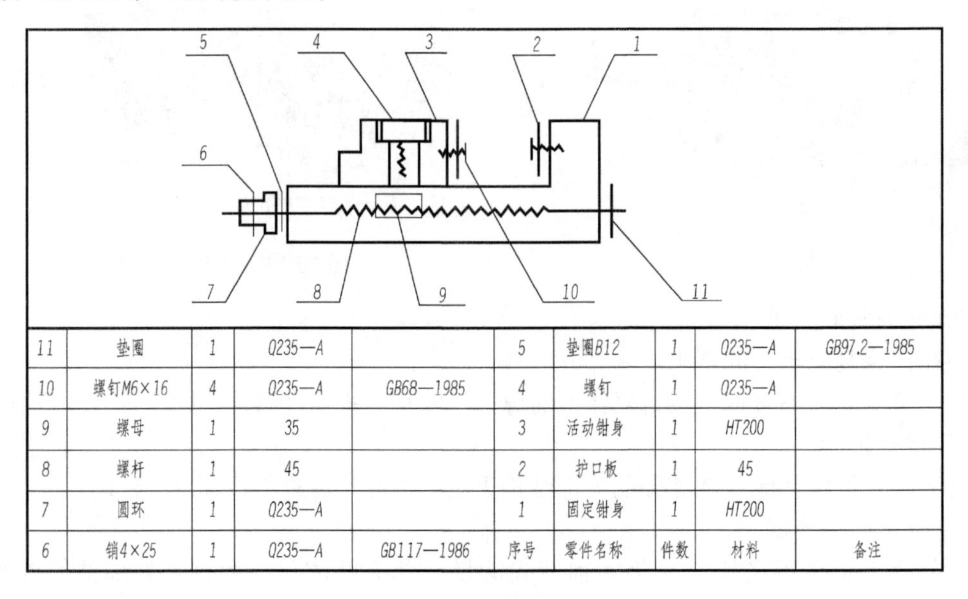

11	垫圈	1	Q235—A		5	垫圈B12	1	Q235—A	GB97.2—1985
10	螺钉M6×16	4	Q235—A	GB68—1985	4	螺钉	1	Q235—A	
9	螺母	1	35		3	活动钳身	1	HT200	
8	螺杆	1	45		2	护口板	1	45	
7	圆环	1	Q235—A		1	固定钳身	1	HT200	
6	销4×25	1	Q235—A	GB117—1986	序号	零件名称	件数	材料	备注

图 10-19　装配示意图

2) 对零件草图的要求

测绘零件草图的一般要求：

(1) 制图方面的要求。应有完整表达方案的一组图形、齐全的尺寸、技术要求的标注和标题栏。图形清晰工整，零件草图与零件图的区别仅在于前者徒手画，后者用绘图工具画，其字体、图线、尺寸注法、技术要求、标题栏等项内容均应符合基本要求。

(2) 测量方面的要求。凭目测实际零件形状大小，采用大致比例，用铅笔徒手画出图形，不使用绘图工具，可少量借助绘图工具画底稿，但必须徒手加深。要先画后测注尺寸，切不可边画边测边注。

(3) 测量数据的处理要求。尺寸圆整原则是逢 4 舍，逢 6 进，遇 5 保偶数。

3) 确定零件表达方案

(1) 选择主视图，应遵循不同种类零件主视图选择的原则，根据零件的具体结构形状特点来确定。

(2) 选择其他视图，要依照既要表达充分，又要避免重复为前提，综合确定表达方案。

4) 画零件草图

(1) 根据零件的总体尺寸和大致比例，确定图幅；画边框线和标题栏；布置图形，定出各视图位置，画主要轴线、中心线或作图基准线。布置图形还应考虑各视图间应留有足够位置标注尺寸。

(2) 目测徒手画图形。先画零件主要轮廓，再画次要轮廓和细节，每一部分都应几个视图对应起来画，以对正投影关系，逐步画出零件的全部结构形状。

(3) 仔细检查，擦去多余线；再按规定线型加深；画剖面线；确定尺寸基准，依次画出所有的尺寸界线、尺寸线和箭头。

(4) 测量尺寸，协调联系尺寸，查有关标准校对标准结构尺寸，这时才能依次填写尺寸数值和必要的技术要求；填写标题栏，完成零件草图的全部工作。

5) 零件尺寸的测量

按常用的测量方法测量零件。

4. 画装配草图和装配图

画装配草图和装配图方法步骤基本相同。画装配图时，对照装配草图和零件草图，可对装配图作必要的修改，不强求装配图与装配草图的表达方案完全一致。

画装配草图或装配图的方法步骤大致如下：

1) 拟定表达方案

拟定表达方案的原则是能正确、完整、清晰和简便地表达部件的工作原理、零件间的装配关系和零件的主要结构形状。其中应注意：

(1) 主视图的投射方向、安放位置应与部件的工作位置(或安装位置)相一致。主视图或与其他视图联系起来，要最能明显反映部件的上述表达原则与目的。

(2) 部件的表达方法包括：一般表达方法、规定画法、各种特殊画法和简化画法。选择表达方法时，应尽量采用特殊画法和简化画法，以简化绘图工作。

台虎钳可参考采用的表达方案：主视图按钳口工作位置放置，通过螺杆轴线取局部剖视，较多地反映零件间的相对位置和装配关系。其他视图补充表达主视图尚未表达而又必须表达的内容，采用俯、左两视图各有侧重，俯视图用来表达固定钳身、底座和活动钳身等零件的外部结构形状和相对位置；左视图采用半剖视，一半表达外形，一半表达固定钳身与底座的连接情况以及与活动钳身的配合关系。此外，可用局部视图表达底座零件的底面局部外形和螺钉与有关零件的连接关系等。

2) 画装配图的步骤

部件表达方案确定后，即可画装配图。画装配图的具体步骤，常因部件的类型和结构形式特点而有所差异。一般先画主体零件或核心零件，可先里后外或先上后下地逐渐扩展；再画其他次要零件，最后画结构细节。画某个零件或相邻零件时，要几个视图联系起来画，以对正投影关系和正确反映装配关系。

3) 标注装配图中的尺寸和技术要求

(1) 装配图中需标注五类尺寸：性能尺寸，即规格尺寸；装配尺寸，即配合尺寸和相对位置尺寸；安装尺寸；外形尺寸；其他重要尺寸。这五类尺寸在某一具体部件装配图中不一定都有，且有时同一尺寸可能具有几种含义，分属几类尺寸。因此，要具体情况具体分析，凡属上述五类尺寸既不必多注，也不能漏注，以确保装配工作的需要。

(2) 技术要求。装配图中的技术要求包括配合要求，性能、装配、检验、调配要求，验收条件、试验和使用、维修规则等。其中，配合要求用配合代号注在图中，其余用文字或符号写在明细栏的上方或左方。确定装配图中的技术要求时，可参阅同类产品的图样，根据具体情况确定。

4) 编写零部件序号和明细栏

注意装配示意图中的序号和装配图中的序号最好一致，装配图中的序号和明细栏中的序号必须一致。

图 10-20 所示为台虎钳的装配图。

5. 画零件图

根据装配图和零件草图，整理绘制出指定的零件图。

(1) 画零件工作图时，其视图选择不强求与零件草图或在装配图上该零件的表达完全一致，可进一步改进表达方案。

(2) 画装配图后发现已画过的零件草图中的问题，应在画零件图时加以改正。

(3) 注意配合尺寸或相关尺寸应协调一致。

(4) 零件的技术要求，如尺寸精度、形状位置精度、表面粗糙度、热处理等，可查阅相关资料及同类或相近产品图样后确定，其标注形式应规范。

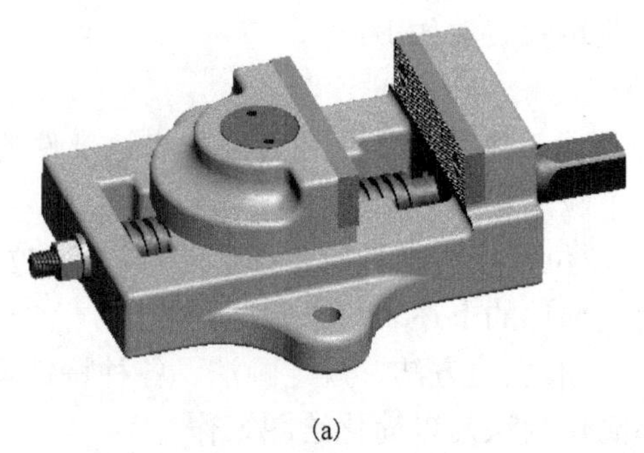

(a)

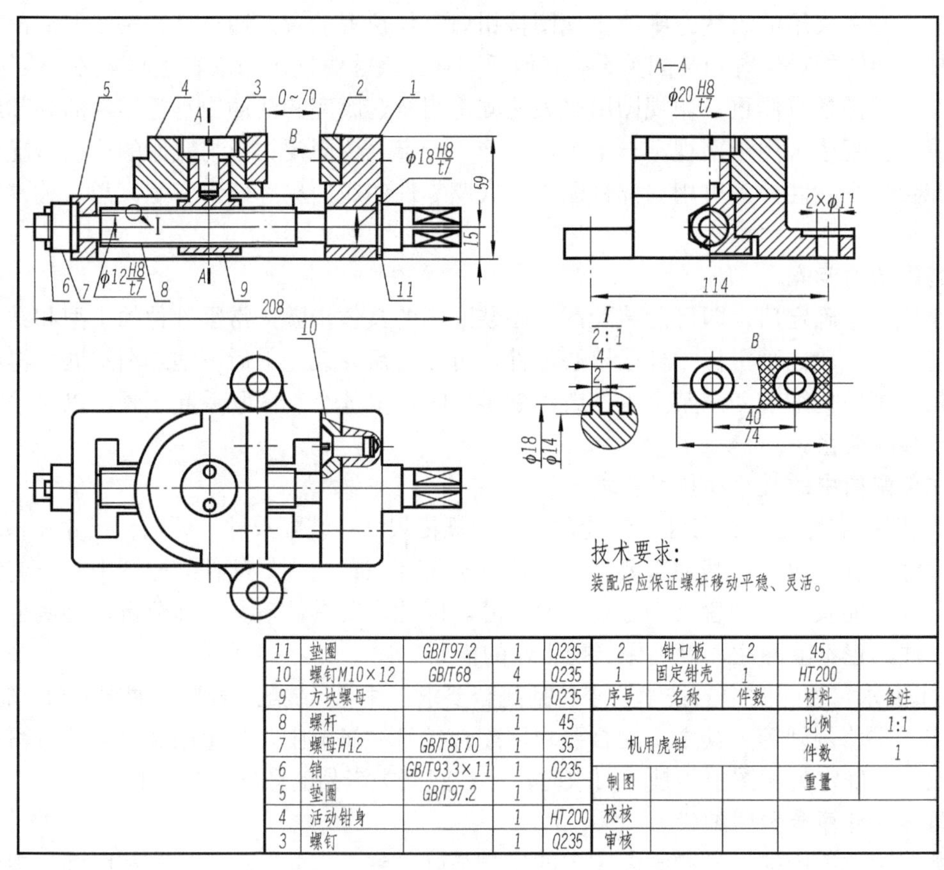

11	垫圈	GB/T97.2	1	Q235	2	钳口板	2	45	
10	螺钉M10×12	GB/T68	4	Q235	1	固定钳壳	1	HT200	
9	方块螺母		1	Q235	序号	名称	件数	材料	备注
8	螺杆		1	45	机用虎钳			比例	1:1
7	螺母H12	GB/T8170	1	35				件数	1
6	销	GB/T93 3×11	1	Q235	制图			重量	
5	垫圈	GB/T97.2	1						
4	活动钳身		1	HT200	校核				
3	螺钉		1	Q235	审核				

(b)

图 10-20　装配图

图 10-21 所示为台虎钳零件图。

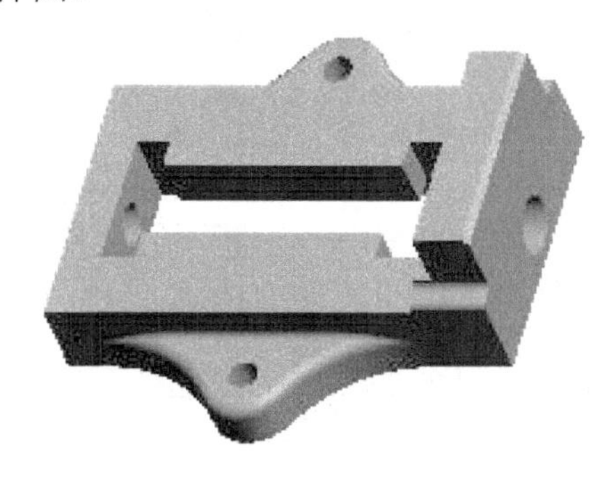

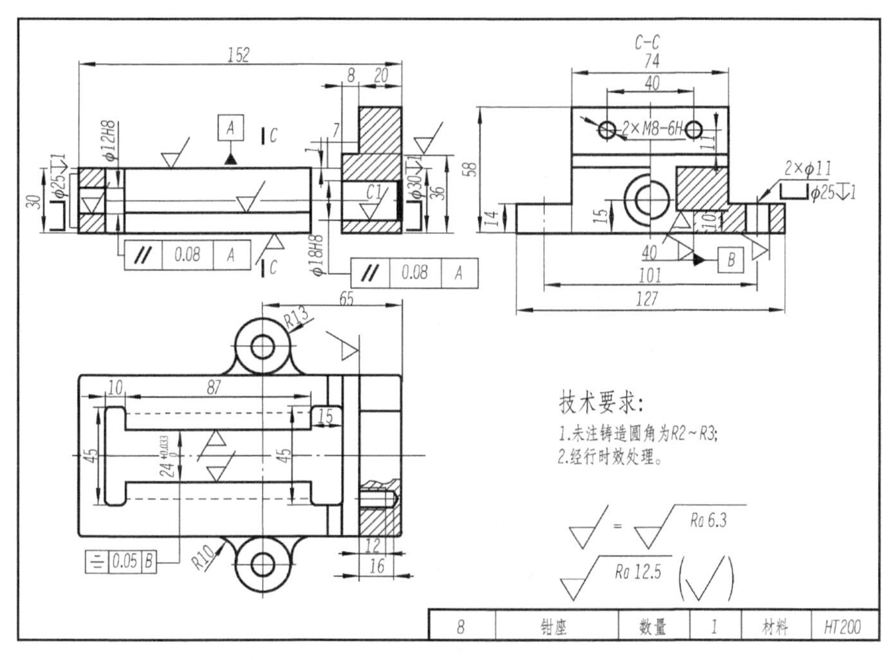

(a)

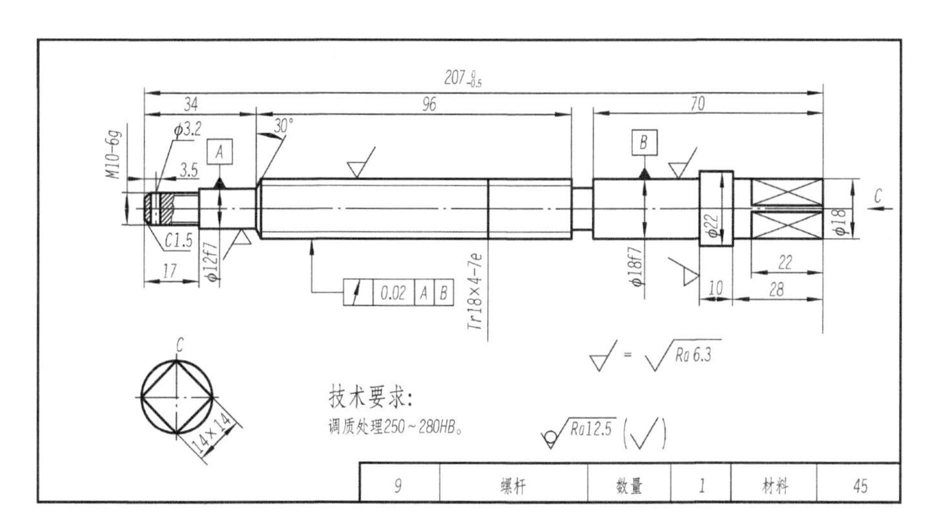

(b)

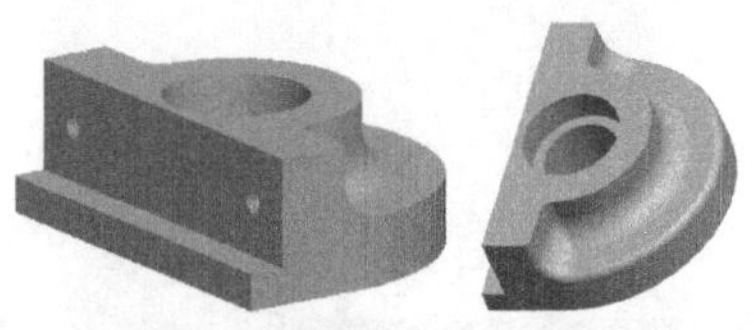

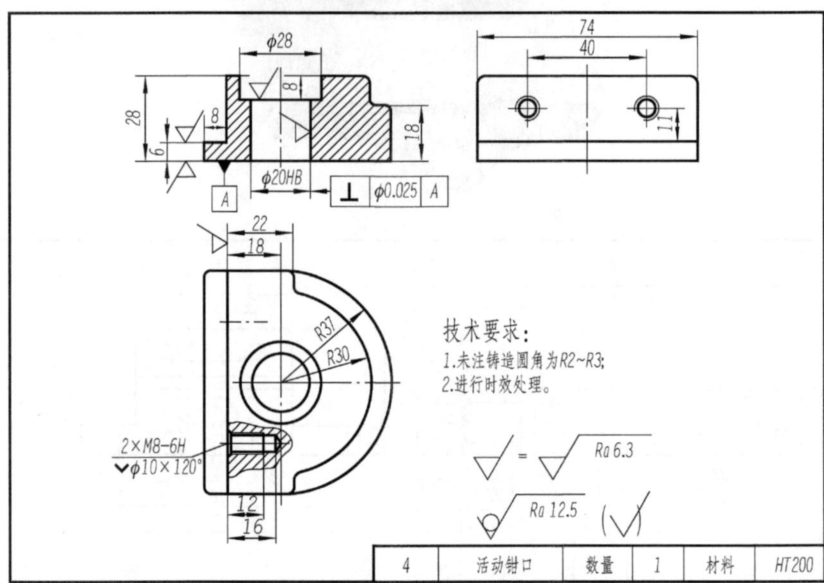

φ28
8
28
8
6
18
φ20H8
⊥ φ0.025 A
A
74
40
11
22
18
R37
R30
2×M8-6H
⌵φ10×120°
12
16
技术要求:
1.未注铸造圆角为R2~R3;
2.进行时效处理。
= Ra 6.3
Ra 12.5 (√)
4 活动钳口 数量 1 材料 HT200

(c)

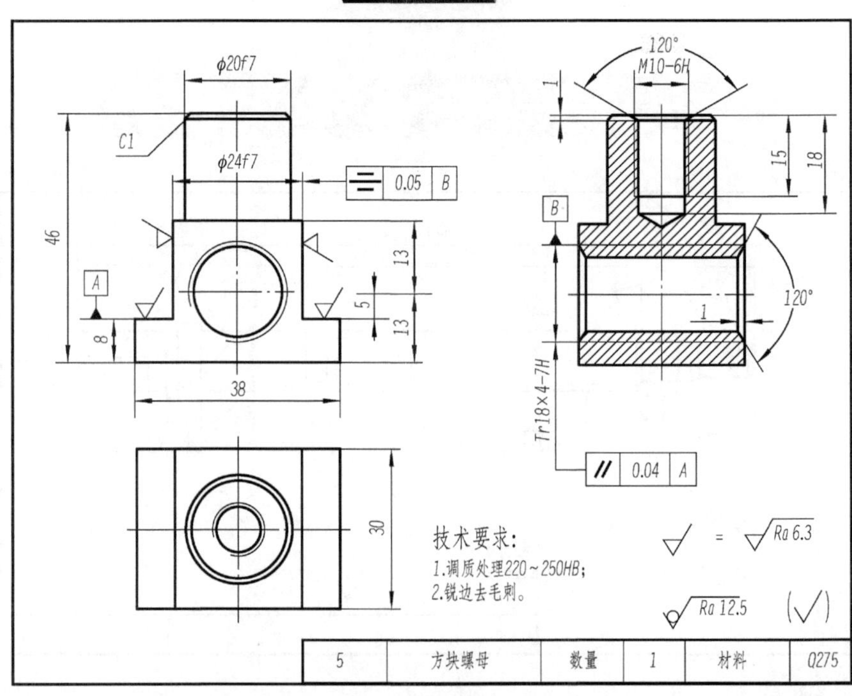

φ20f7
C1
φ24f7
0.05 B
46
A
8
13
5
13
38
120°
M10-6H
1
15
18
B
1
120°
Tr18×4-7H
// 0.04 A
30
技术要求:
1.调质处理220~250HB;
2.锐边去毛刺。
= Ra 6.3
Ra 12.5 (√)
5 方块螺母 数量 1 材料 Q275

(d)

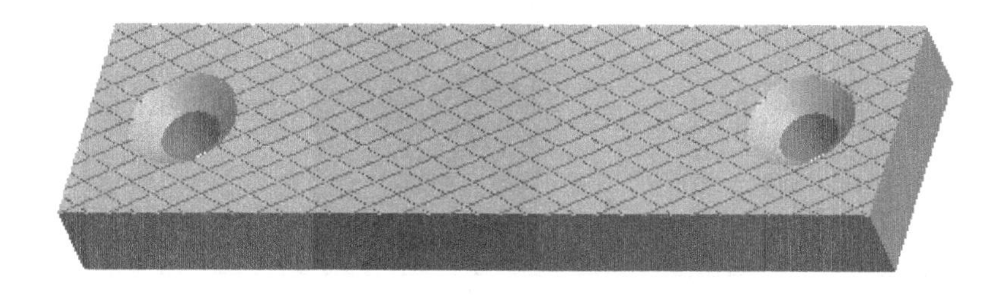

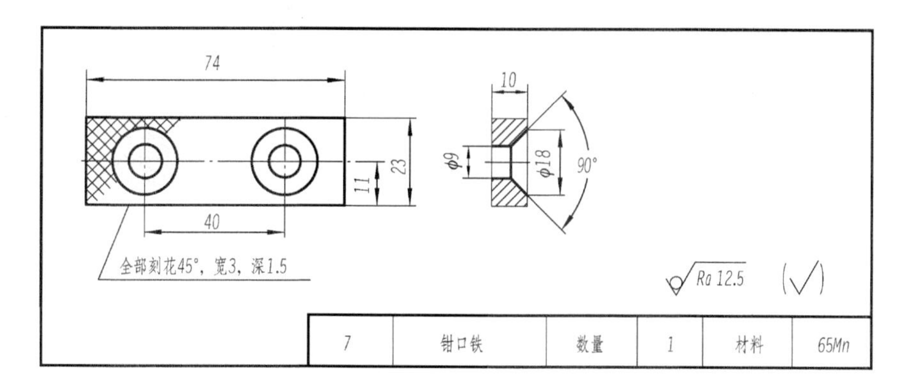
74
10
23
11
40
φ9
φ18
90°
全部刻花45°，宽3，深1.5
Ra 12.5
7
钳口铁
数量
1
材料
65Mn

(e)

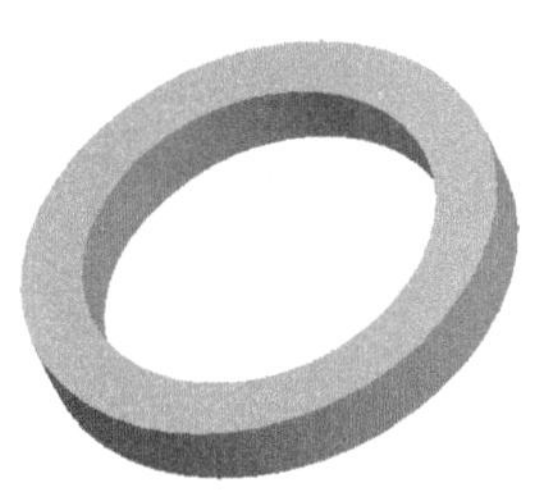

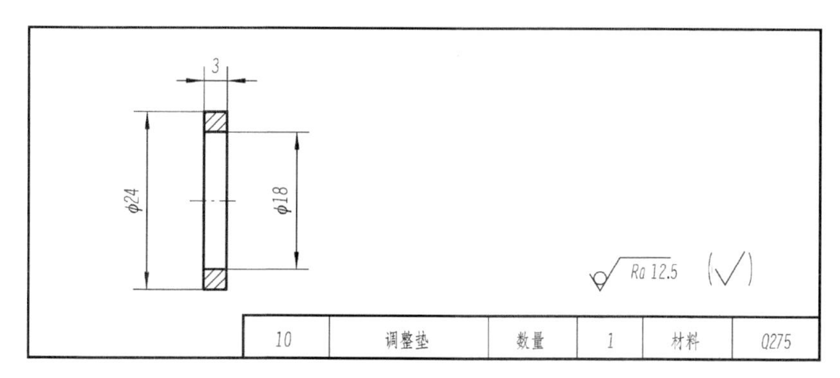
3
φ24
φ18
Ra 12.5
10
调整垫
数量
1
材料
Q275

(f)

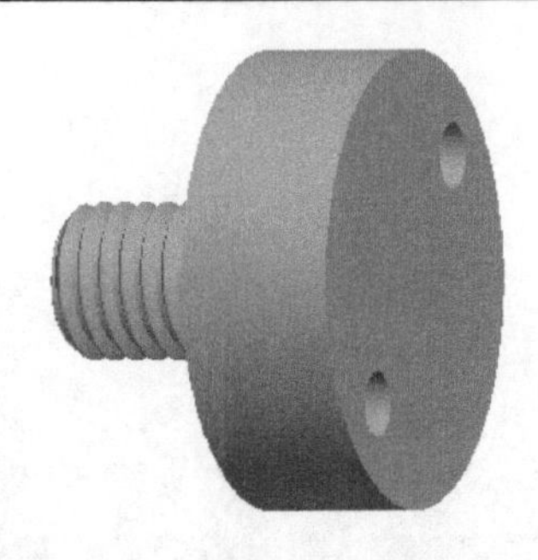

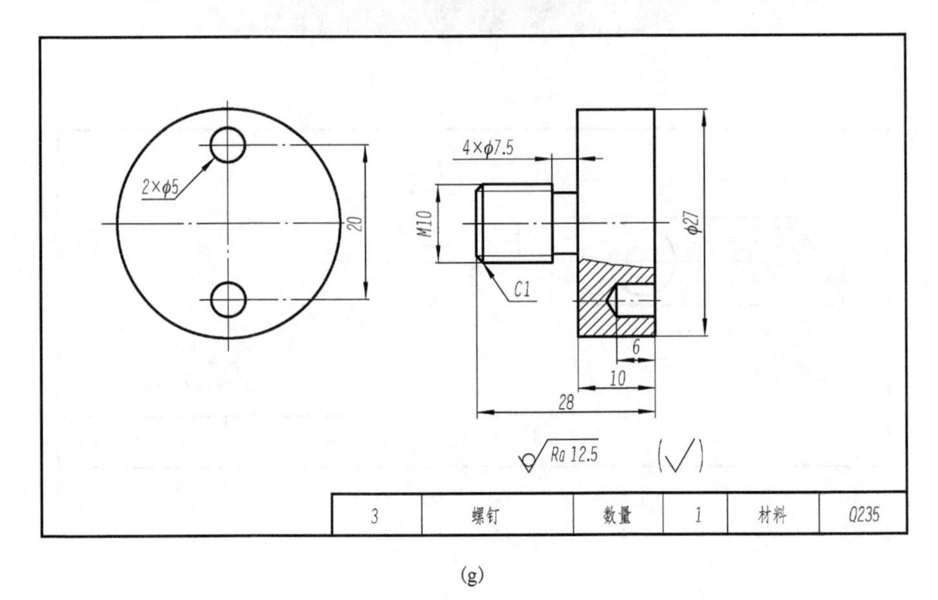

(g)

图 10-21　零件图

6. 审查、整理、装订、交图

将前面的图纸检查无误、整理出顺序之后装订好，即可交图。

第11章　常用部件分析与设计练习

教学目标和要求

理解常用部件装配关系；
理解常用部件工作原理；
改进常用部件并绘出装配示意图。

教学重点和难点

改进常用部件并绘出装配示意图。

常用部件有减速器、齿轮油泵、球阀、虎钳、千斤顶等，理解这些常用部件工作原理及零件装配关系，分析各个部件优缺点，提出改进的方案并画出装配示意图，以此培养学生的创新思维和设计能力。

11.1　常用部件工作原理

1. 减速器

图 11-1 和图 11-2 是减速器装配轴测图和装配图，根据这两个图可知减速器工作原理就是利用各级齿轮传动来达到降速的目的。减速器是由各级齿轮副组成的，比如用小齿轮带动大齿轮就能达到一定的减速的目的，再采用多级结构，这样减速器就可以大大降低转速了。

图 11-1　减速器装配轴测图

减速器装配步骤：

(1) 按合理顺序装配轴、齿轮和滚动轴承，注意方向；应按滚动轴承的合理装拆方法进行装配，装上挡油环、封油环，调整轴向游隙。

(2) 合上箱盖。

(3) 安装好定位销钉。

(4) 装配上、下箱之间的连接螺栓。

(5) 装配轴承盖，观察孔盖板。

2. 齿轮油泵

齿轮泵是各种机械润滑和液压系统的输油装置，用于给润滑系统提供压力油。主要用于低压或噪声水平限制不严的场合。图 11-3 和图 11-4 是齿轮油泵装配轴测图和装配图，根据这两个图可知齿轮泵由一对齿数相同的齿轮、传动轴、轴承、端盖和壳体等组成。当主动齿轮逆时针转动，从动齿轮顺时针转动时，齿轮啮合区右边的压力降低，油池中的油在大气压力作用下，从进油口进入泵腔内。随着齿轮的转动，齿槽中的油不断被输送到齿轮左边，高压油从出油口送到输油系统。

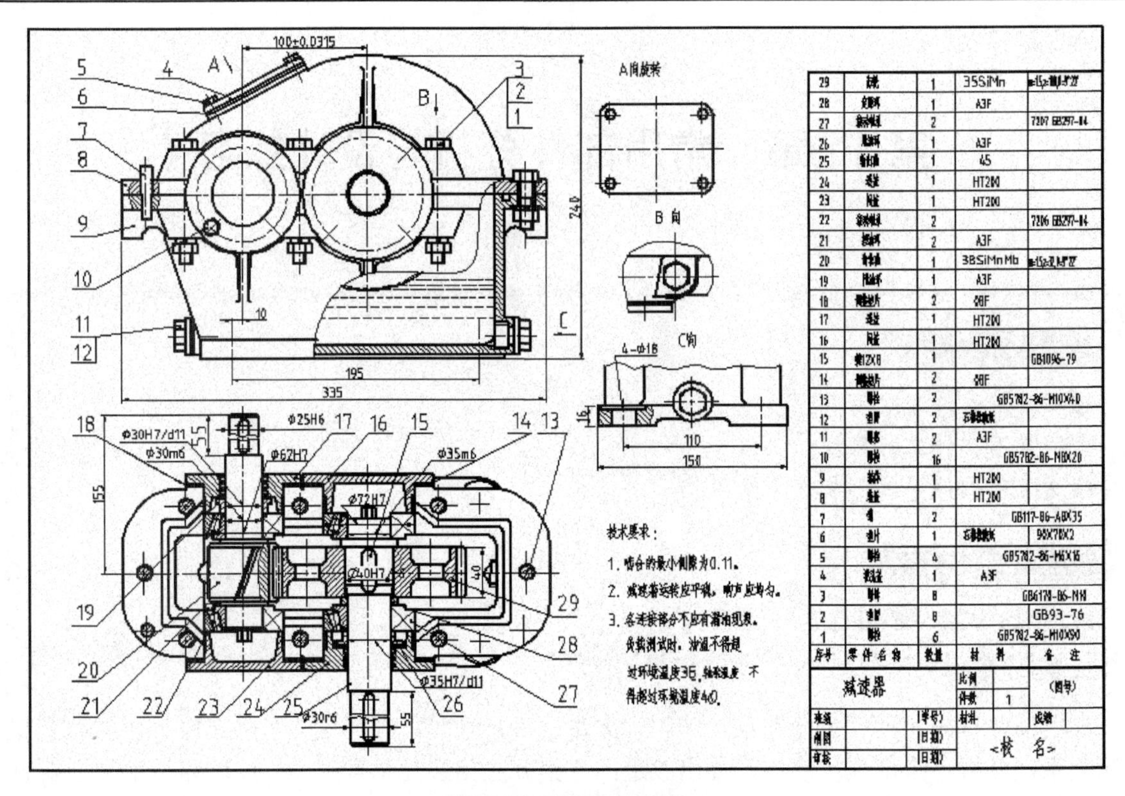

图 11-2　减速器装配图

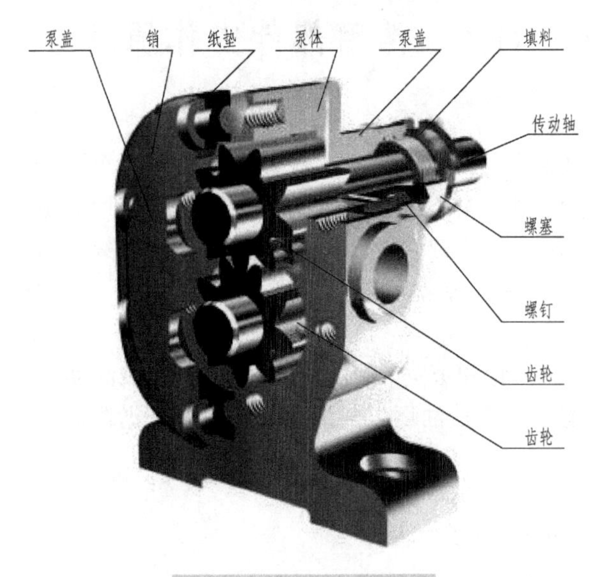

图 11-3　齿轮油泵轴测图

3. 球阀

图 11-5 和图 11-6 是球阀装配轴测图和装配图，根据这两个图可知球阀是用带有圆形通道的球体作启闭件，球体随阀杆转动实现启闭动作的。球阀的启闭件是一个有孔的球体，绕垂直于通道的轴线旋转，从而达到启闭通道的目的。一般由阀体、阀盖、阀杆和阀芯组成。转动手轮，带动阀杆、阀芯转动，使阀门处于全开或关闭位置。

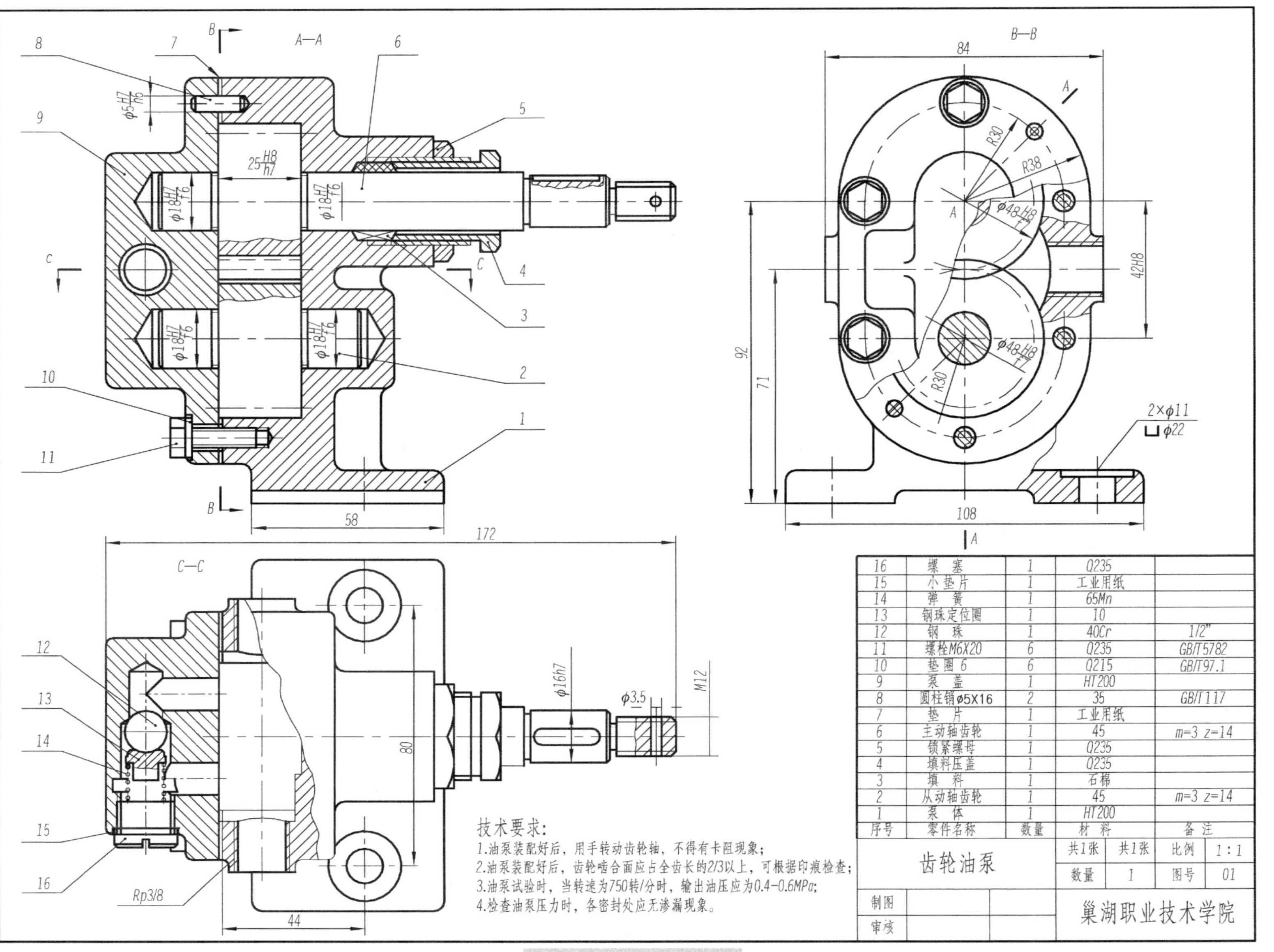

序号	零件名称	数量	材料	备注
16	螺塞	1	Q235	
15	小垫片	1	工业用纸	
14	弹簧	1	65Mn	
13	钢珠定位圈	1	10	
12	钢珠	1	40Cr	1/2"
11	螺栓M6X20	6	Q235	GB/T5782
10	垫圈 6	6	Q215	GB/T97.1
9	泵盖	1	HT200	
8	圆柱销ϕ5X16	2	35	GB/T117
7	垫片	1	工业用纸	
6	主动轴齿轮	1	45	m=3 z=14
5	锁紧螺母	1	Q235	
4	填料压盖	1	Q235	
3	填料	1	石棉	
2	从动轴齿轮	1	45	m=3 z=14
1	泵体	1	HT200	

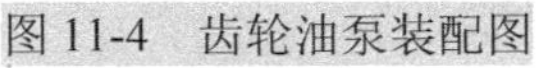
图 11-4　齿轮油泵装配图

图 11-5　球阀轴测图

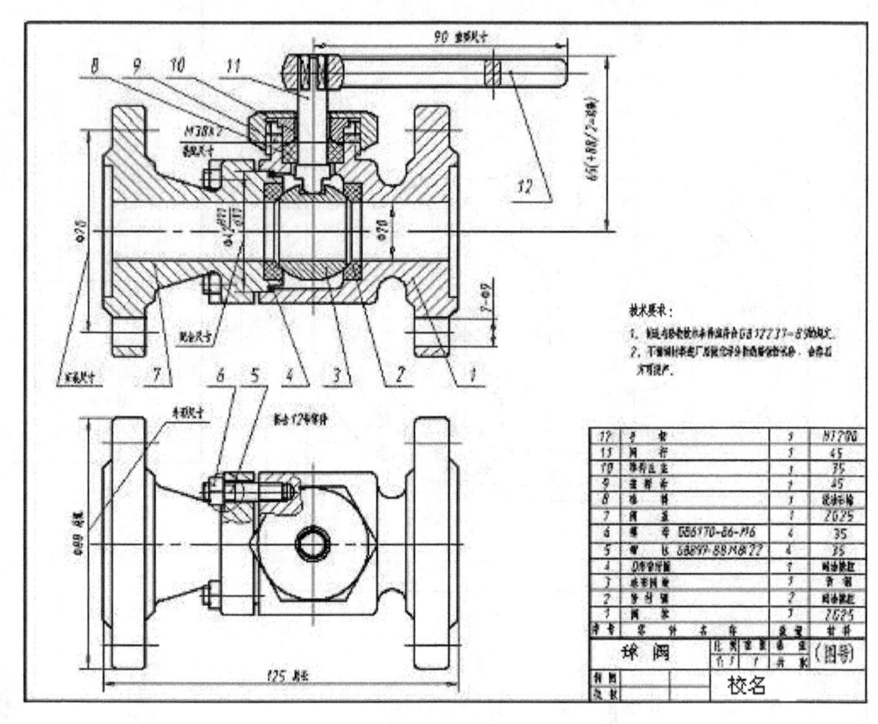

图 11-6　球阀装配图

4. 千斤顶

千斤顶是一种起重高度小(小于 1m)的最简单的起重设备。它有机械式和液压式两种。机械式千斤顶又有齿条式与螺旋式两种，由于起重量小，操作费力，一般只用于机械维修工作。液压式千斤顶结构紧凑，工作平稳，有自锁作用，故使用广泛，其缺点是起重高度有限，起升速度慢。

图 11-7 和 11-8 是机械螺旋式千斤顶的轴测图与装配图，利用螺旋来举动重物，是汽车修理和机械安装常用的一种起重、顶压工具。工作时旋动穿在螺旋杆孔中的绞杠，使螺旋杆在螺套中上下移动，上升时，顶垫上的重物被顶起。螺套镶在底座里，并有螺钉定位，磨损后便于修换。顶垫有螺钉与螺旋杆连接但不固定，使顶垫不随螺旋杆一起旋转，同时也不脱落。

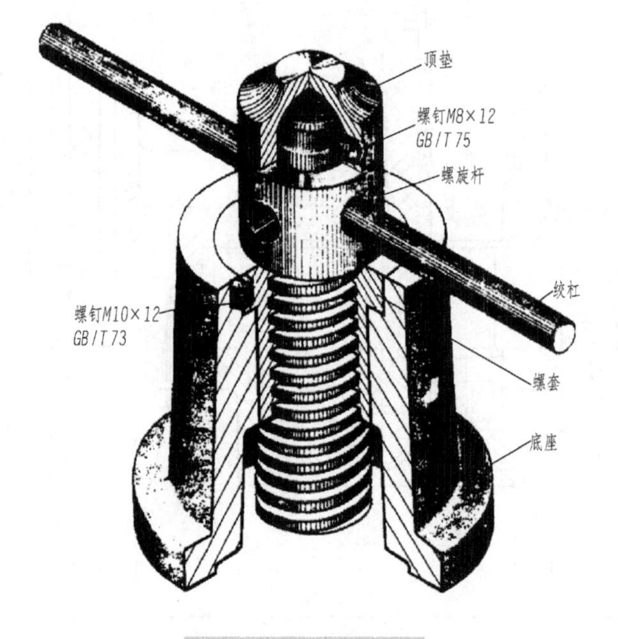

图 11-7　千斤顶轴测图

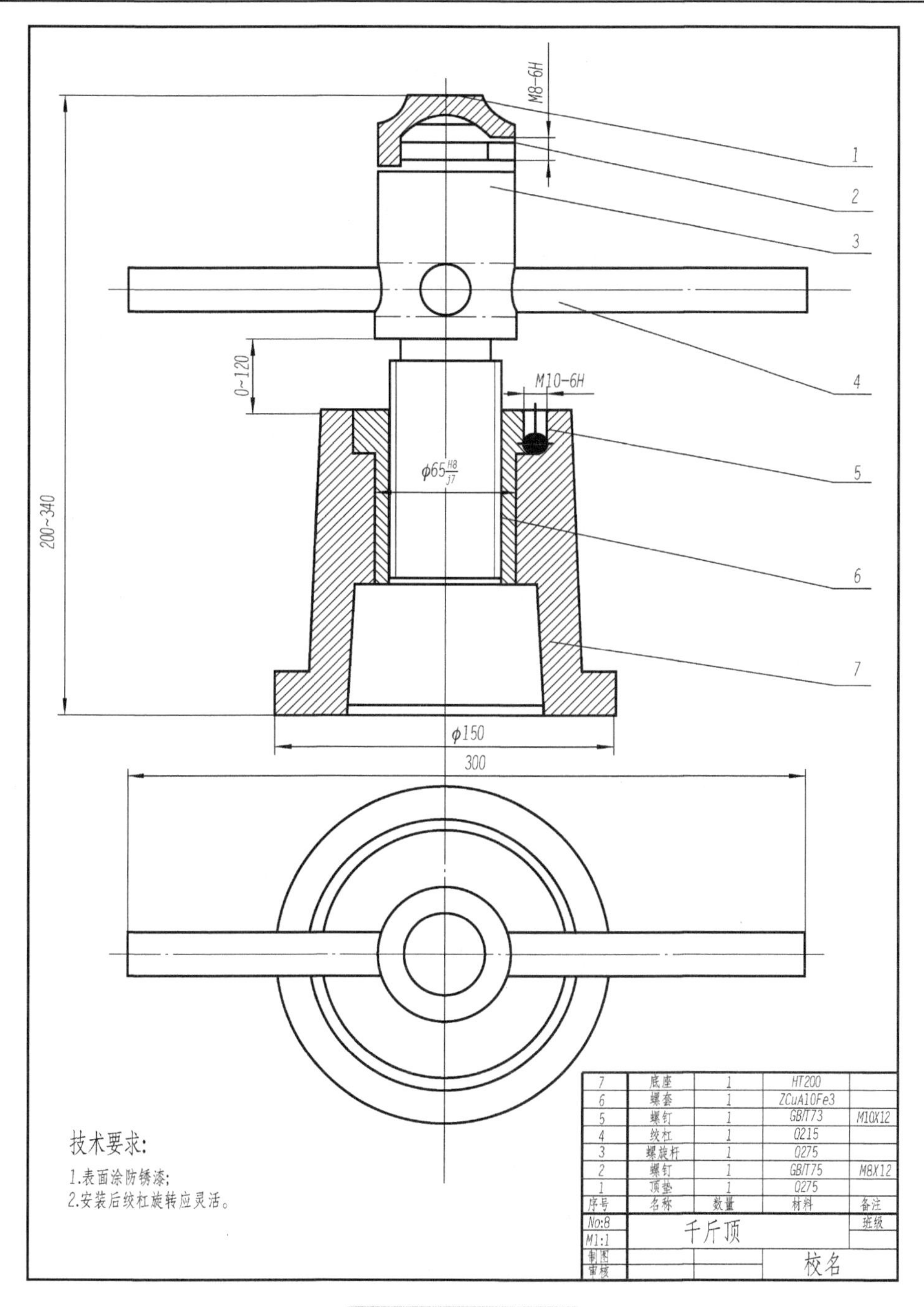

图 11-8　千斤顶装配图

5. 虎钳

图 11-9 和 11-10 是虎钳的轴测图和装配图。机用虎钳是安装在机床工作台上，用于夹紧工件，以便进行切削加工的一种通用工具。该部件共有零件 11 种，其中标准件 3 种，非标准件 8 种。该机用虎钳有一条装配线，螺杆与圆环之间通过圆锥销连接，螺杆只能在固定钳身上转动。活动钳身的底面与固定钳身的顶面相接触，螺母的上部装在活动钳身的孔中，它们之间通过螺钉固定在一起，而螺母的下部与螺杆之间通过螺纹连接起来。当转动螺杆时，通过螺纹带动螺母左右移动，从而带动活动钳身左右移动，达到开、闭钳口夹持工件的目的。固定钳身和活动钳身上都装有钳口板，它们之间通过螺钉连接起来，为了便于夹紧工件，钳口板上应有滚花结构。

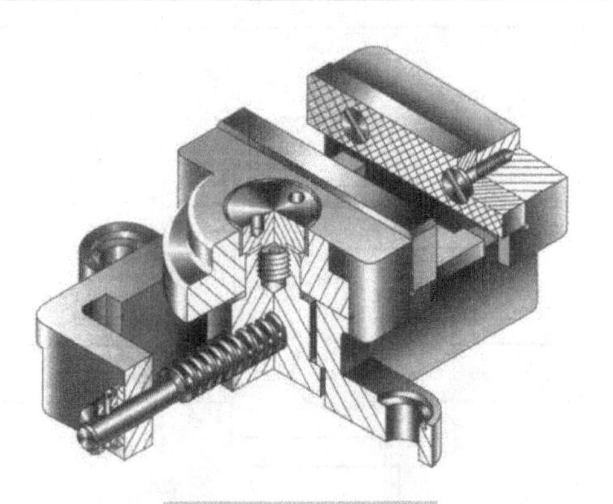

图 11-9　虎钳轴测图

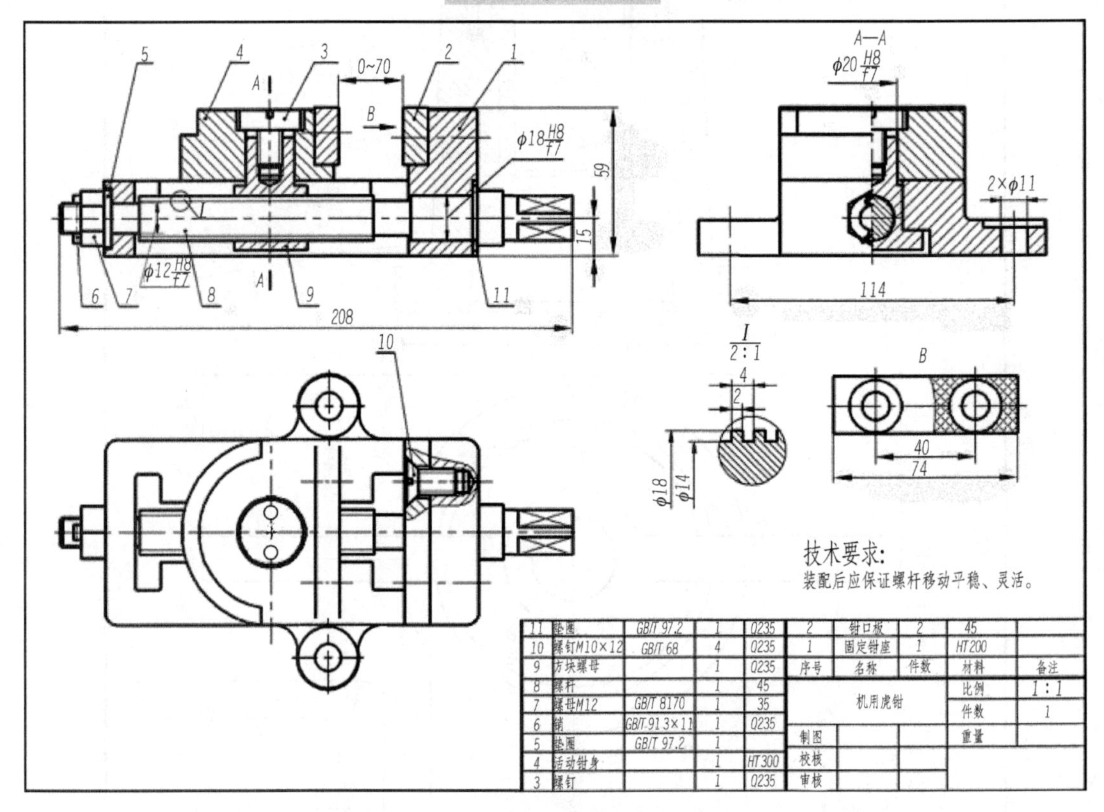

图 11-10　虎钳装配图

11.2　产品设计和制造的有关知识

制造业是我国国民经济和综合国力发展的支柱产业，它涉及机械、电子、建筑、航空、航天众多行业。如何面向市场，以最短的制造周期、最低的制造成本向用户提供满足需求的高质量的产品，并获得最好的经济效益，是制造业的主要任务。科学技术的发展，市场竞争的激化，促使了制造领域中多学科交叉渗透的高科技发展格局。可以说，制造业的发展水平直接影响国家经济的健康发展。

从广泛的意义上讲，制造是将可用资源转换成产品的过程。这一过程涉及市场分析、产品设计、工艺规划、制造实施、产品销售的各个环节，是一个复杂的系统工程。现以机械产品为例介绍设计、制造过程。

1. 产品设计过程

包括设计、样机试制、成本预算、材料的选用几个环节，产品设计制造过程框图如图 11-11 所示。

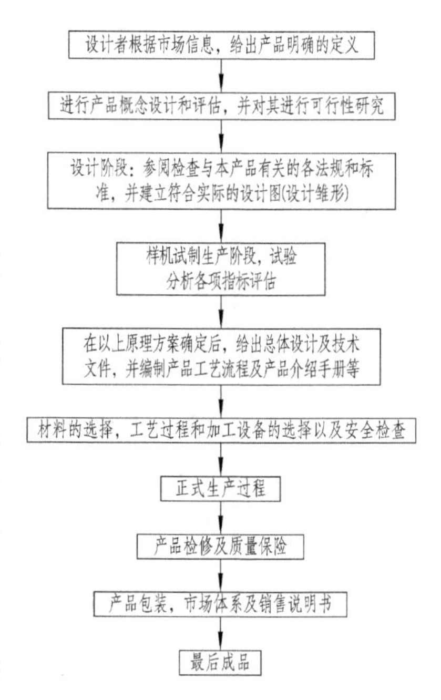

图 11-11　产品设计制造过程框图

2. 制造过程

制造过程通常分为制定工艺规程、加工、装配等几个阶段。

(1) 制定工艺规程：根据设计图给定的零件形状和材料确定零件的工艺路线，制定出详细的工艺规程。

(2) 加工方法和加工设备：零件制造常用的加工方法和加工设备如表 11-1 所示。

(3) 装配：单个零件的制造完成后，要根据装配图将各种零件装配成产品部件。部件中常包括标准件及各类零件(如齿轮油泵分解图所示)。装配是制造过程中的重要阶段，直接影响产品质量和制造成本。在零件设计阶段就要考虑零件上的结构要利于装配和拆卸，是产品易于使用和维护。

(4) 产品质量控制：产品质量应从零件制造的每一道工序进行控制。

表 11-1　常用加工方法和加工设备

加工方法	加工设备	适用于的材料	零件举例
铸造(常用的零件毛坯制造方法)	砂模铸造(后续金工实习课程内容)	铸铁，铸铝等	轴承座(铸铁)，箱体零件，发动机叶片(铸铝)等
	永久性模具铸造(如精密铸造)	铝合金，工程塑料等	汽缸盖（AlSi9），塑料制品等
铸造(钢制零件毛坯)	自由锻	钢锭	常用工具
	模锻	锻钢等	轮毂，连杆(热处理钢)等
机械加工(获得产品尺寸和形状的主要手段)	传统工艺(车，铣，刨，磨，钻)	大多数金属材料，木质材料	大多数机械零件
	数控加工机床	大多数金属材料	大多数机械零件
现代加工工艺	高性能激光束加工，电化学加工，计算机辅助制造(CAM)，计算机集成制造系统(CIMS)等		

3. 并行工程

从理论上讲，产品制造有组织地从一个环节流向另一个环节，直到销售市场是可行的。但实际上会遇到各种困难，如要做一个局部的修改，更换一种材料，都必须返回设计阶段重新确认产品的功能。这样的反复不仅是资源的浪费，更是时间的浪费。一种更新产品开发的方法如图 11-12 所示。

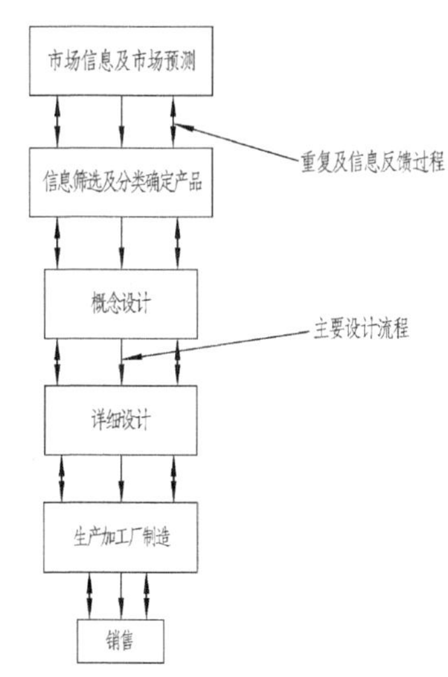

图 11-12　产品开发方法框图

制造过程中时刻面临各种决策的问题，为此要将制造企业的经营、管理、计划、产品设计、加工制造、销售及服务等全部生产活动集成，以计算机网络和数据库为基础，综合发展与企业各生产环节有关的计算机辅助技术，如计算机辅助管理和决策技术、计算机辅助设计及工程分析技术、计算机辅助制造与控制技术、自动化物流储运、计算机仿真与实验技术、计算机辅助质量管理与控制等。这使得产品的设计和制造融为一体，并且使产品从开发设计、生产使用到最终的处理和再利用的整个生命周期所涉及的各种因素同时考虑，从而缩短产品开发的时间和成本。

4. 工程图样

纵观整个制造过程，各类工程图样(原理图、总体布置草图、结构装配草图、零件工作图，装配图、造型效果图、工艺卡片等)始终是产品设计、制造、装配等生产环节的重要技术资料。无论草图、仪器图还是用CAD绘制的图样，都必须提供产品零件形状、尺寸、材料、表面要求、制造工艺、装配关系等全部制造信息。通过详细讨论零件草图、零件工作图、装配图样的画法，零件尺寸注法，以及极限与配合及表面粗糙度等技术要求的表示方法，为深入学习机械原理、机械设计、工艺等后续课程打下坚实的基础。

11.3 设计内容(画装配示意图和装配图)

在11.1节中选择其中的一类部件，分析工作原理和零件装配关系，要求创新设计或改进某一部件，并画出装配示意图，以表示方案。

画装配草图和装配图方法步骤基本相同，不同的只是前者徒手画，后者用绘图工具画。画装配图时，对照装配草图和零件草图可对装配图作必要的修改，不强求装配图与装配草图的表达方案完全一致。画装配草图或装配图的方法步骤大致如下。

1. 拟定表达方案

拟定表达方案的原则是：能正确、完整、清晰和简便地表达部件的工作原理、零件间的装配关系和零件的主要结构形状。其中应注意：

(1)主视图的投射方向、安放方位应与部件的工作位置(或安装位置)相一致。主视图或与其他视图联系起来要能明显反映部件的上述表达原则与目的。

(2)部件的表达方法包括：一般表达方法、规定画法、各种特殊画法和简化画法。选择表达方法时，应尽量采用特殊画法和简化画法，以简化绘图工作。

2. 画装配图的具体步骤

画装配图的具体步骤，常因部件的类型和结构形式不同而有所差异。一般先画主体零件或核心零件，可“先里后外”地逐渐扩展；再画次要零件，最后画结构细节。画某个零件的相邻零件时，要几个视图联系起来画，以对准投影关系和正确反映装配关系。

3. 标注装配图上的尺寸和技术要求

1)尺寸

装配图中需标注五类尺寸：①性能(规格)尺寸；②装配尺寸(配合尺寸和相对位置尺寸)；③安装尺寸；④外形尺寸；⑤其他重要尺寸。这五类尺寸在某一具体部件装配图中不一定都有，且有时同一尺寸可能有几个含义，分属几类尺寸，因此要具体情况具体分析，凡属上述五类尺寸有多少个，注多少个，既不必多注，也不能漏注，以保证装配工作的需要。

2)技术要求

装配图中的技术要求包括配合要求，性能、装配、检验、调整要求，验收条件，试验与使用、维修规则等。其中，配合要求是用配合代号注在图中，其余用文字或符号列条写在明细栏上方或左方。确定部件装配图中技术要求时，可参阅同类产品的图样，根据具体情况而定。

4. 编写明细栏和零件序号

参照第9章装配图中的零、部件序号和明细栏要求，所述零件序号编注的规定、形式和画法，编写明细栏(标准件要写明标记代号，齿轮应注明 m、z)和序号等。

11.4　设计练习

11.4.1　自主设计

图 11-13 所示为航拍器图。

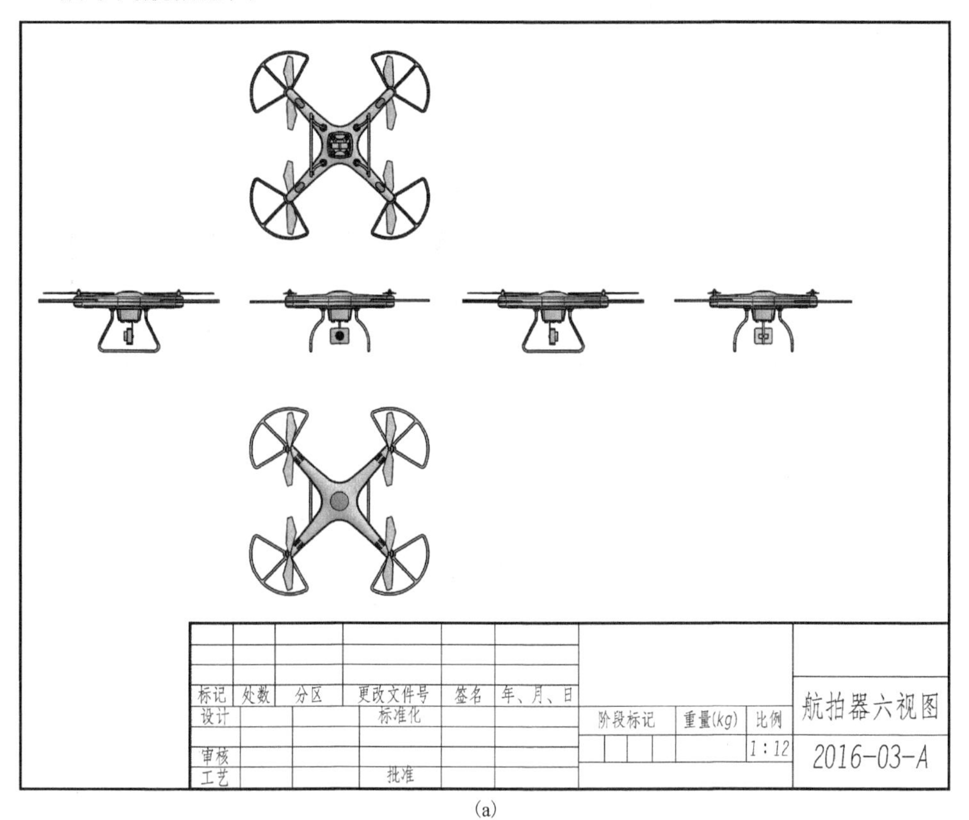

(a)

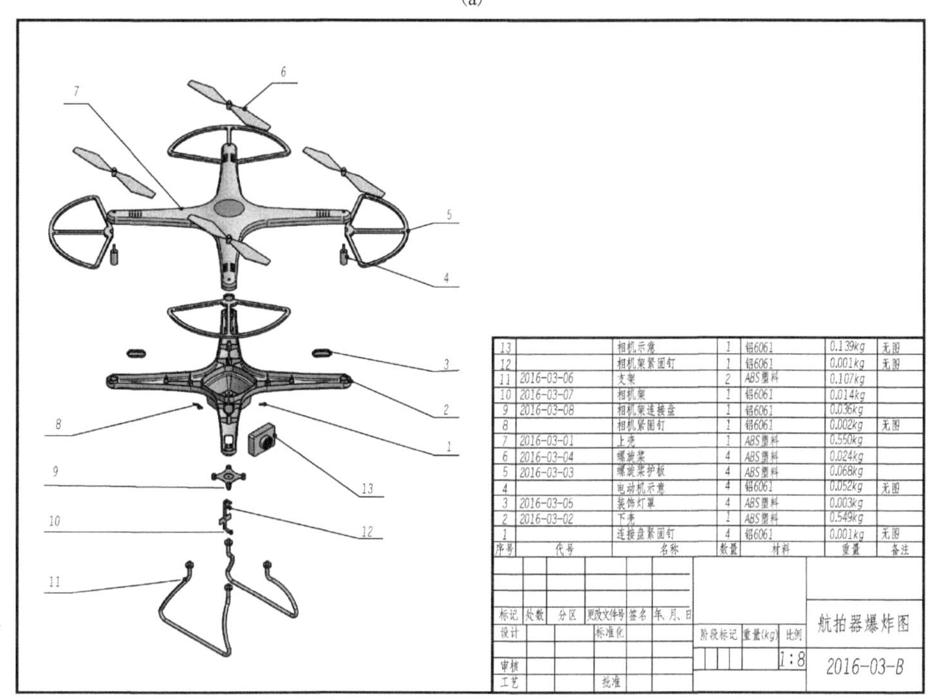

13		相机示意	1	铝6061	0.139kg	无图
12		相机架紧固钉	1	铝6061	0.001kg	无图
11	2016-03-06	支架	2	ABS塑料	0.107kg	
10	2016-03-07	相机架	1	铝6061	0.014kg	
9	2016-03-08	相机架连接盘	1	铝6061	0.036kg	
8		相机紧固钉	1	铝6061	0.002kg	无图
7	2016-03-01	上壳	1	ABS塑料	0.550kg	
6	2016-03-04	螺旋桨	4	ABS塑料	0.024kg	
5	2016-03-03	螺旋桨护板	4	ABS塑料	0.068kg	
4		电动机示意	4	铝6061	0.052kg	无图
3	2016-03-05	装饰灯罩	4	ABS塑料	0.003kg	
2	2016-03-02	下壳	1	ABS塑料	0.549kg	
1		连接盘紧固钉	4	铝6061	0.001kg	无图
序号	代号	名称	数量	材料	重量	备注

(b)

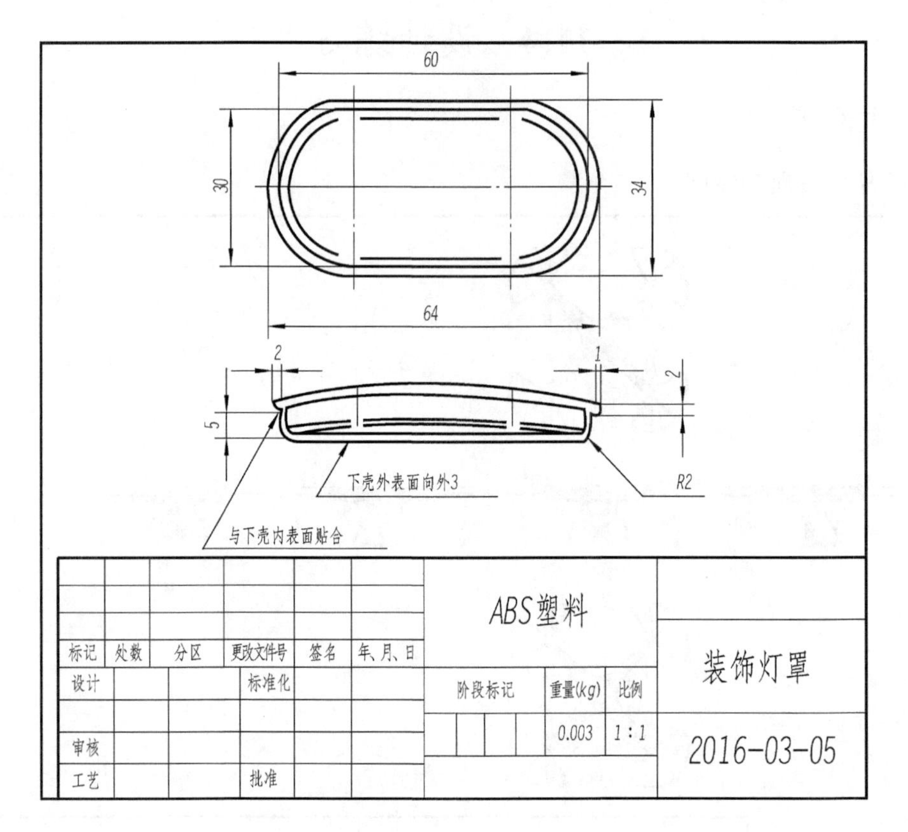
60
30
34
64
2
1
2
5
R2
下壳外表面向外3
与下壳内表面贴合
ABS塑料
标记 处数 分区 更改文件号 签名 年、月、日
设计 标准化
阶段标记 重量(kg) 比例
0.003 1:1
审核
工艺 批准
装饰灯罩
2016-03-05

(c)

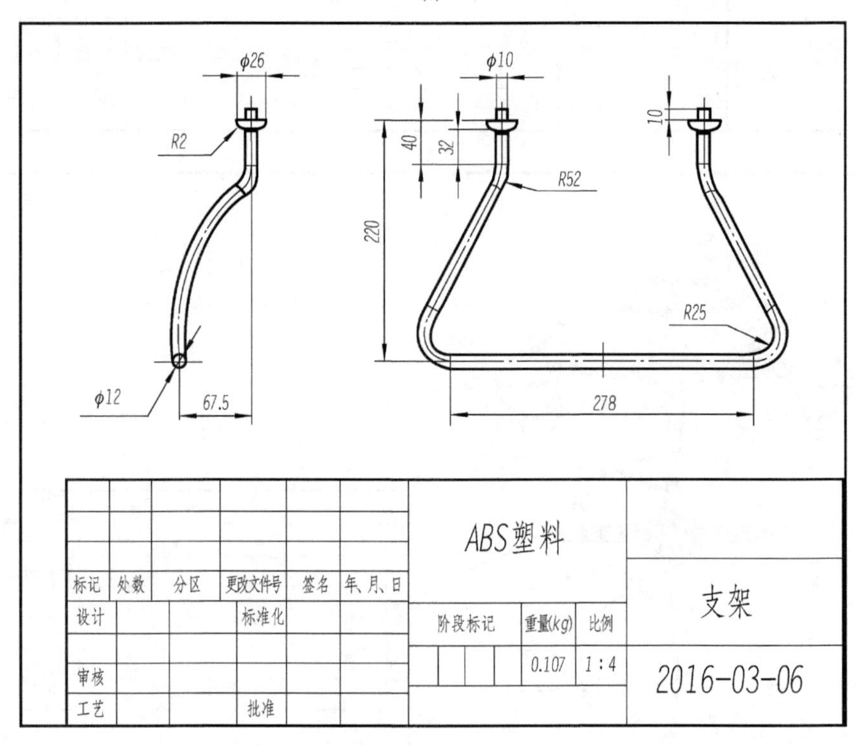
φ26
R2
φ12
67.5
φ10
40
32
220
R52
10
R25
278
ABS塑料
标记 处数 分区 更改文件号 签名 年、月、日
设计 标准化
阶段标记 重量(kg) 比例
0.107 1:4
审核
工艺 批准
支架
2016-03-06

(d)

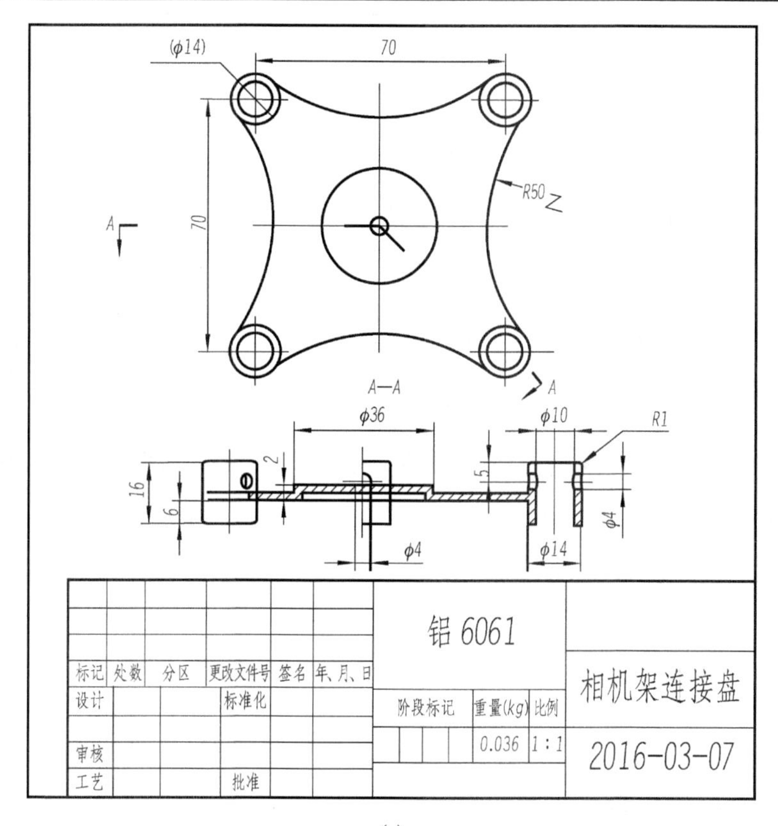

(φ14)
70
70
R50
A
A—A
φ36
φ10
R1
2
5
16
6
φ4
φ4
φ14
铝 6061
标记 处数 分区 更改文件号 签名 年、月、日
设计 标准化
审核
工艺 批准
阶段标记 重量(kg) 比例
0.036 1:1
相机架连接盘
2016-03-07

(e)

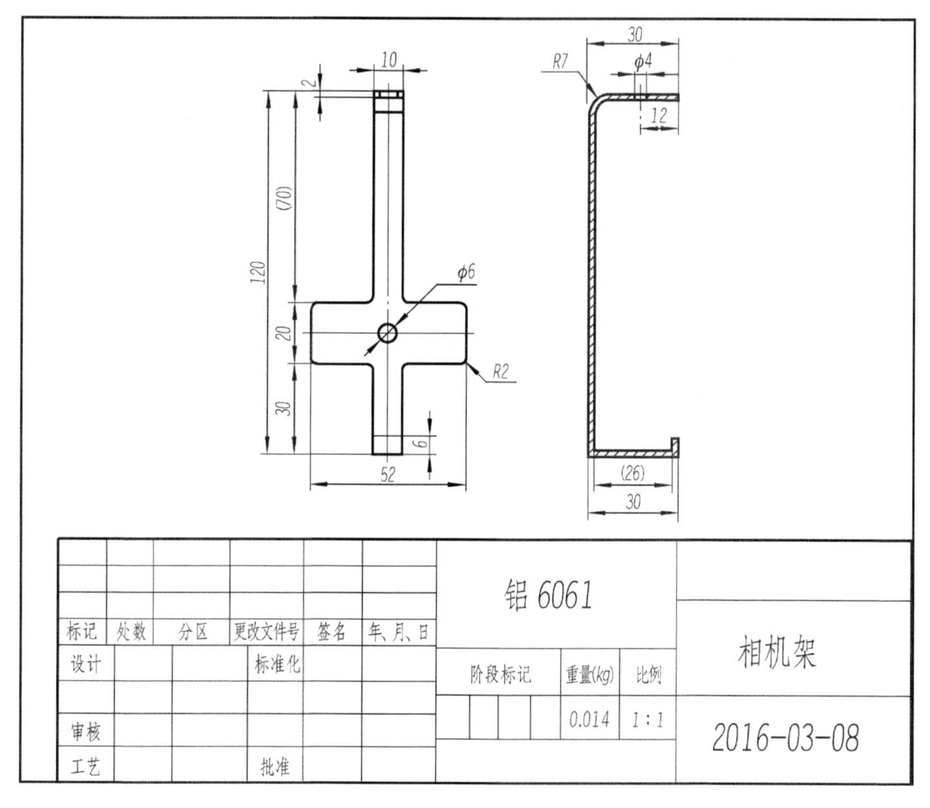

10
2
120
(70)
φ6
20
R2
30
6
52
30
R7
φ4
12
(26)
30
铝 6061
标记 处数 分区 更改文件号 签名 年、月、日
设计 标准化
审核
工艺 批准
阶段标记 重量(kg) 比例
0.014 1:1
相机架
2016-03-08

(f)

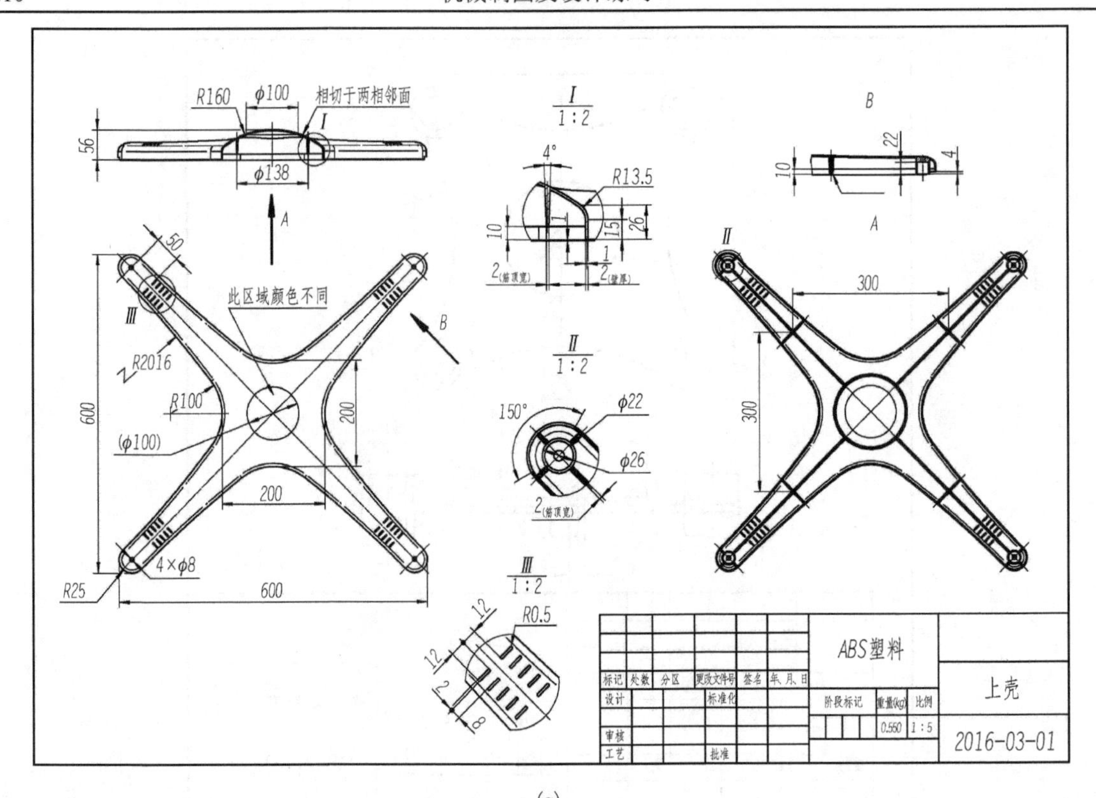
R160
φ100
相切于两相邻面
I
56
φ138
A
50
III
此区域颜色不同
B
R2016
R100
(φ100)
600
200
200
4×φ8
R25
600
I
1:2
4°
R13.5
10
15
26
1
2(筋顶宽)
2(壁厚)
II
1:2
150°
φ22
φ26
2(筋顶宽)
III
1:2
R0.5
12
12
2
8
B
10
22
4
A
II
300
300
ABS塑料
标记 处数 分区 更改文件号 签名 年、月、日
设计 标准化
阶段标记 重量(kg) 比例
0.560 1:5
审核
工艺 批准
上壳
2016-03-01

(g)

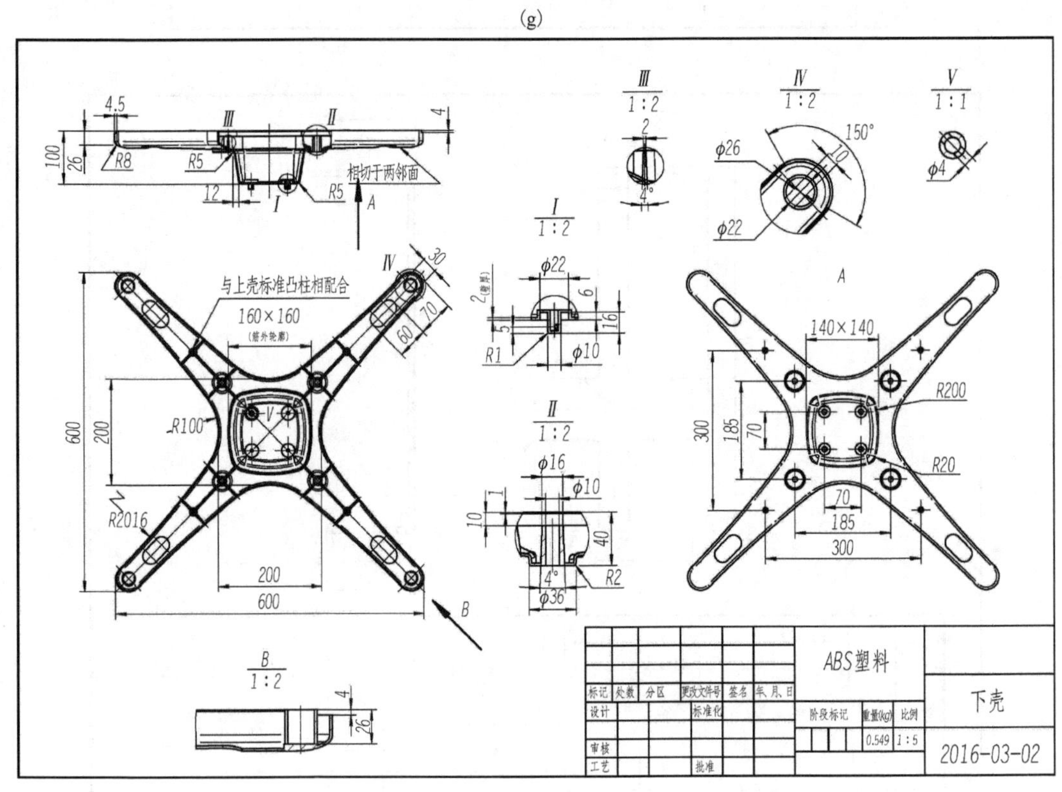
4.5
100
26
R8
R5
III
II
4
12
I
R5
相切于两相邻面
A
III
1:2
2
4°
IV
1:2
φ26
150°
10
φ22
V
1:1
φ4
与上壳标准凸柱相配合
160×160
(筋外轮廓)
IV
30
70
60
600
200
R100
V
R2016
200
600
B
I
1:2
φ22
2(壁厚)
6
16
5
R1
φ10
II
1:2
φ16
φ10
1
10
40
4°
R2
φ36
A
140×140
R200
300
185
70
R20
70
185
300
B
1:2
4
26
ABS塑料
标记 处数 分区 更改文件号 签名 年、月、日
设计 标准化
阶段标记 重量(kg) 比例
0.549 1:5
审核
工艺 批准
下壳
2016-03-02

(h)

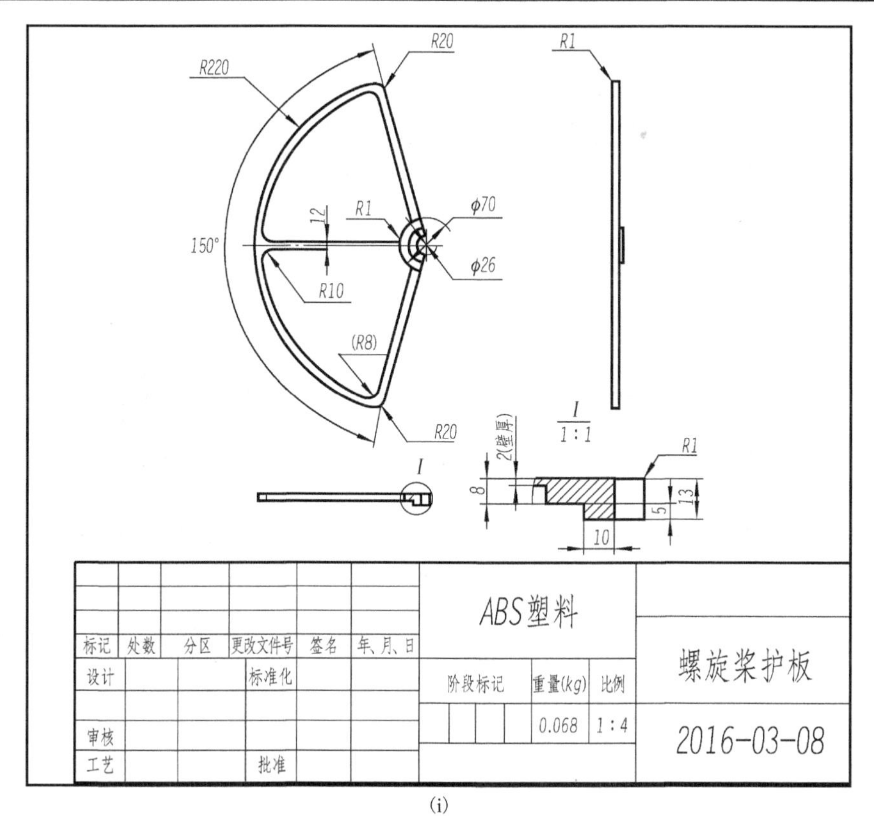
R220
R20
R1
150°
12
R1
φ70
φ26
R10
(R8)
R20
I
1:1
2(壁厚)
R1
8
13
5
10
ABS塑料
标记 处数 分区 更改文件号 签名 年、月、日
设计 标准化
阶段标记 重量(kg) 比例
审核
0.068 1:4
工艺 批准
螺旋桨护板
2016-03-08

(i)

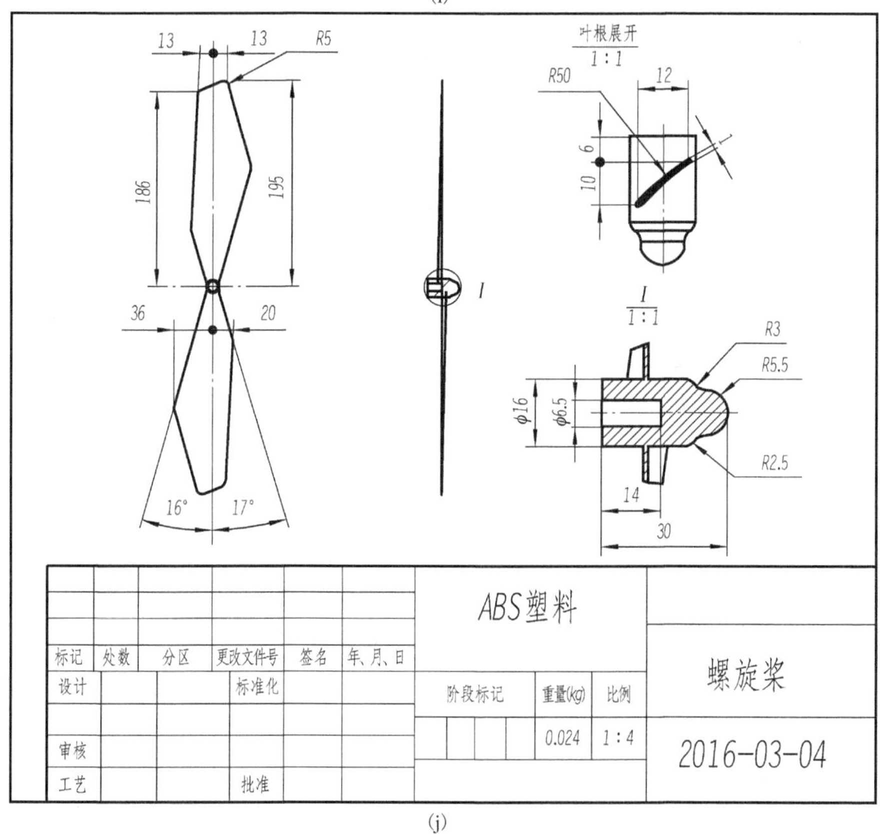
13 13 R5
186
195
36 20
16° 17°
I
叶根展开
1:1
R50
12
6
10
I
1:1
R3
R5.5
φ16
φ6.5
R2.5
14
30
ABS塑料
标记 处数 分区 更改文件号 签名 年、月、日
设计 标准化
阶段标记 重量(kg) 比例
审核
0.024 1:4
工艺 批准
螺旋桨
2016-03-04

(j)

图 11-13 航拍器

航拍器一般用于户外航拍，为便于携带、保证运输过程安全，航拍器应配有可稳定固定相关部件的包装箱。图 11-14 为设计的航拍器包装箱外壳，分为箱体上壳、箱体下壳两部分，还需要进一步完善包装箱内部设计，完成箱体上壳内胆、下壳内胆的设计，具体要求为：航拍器经拆解后，上下壳体、螺旋桨、相机、相机架、相机架连接盘置于包装箱中，如图 11-15 所示。设计要求如下：

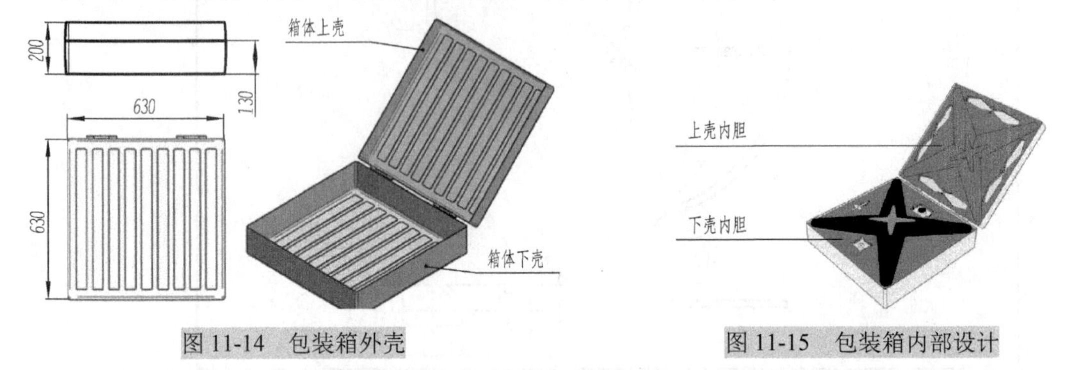

图 11-14　包装箱外壳　　　　图 11-15　包装箱内部设计

(1) 上壳内胆、下壳内胆均设计与航拍器壳体完全贴合的槽，保证其稳定放置。

(2) 上壳内胆设计与螺旋桨外形尺寸一致的槽用于放置四个螺旋桨；下壳内胆设与相机等其余部件外形尺寸一致的槽；为方便拿取物品，槽体边缘设有拿取槽。

(3) 均为壳体，ABS 塑料，壁厚 1～2mm。

11.4.2　改进设计练习

参照图 11-16 所示台灯图，将该台灯进行改进设计，设计要求：

(1) 局部调整原产品“底座上壳”“底座下壳”，改为能够悬挂在墙面的壁灯座，必要时可增加悬挂孔，或改变灯柱与底座的连接方向。

(2) 为保证壁灯各部分间协调，适当调整原产品“灯柱”的高度，使其不超过 200mm。

(3) 考虑各零件间的连接方式与产品外观的美观性。

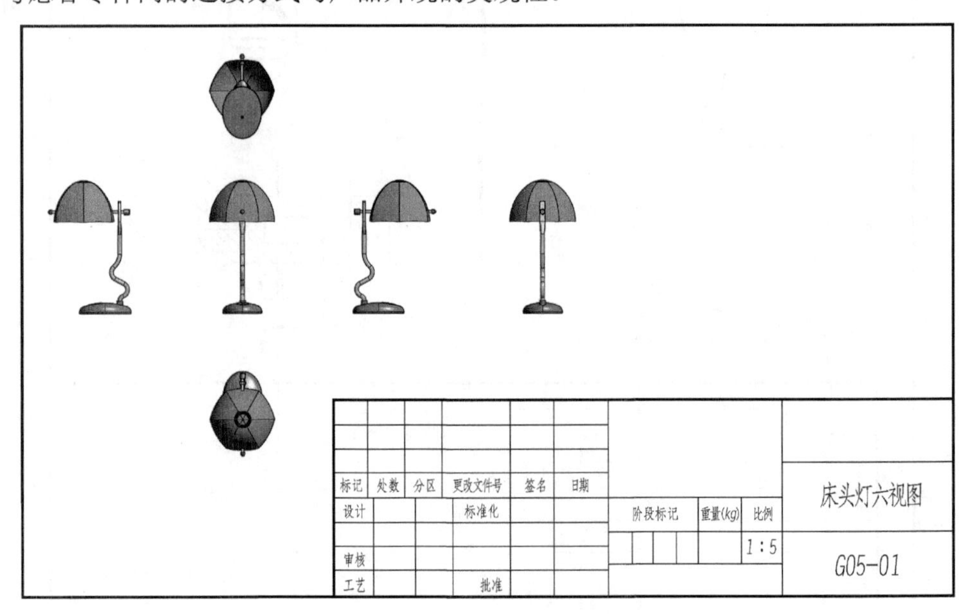

(a)

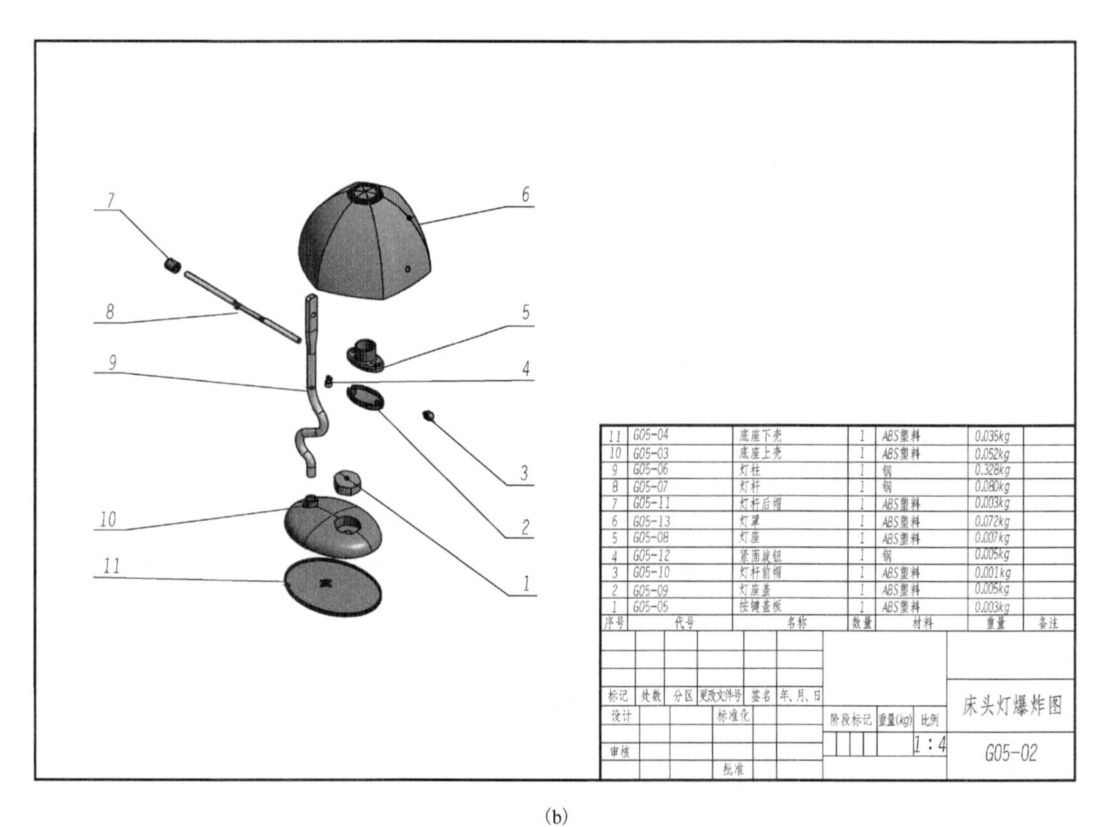

序号	代号	名称	数量	材料	重量	备注
11	G05-04	底座下壳	1	ABS塑料	0.035kg	
10	G05-03	底座上壳	1	ABS塑料	0.052kg	
9	G05-06	灯柱	1	钢	0.328kg	
8	G05-07	灯杆	1	钢	0.080kg	
7	G05-11	灯杆后帽	1	ABS塑料	0.003kg	
6	G05-13	灯罩	1	ABS塑料	0.072kg	
5	G05-08	灯座	1	ABS塑料	0.007kg	
4	G05-12	紧固旋钮	1	钢	0.005kg	
3	G05-10	灯杆前帽	1	ABS塑料	0.001kg	
2	G05-09	灯座盖	1	ABS塑料	0.005kg	
1	G05-05	按键盖板	1	ABS塑料	0.003kg	

(b)

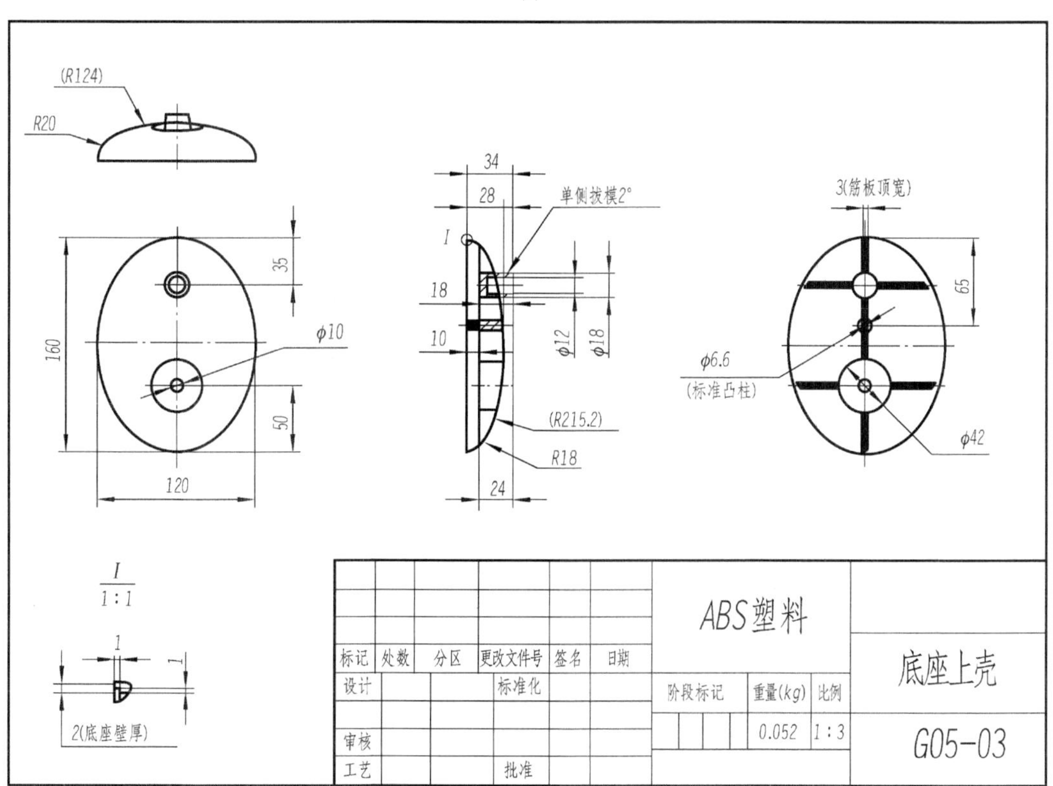

(c)

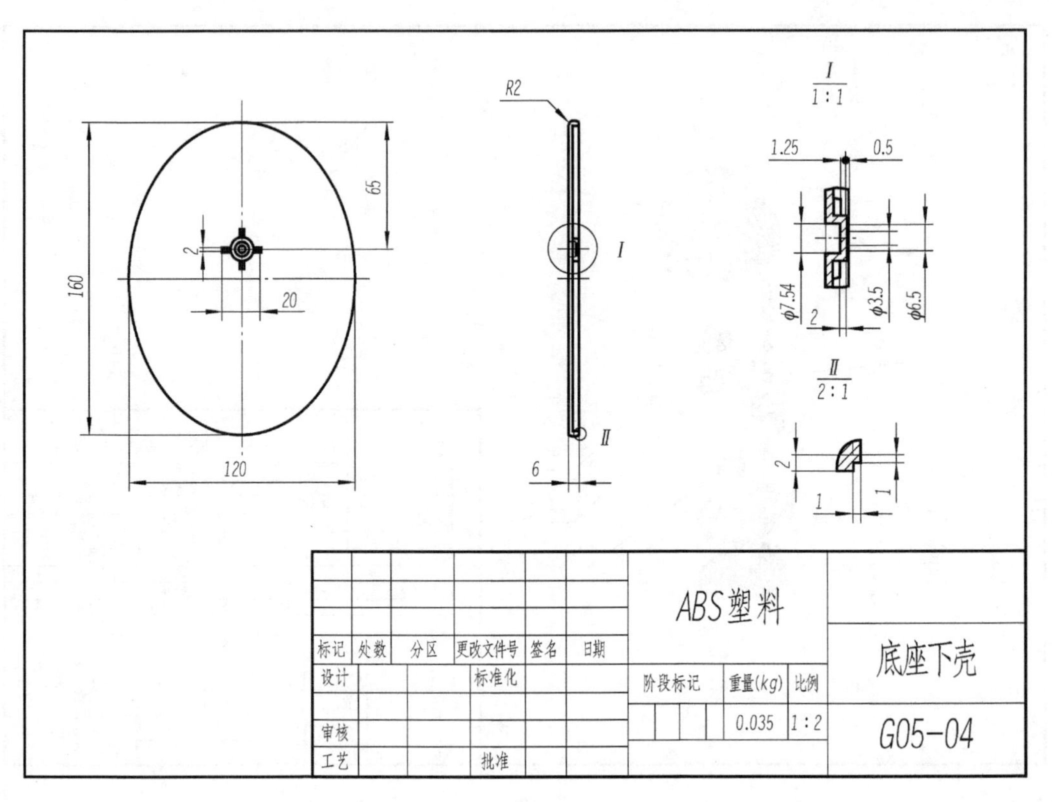
R2
I
1:1
1.25
0.5
65
160
2
20
120
6
I
II
φ7.54
2
φ3.5
φ6.5
II
2:1
2
1
1
ABS塑料
标记 处数 分区 更改文件号 签名 日期
设计 标准化
审核
工艺 批准
阶段标记 重量(kg) 比例
0.035 1:2
底座下壳
G05-04

(d)

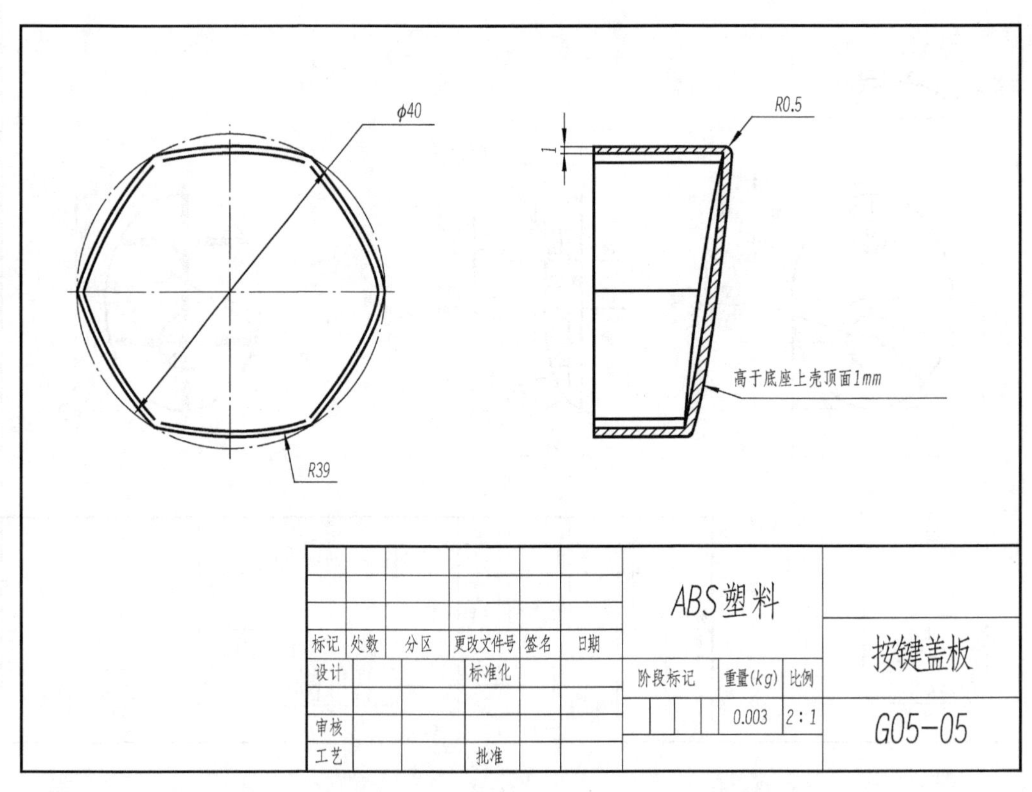
φ40
R0.5
1
R39
高于底座上壳顶面1mm
ABS塑料
标记 处数 分区 更改文件号 签名 日期
设计 标准化
审核
工艺 批准
阶段标记 重量(kg) 比例
0.003 2:1
按键盖板
G05-05

(e)

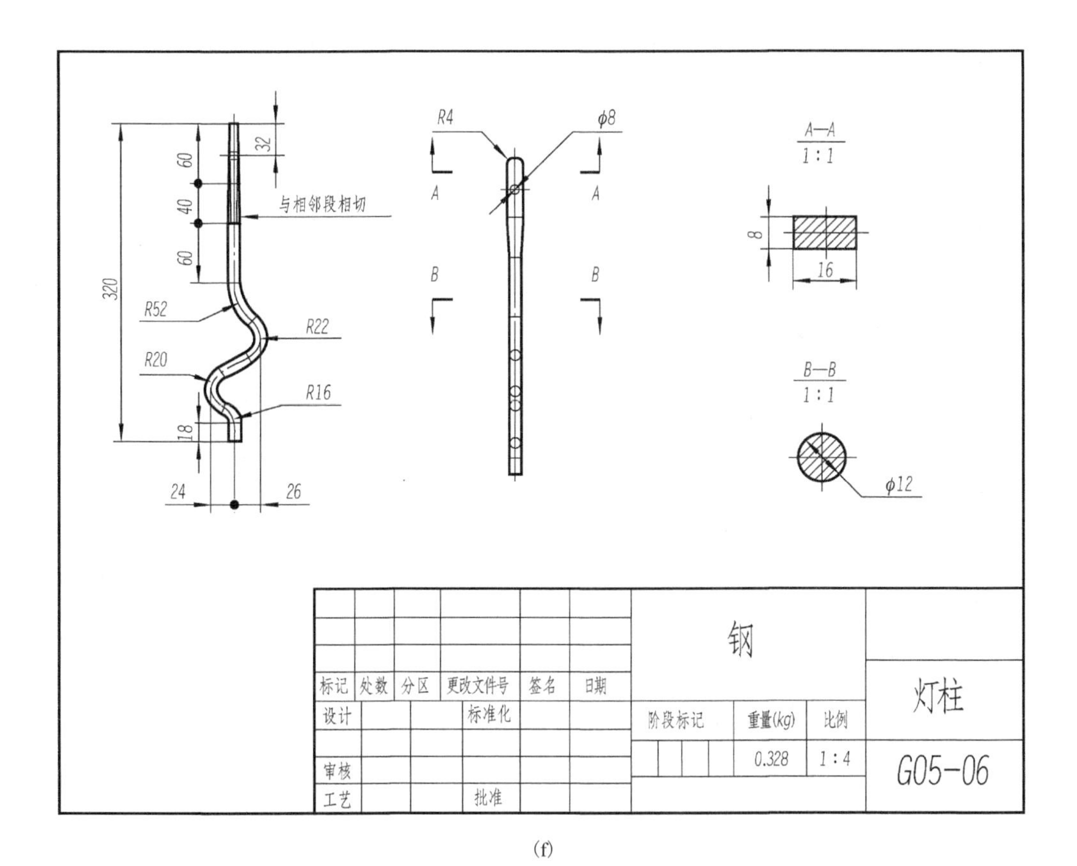

R4
φ8
A—A
1:1
A
B
B—B
1:1
8
16
φ12
60
40
60
32
320
与相邻段相切
R52
R22
R20
R16
18
24
26
钢
灯柱
G05-06
标记 处数 分区 更改文件号 签名 日期
设计 标准化
阶段标记 重量(kg) 比例
0.328 1:4
审核
工艺 批准

(f)

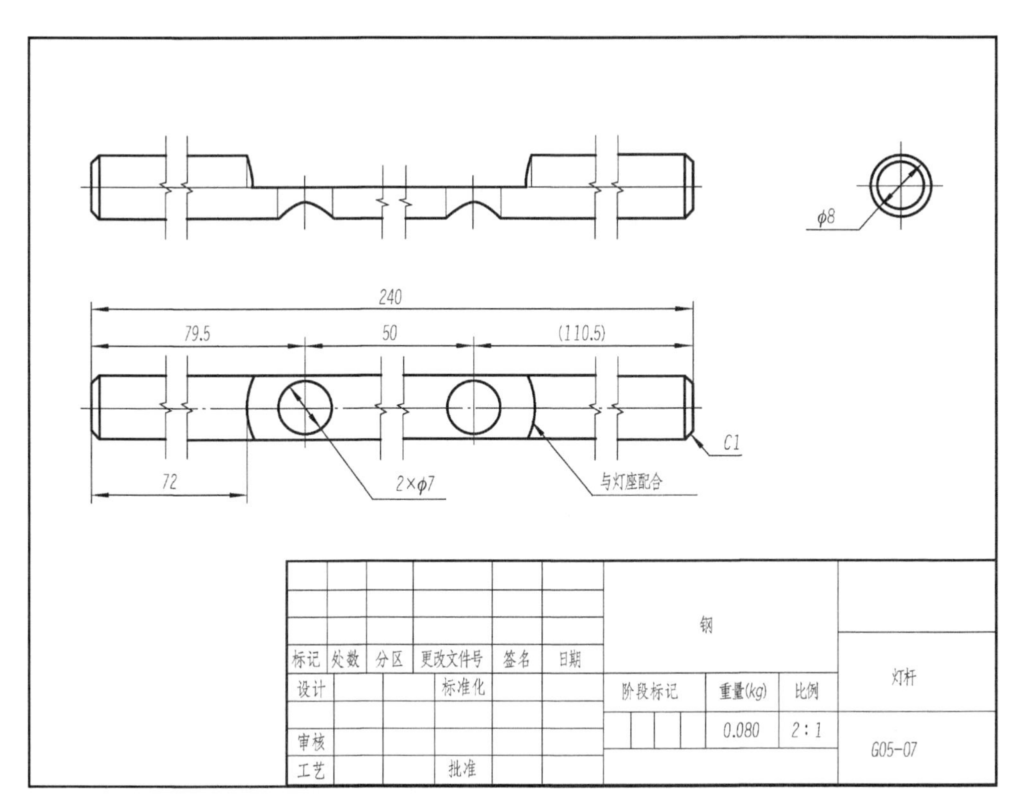

φ8
240
79.5
50
(110.5)
72
2×φ7
与灯座配合
C1
钢
灯杆
G05-07
标记 处数 分区 更改文件号 签名 日期
设计 标准化
阶段标记 重量(kg) 比例
0.080 2:1
审核
工艺 批准

(g)

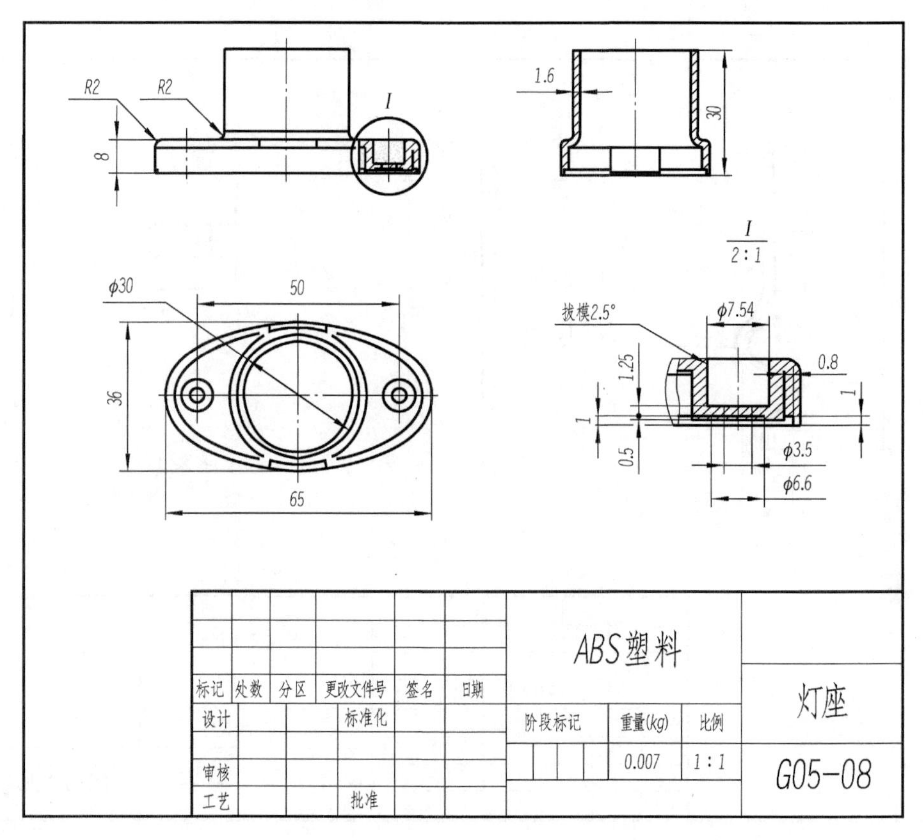
R2
R2
8
I
1.6
30
I
2∶1
φ30
50
36
65
拔模2.5°
φ7.54
1.25
0.8
1
1
0.5
φ3.5
φ6.6
ABS塑料
灯座
标记
处数
分区
更改文件号
签名
日期
设计
标准化
阶段标记
重量(kg)
比例
0.007
1∶1
审核
工艺
批准
G05-08

(h)

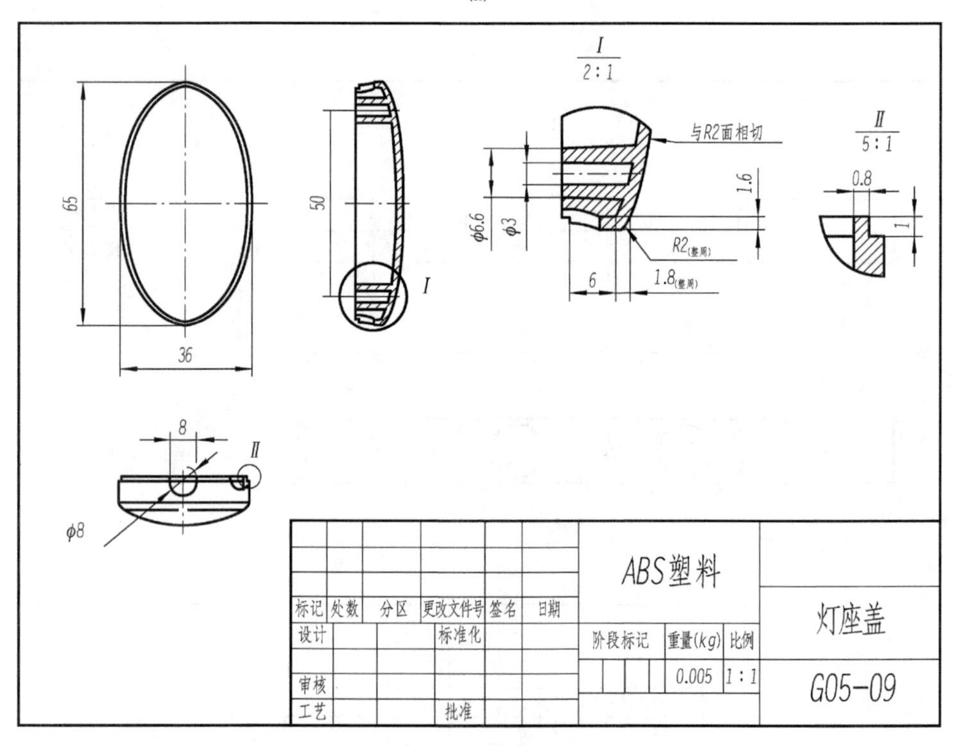
I
2∶1
与R2面相切
II
5∶1
0.8
65
50
1.6
1
φ6.6
φ3
R2(整周)
6
1.8(整周)
I
36
8
II
φ8
ABS塑料
灯座盖
标记
处数
分区
更改文件号
签名
日期
设计
标准化
阶段标记
重量(kg)
比例
0.005
1∶1
审核
工艺
批准
G05-09

(i)

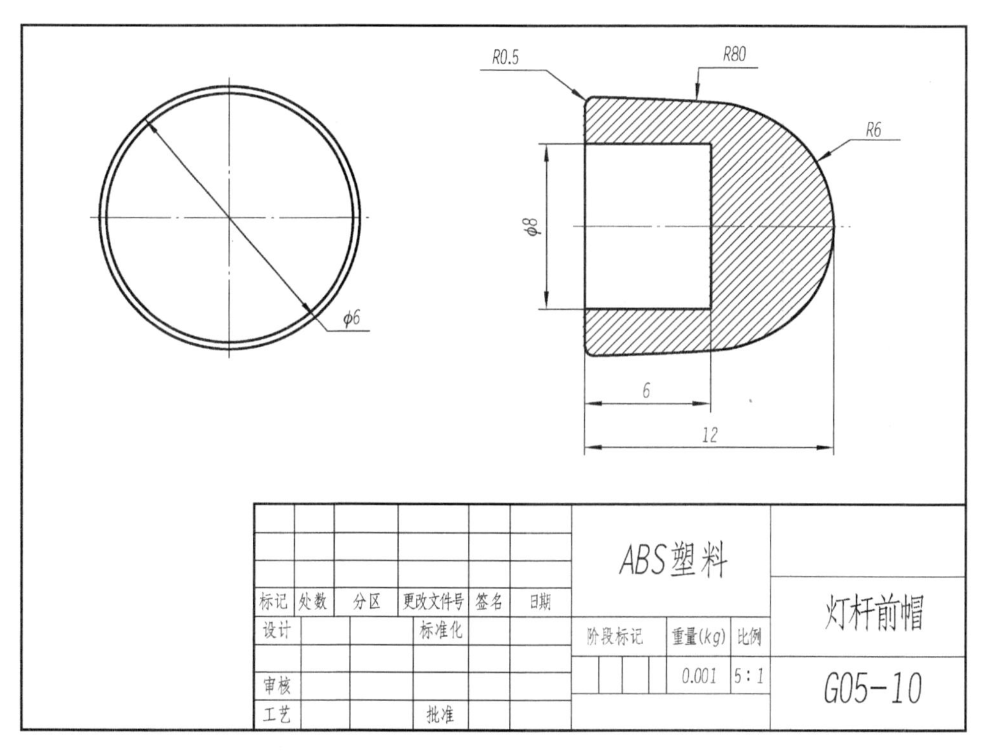
R0.5
R80
R6
φ8
φ6
6
12
ABS塑料
灯杆前帽
标记 处数 分区 更改文件号 签名 日期
设计 标准化
审核
工艺 批准
阶段标记 重量(kg) 比例
0.001 5∶1
G05-10

(j)

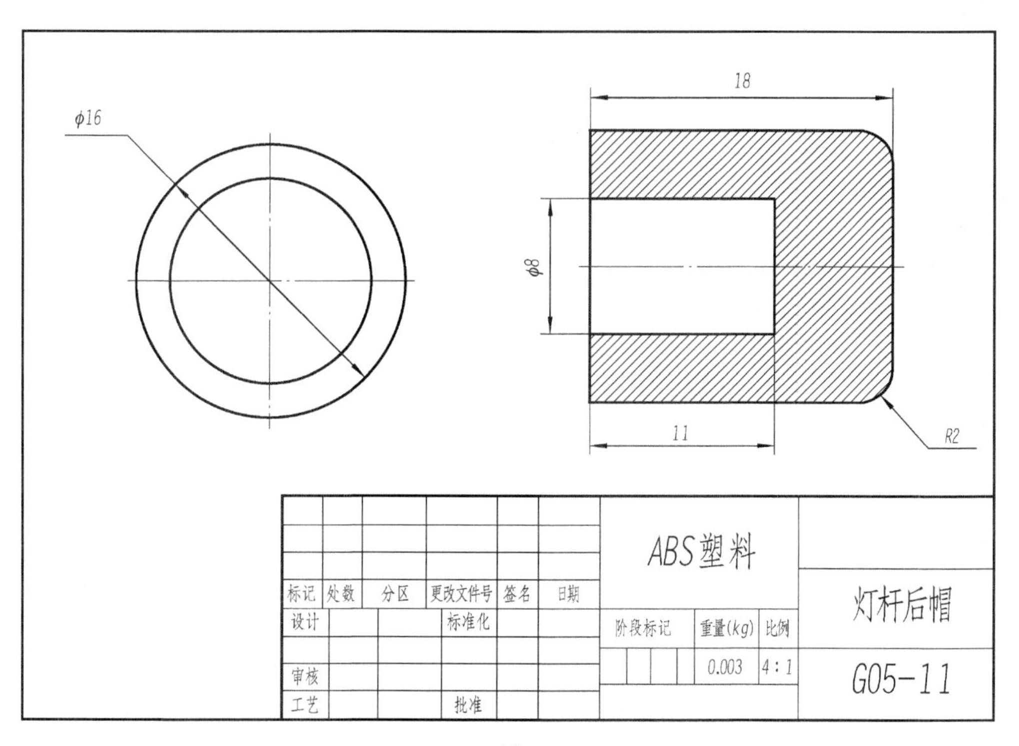
18
φ16
φ8
11
R2
ABS塑料
灯杆后帽
标记 处数 分区 更改文件号 签名 日期
设计 标准化
审核
工艺 批准
阶段标记 重量(kg) 比例
0.003 4∶1
G05-11

(k)

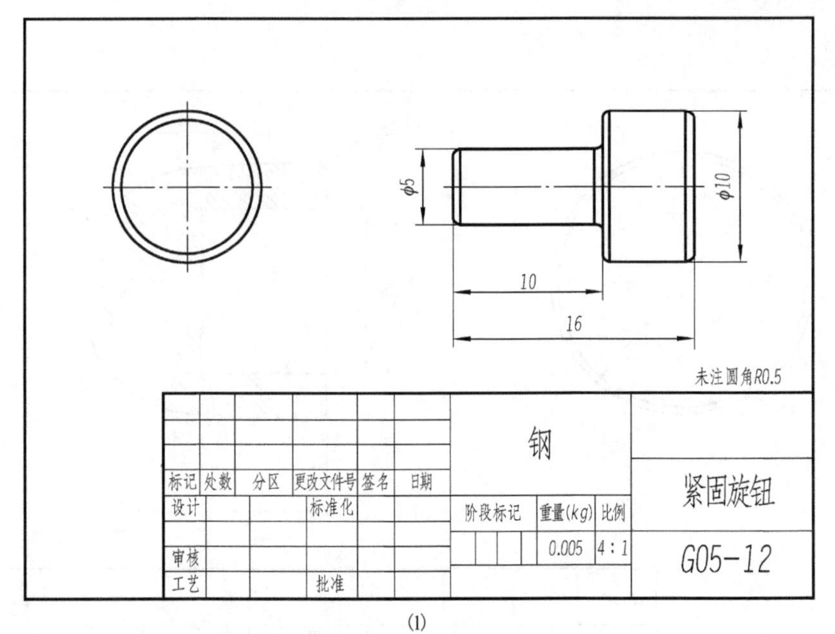

φ5
φ10
10
16
未注圆角R0.5
钢
紧固旋钮
标记 处数 分区 更改文件号 签名 日期
设计 标准化
审核
工艺 批准
阶段标记 重量(kg) 比例
0.005 4:1
G05-12

(l)

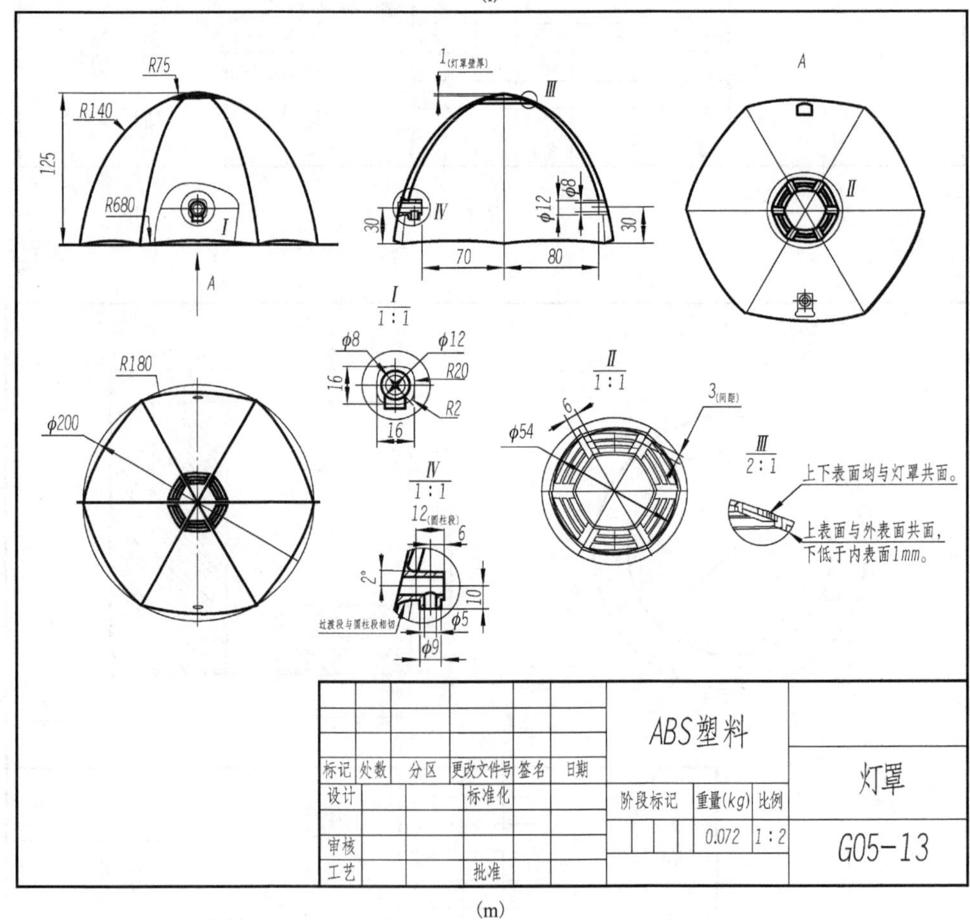

R75
R140
125
R680
I
A
1(灯罩壁厚)
III
IV
φ12
φ8
30
70
80
II
I
1:1
φ8
φ12
16
R20
R2
16
R180
φ200
II
1:1
6
3(间距)
φ54
III
2:1
上下表面均与灯罩共面。
上表面与外表面共面，
下低于内表面1mm。
IV
1:1
12(圆柱段)
6
2°
10
φ5
φ9
过渡段与圆柱段相切
ABS塑料
灯罩
标记 处数 分区 更改文件号 签名 日期
设计 标准化
审核
工艺 批准
阶段标记 重量(kg) 比例
0.072 1:2
G05-13

(m)

图 11-16　台灯图

附录 1 螺　　纹

附表 1-1　普通螺纹直径与螺距系列(GB/T 193—2003)、基本尺寸(GB/T 196—2003)摘编　　(mm)

公称直径 D、d		螺距 P		粗牙中径 D_2、d_2	粗牙小径 D_2、d_2
第一系列	第二系列	粗牙	细牙		
3		0.5	0.35	2.675	2.459
	3.5	0.6		3.110	2.850
4		0.7	0.5	3.545	3.242
	4.5	0.75		4.013	3.688
5		0.8		4.480	4.134
6		1	0.75, (0.5)	5.350	4.917
8		1.25	1,0.75, (0.5)	7.188	6.647
10		1.5	1.25,1,0.75, (0.5)	9.026	8.376
12		1.75	1.5, 1.25,1, (0.75), (0.5)	10.863	10.106
	14	2	1.5, (1.25)*,1, (0.75), (0.5)	12.701	11.835
16		2	1.5, 1, (0.75), (0.5)	14.701	13.835
	18	2.5	2,1.5, 1, (0.75), (0.5)	16.376	15.294
20		2.5		18.376	17.294
	22	2.5	2,1.5, 1, (0.75), (0.5)	20.376	19.294
24		3	2,1.5, 1, (0.75)	22.051	20.752
	27	3	2,1.5, 1, (0.75)	25.051	23.752
30		3.5	(3),2,1.5, 1, (0.75)	27.727	26.211
	33	3.5	(3),2,1.5, (1), (0.75)	30.727	29.211
36		4	3,2,1.5, (1)	33.402	31.670
	39	4		36.402	34.670
42		4.5	(4),3,2,1.5, (1)	39.077	37.129
	45	4.5		42.077	40.129
48		5		44.752	42.587
	52	5		48.752	46.587
56		5.5	4,3,2,1.5, (1)	52.428	50.046
	60	5.5		56.428	54.046
64		6		60.103	57.505
	68	6		64.103	61.505

注：①优先选用第一系列，括号内尺寸尽可能不用，第三系列未列入。

②* M14×1.25 仅用于火花塞。

附表 1-2　55°密封管螺纹　第 1 部分 圆柱内螺纹与圆锥外螺纹（GB/T 7306.1—2000）第 2 部分 圆锥内螺纹与圆锥外螺纹（GB/T 7306.2—2000）摘编

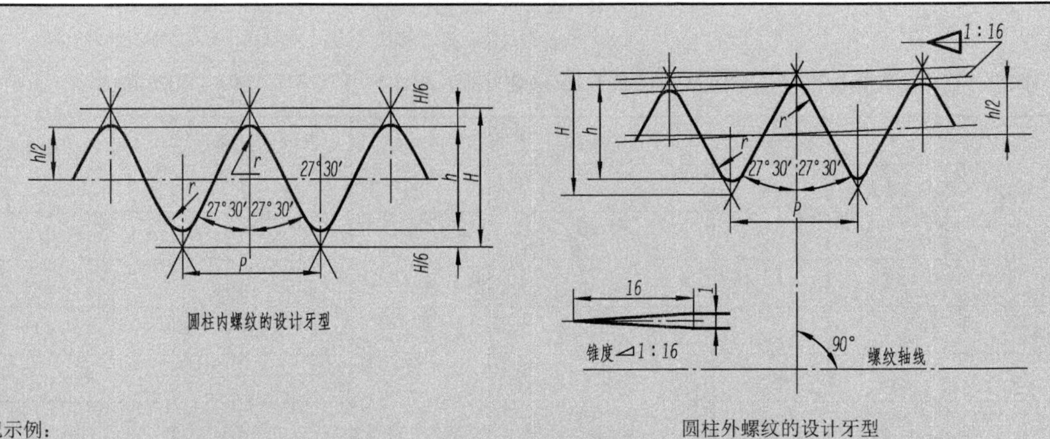

圆柱内螺纹的设计牙型

圆柱外螺纹的设计牙型

标记示例：

GB/T 7306.1—2000

尺寸代号 3/4，右旋，圆柱内螺纹：Rp3/4

尺寸代号 3，右旋，圆锥外螺纹：$R_1$3

尺寸代号 3/4，左旋，圆柱内螺纹：Rp3/4LH

由尺寸代号为 3 的右旋圆锥外螺纹与圆柱内螺纹所组成的螺纹副：Rp/ $R_1$3

GB/T 7306.2—2000

尺寸代号 3/4，右旋，圆锥内螺纹：Rc3/4

尺寸代号 3，右旋，圆锥外螺纹：$R_2$3

尺寸代号 3/4，左旋，圆锥内螺纹：Rc3/4LH

由尺寸代号为 3 的右旋圆锥内螺纹与圆锥外螺纹所组成的螺纹副：Rc/ $R_2$3

尺寸代号	每 25.4mm 内所含的牙数 *n*	螺距 *P*/mm	牙高 *h*/mm	基准平面内的基本直径			基准距离（基本）/mm	外螺纹的有效螺纹不小于/mm
				大径（基准直径）$d=D$/mm	中径 $d_2=D_2$/mm	小径 $d_1=D_1$/mm		
1/16	28	0.907	0.581	7.723	7.142	6.561	4	6.5
1/8	28	0.907	0.581	9.728	9.147	8.566	4	6.5
1/4	19	1.337	0.856	13.157	12.301	11.445	6	9.7
3/8	19	1.337	0.856	16.662	15.806	14.950	6.4	10.1
1/2	14	1.814	1.162	20.955	19.793	18.631	8.2	13.2
3/4	14	1.814	1.162	26.441	25.279	24.117	9.5	14.5
1	11	2.309	1.479	33.249	31.770	30.291	10.4	16.8
1 1/4	11	2.309	1.479	41.910	40.431	38.952	12.7	19.1
1 1/2	11	2.309	1.479	47.803	46.324	44.845	12.7	19.1
2	11	2.309	1.479	59.614	58.135	56.656	15.9	23.4
2 1/2	11	2.309	1.479	75.184	73.705	72.226	17.5	26.7
3	11	2.309	1.479	87.884	86.405	84.926	20.6	29.8
4	11	2.309	1.479	113.030	111.551	110.072	25.4	35.8
5	11	2.309	1.479	138.430	136.951	135.472	28.6	401
6	11	2.309	1.479	163.80	162.351	160.872	28.6	40.1

附表 1-3　55°非密封管螺纹(GB/T 7307—2000)摘编

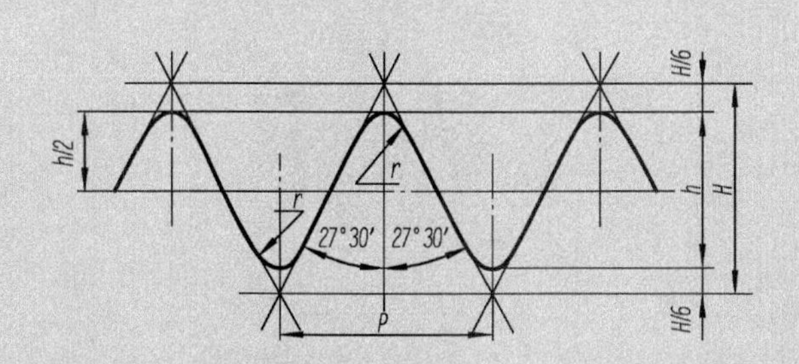

标记示例：

尺寸代号 2，右旋，圆柱内螺纹：G2

尺寸代号 3，右旋，A 级圆柱外螺纹：G3A

尺寸代号 2，左旋，圆柱内螺纹：G2LH

尺寸代号 4，左旋，B 级圆柱外螺纹：G4BLH

尺寸代号	每 25.4mm 内所含的牙数 n	螺距 P/mm	牙高 h/mm	基本直径		
				大径(基准直径) $d=D$/mm	中径 $d_2=D_2$/mm	小径 $d_1=D_1$/mm
1/16	28	0.907	0.581	7.723	7.142	6.561
1/8	28	0.907	0.581	9.728	9.147	8.566
1/4	19	1.337	0.856	13.157	12.301	11.445
3/8	19	1.337	0.856	16.662	15.806	14.950
1/2	14	1.814	1.162	20.955	19.793	18.631
3/4	14	1.814	1.162	26.441	25.279	24.117
1	11	2.309	1.479	33.249	31.770	30.291
1 1/4	11	2.309	1.479	41.910	40.431	38.952
1 1/2	11	2.309	1.479	47.803	46.324	44.845
2	11	2.309	1.479	59.614	58.135	56.656
2 1/2	11	2.309	1.479	75.184	73.705	72.226
3	11	2.309	1.479	87.884	86.405	84.926
4	11	2.309	1.479	113.030	111.551	110.072
5	11	2.309	1.479	138.430	136.951	135.472
6	11	2.309	1.479	163.80	162.351	160.872

附表 1-4　梯形螺纹基本尺寸(GB/T 5796.3—2005)摘编

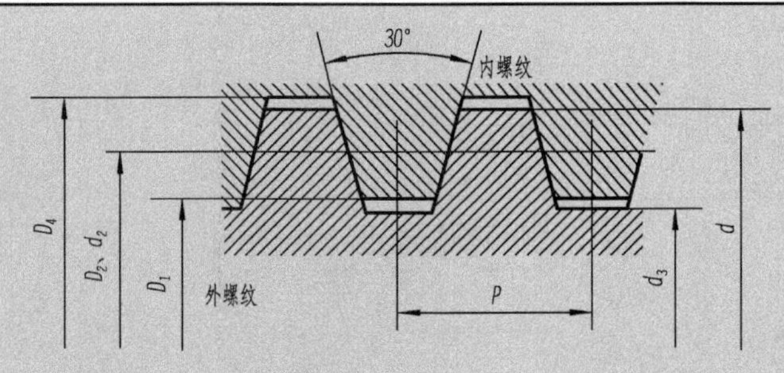

标记示例：
公称直径为 36mm，螺距为 6mm 右旋的单线桶形螺纹。Tr 36×6
公称直径为 36mm，导程为 12mm，螺距为 6mm，左旋的双线梯形螺纹：Tr 36×12（P6）LH

公称直径		螺距	中径	大径	小径	
第一系列	第二系列	P	$d_2=D_2$	D_4	d_3	D_1
8		1.5	7.25	8.30	6.20	6.50
	9	1.5	8.25	9.30	7.20	7.50
		2	8.00	9.50	6.50	7.00
10		1.5	9.2	10.30	8.20	8.50
		2	9.00	10.50	7.50	8.00
	11	2	10.00	11.50	8.50	9.00
		3	9.50	11.50	7.50	8.00
12		2	11.00	12.50	9.50	10.00
		3	10.50	12.50	8.50	9.00
	14	2	13.00	14.50	11.50	12.00
		3	12.50	14.50	10.50	11.00
16		2	15.00	16.50	13.50	14.00
		4	14.00	16.50	11.50	12.00
	18	2	17.00	18.50	15.50	16.00
		4	16.00	18.50	13.50	14.00
20		2	19.00	20.50	17.50	18.00
		4	18.00	20.50	15.50	16.00
	22	3	20.50	22.50	18.50	19.00
		5	19.50	22.50	16.50	17.00
		8	18.00	23.00	13.00	14.00
24		3	22.50	24.50	20.50	21.00
		5	21.50	24.50	18.50	19.00
		8	20.00	25.00	15.00	16.00

公称直径		螺距	中径	大径	小径	
第一系列	第二系列	P	$d_2=D_2$	D_4	d_3	D_1
	26	3	24.50	26.50	22.50	32.00
		5	23.50	26.50	20.50	21.00
		8	22.00	27.00	17.00	18.00
28		3	26.50	28.50	24.50	25.00
		5	25.50	28.50	22.50	23.00
		8	24.00	29.00	19.00	20.00
	30	3	28.50	30.50	26.50	27.00
		6	27.00	31.00	23.00	24.00
		10	25.00	31.00	19.00	20.00
32		3	30.50	32.50	28.50	29.00
		6	29.00	33.00	25.00	26.00
		10	27.00	33.00	21.00	22.00
	34	3	32.50	34.50	30.50	31.00
		6	31.00	35.00	27.00	28.00
		10	29.00	35.00	23.00	24.00
36		3	34.50	36.50	32.50	33.00
		6	33.00	37.00	29.00	30.00
		10	31.00	37.00	25.00	26.00
	38	3	36.50	38.50	34.50	35.00
		7	34.50	39.00	30.00	31.00
		10	33.00	39.00	27.00	28.00
40		3	38.50	40.50	36.50	37.00
		7	36.50	41.00	32.00	33.00
		10	35.00	41.00	30.00	30.00

附录 2　螺纹紧固件

附表 2-1　六角头螺栓(GB/T 5782—2000)摘编

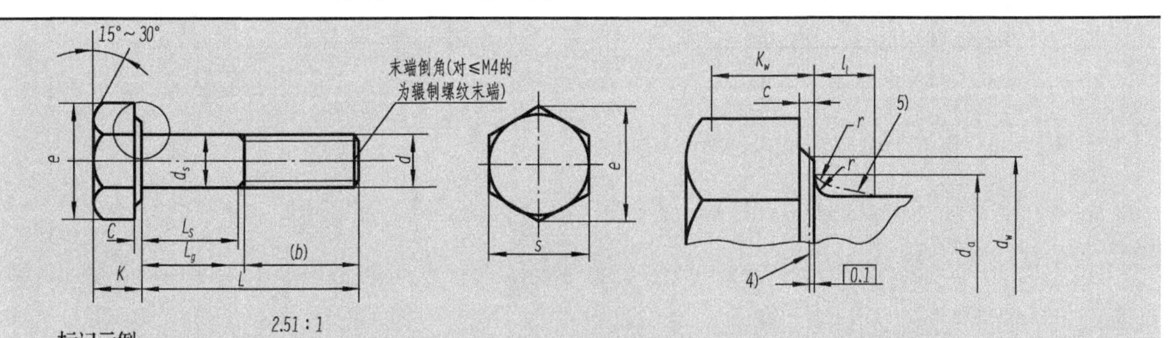

标记示例:

螺纹规格D=M12、公称长度l=80mm、性能等级为8.8级、表面氧化、产品等级为A级的六角头螺栓：螺栓 GB/T 5782 M12×80

单位：mm

螺纹规格 d				M3	M4	M5	M6	M8	M10	M12	M16	M20	M24	M30	M36	M42	M48
螺距 P				0.50	0.70	0.80	1.00	1.25	1.50	1.75	2.00	2.50	3.00	3.50	4.00	4.50	5.00
$b_{参考}$	$l_{公称}$≤125			12	14	16	18	22	26	30	38	46	54	66	—	—	—
	125＜$l_{公称}$≤200			18	20	22	24	28	32	36	44	52	60	72	84	96	108
	$l_{公称}$>200			31	33	35	37	41	45	49	57	65	73	85	97	109	121
c	max			0.40	0.40	0.50	0.50	0.60	0.60	0.60	0.80	0.80	0.80	0.80	0.80	1.00	1.00
	min			0.15	0.15	0.15	0.15	0.15	0.15	0.15	0.20	0.20	0.20	0.20	0.20	0.30	0.30
d_a	max			3.60	4.70	5.70	6.80	9.20	11.20	13.70	17.70	22.40	26.40	33.40	39.40	45.60	52.60
d_s	公称=max			3.00	4.00	5.00	6.00	8.00	10.00	12.00	16.00	20.00	24.00	30.00	36.00	42.00	48.00
	min	产品等级	A	2.86	3.82	4.82	5.82	7.78	9.78	11.73	15.73	19.67	23.67	—	—	—	—
			B	2.75	3.70	4.70	5.70	7.64	9.64	11.57	15.57	19.48	2.48	29.48	35.38	41.38	47.38
d_w min		产品等级	A	4.57	5.88	6.88	8.88	11.63	14.63	16.63	22.49	28.19	33.61	—	—	—	—
螺纹规格 d				M3	M4	M5	M6	M8	M10	M12	M16	M20	M24	M30	M36	M42	M48
螺距 P				0.50	0.70	0.80	1.00	1.25	1.50	1.75	2.00	2.50	3.00	3.50	4.00	4.50	5.00
			B	4.45	5.74	6.74	8.74	11.47	14.47	16.47	22	27.7	33.25	42.75	51.11	59.95	69.45
e min		产品等级	A	6.01	7.66	8.79	11.05	14.38	17.77	20.03	26.75	33.53	39.98	—	—	—	—
			B	5.88	7.50	8.63	10.89	14.20	17.59	19.85	26.17	32.95	39.55	50.85	60.79	71.3	82.6
l_f	max			1	1.2	1.2	1.4	2	2	3	3	4	4	6	6	8	10
k	公称			2	2.8	3.5	4	5.3	6.4	7.5	10	12.5	15	18.7	22.5	26	30
	产品等级	A	max	2.125	2.925	3.65	4.15	5.45	6. 58	7.68	10.18	12.715	15.215	—	—	—	—
			min	1.875	2.675	3.35	3.85	5.15	6.22	7.32	9.82	12.285	14.785	—	—	—	—
		B	max	2.2	3.0	3.74	4.24	5.54	6.69	7.79	10.29	12.85	15.35	19.12	22.92	26.42	30.42
			min	1.8	2.6	3.26	3.76	5.06	6.11	7.21	9.71	12.15	14.65	18.28	22.08	25.58	29.58
k_w min		产品等级	A	1.31	1.87	2.35	2.70	3.61	4.35	5.12	6.87	8.6	10.35	—	—	—	—
			B	1.26	1.82	2.28	2.63	3.54	4.28	5.05	6.8	8.51	10.26	12.8	15.46	17.91	20.71
r	min			0.1	0.2	0.2	0.25	0.4	0.4	0.6	0.6	0.8	0.8	1	1	1.2	1.6
s	公称=max			5.50	7.00	8.00	10.00	13.00	16.00	18.00	24.00	30.00	36.00	46.00	55.00	65.00	75.00
	min	产品等级	A	5.32	6.78	7.78	9.78	12.73	15.73	17.73	23.67	29.67	35.38	—	—	—	—
			B	5.20	6.64	7.64	9.64	12.57	15.57	17.57	23.16	29.16	35.00	45	53.8	63.1	73.1
l(商品规格范围)				20～30	25～40	25～50	30～60	40～80	45～100	50～120	65～160	80～200	90～240	110～300	140～360	160～440	180～480
l(系列)				20、25、30、35、40、45、50、55、60、65、70、80、90、100、110、120、130、140、150、160、180、200、220、240、260、280、300、340、360、380、400、440、460、480													

注：l_g与 l_s表中未列出。

附表 2-2　双头螺柱

b_m=1d(GB/T 897—1988)　b_m=1.25d(GB/T 898—1988)

b_m=1.5d(GB/T 899—1988)　b_m=2d(GB/T 900—1988)编摘

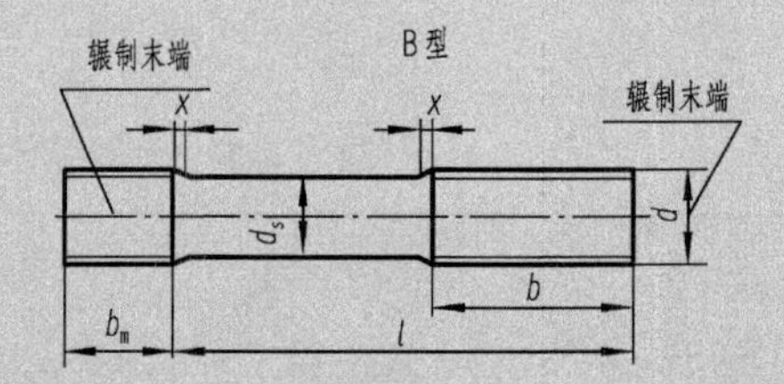

末端按 GB/T 2—1985 的规定：d_s≈螺纹中径(仅适用于 B 型)

标记示例：

两端均为粗牙普通螺纹，d=10mm、l=50 mm，性能等级为 4.8 级、不经表面处理、B 型，b_m=1 d 的双头螺柱：

螺柱　GB/T 897　M10×50

旋入机件一端为粗牙普通螺纹，旋螺母一端为螺距 P=1 mm 的细牙普通螺纹，d=10mm、l=50mm，性能等级为 4.8 级、不经表面处理、A 型、b_m=1 d 的双头螺柱：

螺柱　GB/T 897　AM10- M10×1×50

单位：mm

螺纹规格 d	b_m(公称)				l/b
	GB/T 897—1988	GB/T 898—1988	GB/T 899—1988	GB/T 900—1988	
M2			3	4	12～16/6、20～25/10
M2.5			3.5	5	16/8、20～30/11
M3			4.5	6	16～20/6、25～40/12
M4			6	8	16～20/8、25～40/14
M5	5	6	8	10	6～20/10、25～50/16
M6	6	8	10	12	20/10、25～30/14、35～70/18
M8	8	10	12	16	20/12、25～30/16、35～90/22
M10	10	12	15	20	25/14、30～35/16、40～120/26、130/32
M12	12	15	18	24	25～30/16、35～40/20、45～120/30、130～180/36
M16	16	20	24	32	30～35/20、40～50/30、60～120/38、130～200/44
M20	20	25	30	40	35～40/25、45～60/35、70～120/46、130～200/52
M24	24	30	36	48	45～50/30、60～70/45、80～120/66、130～200/60
M30	30	38	45	60	60/40、70～90/50、100～120/66、130～200/72、210～250/85
M36	36	45	54	72	70/45、80～110/60、120/78、130～200/84、210～300/97
M42	42	52	63	84	70～80/50、90～110/70、120/90、130～200/96、210～300/109
M48	48	60	72	96	80～90/60、100～110/80、120/102、130～200/108、210～300/121
l(系列)	12、16、20、25、30、35、40、45、50、60、70、80、90、100、110、120、130、140、150、160、170、180、190、200、210、220、230、240、250、260、280、300				

附表 2-3　Ⅰ型六角螺母（GB/T 6170—2000）摘编

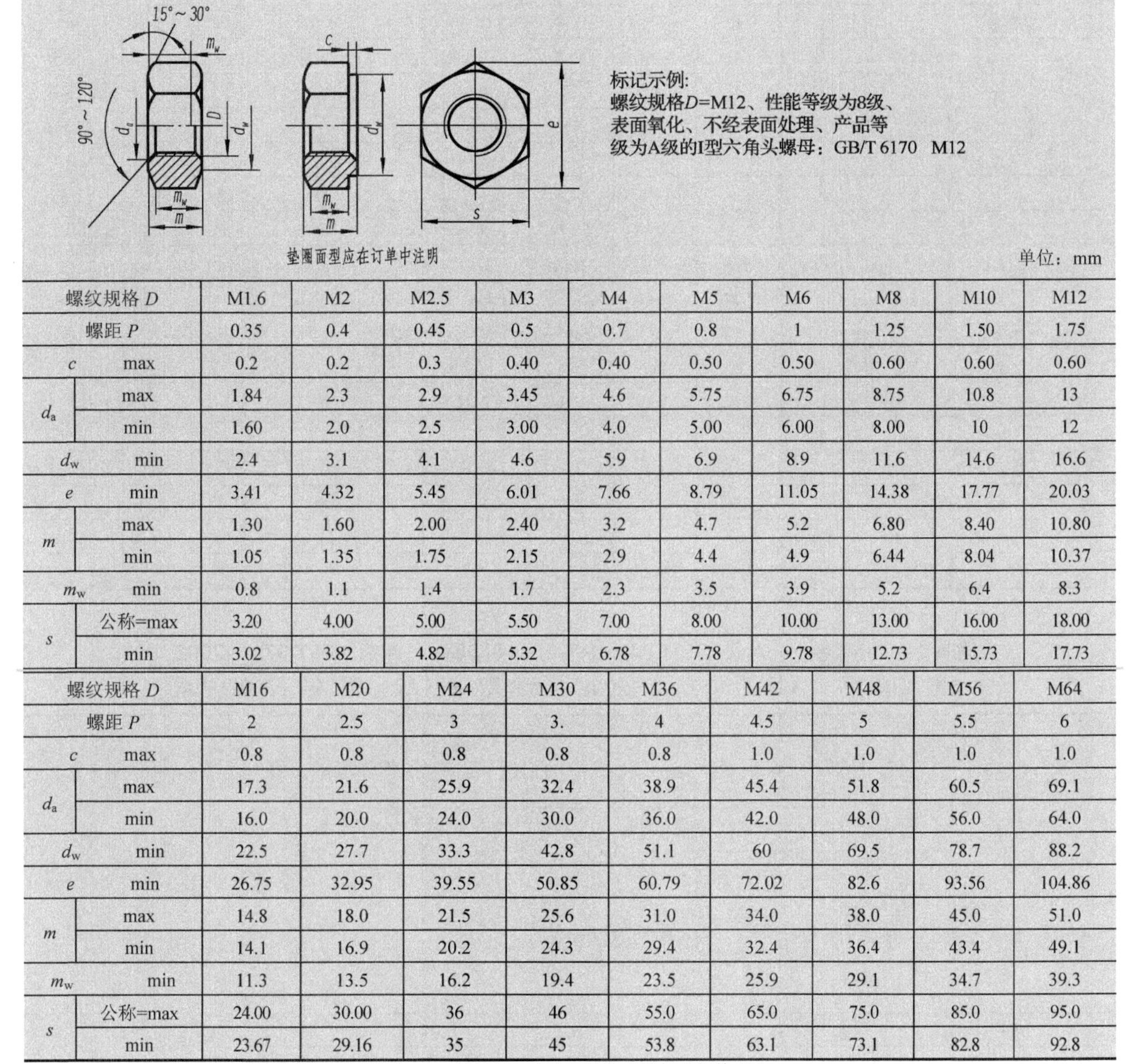

标记示例:
螺纹规格D=M12、性能等级为8级、表面氧化、不经表面处理、产品等级为A级的I型六角头螺母：GB/T 6170　M12

单位：mm

螺纹规格 D		M1.6	M2	M2.5	M3	M4	M5	M6	M8	M10	M12
螺距 P		0.35	0.4	0.45	0.5	0.7	0.8	1	1.25	1.50	1.75
c	max	0.2	0.2	0.3	0.40	0.40	0.50	0.50	0.60	0.60	0.60
d_a	max	1.84	2.3	2.9	3.45	4.6	5.75	6.75	8.75	10.8	13
	min	1.60	2.0	2.5	3.00	4.0	5.00	6.00	8.00	10	12
d_w	min	2.4	3.1	4.1	4.6	5.9	6.9	8.9	11.6	14.6	16.6
e	min	3.41	4.32	5.45	6.01	7.66	8.79	11.05	14.38	17.77	20.03
m	max	1.30	1.60	2.00	2.40	3.2	4.7	5.2	6.80	8.40	10.80
	min	1.05	1.35	1.75	2.15	2.9	4.4	4.9	6.44	8.04	10.37
m_w	min	0.8	1.1	1.4	1.7	2.3	3.5	3.9	5.2	6.4	8.3
s	公称=max	3.20	4.00	5.00	5.50	7.00	8.00	10.00	13.00	16.00	18.00
	min	3.02	3.82	4.82	5.32	6.78	7.78	9.78	12.73	15.73	17.73

螺纹规格 D		M16	M20	M24	M30	M36	M42	M48	M56	M64
螺距 P		2	2.5	3	3.	4	4.5	5	5.5	6
c	max	0.8	0.8	0.8	0.8	0.8	1.0	1.0	1.0	1.0
d_a	max	17.3	21.6	25.9	32.4	38.9	45.4	51.8	60.5	69.1
	min	16.0	20.0	24.0	30.0	36.0	42.0	48.0	56.0	64.0
d_w	min	22.5	27.7	33.3	42.8	51.1	60	69.5	78.7	88.2
e	min	26.75	32.95	39.55	50.85	60.79	72.02	82.6	93.56	104.86
m	max	14.8	18.0	21.5	25.6	31.0	34.0	38.0	45.0	51.0
	min	14.1	16.9	20.2	24.3	29.4	32.4	36.4	43.4	49.1
m_w	min	11.3	13.5	16.2	19.4	23.5	25.9	29.1	34.7	39.3
s	公称=max	24.00	30.00	36	46	55.0	65.0	75.0	85.0	95.0
	min	23.67	29.16	35	45	53.8	63.1	73.1	82.8	92.8

注：① A 级用于 $D\leqslant16$ 的螺母；B 级用于 $D>16$ 的螺母。本表仅按优选的螺纹规格列出。
② 螺纹规格为 M8～M64、细牙、A 级和 B 级的Ⅰ型六角螺母，请查阅 GB/T 6171—2000。

附表 2-4　Ⅰ型六角开槽螺母——A 和 B 级（GB/T 6178—1986）摘编

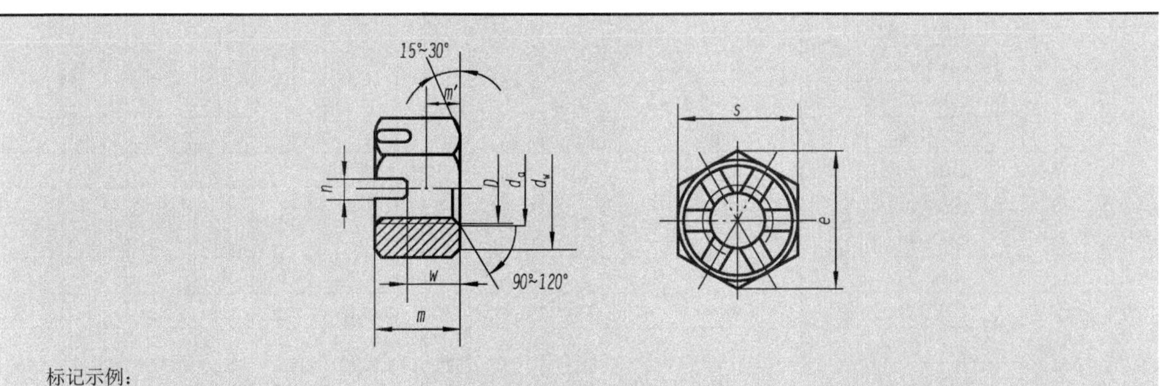

标记示例：
螺纹规格 D=M12、性能等级为 8 级、表面氧化、A 级的Ⅰ型六角开槽螺母：螺母　GB/T 6170 M12

续表

单位：mm

螺纹规格 D		M4	M5	M6	M8	M10	M12	M16	M20	M24	M30	M36
d_a	max	4.6	5.75	6.75	8.75	10.8	13	17.3	21.6	25.9	32.4	38.9
	min	4	5	6	8	10	12	16	20	24	30	36
d_e	max	—	—	—	—	—	—	—	28	34	42	50
	min	—	—	—	—	—	—	—	27.16	33	41	49
d_w	min	5.9	6.9	8.9	11.6	14.6	16.6	22.5	27.7	33.2	42.7	51.1
e	min	7.66	8.79	11.05	14.38	17.77	20.03	26.75	32.95	39.55	50.85	60.79
m	max	5	6.7	7.7	9.8	12.4	15.8	20.8	24	29.5	34.6	40
	min	4.7	6.4	7.34	9.44	11.97	15.37	20.28	23.16	28.66	33.6	39
m'	min	2.32	3.52	3.92	5.15	6.43	8.3	11.28	13.52	16.16	19.44	23.52
n	min	1.2	1.4	2	2.5	2.8	3.5	4.5	4.5	5.5	7	7
	max	1.8	2	2.6	3.1	3.4	4.25	5.7	5.7	6.7	8.5	8.5
s	max	7	8	10	13	16	18	24	30	36	46	55
	min	6.78	7.78	9.78	12.73	15.73	17.73	23.67	29.16	35	45	53.8
w	max	3.2	4.7	5.2	6.8	8.4	10.8	14.8	18	21.5	25.6	31
	min	2.9	4.4	4.9	6.44	8.04	10.37	14.37	17.37	20.88	24.98	30.38
开口销		1×10	1.2×12	1.6×14	2×16	2.5×20	3.2×22	4×28	4×36	5×40	6.3×50	6.3×63

注：A 级用于 $D \leqslant 16$ 的螺母；B 级用于 $D>16$ 的螺母。

附表 2-5　小垫圈——A 级(GB/T 848—2002)、平垫圈——A 级(GB/T 97.1—2002)
垫圈 倒角型——A 级(GB/T 97.2—2002)、大垫圈——A 级(GB/T 96—2002)摘编

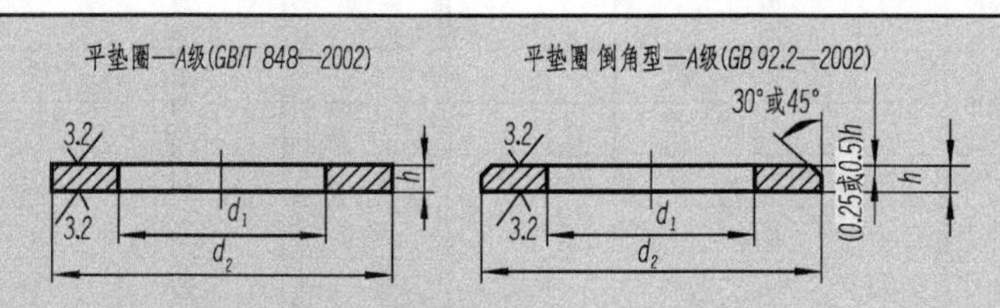

标记示例：

标准系列、规格 8mm、性能等级为 140HV 级、不经表面处理的平垫圈：

垫圈　GB/T 97.1　8

单位：mm

规格(螺纹大径)			3	4	5	6	8	10	12	16	20	24	30	36
内径 d_1	公称(min)	GB/T 848	3.2	4.3	5.3	6.4	8.4	10.5	13	17	21	25	31	37
		GB/T 97.1												
		GB/T 97.2	—	—										
		GB/T 96	3.2	4.3							22	26	33	39
	max	GB/T 848	3.38	4.48	5.48	6.62	8.62	10.77	13.27	17.27	21.33	25.33	31.39	37.62
		GB/T 97.1												
		GB/T 97.2	—	—										
		GB/T 96	3.38	4.48							22.52	26.84	34	40
内径 d_2	公称(max)	GB/T 848	6	8	9	11	15	18	20	28	34	39	50	60
		GB/T 97.1	7	9	10	12	16	20	24	30	37	44	56	66
		GB/T 97.2	—	—										
		GB/T 96	9	12	15	18	24	30	37	50	60	72	92	110
	min	GB/T 848	5.7	7.64	8.64	10.57	14.57	17.57	19.48	27.48	33.38	38.38	49.38	58.8
		GB/T 97.1	6.64	8.64	9.64	11.57	15.57	19.57	23.48	29.48	36.38	43.38	55.26	58.8
		GB/T 97.2	—	—										
		GB/T 96	8.64	11.57	14.57	17.57	23.48	29.48	36.38	49.38	58.1	70.1	89.8	107.8

续表

规格(螺纹大径)			3	4	5	6	8	10	12	16	20	24	30	36
厚度 h	公称	GB/T 848	0.5	0.5	1	1.6	1.6	1.6	2	2.5	3	4	4	5
		GB/T 97.1		0.8				2	2.5	3				
		GB/T 97.2	—	—										
		GB/T 96	0.8	1	1.2	1.6	2	2.5	3	3	4	5	6	8
	max	GB/T 848	0.55	0.55	1.1	1.8	1.8	1.8	2.2	2.7	3.3	4.3	4.3	5.6
		GB/T 97.1		0.9				2.2	2.7	3.3				
		GB/T 97.2	—	—										
		GB/T 96	0.9	1.1	1.4	1.8	2.2	2.7	3.3	3.3	4.6	6	7	9.2
	min	GB/T 848	0.45	0.45	0.9	1.4	1.4	1.4	1.8	2.3	2.7	3.7	3.7	4.4
		GB/T 97.1		0.7				1.8	2.3	2.7				
		GB/T 97.2	—	—										
		GB/T 96	0.7	0.9	1	1.4	1.8	2.3	2.7	2.7	3.4	4	5	6.8

附表 2-6　标准型弹簧垫圈(GB/T 93—1987)、轻型弹簧垫圈(GB/T 859—1987)摘编

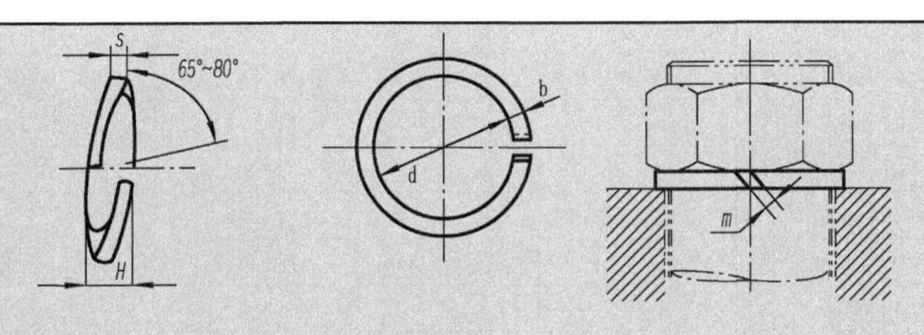

标记示例：

规格 16 mm、材料为 65Mn、表面氧化的标准型弹簧垫圈：

垫圈 GB/T 93　16

规格 16 mm、材料为 65Mn、表面氧化的轻型弹簧垫圈：

垫圈 GB/T 859　16

单位：mm

规格(螺纹大径)			2	2.5	3	4	5	6	8	10	12	16	20	24	30	36	42	48
d	min		2.1	2.6	3.1	4.1	5.1	6.1	8.1	10.2	12.2	16.2	20.2	24.5	30.5	36.5	42.5	48.5
	max		2.35	2.85	3.4	4.4	5.4	6.68	8.68	10.9	12.9	16.9	21.04	25.5	31.5	37.7	43.7	49.7
$s(b)$	GB/T 93—1987		0.5	0.65	0.8	1.1	1.3	1.6	2.1	2.6	3.1	4.1	5	6	7.5	9	10.5	12
S 公称	GB/T 859—1987		—	—	0.6	0.8	1.1	1.3	1.6	2	2.5	3.2	4	5	6	—	—	—
b 公称	GB/T 859—1987		—	—	1	1.2	1.5	2	2.5	3	3.5	4.5	5.5	7	9	—	—	—
H	GB/T 93—1987	min	1	1.3	1.6	2.2	2.6	3.2	4.2	5.2	6.2	8.2	10	12	15	18	21	24
		max	1.25	1.63	2	2.75	3.25	4	5.25	6.5	7.75	10.25	12.5	15	18.75	22.5	26.25	30
	GB/T 859—1987	min	—	—	1.2	1.6	2.2	2.6	3.2	4	5	6.4	8	10	12	—	—	—
		max	—	—	1.5	2	2.75	3.25	4	5	6.25	8	10	12.5	15	—	—	—
$m\leqslant$	GB/T 93—1987	min	0.25	0.33	0.4	0.55	0.65	0.8	1.05	1.3	1.55	2.05	2.5	3	3.75	4.5	5.25	6
	GB/T 859—1987	max	—	—	0.3	0.4	0.55	0.65	0.8	1	1.25	1.6	2	2.5	3	—	—	—

注：$m>0$。

附表 2-7　开槽圆柱头螺钉（GB/T 65—2016）、开槽盘头螺钉（GB/T 67—2000）摘编

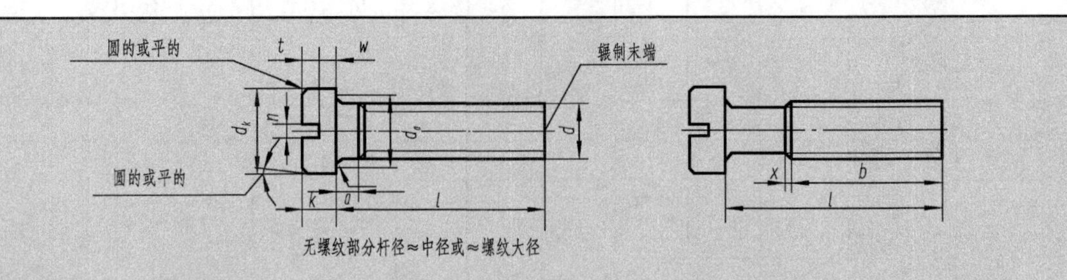

标记示例：

螺纹规格 d=M5、公称长度 l=20 mm、性能等级为 4.8 级、不经表面处理的 A 级开槽圆柱头螺钉：螺钉　GB/T 65 M5×20

螺纹规格 d=M5、公称长度 l=20 mm、性能等级为 4.8 级、不经表面处理的 A 级开槽盘头螺钉：螺钉　GB/T 67 M5×20

单位：mm

螺纹规格 d		M1.6	M2	M2.5	M3	M4		M5		M6		M8		M10	
类别		GB/T 67				GB/T 65	GB/T 67	GB/T 65	GB/T 67	GB/T 65	GB/T 67	GB/T 65	GB/T 67	GB/T 65	GB/T 67
螺距 P		0.35	0.4	0.45	0.5	0.7		0.8		1		1.25		1.5	
a max		0.7	0.8	0.9	1	1.4		1.6		2		2.5		3	
b min		25	25	25	25	38		38		38		38		38	
d_k	max	3.2	4.0	5.0	5.6	7.00	8.00	8.50	9.50	10.00	12.00	13.00	16.00	16.00	20.00
	min	2.9	3.7	4.7	5.3	6.78	7.64	8.28	9.14	9.78	11.57	12.73	15.57	15.73	19.48
d_a max		2	2.6	3.1	3.6	4.7		5.7		6.8		9.2		11.2	
k	max	1.00	1.30	1.50	1.80	2.60	2.40	3.30	3.00	3.9	3.6	5.0	4.8	6.0	
	min	0.86	1.16	1.36	1.66	2.46	2.26	3.12	2.86	3.6	3.3	4.7	4.5	5.7	
n	公称	0.4	0.5	0.6	0.8	1.2		1.2		1.6		2		2.5	
	min	0.46	0.56	0.66	0.86	1.26		1.26		1.66		2.06		2.56	
	max	0.60	0.70	0.80	1.00	1.51		1.51		1.91		2.31		2.81	
r min		0.1	0.1	0.1	0.1	0.2		0.2		0.25		0.4		0.4	
r_f 参考		0.5	0.6	0.8	0.9		1.2		1.5		1.8		2.4	3	
t min		0.35	0.5	0.6	0.7	1.1	1	1.3	1.2	1.6	1.4	2	1.9	2.4	
w min		0.3	0.4	0.5	0.7	1.1	1	1.3	1.2	1.6	1.4	2	1.9	2.4	
x max		0.9	1	1.1	1.25	1.75		2		2.5		3.2		3.8	
l（商品规格范围公称长度）		2～16	2.5～20	3～25	4～30	5～40		6～50		8～60		10～80		12～80	
l（系列）		2，2.5，3，4，5，6，8，10，12，（14），16，20，25，30，35，40，45，50，（55），60，（65），70，（75），80													

注：螺纹规格 d=M1.6～M3、公称长度 l≤30 mm 的螺钉，应制出全螺纹；螺纹规格 d=M4～M10、公称长度 l≤40 mm 的螺钉，应制出全螺纹（b=l−a）。

附录3 键 和 销

附表 3-1 普通平键键槽的尺寸与公差(GB/T 1095—2003)摘编

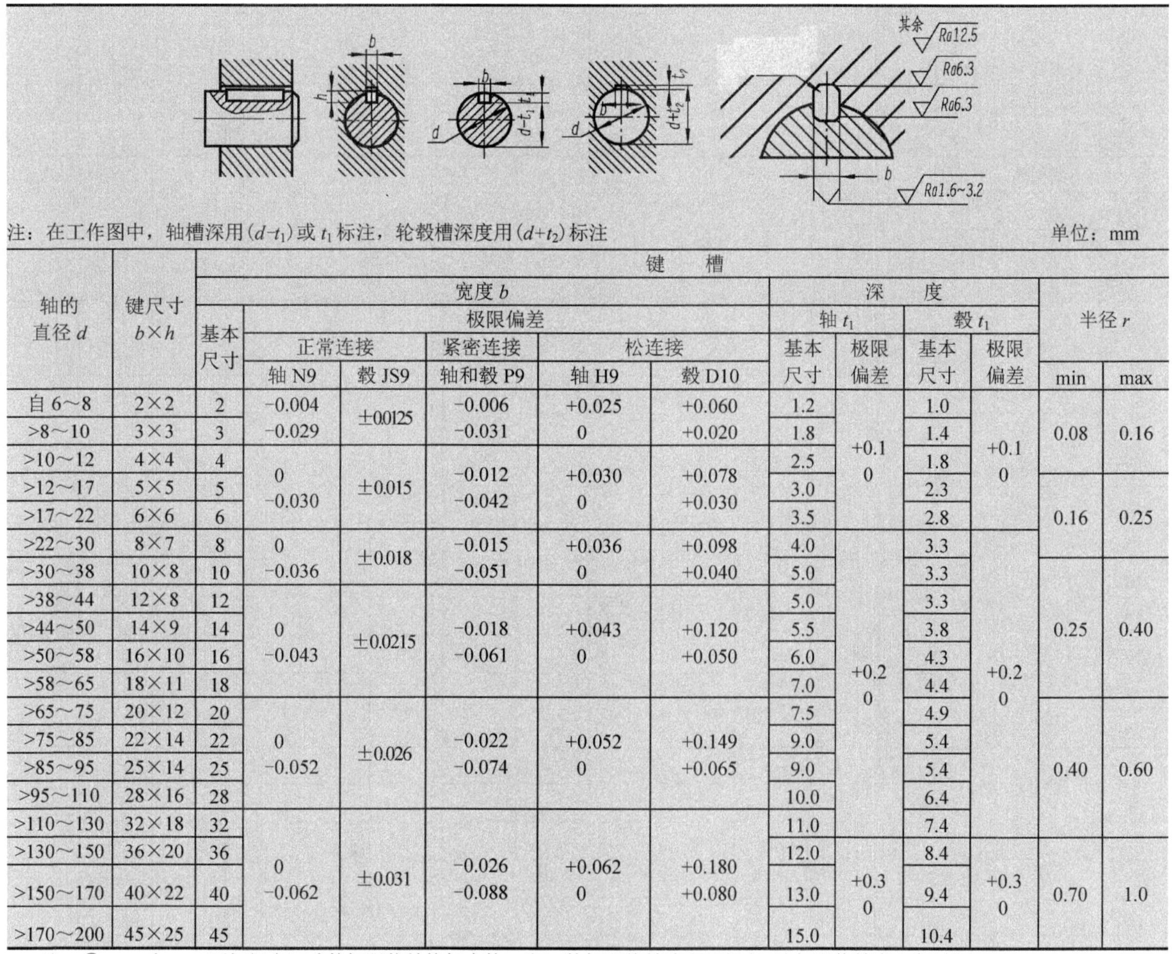

注：在工作图中，轴槽深用$(d-t_1)$或t_1标注，轮毂槽深度用$(d+t_2)$标注　　单位：mm

轴的直径 d	键尺寸 $b\times h$	键槽											
		宽度 b						深度				半径 r	
		基本尺寸	极限偏差					轴 t_1		毂 t_1			
			正常连接		紧密连接	松连接							
			轴 N9	毂 JS9	轴和毂 P9	轴 H9	毂 D10	基本尺寸	极限偏差	基本尺寸	极限偏差	min	max
自 6～8	2×2	2	-0.004 -0.029	±0.0125	-0.006 -0.031	+0.025 0	+0.060 +0.020	1.2	+0.1 0	1.0	+0.1 0	0.08	0.16
>8～10	3×3	3						1.8		1.4			
>10～12	4×4	4	0 -0.030	±0.015	-0.012 -0.042	+0.030 0	+0.078 +0.030	2.5		1.8			
>12～17	5×5	5						3.0		2.3		0.16	0.25
>17～22	6×6	6						3.5		2.8			
>22～30	8×7	8	0 -0.036	±0.018	-0.015 -0.051	+0.036 0	+0.098 +0.040	4.0	+0.2 0	3.3	+0.2 0		
>30～38	10×8	10						5.0		3.3		0.25	0.40
>38～44	12×8	12	0 -0.043	±0.0215	-0.018 -0.061	+0.043 0	+0.120 +0.050	5.0		3.3			
>44～50	14×9	14						5.5		3.8			
>50～58	16×10	16						6.0		4.3			
>58～65	18×11	18						7.0		4.4			
>65～75	20×12	20	0 -0.052	±0.026	-0.022 -0.074	+0.052 0	+0.149 +0.065	7.5		4.9		0.40	0.60
>75～85	22×14	22						9.0		5.4			
>85～95	25×14	25						9.0		5.4			
>95～110	28×16	28						10.0		6.4			
>110～130	32×18	32	0 -0.062	±0.031	-0.026 -0.088	+0.062 0	+0.180 +0.080	11.0		7.4			
>130～150	36×20	36						12.0	+0.3 0	8.4	+0.3 0	0.70	1.0
>150～170	40×22	40						13.0		9.4			
>170～200	45×25	45						15.0		10.4			

注：① $d-t_1$和$d+t_2$两组组合尺寸的极限偏差按相应的t_1和t_2的极限偏差选取，但$(d-t_1)$极限偏差应取负号(-)。

② 轴的直径不在本标准所列，仅供参考。

附表 3-2 普通平键的尺寸与公差(GB/T 1096—2003)摘编

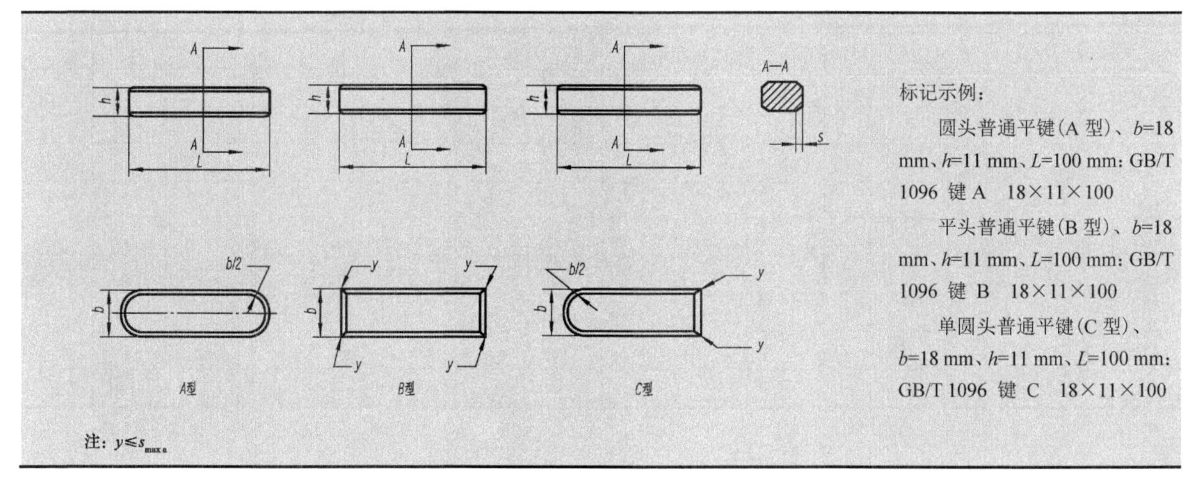

标记示例：

圆头普通平键(A 型)、b=18 mm、h=11 mm、L=100 mm：GB/T 1096 键 A 18×11×100

平头普通平键(B 型)、b=18 mm、h=11 mm、L=100 mm：GB/T 1096 键 B 18×11×100

单圆头普通平键(C 型)、b=18 mm、h=11 mm、L=100 mm：GB/T 1096 键 C 18×11×100

续表

单位：mm

		2	3	4	5	6	8	10	12	14	16	18	20	22
宽度 b	基本尺寸	2	3	4	5	6	8	10	12	14	16	18	20	22
	极限偏差（h8）	0 -0.014		0 -0.018			0 -0.022		0 -0.027				0 -0.033	
高度 h	基本尺寸	2	3	4	5	6	7	8	8	9	10	11	12	13
	极限偏差 矩形（h11）	—		—			0 -0.090						0 -0.010	
	极限偏差 方形（h8）	0 -0.014		0 -0.018			—						—	
倒角或圆角 s		0.16～0.25			0.25～0.40			0.40～0.60					0.60～0.80	
长度 L 基本尺寸	极限偏差（h14）													
6	0 -0.36			—	—	—	—	—	—	—	—	—	—	—
8					—	—	—	—	—	—	—	—	—	—
10						—	—	—	—	—	—	—	—	—
12	0 -0.43						—	—	—	—	—	—	—	—
14							—	—	—	—	—	—	—	—
16							—	—	—	—	—	—	—	—
18								—	—	—	—	—	—	—
20	0 -0.52	—						—	—	—	—	—	—	—
22		—							—	—	—	—	—	—
25		—			标准				—	—	—	—	—	—
28		—								—	—	—	—	—
32	0 -0.62	—								—	—	—	—	—
36		—									—	—	—	—
40		—	—								—	—	—	—
45		—	—				长度					—	—	—
50		—	—	—									—	—
56	0 -0.74		—	—										—
63			—	—	—									
70		—	—	—	—									
80		—	—	—	—	—				范围				
90	0 -0.87	—	—	—	—	—								
100		—	—	—	—	—	—							
110		—	—	—	—	—	—							
125	0 -1.00	—	—	—	—	—	—	—						
140		—	—	—	—	—	—	—						
160		—	—	—	—	—	—	—	—					
180		—	—	—	—	—	—	—	—	—				
200	0 -1.15	—	—	—	—	—	—	—	—	—	—			
220		—	—	—	—	—	—	—	—	—	—	—		
250		—	—	—	—	—	—	—	—	—	—	—	—	

附表 3-3 圆柱销 不淬硬钢和奥氏体不锈钢(GB/T 119.1—2000) 圆柱销 淬硬钢和马氏体不锈钢(GB/T 119.2—2000)摘编

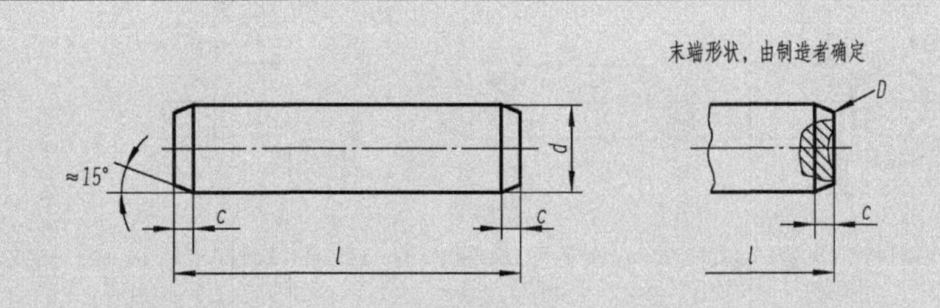

标记示例：

公称直径 d=6 mm、公差为 m6、公称长度 l=30 mm、材料为钢、不经淬火、不经表面处理的圆柱销：销 GB/T 119.1 6 m6×30

公称直径 d=6 mm、公差为 m6、公称长度 l=30 mm、材料为钢、普通淬火(A 型)、不经表面处理的圆柱销：销 GB/T 119.2 6×30

单位：mm

d(公称)		1.5	2	2.5	3	4	5	6	8
c≈		0.3	0.35	0.4	0.5	0.63	0.8	1.2	1.6
l(商品长度范围)	GB/T 119.1	4～16	6～20	6～24	8～30	8～40	10～50	12～60	14～80
	GB/T 119.2	4～16	5～20	6～24	8～30	10～40	12～50	14～60	16～80
d(公称)		10	12	16	20	25	30	40	50
c≈		2	2.5	3	3.5	4	5	6.3	8
l(商品长度范围)	GB/T 119.1	18～95	22～140	26～180	35～200 以上	50～200 以上	60～200 以上	80～200 以上	95～200 以上
	GB/T 119.2	22～100 以上	26～100 以上	40～100 以上	50～100 以上	—	—	—	—
l(系列)		3,4,5,6,8,10,12,14,16,18,22,24,26,28,30,32,35,40,45,50,55,60,65,70,75,80,85,90,95,100,120,140,160,180,200……							

注：① 公称直径 d 的公差：GB/T 119.1—2000 规定为 m6 和 h8，GB/T 119.2—2000 仅有 m6。其他公差由供需双方协议。

② GB/T 119.2—2000 中淬硬钢按淬火方法不同，分为普通淬火(A 型)和表面淬火（B 型)。

③ 公称长度大于 200 mm 按 20 mm 递增。

附表 3-4 圆锥销(GB/T 117—2000)摘编

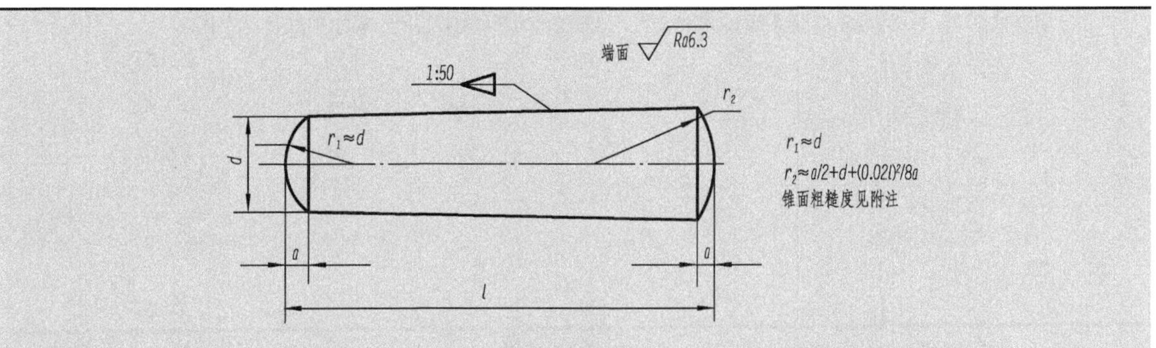

标记示例：

公称直径 d=6 mm、公称长度 l=30 mm、材料为 35 钢、热处理硬度 28～38HRC、表面氧化处理的 A 型圆锥销：销 GB/T 117 6×30

单位：mm

d(公称)	0.6	0.8	1	1.2	1.5	2	2.5	3	4	5
c≈	0.08	0.1	0.12	0.16	0.2	0.25	1.3	0.4	0.5	0.63
l(商品长度范围)	4～8	5～12	6～16	6～20	8～24	10～35	10～35	12～45	14～55	18～60
d(公称)	6	8	10	12	16	20	25	30	40	50
c≈	22～90	22～120	26～160	32～180	40～200	45～200	50～200	55～200	60～200	65～200
l(商品长度范围)	22～100	26～100	40～100	50～100	—	—		—		—
l(系列)	3,4,5,6,8,10,12,14,16,18,22,24,26,28,30,32,35,40,45,50,55,60,65,70,75,80,85,90,95,100,120,140,160,180,200……									

注：① 公称直径 d 的公差规定为 h10，其他公差如 a11，c11 和 f8 由供需双方协议。

② 圆锥销有 A 型和 B 型。A 型为磨削，锥面表面粗糙度 Ra 为 0.8μm，B 型为切削或冷镦，锥面表面粗糙度 Ra 为 3.2μm。

③ 公称长度大于 200 mm 按 20 mm 递增。

附表 3-5　开口销(GB/T 91—2000)摘编

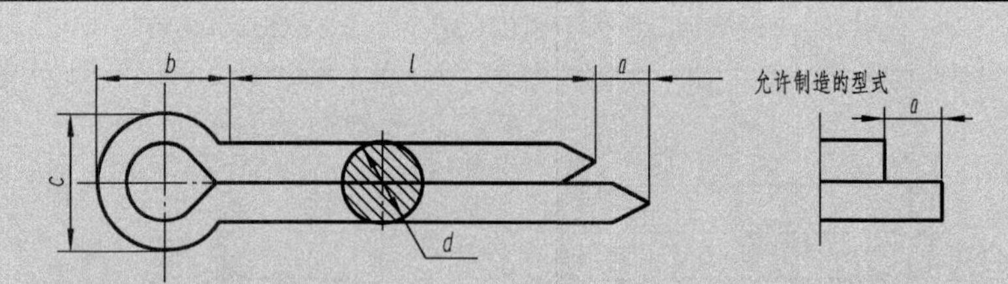

标记示例：
公称规格为5mm、公称长度l=50mm、材料为Q215或Q235、不经表面处理的开口销：销 GB/T 91 5×50

单位：mm

公称规格			1	1.2	1.6	2	2.5	3.2	4	5	6.3	8	10	13	16
d		max	0.9	1.0	1.4	1.8	2.3	2.9	3.7	4.6	5.9	7.5	9.5	12.4	15.4
		min	0.8	0.9	1.3	1.7	2.1	2.7	3.5	4.4	5.7	7.3	9.3	12.1	15.1
a		max	1.6	2.50	2.50	2.50	2.50	3.2	4	4	4	4	6.30	6.30	6.30
b		≈	3	3	3.2	4	5	6.4	8	10	12.6	16	20	26	32
c		max	1.8	2.0	2.8	3.6	4.6	5.8	7.4	9.2	11.8	15.0	19.0	24.8	30.8
适用的直径	螺栓	>	3.5	4.5	5.5	7	9	11	14	20	27	39	56	80	120
		≤	4.5	5.5	7	9	11	14	20	27	39	56	80	120	170
	U型槽	>	3	4	5	6	8	9	12	17	23	29	44	69	110
		≤	4	5	6	8	9	12	17	23	29	44	69	110	160
l(商品长度范围)			6～20	8～25	8～32	10～40	12～50	14～63	18～80	22～100	32～125	40～160	45～200	71～250	112～280
l(系列)			4,5,6,8,10,12,14,16,18,22,24,26,28,30,32,35,40,45,50,55,60,65,70,75,80,85,90,95,100,120,140,160,180,200…												

注：① 公称规格等于开口销孔的直径。对销孔直径推荐的公差为：

公称规格≤1.2:H13；公称规格>1.2:H14

根据供需双方协议，允许采用公称规格为 3、6 和 12 mm 的开口销。

② 用于铁道和在 U 型销中开口销承受横向力的场合，推荐使用的开口销规格应较本表规定的加大一挡。

附录4 滚动轴承

附表 4-1 深沟球轴承(GB/T 276—2013)摘编

标记示例：

滚动轴承 6012 GB/T 276—2013

60000 型

轴承代号	尺寸/mm			轴承代号	尺寸/mm		
	d	D	B		d	D	B
10 系列				02 系列			
606	6	17	6	623	3	10	4
607	7	19	6	624	4	13	5
608	8	22	7	625	5	16	5
609	9	24	7	626	6	19	6
6000	10	26	8	627	7	22	7
6001	12	28	8	628	8	24	8
6002	15	32	9	629	9	26	8
6003	17	35	10	6200	10	30	9
6004	20	42	12	6201	12	32	10
60/22	22	44	12	6202	15	35	11
6005	25	47	12	6203	17	40	12
60/28	28	52	12	6204	20	47	14
6006	30	55	13	62/22	22	50	14
60/32	32	58	13	6205	25	52	15
6007	35	62	14	62/28	28	58	16
6008	40	68	15	6206	30	62	16
6009	45	75	16	62/32	32	65	17
6010	50	80	16	6207	35	72	17
6011	55	90	18	6208	40	80	18
6012	60	95	18	6209	45	85	19
				6210	50	90	20
				6211	55	100	21
				6212	60	110	22
03 系列				04 系列			
633	3	13	5				
634	4	16	5				
635	5	19	6				
6300	10	35	11	6403	17	62	17
6301	12	37	12	6404	20	72	19
6302	15	42	13	6405	25	80	21
6303	17	47	14	6406	30	90	23
6304	20	52	15	6407	35	100	25
63/22	22	56	16	6408	40	110	27
6305	25	62	17	6409	45	120	29
63/28	28	68	18	6410	50	130	31
6306	30	72	19	6411	55	140	33
63/32	32	75	20	6412	60	150	35
6307	35	80	21	6413	65	160	37
6308	40	90	23	6414	70	180	42
6309	45	100	25	6415	75	190	45
6310	50	110	27	6416	80	200	48
6311	55	120	29	6417	85	210	52
6312	60	130	31	6418	90	225	54
6313	65	140	33	6419	95	240	55
6314	70	150	35	6420	100	250	58
6315	75	160	37	6422	110	280	65
6316	80	170	39				
6317	85	180	41				
6318	90	190	43				

附表 4-2　推力球轴承(GB/T 301—2015)摘编

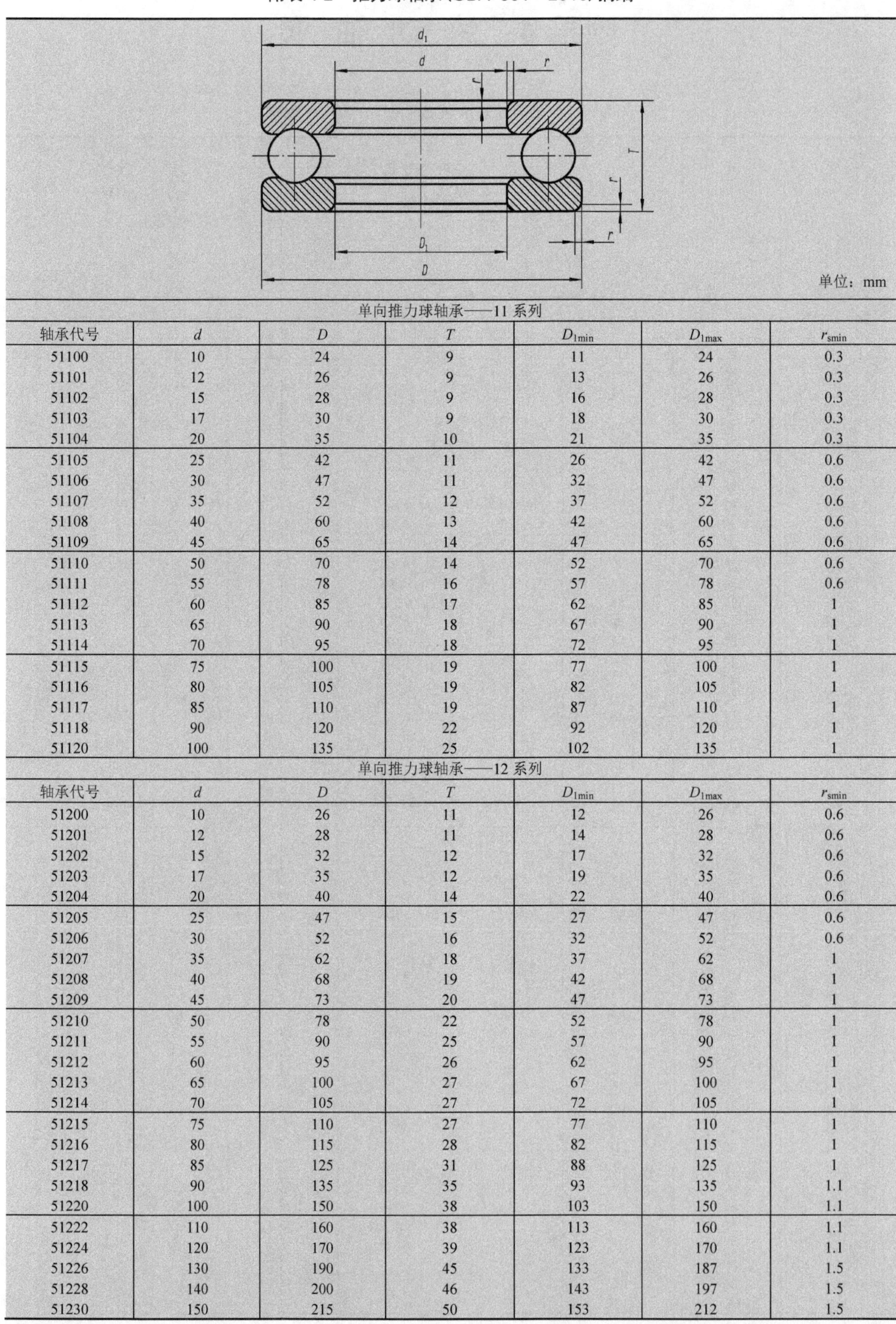

单位：mm

单向推力球轴承——11 系列						
轴承代号	d	D	T	D_{1min}	D_{1max}	r_{smin}
51100	10	24	9	11	24	0.3
51101	12	26	9	13	26	0.3
51102	15	28	9	16	28	0.3
51103	17	30	9	18	30	0.3
51104	20	35	10	21	35	0.3
51105	25	42	11	26	42	0.6
51106	30	47	11	32	47	0.6
51107	35	52	12	37	52	0.6
51108	40	60	13	42	60	0.6
51109	45	65	14	47	65	0.6
51110	50	70	14	52	70	0.6
51111	55	78	16	57	78	0.6
51112	60	85	17	62	85	1
51113	65	90	18	67	90	1
51114	70	95	18	72	95	1
51115	75	100	19	77	100	1
51116	80	105	19	82	105	1
51117	85	110	19	87	110	1
51118	90	120	22	92	120	1
51120	100	135	25	102	135	1

单向推力球轴承——12 系列						
轴承代号	d	D	T	D_{1min}	D_{1max}	r_{smin}
51200	10	26	11	12	26	0.6
51201	12	28	11	14	28	0.6
51202	15	32	12	17	32	0.6
51203	17	35	12	19	35	0.6
51204	20	40	14	22	40	0.6
51205	25	47	15	27	47	0.6
51206	30	52	16	32	52	0.6
51207	35	62	18	37	62	1
51208	40	68	19	42	68	1
51209	45	73	20	47	73	1
51210	50	78	22	52	78	1
51211	55	90	25	57	90	1
51212	60	95	26	62	95	1
51213	65	100	27	67	100	1
51214	70	105	27	72	105	1
51215	75	110	27	77	110	1
51216	80	115	28	82	115	1
51217	85	125	31	88	125	1
51218	90	135	35	93	135	1.1
51220	100	150	38	103	150	1.1
51222	110	160	38	113	160	1.1
51224	120	170	39	123	170	1.1
51226	130	190	45	133	187	1.5
51228	140	200	46	143	197	1.5
51230	150	215	50	153	212	1.5

续表

轴承代号	d	D	T	D_{1min}	D_{1max}	r_{smin}
51232	160	225	51	163	222	1.5
51234	170	240	55	173	237	1.5
51236	180	250	56	183	247	1.5
51238	190	270	62	194	267	2
51240	200	280	62	204	277	2
51244	220	300	63	224	297	2
51247	240	340	78	244	335	2.1
51252	260	360	79	264	355	2.1
51256	280	380	80	284	375	2.1
51260	300	420	95	304	415	3
单向推力球轴承——13 系列						
轴承代号	d	D	T	D_{1min}	D_{1max}	r_{smin}
51304	20	47	18	22	47	1
51305	25	52	18	27	52	1
51306	30	60	21	32	60	1
51307	35	68	24	37	68	1
51308	40	78	26	42	78	1
51309	45	85	28	47	85	1
51310	50	95	31	52	95	1.1
51311	55	105	35	57	105	1.1
51312	60	110	35	62	110	1.1
51313	65	115	36	67	115	1.1
51314	70	125	40	72	125	1.1
51315	75	135	44	77	135	1.5
51316	80	140	44	82	140	1.5
51317	85	150	49	88	150	1.5
51318	90	155	50	93	155	1.5
51320	100	170	55	103	170	1.5
51322	110	190	63	113	187	2
51324	120	210	70	123	205	2.1
51326	130	225	75	134	220	2.1
51328	140	240	80	144	235	2.1
单向推力球轴承——14 系列						
轴承代号	d	D	T	D_{1min}	D_{1max}	r_{smin}
51405	25	60	24	27	60	1
51406	30	70	28	32	70	1
51407	35	80	32	37	80	1.1
51408	40	90	36	42	90	1.1
51409	45	100	39	47	100	1.1
51410	50	110	43	52	110	1.5
51411	55	120	48	57	120	1.5
51412	60	130	51	62	130	1.5
51413	65	140	56	68	140	2
51414	70	150	60	73	150	2
51415	75	160	65	78	160	2
51416	80	170	68	83	170	2.1
51417	85	180	72	88	177	2.1
51418	90	190	77	93	187	2.1
51420	100	210	85	103	205	3
51422	110	230	95	113	225	3
51424	120	250	102	123	245	4
51426	130	270	110	134	265	4
51428	140	280	112	144	275	4
51430	150	300	120	154	295	4
51432	160	320	130	164	315	5
51434	170	340	135	174	335	5
51436	180	360	140	184	355	5

附录 5　极限与配合

附表 5-1　标准公差数值(GB/T 1800.3—2009)摘编

基本尺寸/mm		标准公差等级																	
		IT1	IT2	IT3	IT4	IT5	IT6	IT7	IT8	IT9	IT10	IT11	IT12	IT13	IT14	IT15	IT16	IT17	IT18
大于	至	μm											mm						
—	3	0.8	1.2	2	3	4	6	10	14	25	40	60	0.10	0.14	0.25	0.40	0.60	1.0	1.4
3	6	1	1.5	2.5	4	5	8	12	18	30	48	75	0.12	0.18	0.30	0.48	0.75	1.2	1.8
6	10	1	1.5	2.5	4	6	9	15	22	36	58	90	0.15	0.22	0.36	0.58	0.90	1.5	2.2
10	18	1.2	2	3	5	8	11	18	27	43	70	110	0.18	0.27	0.43	0.70	1.10	1.8	2.7
18	30	1.5	2.5	4	6	9	13	21	33	52	84	130	0.21	0.33	0.52	0.84	1.30	2.1	3.3
30	50	1.5	2.5	4	7	11	16	25	39	62	100	160	0.25	0.39	0.62	1.00	1.60	2.5	3.9
50	80	2	3	5	8	13	19	30	46	74	120	190	0.30	0.46	0.74	1.20	1.90	3.0	4.6
80	120	2.5	4	6	10	15	22	35	54	87	140	220	0.35	0.54	0.87	1.40	2.20	3.5	5.4
120	180	3.5	5	8	12	18	25	40	63	100	160	250	0.40	0.63	1.00	1.60	2.50	4.0	6.3
180	250	4.5	7	10	14	20	29	46	72	115	185	290	0.46	0.72	1.15	1.85	2.90	4.6	7.2
250	315	6	8	12	16	23	32	52	81	130	210	320	0.52	0.81	1.30	2.10	3.20	5.2	8.1
315	400	7	9	13	18	25	36	57	89	140	230	360	0.57	0.89	1.40	2.30	3.60	5.7	8.9
400	500	8	10	15	20	27	40	63	97	155	250	400	0.63	0.97	1.55	2.50	4.00	6.3	9.7
500	630	9	11	16	22	32	44	70	110	175	280	440	0.70	1.10	1.75	2.80	4.40	7.0	11
630	800	10	13	18	25	36	50	80	125	200	320	500	0.80	1.25	2.00	3.20	5.00	8.0	12.50
800	1000	11	15	21	28	40	56	90	140	230	360	560	0.90	1.40	2.30	3.60	5.60	9	14
1000	1250	13	18	24	33	47	66	105	165	260	420	660	1.05	1.65	2.60	4.20	6.60	10.5	16.5
1250	1600	15	21	29	39	55	78	125	195	310	500	780	1.25	1.95	3.10	5	7.80	12.5	19.5
1600	2000	18	25	35	46	65	92	150	230	370	600	920	1.50	2.30	3.70	6	9.20	15	23
2000	2500	22	30	41	55	78	110	175	280	440	700	1100	1.75	2.80	4.40	7	11	17.5	28
2500	3150	26	36	50	68	96	135	210	330	540	860	1350	2.10	3.30	5.40	8.60	13.5	21	33

注：① 基本尺寸大于 500 mm 的 IT1～IT5 的标准公差数值为试行的标准。

② 基本尺寸小于或等于 1 mm 时，无 IT14～IT18。

附表 5-2　优先配合中轴的极限偏差(GB/T 1800.4－1999)摘编　　　　单位：μm

基本尺寸/mm		公差带																
		c	d	f		g		h					k		n	p	s	u
大于	至	11	9	7	8	6	7	6	7	8	9	11	6	7	6	6	6	6
—	3	-60 -120	-20 -45	-6 -16	-6 -20	-2 -8	-2 -12	0 -6	0 -10	0 -14	0 -25	0 -60	+6 0	+10 0	+10 +4	+12 +6	+20 +14	+24 +18
3	6	-70 -145	-30 -60	-10 -22	-10 -28	-4 -12	-4 -16	0 -8	0 -12	0 -18	0 -30	0 -75	+9 +1	+13 +1	+16 +8	+20 +12	+27 +19	+31 +23
6	10	-80 -170	-40 -76	-13 -28	-13 -35	-5 -14	-5 -20	0 -9	0 -15	0 -22	0 -36	0 -90	+10 +1	+16 +1	+19 +10	+24 +15	+32 +23	+37 +28
10	14	-95 -205	-50 -93	-16 -34	-16 -43	-6 -17	-6 -24	0 -11	0 -18	0 -27	0 -43	0 -110	+12 +1	+19 +1	+23 +12	+29 +18	+39 +28	+44 +33
14	18																	
18	24	-110 -240	-65 -117	-20 -41	-20 -53	-7 -20	-7 -28	0 -13	0 -21	0 -33	0 -52	0 -130	+15 +2	+23 +2	+28 +15	+35 +22	+48 +35	+54 +41
24	30																	+61 +48
30	40	-120 -280	-80 -142	-25 -50	-25 -64	-9 -25	-9 -34	0 -16	0 -25	0 -39	0 -62	0 -160	+18 +2	+27 +2	+33 +17	+42 +26	+59 +43	+76 +60
40	50	-130 -290																+86 +70
50	65	-140 -330	-100 -174	-30 -60	-30 -76	-10 -29	-10 -40	0 -19	0 -30	0 -46	0 -74	0 -190	+21 +2	+32 +2	+39 +20	+51 +32	+72 +53	+106 +87
65	80	-150 340															+78 +59	+121 +102
80	100	-170 -390	-120 -207	-36 -71	-36 -90	-12 -34	-12 -47	0 -22	0 -35	0 -54	0 -87	0 -220	+25 +2	+38 +3	+45 +23	+59 +37	+93 +71	+146 +124
100	120	-180 -400															+101 +79	+166 +144
120	140	-200 -450	-145 -245	-43 -83	-43 -106	-14 -39	-14 -54	0 -25	0 -40	0 -63	0 -100	0 -250	+28 +3	+43 +3	+52 +27	+68 +43	+117 +92	+195 +170
140	160	-21 -0															+125 +100	+215 +190
160	180	-230 -480															+133 +108	+235 +210
180	200	-240 -530	-170 -285	-50 -96	-50 -122	-15 -44	-15 -61	0 -29	0 -46	0 -72	0 -115	0 -290	+33 +4	+50 +4	+60 +31	+79 +50	+151 +122	+265 +236
200	225	-260 -550															+159 +130	+287 +258
225	250	-280 -570															+169 +140	+313 +284
250	280	-300 -620	-190 -320	-56 -108	-56 -137	-17 -49	-17 -69	0 -32	0 -52	0 -81	0 -130	0 -320	+36 +4	+56 +4	+66 +34	+88 +56	+190 +158	+347 +315
280	315	-330 -650															+202 +170	+382 +350
315	355	-360 -720	-210 -350	-62 -119	-62 -151	-18 -54	-18 -75	0 -36	0 -57	0 -89	0 -140	0 -360	+40 +4	+61 +4	+73 +37	+98 +62	+226 +190	+426 +390
355	400	-400 -760															+244 +208	+471 +435
400	450	-440 -840	-230 -385	-68 -131	-68 -165	-20 -60	-20 -83	0 -40	0 -63	0 -97	0 -155	0 -400	+45 +5	+68 +5	+80 +40	+108 +68	+272 +232	+530 +490
450	500	-480 -880															+292 +252	+580 +540

附表 5-3　优先配合中孔的极限偏差(GB/T1800.4－1999)摘编　　单位：μm

基本尺寸/mm		公差带												
		C	D	F	G	H				K	N	P	S	U
大于	至	11	9	8	7	7	8	9	11	7	7	7	7	7
—	3	+120 +60	+45 +20	+20 +6	+12 +2	+10 0	+14 0	+25 0	+60 0	0 -10	-4 -14	-6 -16	-14 -24	-18 -28
3	6	+145 +70	+60 +30	+28 +10	+16 +4	+12 0	+18 0	+30 0	+75 0	+3 -9	-4 -16	-8 -20	-15 -27	-19 -31
6	10	+170 +80	+76 +40	+35 +13	+20 +5	+15 0	+22 0	+36 0	+90 0	+5 -10	-4 -19	-9 -24	-17 -32	-22 -37
10	14	+250	+93+50	+43	+24	+18	+27	+43	+110	+6	-5	-11	-21	-26
14	18	+95		+16	+6	0	0	0	0	-12	-23	-29	-39	-44
18	24	+240	+117 +65	+53 +20	+28 +7	+21 0	+33 0	+52 0	+130 0	+6 -15	-7 -28	-14 -35	-27 -48	-33 -54
24	30	+110												-40 -61
30	40	+280 +120	+142 +80	+64 +25	+34 +9	+25 0	+39 0	+62 0	+160 0	+7 -18	-8 -33	-17 -42	-34 -59	-51 -76
40	50	+280 +120												-61 -86
50	65	+330 +140	+174 +100	+76 +30	+40 +10	+30 0	+46 0	+74 0	+190 0	+9 -21	-9 -39	-21 -51	-42 -72	-76 -106
65	80	+340 +150											-48 -78	-91 -121
80	100	+390 +170	+207 +120	+90 +36	+47 +12	+35 0	+54 0	+87 0	+220 0	+10 -25	-10 -45	-24 -59	-58 -98	-111 -146
100	120	+400 +180											-66 -101	-131 -166
120	140	+450 +200	+245 +145	+106 +43	+54 +14	+40 0	+63 0	+100 0	+250 0	+12 -28	-12 -52	-28 -68	-77 -117	-155 -195
140	160	+460 +210											-85 -125	-175 -215
160	180	+480 +230											-93 -133	-195 -235
180	200	+530 +240	+285 +170	+122 +50	+61 +15	+46 0	+72 0	+115 0	+290 0	+13 -33	-14 -60	-33 -79	-105 -151	-219 -265
200	225	+550 +260											-113 -159	-241 -287
225	250	+570 +280											-123 -169	-267 -313
250	280	+620 +300	+320 +190	+137 +56	+69 +17	+52 0	+81 0	+130 0	+320 0	+16 -36	-14 -66	-36 -88	-138 -190	-295 -347
280	315	+650 +330											-150 -202	-330 -382
315	355	+720 +360	+350 +210	+151 +62	+75 +18	+57 0	+89 0	+140 0	+360 0	+17 -40	-16 -73	-41 -98	-169 -226	-369 -426
355	400	+760 +400											-187 -244	-414 -471
400	450	+840 +440	+385 +230	+165 +68	+83 +20	+63 0	+97 0	+155 0	+400 0	+18 -45	-17 -80	-45 -108	-209 -272	-467 -530
450	500	+880 +480											-229 -292	-517 -580

参 考 文 献

高红，张贺，孙振东，2017. 机械零部件测绘. 3 版. 北京：中国电力出版社.
刘朝儒，吴志军，高政一，等，2006. 机械制图. 5 版. 北京：高等教育出版社.
刘小年，杨月英，2007. 机械制图. 北京：高等教育出版社.
濮良贵，陈国定，吴立言，2013. 机械设计. 9 版. 北京：高等教育出版社.
杨月英，马晓丽，2012. 机械制图. 北京：机械工业出版社.
叶玉驹，焦永和，张彤，2012. 机械制图手册. 5 版. 北京：机械工业出版社.
张琳，杨月英，2008. 机械制图. 北京：中国建材工业出版社.
郑爱云，2018. 机械制图. 北京：机械工业出版社.

机械类“3+4”贯通培养规划教材

机械制图及设计练习

主　编　张效伟　杨月英

副主编　张　琳　马晓丽　滕邵光

科学出版社

北　京

内 容 简 介

作者根据教育部高等学校工程图学教学指导委员会制定的“高等学校工程图学课程教学基本要求”及最新的国家标准，结合教育部本科教学质量与教学改革工程“专业综合改革试点”项目及国家级特色专业建设、卓越工程师教育培养计划，依托山东省特色名校建设工程和山东省“机械制图”精品课程编写本书。本书主要内容包括制图基础、制图表达、机械制图、零部件测绘、机械设计练习等，每部分附有教学目标和要求、教学重点和难点，各章节还编排了配套练习题。

本书知识点循序渐进，便于学生掌握完整的图学基本理论和机械制图的知识，学会基本的设计方法和流程。在内容的组织上，本书将二维图形与三维实体相结合，从绘图和读图两个方面，着重培养学生的空间思维能力和自主创新设计能力。书中的图例反映现代产品设计制造的过程，为学生后续课程的学习奠定良好的基础。

本书可作为高等学校理工科机械类、近机类等专业工程图学的教材和参考书，也可以作为机械类“3+4”贯通培养本科阶段使用的教材。

图书在版编目(CIP)数据

机械制图及设计练习 / 张效伟，杨月英主编. —北京：科学出版社，2019.3
机械类“3+4”贯通培养规划教材
ISBN 978-7-03-060442-2

Ⅰ. ①机… Ⅱ. ①张… ②杨… Ⅲ. ①机械制图-高等学校-习题集 Ⅳ. ①TH126-44

中国版本图书馆 CIP 数据核字（2019）第 014094 号

责任编辑：邓 静 张丽花 / 责任校对：严 娜
责任印制：张 伟 / 封面设计：迷底书装

科学出版社出版
北京东黄城根北街 16 号
邮政编码：100717
http://www.sciencep.com
北京建宏印刷有限公司印刷
科学出版社发行 各地新华书店经销
*
2019 年 3 月第 一 版 开本：787×1092 1/16
2019 年 3 月第一次印刷 印张：5
字数：100 000

定价（含练习册）：69.00 元
（如有印装质量问题，我社负责调换）

前　言

本书是根据教育部高等学校工程图学教学指导委员会制定的“高等学校工程图学课程教学基本要求”及近年来发布的《机械制图》《技术制图》等国家标准编写而成的。

本书依托山东省特色名校建设工程、山东省“机械制图”精品课程等支撑项目，总结了教学一线教师在工程图学教学中长期积累的丰富经验以及近年来的教学研究和改革成果，汲取了兄弟院校同类教材的优点，吸纳了学生在学习中提出的意见和诉求，考虑了一线企业设计生产实际需求，力求满足特色名校工程培养高素质应用型、技能型人才目标对工程图学的新要求。

本书包括第一篇制图基础（制图基本知识、正投影基础）、第二篇制图表达（立体投影、组合体投影图、轴测投影图、机件常用表达方法）、第三篇机械制图（标准件和常用件、零件图、装配图）、第四篇机械设计练习（零部件测绘、常用部件分析与设计练习）、附录等内容，配有相应的知识点和练习题，循序渐进，便于学生掌握完整的图学基本理论和机械制图的知识、学会基本的设计方法和流程。在内容的组织上，本书将二维图形与三维实体相结合，从绘图和读图两个方面，着重培养学生的空间思维能力和自主创新设计能力。书中的图例反映现代产品设计制造的过程，为学生后续课程的学习奠定良好的基础。

本书由山东省精品课程“机械制图”课程团队共同编写。张效伟、杨月英任主编，张琳、马晓丽、滕邵光任副主编，参加编写的还有莫正波、奚卉、周烨、杨登峰等。

由于编者水平有限，书中不妥之处在所难免，敬请读者批评指正。

编　者

2018年10月

目　　录

1-1　字体练习。

工程制图零件机器审核材料正投影图号重量齿轮球阀虎钳千斤顶计算机

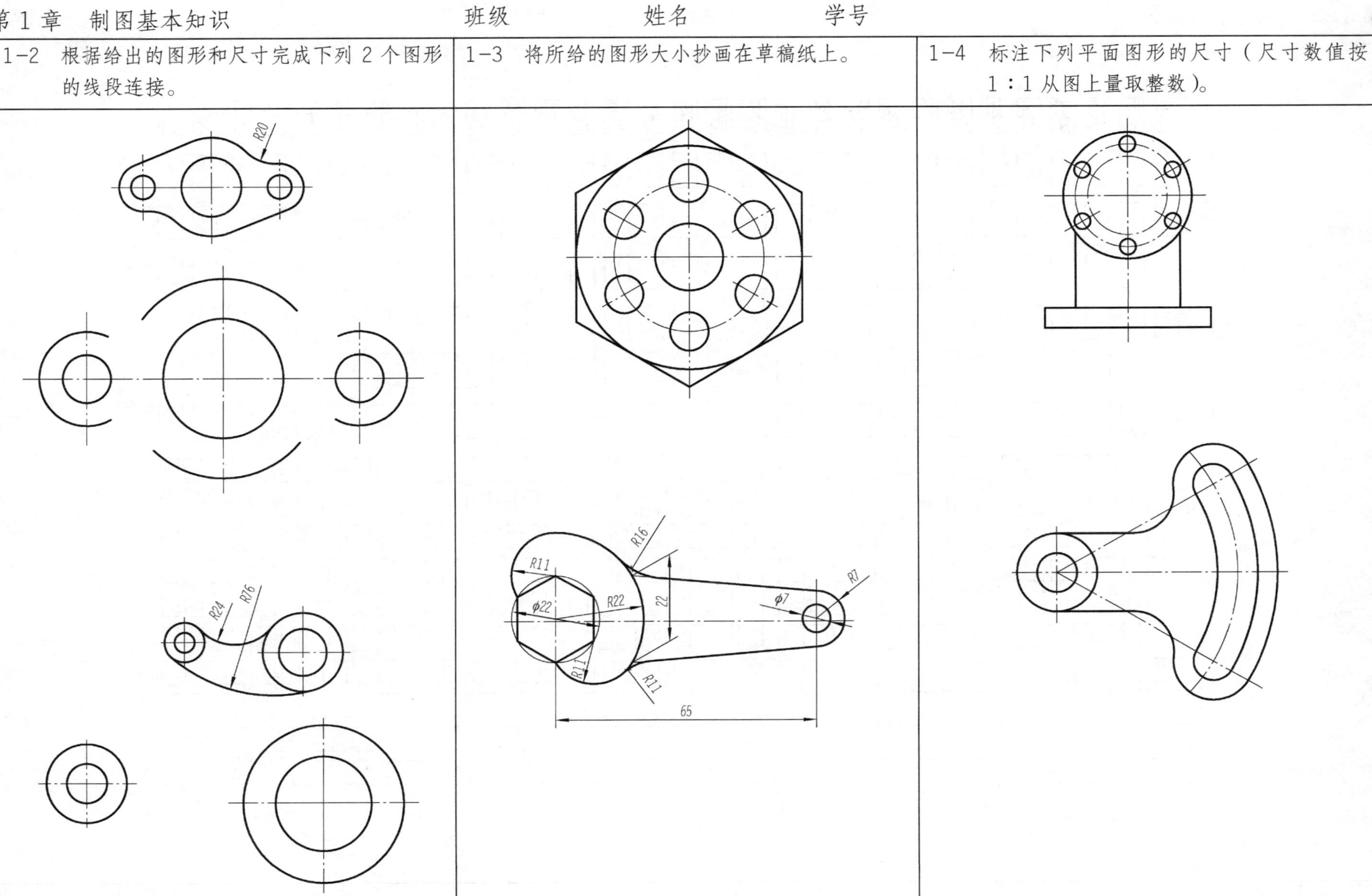
1-2　根据给出的图形和尺寸完成下列 2 个图形的线段连接。
R20
R24
R76
1-3　将所给的图形大小抄画在草稿纸上。
R16
R11
φ22
R22
22
φ7
R7
R11
R11
65
1-4　标注下列平面图形的尺寸（尺寸数值按 1：1 从图上量取整数）。

作业指导

第一次作业：

一、目的

熟悉圆弧连接的正确方法。

二、要求

1. 图纸：A3（420×297）号图幅；
2. 比例：按所给比例；
3. 图线：粗线、细线、点画线线型正确；
4. 字体：图名、校名用 10 号字，其余用 5 号字，字体工整仔细认真。

三、绘图步骤

1. 做好准备工作；
2. 先轻画中心线；
3. 用 2H 和 H 铅笔画底图；
4. 画已知线段和圆弧；
5. 画中间线段和圆弧；
6. 画连接线段和圆弧；
7. 检查，用 2B 或 B 铅笔加深底稿；
8. 标注尺寸。

四、完成内容

1. 虎头钩；
2. 吊钩。

五、简化标题栏见下图

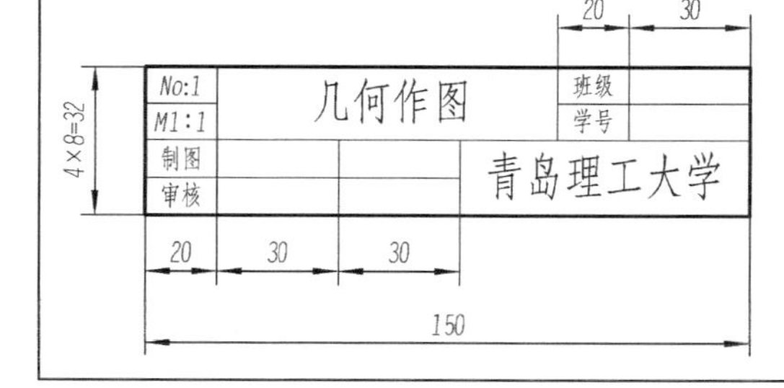

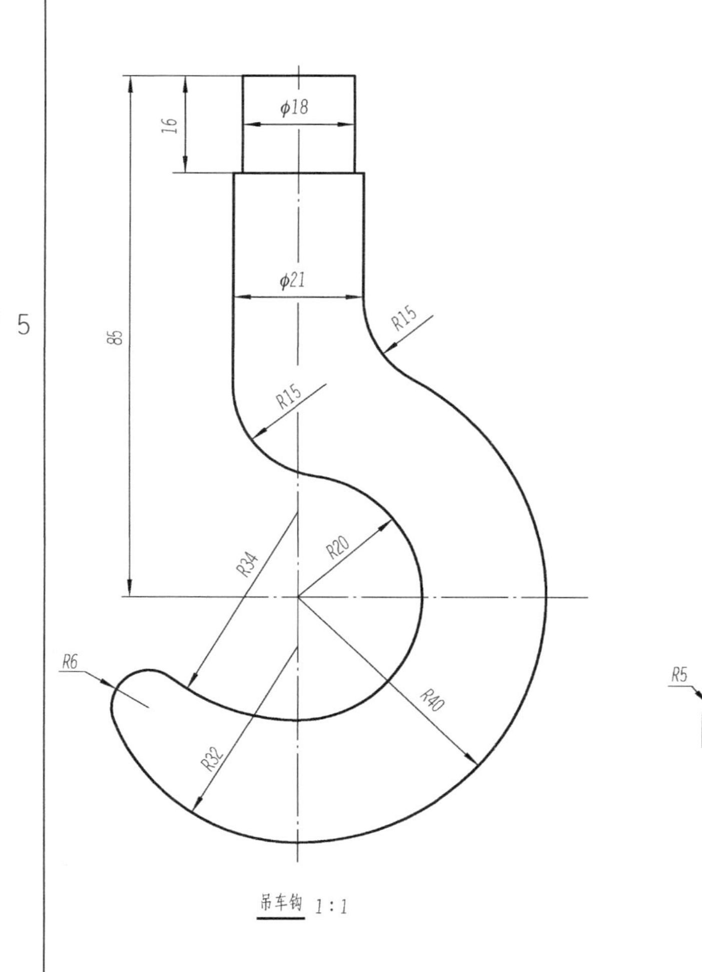

吊车钩 1:1　　　　吊钩 1:1

2-1　根据所给的投影图找出对应的立体图，在圆圈内填上其投影图编号。

1.

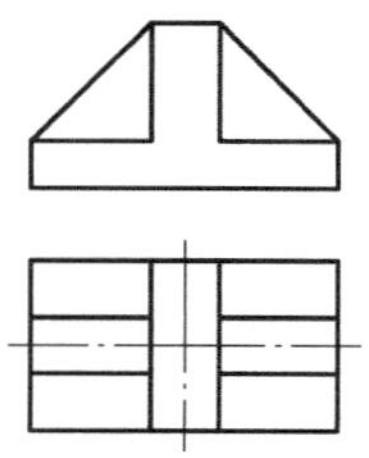

2.

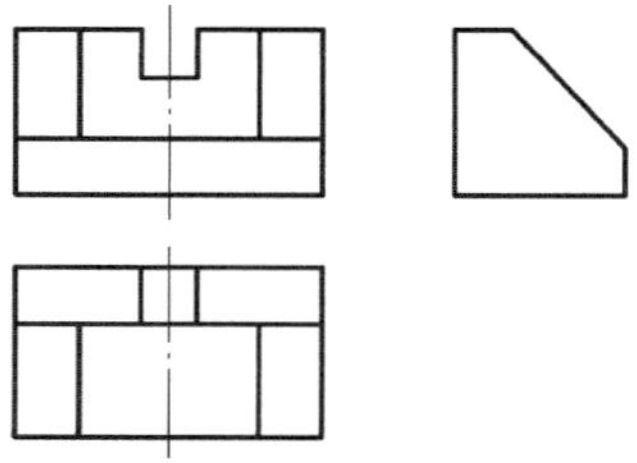

3.

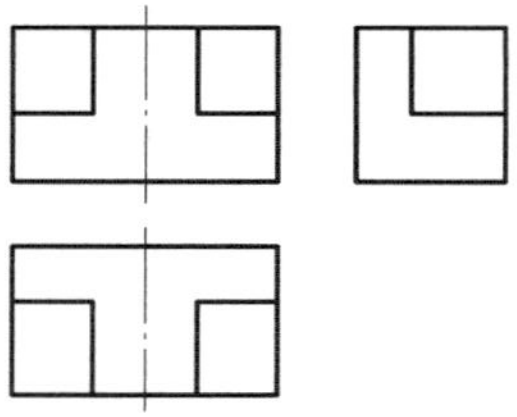

4.

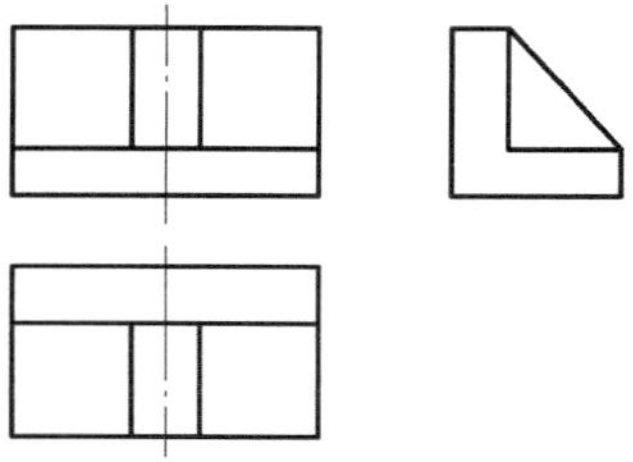

5.

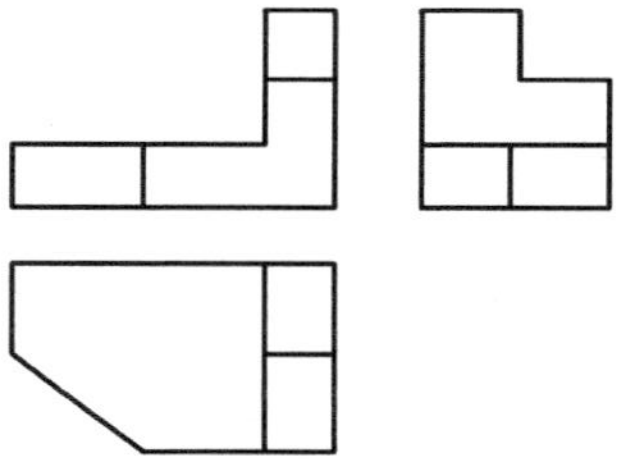

6.

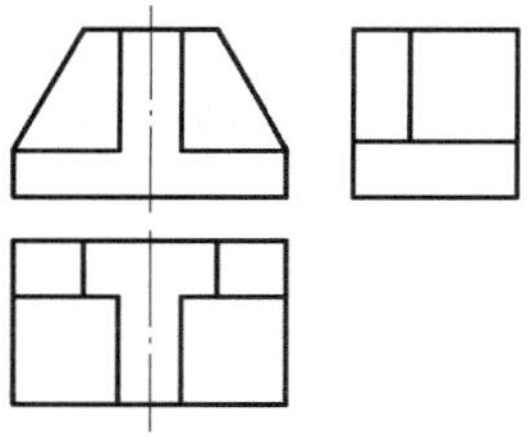

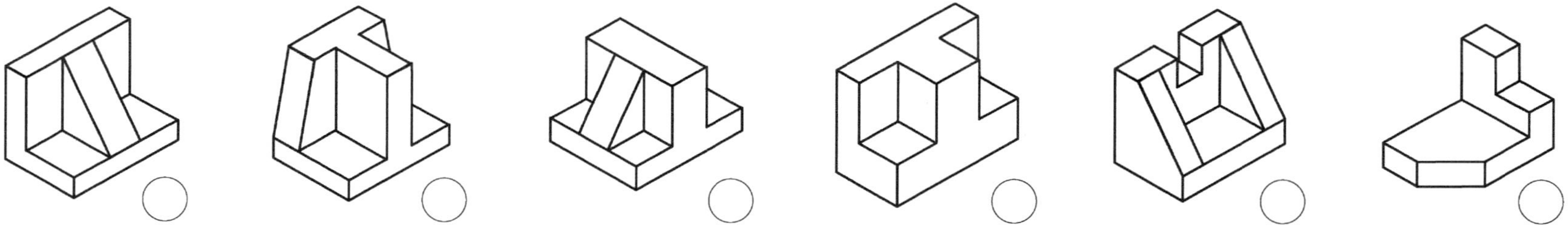

2-2　根据下面各图的已知条件，作点的投影图练习。

1. 根据点 A、B、C、D 的立体图，从图中量取坐标值，画出它们的投影图。

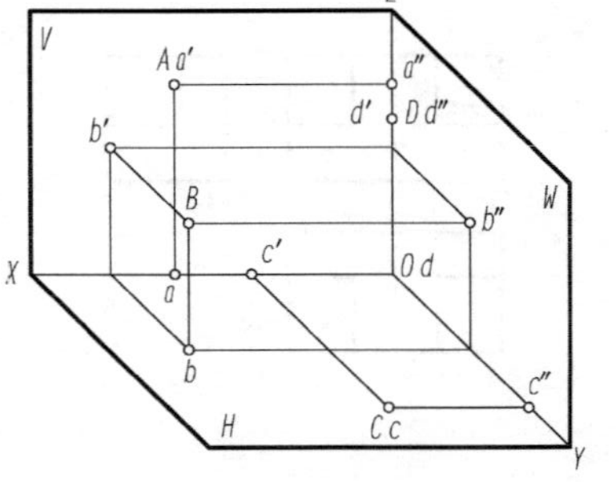

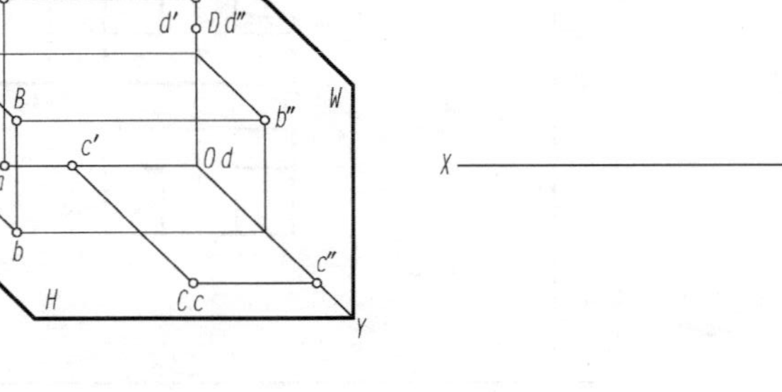

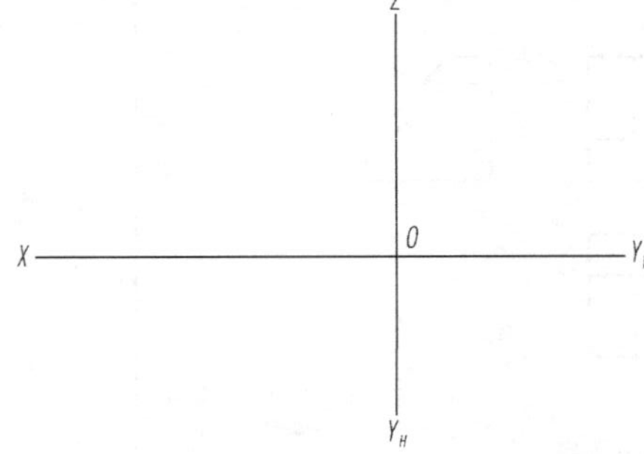

3. 已知点 A 距 V 面 25，距 H 面 20，距 W 面 30；点 B 在 W 面上，距 V 面 10，距 H 面 5；点 C 在 OY 轴上，距 V 面 15，画出它们的投影图，并用粗实线将它们的同面投影两两连线。

2. 已知各点坐标：A(7，1，3)、B(5，0，4)、C(0，0，5)、D(1，5，6)，求各点的投影，并用粗实线将它们的同面投影两两相连。

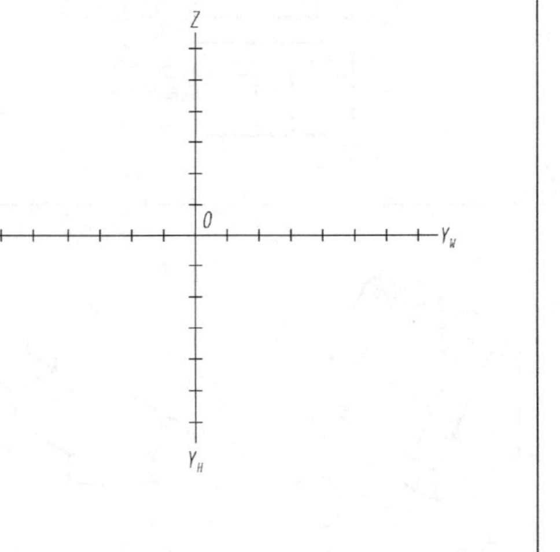

4. 已知下列各点的两面投影，求它们的第三面投影。

5. 已知点的两面投影，求它们的第三面投影，并判别重影点的可见性。

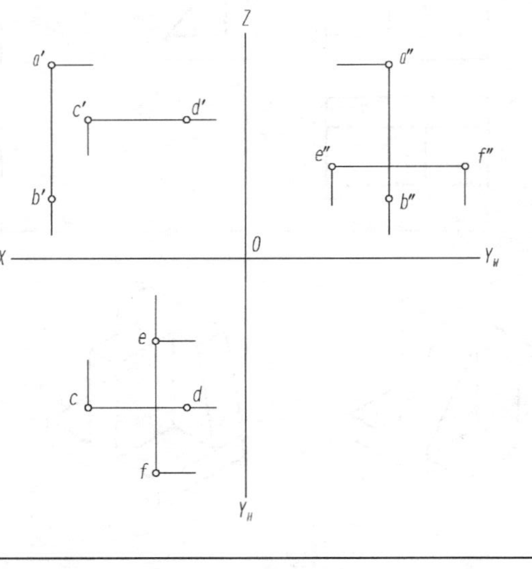

2-3　根据下面各图的已知条件，作线的投影图。

1. 过已知点作实长为 15mm 的线段。

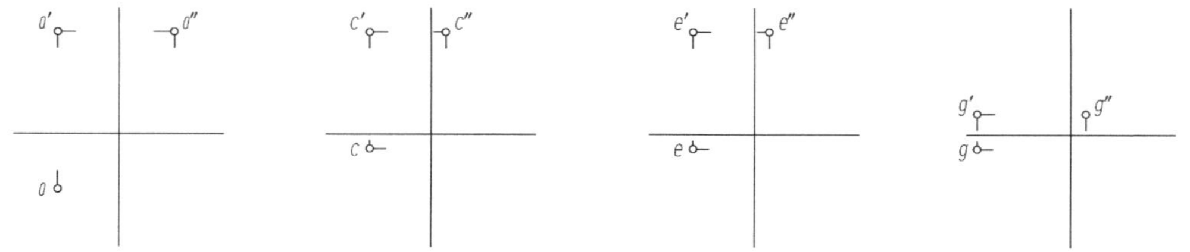

（1）作铅垂线 AB　（2）作正垂线 CD　（3）作水平线 EF，使 $\beta=60°$　（4）作正平线 GH，使 $\alpha=45°$

2. 已知铅垂线 AB 到 V 面的距离为到 W 面的一半，求 AB 的 H、W 投影。

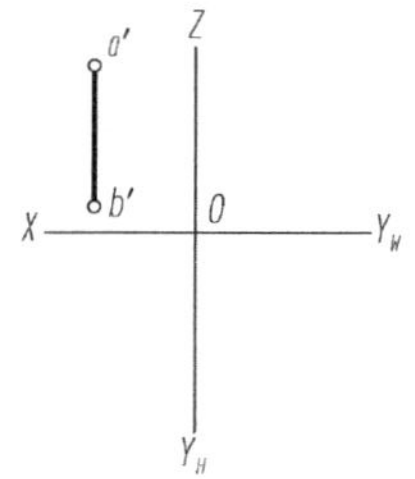

3. 求直线 AB 的实长以及对 H 面、V 面的夹角 α、β。

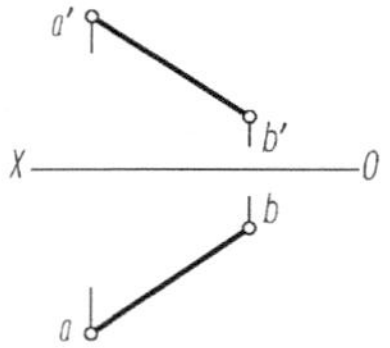

4. 过点 A 作直线 AB，使 AB 实长为 40，$\alpha=45°$，$\beta=30°$。

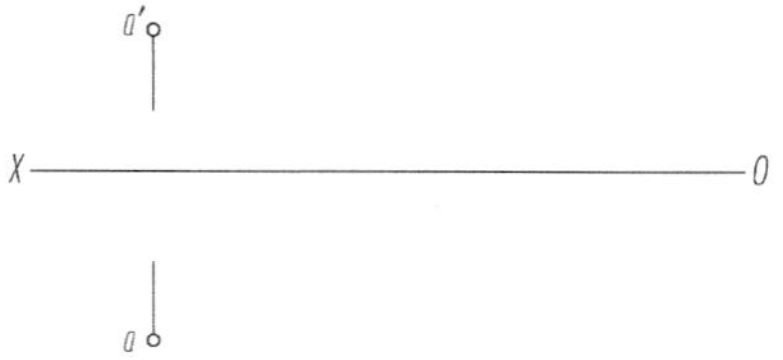

5. 已知直线 AB 和点 C 的 V、H 投影，检验点 C 是否在 AB 上？在直线 AB 上找一点 D，使 $AD:DB=3:2$，并且求出直线 AB 上点 E 的其余两投影。

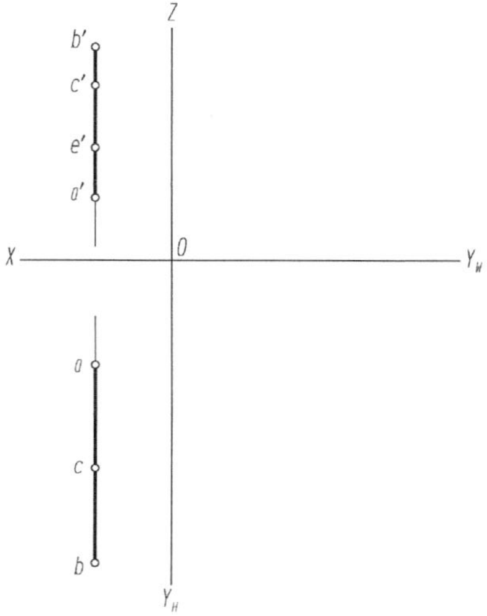

C 点（　　）AB 上

6. 判断两直线的相对位置。

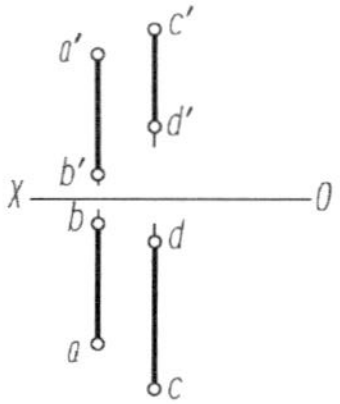

AB 与 CD______ 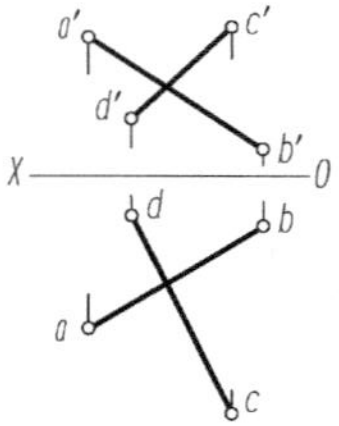　AB 与 CD______ 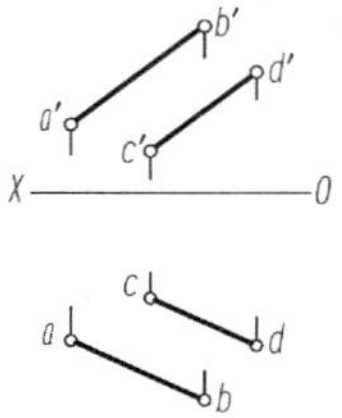　AB 与 CD______

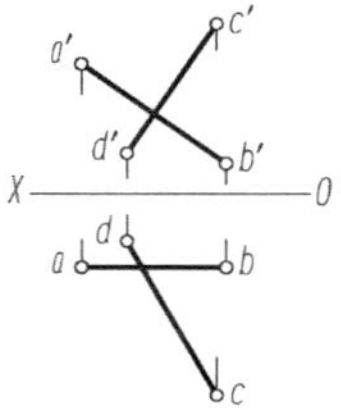

AB 与 CD______ 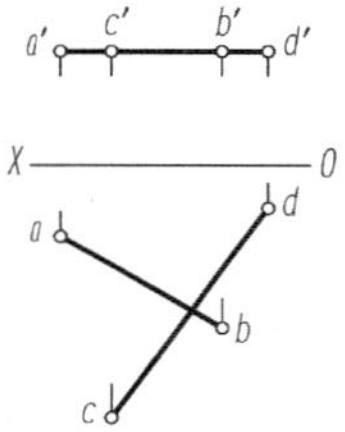　AB 与 CD______ 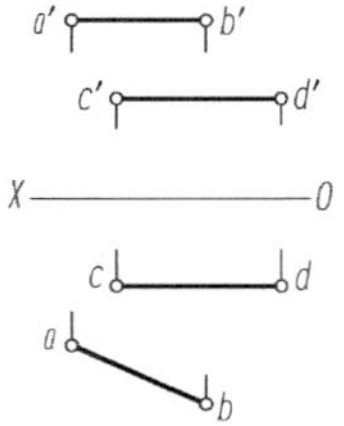　AB 与 CD______

2-4　根据下面各图的已知条件，作面的投影图。

1. 作出平面的第三投影，并判别各平面在投影体系中位置。

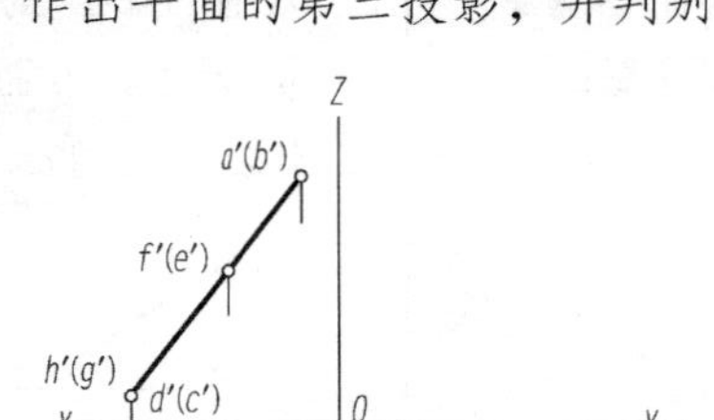
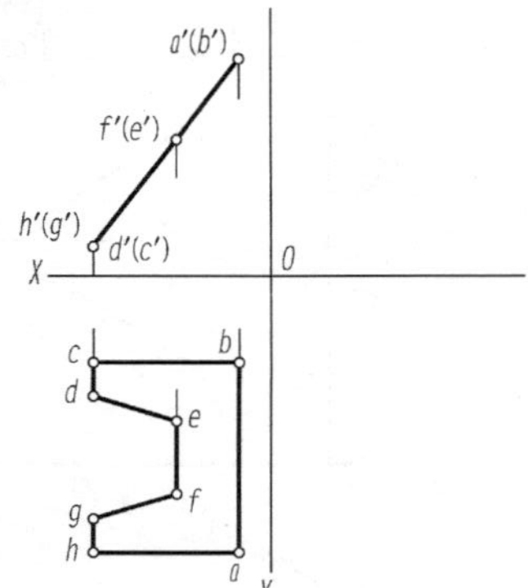

平面图形是＿＿＿＿＿面

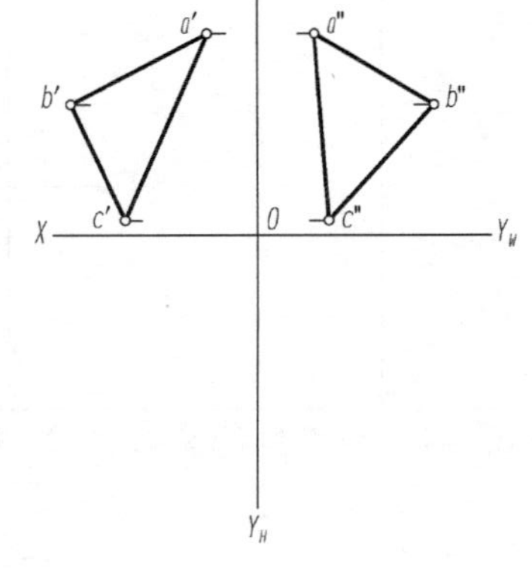
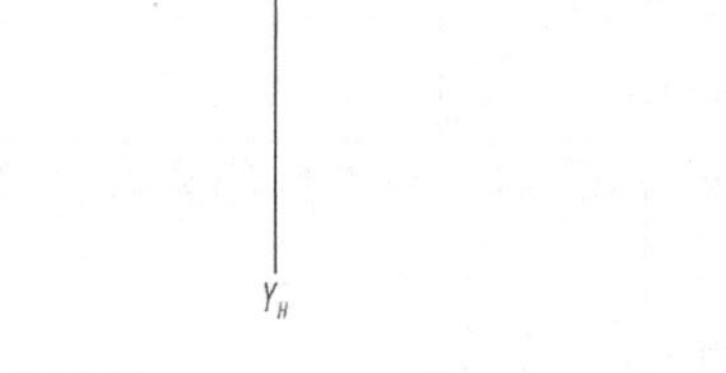

平面图形是＿＿＿＿＿面

2. 完成平面 *ABCDEFGH* 的正面投影。

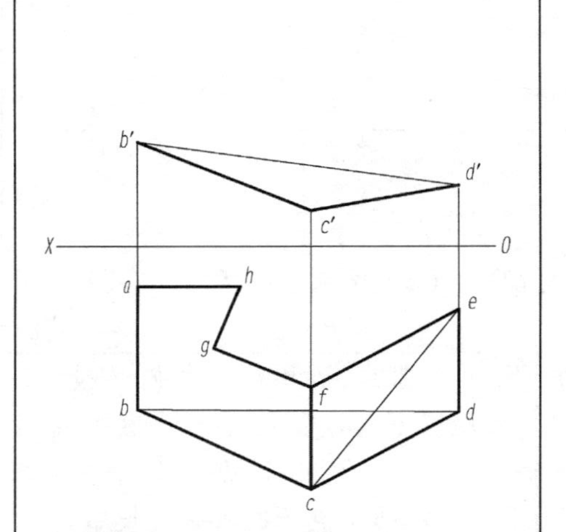

3. 补全平面图形的 *H* 面投影。

4. 在△*ABC* 上求一点 *D*，使点 *D* 比点 *A* 低 10mm、前 10mm。

5. 求平面上点 *D* 的 *H* 投影。

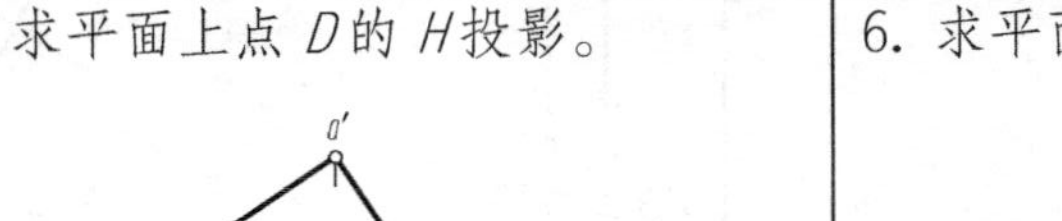

6. 求平面 *PQRS* 上△*ABC* 的 *H* 面投影。

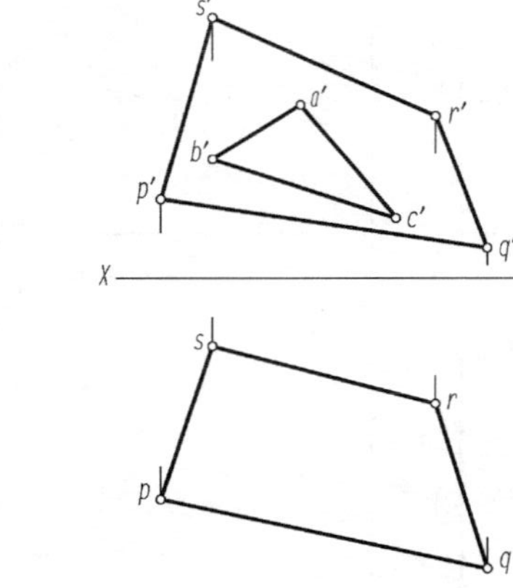

7. 求平面 *ABCD* 上四边形 *PQSR* 的 *V* 面投影。

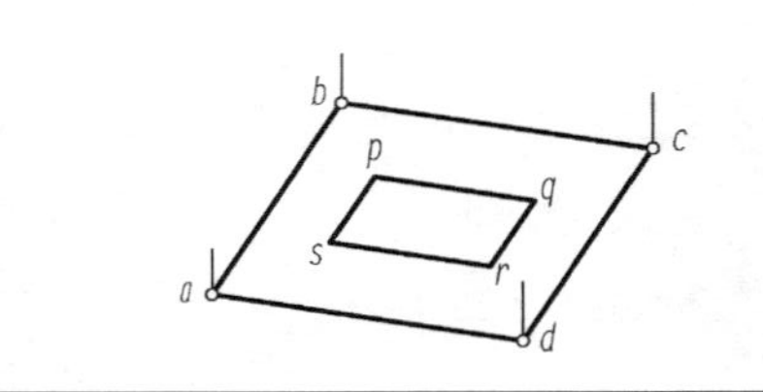

3-1　画出立体的第三面投影，并求出立体表面上点和线的其余两投影。

1.

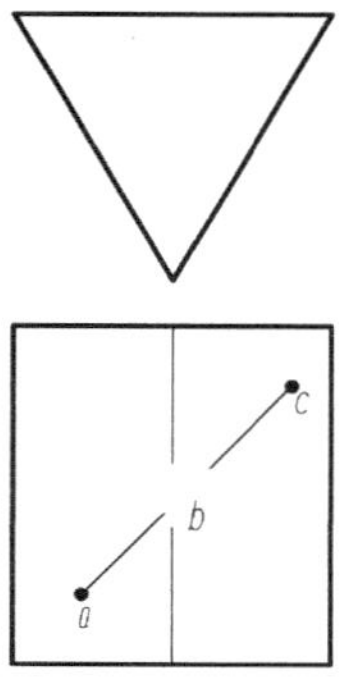

2.

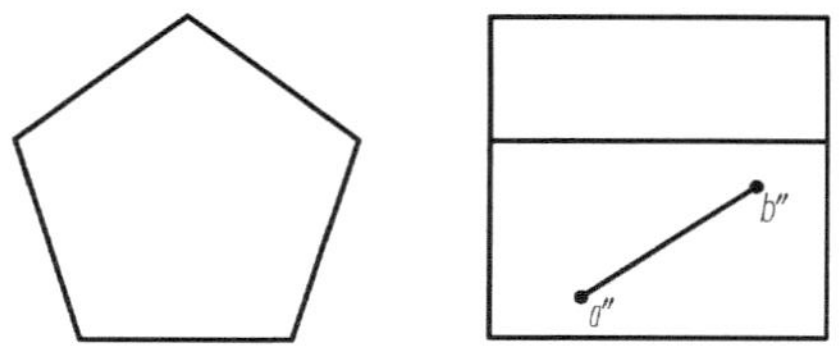

3.

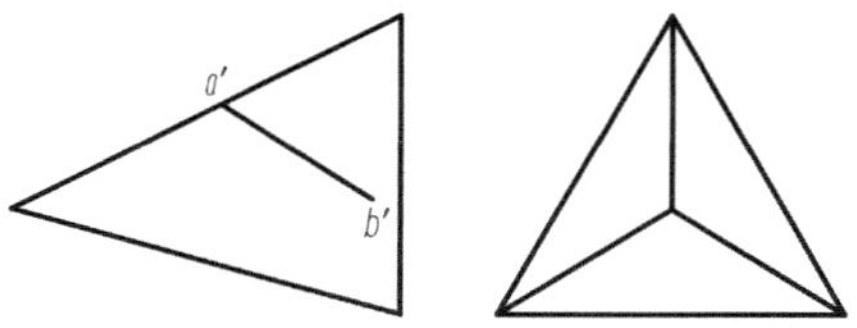

4.

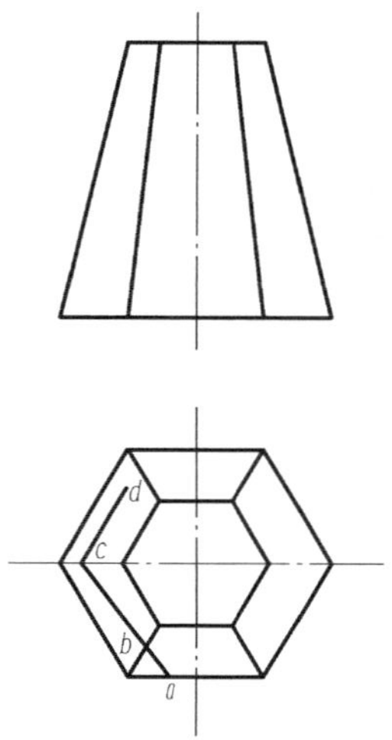

5.

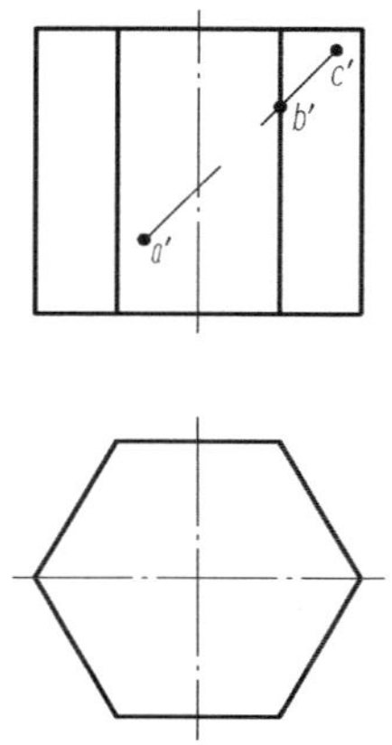

6.

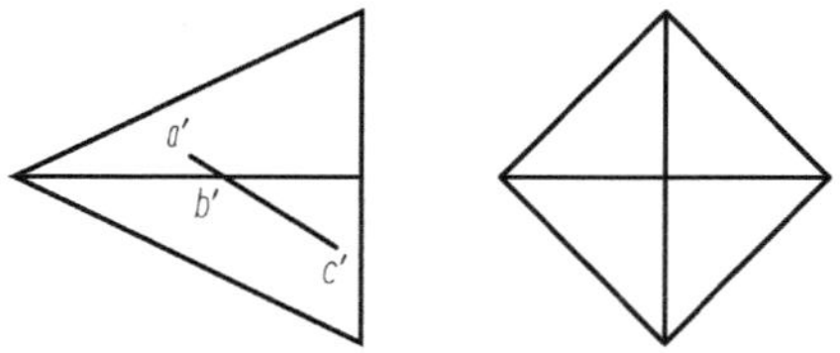

3-2　画出立体的第三面投影，并求出立体表面上点和线的其余两投影。

1.

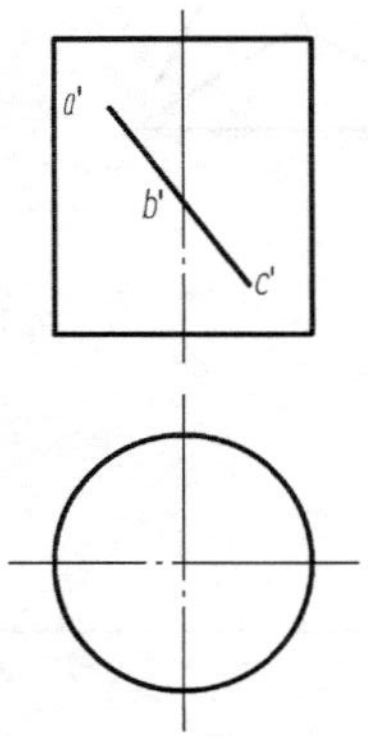

a' b' c'

2.

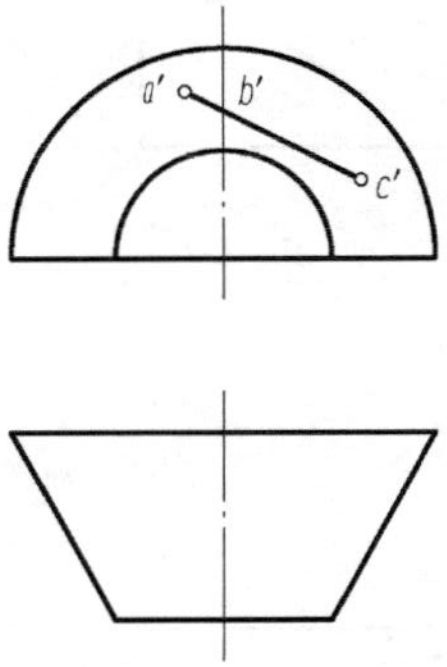

a' b' c'

3.

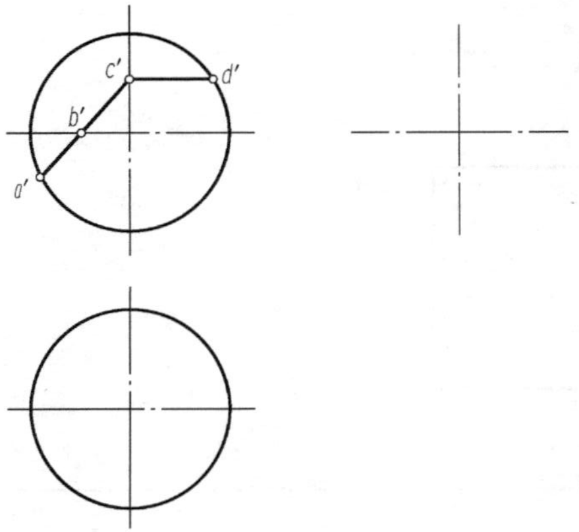

a' b' c' d'

4.

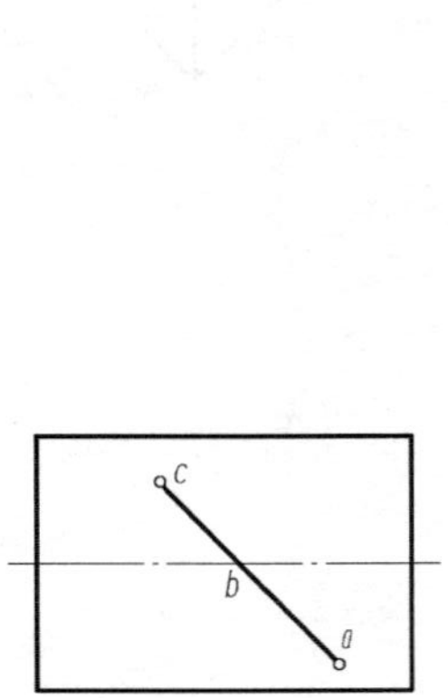

a b c

5.

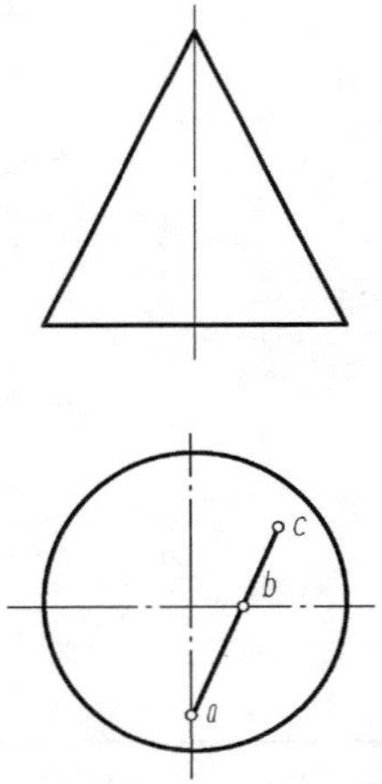

a b c

6.

a' b' c'

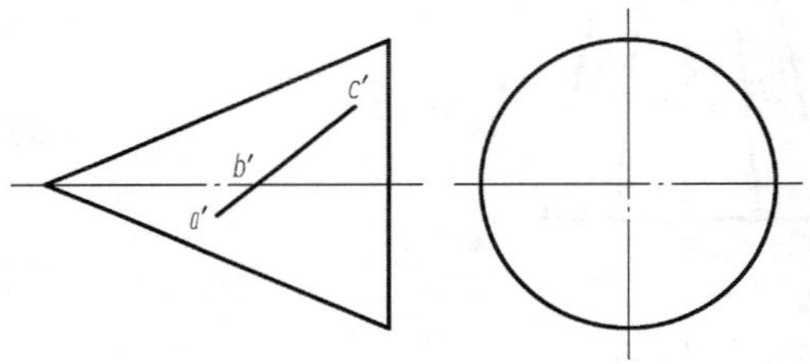

3-3　画出平面立体被平面切割后的其余两面投影。

1.	2.	3.
4.	5.	6.

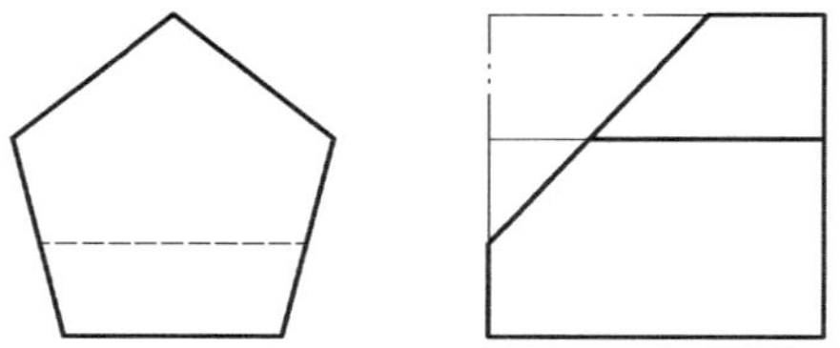

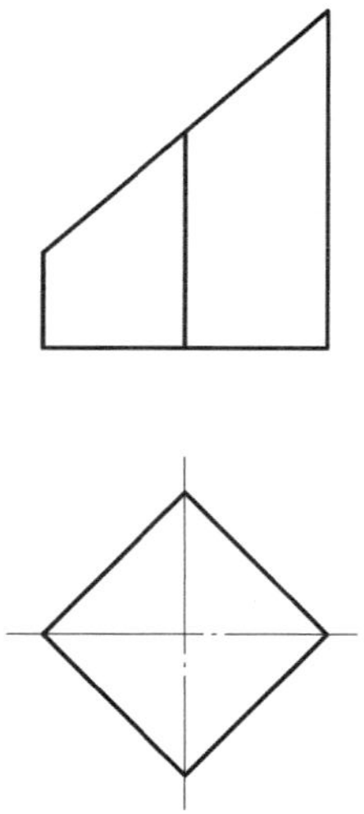

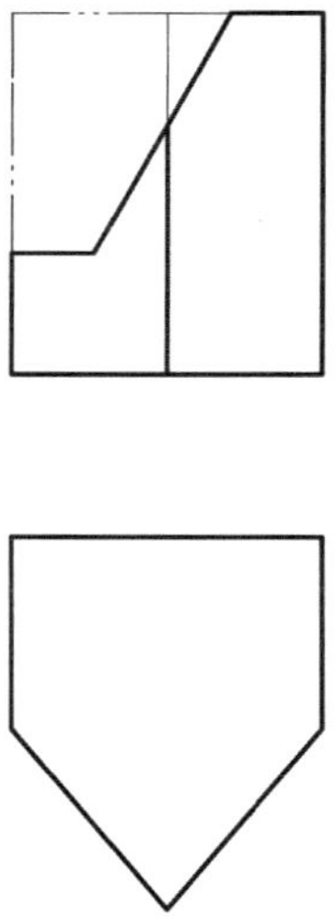

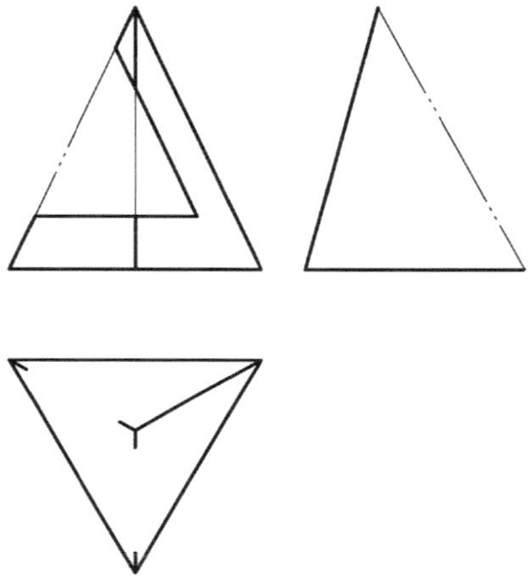

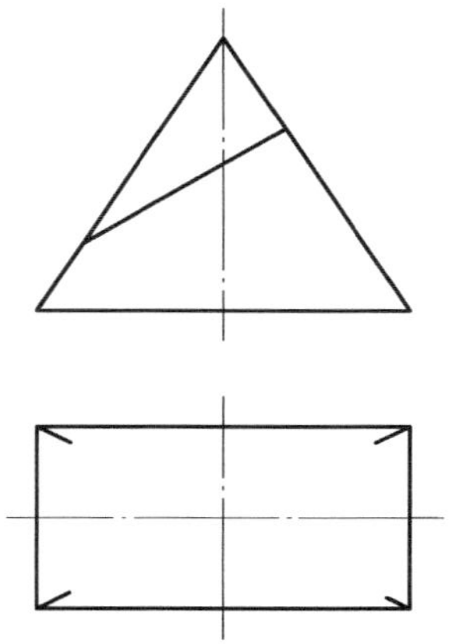

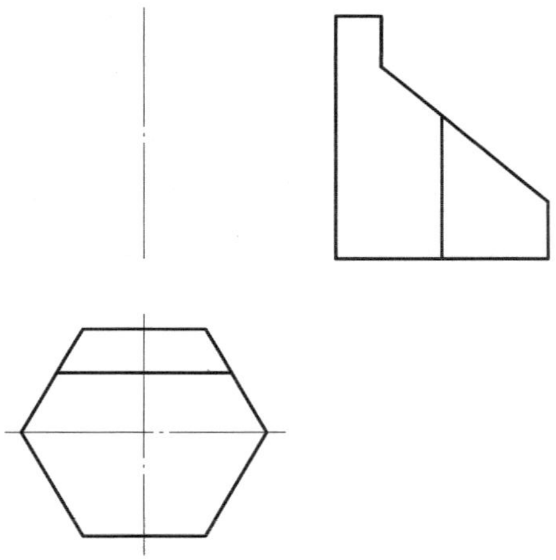

3-4　画出曲面立体切割后的其余两面投影。

1.

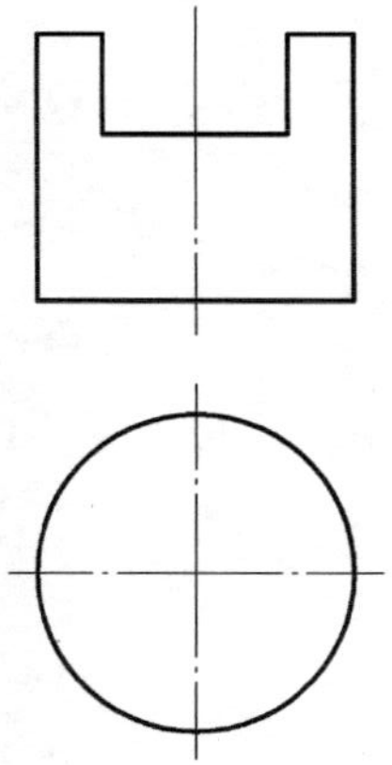

2.

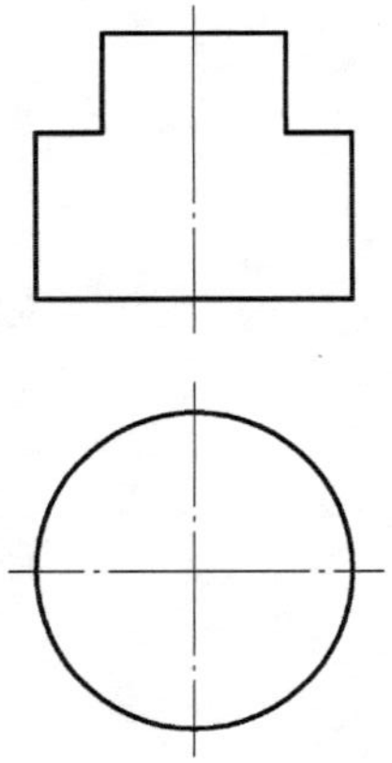

3.

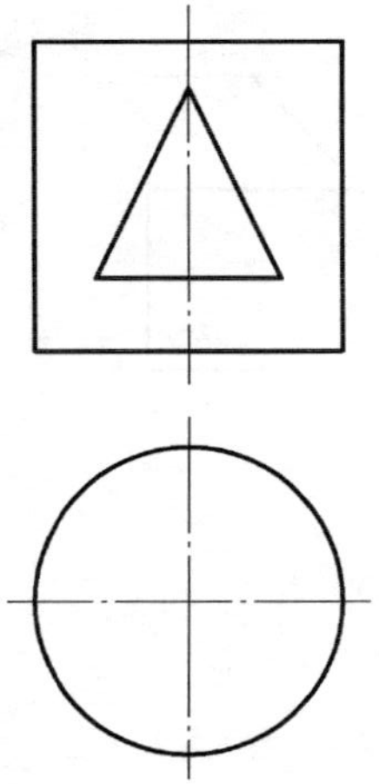

4.

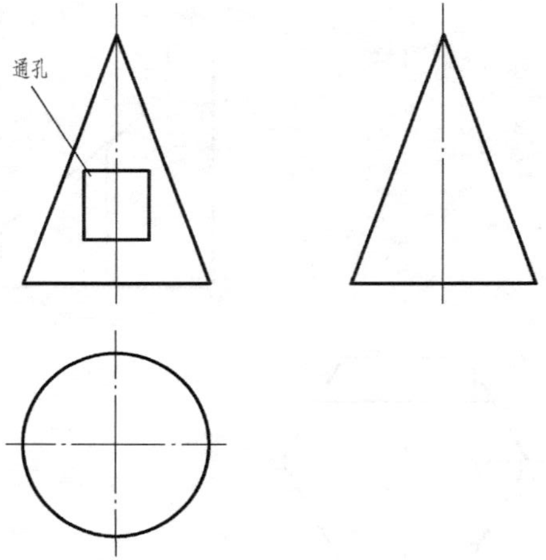

通孔

5.

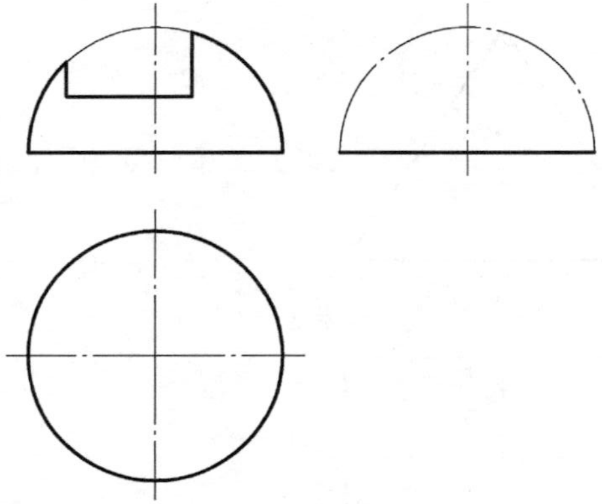

6.

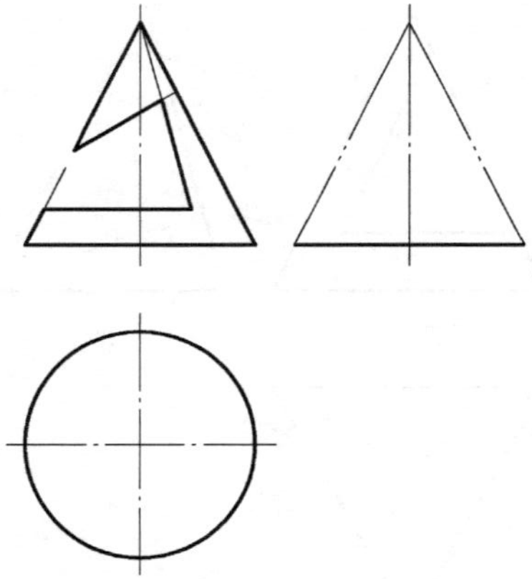

3-5　分析相交的两立体，画出相贯线，并补全形体的投影图。

1.

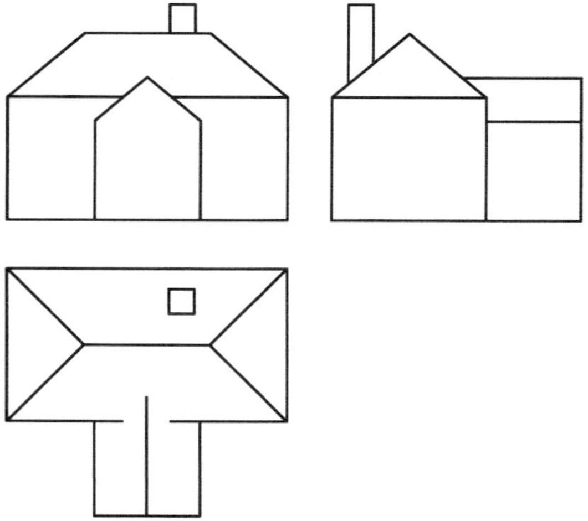

2.

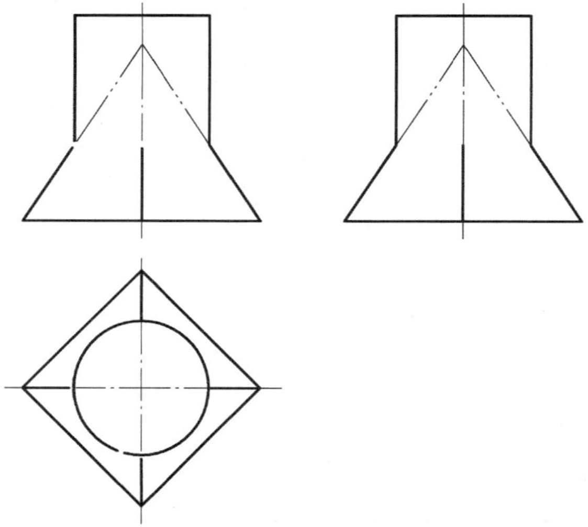

3.

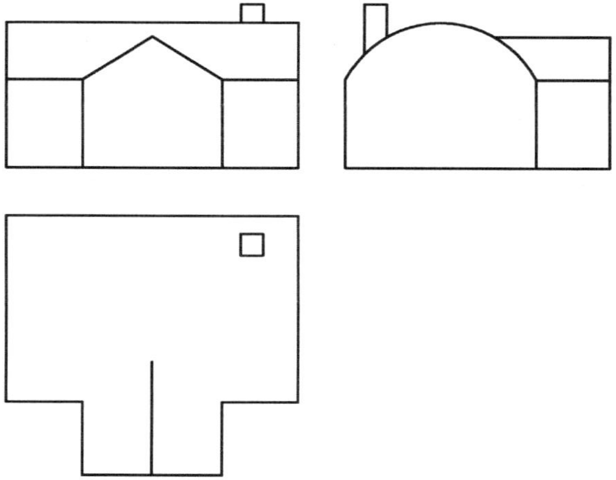

4.

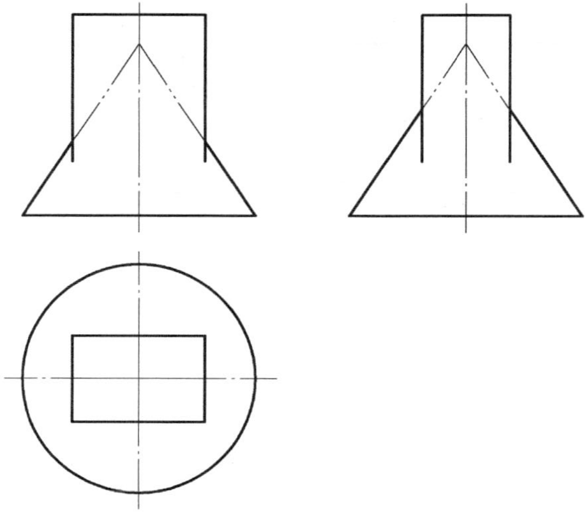

3-6　相贯：根据所给视图，分析立体与立体相交后的形状，补全视图中所缺的线条。

1.

2.

3.

4.

3-7　根据所给视图，画出相贯线并补全立体的三面投影图。

1.

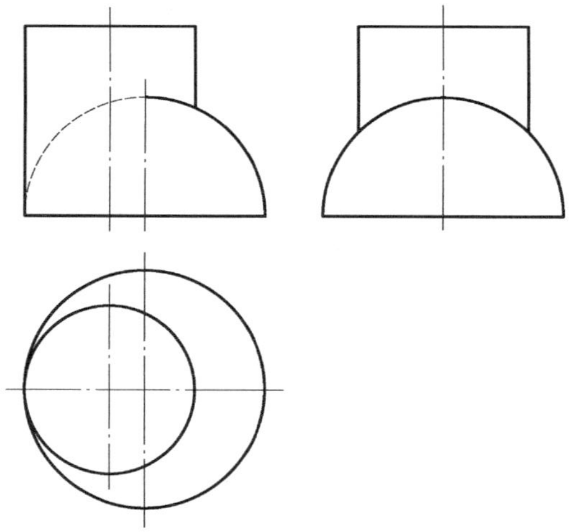

2.

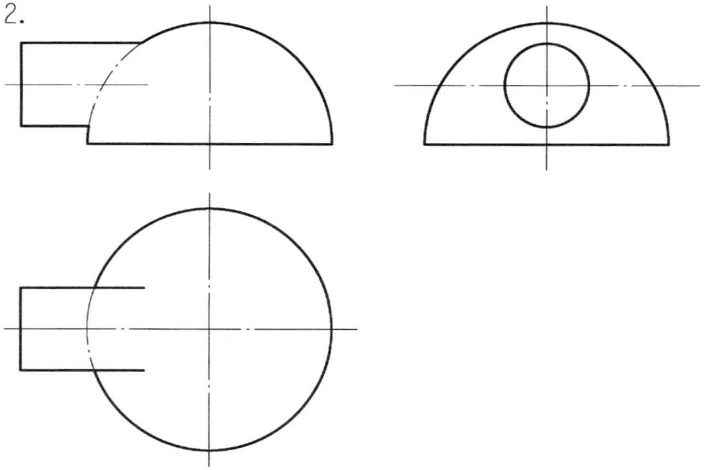

3.

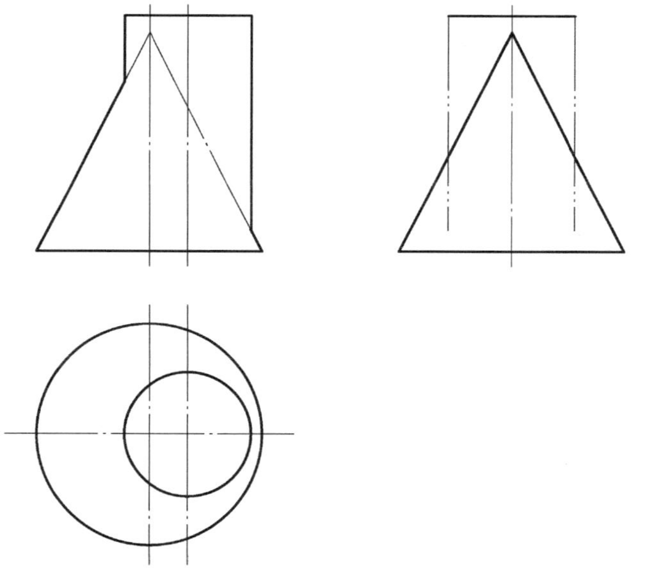

4.

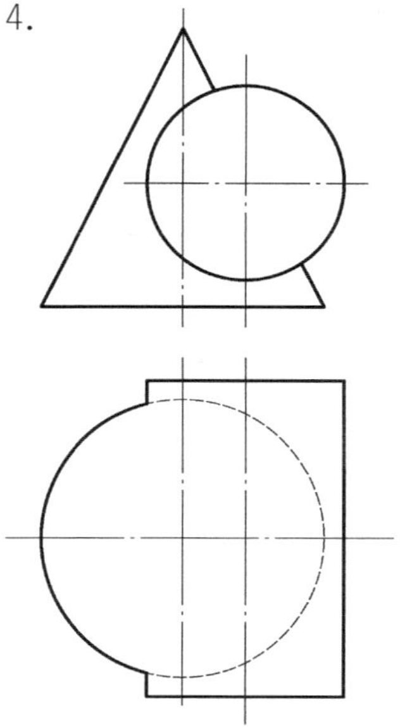

3-8　用简化画法画出下图的相贯线。

1.

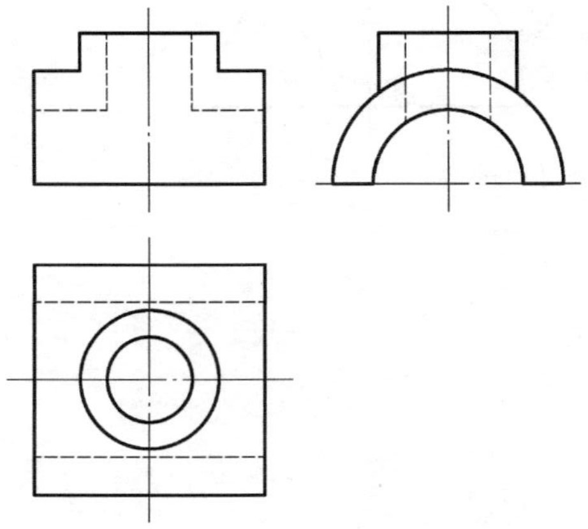

2.

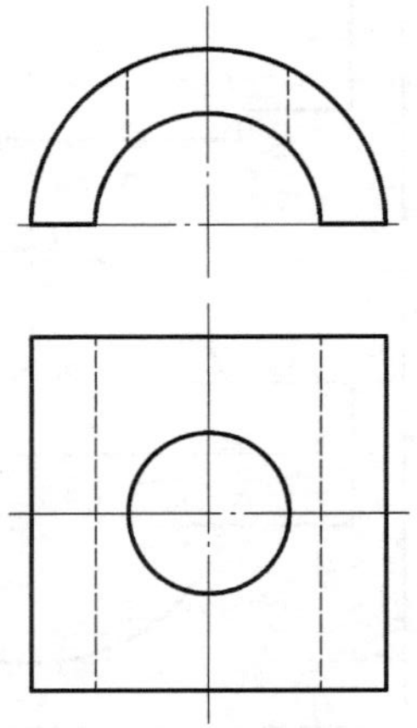

3.

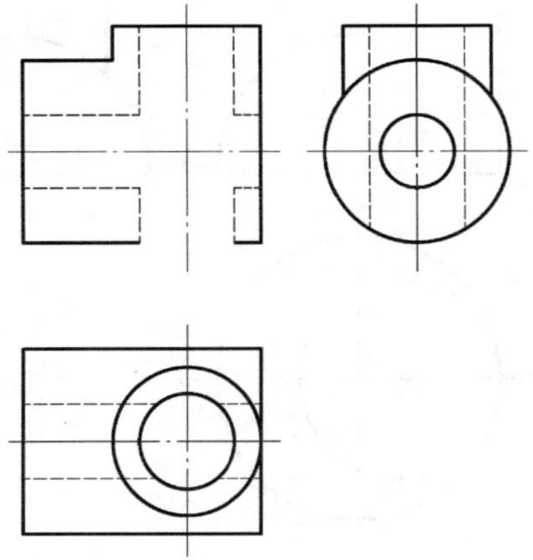

3-9　画出下图特殊情况的相贯线。

1.

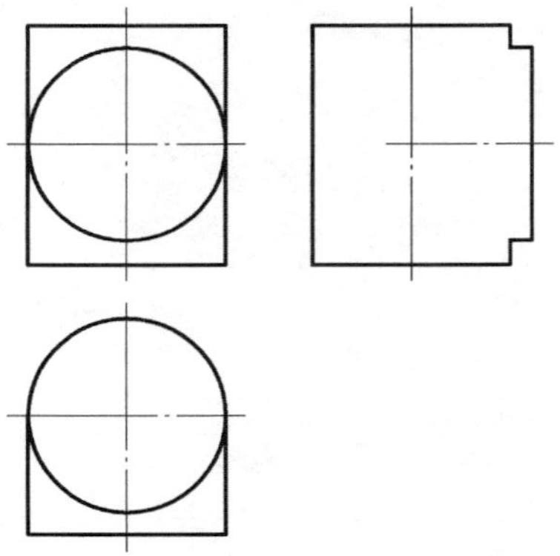

2.

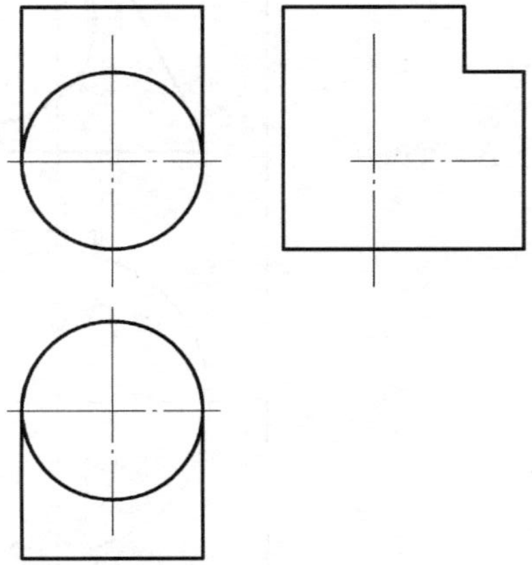

3.

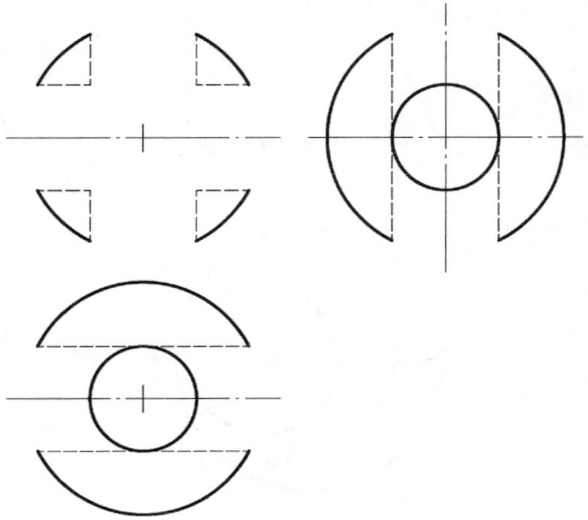

4-1　根据组合体的轴测图及其所标注的尺寸，画组合体的视图。

1.

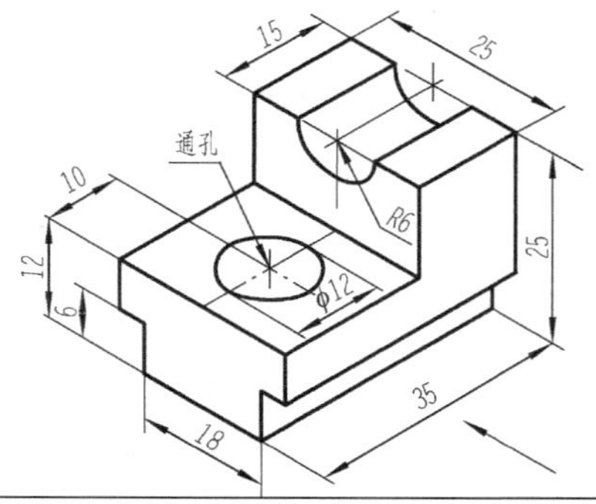

2.

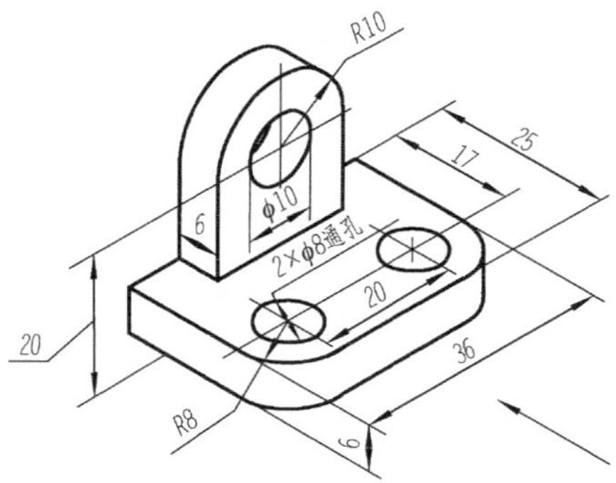

3.

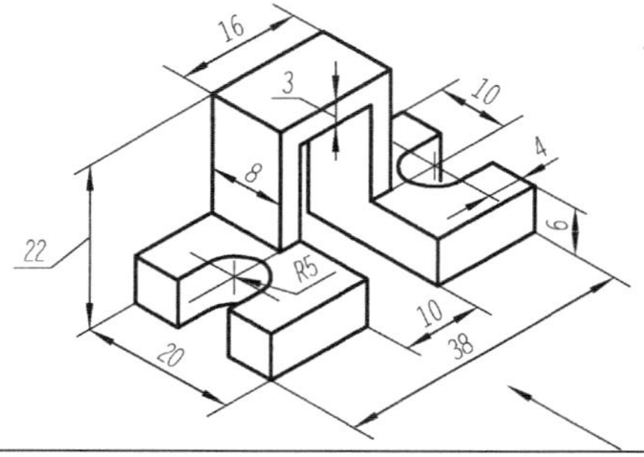

4.

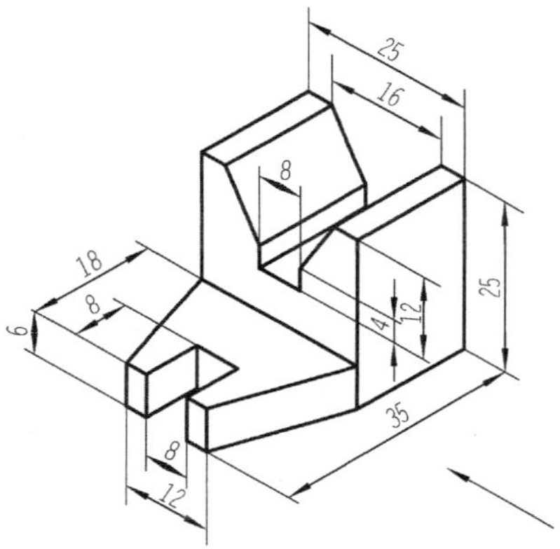

4-2　根据轴测图补全视图中所缺的图线。

1.

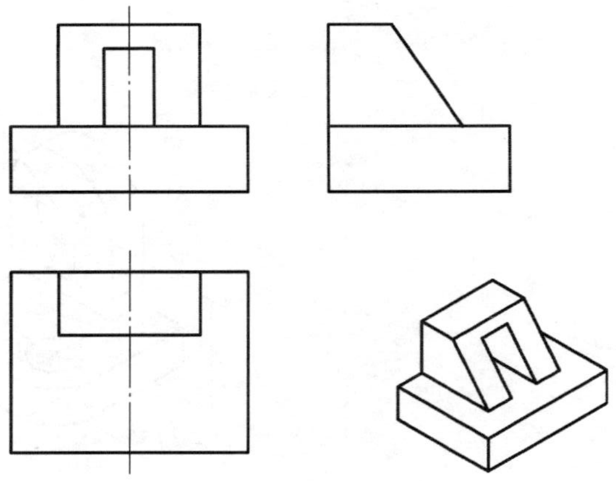

2.

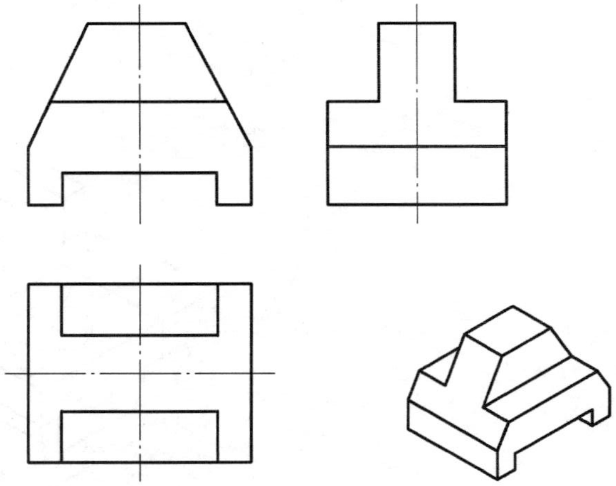

3.

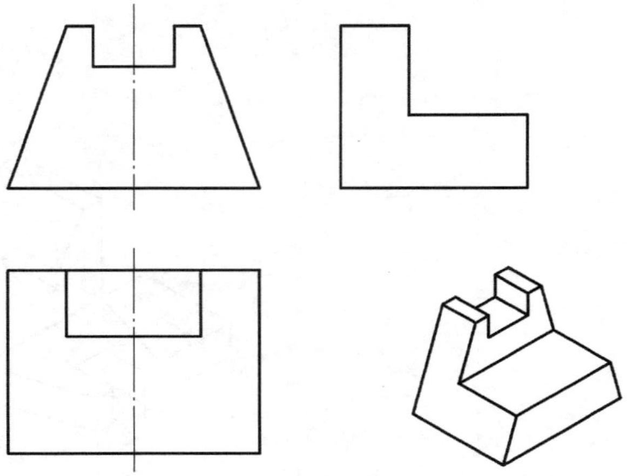

4.

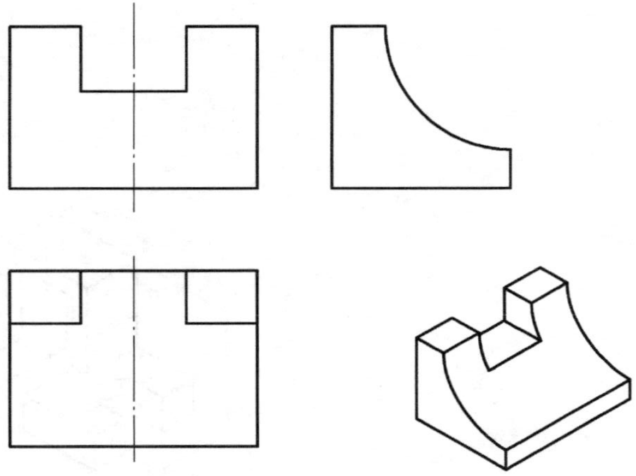

4-3　根据组合体两视图，补画第三视图。

1.

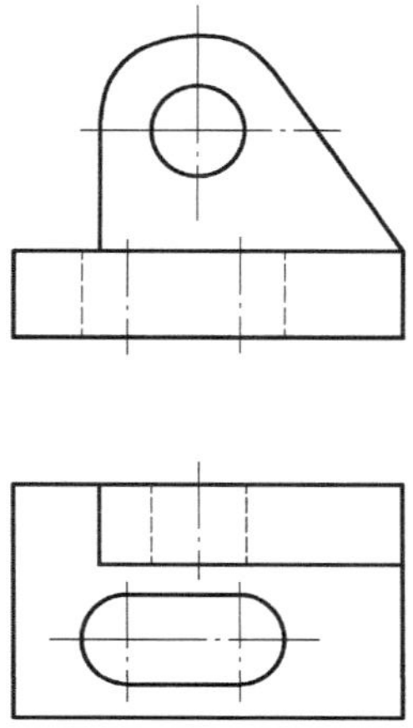

2.

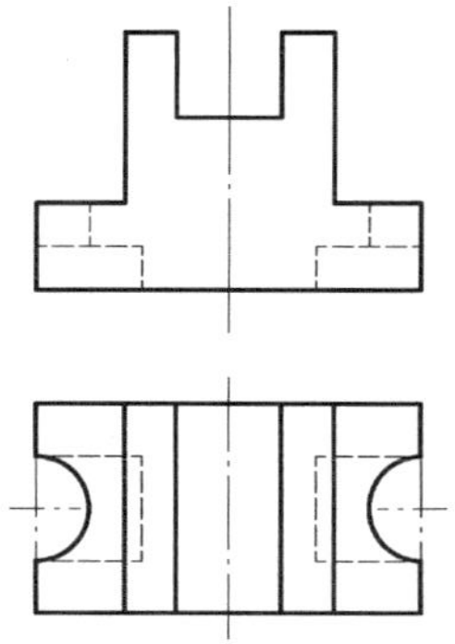

3.

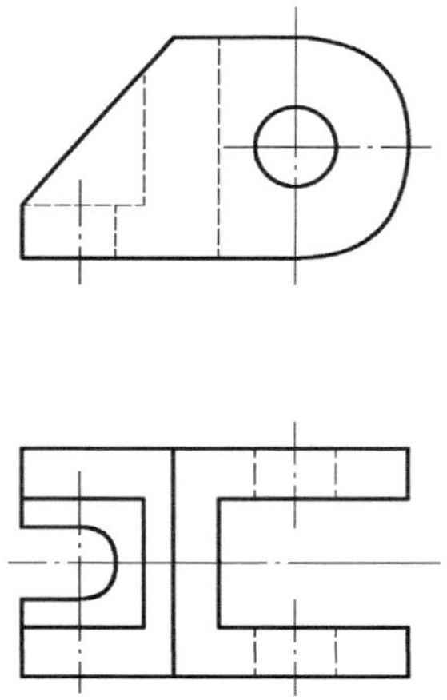

4.

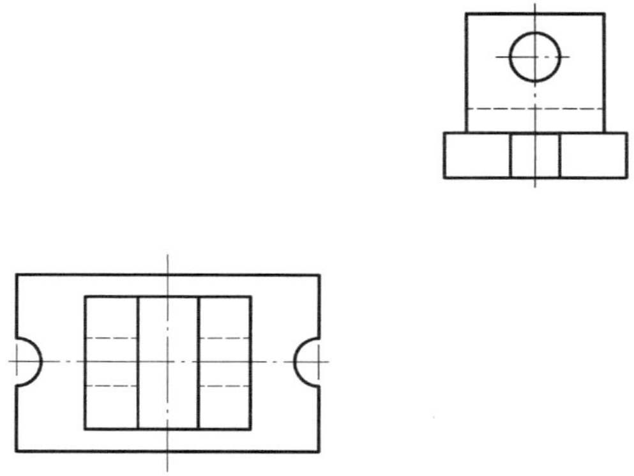

5.

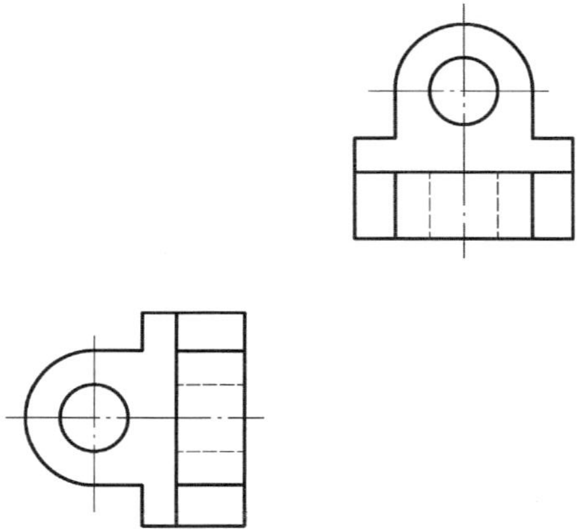

6.

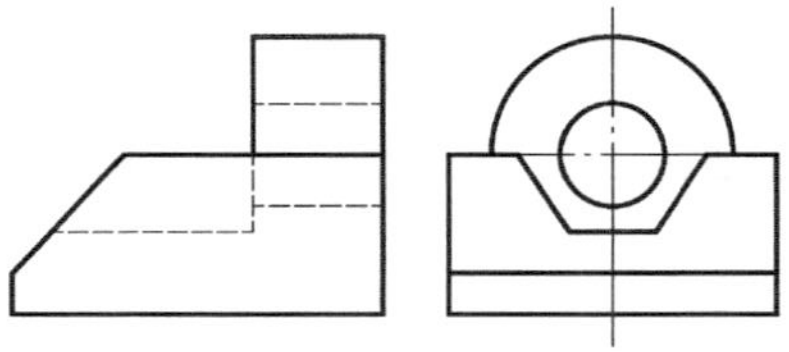

4-4　根据组合体两视图，补画第三视图。

1.

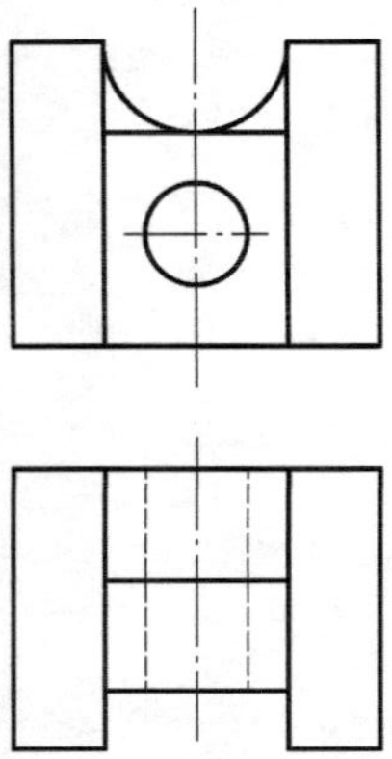

2.

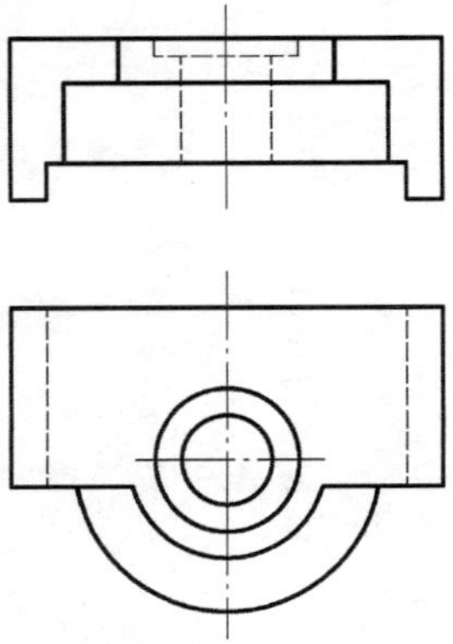

3.

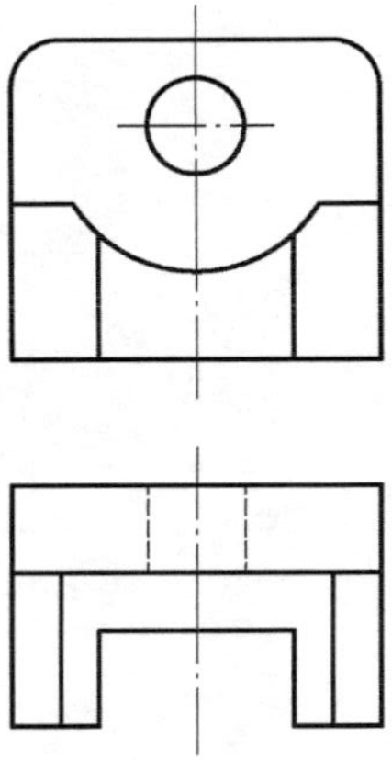

4.

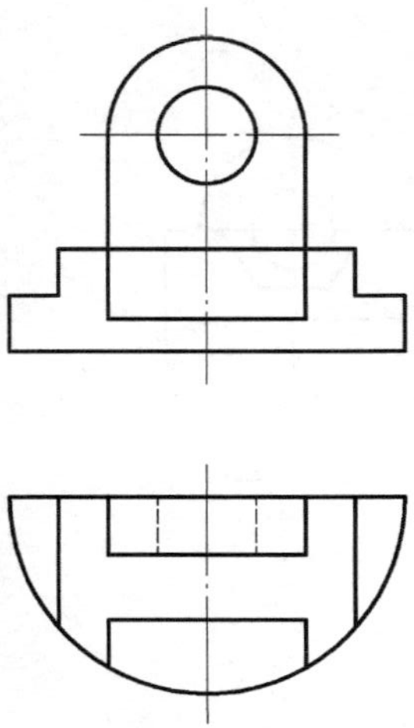

5.

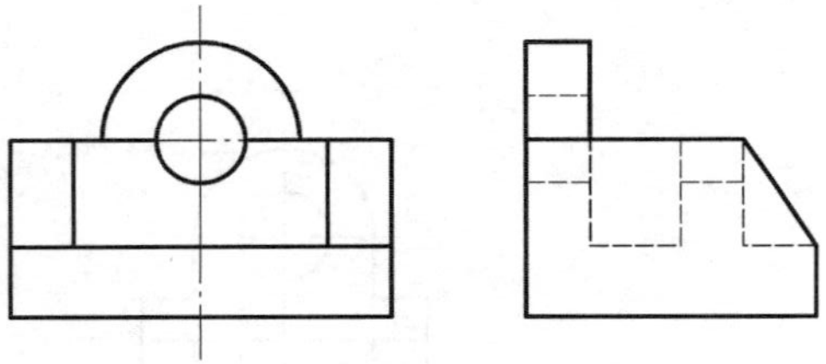

6.

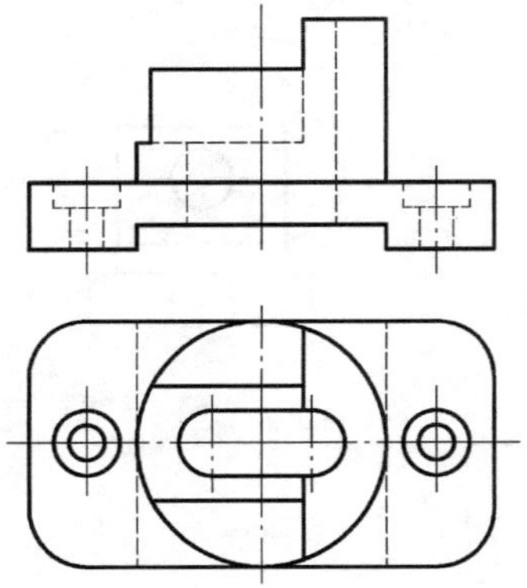

4-5　根据组合体两视图，补画第三视图。

1.

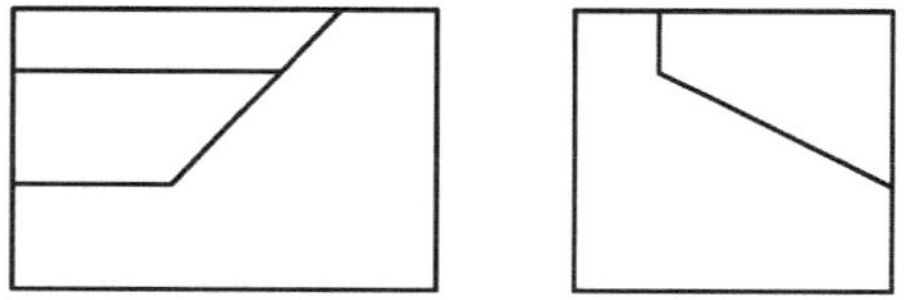

2.

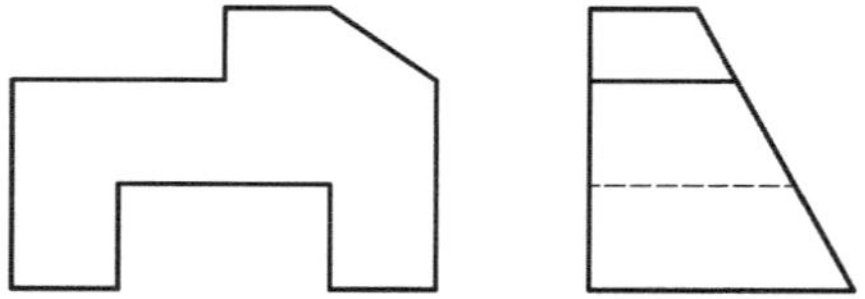

3.

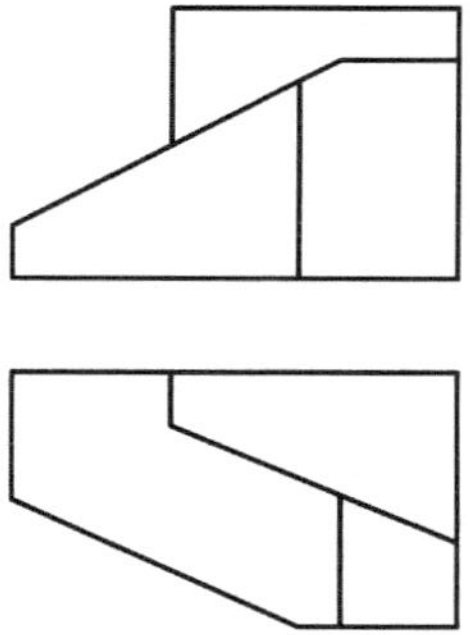

4.

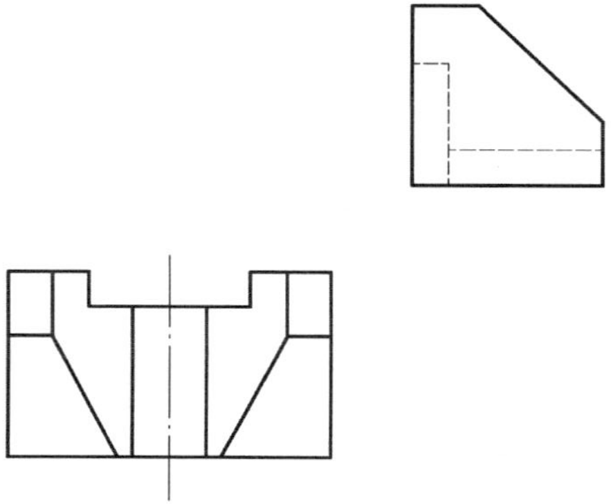

5.

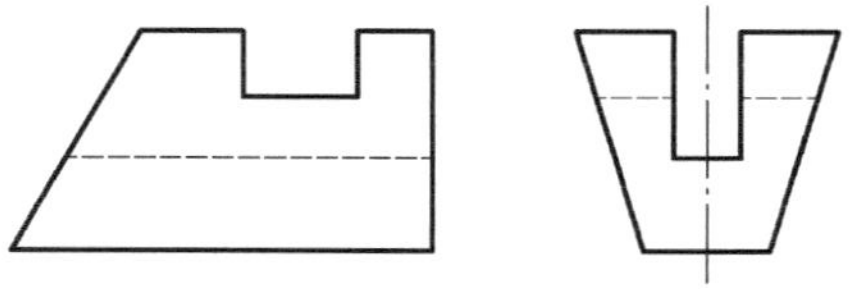

6.

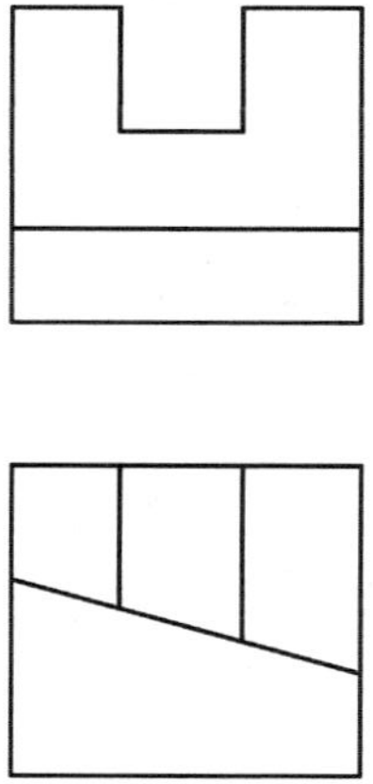

4-6　标注下列组合体尺寸，尺寸从图中量取。

1.

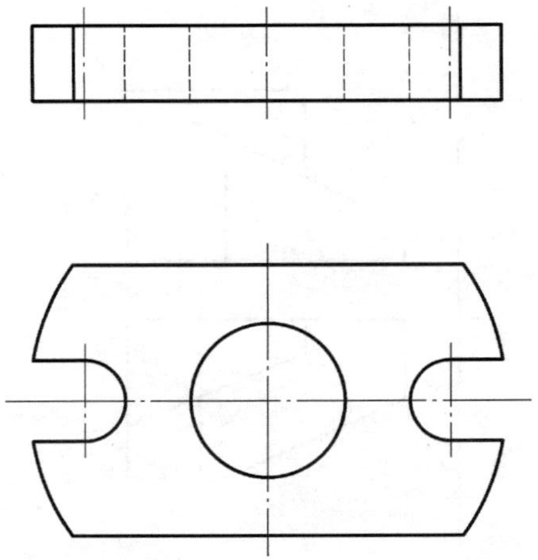

2.

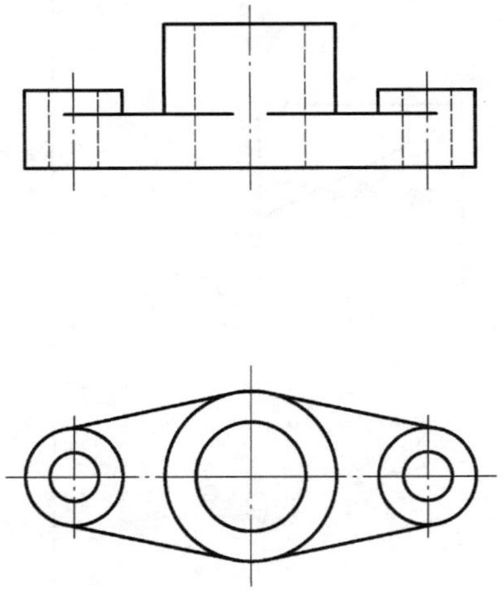

3.

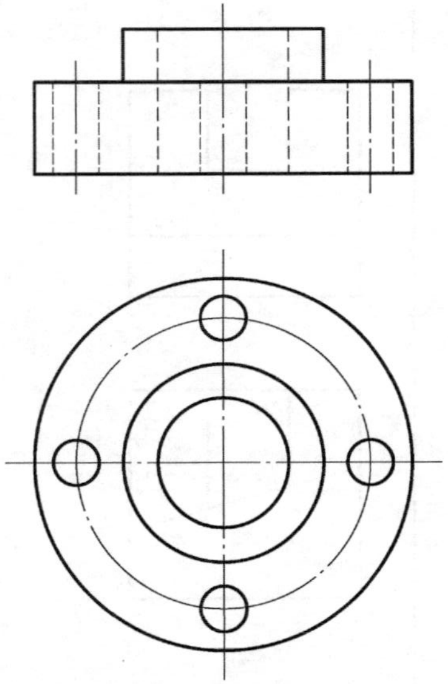

4.

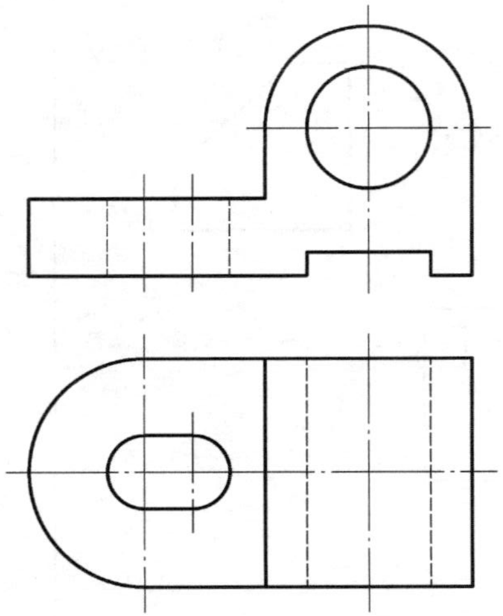

4-7　根据组合体的轴测图及其所标注的尺寸，画组合体的视图。

作业指导

第二次作业：

一、目的

掌握三视图的正确方法。

二、要求

1. 图纸：A3（420×297）号图幅；
2. 比例：2∶1 比例；
3. 图线：粗线、细线、点画线线型正确；
4. 字体：图名、校名用 10 号字，其余用 5 号字，字体工整仔细认真。

三、绘图步骤

1. 做好准备工作；
2. 先轻画中心线；
3. 用 2H 和 H 铅笔画底图；
4. 画已知线段和圆弧；
5. 画中间线段和圆弧；
6. 画连接线段和圆弧；
7. 检查，用 2B 或 B 铅笔加深底稿；
8. 标注尺寸。

四、完成内容

四个任选一个。

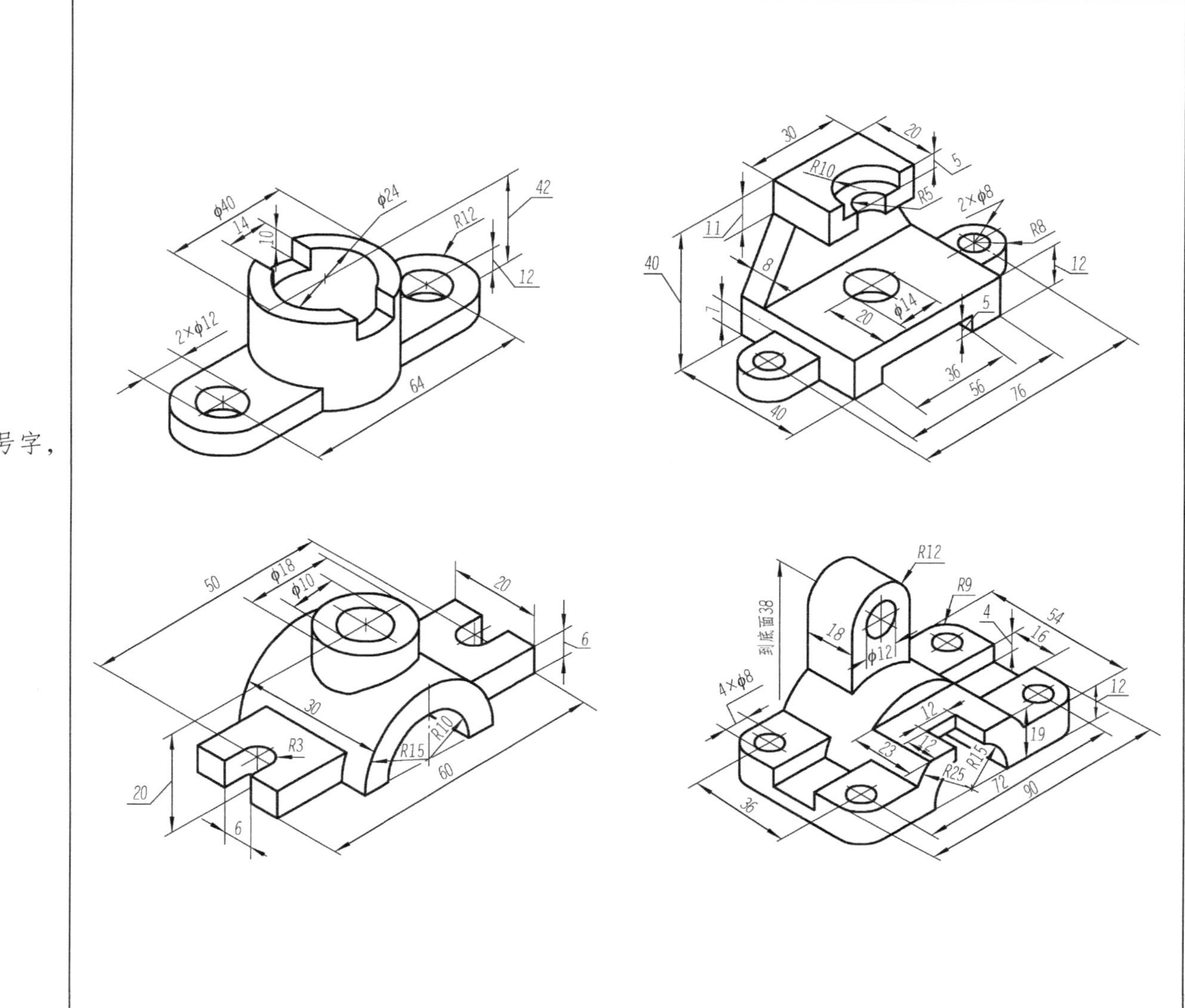

5-1　根据视图画正等轴测图。

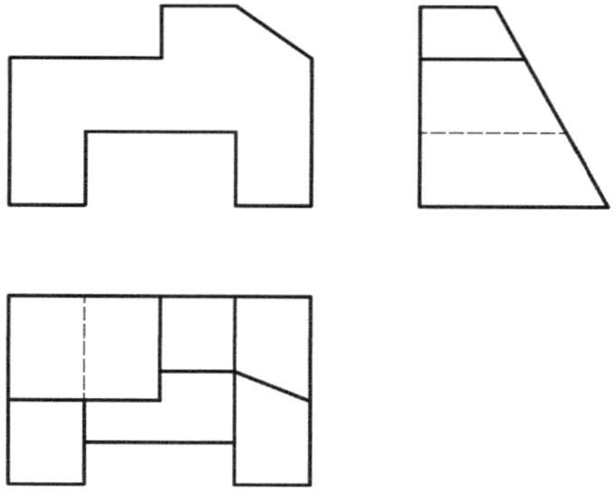

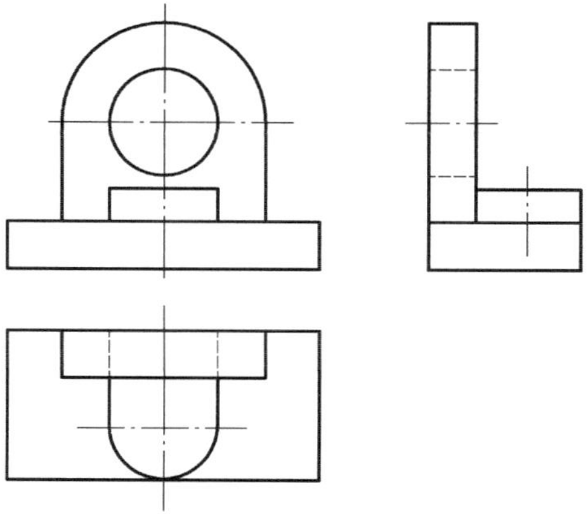

5-2　根据视图画斜二等轴测图。

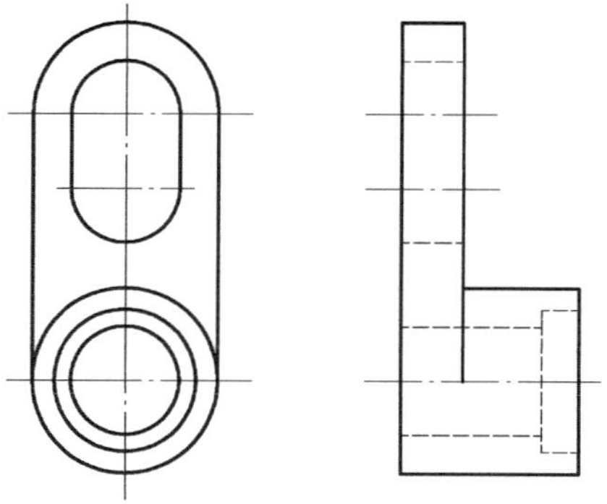

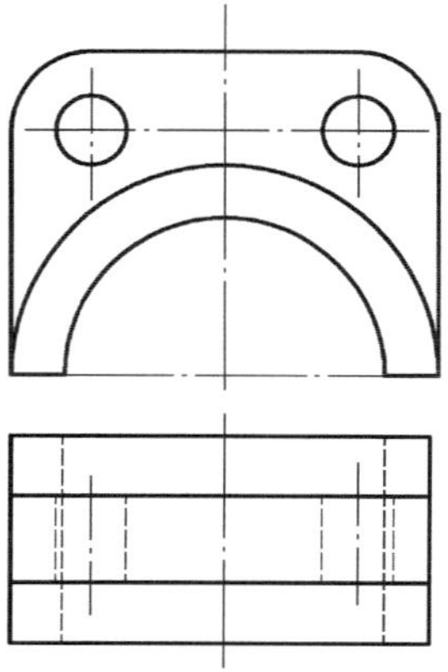

6-1　画出机件的其他基本视图。

6-2　画出 *A* 斜视图。

6-3　画出 *A* 局部视图。

6-4　在指定位置作 *A* 局部视图和 *B* 斜视图。

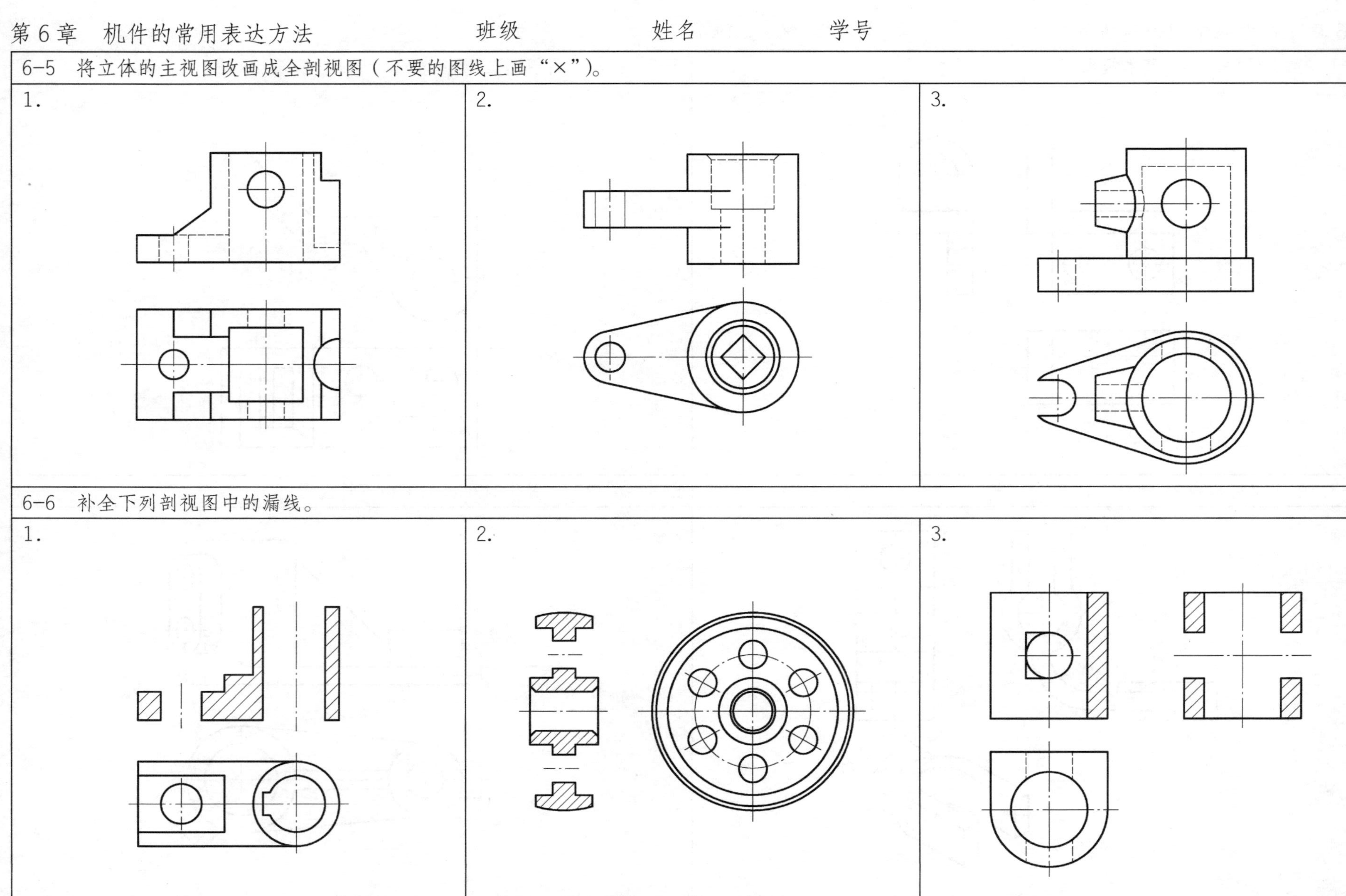
6-5　将立体的主视图改画成全剖视图（不要的图线上画“×”）。
1.
2.
3.
6-6　补全下列剖视图中的漏线。
1.
2.
3.

6-7　在指定位置将主视图画出全剖视图，左视图画成半剖视图。

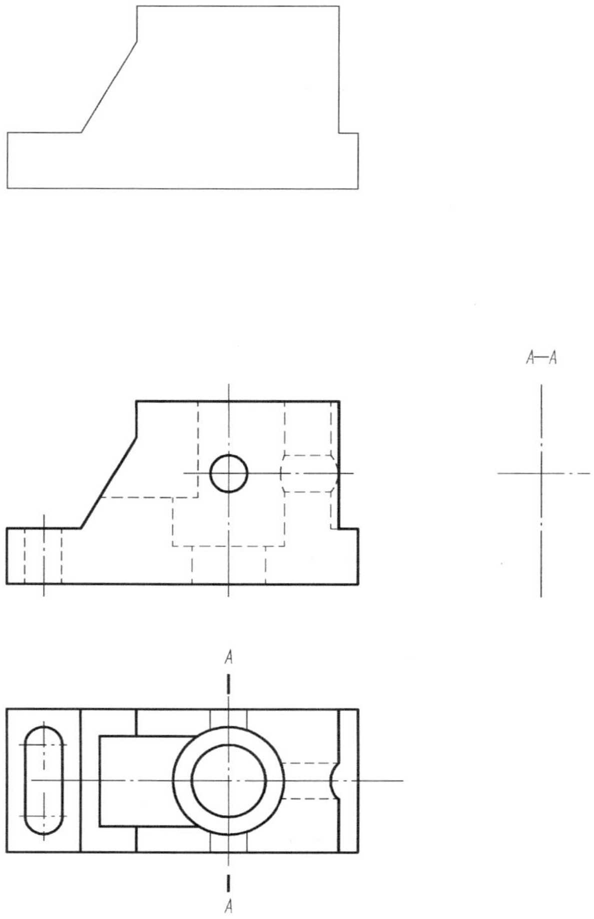

6-8　在指定位置将主视图改画成半剖视图，左视图画成全剖视图。

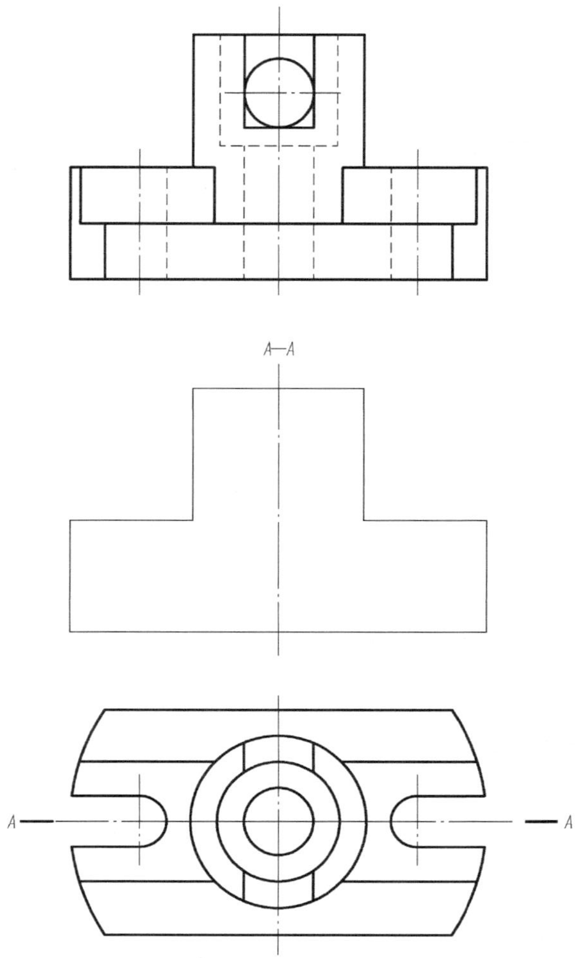

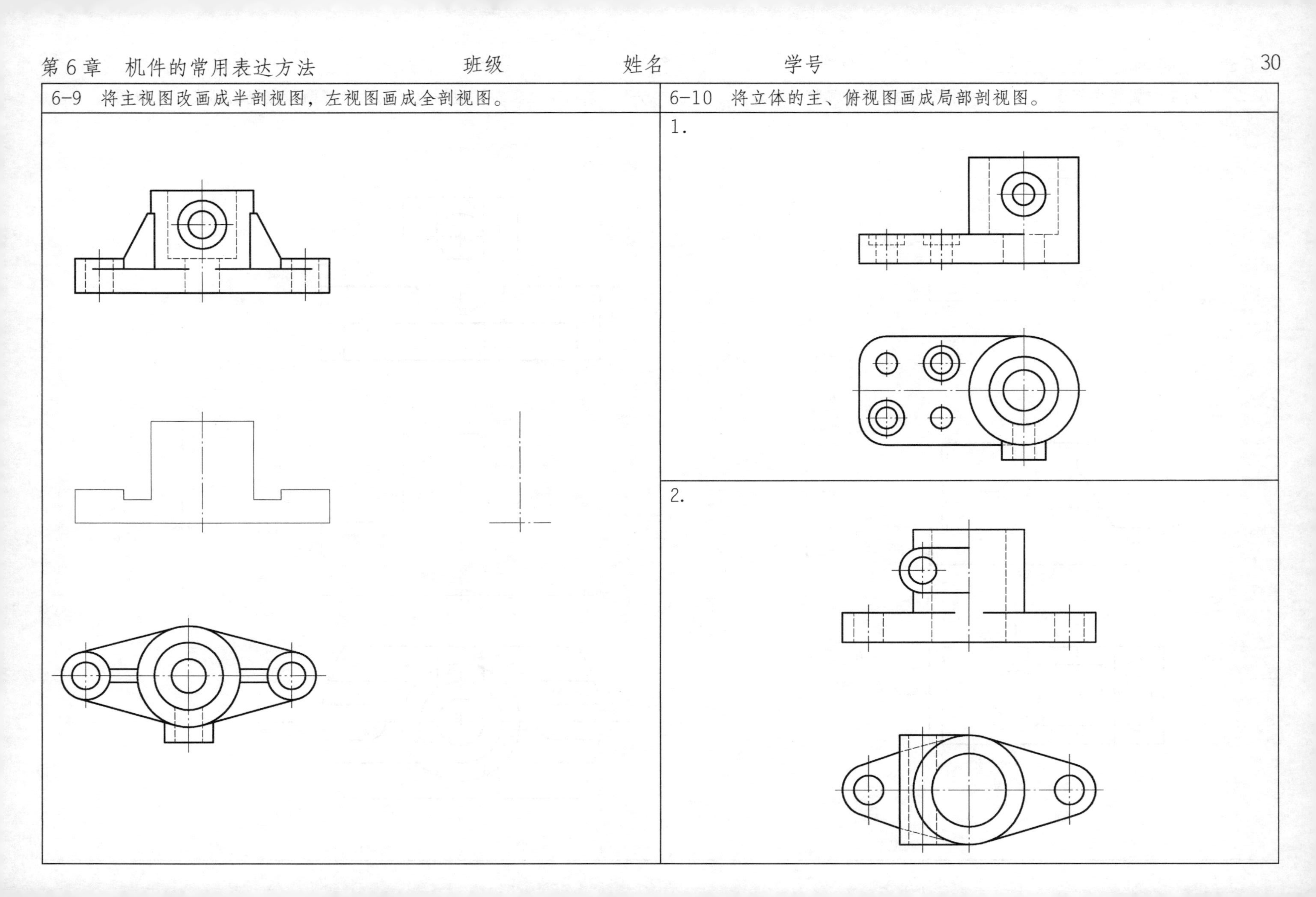

6-9　将主视图改画成半剖视图，左视图画成全剖视图。

6-10　将立体的主、俯视图画成局部剖视图。

1.

2.

6-11　将主视图改作旋转剖。

1.

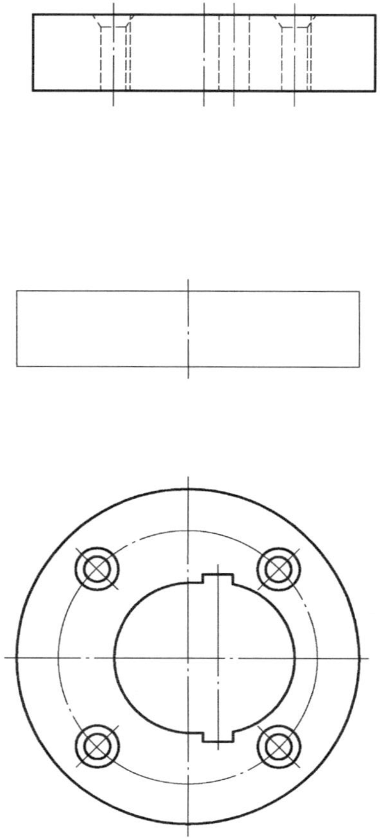

2.

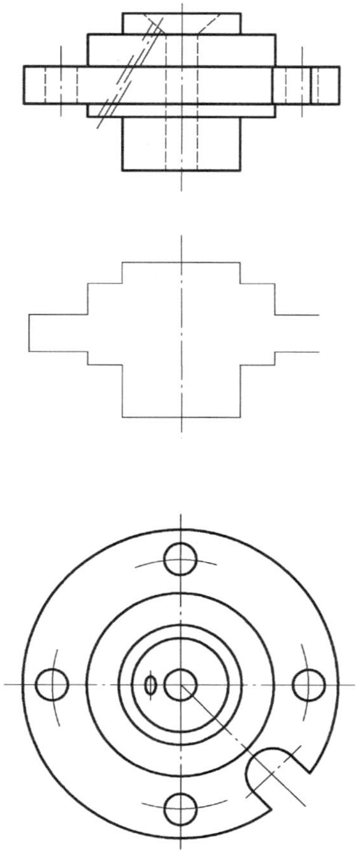

3.

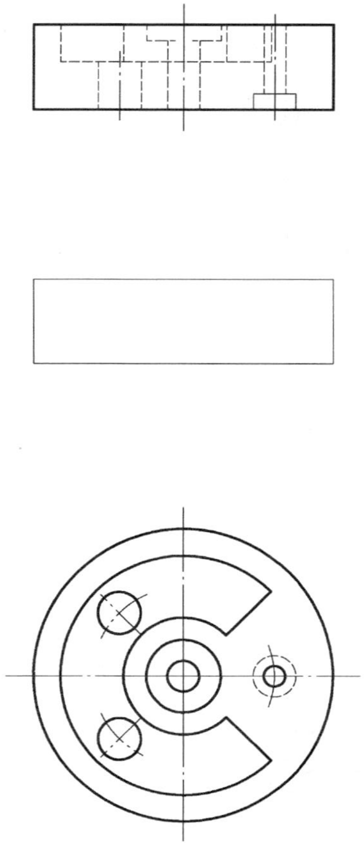

4.

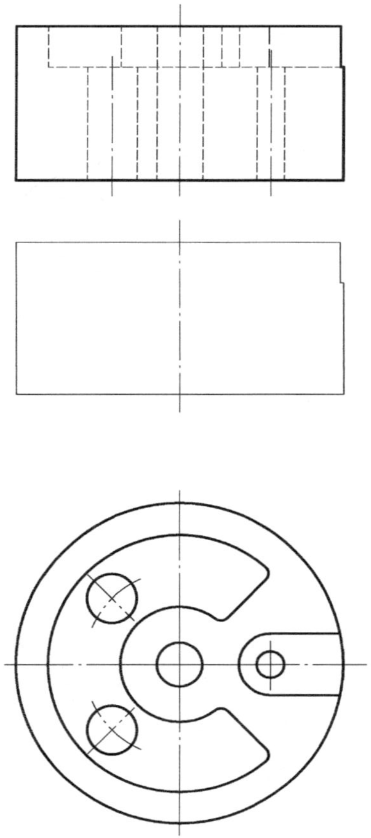

6-12　将主视图画成阶梯剖。

1.

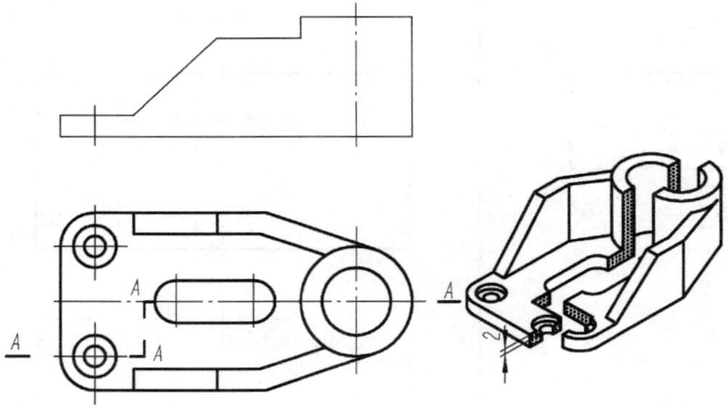

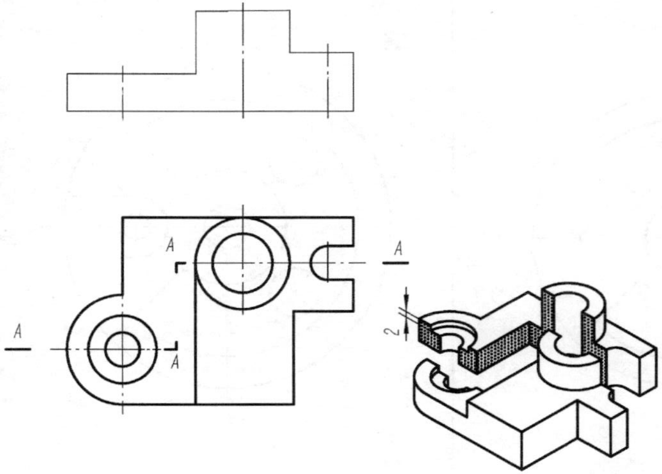

2.

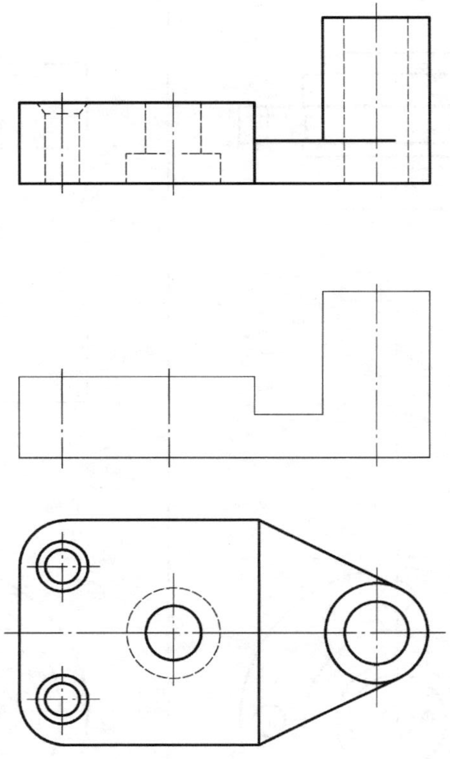

3.

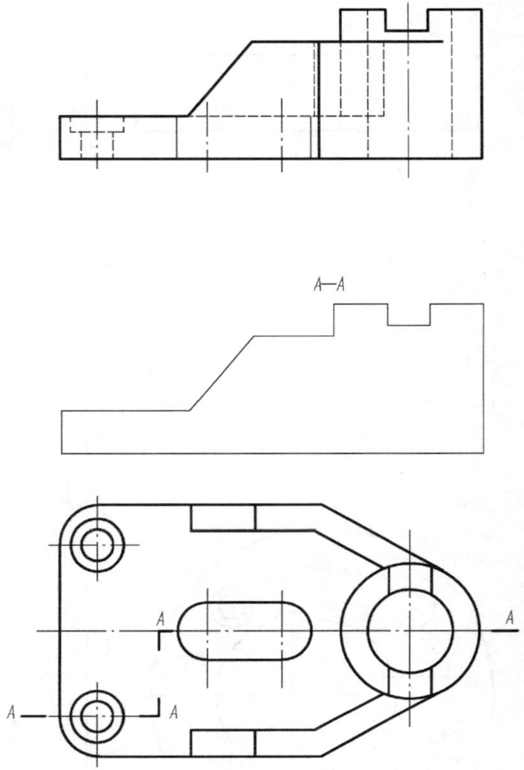

A—A

6-13　在图示剖切位置上画出重合断面图。

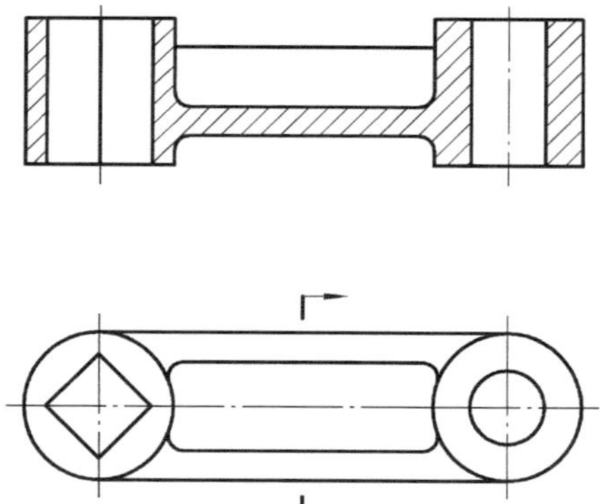

6-14　在指定位置画出轴上小孔及键槽的移出断面图。

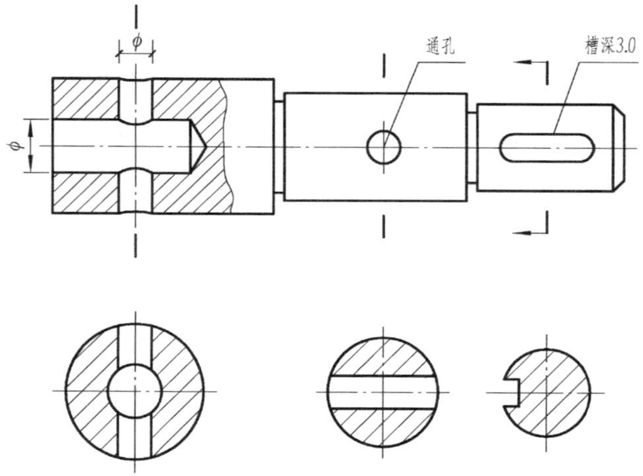

6-15　按简化画法和规定画法将立体的主视图画成全剖视图。

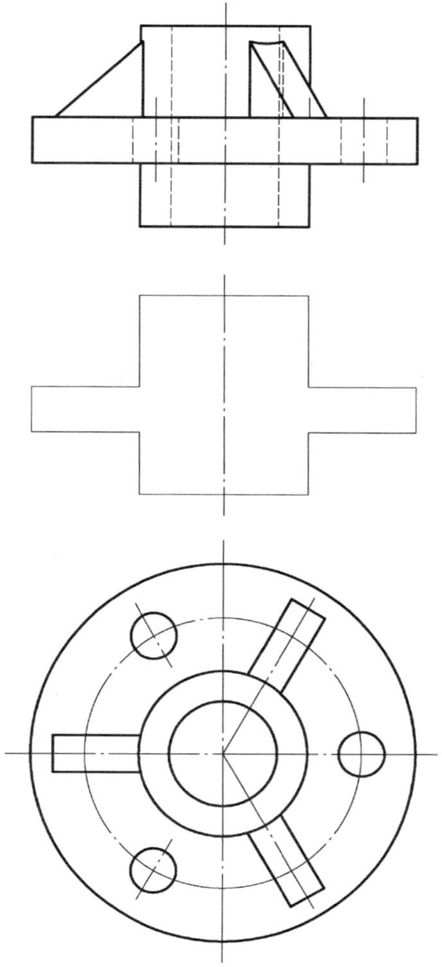

作业指导

第三次作业：

一、目的

熟悉机件的常用表达方法的正确方法。

二、要求

1. 图纸：A3（420×297）号图幅；
2. 比例：按 1：1 比例；
3. 图线：粗线、细线、点画线线型正确；
4. 字体：图名、校名用 10 号字，其余用 5 号字，字体工整仔细认真。

三、绘图步骤

1. 做好准备工作；
2. 先轻画中心线；
3. 用 2H 和 H 铅笔画底图；
4. 画已知线段和圆弧；
5. 画中间线段和圆弧；
6. 画连接线段和圆弧；
7. 检查，用 2B 或 B 铅笔加深底稿；
8. 标注尺寸。

四、完成内容

任选一个。

6-16　综合练习：选择合适的表达方案，绘出机件的视图。

1.

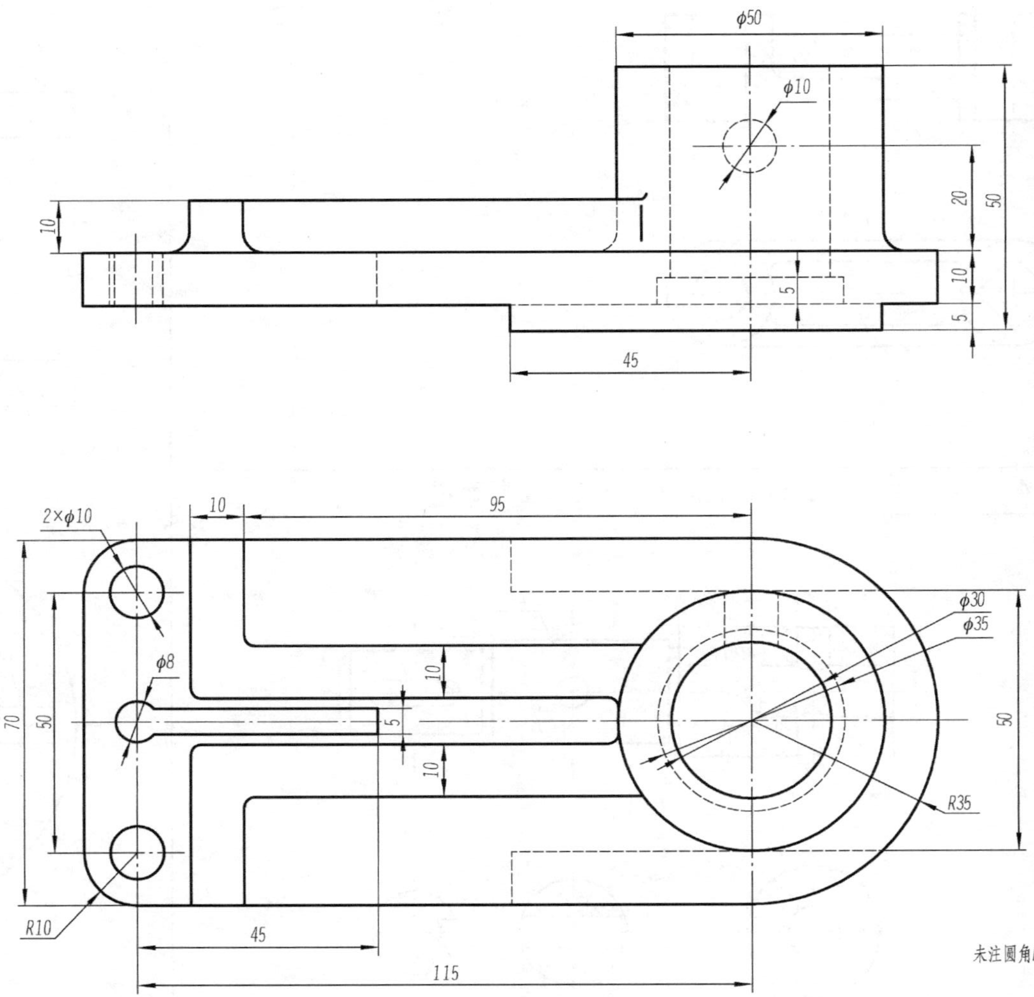

未注圆角R2~4。

2.

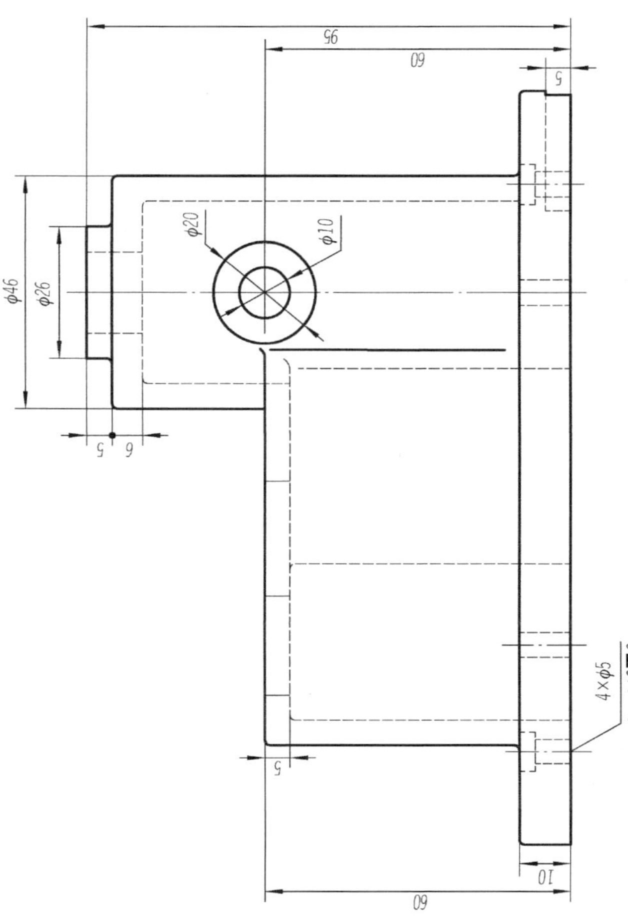
95
60
5
φ20
φ10
φ46
φ26
5
6
5
4×φ5
⌴φ8↧3
10
60

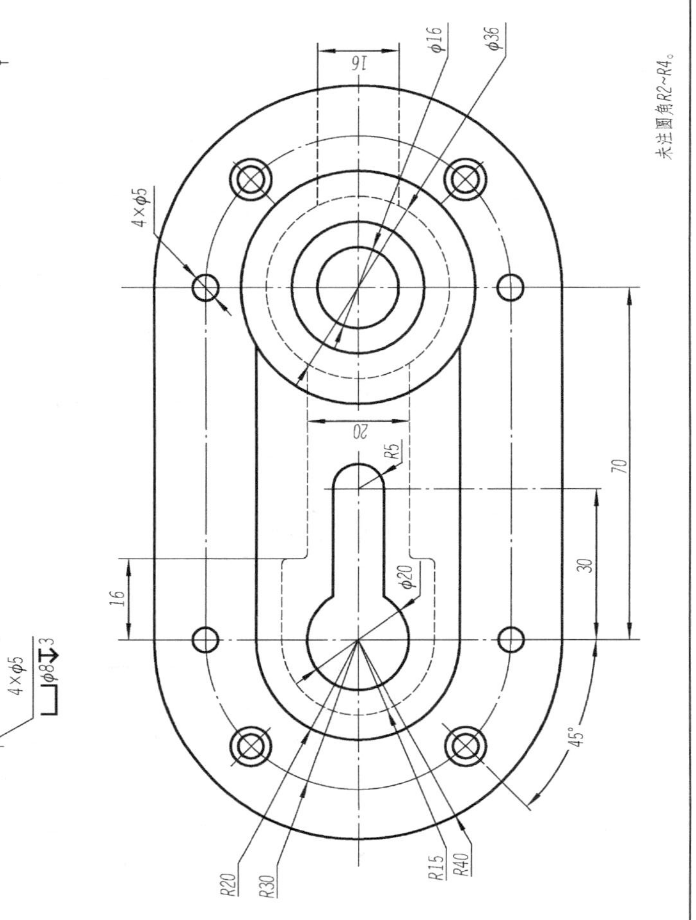
16
φ16
φ36
4×φ5
20
R5
70
30
16
φ20
45°
R20
R30
R15
R40
未注圆角R2~R4。

6-17　根据立体图和俯视图按尺寸画出视图，选择适当的表达方法，并标注尺寸（用 A3 图纸，比例 1：1）。

1.

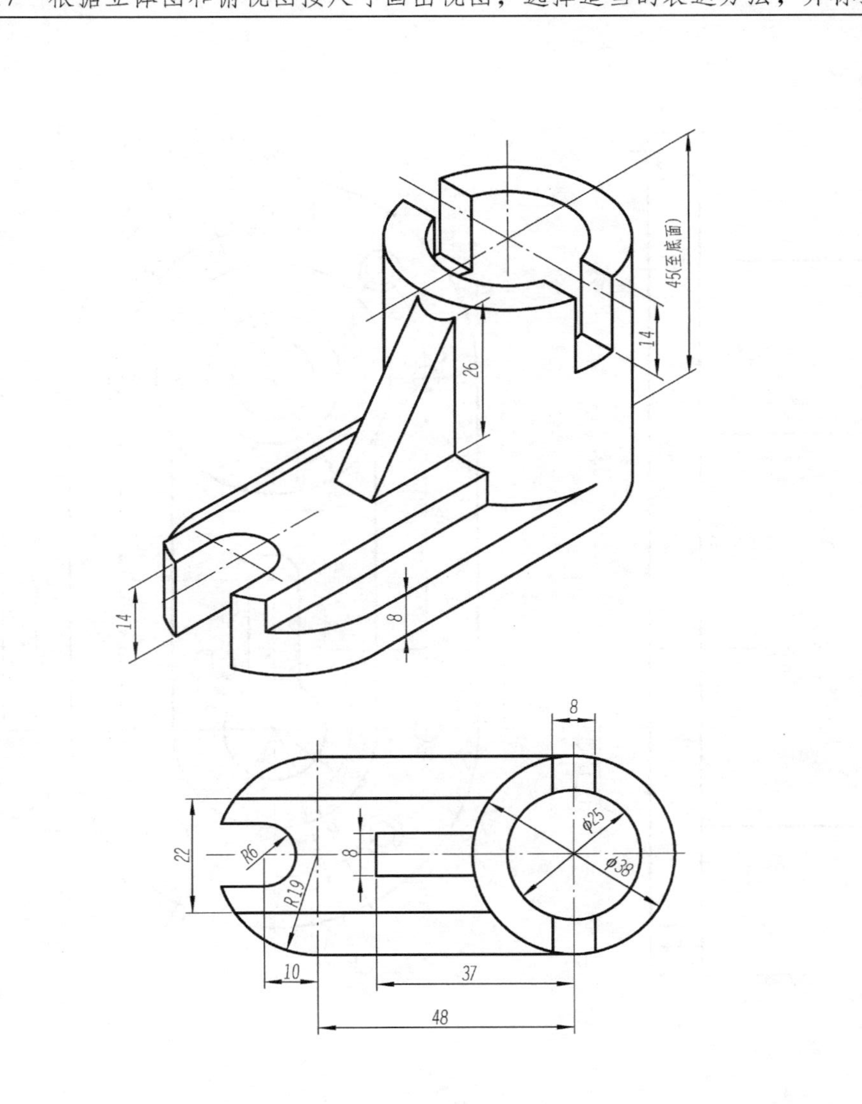

2.

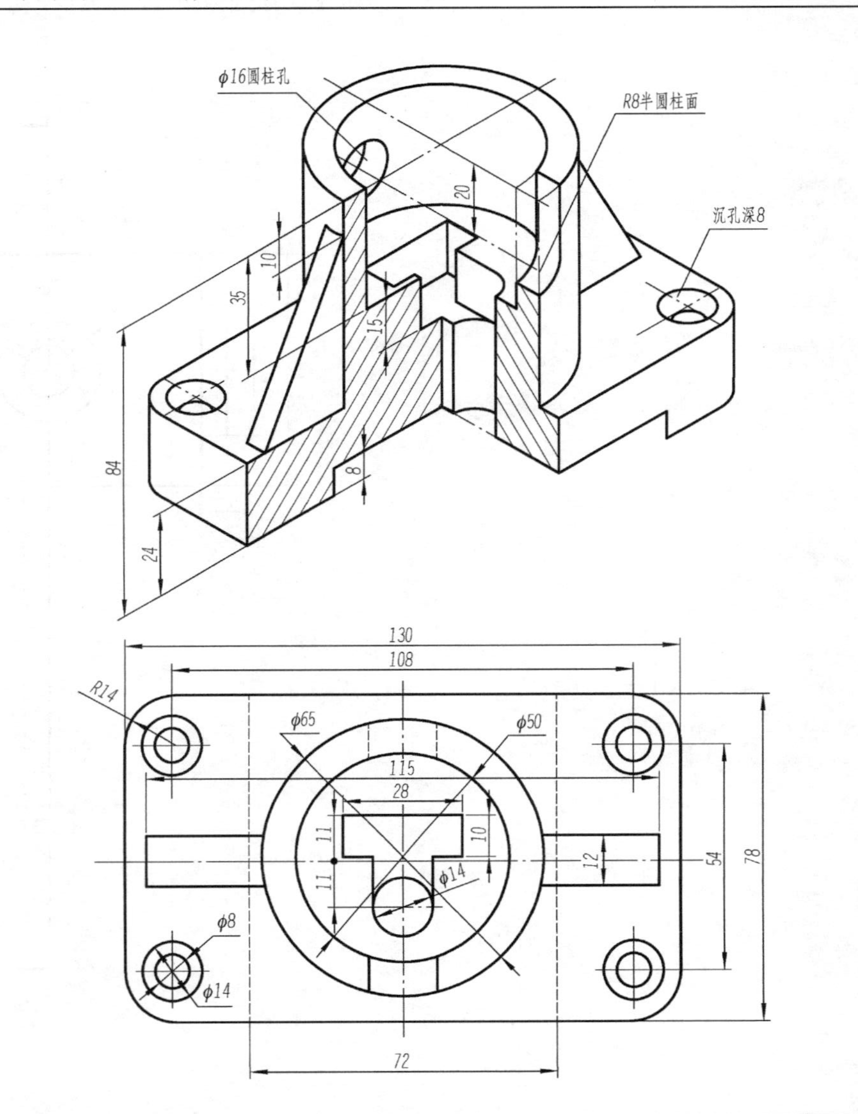

7-1　在指定位置按 1∶1 绘制螺纹的主、左视图。

1. 外螺纹：大径 *M*20，螺纹长 30mm，螺杆长画 40mm 后断开，螺纹倒角 *C*2。

2. 内螺纹：大径 *M*20，螺纹长 30mm，孔深 40mm，螺纹倒角 *C*2。

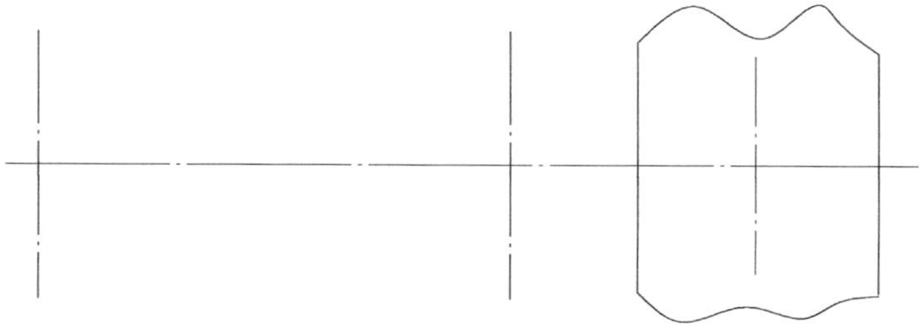

3. 内外螺纹旋合：将外螺纹（1）旋入内螺纹（2）中，旋合长度 20mm，作旋合后的主视图。

7-2　分析下列螺纹画法中的错误，并在指定的位置上画出正确的画法。

1.

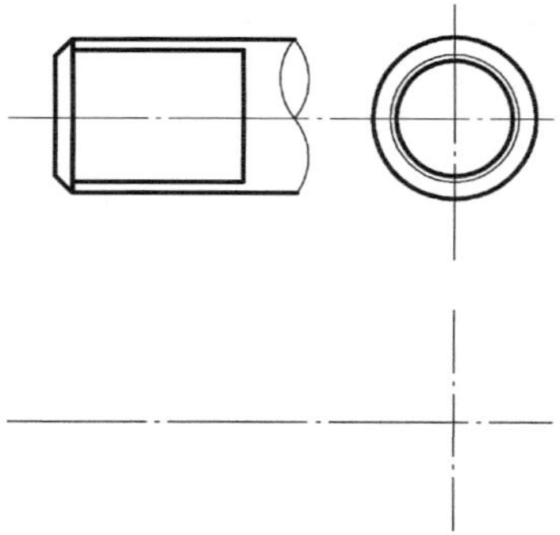

2.

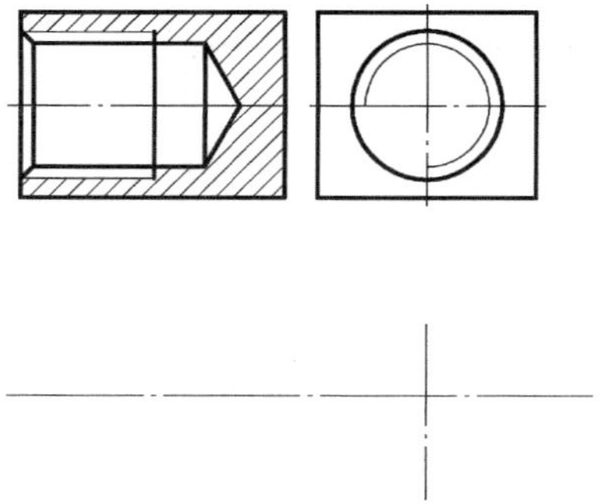

3.

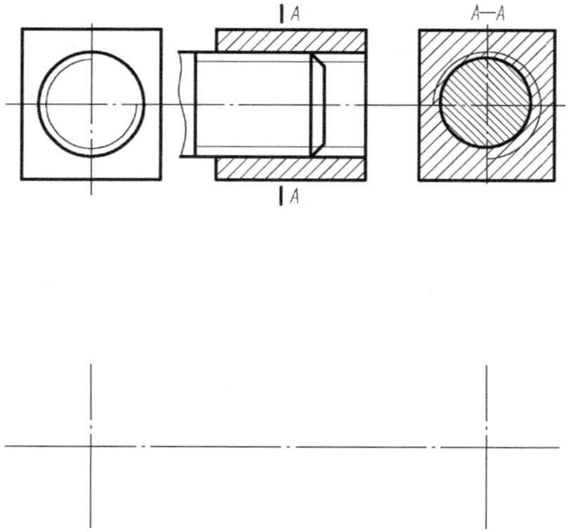

A—A

4.

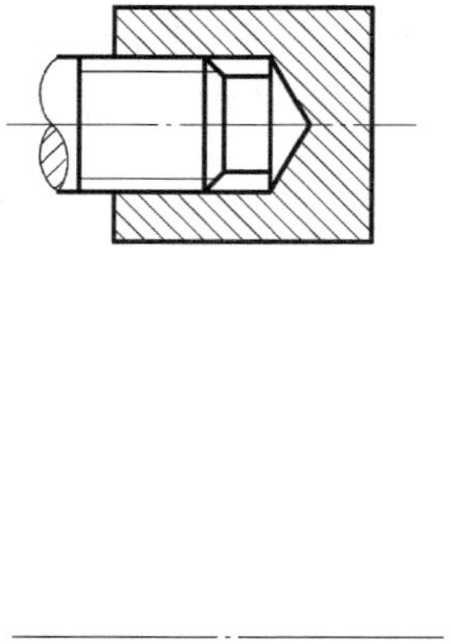

7-3　填空并标注螺纹。

1.　　2.

M16-6g 表示______________________螺纹。

M16-5H 表示______________________螺纹。

3.

M16×1.5-5g6g 表示______________________螺纹。

M16×1.5-6H 表示______________________螺纹。

4.

Tr32×12(P6)表示______为 32mm，______为 12mm，______线，______旋螺纹。

5.

B120×18(P6)LH 表示______为 120mm，______为 6mm 的___线，______旋___螺纹。

6.

特 M16×1.55 是____螺纹，其______符合国家标准规定，但____不符合国标规定。

7.

G1/2 表示管子的______是 1/2，查表知其螺纹大径为______，螺距是______。

8.

16

8

比例1:1

ϕ34

ϕ24

ϕ34

非标准螺纹的________不符合国标规定，画图时应画出__________，并注出螺纹的______。

7-4　查表填写下列连接件图的尺寸数值，并写出其规定标记。

1. A级六角头螺栓：纹规格 d=M12，公称长度 L=30mm。

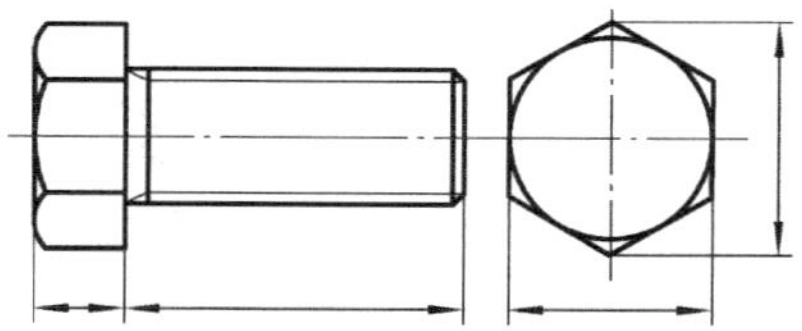

规定标记________

2. A 级 1 型六角螺母：螺纹规格 D=M16。

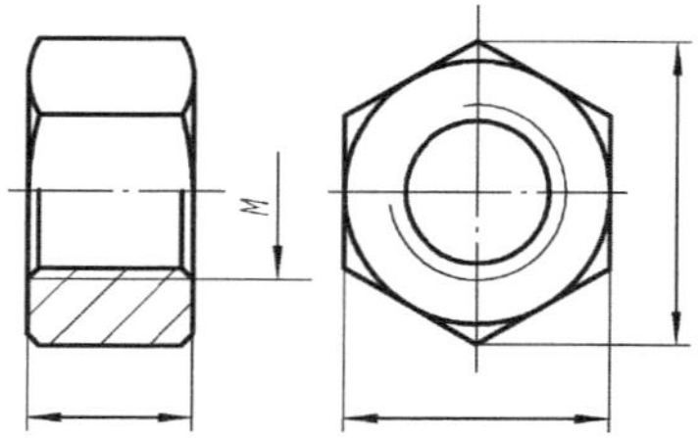

规定标记________

3. A 型双头螺柱：螺纹规格 d=M12，b_m=1.25d，公称长度 L=30mm。

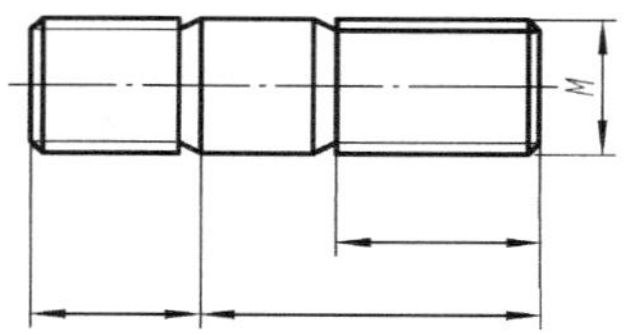

规定标记________

4. A 级倒角型平垫圈：公称尺寸 d=16mm。L=30mm。

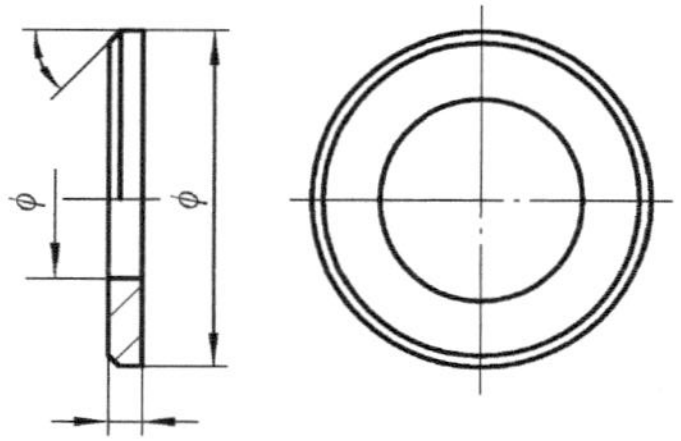

规定标记________

7-5　指出下列各螺纹紧固件连接图中的错误。

1. 螺栓连接

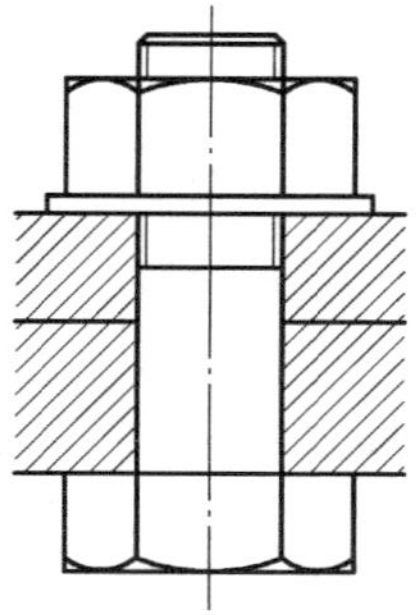

2. 螺柱连接

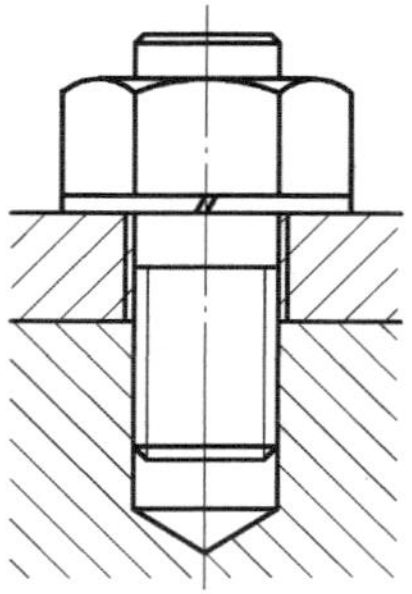

3. 螺钉连接

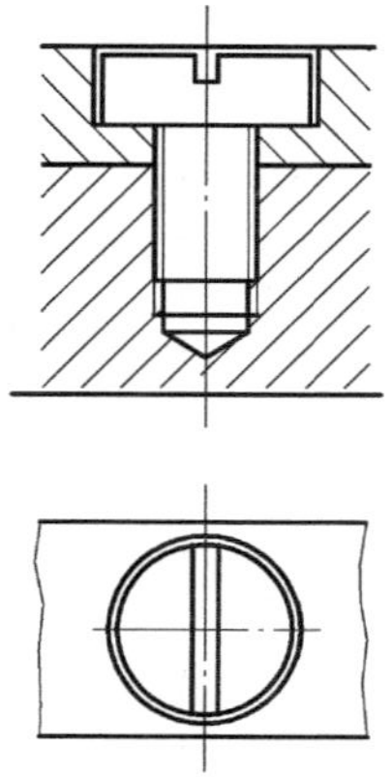

4. 螺钉连接

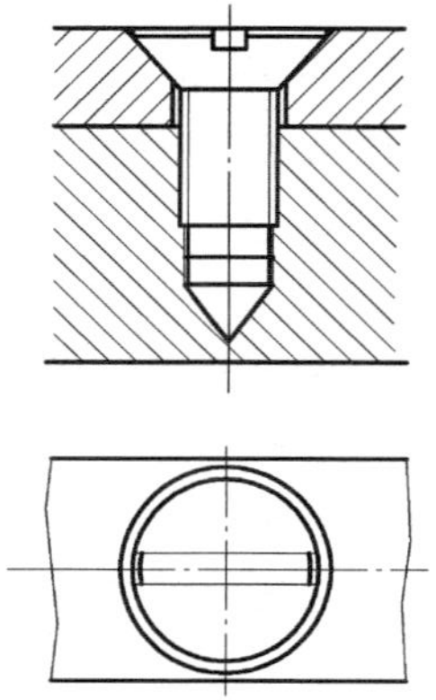

作业指导

第四次作业：

一、目的

掌握螺纹连接和键销连接的正确画法。

二、要求

1. 图纸：A3（420×297）号图幅；
2. 比例：选择合适的比例；
3. 图线：粗线、细线、点画线线型正确；
4. 字体：图名、校名用 10 号字，其余用 5 号字，字体工整仔细认真。

三、绘图步骤

1. 做好准备工作；
2. 先轻画中心线；
3. 用 2H 和 H 铅笔画底图；
4. 按照顺序先画两个零件及零件上的孔；
5. 其次画螺栓、螺柱、螺钉；
6. 再画垫圈、螺母；
7. 画剖面线；
8. 检查，用 2B 或 B 铅笔加深底稿；
9. 填写标准件标记。

四、完成内容

1. 螺纹连接；
2. 键销连接。

7-6　在 A3 图纸图纸图纸按 1∶1 比例，画出零件的螺纹连接。

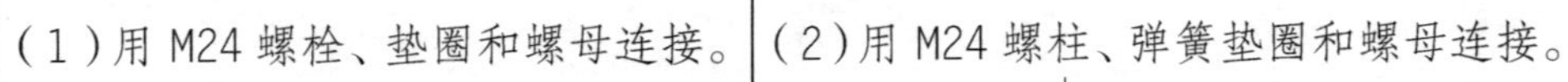

（1）用 M24 螺栓、垫圈和螺母连接。

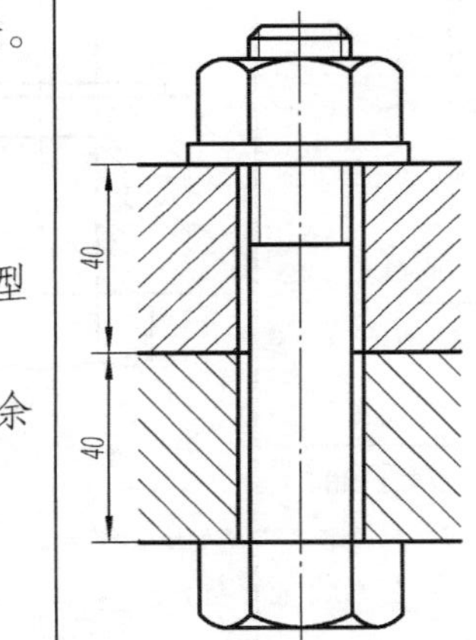

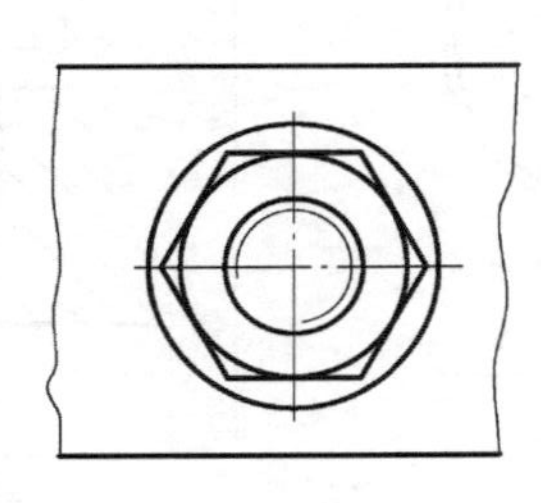

（2）用 M24 螺柱、弹簧垫圈和螺母连接。

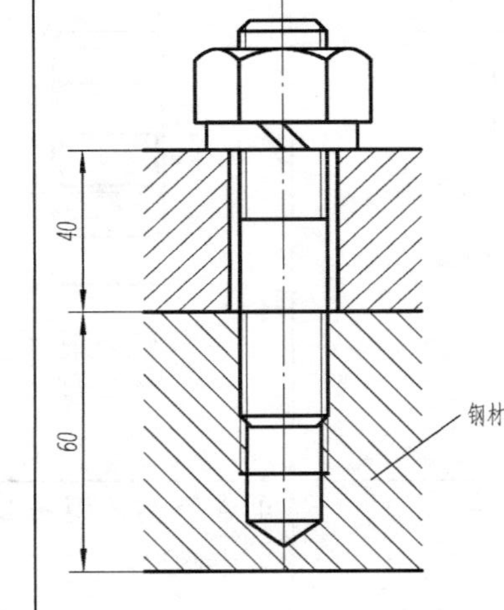

（3）用 M20 沉头螺钉连接。

45
65
铸铁

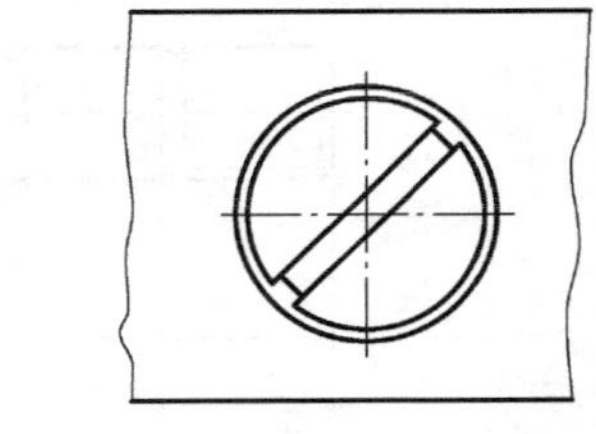

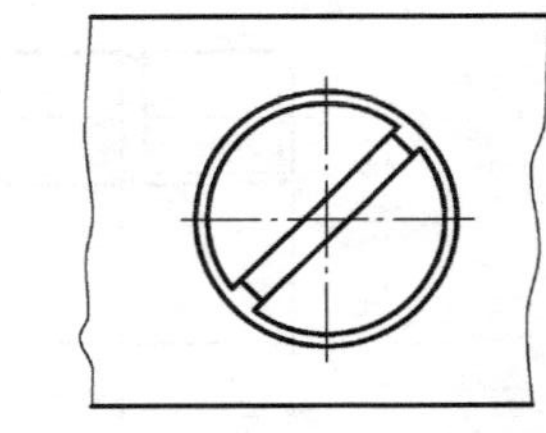

7-7　下列图是轴与孔采用一般松紧度平键连接，试根据轴径查表，标注它们的键槽尺寸及其偏差值，并完成键连接图。

7-8　用 d=10 的圆柱销，完成销连接图并标记。

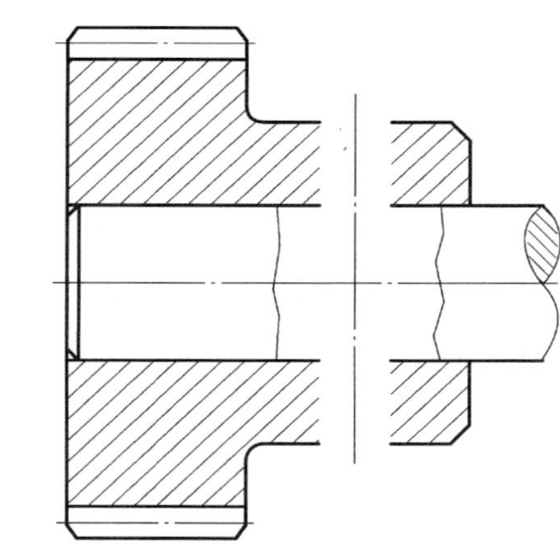

7-9　已知簧丝直径 d=8，弹簧外径 D=50，节距 t=12，有效圈数 n=8，总圈数 n=10.5，右旋。用 1：1 的比例画出圆柱螺旋压缩弹簧的全剖视图（轴线水平放置）。

7-10　已知圆柱直齿齿轮 $m=3$，$z=24$，试计算齿顶圆、分度圆、齿根圆的直径，补全两视图并标注尺寸。

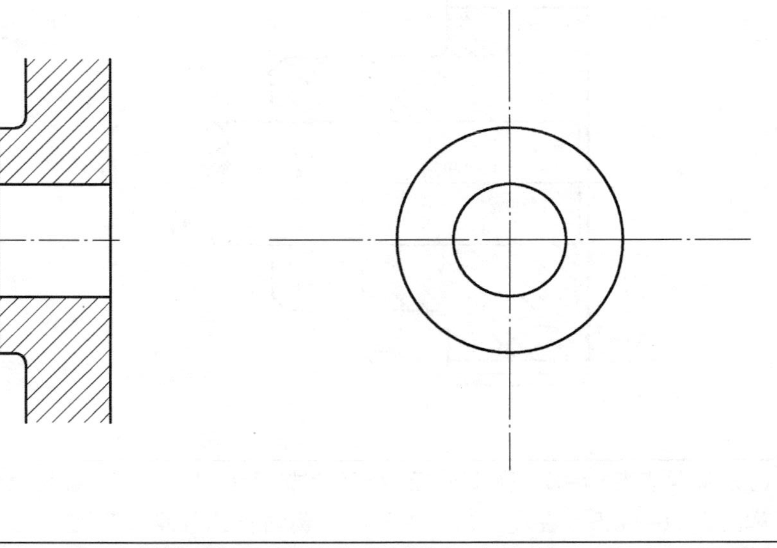

7-11　已知阶梯轴两端支撑轴肩处的直径分别为 25 和 15，用规定画法（比例 1：1）画出支撑处的滚动轴承。

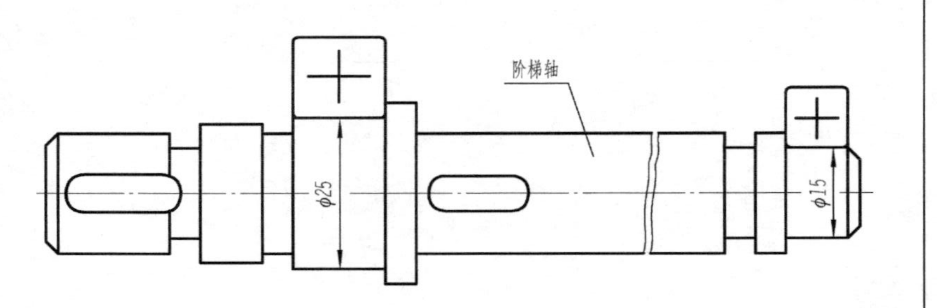

7-12　已知大齿轮的模数 $m=3$，齿数 $z=24$，小齿轮的齿数 $z=15$，试计算大、小齿轮的主要尺寸，并完成两直齿圆柱齿轮的啮合图。（画在 3 号图，比例 1：1，要求大齿轮添加上键）。

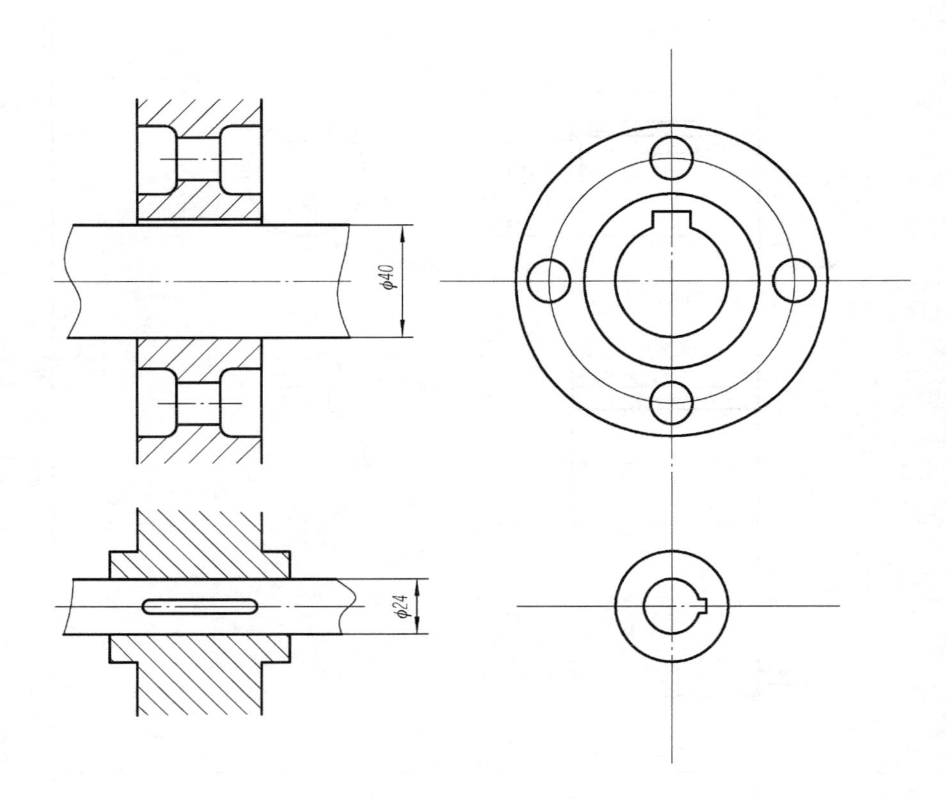

8-1　零件图的技术要求：表面粗糙度、公差与配合。

1. 根据所给各表面 *Ra* 数值，在图中标注表面粗糙度。(全部表面均经过切削加工)

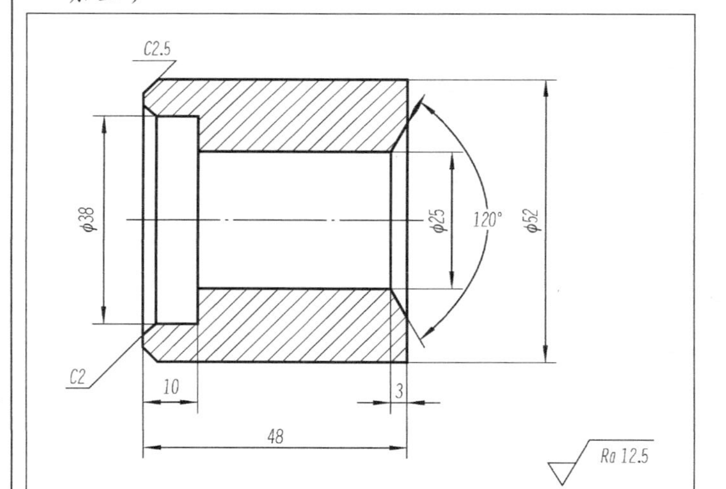

各表面 *Ra* 值如下：
120° 锥面：6.3
ϕ38 内孔：3.2
ϕ25 内孔：1.6
左端面：3.2
右端面：6.3
其余：12.5

2. 查表注出下列零件配合面的尺寸偏差值，并指出配合性质。

$\phi 20\frac{H7}{g6}$　$\phi 32\frac{H7}{k6}$

ϕ20H7/g6 是＿＿＿＿＿＿＿＿配合

ϕ32H7/k6 是＿＿＿＿＿＿＿＿配合

3. 根据销和孔的偏差值，在装配图上注出其配合代号。

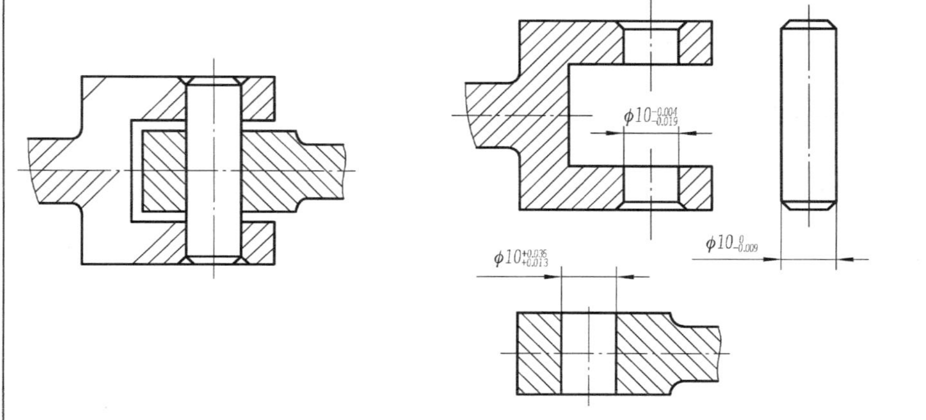
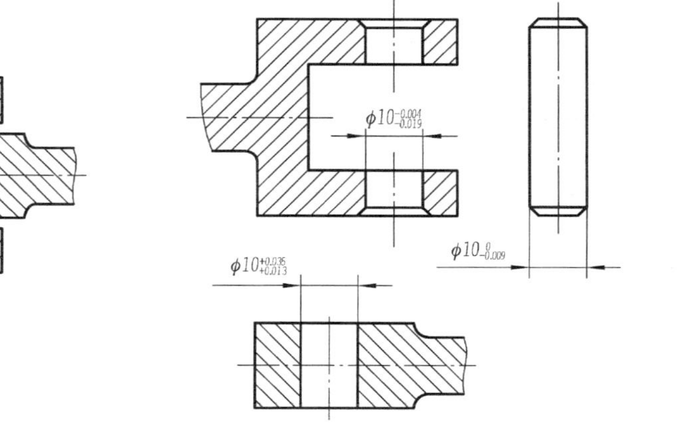

4. 将文字说明的形位公差标注在图上。

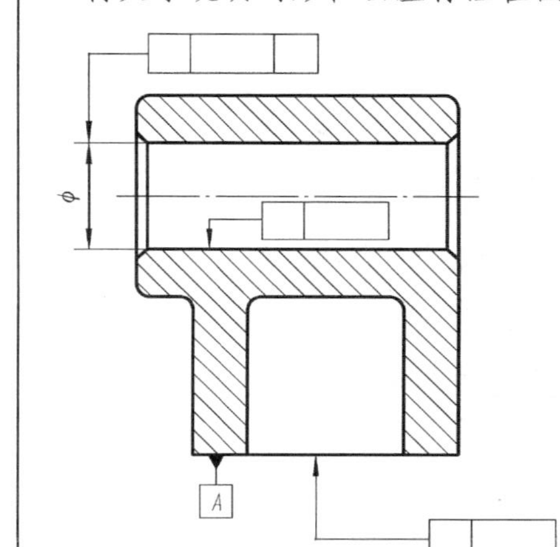

1. 孔ϕ的圆柱度公差为 0.005；
2. 底面的平面公差为 0.01；
3. 孔ϕ轴线对底面（基准 *A*）的平行度公差为 0.03。

8-2　下图是一个轴承挂架，其工作状况是两个固定在机器上的轴承挂架支撑着一根轴（图中仅画出了一个挂架），试标注挂架的主要尺寸基准及其尺寸，尺寸由图量取按 1∶1 标注。

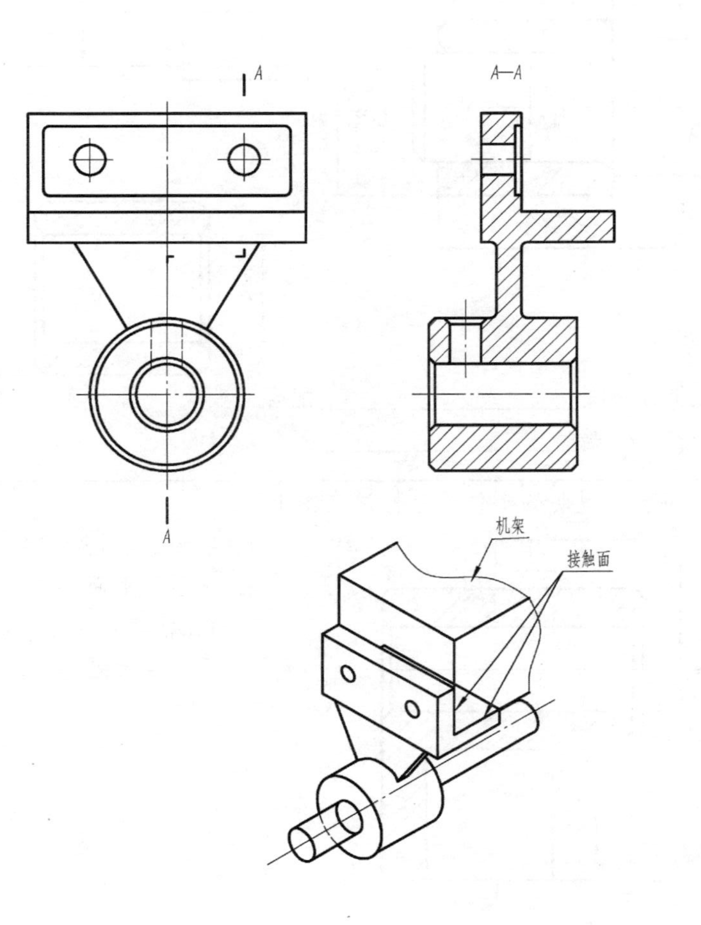

8-3　分析底座零件图，标出长、宽、高三个方向的主要尺寸基准。在本图右侧作出左视图外形图，并标注表面粗糙度（不用标注粗糙度值）。

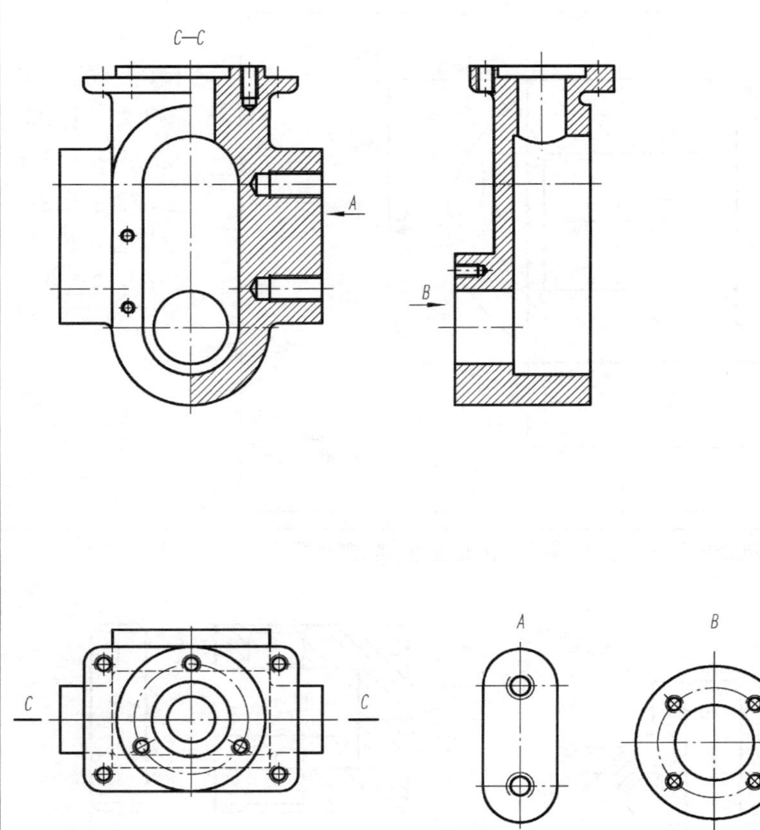

8-4　查表注出零件配合面的尺寸偏差值。

8-5　查表注出下列零件配合面的尺寸偏差值。

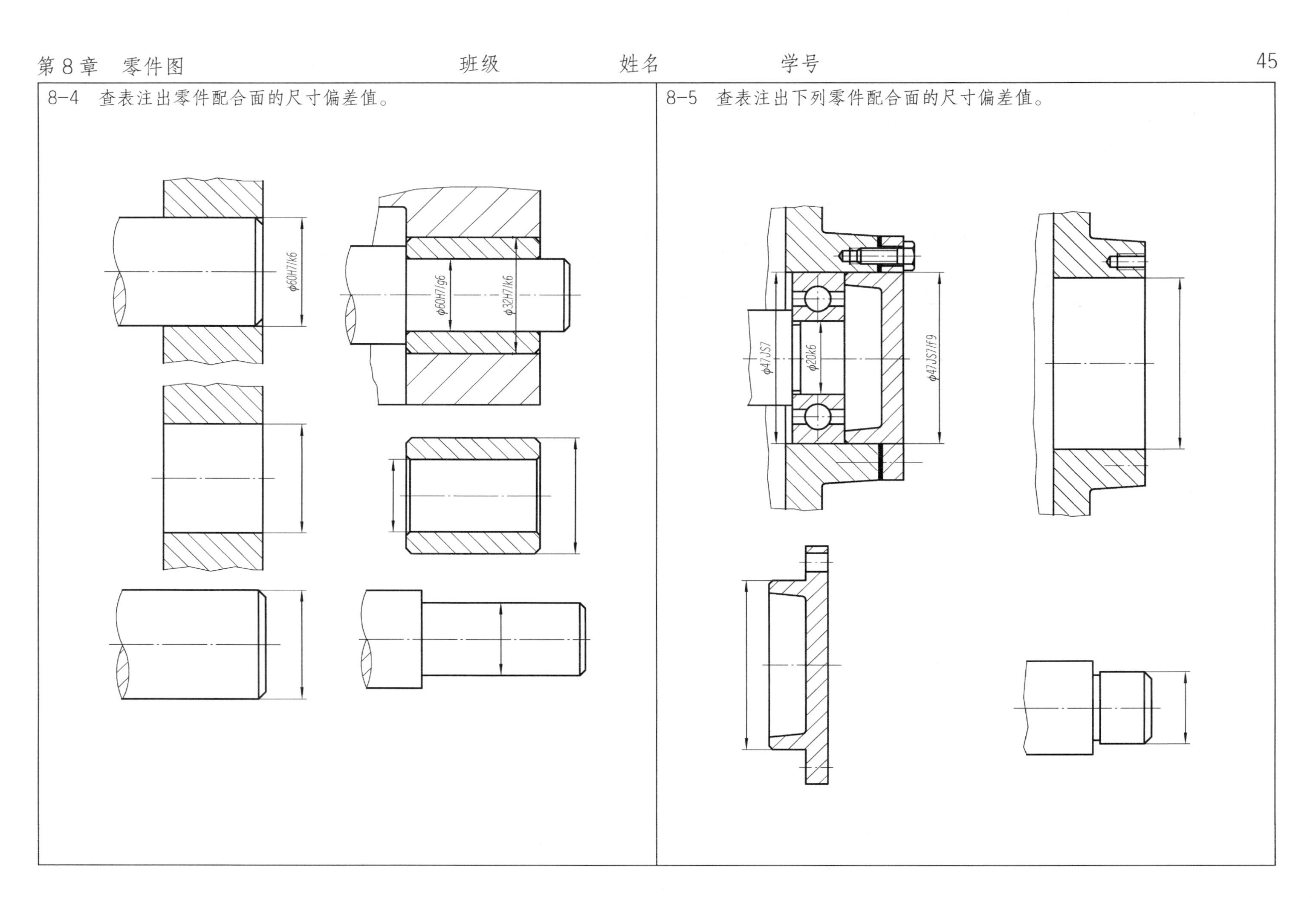

8-6　分析零件图，对其表达方法、尺寸标注等进行分析，了解零件图的作用和内容，并画出 $D—D$ 断面图。

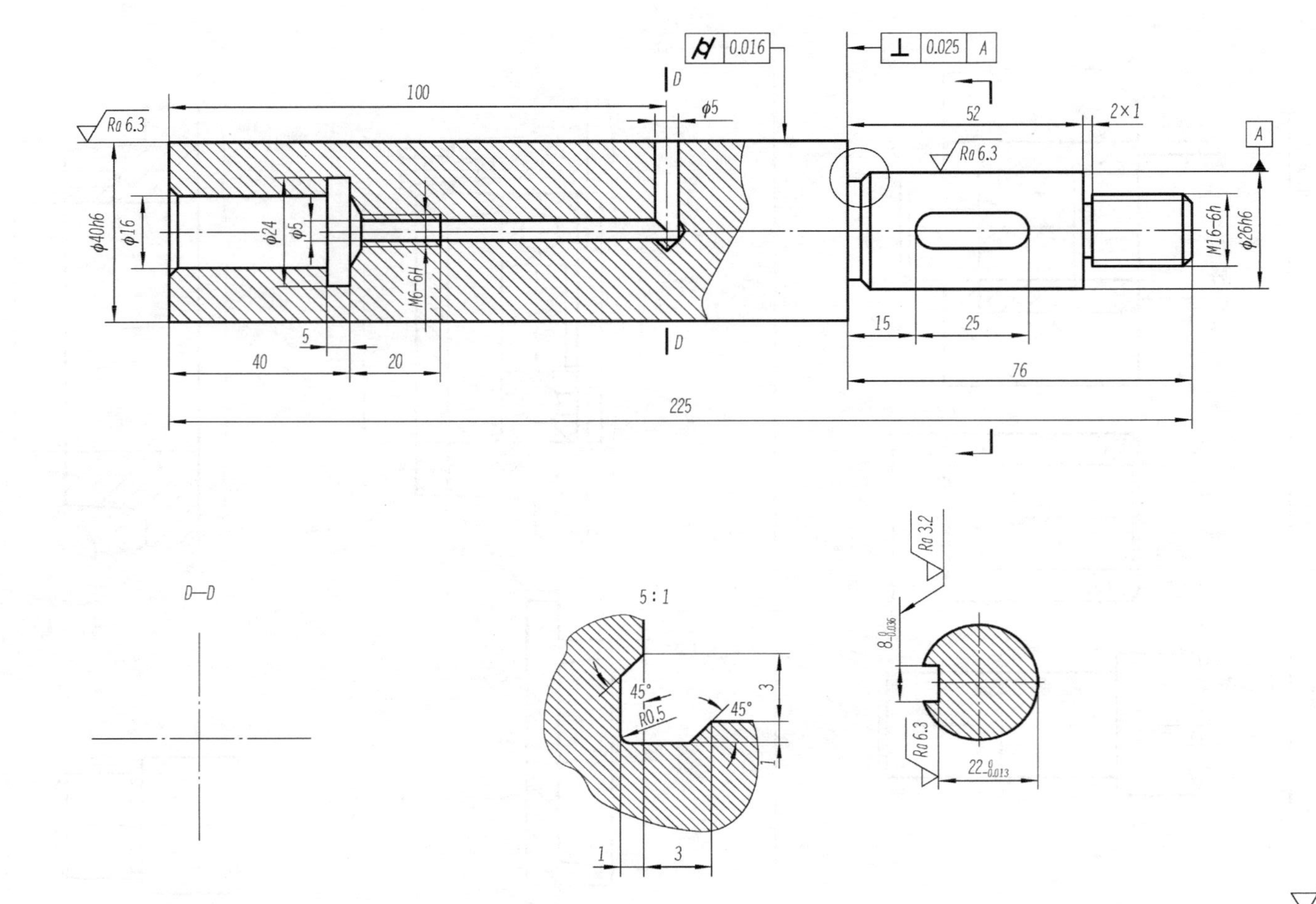

零件名称	材料
主轴	45

8-7　读零件图并在指定位置补画零件的右视图。

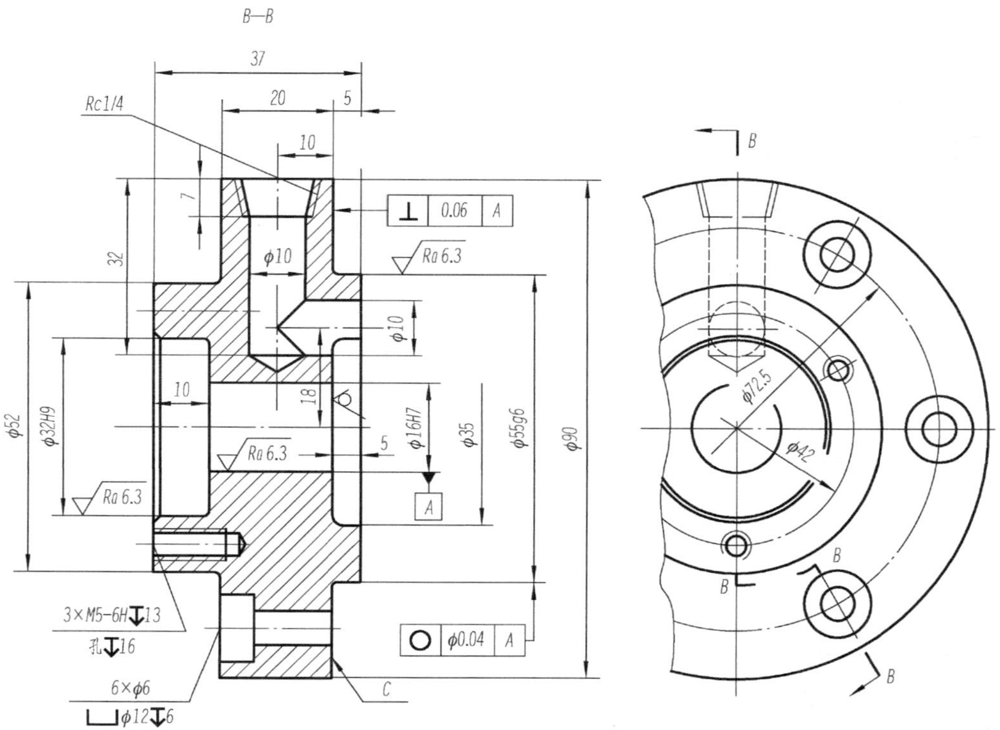

技术要求：

1.未注倒角C1.5。

2.未注铸造圆角R2~R3。

$\sqrt{Ra\ 12.5}$ (√)

零件名称	材料
泵盖	HT200

8-8　看懂零件图，对其表达方法、尺寸标注及技术要求等进行全面分析，并画出左视图。

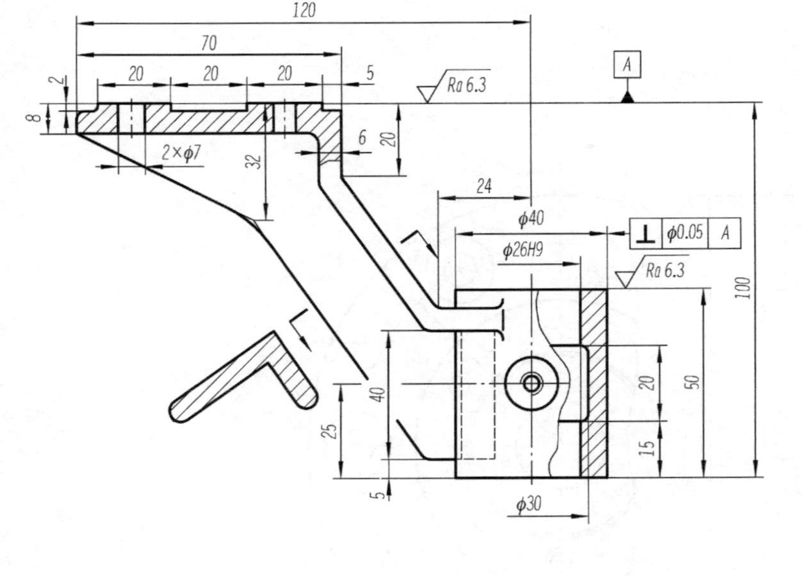

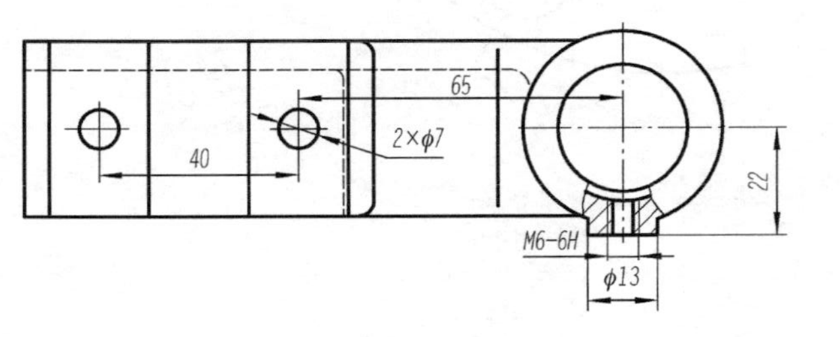

技术要求：

1.未注圆角为R3。

2.铸件不得有砂眼、裂纹等缺陷。

Ra 12.5 (√)

零件名称	材料
托脚	HT150

8-9　看懂壳体的零件图，对其表达方法、尺寸标注及技术要求等进行全面分析，在图中指定位置作出 C 向视图（即主视图的外形图）。

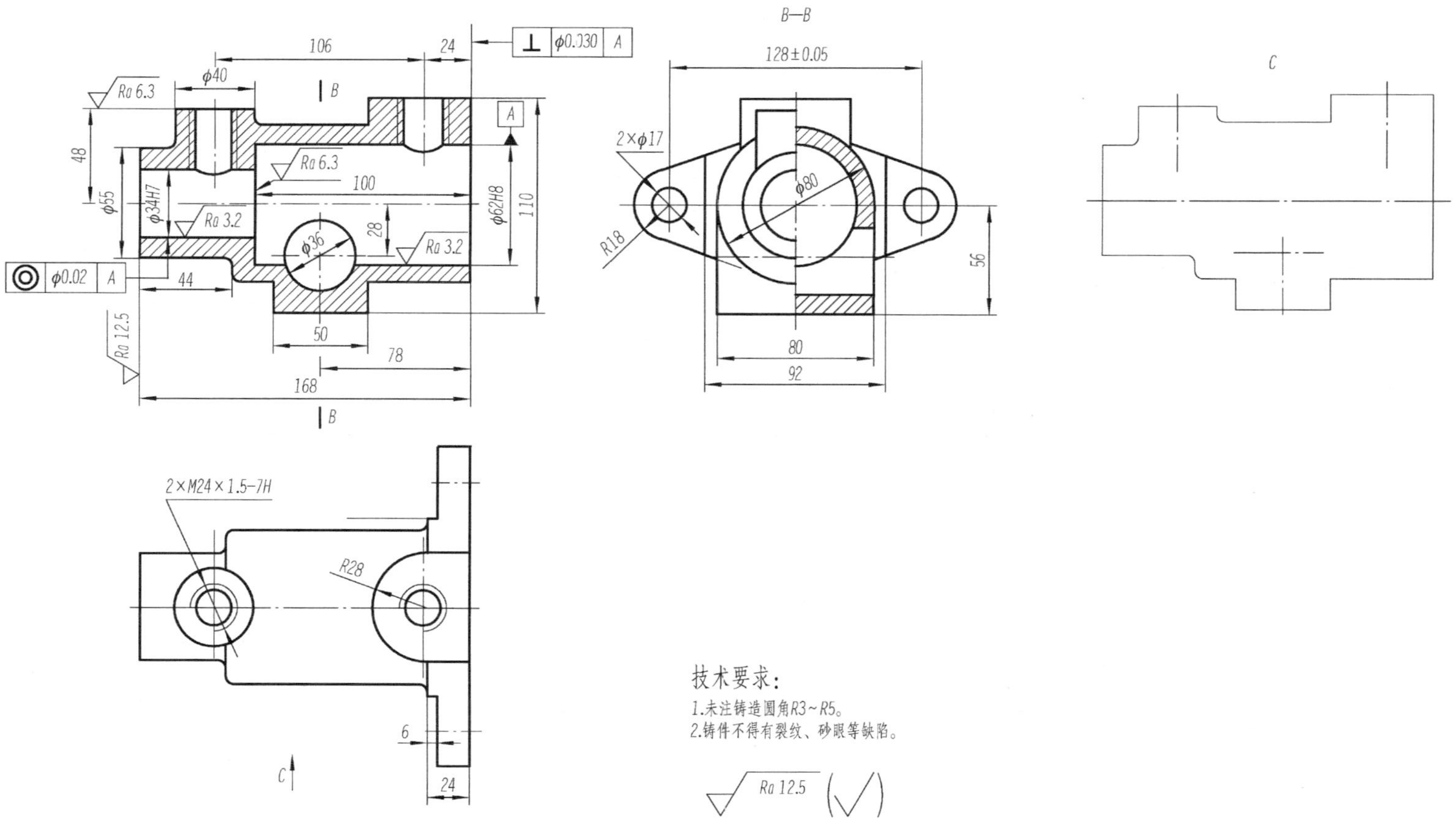

技术要求：

1.未注铸造圆角R3~R5。

2.铸件不得有裂纹、砂眼等缺陷。

$\sqrt{Ra\ 12.5}$ ($\checkmark$)

零件名称	材料
壳体	HT200

8-10　读阀盖零件图，回答下列问题并作图：

（1）阀盖零件图采用了哪些表达方法，各视图表达重点是什么？

（2）用文字指出长、宽、高三个方向主要尺寸基准。

（3）说明下列尺寸意义：

SR14________

□58________

4xM8-6H________。

（4）左视图中的下列尺寸属于哪种类型尺寸（定形、定位）？

92________，

100________，

52________，

$\phi30$________，

46________，

15________，

□40________，

□58________。

（5）解释图中形位公差的意义。

（6）画出 *G* 向视图和 *E*—*E* 剖视图。

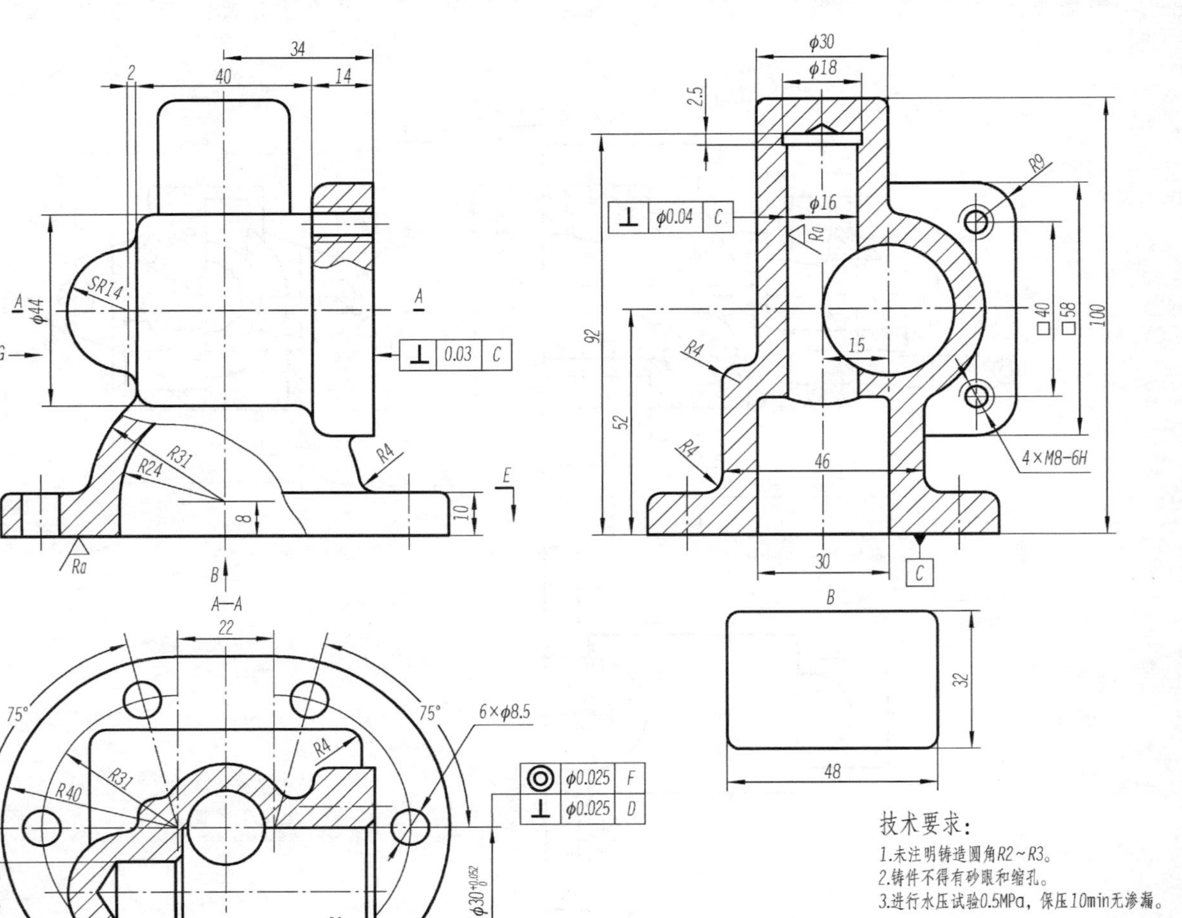

零件名称	材料
阀盖	HT200

9-1　根据手动气阀装配示意图及零件图拼画装配图（一）。

读懂手动气阀各组成零件的结构形状和它们之间的装配、连接关系，根据装配示意图及零件图，用比例 2∶1 绘制装配图。

（采用主、俯、左三个视图，俯视图拆去件 1、2，用 A2 图纸）。

手动气阀装配示意图

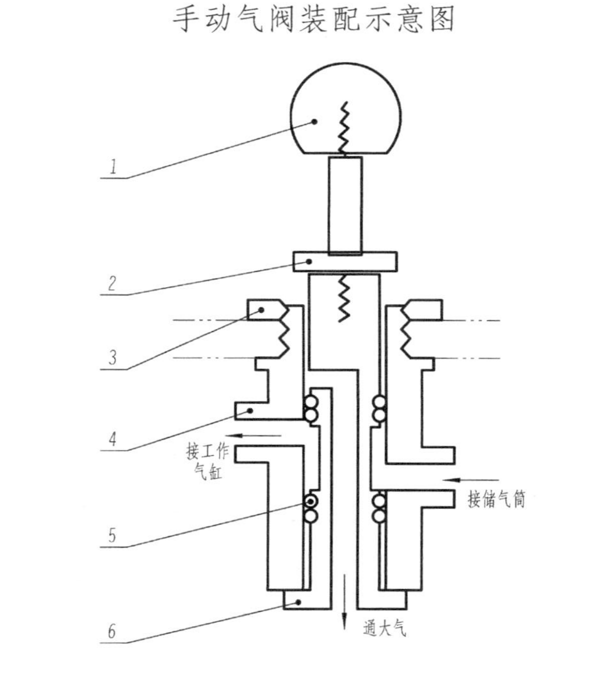

手动气阀工作原理

手动气阀是汽车上用的一种压缩空气开关机构。

当通过手柄球（序号 1）和芯杆（序号 2）将气阀杆（序号 6）拉到最上位置时（如图所示），储气筒与工作气缸接通。当气阀杆推到最下位置时，工作气缸与储气筒的通道被关闭。此时工作气缸通过气阀杆中心的孔道与大气接通。气阀杆与阀体（序号 4）孔是间隙配合，装有 0 形密封圈（序号 5）以防止压缩空气泄漏，螺母（序号 3）是固定手动气阀位置用的。

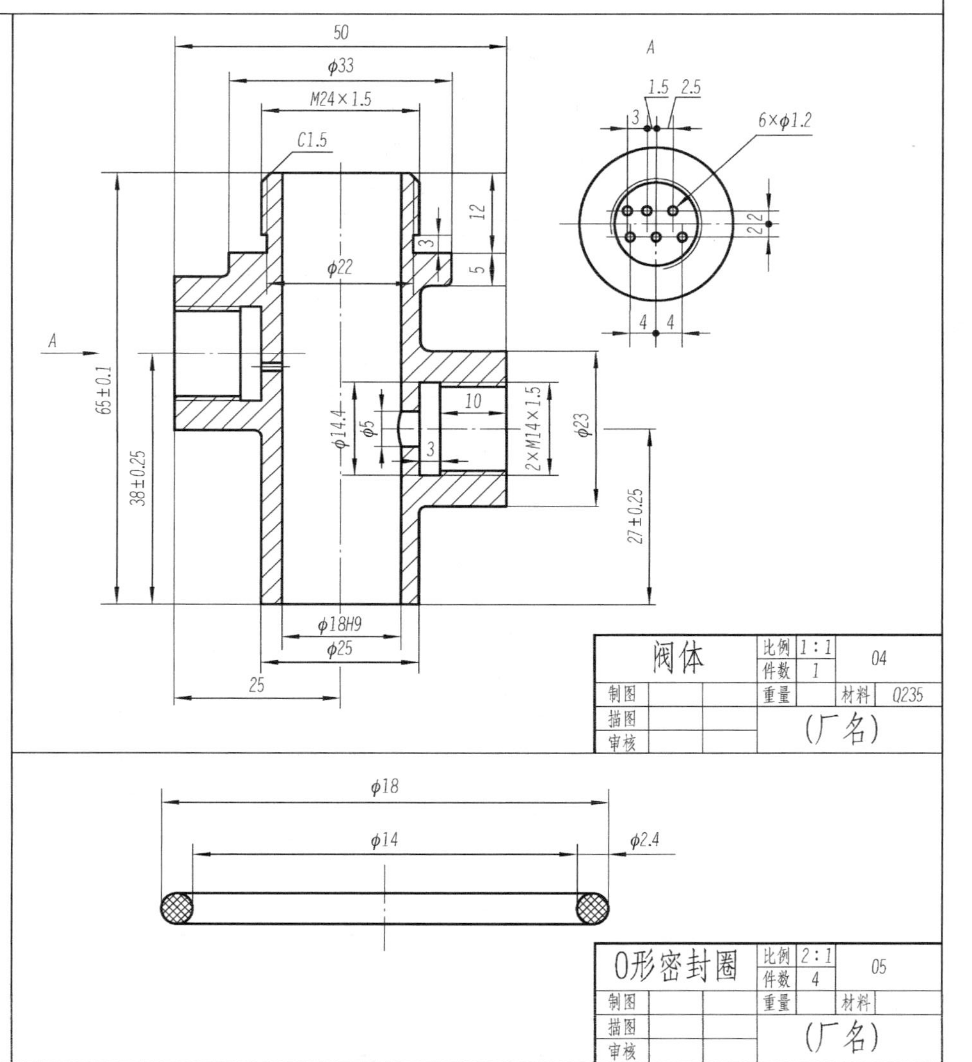

9-1　根据手动气阀装配示意图及零件图拼画装配图（二）。

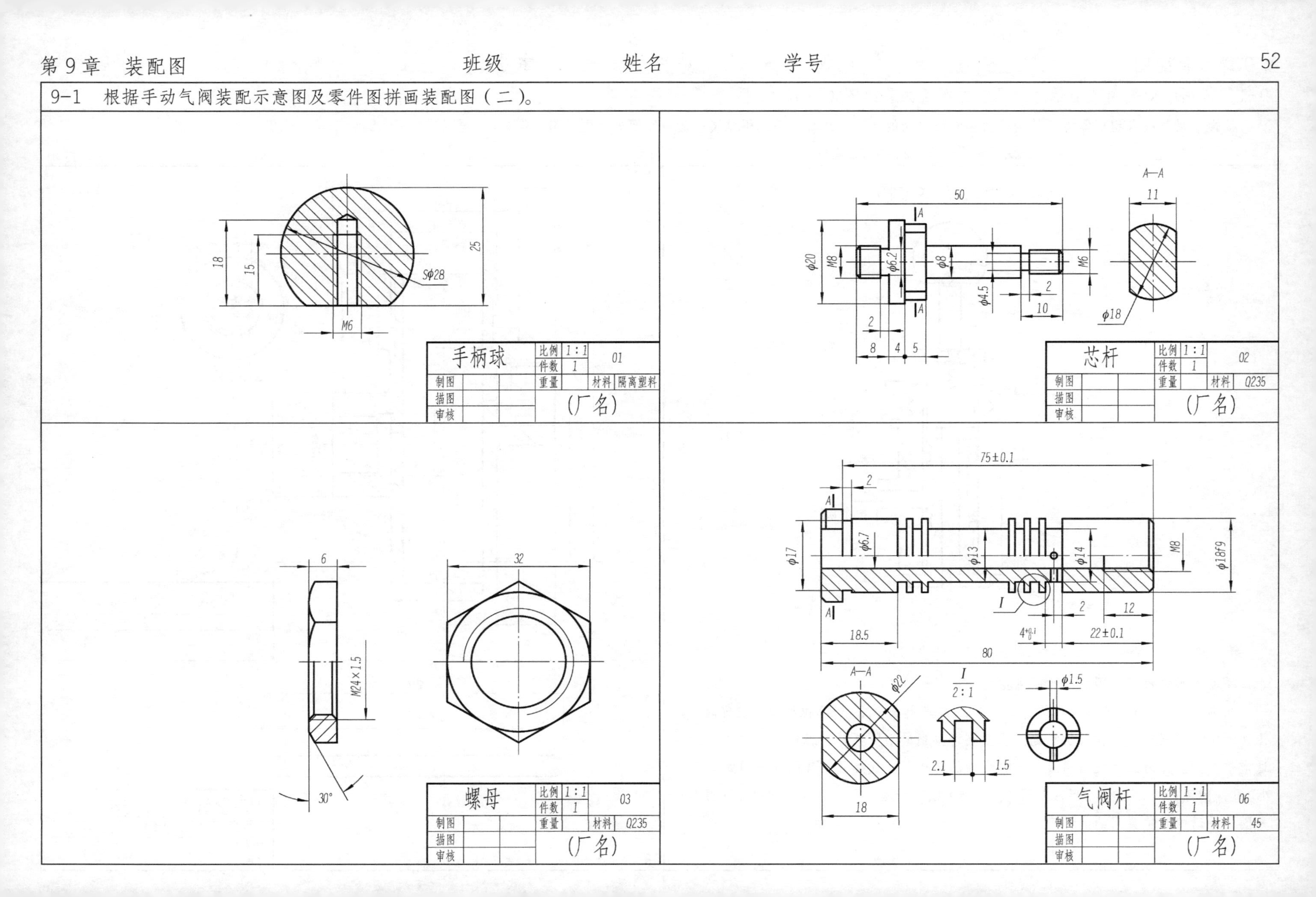

9-2　根据旋阀装配示意图及零件图画出其装配图（一）。

旋阀零件明细表

序号	名称	件数	材料	备注
1	阀体	1	HT150	
2	阀杆	1	45	
3	垫圈	1	35	
4	填料	1	石棉绳	
5	填料压盖	1	35	
6	螺栓 M10×25	2	35	
7	手柄	1	HT150	

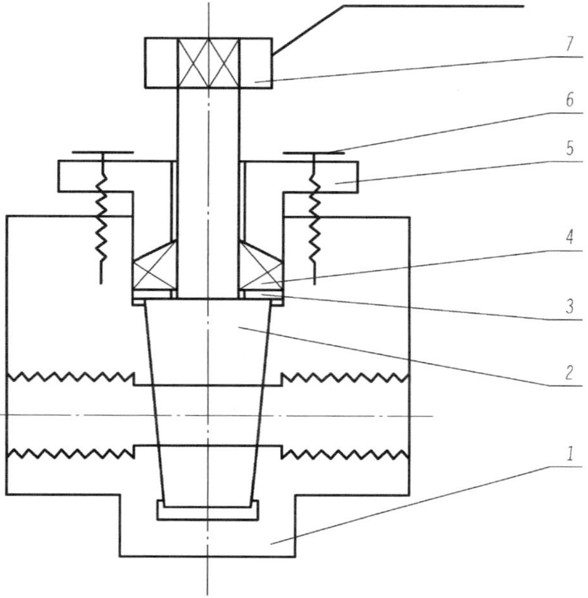

注：4为填料(石棉绳)，无零件图。

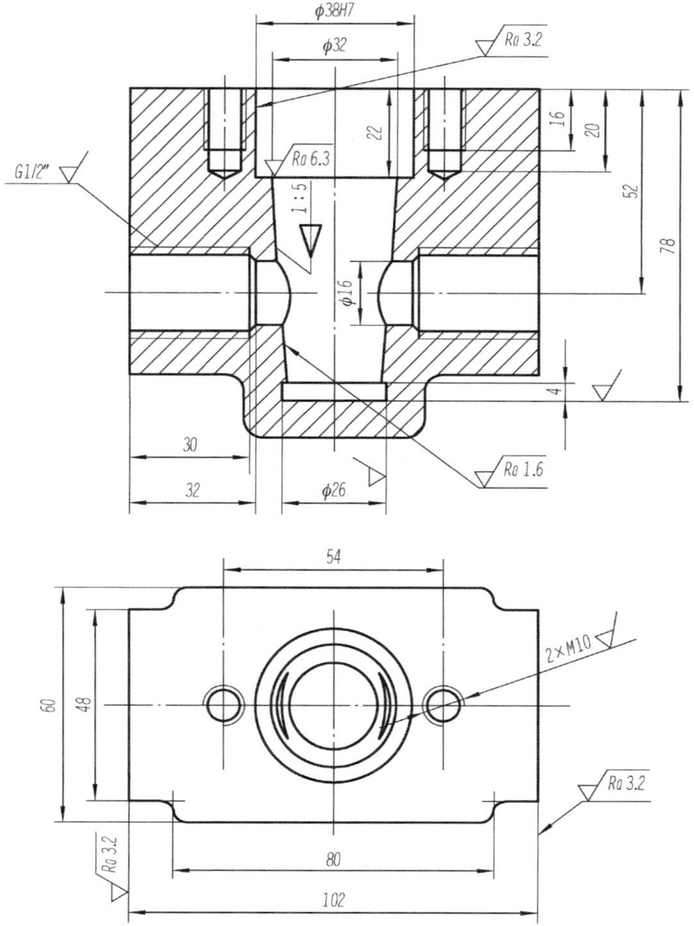

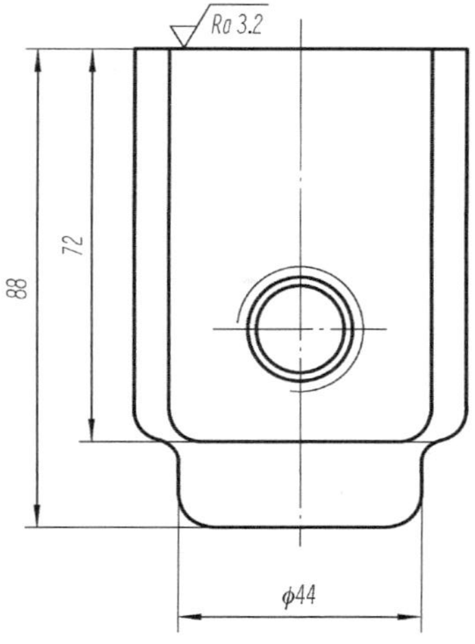

注：G1/2，大径D=φ20.995，小径D_1=φ18.631

技术要求：
1.锥孔要与锥形塞配研。
2.铸造圆角R2~R3。

√ = √Ra 12.5

√Ra 25 (√)

阀体	比例	1∶2	图号	1
	件数	1	材料	HT150
制图				
审核				

9-2　根据旋阀装配示意图及零件图画出其装配图（二）。

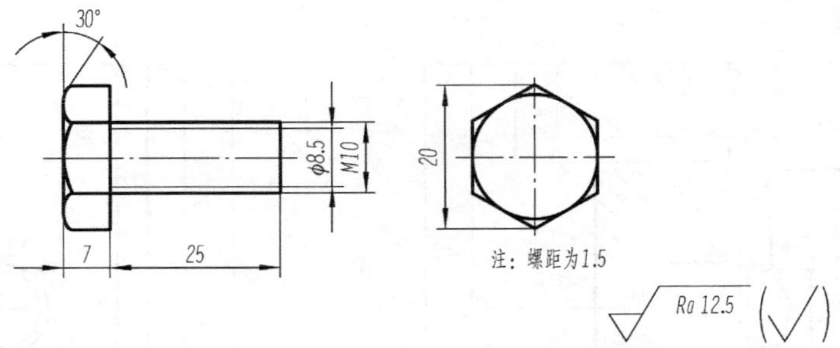

注：螺距为1.5

图号	6	螺栓	比例	1:1
材料	45		重量	
制图				

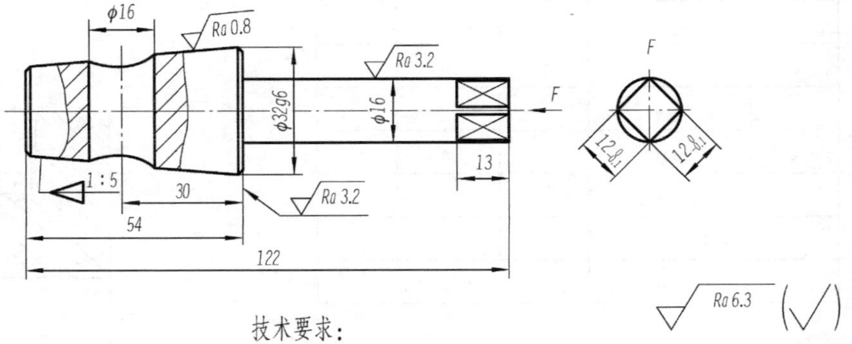

技术要求：

1.锥孔要与锥形塞配研。

2.全部倒角1×45°。

图号	2	阀杆	比例	1:5
材料	45		重量	
制图				

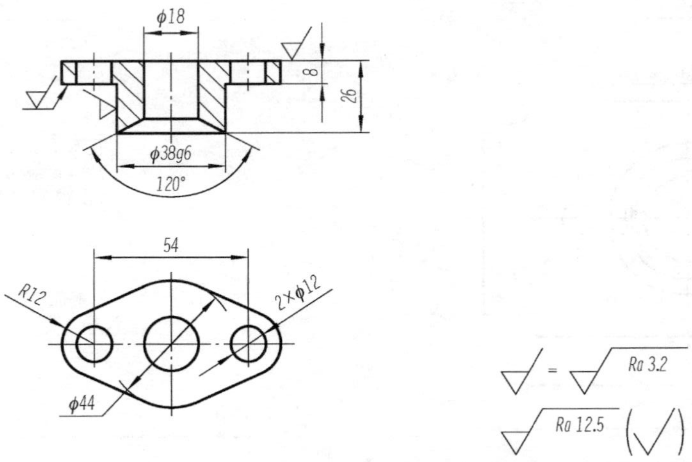

图号	5	填料压盖	比例	1:2
材料	35		重量	
制图				

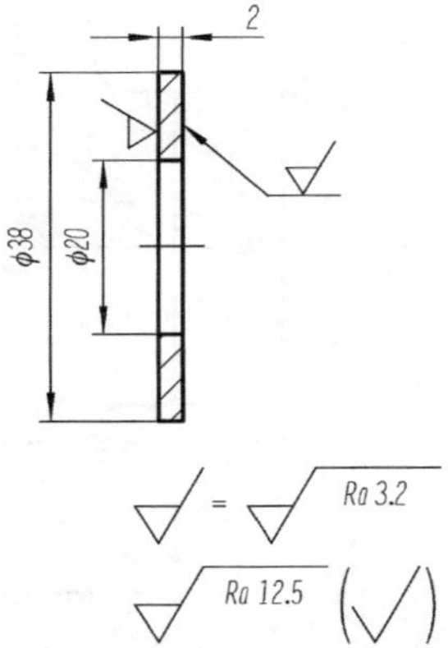

图号	3	垫圈	比例	1:1
材料	35		重量	
制图				

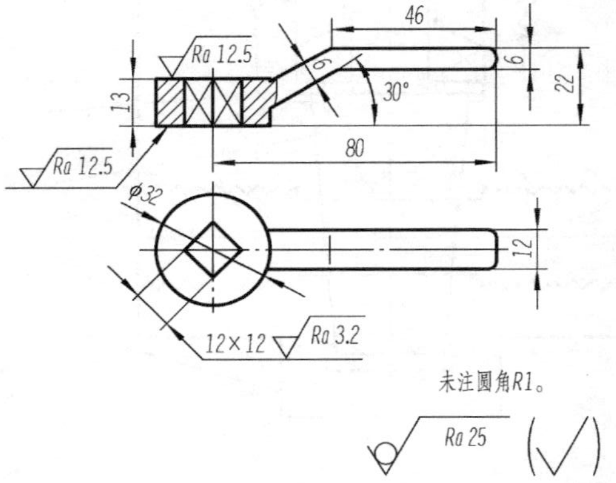

未注圆角R1。

图号	7	手柄	比例	1:2
材料	BT200		重量	
制图				

9-3　读装配图，了解工作原理并由装配图拆画零件图。

1.

柱塞泵工作原理

柱塞泵是润滑管路系统中的供油装置(图见后)，它依靠柱塞 3 的上下移动达到泵油的目的，柱塞的下移靠凸轮（图中双点画线表示）压下，而上移靠弹簧顶上去，当没有凸轮外力时，柱塞 3 在弹簧 8 的作用下向上移动，使泵腔增大，压力变小形成负压，油在大气压力下顶开进油阀进入泵腔，出油阀关闭。当凸轮下压小轮 4 时，柱塞 3 下移，油腔容积变小，油压增大，进油阀关闭，高压油顶开出油阀而排出，如此往复循环起到供油的作用。

读柱塞泵装配图回答问题：

（1）主视图采用了_____视图，俯视图中有_____处作了_____剖视，图中双点画线表示_____画法。

（2）ϕ18H7/h6 的基本尺寸是_____，轴的公差带代号是_____，孔的公差带代号是_____，属于基_____制，_____配合。

（3）当凸轮大半径向下运动时，柱塞向_____运动，_____阀门打开。

（4）要取出排出口处单向阀中的珠子 11，必须按顺序拆卸零件_____号件，才能取出珠子 11，

（5）泵体 1 是_____类零件，柱寒 3 是_____类零件。

（6）拆画泵体 1 的零件图。

2.

球阀工作原理

球阀装配图见后，将扳手 13 的方孔套进阀杆 12 上部的四棱柱，当扳手处于图示的位置时，阀门全部开启，管道畅通；当扳手按顺时针方向旋转 90°（扳手处于装配图的俯视图中双点画线所示位置）时，则阀门全部关闭，管道断流，从装配图中俯视图的 *B—B* 局部剖视图可以看到阀体顶部限位凸块的形状（为 90° 扇形）该凸块用来限制扳手 13 的旋转位置。

读球阀装配图并回答下列问题：

（1）球阀共采用了_____个视图，主视图采用了_____剖视，左视图采用的是_____剖视图。

（2）该球阀共有_____个零件，起密封、防漏作用的垫圈、密封圈等是_____号件。

（3）为调节流量的大小，应转动_____号件，球阀在图示位置时，流量为_____。

（4）尺寸 $S\phi$50H11/h11 中 $S\phi$为_____代号，ϕ50H11/h11 为_____制。

（5）球阀的总长为_____，总高为_____。

（6）拆画零件 1 和零件 2 的零件围。

9-3　读（柱塞泵）装配图，了解工作原理并由装配图拆画零件图。

75
吸入
M10-7H
φ5
φ2
42
30
B—B
95~105
2×M10-7H
A
φ6 H9/b8
φ6 F9/b8
φ18 H7/h6
M10-7H
排出
φ2
1 2 3 4 5 6 7 8 9 10 11 12 13 14
B
n
凸轮

技术要求：

1.柱塞往复运动时，两个单向阀要能一吸一排，如果不能满足要求，应将弹簧件13调整，使珠子11能灵活活动；

2.将件11珠子装入单向阀内前，可先用另外珠子放入孔内，用锤子通过圆杆敲击珠子，使孔的过渡处有一球痕，便于珠子定位，起到关闭或开启作用；

3.该部件吸油口、排油口与有关管子、黄油嘴连接后，在5个大气压下进行试验，要能喷出雾状油液，方能使用。

序号	零件名称	材料	数量	备注
14	螺塞	35	2	
13	弹簧	φ1弹簧丝	2	
12	球托	35	2	
11	珠子		2	外购
10	单向阀体	35	2	
9	衬垫	AL	2	
8	弹簧	φ2弹簧丝	1	
7	垫片	鸡毛纸	1	
6	柱塞套	45	1	
5	小轴	45	1	
4	小轮	45	1	
3	柱塞	45	1	
2	开口销		1	GB/T 91—2000
1	泵体	HT250	1	

柱塞泵	比例	1:1
	共　张	第　张
制图		
审核		

9-3　读（球阀）装配图，了解工作原理并由装配图拆画零件图。

A—A

拆去扳手13

B—B

技术要求：

制造与验收技术条件应符合国家标准的规定。

序号	名称	件数	材料	备注
13	扳手	1	ZG230-450	
12	阀杆	1	40Cr	
11	填料压紧套	1	35	
10	上填料	2	聚四氯乙烯	
9	中填料	1	聚四氯乙烯	
8	填料垫	1	40Cr	
7	螺母M12	4	Q235	GB/T 6170—2000
6	螺柱M12×30	4	Q235	GB/T 897—1988
5	调整垫	1	聚四氯乙烯	
4	阀芯	1	40Cr	
3	密封圈	2	聚四氯乙烯	
2	阀盖	1	ZG230-450	
1	阀体	1	ZG230-450	

球阀	比例	1:2	
	件数	1	
制图	质量		第　张共　张
描图			
审核			

零部件测绘报告一般包括封面、零部件测绘报告书（见右图）、装配示意图、零件草图、装配草图、零件图和装配图。

零部件测绘步骤为：

1. 了解工作原理、分析和拆卸部件。
2. 绘制装配示意图。
3. 测绘零件，画零件草图。
4. 画装配草图和装配图。
5. 画零件图。
6. 审查、整理、装订、交图。

零部件测绘报告书

年　月　日

测绘部件名称	专业班级	姓　名	学　号	指导教师

一、测绘内容：

1. 测绘对象：

2. 实习任务：

3. 我的主要任务：

4. 测绘的基本要求：

二、测绘目的：

三、测绘体会及总结：

四、改进设想：

根据监控摄像头的装配图和零件图，为摄像头设计一外罩。

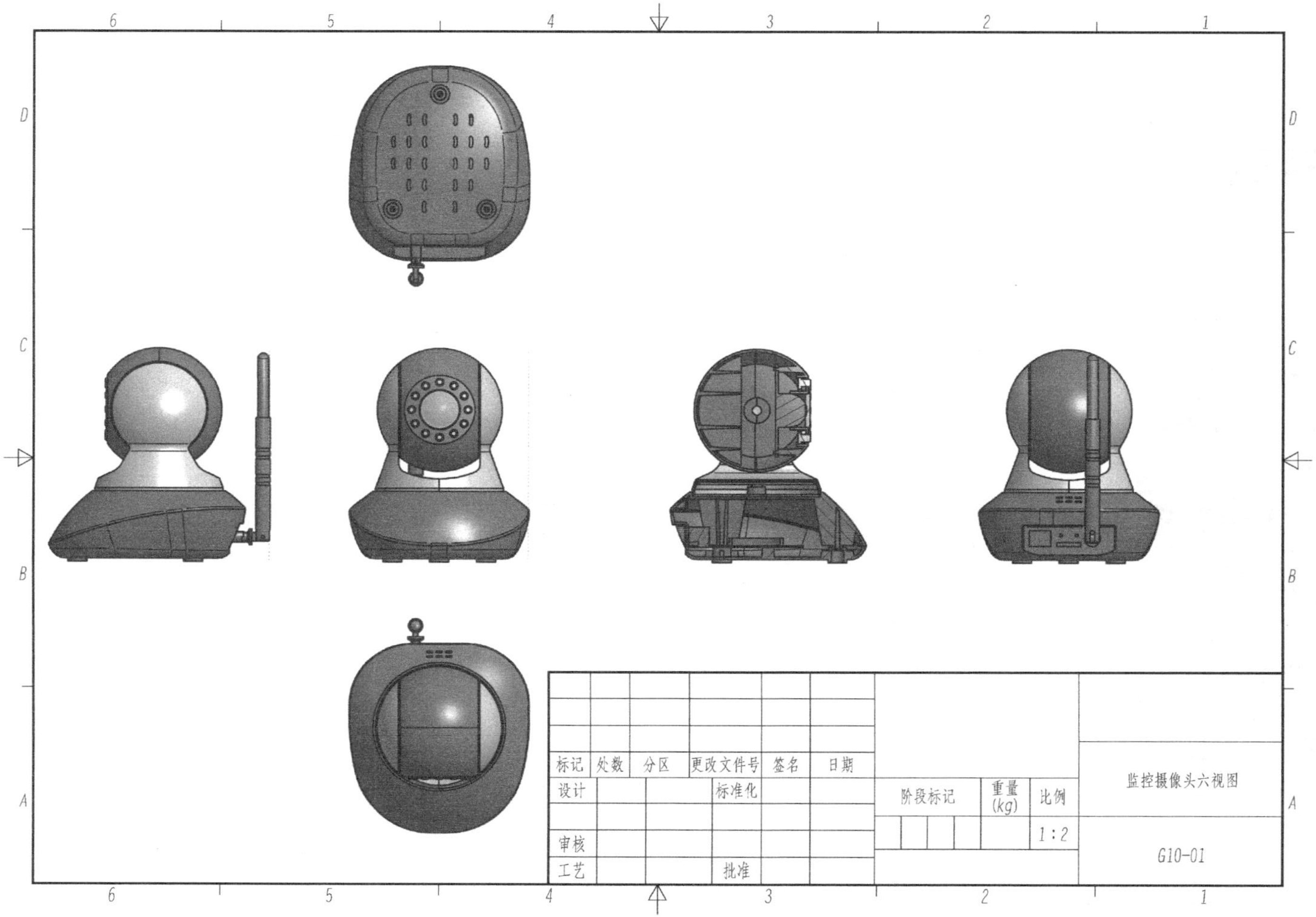

标记	处数	分区	更改文件号	签名	日期	阶段标记	重量(kg)	比例	监控摄像头六视图
设计			标准化					1:2	G10-01
审核									
工艺			批准						

摄像头外露，易进水、进尘，易老化，易损坏，所以设计一外罩，设计要求：

1. 外罩尺寸应与摄像头外形相匹配。
2. 注意外罩的装配位置和装配方式。
3. 所选材料透光性好。
4. 易于加工制造。

14	G10-03	底座下壳	1	ABS塑料	0.031kg	
13	G10-06	天线转轴	1	ABS塑料	0.001kg	
12	G10-07	天线连接轴	1	ABS塑料	0.001kg	
11		底座电路示意	1	ABS塑料	0.014kg	无图
10	G10-05	天线	1	ABS塑料	0.007kg	
9	G10-04	底座上壳	1	ABS塑料	0.041kg	
8	G10-08	底盘	1	ABS塑料	0.009kg	
7	G10-09	镜头旋转架左	1	ABS塑料	0.017kg	
6	G10-12	镜头后壳	1	ABS塑料	0.027kg	
5	G10-10	镜头旋转架右	1	ABS塑料	0.016kg	
4		镜头示意	1	玻璃	0.020kg	无图
3		照明灯	1	ABS塑料	0.003kg	无图
2	G10-11	镜头前壳	1	ABS塑料	0.016kg	
1	G10-13	镜头盖	1	玻璃	0.003kg	
序号	代号	名称	数量	材料	重量	备注

标记	处数	分区	更改文件号	签名	日期	阶段标记	重量(kg)	比例	监控摄像头爆炸图
设计			标准化					1:2	G10-02
审核									
工艺			批准						

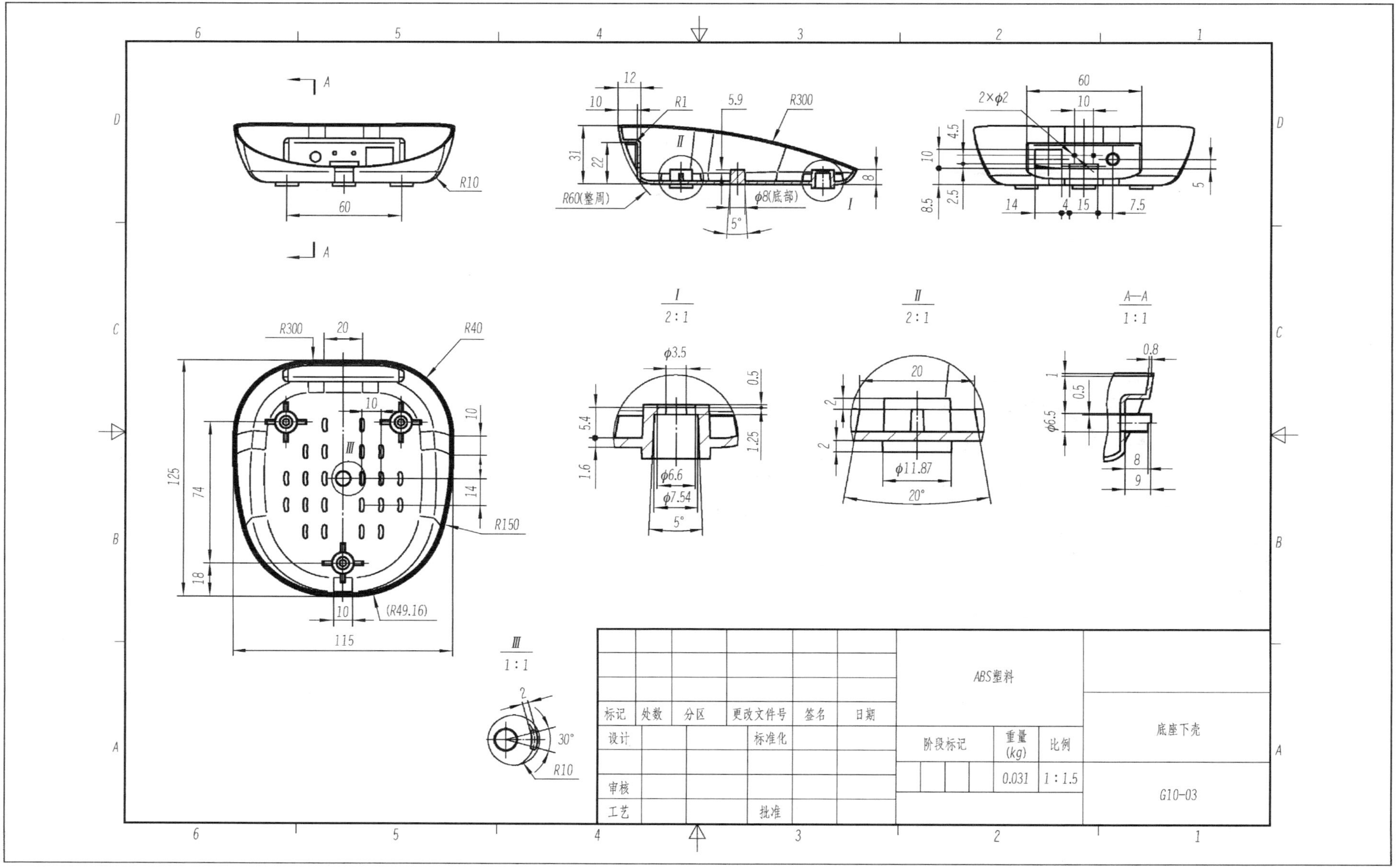

I 2:1

II 2:1

A—A 1:1

III 1:1

标记	处数	分区	更改文件号	签名	日期	ABS塑料			底座下壳
设计			标准化			阶段标记	重量(kg)	比例	
							0.031	1 : 1.5	G10—03
审核									
工艺			批准						

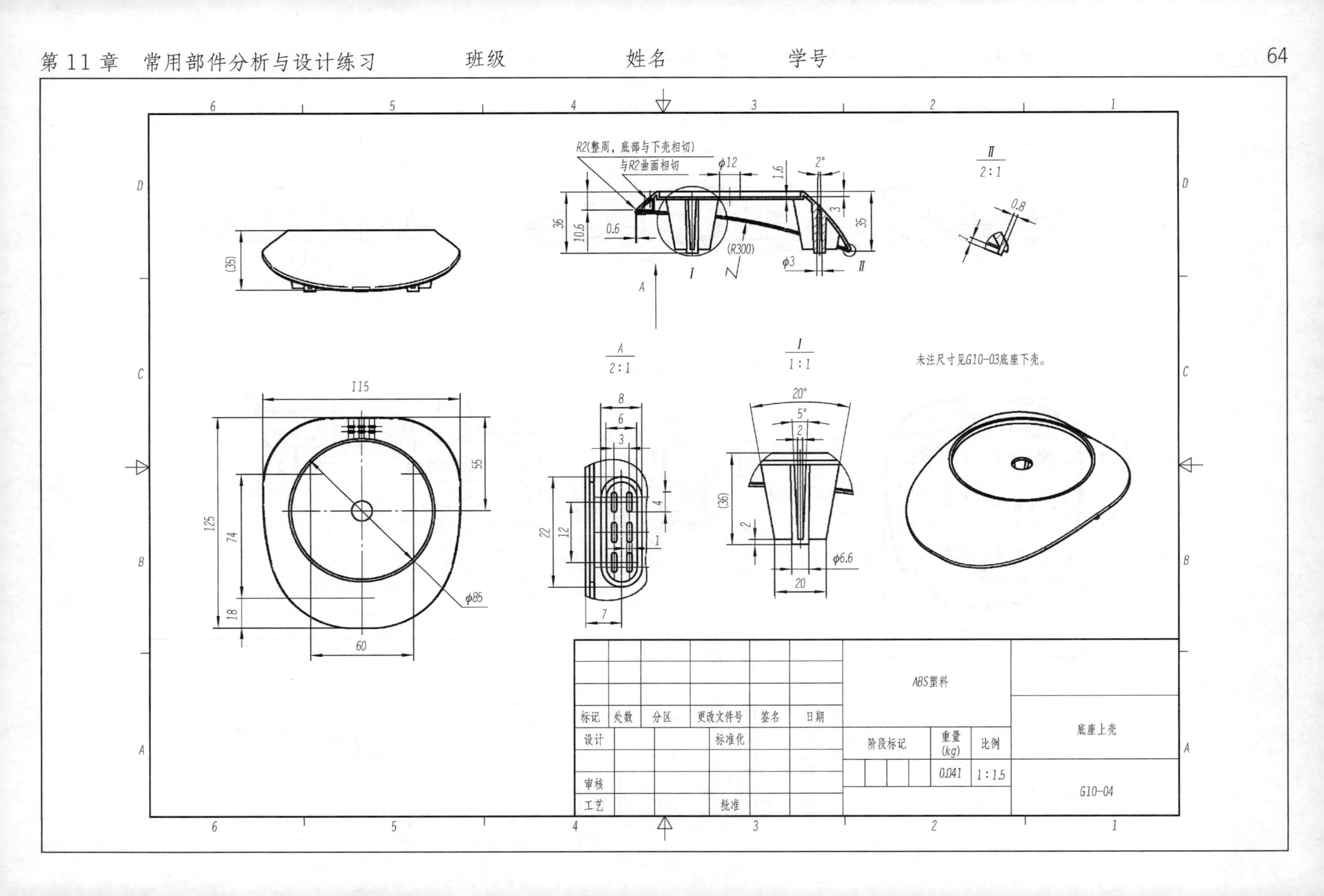

R2(整周，底部与下壳相切)
与R2曲面相切
φ12
1.6
2°
36
10.6
0.6
(R300)
φ3
35
3
I
II
A
(35)
II
2:1
0.8
1
A
2:1
I
1:1
未注尺寸见G10-03底座下壳。
115
125
74
18
55
60
φ85
8
6
3
4
1
22
12
7
20°
5°
2
(36)
φ6.6
20
ABS塑料
底座上壳
标记
处数
分区
更改文件号
签名
日期
设计
标准化
审核
工艺
批准
阶段标记
重量(kg)
比例
0.041
1:1.5
G10-04

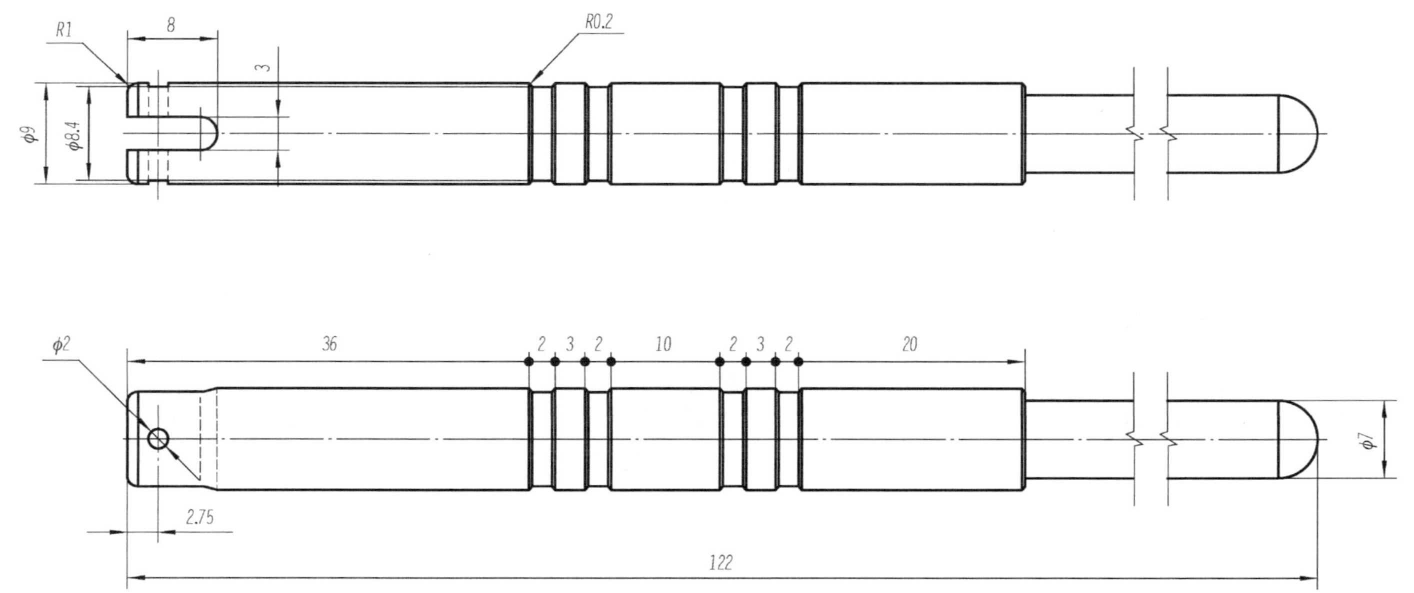

标记	处数	分区	更改文件号	签名	日期	阶段标记	重量(kg)	比例
设计			标准化				0.007	2:1
审核								
工艺			批准					

ABS塑料

天线

G10-05

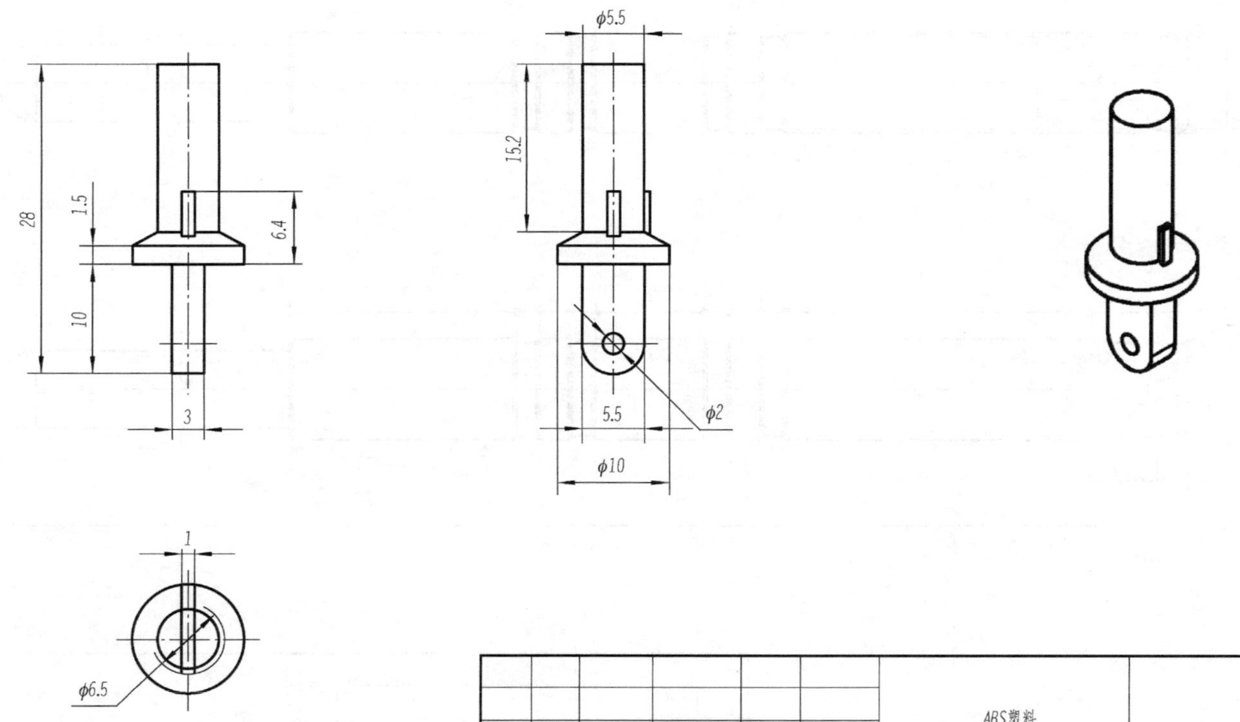

28　1.5　10　6.4　3

$\phi5.5$　15.2　5.5　$\phi2$　$\phi10$

1　$\phi6.5$

标记	处数	分区	更改文件号	签名	日期	ABS塑料			天线转轴
设计			标准化			阶段标记	重量(kg)	比例	
							0.001	2∶1	G10-06
审核									
工艺			批准						

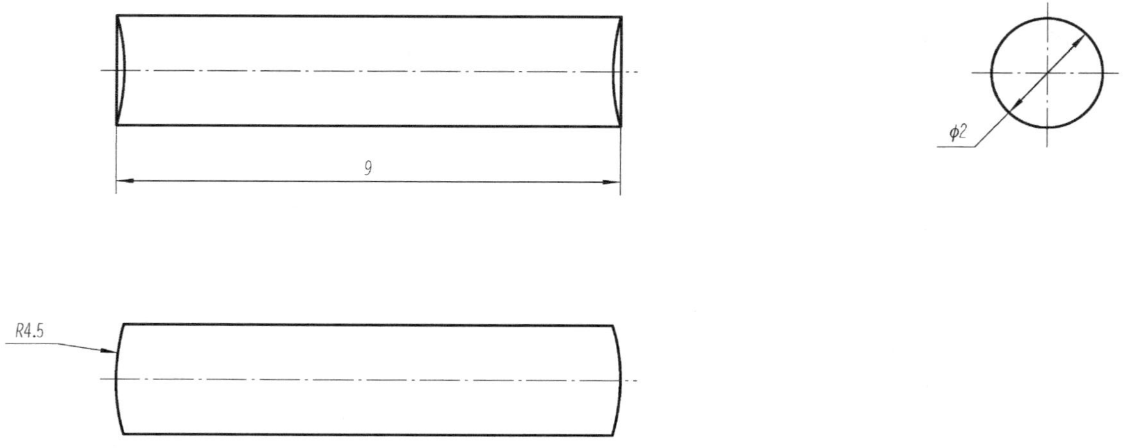

9

R4.5

$\phi 2$

标记	处数	分区	更改文件号	签名	日期	ABS塑料			天线连接轴
设计			标准化			阶段标记	重量(kg)	比例	
							0.001	10:1	G10-07
审核									
工艺			批准						

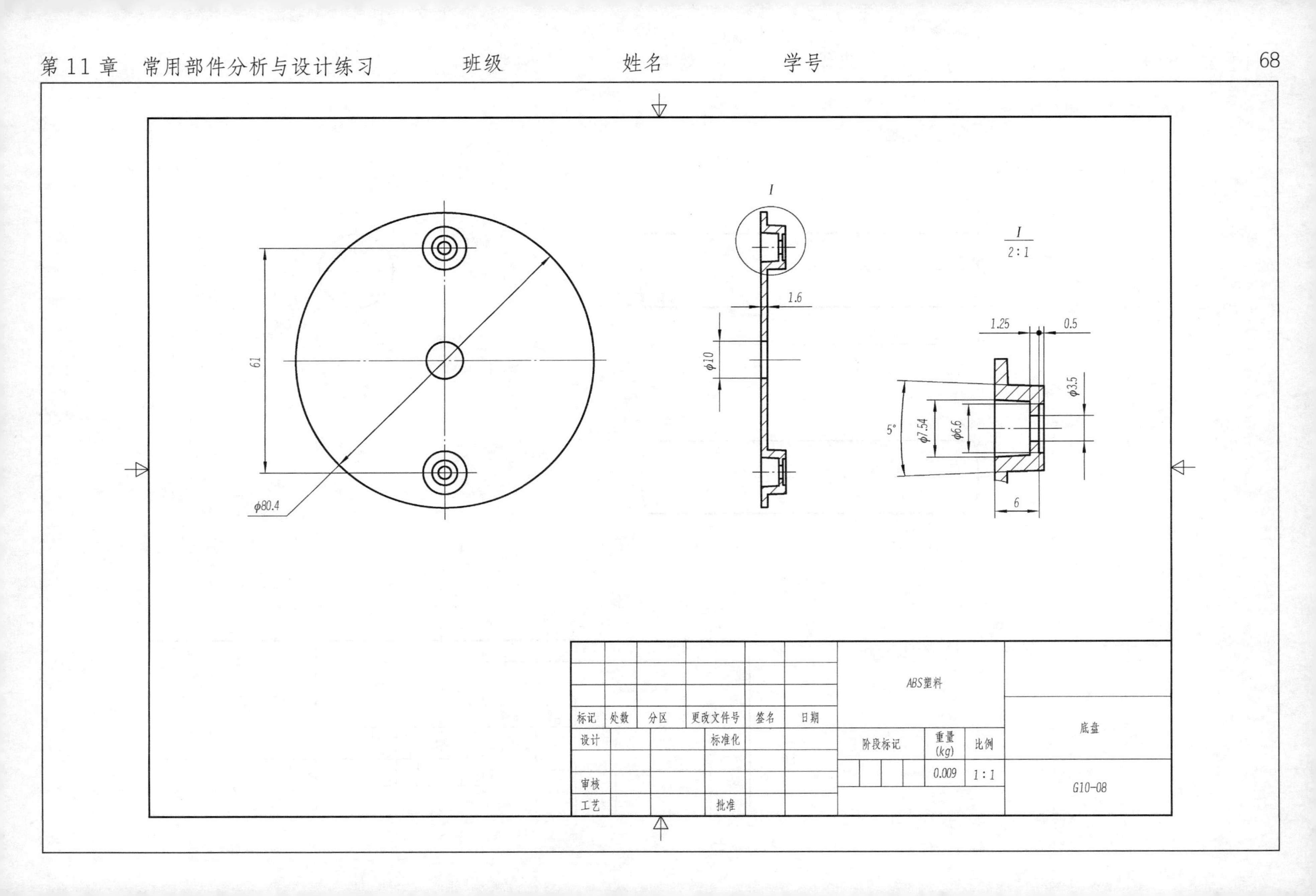
61
φ80.4
I
1.6
φ10
I
2:1
1.25
0.5
φ3.5
5°
φ7.54
φ6.6
6
ABS塑料
标记 处数 分区 更改文件号 签名 日期
设计 标准化
审核
工艺 批准
阶段标记 重量(kg) 比例
0.009 1:1
底盘
G10-08

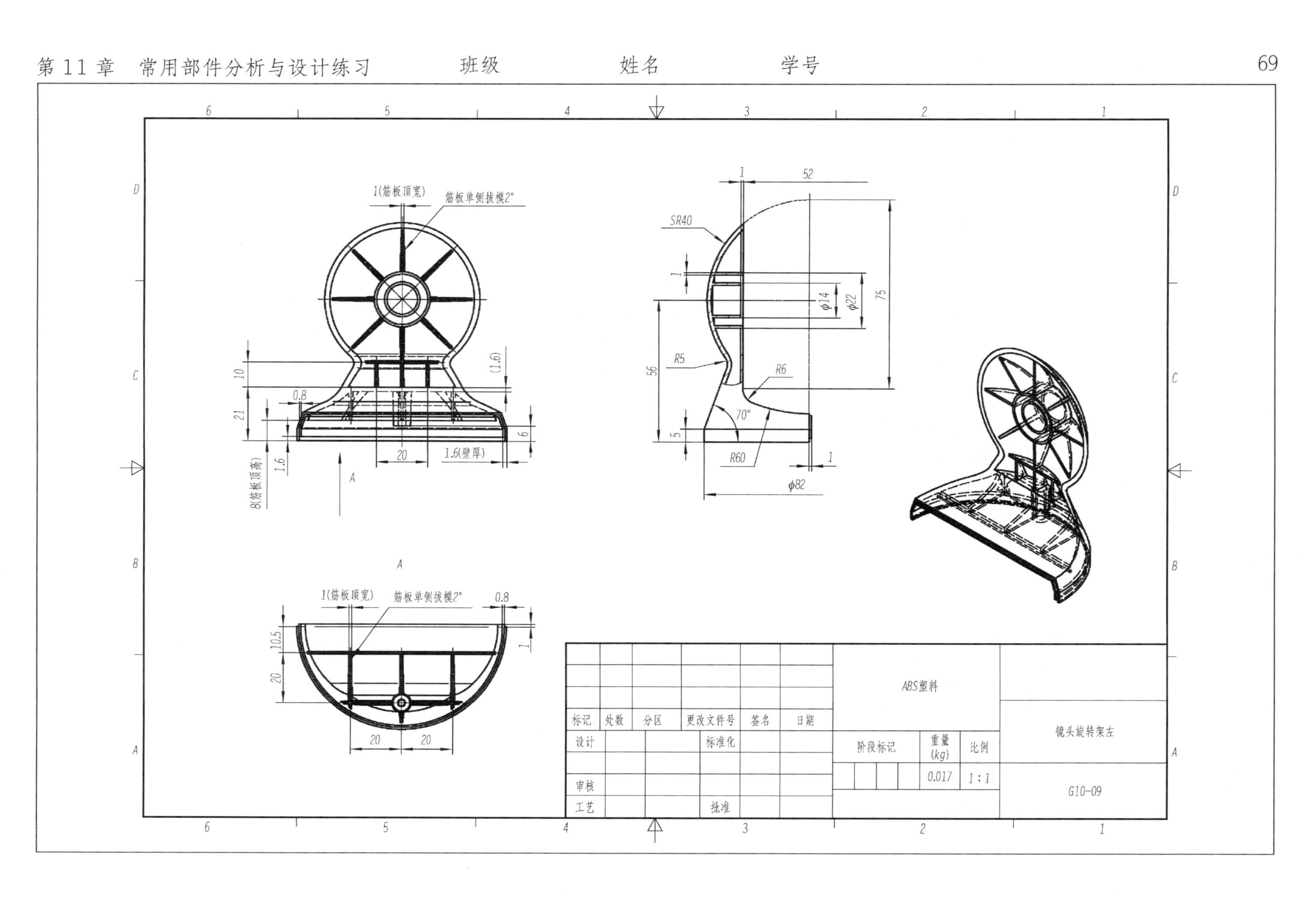
1(筋板顶宽)
筋板单侧拔模2°
(1.6)
10
21
0.8
6
20
1.6(壁厚)
1.6
8(筋板顶高)
A
SR40
52
1
φ14
φ22
75
R5
R6
56
70°
5
R60
φ82
0.8
10.5
20
ABS塑料
镜头旋转架左
标记
处数
分区
更改文件号
签名
日期
设计
标准化
阶段标记
重量(kg)
比例
0.017
1:1
审核
工艺
批准
G10-09

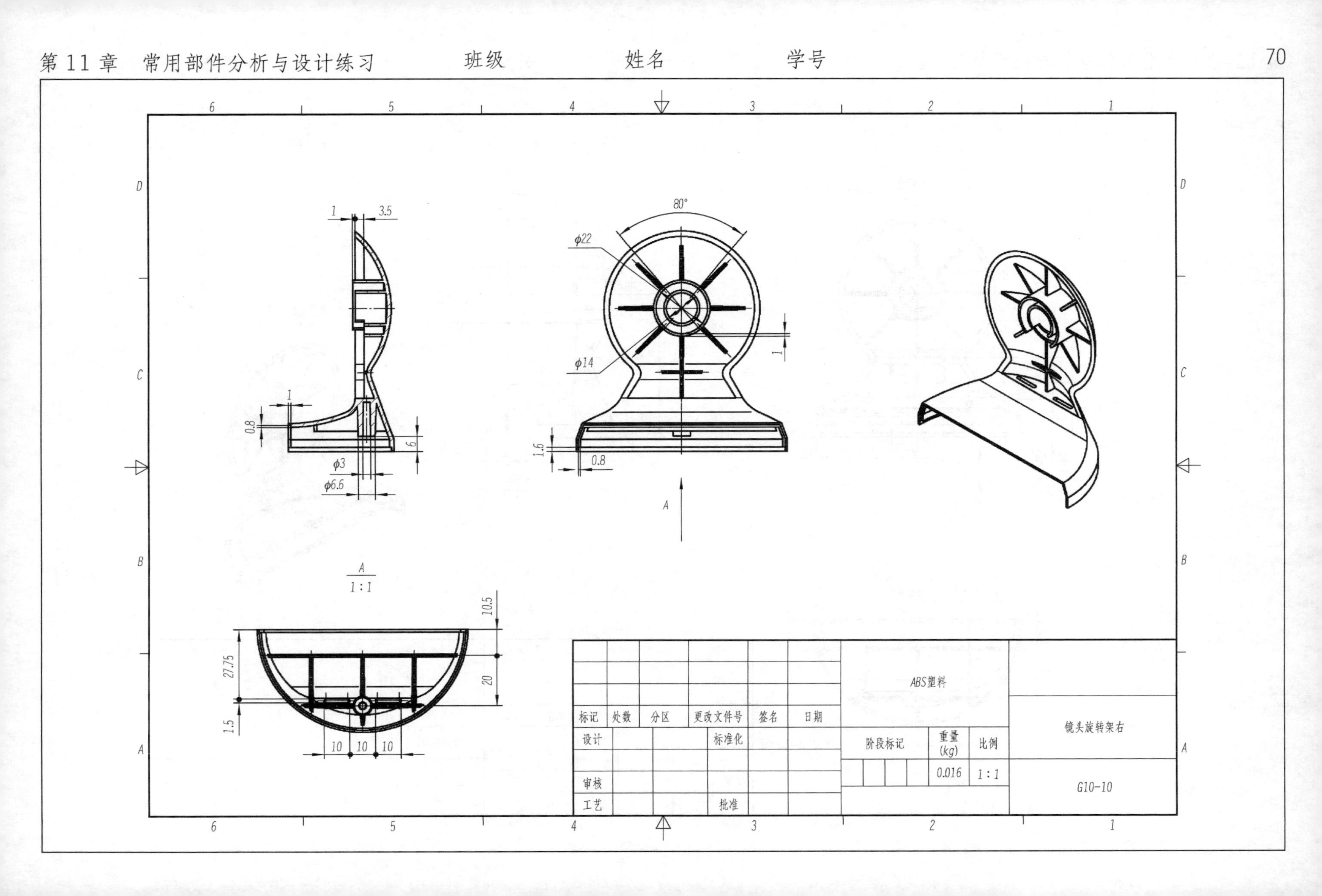
1
3.5
1
0.8
6
φ3
φ6.6
80°
φ22
φ14
1
1.6
0.8
A
A
1:1
10.5
27.75
20
1.5
10
10
10
标记
处数
分区
更改文件号
签名
日期
设计
标准化
审核
工艺
批准
ABS塑料
阶段标记
重量 (kg)
比例
0.016
1:1
镜头旋转架右
G10-10

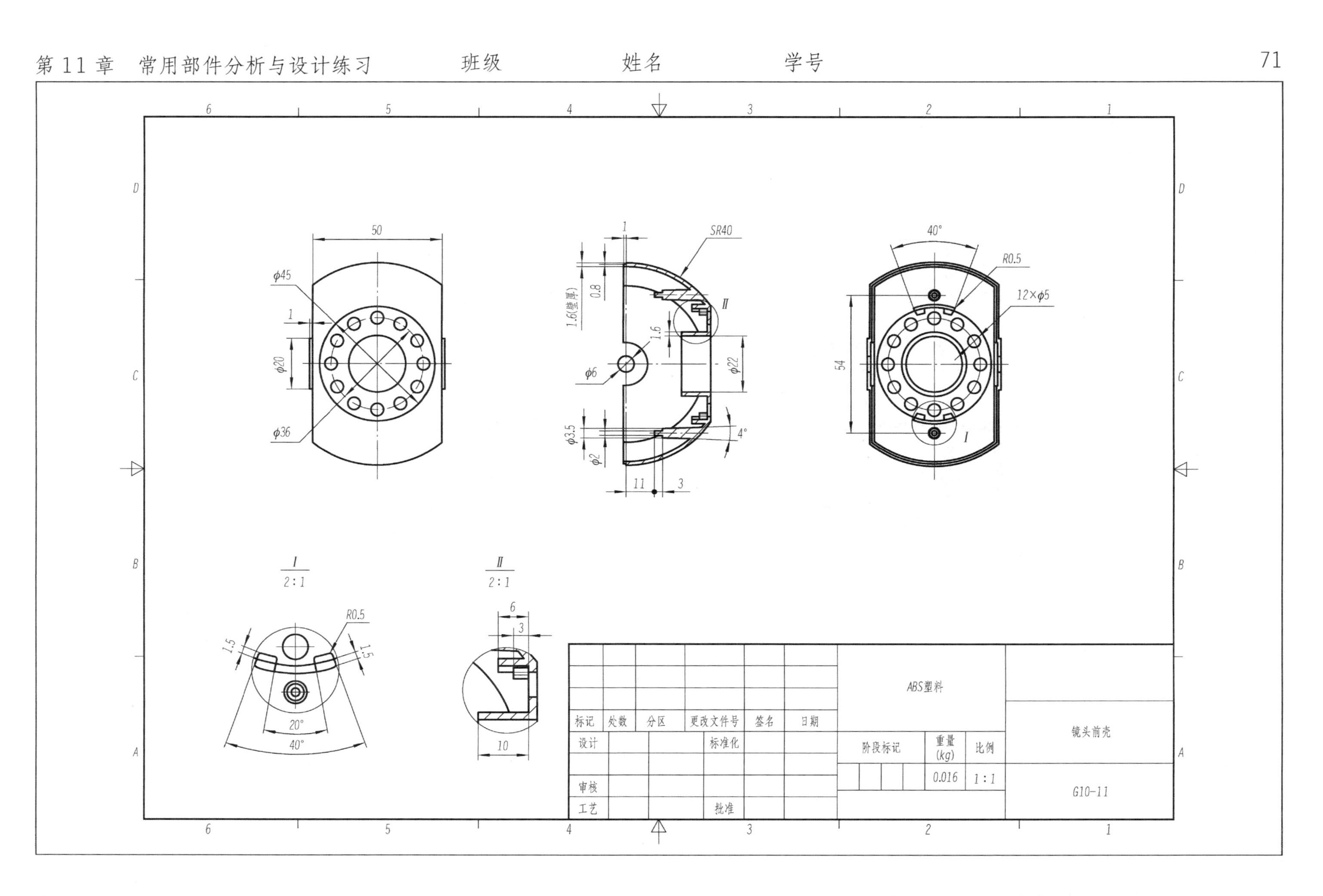
50
φ45
1
φ20
φ36
1
SR40
1.6(壁厚)
0.8
II
1.6
φ6
φ22
φ3.5
φ2
4°
11
3
40°
R0.5
12×φ5
54
I
I
2:1
R0.5
1.5
1.5
20°
40°
II
2:1
6
3
10
标记
处数
分区
更改文件号
签名
日期
设计
标准化
审核
工艺
批准
ABS塑料
阶段标记
重量 (kg)
比例
0.016
1:1
镜头前壳
G10-11

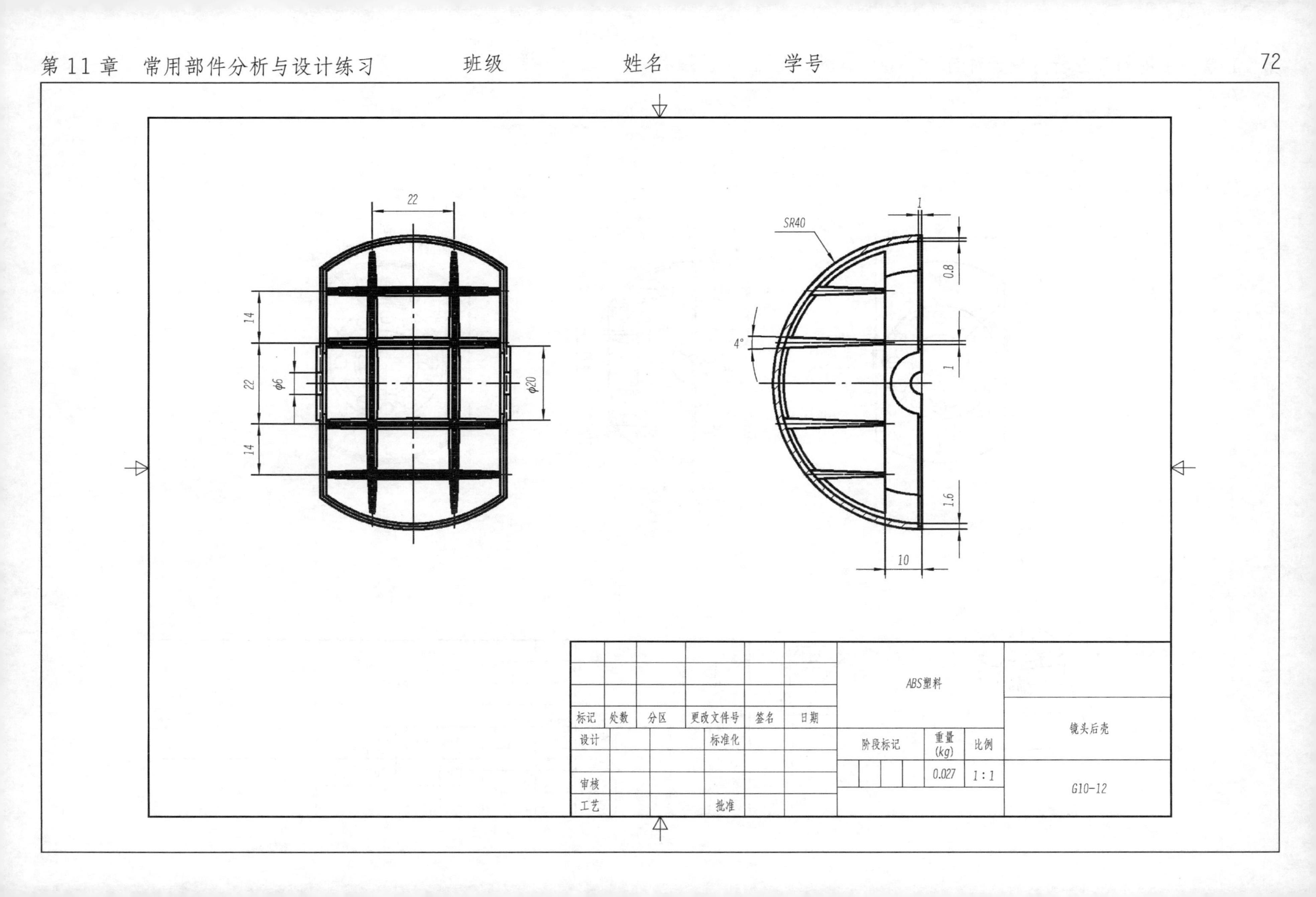

						ABS塑料			
标记	处数	分区	更改文件号	签名	日期				镜头后壳
设计			标准化			阶段标记	重量(kg)	比例	
							0.027	1∶1	G10-12
审核									
工艺			批准						

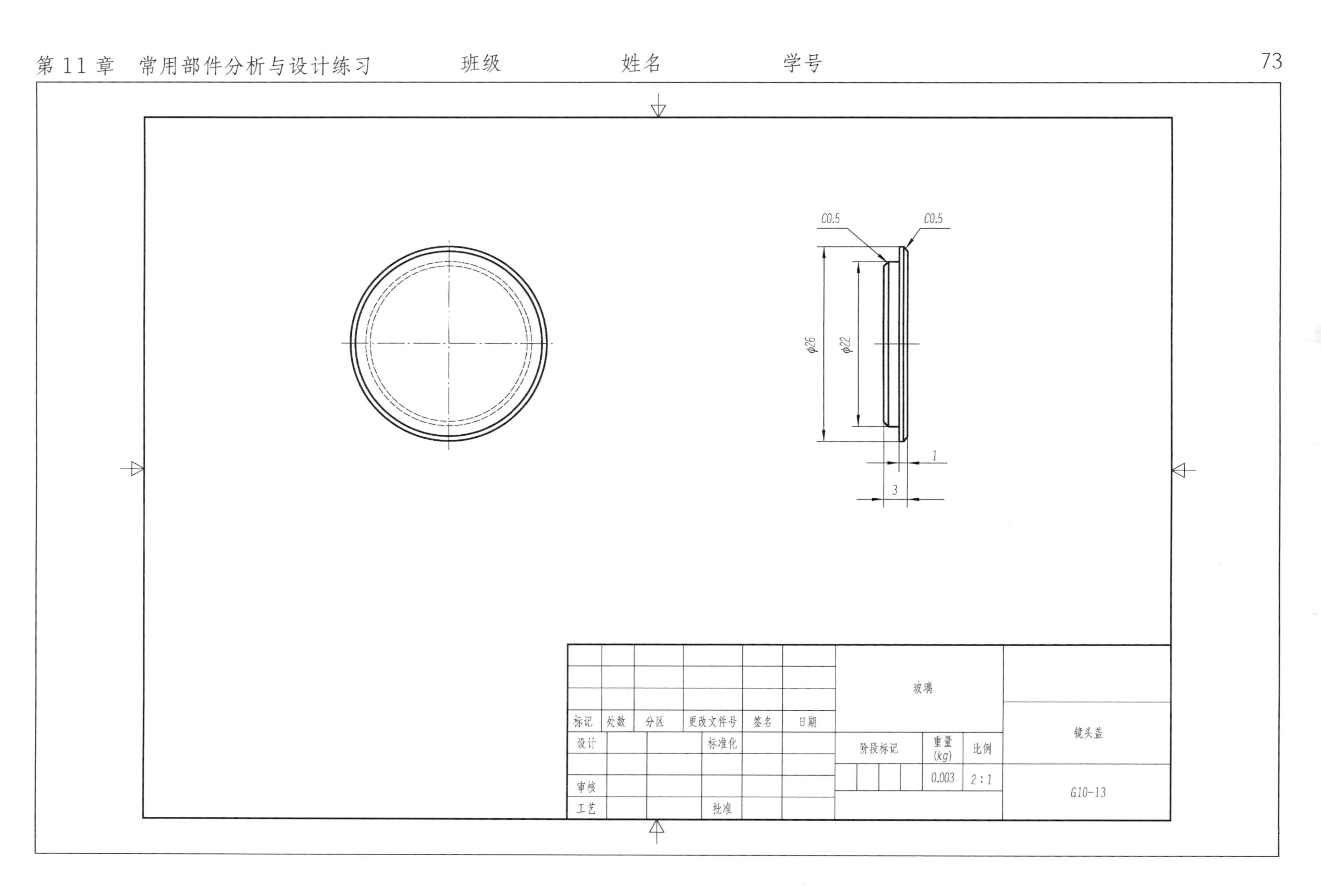
C0.5
C0.5
φ26
φ22
1
3
玻璃
镜头盖
标记
处数
分区
更改文件号
签名
日期
设计
标准化
阶段标记
重量 (kg)
比例
0.003
2:1
审核
工艺
批准
G10-13